普通高等学校规划教材

Mechanics of Materials
材料力学
（下册）

李银山　编著

人民交通出版社股份有限公司
China Communications Press Co.,Ltd.

内 容 提 要

本教材是根据教育部高等院校工科本科"材料力学"课程教学基本（多学时）要求编写的。是作者继《Maple 材料力学》出版后，将材料力学和计算机技术结合起来的又一部新型教材，首次讲解了李银山提出的一种解决材料力学和结构力学问题的快速解析法——连续分段独立一体化积分法。

本书由《材料力学》上、下册组成，共计 28 章。基本上涵盖了经典材料力学所涉及的所有问题，即强度、刚度、稳定性、动载荷、能量法和优化设计，内容完整、结构紧凑、叙述严谨、逻辑性强，并配备手算和电算（Maple 软件）两类例题，思考题和 A、B、C 三类习题。

下册内容主要包括：压杆稳定、动载荷、材料的疲劳与断裂、能量方法、超静定结构、杆件的塑性变形、有限单元法、加权残值法、结构可靠性设计和优化设计、实验应力分析和利用计算机求解刚架弯曲变形的快速解析法等共计 13 章。

本书适用于工科本科生材料力学教学使用，也可供研究生和工程技术人员进行材料力学专题的学习研究。

为便于教师讲授本教材，本书配备了多媒体课件，可通过加入力学课程教学研讨 QQ 群（242976740）索取。

图书在版编目（CIP）数据

材料力学. 下册 / 李银山编著. --北京：人民交通出版社股份有限公司，2015.6
 ISBN 978-7-114-12213-2

Ⅰ. ①材… Ⅱ. ①李… Ⅲ. ①材料力学 – 高等学校 – 教材 Ⅳ. ①TB301

中国版本图书馆 CIP 数据核字（2015）第 088299 号

普通高等学校规划教材

书　　名	材料力学（下册）
著 作 者	李银山
责任编辑	王文华　牛家鸣
出版发行	人民交通出版社股份有限公司
地　　址	（100011）北京市朝阳区安定门外外馆斜街 3 号
网　　址	http://www.ccpress.com.cn
销售电话	（010）59757973
总 经 销	人民交通出版社股份有限公司发行部
经　　销	各地新华书店
印　　刷	北京鑫正大印刷有限公司
开　　本	787×1092　1/16
印　　张	25.75
字　　数	608 千
版　　次	2015 年 6 月　第 1 版
印　　次	2015 年 6 月　第 1 次印刷
书　　号	ISBN 978-7-114-12213-2
定　　价	45.00 元

（有印刷、装订质量问题的图书由本公司负责调换）

序

由李银山教授编写的《材料力学》是将材料力学和计算机技术结合起来的新型教材,分上、下册,共计28章,包括了材料力学教学大纲要求的全部内容。由于材料力学中许多问题的计算都比较烦琐,本书引入了由李银山提出的快速求解结构弯曲变形问题的连续分段独立一体化积分法,因而有利于系统地培养学生建模编程和计算分析、解决工程实际问题的能力。

连续分段独立一体化积分法首先将梁进行连续分段,建立具有四阶导数的挠曲线近似微分方程,然后分段独立积分四次,得到挠度的通解。根据边界条件和连续性条件,确定积分常数,得到剪力、弯矩、转角和挠度的解析函数,利用计算机绘出剪力图、弯矩图、转角图和挠度图。工程实例表明,连续分段独立一体化积分法建立方程简单,计算编程程式化,求解速度快,与有限元法相比,其优点是可以得到精确的解析解。

在工程结构中,索是除杆件之外的另一种典型的构件,例如海洋工程中的缆绳、支撑电缆车与索道的钢绳、输电线及光缆等,特别是近年来大型索支撑结构,例如悬索桥、斜拉桥等的迅速发展,索已成为其重要构件,因此本书增加了无弹性索和有弹性索力学计算的基本理论。

李银山教授在撰写本书的过程中,查阅了大量的有关资料,编写了许多富有特色的例题和分类习题,其理论体系系统完整,循序渐进,学生易于掌握。本书的初稿曾在太原理工大学和河北工业大学有关专业使用,效果良好。

本书的出版,为材料力学教学的改进提供了一条可供选择的途径。我们衷心地期望本书的出版能在材料力学教学改革和培养高水平工程技术人才方面发挥一定的作用。

中国工程院院士

陈予恕

2014年5月

前　言

本教材是根据教育部高等院校工科本科"材料力学"课程教学基本要求(多学时)、教育部工科"力学"课程教学指导委员会面向 21 世纪工科"力学"课程教学改革要求编写的。本书是将材料力学和计算机技术结合起来的新型教材,由《材料力学》(上册)和《材料力学》(下册)两部分组成。

随着科学技术日新月异的发展,作为基础学科的材料力学,其体系和内容也必须相应地进行调整。从这个愿望出发,在编写本教材时力图在已有材料力学的基础上,从以下几个方面作进一步的改进:

(1) 提出了一种解决材料力学和结构力学的快速解析新算法——连续分段独立一体化积分法。该法首先将梁进行连续分段,独立建立具有四阶导数的挠曲线近似微分方程,然后分段独立积分四次,得到挠度的通解。根据边界条件,确定积分常数,得到挠度的解析函数。

连续分段独立一体化积分法与通常求解弯曲变形问题的积分法不同,不用列平衡方程求解支座约束力,不用建立弯矩方程,就可得到剪力函数、弯矩函数、转角函数和挠度函数,反过来,还可以求出支座约束力。

本教材中的讲解传统算法和现代算法并重,学习传统算法便于理解材料力学基本原理,采用现代算法可以快速、准确地解决工程问题,提高效率。

(2) 吸收了《力学与实践》"教学研究"栏目的最新成果,以及第 1~7 届全国高等学校力学课程报告论坛的最新成果,使全书内容完整、结构紧凑、叙述严谨、逻辑性强。

(3) 注意使用矢量、张量、矩阵等数学工具,以适应计算机的使用要求。增加了有限差分法和有限单元法等数值方法的内容,以利于理解有限单元法原理,达到尽快正确使用有限单元法大型软件求解的目的,并提高数值计算编程能力。

(4) 引入了结构优化设计思想。本教材注意从被动分析设计到主动优化设计教学思想的转变。

社会生产的需求和设计经验的积累反映了发展结构优化的客观要求;结构分析理论与方法的日益成熟(特别是有限单元法的发展)、数学理论的发展(特别是现代数学规划论的发展)、电子计算机的发展(特别是 MATLAB 优化库的出现),是发展结构优化的基础和后盾。本书期望使学生尽快掌握结构优化设计的思想和方法,以真正解决工程设计问题。

(5) 过去由于手工无法求解而只限于等截面杆问题的分析,本教材引入了直接对变截面杆分析求解。

21 世纪人类步入信息时代,计算机技术无论从硬件还是软件上都在日新月异地发展,信息化、数字化、网络化渗透在很多学科当中,也为很多学科提供了新的发展机遇。个人计算机的空前普及、计算机语言的更新换代、计算技术的不断发展,使面向计算机的材料力学不再满足于等截面杆的分析,而是开始尝试系统地建立面向计算机的变截面杆的问题,并建立计算机分析求解的精确模型,作精确的符号运算和数值分析计算,而不受求解问题规模的限制。

(6) 引入了结构可靠性设计思想。本教材注意了从容许应力设计法到可靠性设计法的教学思想的转变与衔接。

(7) 增加了杆、轴、梁、索连续振动方程的建立，通过对本书的学习，使学生不仅可以掌握静态的材料力学设计，而且可以尽早接触动态的材料力学设计。

(8) 增加了索的材料力学计算基本理论。在工程结构中，索是除杆件之外的另一种典型的构件，例如海洋工程中的缆绳、支撑电缆车与索道的钢绳、输电线及光缆等，特别是近年来大型索支撑结构，例如悬索桥、斜拉桥等的迅速发展，索已成为其重要构件。因此，有必要在材料力学课程中引入索的基本理论，其内容也是进一步学习薄膜理论的基础。

(9) 子曰："学而不思则罔，思而不学则殆。"现有一些材料力学教科书所给出的思考题，似乎可以分为两大类：一类主要是复习性的，例如"材料力学的任务是什么？""材料力学的研究对象是什么？"等；另一类则不单纯是复习，而且带有一定的思考性。收入本书的思考题，基本上属于后一类。思考题中带"*"表示属于较难的问题。有的思考题虽然归入某一章，但由于材料力学知识的连贯性，可能需要全面思考。

(10) 子曰："学而时习之，不亦说乎？"本书希望构建"教、学、习、用"四维一体的现代化、立体化教材。本书例题分为常规的手算例题和计算机电算例题，供教师"教"和学生"学"选用。收入本书的习题分为三类：A类习题比较简单、容易，供同学们写课后作业，期中或期末考试练习选用；B类习题有一定难度，供考研和参加力学竞赛的同学练习选用；C类习题与工程实际结合比较紧密，供同学们写大作业和工程技术人员学习时参考应用。

作为面向21世纪的新教材，本书就想尝试为材料力学建立一种具有现代计算方法的强大功能，但又不失去传统解析方法之精确性的新体系。

华东理工大学李彤编写了第2~5章，并制作了本书的多媒体课件；河北工业大学李银山编写了其他所有章节，并统稿。

在编写本书过程中，我的研究生罗利军、董青田、曹俊灵、潘文波、吴艳艳、官云龙、韦炳维和其他许多博士生、硕士生及本科生提出了宝贵的修改建议，给予了很多帮助，在此一并致谢。

感谢清华大学徐秉业教授、中国科学院自然科学史研究所戴念祖研究员、军械工程学院付光甫教授、太原理工大学蔡中民教授、太原科技大学李茂刚教授和我的同学郭晓辉博士对本书编写长期给予的关心、支持和鼓励。

感谢我的导师太原理工大学杨桂通教授、太原科技大学徐克晋教授和军械工程学院张识教授多年来的指导、帮助和支持。

也深深地感谢我的夫人杨秀兰女士，她帮助我录入了全部书稿。

陈予恕院士热情为本书作序，并担任主审，河北工业大学李欣业教授、焦永树教授对书稿作了极为认真细致的审阅，提出了许多宝贵的改进意见，在此致以衷心的感谢！

限于作者水平，难免有错误与不妥之处，望读者不吝指正。

李银山
2014年5月于天津

主要符号表

A 面积	k 弹簧刚度系数
a 加速度	k_M 弯曲梁弹簧刚度系数
a,b,c 尺寸,距离,常数	k_N 拉压杆弹簧刚度系数
c 波的传播速度	k_n 扭簧刚度系数
c_l 无限介质中纵波传播速度	k_T 扭转轴弹簧刚度系数
c_t 无限介质中横波传播速度	l 长度
C 积分常数、形心	L 杆件的长度,跨度
D 直径(外径)	M 弯矩
d 直径(内径)	M_e 外力偶
E 材料弹性模量	M_p 塑性弯矩(或极限弯矩)
e 偏心距	M_s 屈服弯矩
F 集中力	m 分布力偶,质量
F_{bs} 挤压力	max 极大
F_{cr} 柱的临界荷载	min 极小
F_N 轴力	N 应力循环次数,疲劳寿命
F_S 剪力	n 安全因数,每分钟的转数
F_{Sy},F_{Sz} 剪力分量	n_{st} 稳定安全因数
F_T 绳索张力	O 坐标原点
F_u 极限荷载	P 功率
$[F]$ 容许荷载	p 压力
f_S 梁的剪切刚度因数	q 分布载荷(单位距离上的荷载)
G 切变模量	q_p 极限分布载荷
g 重力加速度	q_s 屈服分布载荷
h 高度、尺寸	r 半径,距离
I_y,I_z 面积惯性矩	S 静矩
I_p 圆截面的极惯性矩	s 弧长
I_t 任意截面的极惯性矩	T 扭矩,温度,周期,动能
I_{yz} 面积惯性积	T_p 塑性扭矩(或极限扭矩)
I_1,I_2 主惯性矩	T_s 屈服扭矩
i 惯性半径	T_u 极限扭矩
i_y,i_z 对 y、z 轴的惯性半径	t 厚度,时间
J 质量惯性矩	U_ε 应变能
K 体积弹性模量	U_ε^* 余应变能
K_d 动荷因数	$U_{\varepsilon,d}$ 动应变能

I

$U_{\varepsilon,\text{st}}$	静应变能	Δ	位移,伸长量
u	轴向位移,x 方向的位移	Δ_d	动位移
u_ε	单位体积的应变能	Δ_st	静位移
u_ε^*	单位体积的余应变能	ΔT	温差
u_d	形状改变比能	Π	变形势能
u_v	体积改变比能	Π^*	余变形势能
v	速度	θ	弯曲转角,体积应变
v,w	梁的挠度分量,y、z 方向的位移	θ_b	弯曲转角
v_b	弯曲挠度	θ_s	剪切转角
v_s	剪切挠度	ϑ	单位长度扭转角
V	体积,外力的势能	λ	压杆的柔度,拉梅常数,剪切变形
W	抗弯截面模量,功	μ	泊松比,长度因数
W^*	余功	ρ	物质密度,曲率半径
W_e	外力功	σ	法向应力
W_i	内力功	$\sigma_1,\sigma_2,\sigma_3$	主应力
W_p	圆截面抗扭截面模量	σ_b	强度极限应力
W_t	非圆截面抗扭截面模量	σ_cr	柱的临界应力
x,y,z	直角坐标、距离	σ_d	动应力
x_C,y_C,z_C	形心坐标	σ_e	弹性极限应力
$\boldsymbol{\alpha}$	角加速度	σ_m	平均应力
α	热膨胀系数,角,圆内外直径之比	σ_p	比例极限应力
α_K	冲击韧度	σ_s	屈服极限应力
α_s	梁的剪切强度因数	σ_st	静应力
β	表面加工系数,可靠度因数	$[\sigma]$	容许应力
γ	切应变	τ	剪应力
$\gamma_{xy},\gamma_{yz},\gamma_{zx}$	xy、yz 和 zx 平面内的剪切应变	$[\tau]$	容许剪应力
		$\boldsymbol{\omega}$	角速度
δ	伸长率,广义位移,过盈量,厚度	ω	角频率(或圆频率)
ε	应变	ω_0	固有角频率
ε^p	塑性应变	ω_d	阻尼自由振动角频率
ε^e	弹性应变	Ω	激励角频率
ε_s	屈服应变	φ	扭转角
δU_ε	虚变形能	ζ	阻尼比
δU_ε^*	余虚变形能	EA	抗拉(压)刚度
δW	虚功	EI	抗弯刚度
δW^*	余虚功	GA/f_s	抗剪刚度
δW_e	外力虚功	GI_p	圆截面抗扭刚度
δW_i	内力虚功	GI_t	非圆截面抗扭刚度
$\delta\Pi$	虚变形势能	$j=\dfrac{EI}{L}$	等截面直杆线刚度系数
$\delta\Pi^*$	余虚变形势能		

目　　录

第 16 章　压杆稳定 ... 1
　16.1　中心受压细长直杆临界力的欧拉公式 ... 1
　16.2　欧拉公式的使用范围及临界应力总图 ... 7
　16.3　压杆的稳定条件与合理设计 ... 9
　16.4　Maple 编程示例 ... 12
　思考题 ... 14
　习题 ... 16

第 17 章　动载荷 ... 23
　17.1　构件变速运动时的强度、刚度和稳定性 ... 23
　17.2　冲击载荷作用下构件的应力与变形 ... 26
　17.3　强迫振动时的应力计算 ... 33
　17.4　Maple 编程示例 ... 37
　思考题 ... 38
　习题 ... 44

第 18 章　材料的疲劳与断裂 ... 49
　18.1　材料的疲劳破坏特征与机理 ... 49
　18.2　S-N 曲线及疲劳极限的测定 ... 51
　18.3　构件的疲劳极限 ... 52
　18.4　基于疲劳极限的无限寿命设计法 ... 54
　18.5　固体材料的理想断裂强度和应力判据 ... 58
　18.6　应力强度因子与断裂韧度 ... 59
　18.7　损伤容限设计 ... 62
　18.8　Maple 编程示例 ... 63
　思考题 ... 65
　习题 ... 66

第 19 章　能量方法 ... 69
　19.1　梁的横向剪切变形 ... 69
　19.2　线弹性体的虚功原理 ... 71
　19.3　马克斯威尔—莫尔法 ... 76
　19.4　外力功与应变能 ... 84
　19.5　互等定理 ... 88
　19.6　卡氏定理 ... 89
　19.7　Maple 编程示例 ... 94
　思考题 ... 95

习题 · · · · · · 99

第 20 章　能量方法的进一步研究 · · · · · · 106
　20.1　虚功原理 · · · · · · 106
　20.2　虚余功原理 · · · · · · 115
　20.3　最小势能原理 · · · · · · 117
　20.4　最小余势能原理 · · · · · · 119
　20.5　用能量法求压杆的临界载荷 · · · · · · 120
　20.6　用能量法求弹性结构体的固有角频率 · · · · · · 122
　20.7　Maple 编程示例 · · · · · · 124
　　思考题 · · · · · · 125
　　习题 · · · · · · 126

第 21 章　超静定结构 · · · · · · 132
　21.1　超静定结构的概念 · · · · · · 132
　21.2　用力法解超静定结构 · · · · · · 133
　21.3　对称及反对称性质的利用 · · · · · · 137
　21.4　超静定刚架空间受力分析 · · · · · · 141
　21.5　连续梁与三弯矩方程 · · · · · · 143
　21.6　位移法解超静定结构 · · · · · · 146
　21.7　Maple 编程示例 · · · · · · 150
　　思考题 · · · · · · 152
　　习题 · · · · · · 157

第 22 章　利用计算机求解刚架弯曲变形的快速解析法 · · · · · · 163
　22.1　连续分段独立一体化积分法求解刚架问题 · · · · · · 163
　22.2　静定刚架的快速解析法 · · · · · · 164
　22.3　超静定刚架的快速解析法 · · · · · · 168
　22.4　考虑轴力变形刚架的快速解析法 · · · · · · 173
　22.5　考虑剪力变形刚架的快速解析法 · · · · · · 175
　22.6　Maple 编程示例 · · · · · · 177
　　思考题 · · · · · · 180
　　习题 · · · · · · 182

第 23 章　压杆稳定的进一步研究 · · · · · · 185
　23.1　杆件稳定临界力应用分类计算 · · · · · · 185
　23.2　纵横弯曲 · · · · · · 191
　23.3　压杆设计的直接法 · · · · · · 195
　23.4　压杆临界力计算的循序渐进积分法 · · · · · · 197
　23.5　压杆稳定问题的有限差分法 · · · · · · 199
　23.6　弹性压杆的大变形分析 · · · · · · 202
　23.7　Maple 编程示例 · · · · · · 208
　　思考题 · · · · · · 210
　　习题 · · · · · · 212

第24章　杆件的塑性变形 ... 215
- 24.1　金属材料的应力—应变关系 ... 215
- 24.2　拉压杆的塑性分析 ... 219
- 24.3　圆轴的塑性分析 ... 221
- 24.4　梁的塑性分析 ... 222
- 24.5　用虚功原理进行结构变形的塑性分析 ... 226
- 24.6　静力法 ... 228
- 24.7　机动法 ... 229
- 24.8　Maple 编程示例 ... 231
- 思考题 ... 232
- 习题 ... 235

第25章　有限单元法 ... 240
- 25.1　轴向受拉压杆件的刚度方程 ... 240
- 25.2　受拉压杆件的坐标变换 ... 243
- 25.3　受扭杆件的刚度方程 ... 246
- 25.4　受弯杆件的刚度方程 ... 247
- 25.5　梁单元的中间载荷 ... 249
- 25.6　Maple 编程示例 ... 250
- 思考题 ... 254
- 习题 ... 256

第26章　加权残值法 ... 258
- 26.1　加权残值法的基本概念 ... 258
- 26.2　加权残值法的基本方法 ... 259
- 26.3　加权残值法的试函数 ... 262
- 26.4　变分的直接法之一——瑞利—里茨方法 ... 263
- 26.5　变分的直接法之二——伽辽金法 ... 267
- 26.6　加权残值法解梁弯曲问题 ... 267
- 26.7　加权残值法解压杆的临界力 ... 271
- 26.8　加权残值法解梁的固有角频率 ... 271
- 26.9　Maple 编程示例 ... 274
- 思考题 ... 275
- 习题 ... 277

第27章　结构可靠性设计和优化设计 ... 279
- 27.1　可靠性设计 ... 279
- 27.2　结构优化设计 ... 283
- 27.3　按可靠性标准的结构优化设计 ... 286
- 27.4　Maple 编程示例 ... 288
- 思考题 ... 292
- 习题 ... 295

第 28 章　实验应力分析 ·· 298
 28.1　概述 ··· 298
 28.2　量纲分析 ·· 298
 28.3　电测法的基本原理 ······································ 301
 28.4　电阻应变仪 ·· 304
 28.5　应变测量与应力计算 ···································· 305
 28.6　光弹性仪与偏振光场 ···································· 308
 28.7　光弹性法的基本原理 ···································· 309
 28.8　实验应力分析的其他方法 ································ 312
 28.9　Maple 编程示例 ·· 314
 思考题 ··· 317
 习题 ··· 318

附录 C　超静定结构解法对比 ···································· 322

附录 D　部分思考题和习题参考答案 ······························ 331

参考文献 ·· 394

> 子曰:"乐而不淫,哀而不伤。"

第 16 章 压杆稳定

与刚体的平衡位形存在着稳定平衡与不稳定平衡一样,弹性体的平衡形态也存在着稳定平衡与不稳定平衡问题。当压杆所受的外力达到或超过临界力时,就要丧失原有直线形态下的平衡而发生失稳失效。可见,研究压杆稳定问题的关键是寻求其临界力。本章主要介绍计算压杆临界力的静力法、超过比例极限时压杆的临界力以及压杆的稳定性计算等。

16.1 中心受压细长直杆临界力的欧拉公式

如图 16-1a)所示下端固定、上端自由的中心受压直杆,当压力 F 较小时,杆件的直线平衡形式是稳定的。即此时杆件若受到某种微小干扰,它将偏离直线平衡位置,产生微弯[图 16-1b)],但当干扰撤除后,杆件还能够回到原来的直线平衡位置[图 16-1c)]。可是当压力 F 较大时,杆件原有的直线平衡形式就是不稳定的。即此时杆件若受到某种微小干扰产生微弯,撤除干扰后,杆件将不能回到原来的直线平衡位置,而在弯曲形式下保持平衡[图 16-1d)],受压杆在由稳定平衡过渡为不稳定平衡的过程中,保持直线状态平衡的最大轴向压力或保持微弯状态平衡的最小轴向压力,称为临界载荷,或简称为<u>临界力</u>,用 F_{cr} 表示。受压杆丧失其直线平衡状态过渡为曲线平衡的现象统称为失稳或屈曲。

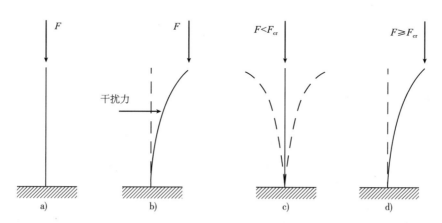

图 16-1 中心受压直杆的稳定分析

工程实际中承受轴向压缩的压杆是很常见的,例如自卸载重车的液压活塞杆,螺旋千斤顶的螺柱等。为了保证机构安全可靠的工作,必须使压杆处于直线平衡状态。如果将压杆的工作压力控制在临界载荷的许可范围之内,则压杆就不会失稳。可见,临界载荷的确定是非常重要的。

16.1.1 两端铰支压杆的临界力

设细长压杆的两端为铰支,轴线为直线,压力 F 与轴线重合。压力达到临界时,压杆将由直线平衡状态转变成微弯平衡状态,可以认为,使压杆保持微弯平衡的最小压力即为临界压力。

选取坐标系如图16-2所示,距原点为 x 的截面的挠度为 v,该截面的弯矩为

$$M(x) = -Fv \tag{a}$$

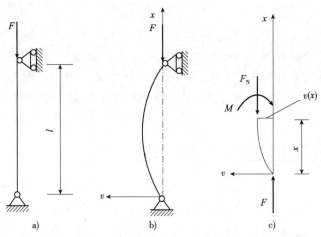

图 16-2 两端铰支细长压杆的临界力

对微小弯曲变形,可使用挠度曲线近似微分方程式 $v'' = \dfrac{M}{EI}$,得

$$v'' = -\frac{F}{EI}v \tag{b}$$

引用记号

$$k = \sqrt{\frac{F}{EI}} \tag{c}$$

上式变成

$$v'' + k^2 v = 0 \tag{d}$$

该微分方程的通解为

$$v = A\sin(kx) + B\cos(kx) \tag{e}$$

式中 A、B 为积分常数。杆的边界条件是

$$v(0) = 0, v(l) = 0 \tag{f}$$

代入式(e)得

$$B = 0, A\sin(kl) = 0 \tag{g}$$

式(f)的第二式要求:$A = 0$ 或者 $\sin(kl) = 0$。然而,如果 $A = 0$,则压杆各截面的挠度均为零,即受压杆轴线仍为直线,这与压杆处于微弯状态不符,因此只能是

$$\sin(kl) = 0 \tag{h}$$

满足这一条件的 kl 值为

$$kl = n\pi \quad (n = 1, 2, \cdots) \tag{i}$$

由此得

$$F = \frac{n^2\pi^2 EI}{l^2} \quad (n=1,2,\cdots) \tag{j}$$

使压杆在微弯状态下保持平衡的最小压力为临界力。所以取 $n=1$，即得两端铰支细长压杆的临界力为

$$F_{cr} = \frac{\pi^2 EI}{l^2} \tag{16-1}$$

上式称为两端铰支细长压杆的<u>欧拉公式</u>。

导出欧拉公式时，用变形以后的位置计算弯矩，如式(a)所示。这里不再使用原始尺寸原理，是稳定问题在处理方法上与以往不同之处。

两端铰支细长压杆是实际工程中最常见的情况。例如，内燃机配气机构中的挺杆，磨床液压装置中的活塞杆，桁架结构中的受压杆等，一般都简化成两端铰支杆。

例题 16-1 柴油机的挺杆是钢制空心圆管，外径和内径分别为 12mm 和 10mm，杆长 383mm，钢材的 $E=210$GPa。根据动力计算，挺杆承受的最大压力 $F=2\,290$N。规定的稳定安全因数为 $n_{st}=3\sim 5$。试校核挺杆的稳定性。

解：① 计算挺杆横截面的惯性矩。

$$I = \frac{\pi}{64}(D^4 - d^4) = \frac{3.142}{64} \times (12^4 - 10^4) \times 10^{-12} = 5.272 \times 10^{-10}\,\text{m}^4$$

② 计算挺杆的临界压力。

$$F_{cr} = \frac{\pi^2 EI}{l^2} = \frac{3.142^2 \times 210 \times 10^9 \times 5.272 \times 10^{-10}}{383^2 \times 10^{-6}} = 7\,541\,\text{N}$$

③ 计算挺杆的工作安全因数。

临界压力与实际最大压力之比为压杆的工作安全因数，即

$$n = \frac{F_{cr}}{F} = \frac{7\,541}{2\,290} = 3.254$$

规定的稳定安全因数 $n_{st}=3\sim 5$，挺杆满足稳定性要求。

讨论与练习

(1) 两端铰支压杆欧拉公式适用范围是什么？
(2) 请用 Maple 编程计算本题。

16.1.2 欧拉公式的普遍形式

下面推导欧拉公式的普遍形式。对式(d)中的 v 再微分两次得

$$v^{(4)} + k^2 v'' = 0 \tag{16-2}$$

可以证明，式(16-2)的微分方程适用于不同的约束形式下的压杆。该微分方程的通解为

$$v = C_1 \sin(kx) + C_2 \cos(kx) + C_3 x + C_4 \tag{16-3a}$$

$$v' = kC_1 \cos(kx) - kC_2 \sin(kx) + C_3 \tag{16-3b}$$

$$v'' = -k^2 C_1 \sin(kx) - k^2 C_2 \cos(kx) \tag{16-3c}$$

$$v''' = -k^3 C_1 \cos(kx) + k^3 C_2 \sin(kx) \tag{16-3d}$$

注意到 $v' = \theta(x)$ 为转角方程,$EIv'' = M(x)$ 为弯矩方程,$EIv''' = F_S(x)$ 为剪力方程,将压杆特定截面的位移和静力边界条件代入式(16-3),可求出压杆稳定的特征方程,从而求出压杆的临界力。

16.1.3 其他约束情况下大柔度压杆的临界载荷

对于其他边界条件的临界力可以写成统一形式

$$F_{cr} = \frac{\pi^2 EI}{(\mu l)^2} \tag{16-4}$$

这是欧拉公式的普遍形式。式中,μl 表示把压杆折算成与临界力相当的两端铰支压杆的长度,称为相当长度,μ 称为<u>长度因数</u>,它反映了约束情况对临界载荷的影响。为方便理解,将几种常见大柔度压杆的长度因数与两端约束的关系列于表 16-1。

几种常见大柔度压杆的长度因数　　　　　　　　表 16-1

杆端支承情况	两端铰支	一端自由一端固定	一端铰支一端固定	两端固定	一端固定,一端可移动,但不能转动
挠曲线图形					
长度因数	$\mu = 1$	$\mu = 2$	$\mu = 0.7$	$\mu = 0.5$	$\mu = 1$

应该指出,以上结果是在理想的杆端约束下得到的,工程实际问题要复杂得多,需根据具体情况进行分析。例如杆端与其他弹性构件固接的压杆,由于弹性构件也将发生变形,所以压杆的端截面就介于固定端和铰支座之间的弹性支座。此外,压杆上载荷也有多种形式,例如压力可能沿轴线分布,又如在弹性介质中的压杆,还将受到介质的阻抗力。上述各种情况,也可用不同的长度因数 μ 来反映,这些因数的值可从有关的设计手册中查到。

例题 16-2　试由压杆挠曲线的微分方程,导出两端固定杆欧拉公式。

解:①建立挠曲线微分方程。

两端固定的压杆失稳后,计算简图如图 16-3 所示。变形对中点对称,上、下两端的约束力偶矩同为 M_e,水平约束力皆等于零。挠曲线微分方程是

$$v'' = -\frac{F}{EI}v + \frac{M_e}{EI} \tag{1}$$

引用记号式(c),上式可以写成

$$v'' + k^2 v = \frac{M_e}{EI} \tag{2}$$

②求微分方程的通解。

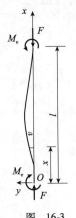

图 16-3

方程式(2)的通解为

$$v = A\sin kx + B\cos kx + \frac{M_e}{F} \tag{3}$$

v 的一阶导数为

$$v' = Ak\cos kx - Bk\sin kx \tag{4}$$

③由边界条件确定特征方程。
两端固定杆件的边界条件是

$$v(0) = 0, v'(0) = 0, v(l) = 0, v'(l) = 0 \tag{5}$$

将边界条件式(5)代入式(3)和式(4),得

$$B + \frac{M_e}{F} = 0 \tag{6a}$$

$$Ak = 0 \tag{6b}$$

$$A\sin kl + B\cos kl + \frac{M_e}{F} = 0 \tag{6c}$$

$$Ak\cos kl - Bk\sin kl = 0 \tag{6d}$$

由式(6a)、式(6b)、式(6c)、式(6d)得出

$$\cos kl - 1 = 0 \tag{7a}$$
$$\sin kl = 0 \tag{7b}$$

④由非平凡解最小根条件,确定临界压力。
满足特征方程式(7)的最小正根为

$$k = \frac{2\pi}{l} \tag{8}$$

$$F_{cr} = k^2 EI = \frac{4\pi^2 EI}{l^2} \tag{9}$$

⑤确定弯矩。

$$M = EIv'' = -EIk^2(A\sin kx + B\cos kx) \tag{10}$$

$$A = 0, B = -\frac{M_e}{F} \tag{11}$$

将式(8)和式(11)代入式(10)得

$$M = M_e \cos\frac{2\pi x}{l} \tag{12}$$

显然,当 $x = \frac{l}{4}$ 或 $x = \frac{3l}{4}$ 时,$M = 0$。

讨论与练习

(1)类比法:根据两端铰支压杆欧拉公式采用类比法可以确定其他支承压杆的欧拉公式。其要点是对所研究的压杆(或相应延长)寻找一相当于两端铰支(弯矩为零或挠曲轴拐点),可以由解析或实验的方法确定。

(2)请用类比法确定本题的欧拉公式。

例题 16-3 由压杆挠曲线的微分方程,导出一端固定、另一端铰支杆件欧拉公式。

解:①建立挠曲线微分方程。

一端固定、另一端铰支的压杆失稳后,计算简图如图 16-4 所示。为使杆件平衡,上端铰支座应有横向约束力 F_R,水平约束力皆等于零。挠曲线微分方程是

$$v'' = -\frac{F}{EI}v + \frac{F_R}{EI}(l-x) \qquad (1)$$

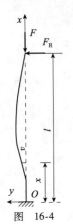

图 16-4

引用记号式(c),上式可以写成

$$v'' + k^2 v = \frac{F_R}{EI}(l-x) \qquad (2)$$

②求微分方程的通解。

方程式(2)的通解为

$$v = A\sin kx + B\cos kx + \frac{F_R}{F}(l-x) \qquad (3)$$

v 的一阶导数为

$$v' = Ak\cos kx - Bk\sin kx - \frac{F_R}{F} \qquad (4)$$

③由边界条件确定特征方程。

两端固定杆件的边界条件是

$$v(0)=0, v'(0)=0, v(l)=0 \qquad (5)$$

将边界条件式(5)代入式(3)和式(4),得

$$B + \frac{F_R l}{F} = 0 \qquad (6a)$$

$$Ak - \frac{F_R}{F} = 0 \qquad (6b)$$

$$A\sin kl + B\cos kl = 0 \qquad (6c)$$

这是关于 A、B 和 F_R 的齐次线性方程组,因为 A、B 和 F_R 不能皆等于零,即要求以上齐次线性方程组必须有非零的解,所以其系数行列式应等于零。故有

$$\begin{vmatrix} 0 & 1 & l/F \\ k & 0 & 1/F \\ \sin kl & \cos kl & 0 \end{vmatrix} = 0 \qquad (7)$$

展开得

$$\tan kl = kl \qquad (8)$$

④由非平凡解最小根条件,确定临界压力。

利用 Maple 编程解得方程式(8)的最小正根为

$$kl = 4.493 \qquad (9)$$

$$F_{cr} = k^2 EI \approx \frac{\pi^2 EI}{(0.7l)^2} \qquad (10)$$

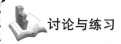
讨论与练习

(1) 请编写计算特征方程式(8)最小正根的 Maple 程序。
(2) 请用图解法计算特征方程式(8)的最小正根。
(3) 请用类比法确定本题的欧拉公式。

16.2 欧拉公式的使用范围及临界应力总图

16.2.1 欧拉临界应力公式及使用范围

临界力除以压杆的横截面面积得到的压杆处于临界状态时横截面上的压应力，称为<u>临界应力</u>，以 σ_{cr} 表示。故临界应力为

$$\sigma_{cr} = \frac{F_{cr}}{A} = \frac{\pi^2 EI}{(\mu l)^2 A} = \frac{\pi^2 E}{(\mu l/i)^2} \quad (a)$$

式中的

$$i = \sqrt{\frac{I}{A}} \quad (b)$$

是横截面的惯性半径。令

$$\lambda = \frac{\mu l}{i} \quad (16\text{-}5)$$

则得

$$\sigma_{cr} = \frac{\pi^2 E}{\lambda^2} \quad (16\text{-}6)$$

式(16-6)称为欧拉临界应力公式。式中的 λ 称为压杆的<u>柔度</u>或<u>长细比</u>，它是一个无量纲的量。压杆的柔度 λ 综合反映了杆端约束、杆的长度和截面面积等因素对临界应力的影响，是描述压杆稳定性能的重要参数。

由于欧拉公式是根据挠曲线近似微分方程导出的，故该公式只能在杆中应力不超过比例极限 σ_p 时才适用，即

$$\sigma_{cr} \leqslant \sigma_p \quad (c)$$

或

$$\lambda \geqslant \lambda_p \quad (16\text{-}7)$$

其中

$$\lambda_p = \pi \sqrt{\frac{E}{\sigma_p}} \quad (16\text{-}8)$$

所以 λ_p 是适用欧拉公式的最小柔度值。只有当杆的 $\lambda \geqslant \lambda_p$ 时，才能使用欧拉公式计算临界与临界应力。$\lambda \geqslant \lambda_p$ 的压杆称为细长压杆或大柔度压杆。

以 Q235 钢为例，$E = 206\text{GPa}$，$\sigma_p = 200\text{MPa}$，代入式(16-8)得 $\lambda_p \approx 100$。即由 Q235 钢制成的压杆，只有当 $\lambda \geqslant 100$ 时，欧拉公式才适用。

16.2.2 中柔度压杆临界应力的经验公式

压杆的柔度越小，其稳定性越好，越不易失稳。试验表明，当压杆柔度小于一定数值 λ_0

时,强度问题成为主要问题。这时压杆的承载能力由杆的抗压强度决定。$\lambda < \lambda_0$ 的压杆称为粗短压杆或小柔度压杆。

工程实际中的压杆,其柔度有时界于 λ_0 与 λ_p 之间,这类杆称为中粗压杆或中柔度压杆。中柔度压杆的临界应力通常按经验公式计算,常见的经验公式有直线公式和抛物线公式。

直线公式将临界应力 σ_{cr} 和柔度 λ 之间关系表述为直线关系

$$\sigma_{cr} = a - b\lambda \tag{16-9}$$

式中,a、b 是与材料性质有关的常数。几种常见材料的 a、b 值如表 16-2 所示。对于塑性材料,令式(16-9)中的 $\sigma_{cr} = \sigma_s$,得

$$\lambda_0 = \frac{a - \sigma_s}{b} \tag{16-10}$$

式中,λ_0 是塑性材料压杆使用直线公式时柔度 λ 的最小值。

直线公式的系数 a 和 b　　　　　　表 16-2

材　料	a(MPa)	b(MPa)	λ_p	λ_0
Q235 钢,$\sigma_s = 235$MPa,$\sigma_b \geq 375$MPa	304	1.12	100	62
优质碳素钢,$\sigma_s = 306$MPa,$\sigma_b \geq 471$MPa	461	2.568	100	60
硅钢,$\sigma_s = 353$MPa,$\sigma_b \geq 510$MPa	578	3.744	100	60
铬钼钢	980.7	5.296	55	0
硬铝	373	2.15	50	0
灰口铸铁	332.2	1.454		
松木	39.2	0.199	59	0

抛物线公式将 σ_{cr} 与 λ 的关系表示为下面的抛物线关系

$$\sigma_{cr} = a_1 - b_1 \lambda^2 \tag{16-11}$$

式中,a_1、b_1 为与材料有关的常数。

16.2.3　临界应力总图

如图 16-5 所示为压杆临界应力随柔度变化的曲线图,该图称为临界应力总图。图 16-5a)中采用了直线公式,图 16-5b)中采用了抛物线公式。

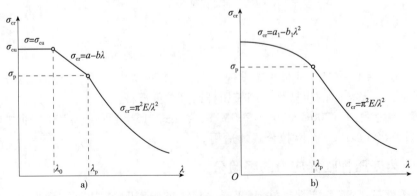

图 16-5　压杆的临界应力总图

如上所述,根据压杆的柔度值可将其分为三类:$\lambda > \lambda_p$ 的压杆属于**细长压杆**或**大柔度压杆**,按欧拉公式(16-6)计算其临界应力;$\lambda_0 \leqslant \lambda \leqslant \lambda_p$ 的压杆属于**中粗压杆**或**中柔度压杆**,可按式(16-10)或式(16-11)计算其临界应力;$\lambda < \lambda_0$ 的压杆属于**粗短压杆**或**小柔压杆**,应按强度问题处理。

16.3 压杆的稳定条件与合理设计

16.3.1 压杆的稳定条件

由上面的分析可知,压杆的临界应力是压杆保持稳定平衡的极限应力值,它与压杆工作时的最大应力之比即为压杆的工作安全因数。为使压杆具有足够的稳定性,工作安全因数必须大于或等于规定的稳定安全因数 n_{st},因此,压杆的**稳定条件**为

$$n = \frac{F_{cr}}{F} = \frac{\sigma_{cr}}{\sigma} \geqslant n_{st} \tag{16-12}$$

应该指出,稳定安全因数 n_{st} 的确定,除了要考虑确定安全因数的一般原则外,还应考虑压杆的初挠度、载荷的偏心等因素影响。所以稳定安全因数 n_{st} 的值比强度安全因数取得大些。例如钢质压杆的 $n_{st} = 1.8 \sim 3.0$,铸铁压杆的 $n_{st} = 5.0 \sim 5.5$。

还应指出,压杆的临界应力取决于整个杆的抗弯刚度。因此,压杆在局部有截面削弱情况(如铆钉孔、油孔等)可不予考虑,而按未削弱的截面尺寸计算惯性矩 I 和面积 A。但是对受削弱的横截面,应进行强度校核。

例题 16-4 空气压缩机的活塞杆由 45 号钢制成,$\sigma_s = 350\text{MPa}$,$\sigma_p = 280\text{MPa}$,$E = 210\text{GPa}$,长度 $l = 703\text{mm}$,直径 $d = 45\text{mm}$。最大压力 $F_{max} = 41.6\text{kN}$。规定稳定安全系数 $n_{st} = 8 \sim 10$。试校核其稳定性。

解:(1)大柔度压杆分析

①计算 λ_p。

由公式(16-8),得

$$\lambda_p = \pi \sqrt{\frac{E}{\sigma_p}} = 3.14 \times \sqrt{\frac{210 \times 10^9}{280 \times 10^6}} = 86$$

②计算柔度 λ。

活塞杆简化成两端铰支杆,$\mu = 1$。截面为圆形。

$$i = \sqrt{\frac{I}{A}} = \sqrt{\frac{\frac{\pi d^4}{64}}{\frac{\pi d^2}{4}}} = \frac{d}{4}$$

由式(16-5)可知柔度为

$$\lambda = \frac{\mu l}{i} = \frac{4\mu l}{d} = \frac{4 \times 1 \times 703 \times 10^{-3}}{45 \times 10^{-3}} = 62.5$$

$$\lambda < \lambda_p$$

所以不能用欧拉公式计算临界力。

(2)中柔度压杆分析

①计算 λ_0。

查表 16-2 可知,$a=461\text{MPa},b=2.568\text{MPa}$,由公式(16-10),得

$$\lambda_0 = \frac{a-\sigma_s}{b} = \frac{461\times10^6 - 350\times10^6}{2.568\times10^6} = 43.2$$

$$\lambda_0 < \lambda < \lambda_p$$

可见活塞杆是中柔度压杆。

②用直线公式(16-9)得临界应力为

$$\sigma_{cr} = a - b\lambda = 461\times10^6 - 2.568\times10^6\times62.5 = 301\text{MPa}$$

③临界压力是

$$F_{cr} = \sigma_{cr}A = \frac{\pi}{4}d^2\sigma_{cr} = \frac{3.14}{4}(45\times10^{-3})^2\times301\times10^6 = 478\text{kN}$$

④活塞杆的工作安全因数为

$$n = \frac{F_{cr}}{F_{max}} = \frac{478\times10^3}{41.6\times10^3} = 11.5 > n_{st}$$

所以空气压缩机的活塞杆满足稳定性要求。

例题 16-5 某型平面磨床的工作台液压驱动装置如图 16-6 所示。油缸活塞直径 $D=65\text{mm}$,油压 $p=1.2\text{MPa}$。活塞杆长度 $l=1\,250\text{mm}$,材料为 35 号钢,$\sigma_p=220\text{MPa}$,$E=210\text{GPa}$,$n_{st}=6$。试确定活塞杆的直径。

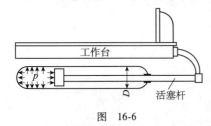

图 16-6

解:(1)先用欧拉公式初始设计

在试算时先由欧拉公式(16-4)确定活塞杆的直径,再检验是否满足使用欧拉公式的条件。

①活塞杆承受的轴向压力为

$$F = \frac{\pi}{4}D^2p = \frac{3.14}{4}\times(65\times10^{-3})^2\times1.2\times10^6 = 3.98\text{kN}$$

②如在稳定条件式(16-12)中取等号,则活塞杆的临界压力是

$$F_{cr} = n_{st}F = 6\times3\,980 = 23.9\text{kN}$$

③把活塞杆的两端简化为铰支座,$\mu=1$。

④用欧拉公式(16-4)确定活塞杆的直径。

$$F_{cr} = \frac{\pi^2 EI}{(\mu l)^2} \tag{1}$$

$$I = \frac{\pi}{64}d^4 \tag{2}$$

$$F_{cr} = \frac{\pi^3 E d^4}{64(\mu l)^2} \tag{3}$$

$$d = \sqrt[4]{\frac{64(\mu l)^2 F_{cr}}{\pi^3 E}} = \sqrt[4]{\frac{64\times1^2\times1.25^2\times23.9\times10^3}{3.14^3\times210\times10^9}} = 0.024\,6\text{m}$$

取 $d=25\text{mm}$。

（2）检验是否满足使用欧拉公式的条件

①用所确定的 d 计算活塞杆的柔度，得

$$\lambda = \frac{\mu l}{i} = \frac{4\mu l}{d} = \frac{4 \times 1 \times 1.25}{0.025} = 200$$

②对所用材料 35 号钢来说，由公式（16-8）得

$$\lambda_\mathrm{p} = \pi \sqrt{\frac{E}{\sigma_\mathrm{p}}} = 3.14 \times \sqrt{\frac{210 \times 10^9}{220 \times 10^6}} = 97$$

由于 $\lambda > \lambda_\mathrm{p}$，所以前面用欧拉公式进行的试算是正确的。

讨论与练习

请读者思考如果计算结果是 $\lambda < \lambda_\mathrm{p}$，那么下一步应该如何进行设计呢？

16.3.2 稳定校核的折减因数法

在工程实际中，通常将稳定条件式改写成

$$\sigma \leqslant \frac{\sigma_\mathrm{cr}}{n_\mathrm{st}} = [\sigma_\mathrm{st}] \tag{16-13}$$

式中，$[\sigma_\mathrm{st}]$ 称为稳定许用应力。工程上将稳定许用应力写成

$$[\sigma_\mathrm{st}] = \varphi [\sigma] \tag{16-14}$$

而稳定条件则为

$$\sigma \leqslant \varphi [\sigma] \tag{16-15}$$

式中，$[\sigma]$ 为许用压应力；φ 是一个小于 1 的因数，称为**折减因数**，其值与压杆的柔度和所用材料有关。

几种常用材料对应于不同 λ 的 φ 值如表 16-3 所示。

压杆的折减因数 $\varphi - \lambda$ 表 16-3

λ	φ		λ	φ	
	Q215、Q235 钢	16Mn 钢		Q215、Q235 钢	16Mn 钢
0	1.000	1.000	130	0.401	0.279
10	0.995	0.993	140	0.349	0.242
20	0.981	0.973	150	0.306	0.213
30	0.958	0.940	160	0.272	0.188
40	0.927	0.895	170	0.243	0.168
50	0.888	0.840	180	0.218	0.151
60	0.842	0.776	190	0.197	0.136
70	0.789	0.705	200	0.180	0.124
80	0.731	0.627	210	0.164	0.113
90	0.669	0.546	220	0.151	0.104
100	0.604	0.462	230	0.139	0.096
110	0.536	0.384	240	0.129	0.089
120	0.466	0.325	250	0.120	0.082

16.3.3 压杆的合理设计

影响压杆稳定性的因素有:压杆的截面形状、长度、约束情况以及材料性质。提高压杆稳定性的措施应从以下三个方面考虑。

(1) 合理地选择材料

对于细长压杆,临界力 F_{cr} 与材料的弹性模量 E 成正比。钢的弹性模量比其他材料如铝合金、铜合金等大,所以细长压杆多采用钢材制造。因为各种钢材的弹性模量差别不大,所以采用高强度合金钢并不能提高其临界力,因此,工程上大多采用普通碳素钢制造细长压杆。

对于中长压杆和粗短压杆,临界应力都随材料屈服极限的提高而增大,故采用高强度合金钢对提高压杆的稳定性是有效的。

(2) 合理选择截面形状

当压杆在各个方向约束情况相同时,失稳总是发生在最小惯性矩平面内,因此,应使压杆横截面在各个方向具有相等的惯性矩。在面积一定的条件下,尽量增大惯性矩可提高压杆的临界力。所以在面积相等时,正方形截面比矩形截面合理,空心截面比实心截面好。

当压杆两个方向的约束不同时,如发动机的连杆,则可采用两个主惯性矩不同的截面,如矩形、工字形等,使压杆在两个方向的柔度接近相等,从而在各个方向具有相近的稳定性。

(3) 合理安排压杆约束与选择杆长

减少压杆的长度可有效地提高压杆的临界力。在压杆的总长不能改变时,工程上经常利用增加中间支承的方式达到减小弯曲时的半波长度来提高稳定性。

压杆两端固定得越牢,长度因数 μ 值就越小,于是可以降低柔度 λ,压杆的临界力就得到提高。为此,在工艺上应尽可能做到使压杆两端部接近刚性连接。例如刚架结构中的一些支柱,除两端焊牢外,还要用垫板、肘板等加强端部的约束。

16.4 Maple 编程示例

编程题 16-1 如图 16-7 所示一端固定、另一端自由的工字形钢承压柱,已知 $F = 240\text{kN}$, $l = 2.3\text{m}$,材料为 Q235A 钢,许用应力 $[\sigma] = 170\text{MPa}$。

求:选择工字钢型号。

解:● 建模 利用迭代法求解。

① 根据工字钢型号,查横截面面积、最小主惯性半径。

② 求压杆柔度 λ。

③ 查表采用线性插值公式 $\varphi = \varphi_i - \dfrac{\varphi_i - \varphi_{i+1}}{\lambda_{i+1} - \lambda_i}(\lambda - \lambda_i)$,求压杆的折减系数。

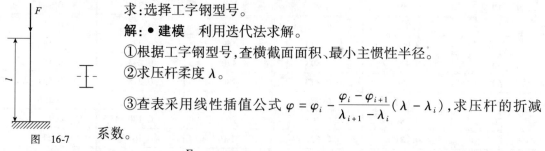

图 16-7

根据稳定条件,要求 $A \geqslant \dfrac{F}{\varphi[\sigma]}$,由于折减系数 φ 与横截面尺寸 A 也有关,所以需采用迭代法进行设计。

答: 压杆的 $\lambda = 175.6$,$\varphi = 0.2290$,工作应力 $\sigma_W = 35.74\text{MPa}$,稳定许用应力 $[\sigma]_{st} =$

38.93MPa,工字钢型号 32a。

对于稳定截面设计,则从最小的工字钢型号开始试计算,直到能够满足稳定计算准则的工字钢型号为止。这一过程对于手工计算是不可思议的,但计算机却能够很快完成。

- **Maple 程序**

```
> restart:                                              #清零。
> alias([sigma] = sigma[XY],[sigma][st] = sigma[st]):
>                                                       #变量命名。
> F:=240*10^3;l:=2.3:mu:=2:                             #已知条件。
> ##############################################################
> section:=proc(F,l,mu)                                 #工字钢截面设计子程序开始。
> local lambda,lambda0,NO,S,iy,sigma,STW,STst,k,j,phi1,Phi,
>           phi,phi0,A,i,m,n,Number,Number0,Numbern0:
>                                                       #局部变量。
> sigma[XY]:=170*10^6:                                  #已知条件。
> m:=34:                                                #工字钢型号个数。
> NO:=vector([10,12.6,14,16,18,A20,B20,A22,B22,A25,
>             B25,A28,B28,A32,B32,C32,A36,B36,C36,A40,
>             B40,C40,A45,B45,C45,A50,B50,C50,A56,B56,
>             C56,A63,B63,C63]):                        #工字钢型号数组。
> S:=vector([14.345,18.118,21.516,26.131,30.756,35.578,
>            39.578,42.128,46.528,48.541,53.541,55.404,
>            61.004,67.156,73.556,79.956,76.480,83.680,
>            90.880,86.112,94.112,102.112,102.446,111.446,
>            120.446,119.304,129.304,139.304,135.435,146.635,
>            157.835,154.658,167.258,179.858]):
>                                                       #工字钢型号截面面积。
> iy:=vector([1.52,1.61,1.73,1.89,2.00,2.12,2.06,2.31,2.27,2.40,
>             2.40,2.50,2.49,2.62,2.61,2.61,2.69,2.64,2.60,2.77,
>             2.71,2.65,2.89,2.84,2.79,3.07,3.01,2.96,3.18,3.16,
>             3.16,3.31,3.29,3.27]):
>                                                       #工字钢型号最小主惯性半径。
> n:=21:                                                #Q235 钢的 φ-λ 表有 21 个数据。
> lambda0:=vector([0,10,20,30,40,50,60,
>                  70,80,90,100,110,120,130,
>                  140,150,160,170,180,190,200]):
>                                                       #φ-λ 表的 $\lambda_0$ 值。
> phi0:=vector([1.000,0.995,0.981,0.958,0.927,0.888,0.842,
>               0.789,0.731,0.669,0.604,0.536,0.466,0.401,
>               0.349,0.306,0.272,0.243,0.218,0.197,0.180]):
>                                                       #φ-λ 表的 $\varphi_0$ 值。
> for k from 1 to m do                                  #设计工字钢截面压杆循环开始。
> A[k]:=evalf(S[k]*10^(-4),4):                          #第 k 次循环工字钢型号横截面面积。
> i[k]:=evalf(iy[k]*10^(-2),4):                         #第 k 次循环工字钢型号最小主惯性半径。
```

```
> lambda[k] := evalf(mu*l/i[k],4);                    #第k次循环压杆柔度λ。
> Number := 10*floor(lambda[k]/10);                   #第k次循环比λ小的最接近的λ₀值。
> for j from 1 to n do                                #查φ-λ表循环开始。
> Number0 := lambda0[j];                              #第j个λ₀。
> Numbern0 := lambda0[n];                             #第n个λ₀。
> if Number >= Numbern0 then                          #如果λ超出φ-λ表的范围,那么
> phi[k] := phi0[n];                                  #第k次循环后φ取φ-λ表的终值。
> fi;                                                 #条件语句结束。
> if j = n then                                       #如果查φ-λ表到最后一个,那么
> Phi[j] := phi0[n];                                  #φ取φ-λ表的最后一个值。
> else;                                               #否则
> Phi[j] := phi0[j] - (phi0[j] - phi0[j+1])/(lambda0[j+1]
>          - lambda0[j])*(lambda[k] - lambda0[j]);
>                                                     #采用线性插值公式。
> fi;                                                 #条件语句结束。
> if Number = Number0  then                           #根据压杆柔度λ查折减系数。
> phi[k] := evalf(Phi[j],4);                          #第k次循环后的计算折减系数φ。
> break                                               #查φ-λ表循环结束。
> else;                                               #否则
> fi;                                                 #条件语句结束。
> od;                                                 #查φ-λ表循环结束。
> STW[k] := evalf(F/A[k],4);                          #第k次循环工作应力。
> STst[k] := evalf(phi[k]*sigma[XY],4);
>                                                     #第k次循环稳定许用应力。
> if STW[k] <= STst[k] then                           #如果满足稳定性要求,那么
> break                                               #设计工字钢形截面结束。
> fi;                                                 #条件语句结束。
> od;                                                 #设计工字型钢承压柱循环结束。
> "k =",k,"Number: =",NO[k],                          #迭代次数,工字钢型号。
> "lambda =",lambda[k],"phi =", phi[k],
>                                                     #压杆柔度,折减因数。
> "sigma[w] =",STW[k],"sigma[st] =",STst[k];
>                                                     #工作应力,稳定许用应力。
> end;                                                #工字钢截面设计子程序结束。
> section(F,l,mu);                                    #迭代次数,工字钢型号,压杆柔度,
>                                                     #折减系数,工作应力,稳定许用应力。
```

思考题

思考题16-1 滚珠在表面 AOB 上无摩擦地运动,如图16-8所示。它在 O 点处的平衡是稳定的吗?

思考题16-2 一端固定、另一端弹性支承的受压杆件,如图16-9所示。k 为弹簧刚度系数。试列出它的挠曲线近似微分方程和有关的边界条件。

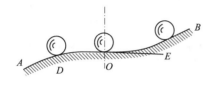

图 16-8

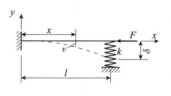

图 16-9

思考题 16-3 如图 16-10 所示三根细长压杆,除约束情况不同外其他条件完全相同。试问哪一根杆最易失稳?哪一根杆最难失稳?

思考题 16-4 四立柱机架如图 16-11a)所示,每根柱子承担 $F/4$ 的压力。若各柱的材料和直径相同,是否会发生如图 16-11b)、c)、d)所示的失稳模态?哪一种失稳模态最容易发生?

思考题 16-5 测量细长杆临界力的试验装置如图 16-12 所示,当两个试件完全相同时,两种装置的试验结果有无差别?各有什么优缺点?

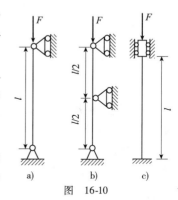

图 16-10

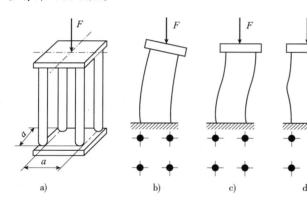

图 16-11

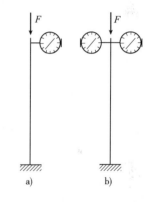

图 16-12

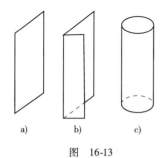

图 16-13

思考题 16-6 把一张纸竖立在桌上,如图 16-13a)所示,其自重就足以使它弯曲。若把纸折成角形放置,如图 16-13b)所示,则其自重就不能使它弯曲了。若把纸卷成圆筒后竖放,如图 16-13c)所示,甚至在顶端加上小砝码也不会弯曲。这是什么原因?

思考题 16-7 设如图 16-14 所示各种截面形状的中心受压直杆两端为球铰支承,试判断它们丧失稳定时会在哪一个或哪一些方向上屈曲。如果压杆一端固定、一端自由,情况又会怎样?

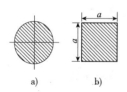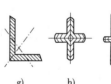

图 16-14

思考题 16-8 如图 16-15 所示，两个钢制桁架除了斜杆的布置不同外，其他条件完全相同，问何者较为合理？为什么？

思考题 16-9 桁架式钢桥如图 16-16 所示，设计时在上半部加了许多竖杆和斜杆，这是出于美观还是出于材料力学上的考虑？

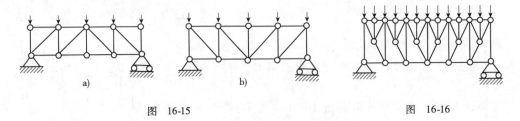

图 16-15   图 16-16

思考题 16-10 在求如图 16-17a) 所示油压作动筒的临界力时，是采用图 16-17b)，还是图 16-17c) 的计算模型比较合理？

思考题 16-11 当压杆只有局部的截面削弱时（如图 16-18 所示钻有圆孔的杆），为什么在强度条件中要用净面积计算，而在稳定性条件中要按毛面积计算？计算图示细长杆的临界力时，取 $I = \pi D^4/64 - dD^3/12$ 对不对？

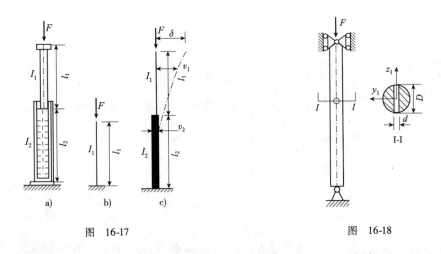

图 16-17   图 16-18

 习题

A 类型习题

习题 16-1 如图 16-19 所示细长压杆，两端固定，截面由两个不等边角钢焊成，材料的 $E = 200\text{GPa}$，单根角钢截面参数：$I_x = 37.22 \times 10^4 \text{ mm}^4$，$I_{y1} = 12.01 \times 10^4 \text{ mm}^4$，$A = 765.7 \text{mm}^2$，试用欧拉公式求临界载荷 F_{cr}。

习题 16-2 如图 16-20 所示结构，AB 和 BC 是两端铰支的细长杆，抗弯刚度均为 EI。钢丝绳 BDC 两端分别连接在 B、C 两铰点处，在 D 点悬挂一重为 W 的物体。求：

(1) 当 $h = 3\text{m}$ 时，能悬挂的 W 最大值是多少？

(2) h 为何值时悬挂的重量最大？

习题 16-3 现有直径为 d 的两端固定圆截面压杆和边长为 d 的两端铰支正方形截面压杆，若两杆都是细长杆且材料及柔度均相同，求两杆长度之比及临界力之比。

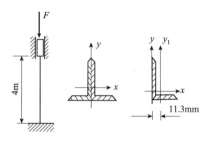
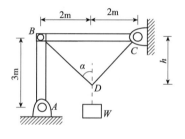

图 16-19　　　　　　　　　　　　　图 16-20

习题 16-4　如图 16-21 所示，1、2 两杆为一串联受压结构，1 杆为圆截面，直径为 d；2 杆为矩形截面，$b=3d/2$，$h=d/2$，1、2 两杆材料相同，弹性模量为 E，设两杆均为细长杆，试求此结构在 xy 平面内失稳能承受最大压力时的杆长比值。

习题 16-5　如图 16-22 所示，截面为矩形 $b \times h$ 的压杆两端用柱形铰联结（在 xy 平面内弯曲时可视为两端铰支，在 xz 平面内弯曲时可视为两端固定）。$E = 200\text{GPa}$，$\sigma_\text{p} = 200\text{MPa}$，求：

（1）当 $b = 30\text{mm}$、$h = 50\text{mm}$ 时，压杆的临界载荷；
（2）若压杆在两个平面（xy 和 xz 平面）内失稳的可能性相同，b 和 h 的比值。

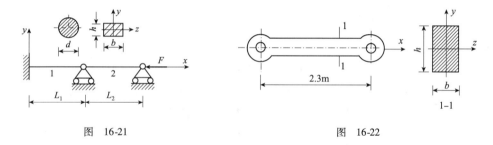

图 16-21　　　　　　　　　　　　　图 16-22

习题 16-6　如图 16-23 所示圆截面压杆 $d = 40\text{mm}$，$\sigma_\text{s} = 235\text{MPa}$，求可以用经验公式 $\sigma_\text{cr} = 304 - 1.12\lambda\,(\text{MPa})$ 计算临界应力时的最小杆长。

习题 16-7　如图 16-24 所示结构，圆截面杆 1 和圆环截面杆 2 的长度、面积均相同，圆环截面的内外径之比 $d_2/D_2 = 0.7$，$A = 900\text{mm}^2$，材料的 $E = 200\text{GPa}$，$\lambda_\text{p} = 100$，$\lambda_\text{s} = 61.4$，临界应力经验公式 $\sigma_\text{cr} = 304 - 1.12\lambda\,(\text{MPa})$，求两杆的临界力及结构失稳时的载荷 F。

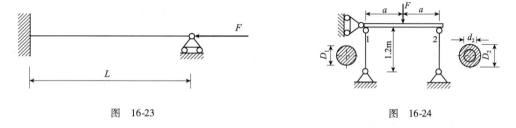

图 16-23　　　　　　　　　　　　　图 16-24

习题 16-8　试确定如图 16-25 所示结构中压杆 BD 失稳时的临界载荷 F 值。已知 $\sigma_\text{p} = 200\text{MPa}$，$E = 200\text{GPa}$。

习题 16-9　如图 16-26 所示结构，AB 为刚性梁，圆杆 CD 的直径 $d = 50\text{mm}$，$E = 200\text{GPa}$，$\lambda_\text{p} = 100$，试求结构的临界载荷 F_cr。

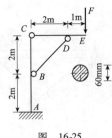
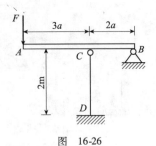

图 16-25   图 16-26

习题 16-10　如图 16-27 所示结构，CD 为刚性杆，杆 AB 的 $E=200\text{GPa}$，$\sigma_p=200\text{MPa}$，$\sigma_s=240\text{MPa}$，经验公式 $\sigma_{cr}=304-1.12\lambda(\text{MPa})$，求使结构失稳的最小载荷 F。

习题 16-11　如图 16-28 所示结构，AB 为刚性杆，CD、EF 杆的弹性模量 $E=200\text{GPa}$，临界应力经验公式 $\sigma_{cr}=304-1.12\lambda(\text{MPa})$，$\lambda_p=99.3$，$\lambda_s=57$。求结构失稳时的最小 F 值。

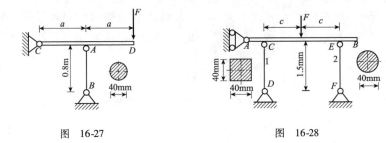

图 16-27   图 16-28

习题 16-12　如图 16-29 所示托架中，圆截面杆 DC 的直径 $d=100\text{mm}$，材料的弹性模量 $E=10\text{GPa}$，$\sigma_p=8\text{MPa}$，试根据 DC 杆的稳定性求托架的临界载荷集度 q_{cr}。

习题 16-13　如图 16-30 所示结构，杆 1、2 材料、长度均相同。$E=200\text{GPa}$，$L=0.8\text{m}$，$\lambda_p=99.3$，$\lambda_s=57$，经验公式 $\sigma_{cr}=304-1.12\lambda(\text{MPa})$，若稳定安全因数 $n_{st}=3$，求许可载荷 $[F]$。

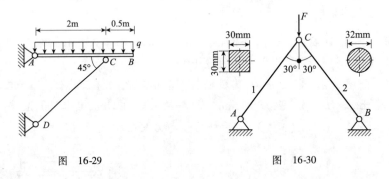

图 16-29   图 16-30

习题 16-14　结构尺寸如图 16-31 所示，立柱为圆截面，材料的 $E=200\text{GPa}$，$\sigma_p=200\text{MPa}$。若规定稳定安全因数 $n_{st}=2$，试校核立柱 CD 的稳定性。

习题 16-15　如图 16-32 所示结构中，两杆直径为 $d=40\text{mm}$，$\lambda_p=100$，$\lambda_s=61.6$，临界应力的经验公式为 $\sigma_{cr}=304-1.12\lambda(\text{MPa})$，稳定安全因数 $n_{st}=2.4$，试校核压杆的稳定性。

习题 16-16　如图 16-33 所示结构，$E=200\text{GPa}$，$\sigma_p=200\text{MPa}$，求 AB 杆的临界应力，并根据 AB 杆临界载荷的 1/5 确定起吊重物 F 的许可值。

习题 16-17　如图 16-34 所示结构，由 Q235A 钢制成，斜撑杆外径 $D=45\text{mm}$，内径 $d=36\text{mm}$，稳定安全因数 $n_{st}=3$，斜撑杆的 $\lambda_p=100$，$\lambda_s=61.6$，中长杆的 $\sigma_{cr}=304-1.12\lambda$（MPa），试由压杆的稳定性确定结构的许用载荷 $[F]$。

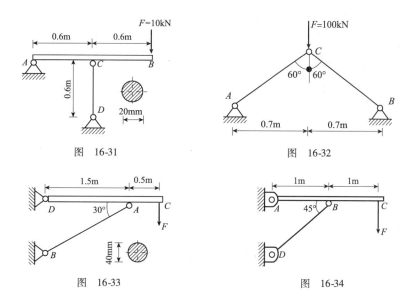

图 16-31　　　　　　　　　　　　图 16-32

图 16-33　　　　　　　　　　　　图 16-34

习题 16-18　如图 16-35 所示结构中，AC 和 BC 均为圆截面钢杆，已知材料的屈服极限 $\sigma_s = 240\text{MPa}$，比例极限 $\sigma_p = 200\text{MPa}$，材料的弹性模量 $E = 200\text{GPa}$，直线型经验公式的系数 $a = 304\text{MPa}$，$b = 1.12\text{MPa}$，两杆直径均为 $d = 40\text{cm}$，若两杆的安全因数均取为 3，试求结构的最大许可载荷 F。

习题 16-19　如图 16-36 所示结构中，AB 和 BC 均为圆截面钢杆，已知材料的屈服极限 $\sigma_s = 240\text{MPa}$，比例极限 $\sigma_p = 200\text{MPa}$，材料的弹性模量 $E = 200\text{GPa}$。直线型经验公式的系数 $a = 304\text{MPa}$，$b = 1.12\text{MPa}$，两杆直径均为 $d = 40\text{mm}$，若两杆的安全因数均取为 3，试求结构的最大许可载荷 F。

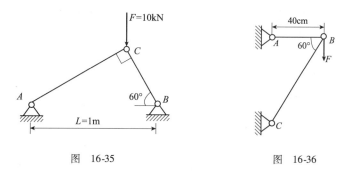

图 16-35　　　　　　　　　　　　图 16-36

习题 16-20　如图 16-37 所示结构，横梁截面为 10 号工字钢。$W_z = 49\text{cm}^3$，BD 直杆截面为矩形 $20\text{mm} \times 30\text{mm}$，两端为球铰，材料的弹性模量 $E = 200\text{GPa}$，$\lambda_p = 100$，稳定安全因数 $n_{st} = 2.5$，横梁许应力 $[\sigma] = 140\text{MPa}$，试校核结构是否安全。

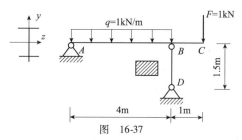

图 16-37

B 类型习题

习题 16-21 如图 16-38 所示圆杆 CD、EF 材料及尺寸相同，$d=30\text{mm}$，$E=200\text{GPa}$，$\sigma_\text{p}=200\text{MPa}$，$\sigma_\text{s}=240\text{MPa}$，临界应力的经验公式为 $\sigma_\text{cr}=304-1.12\lambda\,(\text{MPa})$，稳定安全因数 $n_\text{st}=3$，求压杆刚达到临界状态时的容许载荷 $[Q]$。

习题 16-22 如图 16-39 所示水平悬臂梁 AB 与竖直杆 BC 于 B 处铰接，梁 AB 受均布载荷作用，其弹性模量为 E_1，截面惯性矩为 I_1；BC 杆由两根 $a\times 2a$ 的矩形截面杆件组成，且仅在两端分别以铰支和固支连接，弹性模量为 E_2。试求其临界载荷 q。

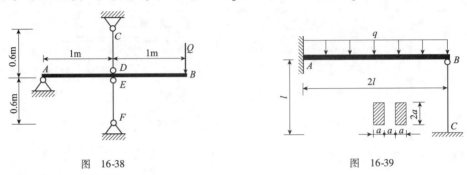

图 16-38　　　　　　　　　　　图 16-39

习题 16-23 简支梁 AB 于中点 C 由铅垂杆 CD 支承，$AB\perp CD$。梁 AB 受到集度为 q 的均布载荷作用，各杆材料的弹性模量均为 E，横截面为直径 $d=a/20$ 的圆形，长度尺寸如图 16-40 所示，不计弯曲剪应力的影响。许用力 $[\sigma]=E/1000$，稳定安全因数 $n_\text{st}=3$。试求最大许用载荷集度。

习题 16-24 如图 16-41 所示结构，DE 为直径 $d=20\text{mm}$ 的圆杆，梁 AB 和折杆 BCD 均为边长为 $c=70\text{mm}$ 的正方形截面杆，各杆材料相同，均为 Q235 钢，其弹性模量 $E=200\text{GPa}$，许用应力 $[\sigma]=160\text{MPa}$，比例极限 $\sigma_\text{p}=200\text{MPa}$，与材料性质有关的常数 $a=304\text{MPa}$，$b=1.12\text{MPa}$，规定的稳定安全系数 $n_\text{st}=3$，$L=1\text{m}$。试求分布载荷 q 的许可值。

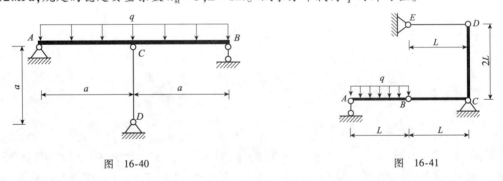

图 16-40　　　　　　　　　　　图 16-41

习题 16-25 如图 16-42 所示外径 $D=100\text{mm}$，内径 $d=80\text{mm}$ 的钢管，在室温下进行安装，安装后钢管两端固定，此时钢管不受力，已知钢管材料的线膨胀系数 $\alpha=12.5\times 10^{-6}\,\text{℃}^{-1}$，弹性模量 $E=210\text{GPa}$，屈服极限 $\sigma_\text{s}=300\text{MPa}$，强度极限 $\sigma_\text{b}=470\text{MPa}$，$\lambda_\text{s}=60$，$\lambda_\text{p}=100$，$a=460\text{MPa}$，$b=2.5\text{MPa}$。试求当温度升高多少时钢管将失稳。

习题 16-26 如图 16-43a)所示一端固定，一端铰支的圆截面杆 AB 受轴向压力 F 作用，直径 $d=80\text{mm}$，杆长 $l=8.4\text{m}$，已知材料的 $\sigma_\text{p}=200\text{MPa}$，$\sigma_\text{s}=240\text{MPa}$，$\sigma_\text{b}=400\text{MPa}$，$E=200\text{GPa}$，$a=304\text{MPa}$，$b=1.12\text{MPa}$，规定的稳定安全因数 $n_\text{st}=3.0$，试求：

(1) AB 杆的许可载荷 $[F]$；

(2)为提高压杆的稳定性,在 AB 杆中央 C 点处加一中间活动铰链支座,把 AB 杆分成 AC、CB 独立的两段,如图 16-43b)所示,求此时的许可载荷[F]。

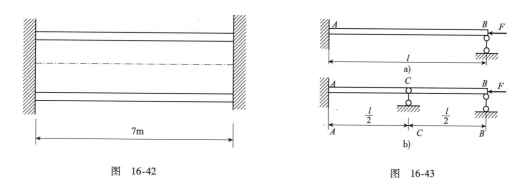

图 16-42

图 16-43

习题 16-27 求如图 16-44 所示压杆中点受力 F 的临界值。两杆端支撑均为固定铰支撑。杆的惯性矩 I = 常数,弹性模量为 E(忽略杆件自重的影响)。

习题 16-28 有一结构如图 16-45 所示,水平梁 ABCD 可视为刚性件,杆 1 和杆 2 均采用 Q235 钢,其比例极限 $\sigma_p = 200\text{MPa}$,屈服极限 $\sigma_s = 240\text{MPa}$,强度极限 $\sigma_b = 400\text{MPa}$,弹性模量 $E = 304\text{GPa}$,杆 1 的直径 $d = 10\text{mm}$,杆 2 的直径 $d = 30\text{mm}$,两杆长度相等,为 $l = 100\text{cm}$,结构要求各杆的安全因数大于 2,试求结构容许承受的最大载荷。

习题 16-29 如图 16-46 所示,一根长为 l 的均质柱,弯曲刚度为 EI,一端固定,一端自由,临界载荷的设计值已知为 F。为了提高该柱的临界载荷值,在其自由端加一弹簧,则柱的临界载荷值与弹簧的刚度有关,问临界载荷值为 4F 时,弹簧的刚度 k 应为多少?

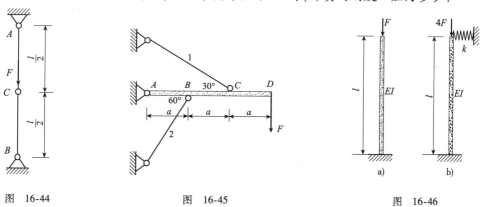

图 16-44

图 16-45

图 16-46

习题 16-30 折杆 ABC 水平放置,A 端固定,$AB \perp BC$,B 处由铅垂杆 BD 支承,B、D 处皆为球形铰支座。C 端受到大小均为 F 的水平力与铅垂力作用。各杆材料的弹性模量均为 $E = 100\text{GPa}$,各杆的横截面均为直径 $d = 20\text{mm}$ 的圆形,长度尺寸如图 16-47 所示,不计弯曲剪应力。按第二强度理论计算,许用应力 $[\sigma] = 150\text{MPa}$,稳定性按欧拉公式计算,稳定安全系数 $n_{st} = 3$,在线弹性范围内,试求许用最大载荷 [F]。

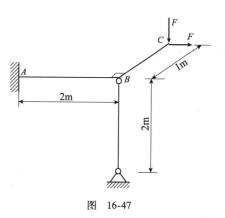

图 16-47

C 类型习题

习题 16-31 如图 16-48 所示,一端固定局部钻空的长柱承受重量 G,试问精确对中钻孔的长度 h_2 为多深时,长柱将发生弯曲?

已知数据:$G=4\text{kN}, h=460\text{mm}, d_1=14\text{mm}, d_2=10\text{mm}, E=206\text{GPa}$。

习题 16-32 如图 16-49 所示,试求弯曲刚度为 EI 的受轴向载荷的圆杆在受弯时的弹簧系数 $C=F_V/w(0)$。

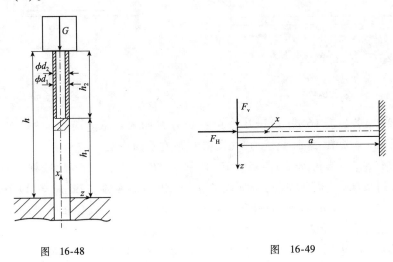

图 16-48   图 16-49

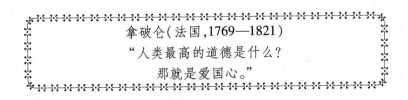

拿破仑(法国,1769—1821)
"人类最高的道德是什么?
那就是爱国心。"

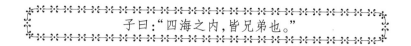

子曰:"四海之内,皆兄弟也。"

第 17 章 动 载 荷

前面讨论杆件的变形和应力计算时,认为载荷从零开始平缓地增加,以致在加载过程中,杆件各点的加速度很小,可以不计,载荷加到最终值后也不再变化,此即所谓静载荷。

有些工程实际问题并非如此,如高速旋转的圆盘和加速提升的构件,其质点有明显的加速度。又如锻压汽锤的锤杆、紧急制动的转轴,其速度在短暂的时间内发生了急剧的变化,这些情况都属于动载荷问题。

实验结果表明,只要应力不超过比例极限,郑玄—胡克定律仍适用于动载荷下应力、应变的计算,弹性模量也与静载下的数值相同。本章讨论下述三类问题:

(1)构件变速运动时的强度、刚度和稳定性;
(2)冲击;
(3)振动。

载荷按周期变化的情况,将于第 18 章中讨论。

17.1 构件变速运动时的强度、刚度和稳定性

理论力学中介绍了动静法,即达朗伯原理。对作加速运动的质点系(构件),如假想地在每一质点上加上惯性力,则质点系上的原力系与惯性力系组成平衡力系。这样,就可把动力学问题在形式上作为静力学问题来处理,这就是动静法。这样,前面关于静载荷下强度、刚度和稳定性的计算方法,也可直接用于增加了惯性力的构件。

17.1.1 构件作平行移动时的应力与变形

例如图 17-1a)表示以匀加速度 a 向上提升的杆件。若杆件横截面面积为 A,单位体积的质量为 ρ,则杆件每单位长度的质量为 $A\rho$,相应的惯性力为 $A\rho a$,且方向向下。将惯性力加于杆件上,于是作用于杆件上的重力、惯性力和吊升力 F 组成平衡力系,如图 17-1b)所示。杆件成为在横向力作用下的弯曲问题。均布载荷的集度是

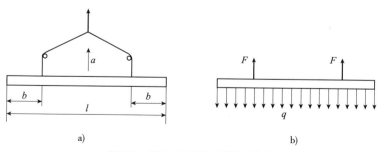

图 17-1 以匀加速度向上提升的杆件

$$q = A\rho g\left(1 + \frac{a}{g}\right) \tag{a}$$

杆件中央横截面上的弯矩为

$$M = F\left(\frac{l}{2} - b\right) - \frac{l}{2}q\left(\frac{l}{2}\right)^2 = \frac{\rho g A l}{8}(l - 4b)\left(1 + \frac{a}{g}\right) \tag{b}$$

相应的应力(一般称为动应力)为

$$\sigma_d = \frac{M}{W} = \frac{\rho g A l}{8W}(l - 4b)\left(1 + \frac{a}{g}\right) \tag{17-1}$$

当加速度 a 等于零时,由上式求得杆件在静载下的应力为

$$\sigma_{st} = \frac{\rho g A l}{8W}(l - 4b) \tag{17-2}$$

故动应力可以表示为

$$\sigma_d = \sigma_{st}\left(1 + \frac{a}{g}\right) \tag{c}$$

括号中的因子称为<u>动荷因数</u>,并记为

$$K_d = 1 + \frac{a}{g} \tag{17-3}$$

于是由式(c),强度条件可以写成

$$\sigma_d = K_d \sigma_{st} \leqslant [\sigma] \tag{17-4}$$

这表明<u>动应力等于静应力乘以动荷因数</u>。

当杆件中的应力不超过比例极限时,载荷与变形成正比。因此,杆件在动载荷作用下的动变形 Δ_d 与静载荷作用下的静变形 Δ_{st} 之间也有类似的关系,刚度条件可以写成

$$\Delta_d = K_d \Delta_{st} \leqslant [\Delta] \tag{17-5}$$

由于在动荷因数 K_d 中已经包含了动载荷的影响,所以 $[\sigma]$、$[\Delta]$ 分别为静载下的许用应力和许用变形。

17.1.2 构件定轴转动时的应力与变形

(1)匀速定轴转动

设圆环以匀角速度 ω 绕通过圆心且垂直于纸面的轴旋转,如图 17-2a)所示。若圆环的厚度为 $\delta(\delta \ll D)$,宽度为 b(垂直于纸面),密度为 ρ,便可近似地认为环内各点的向心加速度大小相等,且都等于 $\frac{D\omega^2}{2}$,以 A 表示横截面面积,于是沿轴线均匀分布的惯性力集度为

$$q_d = A\rho a_n = \frac{A\rho D}{2}\omega^2 \tag{d}$$

方向则背离圆心,如图 17-2b)所示。

取半个圆环为分离体,如图 17-2c)所示,由平衡方程

$$\sum F_y = 0, \quad \int_0^\pi q_d \sin\varphi \cdot \frac{D}{2}d\varphi - 2F_{Nd} = 0 \tag{e}$$

$$F_{Nd} = \frac{\rho A D^2}{4}\omega^2 \tag{f}$$

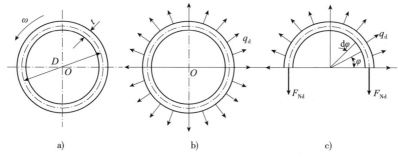

图 17-2 匀速定轴转动的构件

由此求得圆环横截面上的应力强度条件为

$$\sigma_d = \frac{\rho D^2}{4}\omega^2 = \rho v^2 \leqslant [\sigma] \tag{17-6}$$

式中,$v = \dfrac{D\omega}{2}$ 为圆环轴线上各点的线速度。

上式表明,环内周向动应力 σ_d 与圆环轴线上各点的线速度的平方成正比,而与圆环的横截面面积无关。所以,增大横截面面积不能降低周向应力。要保证强度,应该限制圆环的转速。

(2) 匀变速定轴转动

一钢制圆轴,右端有一个质量很大的飞轮,如图 17-3 所示,轴的左端装有制动器。飞轮的转速为 n,转动惯量为 J_x,轴的直径为 d,长度为 l,制动时,轴在 Δt 时间内均匀减速停止转动。不考虑轴的质量,轴的初始角速度 $\omega_0 = \dfrac{\pi n}{30}$,末角速度 $\omega_1 = 0$,制动的角加速度 $\boldsymbol{\alpha}$ 方向与 $\boldsymbol{\omega}_0$ 反向,大小为

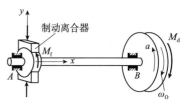

图 17-3 匀变速定轴转动的构件

$$\alpha = \frac{0 - (-\omega_0)}{\Delta t} = \frac{\pi n}{30\Delta t} \tag{g}$$

加在飞轮上的惯性力偶矩 M_d 与 $\boldsymbol{\alpha}$ 反向,大小为

$$M_d = J_x \alpha = \frac{\pi J_x n}{30\Delta t} \tag{h}$$

轴横截面上的扭矩为

$$T = M_d \tag{i}$$

轴横截面上的最大扭转切应力强度条件为

$$\tau_{d,\max} = \frac{T}{W_p} \leqslant [\tau] \tag{17-7}$$

轴两端之间的扭转角为

$$\varphi = \frac{Tl}{GI_p} = \frac{M_d l}{GI_p} \tag{j}$$

单位长度扭转角刚度条件为

$$\vartheta = \frac{T}{GI_p} = \frac{M_d}{GI_p} \leqslant [\vartheta] \tag{17-8}$$

17.1.3 旋转效应引起的失稳问题

例题 17-1 如图 17-4 所示长为 l 的直杆,下端固定,上端附有重物,其质量为 m,杆的抗弯刚度为 EI,直杆连同支座以 ω 绕杆轴旋转。设直杆的质量可以忽略,求系统失稳时的角速度 ω_{cr}。

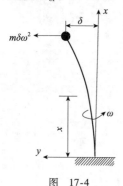

图 17-4

解:选取以角速度 ω 旋转的相对坐标系。设失稳时重物由于旋转作用而偏离铅垂位置,位移为 δ,重物产生的惯性力为 $m\delta\omega^2$,在直杆的任一截面 x 处,其弯矩为 $m\delta\omega^2(l-x)$,于是有

$$y'' = \frac{m\delta\omega^2}{EI}(l-x) \tag{1}$$

对式(1)进行两次积分,得

$$y' = \frac{m\delta\omega^2}{EI}\left(lx - \frac{1}{2}x^2 + C_1\right) \tag{2}$$

$$y = \frac{m\delta\omega^2}{EI}\left(\frac{1}{2}lx^2 - \frac{1}{6}x^3 + C_1 x + C_2\right) \tag{3}$$

该问题的边界条件为

$$y(0) = 0 \tag{4a}$$

$$y'(0) = 0 \tag{4b}$$

$$y(l) = \delta \tag{4c}$$

将式(4a)和式(4b)分别代入式(3)和式(2),得 $C_2 = 0$ 和 $C_1 = 0$,于是

$$y = \frac{m\delta\omega^2}{6EI}(3lx^2 - x^3) \tag{5}$$

由式(4c)得

$$\frac{m\delta\omega^2 l^3}{3EI} = \delta \tag{6}$$

于是得系统失稳时的角速度为

$$\omega_{cr} = \sqrt{\frac{3EI}{ml^3}} \tag{7}$$

17.2 冲击载荷作用下构件的应力与变形

当具有一定速度的运动物体冲击静止构件时,在非常短暂的时间内,速度发生很大变化,这种现象称为冲击或撞击,如锻造工件、打桩、铆接、高速转动的飞轮突然制动等。其中,重锤、飞轮等为冲击物,而被打的桩和固结的飞轮的轴等则为被冲构件。

冲击问题的特点是:在冲击物与受冲构件的接触区域内,应力状态异常复杂,冲击持续时间非常短促,接触力随时间的变化难以准确分析。要精确地分析冲击产生的应力与变形,应考虑冲击引起的弹性体内的应力波、冲击过程中的能量损耗等,这些都是比较复杂的力学问题。

工程上常采用一种基于能量原理的简化计算方法,计算冲击过程中的最大冲击载荷与相应的动应力和动变形。为了使问题简化,且突出主要因素,对冲击过程作如下假设:

(1)冲击物为有质量的刚体,在冲击时变形忽略不计。

(2)被冲击构件的质量与冲击物相比可以忽略不计,故被冲击构件为无质量的弹性体,且冲击过程中始终处在弹性范围内,材料服从郑玄—胡克定律。

(3)冲击过程中,不考虑冲击物的回弹和被冲构件的振动,即冲击过程中,冲击物与被冲构件相互不分离,一起运动直至最大变形位置,运动速度随之减为零。

(4)忽略冲击过程中的能量损耗,机械能守恒。

承受各种变形的弹性杆件都可看作是一个弹簧。例如图 17-5 中受拉伸、扭转和弯曲的杆件的变形分别是

$$u = \frac{Fl}{EA} = \frac{F}{EA/l} \qquad (a)$$

$$\varphi = \frac{M_e l}{GI_p} = \frac{M_e}{GI_p/l} \qquad (b)$$

$$v = \frac{Fl^3}{48EI} = \frac{F}{48EI/l^3} \qquad (c)$$

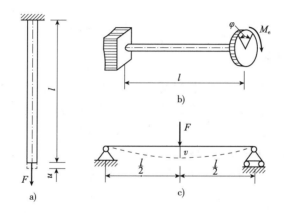

图 17-5 杆件的变形

可见,当把这些杆件看作是弹簧时,其弹簧常数分别是 $k_N = \frac{EA}{l}$,$k_T = \frac{GI_p}{l}$ 和 $k_M = \frac{48EI}{l^3}$,k_M 称为弯曲梁弹簧刚度系数。因此,解决冲击问题时,任一弹性杆件或是结构都可简化成图 17-6 所示的弹簧。

基于上述假设,在冲击过程中,冲击物所具有的动能 T 和势能 V 将转换为弹簧内储存的应变能,即

$$T + V = U_{\varepsilon,d} \qquad (17\text{-}9)$$

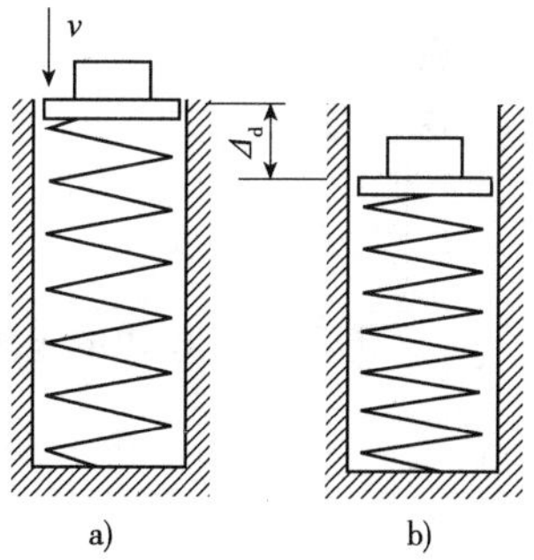

图 17-6 冲击时构件的简化力学模型

设在速度为零的最大变形位置,弹簧的动载荷为 F_d,在材料服从郑玄—胡克定律的情况下,它与弹簧的变形成正比,且都是从零开始增加到最终值。所以,冲击过程中动载荷所做的功为 $\frac{1}{2}F_d\Delta_d$,它等于弹簧的应变能,即

$$U_{\varepsilon,d} = \frac{1}{2}F_d\Delta_d \qquad (17\text{-}10)$$

27

若重物的重量 G 以静载的方式作用于弹簧上,弹簧的静变形和静应力分别为 Δ_{st} 和 σ_{st}。在动载荷 F_d 作用下,相应的动变形和动应力分别为 Δ_d 和 σ_d。在线弹性范围内,载荷、变形成正比,故有

$$G = k\Delta_{st}, F_d = k\Delta_d \tag{d}$$

由此可得

$$\frac{F_d}{G} = \frac{\Delta_d}{\Delta_{st}} = \frac{\sigma_d}{\sigma_{st}} = K_d \tag{e}$$

式中,K_d 称为冲击动荷因数。
上式还可表示为

$$F_d = K_d G, \Delta_d = K_d \Delta_{st}, \sigma_d = K_d \sigma_{st} \tag{17-11}$$

上式表明,将静载荷、静应力和静位移乘以动荷因数即为在最大变形位置时的冲击动载荷、动应力和动位移。

在冲击过程中,达到最大变形位置以后,构件的变形将即刻减小,引起系统的振动,在有阻尼的情况下,运动逐渐消失,冲击物将发生回弹。不过,我们所关心的是,冲击时被冲击构件的变形和应力最大值。

根据冲击物与被冲击构件的相对位置,可将冲击分为突然制动、垂直冲击和水平冲击。

17.2.1 突然制动引起的冲击

连接有集中质量构件在运动时,若因某种原因突然制动(刹车),构件内将引起冲击应力。如何确定构件内的冲击应力,制动过程中机械能守恒是解决这类问题的关键。突然制动之前,根据构件内是否已经具有应变能,问题可分为两类。

(1) 突然制动之前构件内无应变能

若不考虑突然制动之前构件内的应变能。根据机械能守恒定律,这时集中质量所具有的动能和势能全部转换为构件的应变能。

$$T + V = U_{\varepsilon,d} \tag{17-12}$$

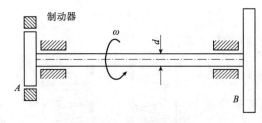

图 17-7 定轴转动的突然制动

一钢制圆轴,右端 B 有一个质量很大的飞轮(图 17-7),轴的左端 A 装有制动器。当在 A 端突然制动(即 A 端突然停止转动)时,飞轮 B 的角速度瞬间降低为零,AB 轴受到冲击,发生扭转变形。

此时飞轮 B 仅具有动能而没有势能:

$$T = \frac{1}{2}J_x \omega^2 \tag{f}$$

$$V = 0 \tag{g}$$

因而在冲击过程中,它的动能全部转变为 AB 轴的扭转应变能

$$U_{\varepsilon,d} = \frac{T_d^2 l}{2GI_p} \tag{h}$$

将式(f)、式(g)、式(h)代入式(17-12),有

$$\frac{1}{2}J_x \omega^2 = \frac{T_d^2 l}{2GI_p} \tag{i}$$

化简求得

$$T_d = \omega\sqrt{\frac{J_x G I_p}{l}} \quad (j)$$

注意到

$$I_p = \frac{\pi}{32}d^4, \ W_p = \frac{\pi}{16}d^3, \ A = \frac{\pi}{4}d^2, \ V = Al \quad (k)$$

轴内的最大冲击切应力为

$$\tau_{d,\max} = \frac{T_d}{W_p} = \omega\sqrt{\frac{2GJ_x}{V}} \quad (17\text{-}13)$$

(2) 突然制动之前构件内已储存应变能

若考虑突然制动之前构件已产生变形，构件内已储存有应变能。根据机械能守恒定律，制动之前集中质量所有的动能、势能和构件内已储存的应变能，等于制动后构件内储存的应变能：

$$T + V + U_{\varepsilon,\text{st}} = U_{\varepsilon,d} \quad (17\text{-}14)$$

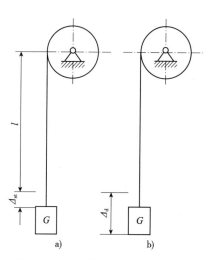

图 17-8 具有受拉钢索系统的突然制动

一钢吊索的下端悬挂一重量为 G 的重物，并以速度 v 下降。当吊索长为 l 时，滑轮突然被卡住。在突然制动前，重物 G 具有动能和势能；钢索由于悬挂了重物，在钢索内已产生应力和变形 Δ_{st}，所以钢索内已经产生了应变能 $U_{\varepsilon,\text{st}} = \frac{1}{2}G\Delta_{\text{st}}$；滑轮和吊索的质量可略去不计。突然制动停止后，钢索的总伸长为 Δ_d（其中包括了 Δ_{st}，如图 17-8 所示），此时钢索内产生了新的应变能 $U_{\varepsilon,d} = \frac{1}{2}F_d\Delta_d$，由能量守恒定律

$$\frac{1}{2}\frac{G}{g}v^2 + G(\Delta_d - \Delta_{\text{st}}) + \frac{1}{2}G\Delta_{\text{st}} = \frac{1}{2}F_d\Delta_d \quad (l)$$

式(1)中左边为突然制动前整个系统的能量，第一项为重物的动能，第二项为重物相对它的最低位置的势能，第三项为在制动前钢索内的应变能；右边为突然制动停止后，钢索内的应变能。

以 $\dfrac{F_d}{G} = \dfrac{\Delta_d}{\Delta_{\text{st}}}$ 代入式(1)，经简化后得出

$$\Delta_d^2 - 2\Delta_{\text{st}}\Delta_d + \Delta_{\text{st}}^2\left(1 - \frac{v^2}{g\Delta_{\text{st}}}\right) = 0 \quad (m)$$

解方程得

$$\Delta_d = \left(1 + \sqrt{\frac{v^2}{g\Delta_{\text{st}}}}\right)\Delta_{\text{st}} \quad (n)$$

故动荷因数为

$$K_d = 1 + \sqrt{\frac{v^2}{g\Delta_{\text{st}}}} \quad (17\text{-}15)$$

式中,$\Delta_{st} = \dfrac{Gl}{EA}$为重量 G 使钢索产生的静伸长。

例题 17-2 在 AB 轴的 B 端有一个质量很大的飞轮。与飞轮相比,轴的质量可以忽略不计。轴的另一端 A 装有制动离合器。飞轮的转速为 $n = 100 \text{r/min}$,转动惯量为 $J_x = 0.5 \text{kN}\cdot\text{m}\cdot\text{s}^2$,轴的直径 $d = 100\text{mm}$。设切变模量 $G = 80\text{GPa}$,轴长 $l = 1\text{m}$。求:

(1)制动时使轴在 10s 内按匀减速停止转动,轴内最大动应力(图17-3);

(2)若 AB 轴在 A 端突然制动(即 A 端突然停止转动),试求轴内最大动应力(图17-7)。

解:(1)慢制动计算

①计算飞轮与轴的转动角速度。
$$\omega_0 = \frac{n\pi}{30} = \frac{100 \times 3.14}{30} = 10.47 \text{rad/s}$$

②计算当飞轮与轴同时作匀减速转动的角加速度。$\boldsymbol{\alpha}$ 与 $\boldsymbol{\omega}_0$ 反向。
$$\alpha = \frac{\omega_1 - (-\omega_0)}{t} = \frac{0 - (-10.47)}{10} = 1.047 \text{rad/s}^2$$

③按动静法,计算飞轮的惯性力偶矩 M_d^I。$\boldsymbol{M}_d^I$ 与 $\boldsymbol{\alpha}$ 反向。
$$M_d^I = J_x \alpha = 0.5 \times 1.047 = 0.523\ 5 \text{kN}\cdot\text{m}$$

设作用于轴上的摩擦力矩为 M_f,AB 轴受力: $\boldsymbol{M}_f$、$\boldsymbol{M}_d^I$。
$$\sum M_x = 0, M_d^I - M_f = 0 \tag{1}$$
$$M_f = 0.523\ 5 \text{kN}\cdot\text{m}$$

④AB 轴由摩擦矩 M_f 和惯性力偶矩 M_d 引起扭转变形,计算横截面上的扭矩。
$$T_d = M_d^I = 0.523\ 5 \text{kN}\cdot\text{m}$$

⑤计算横截面上的最大扭转切应力。
$$\tau_{d,\max} = \frac{T_d}{W_p} = \frac{16T_d}{\pi d^3} = \frac{16 \times 0.523\ 5 \times 10^3}{3.14 \times 100^3 \times 10^{-9}} = 2.667 \text{MPa}$$

(2)紧急制动计算

①当 A 端紧急制动时,B 端飞轮具有动能,因而 AB 轴受到冲击,发生扭转变形。在冲击过程中,飞轮的角速度最后降低为零。它的动能 T 全部转变为轴的应变能 $U_{\varepsilon,d}$。计算飞轮动能的改变:
$$T = \frac{1}{2} J_x \omega_0^2$$

②计算 AB 轴的扭转应变能 $U_{\varepsilon,d}$。
$$U_{\varepsilon,d} = \frac{T_d^2 l}{2GI_p}$$

③按机械能守恒 $T = U_{\varepsilon,d}$,计算横截面上的扭矩。
$$T_d = \omega_0 \sqrt{\frac{G J_x I_p}{l}}$$

④求轴内的最大冲击切应力。
$$\tau_{d,\max} = \frac{T_d}{W_p} = \omega_0 \sqrt{\frac{G J_x I_p}{l W_p^2}} = \omega_0 \sqrt{\frac{8 G J_x}{\pi l d^2}}$$
$$= 10.47 \times \sqrt{\frac{8 \times 80 \times 10^9 \times 0.5 \times 10^3}{3.14 \times 1 \times 0.1^2}} = 1\ 057 \text{MPa}$$

讨论与练习

(1) 由于 $\dfrac{I_p}{W_p^2} = \dfrac{\pi d^4}{32} \times \left(\dfrac{16}{\pi d^3}\right)^2 = \dfrac{8}{\pi d^2} = \dfrac{2}{A}$，体积 $V = Al$，于是最大冲击切应力

$$\tau_{d,\max} = \omega_0 \sqrt{\dfrac{2GJ_x}{V}}$$

可见扭转冲击时，轴内最大动应力 $\tau_{d,\max}$ 与轴的体积 V 有关。体积 V 越大，$\tau_{d,\max}$ 越小。

(2) 匀减速停止转动，轴内最大动应力为 $\tau_{d,\max}^{[1]} = 2.667\text{MPa}$；在 A 端突然制动，轴内最大冲击切应力 $\tau_{d,\max}^{[2]} = 1\ 057\text{MPa}$。最大冲击切应力是匀减速停止转动切应力的 $\eta = \dfrac{\tau_{d,\max}^{[2]}}{\tau_{d,\max}^{[1]}} = 396.3$ 倍，动应力的增大是惊人的。但这里提到的全无缓冲的紧急制动是极端情况，实际上很难实现，而且，在应力出现如此高的数值之前，早已出现塑性变形。以上计算只是定性地指出冲击的危害。

17.2.2 垂直冲击

设重量为 G 的冲击物垂直下落冲击到弹簧上，在与弹簧开始接触的瞬时，动能为 T。其后冲击物与弹簧相互附着一起运动，当弹簧变形到达最低位置时[图17-9b)]，冲击物的速度变为零，弹簧的变形为 Δ_d。则冲击物从与弹簧接触开始到速度为零的最低位置，动能的变化为 T，势能的变化为

$$V = G\Delta_d \tag{o}$$

弹簧内的应变能为 $U_{\varepsilon,d} = \dfrac{F_d \Delta_d}{2}$，根据机械能守恒式(17-9)，有

$$T + V = U_{\varepsilon,d}$$

即

$$T + G\Delta_d = \dfrac{F_d \Delta_d}{2} \tag{p}$$

由式(17-11)有

$$F_d = \dfrac{\Delta_d}{\Delta_{st}} G \tag{q}$$

将式(q)代入式(p)整理，得

$$\Delta_d^2 - 2\Delta_{st}\Delta_d - \dfrac{2T}{G}\Delta_{st} = 0 \tag{r}$$

解方程(r)，为求得动位移 Δ_d 最大值，保留根号前正值，得

$$\Delta_d = \Delta_{st}\left(1 + \sqrt{1 + \dfrac{2T}{G\Delta_{st}}}\right) \tag{s}$$

引用记号

$$K_d = 1 + \sqrt{1 + \dfrac{T}{U_{\varepsilon,st}}} \tag{17-16}$$

K_d 即为垂直冲击时的动荷因数,其中

$$U_{\varepsilon,\text{st}} = \frac{1}{2}G\Delta_{\text{st}} \tag{17-17}$$

说明:式中 Δ_{st} 为把冲击物的重量当作一个力,沿冲击方向(垂直)加到被冲击构件的冲击点上,该点沿冲击方向产生的静位移,$U_{\varepsilon,\text{st}}$ 表示静应变能。

(1)高度为 h 的自由落体冲击

当重量为 G 的物体从高度为 h 自由下落(图 17-9),物体与弹簧接触时,$v^2 = 2Gh$,于是

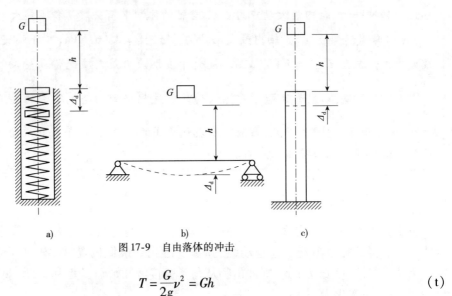

图 17-9 自由落体的冲击

$$T = \frac{G}{2g}v^2 = Gh \tag{t}$$

将式(t)和式(17-17)代入式(17-16),得物体自由下落时的冲击动荷因数

$$K_d = 1 + \sqrt{1 + \frac{2h}{\Delta_{\text{st}}}} \tag{17-18}$$

(2)突加载荷

突然加于构件上的载荷,相当于物体在高度为零时($h = 0$)的自由落体冲击,由公式(17-18)可得突加载荷时的冲击动荷因数

$$K_d = 2 \tag{17-19}$$

即在突加载荷下,构件的应力和变形皆为静载时的两倍。

在求解冲击问题时,须注意以下几点:

①整个冲击过程遵守能量守恒定律,这是分析问题的关键。

②静位移 Δ_{st} 是指结构上受冲击点处的位移,不一定是结构的最大静位移。

17.2.3 水平冲击

对于冲击物与被冲击物在同一水平放置的系统(图 17-10),在冲击过程中系统的势能保持不变,$V = 0$。

若冲击物构件与接触时的速度为 v,则动能 $T = \frac{1}{2}\frac{G}{g}v^2$。

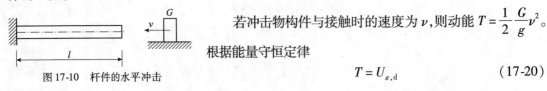

图 17-10 杆件的水平冲击

根据能量守恒定律

$$T = U_{\varepsilon,d} \tag{17-20}$$

将式(q)和式(17-10)代入式(17-20),有

$$\frac{1}{2}\frac{G}{g}v^2 = \frac{1}{2}\frac{\Delta_d^2}{\Delta_{st}}G \qquad (u)$$

$$\Delta_d = \Delta_{st}\sqrt{\frac{v^2}{g\Delta_{st}}} \qquad (v)$$

$$K_d = \sqrt{\frac{v^2}{g\Delta_{st}}} \qquad (17\text{-}21)$$

说明:式中 Δ_{st} 为把冲击物的重量当作一个力,沿冲击方向(水平)加到被冲击构件的冲击点上,该点沿冲击方向产生的静位移。

17.2.4 考虑受冲击杆件质量时的应力和变形

前面在计算受冲击杆件的应力与变形时,未考虑受冲击杆件的质量,如果考虑杆件质量的影响,可将整个杆件质量的一部分集中在受冲击点,这部分质量称为<u>相当质量</u>。如图 17-11 所示,悬臂梁在自由端 B 受重物 $P = mg$ 的冲击,在 B 点放置杆件的相当质量 m_1。认为质量 m 与 m_1 的碰撞是刚性的,并且两个质量在冲击后以共同的速度 v_1 运动。

$$mv_0 = (m + m_1)v_1 \qquad (w)$$

式中,v_0 为重物 P 在冲击前的速度。由式(w)可得

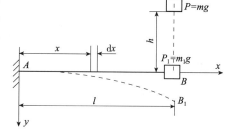

图 17-11 考虑受冲击杆件的质量时应力和变形

$$v_1 = \frac{m}{m + m_1}v_0 \qquad (x)$$

质量 m 与 m_1 碰撞后,可认为这两个质量以 v_1 速度冲击到一无质量的梁 AB 上,因此冲击物的动能为

$$T' = \frac{1}{2}(m + m_1)v_1^2 = \frac{1}{2}mv_0^2\frac{m}{m + m_1} = \frac{T}{1+\beta} \qquad (y)$$

式中,$T = \frac{1}{2}mv_0^2$;$\beta = m_1/m = P_1/P$。用 T' 代替式(17-16)中的 T,可得到考虑受冲击杆件的质量时的冲击动荷因数

$$K_d = 1 + \sqrt{1 + \frac{T}{(1+\beta)U_{\varepsilon,st}}} \qquad (17\text{-}22)$$

利用 $T = Ph$,$U_{\varepsilon,st} = P\Delta_{st}/2$,可得

$$K_d = 1 + \sqrt{1 + \frac{2h}{(1+\beta)\Delta_{st}}} \qquad (17\text{-}23)$$

17.3 强迫振动时的应力计算

这里只讨论可以简化成一个自由度的弹性系统的受迫振动。设在图 17-12 所示简支

梁的跨度中点 C 有一台重量为 P 的电动机,其转子以角速度 Ω 转动。由于转子偏心所引起的离心惯性力为 F_d,F_d 的垂直分量 $F_d\sin\Omega t$ 即为周期性变化的干扰力,从而引起梁的横向受迫振动。至于 F_d 的水平分量 $F_d\cos\Omega t$,将引起梁的纵向受迫振动,因为它的影响远小于横向振动,通常不进行计算。这样就只需研究系统的横向振动。如梁的质量对系统振动的影响很小,则可以将梁的质量省略,认为只有梁的弹性对系统的振动起作用,它相当于一根弹簧。这样,振动物体(电机)的位置只需用一个坐标就可以确定,问题就简化成一个自由度的振动系统。这里虽然是以弯曲为例,但无论是拉伸、压缩或扭转,只要构件上只有一个振动物体,且构件质量可以不计而只需考虑其弹性,都可简化成一个自由度的振动系统。其差别是各种情况的弹簧常数不同。如图 17-12 所示双支座梁在静载荷 P 作用下,静位移 Δ_{st} 为

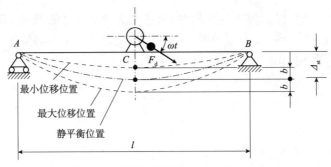

图 17-12 简支梁的跨度中点有一台电动机

$$\Delta_{st} = \frac{Pl^3}{48EI} = \frac{P}{k} \tag{a}$$

故弹簧常数为

$$k = \frac{48EI}{l^3} \tag{b}$$

又如拉杆在静载荷 P 的作用下

$$\Delta_{st} = \frac{Pl}{EA} = \frac{P}{k} \tag{c}$$

$$k = \frac{EA}{l} \tag{d}$$

根据以上讨论把一个自由度的振动系统简化成如图 17-13 所示计算简图。选定坐标 x 向下为正。作用于振动物体上的力有:重力 P、弹簧的恢复力 $k(\Delta_{st}+x)$、惯性力 $\frac{P}{g}\ddot{x}$、干扰力 $F_d\sin\Omega t$ 和阻尼力 $F_0 = c\dot{x}$。注意到 $k\Delta_{st} = P$,得振动物体的运动方程为

$$\ddot{x} + 2\delta\dot{x} + \omega_0^2 x = \frac{F_d g}{P}\sin\Omega t \tag{e}$$

系统的固有角频率为

$$\omega_0 = \sqrt{\frac{g}{\Delta_{st}}} = \sqrt{\frac{kg}{P}} \tag{17-24}$$

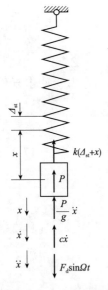

图 17-13 一个自由度的振动系统

阻尼系数

$$\delta = \frac{gc}{2P} \tag{f}$$

在欠阻尼的情况下，$\delta < \omega_0$，以上方程式的通解是

$$x = Ae^{-\delta t}\sin(\sqrt{\omega_0^2 - \delta^2}\,t + \alpha) + B\sin(\Omega t + \varepsilon) \tag{g}$$

式中，A 和 α 为积分常数，B 和 ε 分别为

$$B = \frac{F_d g}{P\omega_0^2 \sqrt{\left[1 - \left(\frac{\Omega}{\omega_0}\right)^2\right]^2 + 4\left(\frac{\delta}{\omega_0}\right)^2 \left(\frac{\Omega}{\omega_0}\right)^2}} \tag{h}$$

$$\varepsilon = \arctan\frac{2\delta\Omega}{\omega_0^2 - \Omega^2} \tag{i}$$

式(g)右边的第一部分为衰减振动，随时间的增加迅速减弱，最终消失；第二部分则为受迫振动。在第一部分消失后，剩下受迫振动。这时式(g)化为

$$x = B\sin(\Omega t + \varepsilon) \tag{j}$$

所以 B 是受迫振动的振幅，是振动物体偏离静平衡位置最远的距离。

在振幅 B 的表达式(h)中

$$\frac{F_d g}{P\omega_0^2} = \frac{F_d}{k} = \Delta_{F_d} \tag{k}$$

是把干扰力 F_d 按静载荷的方式作用于弹性系统上的静位移，例如在图 17-12 所示的情况下

$$\Delta_{F_d} = \frac{F_d l^3}{48EI} \tag{l}$$

此外如再引用称为放大因子的记号

$$\beta = \frac{1}{\sqrt{\left[1 - \left(\frac{\Omega}{\omega_0}\right)^2\right]^2 + 4\left(\frac{\delta}{\omega_0}\right)^2 \left(\frac{\Omega}{\omega_0}\right)^2}} \tag{17-25}$$

振幅 B 便可写成

$$B = \beta\Delta_{F_d} \tag{m}$$

求得振幅 B 后，便可计算振动应力。仍以图 17-12 所示简支梁为例，跨度中点的最大挠度和最小挠度分别是

$$\Delta_{dmax} = \Delta_{st} + B = \Delta_{st} + \beta\Delta_{F_d} \tag{n}$$

$$\Delta_{dmin} = \Delta_{st} - B = \Delta_{st} - \beta\Delta_{F_d} \tag{o}$$

若材料服从郑玄—胡克定律，则应力、载荷和变形之间成正比关系。梁在静平衡位置时的最大静应力 σ_{st} 与在最大位移位置时的最大动应力 σ_{dmax} 之间的关系是

$$\frac{\sigma_{dmax}}{\sigma_{st}} = \frac{\Delta_{dmax}}{\Delta_{st}} = 1 + \beta\frac{\Delta_{F_d}}{\Delta_{st}} \tag{p}$$

由于 Δ_{dmax} 与 Δ_{st} 之比也应等于载荷之比，即

$$\frac{\Delta_{F_d}}{\Delta_{st}} = \frac{F_d}{P} \tag{q}$$

故式(p)又可写成

$$\sigma_{d\max} = \sigma_{st}\left(1 + \beta\frac{\Delta_{F_d}}{\Delta_{st}}\right) = \sigma_{st}\left(1 + \beta\frac{F_d}{P}\right) = K_d\sigma_{st} \tag{17-26}$$

式中

$$K_d = 1 + \beta\frac{\Delta_{F_d}}{\Delta_{st}} = 1 + \beta\frac{F_d}{P} \tag{17-27}$$

是<u>振动的动荷因数</u>。同理,还可求出梁在最小位移位置时的最小动应力为

$$\sigma_{d\min} = \sigma_{st}\left(1 - \beta\frac{\Delta_{F_d}}{\Delta_{st}}\right) = \sigma_{st}\left(1 - \beta\frac{F_d}{P}\right) \tag{r}$$

梁在静平衡位置的上下作受迫振动,梁内危险点的应力就在$\sigma_{d\max}$和$\sigma_{d\min}$之间做周期性的交替变化。

式(17-26)和式(17-27)表明,动应力和动荷因数与放大因子β有关。根据式(17-25),在图17-14中,把β与Ω/ω_0、δ/ω_0的关系用曲线表出。利用这些曲线,下面分成三种情况讨论。

(1)当Ω/ω_0接近于1,即干扰力的角频率Ω接近于系统的固有角频率ω_0时,放大因子β值最大,将引起很大的动应力,这就是共振。应设法改变比值Ω/ω_0,以避开共振,或加大阻尼,以降低β值。

(2)当Ω/ω_0远小于1,即Ω远小于ω_0时,β趋近于1。

(3)在Ω/ω_0大于1的情况下,β随Ω/ω_0的增加而减小,表明受迫振动的影响随Ω/ω_0的增加而减弱。

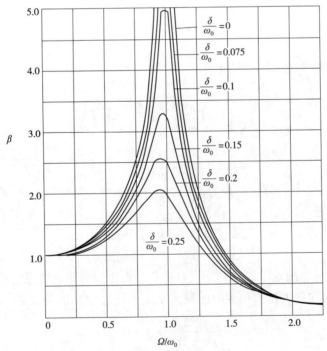

图17-14 幅频曲线

例题 17-3 如图 17-12 所示简支梁由两根 20b 工字钢组成。已知跨度 $l = 3\text{m}$，$E = 200\text{GPa}$。安装于跨度中点的电动机重量为 $P = 12\text{kN}$，转子偏心惯性力 $F_\text{d} = 2.5\text{kN}$，转速为 $n = 1\,500\text{r/min}$。若不计梁的质量和介质的阻力（即 $\delta = 0$），试求梁危险点的最大和最小动应力。

已知：数据查工字钢表 A-1（上册附录 A）：$I = 2 \times 2\,500\text{cm}^4$，$W = 2 \times 250\text{cm}^3$。

求：(1) $\sigma_\text{dmax} = ?$ (2) $\sigma_\text{dmin} = ?$

解：①跨度中点截面的上、下边缘处的各点为危险点。在电动机重量 P 以静载方式作用下的最大静应力为

$$\sigma_\text{st} = \frac{M_\text{max}}{W} = \frac{Pl}{4W} = \frac{12 \times 10^3 \times 3}{4 \times 500 \times 10^{-6}} = 18\text{MPa}$$

②在 P 作用下跨度中点的静挠度 Δ_st 为

$$\Delta_\text{st} = \frac{Pl^3}{48EI} = \frac{12 \times 10^3 \times 3^3}{48 \times 200 \times 10^9 \times 5\,000 \times 10^{-8}} = 0.675\text{mm}$$

③系统的固有角频率为

$$\omega_0 = \sqrt{\frac{g}{\Delta_\text{st}}} = \sqrt{\frac{9.8}{0.675 \times 10^{-3}}} = 120\text{rad/s}$$

④干扰力的角频率为

$$\Omega = \frac{2\pi n}{60} = \frac{2 \times 3.14 \times 1\,500}{60} = 157\text{rad/s}$$

⑤以 Ω 及 ω_0 代入式(17-25)，并令 $\delta = 0$，得出放大因子为

$$\beta = \frac{1}{\sqrt{\left[1 - \left(\frac{\Omega}{\omega_0}\right)^2\right]^2}} = \frac{1}{\left(\frac{\Omega}{\omega_0}\right)^2 - 1} = \frac{1}{\left(\frac{157}{120}\right)^2 - 1} = 1.41$$

⑥由式(17-27)得振动的动荷因数为

$$K_\text{d} = 1 + \beta \frac{F_\text{d}}{P} = 1 + 1.41 \times \frac{2.5 \times 10^3}{12 \times 10^3} = 1.294$$

⑦由式(17-27)得梁危险点的最大动应力为

$$\sigma_\text{dmax} = K_\text{d} \sigma_\text{st} = 1.294 \times 18 \times 10^6 = 23.29\text{MPa}$$

梁危险点的最小动应力为

$$\sigma_\text{dmin} = \sigma_\text{st}\left(1 - \beta \frac{F_\text{d}}{P}\right) = 18 \times \left(1 - 1.41 \times \frac{2.5 \times 10^3}{12 \times 10^3}\right) = 12.7\text{MPa}$$

17.4 Maple 编程示例

编程题 17-1 求如图 17-11 所示的悬臂梁冲击时的相当质量 m_1。

已知：l, w。

求：m_1。

解：• 建模

①认为整个梁在冲击过程中具有的动能与集中在冲击点的相当质量的动能相等，$T_1 = T_2$。

②取梁在 B 点受集中力 P 作用时的挠曲线作为动挠曲线，可表示为 $v(t) = v_B(t)\left(\dfrac{3x^2}{2l^2} - \dfrac{x^3}{2l^3}\right)$，其中 $v_B(t) = \dfrac{Pl^3}{3EI}$。

③设单位长度的重量为 w，则微段 $\mathrm{d}x$ 的动能为 $\mathrm{d}T = w\mathrm{d}x \dot{v}^2/(2g)$，于是整个梁的动能为 $T_1 = \int_0^l \dfrac{w}{2g} \dot{v}^2 \mathrm{d}x$，又 $T_2 = \dfrac{1}{2} m_1 \dot{v}_B^2$。

④解方程 $T_1 = T_2$，求 m_1。

• Maple 程序

> restart：	#清零。
> vB：= y[B](t)：	#B 点动挠度。
> v：= vB * (3 * x^2/(2 * l^2)-x^3/(2 * l^3))：	#动挠度曲线方程。
> T[1]：= int(w/(2 * g) * (diff(v,t))^2,x = 0..1)：	
>	#整个梁在冲击过程中的动能 T_1。
> T[2]：= 1/2 * m[1] * (diff(vB,t))^2：	#集中在冲击点的相当质量的动能 T_2。
> eq：= T[1] = T[2]：	#$T_1 = T_2$。
> solve({eq},{m[1]})；	#解方程求相当质量 m_1。

答： 悬臂梁在自由端受冲击时的相当质量是全梁质量的 $m_1/m_0 = 33/144$。同理可求得简支梁在中点受冲击时，$m_1/m_0 = 17/35$；两端固支梁在中点受冲击时，$m_1/m_0 \approx 0.37$；竖向直杆在杆端受轴向冲击时，$m_1/m_0 = 1/3$。其中 m_0 为全梁的质量，m_1 为相当质量。

思考题

思考题 17-1 等速旋转的轴 AB 在中部与 CD 杆刚性连接，如图 17-15 所示，在研究什么问题时，可以把 CD 杆的惯性力集中作用在它的质心上？在什么情况下又必须把 CD 杆的惯性力作为分布力系处理？

思考题 17-2 如图 17-16 所示中两杆的材料和尺寸相同。图 17-16a) 中杆受静力 F 作用，不计杆的自重；图 17-16b) 中杆置于光滑平面上，在力 F 作用下以等加速度运动。两杆的内力大小属于下列哪种情况：

(1) $F_{Na}(x) = F_{Nb}(x)$；

(2) $F_{Na}(x) < F_{Nb}(x)$；

(3) $F_{Na}(x) > F_{Nb}(x)$。

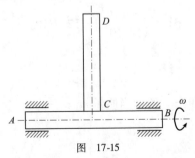

图 17-15

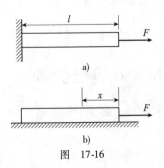

图 17-16

思考题 17-3　如图 17-17 所示悬臂杆顶端连接重物 W，底端固定于缆车上，当缆车受力 F 作用以等加速度爬坡时，此杆始终垂直于地平面。若考虑重物和杆的质量时，试绘图表示杆所受各种外力的作用位置、方向和大小。设杆的单位长度重量为 q，试写出它的最大轴力和弯矩。

思考题 17-4　如图 17-18 所示旋转轴上装有一个转动惯量为 J_M 的盘体，试按下列各种情况分析轴所受的外力和产生的变形：

(1) 盘体质心位于旋转轴的轴线上，没有偏心，轴以等角速度 ω 旋转；

(2) 盘体质心有偏心距 e，轴以等角速度 ω 旋转；

(3) 盘体质心没有偏心，某一瞬间轴的角速度为 ω、角加速度为 α；

(4) 盘体质心有偏心距 e，某一瞬间轴的角速度为 ω、角加速度为 α。

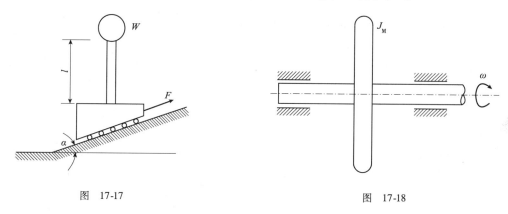

图 17-17　　　　　　图 17-18

*****思考题 17-5**　如图 17-19 所示，一轴上装有飞轮，当以等角速度 ω 转动时，轴、飞轮轮缘和轮辐上各受到什么力作用？如果轴以变角速度转动，在保持角加速度为常数 α 时，上述各部分又受到什么力作用？

*****思考题 17-6**　灰铸铁制造的圆环形飞轮（同上题，如图 17-19 所示），作等速旋转时轮缘出现了破裂现象。若采用加大轮缘横截面积的办法，能否防止破裂现象再度发生？这种办法是否增加了轮缘的刚性，从而防止了高速转动下过盈配合的轮缘出现松脱现象？

思考题 17-7　如图 17-20 所示斜杆 AB 的单位长度重量为 q，B 端固定一重物 W。当此杆绕铅直轴线 OO 以等角速度旋转时，试画出它的受力图，并计算其最大内力。

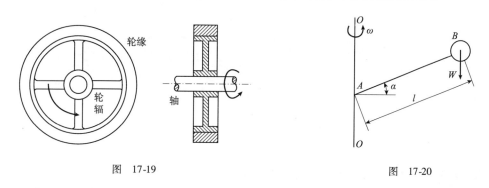

图 17-19　　　　　　图 17-20

思考题 17-8　儿童乐园中骑马转圈游戏机可简化为如图 17-21 所示的计算模型，并认为它以等角速度绕中心轴旋转。为保证安全，应如何加强此结构？

思考题 17-9　如图 17-22 所示系统右边物体的质量为 m_B，且 $m_B < m_A$，当它在铅垂直平面内摆动时，如何分析绳的张力？

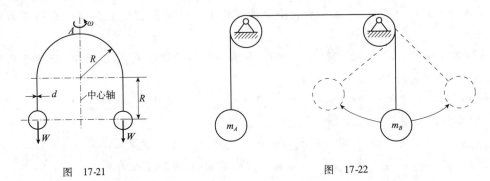

图 17-21　　　　　　　　　　图 17-22

*思考题 17-10　滑轮与两重物 W_1 和 W_2 组成运动系统，如图 17-23 所示（$W_1 > W_2$）。当系统运动时或当 W_2 被卡住而使运动突然停止时，其动荷因数应当如何计算？

思考题 17-11　重物 W 分别从上方、下方和水平方向冲击同样的简支梁中心，如图 17-24 所示，设重物与梁接触时的速度均为 v，而且可以忽略梁的质量，这三种情况下梁的最大正应力是否相同？为什么？

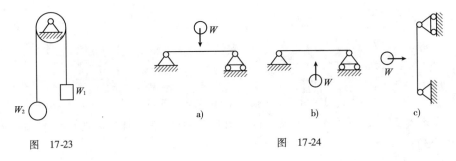

图 17-23　　　　　　　　　　图 17-24

思考题 17-12　刚度系数为 c 的弹簧在三种不同位置上受到重量为 W 的物体冲击，如图 17-25 所示。若不计重物与斜面的摩擦力，问三种情况下最大动位移有何区别？

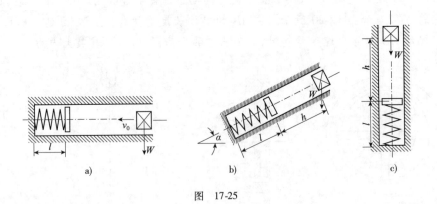

图 17-25

思考题 17-13　如图 17-26a) 所示重物 W 以静载方式作用，图 17-26b)、c)、d) 重物 W 从高度 h 处自由落下，图 17-26c) 在杆的顶端放置了橡皮垫块。这四根材料相同的圆杆中哪根的正应力最大（不计应力集中效应）？哪根的正应力最小？

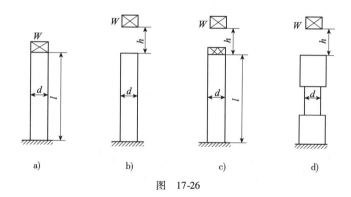

图 17-26

思考题 17-14 若把同样的缓冲弹簧放在同样的梁的不同位置上,如图 17-27 所示。问哪种情况的缓冲效果较好?

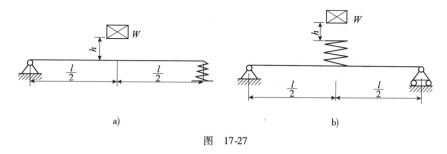

图 17-27

思考题 17-15 同样的梁处于如图 17-28 所示四种不同的约束条件之下,在中点受到同样的冲击载荷或静载荷,试列出它们的最大动应力和最大静应力的大小顺序$\left(可用 K_d \approx \sqrt{\dfrac{2h}{\Delta_{st}}}\right)$计算。

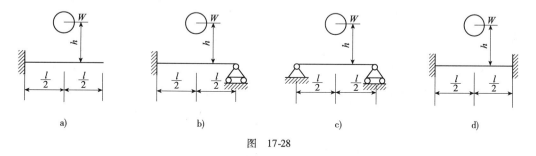

图 17-28

思考题 17-16 在图 17-28a) 中,当冲击点分别在梁的自由端和中点时,哪种情况的动应力较大?

思考题 17-17 等直悬臂梁如图 17-29 所示,在其自由端放置静载 W_1 后受到自由落体 W_2 的冲击作用,问动载因数将是怎样的(不计被冲击体系的质量)? 若考虑冲击体系的质量时,又将如何分析?

***思考题 17-18** 圆截面悬臂梁如图 17-30 所示,在其中点放置静载 $W_1 = 2F$ 后受到自由落体 W_2 的冲击作用,试判断危险面的位置。危险点上的应力应如何计算? 不计梁的质量时动荷因数 $K_d = 1 + \sqrt{1 + \dfrac{2h}{\Delta_{st}}}$ 中的 Δ_{st} 怎样计算? 结合上题试总结冲击与静力混合作用问题强度校核的方法。

图 17-29　　　　　　　　　　　图 17-30

思考题 17-19　高寒地区春天江河解冻时,江上冰排甚为壮观。设质量为 m 的冰块以速度 v 冲击到江中的木桩上,如图 17-31 所示。若不计河水对桩的压力和对冰块的阻力,问如何计算木桩的动应力?若水深和木桩长度均增加一倍,而其他条件不变,这时冲击应力是增大还是减小?

思考题 17-20　重物 W 自由落下冲击在简支梁的 D 点处,如图 17-32 所示。用 f_d 和 f_{st} 分别表示此梁的最大动、静挠度。试回答下列问题:

(1) 梁的最大动挠度是否为 $f_d = \left(1 + \sqrt{1 + \dfrac{2h}{f_{st}}}\right) f_{st}$。

(2) C 截面的冲击应力是否为 $\sigma_{dC} = \left(1 + \sqrt{1 + \dfrac{2h}{f_{st}}}\right) \sigma_{stC}$。

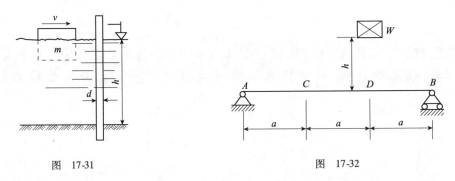

图 17-31　　　　　　　　　　　图 17-32

思考题 17-21　弹性振动系统的自由度是如何定义的?如图 17-33 所示 5 种弹簧—质量系统,在小幅振动条件下,不计各杆件质量时,各是几个自由度系统?

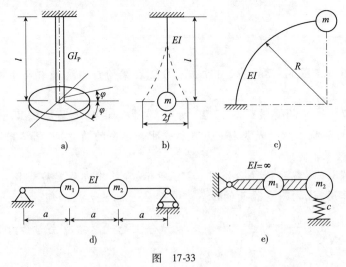

图 17-33

思考题 17-22　对如图 17-34 所示弹簧—质量系统作横向弯曲振动的两种常见情况,如果不计梁的质量,它们的自由振动微分方程、固有角频率和最大动应力有什么区别?重力作用有什么不同的影响?

*思考题 17-23　如图 17-35 所示两个由相同的杆和重物组成的弹性振动体系,在下列两种情况下:

(1) 不计纵向力 mg 的影响;

(2) 考虑纵向力 mg 的影响。

两体系的固有角频率是否相同?

思考题 17-24　如图 17-36 所示三个系统的重物和无重梁相同而约束状态不同,试排列出它们固有角频率的大小次序。由此可以得出什么结论?

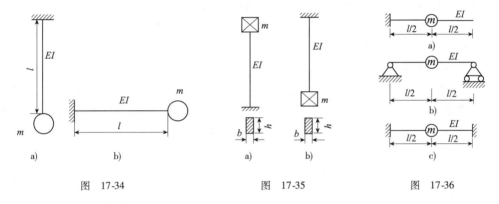

图　17-34　　　　　　　　图　17-35　　　　　　　　图　17-36

思考题 17-25　如图 17-37 所示,AB 为刚性跳板,弹簧的刚度系数为 c。问滑车 W 自左向右运动时,系统的固有角频率如何变化?

思考题 17-26　等截面刚架简支如图 17-38 所示,竖杆上装有可移位重物(质量为 m),两种基本振型如图 17-38a)、b)的虚线所示,试问哪种情况的固有角频率较低?能不能使二者的固有角频率相等?

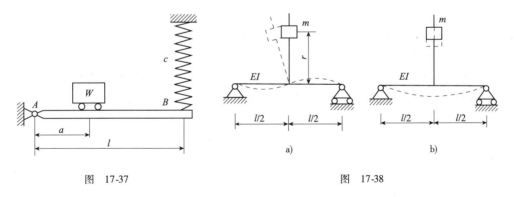

图　17-37　　　　　　　　　　　　図　17-38

思考题 17-27　涡轮叶片或其他等截面悬臂杆的前三阶固有横向振动模态如图 17-39 所示,对应的圆频率为 $\omega = \dfrac{\mu}{l^2}\sqrt{\dfrac{EI}{\rho A}}$,试定性地解释为什么高阶模态的圆频率比低阶的高?

*思考题 17-28　质量连续分布的等截面直梁产生弯曲振动时,梁的微段 dx 内可能存在哪些惯性力?它们对横向振动的影响如何?

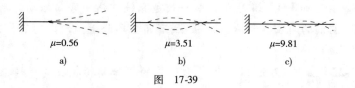

图 17-39

 习题

A 类型习题

习题 17-1 如图 17-40 所示重物以匀减速度下降，若在 0.2s 内速度由 1.5m/s 降至 0.5m/s，且绳的横截面积 $A = 10\text{mm}^2$，求绳内应力。

习题 17-2 如图 17-41 所示，杆的横截面面积为 A，材料的重度为 γ，重物 Q 挂在杆上以加速度 a 上升，求：

（1）杆内最大轴力；

（2）杆任一横截面上的动应力。

习题 17-3 如图 17-42 所示，用两根吊索向上匀加速平行地吊起一根型号为 32a 的工字钢（工字钢单位长度重量 $q_{st} = 516.8\text{N/m}$，$W_z = 70.8 \times 10^6 \text{m}^3$）。加速度 $a = 10\text{m/s}^2$，吊索截面面积 $A = 1.08 \times 10^{-4} \text{m}^2$，若不计吊索自重，计算吊索的应力和工字钢的最大应力。

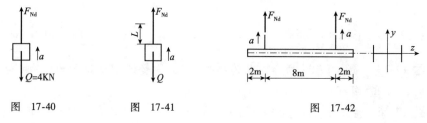

图 17-40　　　　　图 17-41　　　　　图 17-42

习题 17-4 如图 17-43 所示，等截面刚架的抗弯刚度为 EI，抗弯截面模量为 W，重物 Q 自由下落时，求刚架内的最大动应力 $\sigma_{d,\max}$（不计轴力）。

习题 17-5 如图 17-44a）、b）所示，材料相同的两杆，截面积 $A = 100\text{ mm}^2$，弹性模量 $E = 200\text{GPa}$，长度 $a = 200\text{mm}$，重物的重量 $G = 10\text{N}$，高度 $h = 100\text{mm}$，试用近似的动荷因数公式 $K_d = (2h/\delta_{st})^{1/2}$ 比较此二杆的冲击应力。

习题 17-6 如图 17-45 所示等截面刚架，重量为 $G = 300\text{N}$ 的物体自高度 $h = 50\text{mm}$ 处自由落下，弹性模量 $E = 200\text{GPa}$，刚架质量不计。求截面 C 的最大竖直位移和刚架内的最大应力。

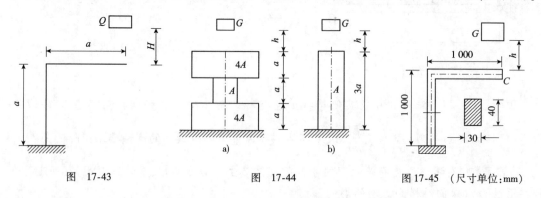

图 17-43　　　　　图 17-44　　　　　图 17-45（尺寸单位：mm）

习题 17-7 如图 17-46 所示，圆截面折杆放置在水平面内，重量为 Q 的物体自由落到端点 C，已知杆的直径 d、材料的弹性模量 E 和剪切模量 G。试求动荷因数 K_d。

习题 17-8 如图 17-47 所示，求当重物 Q 自由落下冲击 AB 梁时 C 点的挠度。

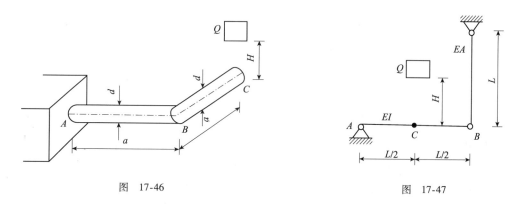

图 17-46　　　　　　　　　　　图 17-47

B 类型习题

习题 17-9 如图 17-48 所示，AB、CD 为两简支梁，其长度均为 L，抗弯刚度为 EI，现两梁按十字形交叉放置，其中 CD 梁位于 AB 梁的下方，且相距一间隙 δ，如有一重量为 Q 的物体由两梁中点的上方自由落下，试分析在不同的下落高度 h 时所引起的冲击力。假设

（1）变形在弹性范围内；

（2）冲击物为刚体；

（3）被冲击物的质量可忽略不计。

习题 17-10 如图 17-49 所示，均质圆盘，半径为 R，质量为 m，以转速 n（r/min）转动。转轴的直径为 d，剪切弹性模量为 G，求突然制动时的最大扭转剪切力。

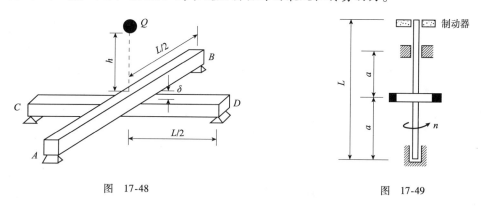

图 17-48　　　　　　　　　　　图 17-49

习题 17-11 如图 17-50 所示，长为 L、重为 Q 的均质杆，以匀角速度 ω 绕铅垂轴转动，求旋转锥面的半锥角 α 及杆中的弯矩。

习题 17-12 如图 17-51 所示，光滑刚性圆筒，内半径 $L+\delta$，在刚性中心轴上固连一个等截面细长杆，长为 l，线密度为 ρ，弹性模量为 E，拉杆的许用应力为 $[\sigma]$，中心轴可以带动细长杆旋转。求：

（1）转速多大（r/min）时直杆自由端与圆筒壁接触；

（2）根据已给定的 δ 求允许转速 n；

（3）δ 取多大时允许转速最大，求出其最大值。

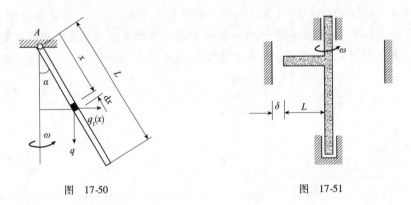

图 17-50　　　　　　　　　　图 17-51

习题 17-13　如图 17-52 所示,一均质细长杆,杆长为 l,质量为 m,下端与地面铰接,求它在倒下过程中最大弯矩发生于何处。

习题 17-14　如图 17-53 所示,抗弯刚度为 EI 的 Z 形刚架,受自高度为 h 自由下落的重量为 Q 的物体作用。求刚架的最大弯矩。

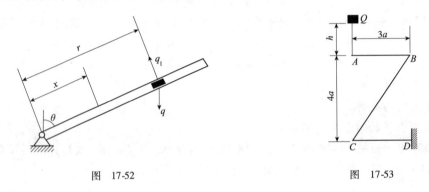

图 17-52　　　　　　　　　　图 17-53

习题 17-15　如图 17-54 所示,重物 $Q=600\mathrm{N}$,自高度为 $H=100\mathrm{mm}$ 位置落在木梁的自由端 B 处,木梁的弹性模量 $E=10\mathrm{GPa}$,底梁 CD(也是木梁)通过 D 端的圆辊给上梁 AB 以支持。已知 $L=1\,000\mathrm{mm}$,两梁均为矩形截面,$h=60\mathrm{mm}$,$b=600\mathrm{mm}$,求梁的最大动应力。

习题 17-16　如图 17-55 所示折杆,A 端固定,B 端支承于轴承中,今有重物 Q 自高度 $h=l$ 以初速度 v 下落至 D 点,圆形折杆(直径 d)的弹性模量 E 和剪切弹性模量 G 为已知。求梁受冲击时最大的相当应力(按第三强度理论考虑)。

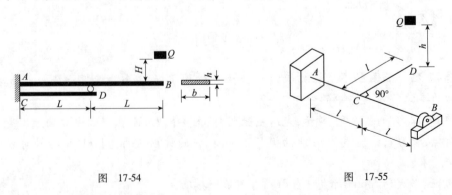

图 17-54　　　　　　　　　　图 17-55

习题 17-17　如图 17-56 所示开口圆环,B 端与刚性杆 AB 连接,AB 杆绕通过点 A 的铅垂轴以等角速度 ω 作水平转动。已知材料的重度 γ、弹性模量 E 以及圆环截面的直径 d、圆环

轴线半径 R。试求点 C 的径向位移(只考虑弯曲引起的变形)。

习题 17-18 如图 17-57 所示,圆形等截面直角曲拐 AGB,一端固定,另一端铰支在相同截面的简支梁 CD 的跨中,曲拐和简支梁横截面的直径均为 50mm,若材料为低碳钢,$[\sigma] = 100$MPa,$E = 200$GPa,$G = 80$GPa。有一重物 $Q = 10$N,从点 G 的正上方垂直下落,试求重物下落时保证结构安全的最大高度 H,动荷因数可近似取为 $k_d \approx \sqrt{2H/\Delta_{st}}$。

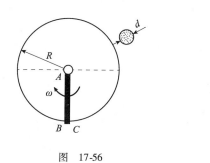

图 17-56

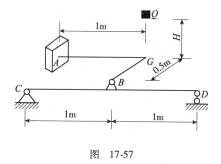

图 17-57

习题 17-19 如图 17-58 所示,圆形等截面水平曲拐 ABC,重物 Q 自高度 $H = (5.5/100)a$ 自由下落冲击于曲拐的 C 端(自由端)。已知 $GI_p = 0.8EI_z$,试求:

(1)危险点主应力值;

(2)自由端 C 的垂直位移。

习题 17-20 如图 17-59 所示,重物 Q 可绕梁的 A 端转动。当它在垂直位置时水平速度为 v,若梁长 l 和抗弯刚度 EI 均为已知,试求:

(1)重物 Q 静置于梁 AB 的中点时,梁的最大挠度;

(2)冲击时梁内最大正应力(不考虑梁 AB 的自重)。

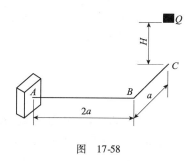

图 17-58

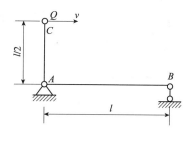

图 17-59

习题 17-21 如图 17-60 所示,悬臂梁在自由端安装一吊车,将重物 Q 以匀速 v 下降,今吊车突然制动。求绳中的动应力(不计梁、绳、吊车的自重,梁的抗弯刚度为 EI,绳的横截面积为 A,绳的弹性模量为 E_1)。

习题 17-22 如图 17-61 所示,木杆 AB 与钢梁 BC 在 B 端铰接,长度 $l = 1$m,两者的横截面均为边长 $a = 0.1$m 的正方形。D-D 为与 AB 连接的刚性托盘,当环状重物 $Q = 1.2$kN 从 $h = 1$cm 处自由落在 D-D 托盘上时,试求木杆各段内力(钢梁的弹性模量 $E_g = 200$GPa,木杆的弹性模量 $E_m = 10$GPa)。

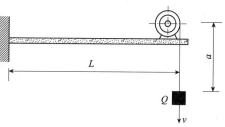

图 17-60

习题 17-23 如图 17-62 所示，AB 杆的 B 端与支座 C 的间隙为 Δ，杆的抗弯刚度 EI 为常量，问质量为 m 的物体以多大的速度 v_0 沿水平方向冲击杆的中点时，才能使 B 端刚好与支座 C 接触。

习题 17-24 如图 17-63 所示结构，梁中点上方高 h 处有一质量为 m 的小球受重力作用自由落下，冲击于梁中点，已知梁长为 l，抗弯刚度为 EI，抗弯截面模量为 W，杆 AB、CD 的长度均为 a，抗拉刚度均为 EA。

(1) 求动载荷因数 K_d；
(2) 求梁内最大动应力 σ_d；
(3) 若规定动应力不能比静应力大出 10 倍，问 h 应受何限制？

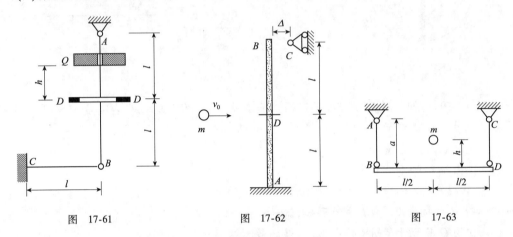

图 17-61　　　　　图 17-62　　　　　图 17-63

C 类型习题

习题 17-25 如图 17-64 所示，一根悬臂矩形截面等直弹性梁，在自由端固定一集中质量 m。在梁的上表面撒了一些细沙粒，静平衡位置梁的挠度忽略不计，首先，给该梁自由端以初始向下的铅垂位移 δ，然后突然放松使梁产生振动。已知梁的截面惯性矩为 I，长度为 l，弹性模量为 E，不计梁和沙粒质量对振动的影响。集中质量 m 的转动惯量亦忽略不计。重力沿 y 轴的负方向，重力加速度为 g，试求：

(1) 梁的固有角频率 ω_0；

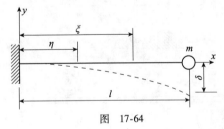

图 17-64

(2) 在梁振动任意时间 t 时 x 截面的弯矩 $M(x,t)$；
(3) 在梁振动时，如果有一个位置 η（见图 17-64），当沙粒坐标 ξ > η 时，沙粒将跳离该梁，试写出确定 η 的条件（如由方程确定，可不解方程，只作说明）；
(4) 梁上总有沙粒跳离该梁的条件是 δ > δ^*，δ^* = ?

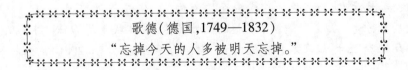

子曰:"礼之用,和为贵"

第 18 章　材料的疲劳与断裂

本章主要介绍疲劳破坏的特点与机理、疲劳持久极限及其影响因素、线弹性断裂力学及裂纹扩展的基本理论。在此基础上,介绍疲劳断裂控制的无限控制设计法和损伤容限设计法。

18.1　材料的疲劳破坏特征与机理

据统计,机械零件的破坏有 50%~90% 为疲劳破坏。如轴类型构件、连杆、齿轮、弹簧、螺栓、压力容器、汽轮机叶片和焊接结构等,它们的主要破坏形式都是疲劳。所谓疲劳,就是构件在循环应力作用下,经过一定的循环次数以后形成裂纹或发生断裂的过程。研究发现,疲劳与结构中裂纹的萌生、扩展和失稳断裂密切相关。对疲劳的传统方法是忽略结构中的裂纹,以对材料进行疲劳试验所得到的 S-N 曲线为基础进行疲劳分析和疲劳控制。断裂力学的发展,给疲劳裂纹扩展问题研究提供了新的有效方法,促进了疲劳研究与疲劳设计方法的发展。

18.1.1　材料的疲劳破坏特征及机理

工程实际中,许多构件承受随时间变化的应力作用,如图 18-1 所示的火车轮轴,车厢对轴的压力 F 所产生的弯矩基本不变,但轴以角速度 Ω 转动时,横截面上 A 点的应力

$$\sigma = \frac{M \cdot y}{I} = \frac{M \cdot r}{I}\sin\left(\Omega t + \frac{\pi}{2}\right) \tag{a}$$

随时间 t 在变化,如图 18-1b) 所示。这种随时间作周期性变化的应力称为交变应力。

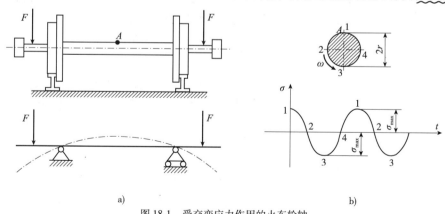

图 18-1　受交变应力作用的火车轮轴

实践表明,构件在交变应力作用下的失效与静应力作用时全然不同,在交变应力作用下,虽然应力低于屈服点,但长期反复作用也会使构件突然断裂。即使是塑性较好的材料,

例如低碳钢,断裂前也无明显的塑性变形,观察断口可以发现,断口分成光滑区和粗糙区,如图 18-2 所示。这种因交变应力引起的失效现象,称为<u>疲劳失效</u>或<u>疲劳</u>。

a)
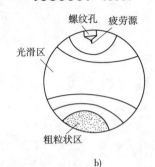
b)

图 18-2　传动轴疲劳破坏断口

对金属疲劳的解释一般认为,在足够大的交变应力下,金属中位置最不利或较弱的晶体,沿最大切应力作用面形成滑移带,滑移带开裂成为微观裂纹。在构件外形突变(如圆角、切口、沟槽等)或表面刻痕或材料内部缺陷等部位,都可能因较大的应力集中引起微观裂纹。分散的微观裂纹经过集结沟通,将形成宏观裂纹。以上是裂纹的萌生过程。已形成的宏观裂纹在交变应力下逐渐扩展。扩展是缓慢的而且并不连续,因应力水平的高低时而持续时而停滞。这就是裂纹的扩展过程。随着裂纹的扩展,构件截面逐步削弱,削弱到一定极限时,构件便突然断裂。

<u>疲劳失效</u>是构件在名义应力低于强度极限,甚至低于屈服极限的情况下,突然发生断裂。飞机、车辆和机器发生的事故中,有很大比例是零部件疲劳失效造成的。这类事故带来的损失和伤亡都是我们熟知的。所以,金属疲劳问题引起多方关注。

18.1.2　循环应力及其类型

图 18-3 表示按正弦曲线变化的应力 σ 与时间 t 的关系。由 a 到 b 应力经历了变化的全过程又回到原来的数值,称为一个<u>应力循环</u>。完成一个应力循环所需要的时间(如图中的 T),称为一个周期。以 σ_{max} 和 σ_{min} 分别表示循环中的最大和最小应力,比值

$$r = \frac{\sigma_{min}}{\sigma_{max}} \tag{18-1}$$

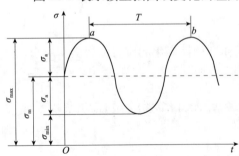

图 18-3　交变应力的循环特征、应力幅度和平均应力

称为交变应力的<u>循环特征</u>或<u>应力比</u>。σ_{max} 与 σ_{min} 代数和的二分之一称为<u>平均应力</u>,即

$$\sigma_m = \frac{1}{2}(\sigma_{max} + \sigma_{min}) \tag{18-2}$$

σ_{max} 与 σ_{min} 代数差的二分之一称为<u>应力幅</u>,即

$$\sigma_a = \frac{1}{2}(\sigma_{max} - \sigma_{min}) \tag{18-3}$$

若交变应力的 σ_{max} 和 σ_{min} 大小相等,符号相反,这种情况称为对称循环,这时

$$r = -1, \sigma_m = 0, \sigma_a = \sigma_{max} \tag{b}$$

各种应力循环中,除对称循环外,其余情况统称为不对称循环。由式(18-2)和式(18-3)知

$$\sigma_{\max} = \sigma_m + \sigma_a, \sigma_{\min} = \sigma_m - \sigma_a \tag{18-4}$$

可见,任一不对称循环都可看成是,在平均应力 σ_m 上叠加一个幅度为 σ_a 的对称循环。这一点已由图18-3表明。

应力循环中的 $\sigma_{\min}=0$(或 $\sigma_{\max}=0$)表示交变应力变动于某一应力与零之间,这种情况称为脉动循环,这时,

$$r = 0, \sigma_m = \frac{\sigma_{\max}}{2}, \sigma_a = \frac{\sigma_{\max}}{2} \tag{c}$$

或

$$r = -\infty, \sigma_m = \frac{\sigma_{\min}}{2}, \sigma_a = -\frac{\sigma_{\min}}{2} \tag{d}$$

静应力也可看作是交变应力的特例,这时应力并无变化,故

$$r = 1, \sigma_m = \sigma_{\max}, \sigma_a = 0 \tag{e}$$

18.2 S-N 曲线及疲劳极限的测定

18.2.1 疲劳试验与 S-N 曲线

交变应力下,应力低于屈服极限时金属就可能发生疲劳,因此,静载下测定的屈服极限或强度极限已不能作为强度指标。金属疲劳的强度指标应重新测定。

在对称循环下测定疲劳强度指标,技术上比较简单,最为常见。测定时将金属加工成 $d = 7\sim 10\mathrm{mm}$、表面光滑的试样(光滑小试样),每组试样约为10根左右。把试样装于疲劳试验机上(图18-4),使它承受纯弯曲。在最小直径截面上最大弯曲应力为 $\sigma = \dfrac{M}{W}$,保持载荷的大小和方向不变,以电动机带动试样旋转。每旋转一周截面上的点便经历一次对称应力循环。

试验时,使第一根试样的最大应力 $\sigma_{\max,1}$ 较高,约为强度极限 σ_b 的70%。经历 N_1 次循环后,试样疲劳。N_1 称为应力为 $\sigma_{\max,1}$ 时的疲劳寿命(简称寿命)。然后,使第二根试样的应力 $\sigma_{\max,2}$ 略低于第一根试样,疲劳时的循环数为 N_2。一般说,随着应力水平的降低,循环次数(寿命)迅速增加。逐步降低应力水平,得出各试样疲劳时的相应寿命。以应力为纵坐标,寿命 N 为横坐标,由试验结果描成的曲线,称为应力—寿命曲线或 S-N 曲线(图18-5)。

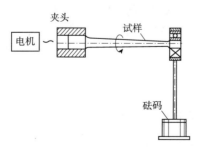

图18-4 疲劳试验机

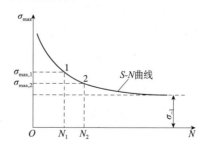

图18-5 应力—寿命曲线

18.2.2 材料的疲劳极限

钢试样的疲劳试验表明,当应力降到某一极限值时,S-N 曲线趋近于水平线。这表明只要应力不超过这一极限值,N 可无限增长,即试样可以经历无限次循环而不发生疲劳。交变应力的这一极限值称为材料的疲劳极限或持久极限。对称循环的持久极限记为 σ_{-1},下标"-1"表示对称循环的循环特征为 r_{-1}。

常温下的试验结果表明,如钢制试样经历 10^7 次循环仍未疲劳,则再增加循环次数,也不会疲劳。所以,就把在 10^7 次循环下仍未疲劳的最大应力,规定为钢材的持久极限,而把 $N_0 = 10^7$ 称为循环基数。有色金属的 S-N 曲线无明显趋于水平的直线部分。通常规定一个循环基数,例如 $N_0 = 10^8$,把它对应的最大应力作为这类材料的"条件"持久极限。

18.3 构件的疲劳极限

材料的疲劳极限,是利用表面磨光、横截面尺寸无突然变化以及直径为 6～10mm 的标准试样测得的。

试验表明,构件的疲劳极限与材料的疲劳极限不同,它不仅与材料有关,而且与构件的外形、横截面尺寸以及表面状况相关。

18.3.1 构件外形的影响

构件外形的突然变化,例如构件上有槽、孔、缺口、轴肩等,将引起应力集中。在应力集中的局部区域更易形成疲劳裂纹,使构件的持久极限显著降低。在对称循环下,若以 $(\sigma_{-1})_d$ 或 $(\tau_{-1})_d$ 表示无应力集中的光滑试样的持久极限;$(\sigma_{-1})_k$ 或 $(\tau_{-1})_k$ 表示有应力集中因素,且尺寸与光滑试样相同的试样的持久极限,则比值

$$K_\sigma = \frac{(\sigma_{-1})_d}{(\sigma_{-1})_k} \text{或} K_\tau = \frac{(\tau_{-1})_d}{(\tau_{-1})_k} \tag{18-5}$$

称为有效应力集中因数。因 $(\sigma_{-1})_d > (\sigma_{-1})_k$,$(\tau_{-1})_d > (\tau_{-1})_k$,所以 K_σ 和 K_τ 都大于 1。工程中为使用方便,把关于有效应力集中因数的数据整理成曲线或表格,图 18-6 和图 18-7 就是这类曲线。

应力集中处的最大应力与按公式计算的"名义"应力之比,称为理论应力集中因数。它可以用弹性力学或光弹性实测的方法来确定。理论应力集中因数只与构件外形有关,没有考虑材料性质。用不同材料加工成形状、尺寸相同的构件,则这些构件的理论应力集中因数也相同。但是由图 18-6 和图 18-7 可以看出,有效应力集中因数非但与构件的形状、尺寸有关,而且与强度极限 σ_b,亦即与材料的性质有关。一般说静载抗拉强度越高,有效应力集中因数越大,即对应力集中越敏感。

18.3.2 构件尺寸的影响

持久极限一般是用直径为 7～10mm 的小试样测定的。随着试样横截面尺寸的增大,持久极限却相应地降低。

在对称循环下若光滑小试样的持久极限为 σ_{-1},光滑大试样的持久极限为 $(\sigma_{-1})_d$,则比值

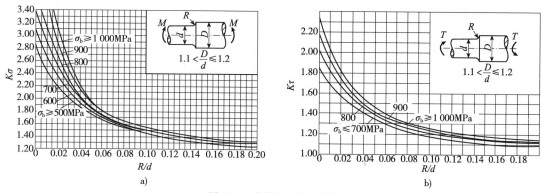

图 18-6 有效应力集中因数

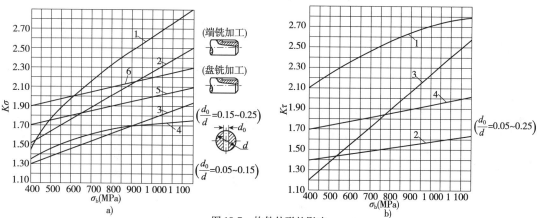

图 18-7 构件外形的影响

a)：1-螺纹；2-键槽；3-键槽；4-花键；5-横孔；6-横孔
b)：1-矩形花键；2-渐开线花键；3-键槽；4-横孔

$$\varepsilon_\sigma = \frac{(\sigma_{-1})_d}{\sigma_{-1}} \text{ 或 } \varepsilon_\tau = \frac{(\tau_{-1})_d}{\tau_{-1}} \qquad (18\text{-}6)$$

称为尺寸因数，其数值小于1。常用钢材的尺寸因数已列入表 18-1 中。

尺 寸 因 数 表 18-1

直径 d(mm)		>20~30	>30~40	>40~50	>50~60	>60~70
ε_σ	碳钢	0.91	0.88	0.84	0.81	0.78
	合金钢	0.83	0.77	0.73	0.70	0.68
各种钢 ε_τ		0.89	0.81	0.78	0.76	0.74
直径 d(mm)		>70~80	>80~100	>100~120	>120~150	>150~500
ε_σ	碳钢	0.75	0.73	0.70	0.68	0.60
	合金钢	0.66	0.64	0.62	0.60	0.54
各种钢 ε_τ		0.73	0.72	0.70	0.68	0.60

18.3.3 构件表面质量的影响

一般情况下，构件的最大应力发生于表层，疲劳裂纹也多于表层生成，表面加工的刀痕、擦伤等将引起应力集中，降低持久极限。所以表面加工质量对持久极限有明显的影响。

若表面磨光的试样的持久极限为$(\sigma_{-1})_d$,而表面为其他加工情况时构件的持久极限为$(\sigma_{-1})_\beta$,则比值

$$\beta = \frac{(\sigma_{-1})_\beta}{(\sigma_{-1})_d} \tag{18-7}$$

称为表面质量因数。不同的表面粗糙度列入表18-2中。可以看出,表面质量低于磨光试样时,$\beta<1$。还可看出,高强度钢材随表面质量的降低,β的下降比较明显。这说明优质钢材更需要高质量的表面加工,才能充分发挥高强度的性能。

不同表面粗糙度的表面质量因数 β　　　表18-2

加工方法	轴表面粗糙度 $R_a(\mu m)$	σ_b(MPa) 400	800	1 200
磨削	0.4~0.2	1	1	1
车削	3.2~0.8	0.95	0.90	0.80
粗车	25~6.3	0.85	0.80	0.65
未加工的表面	—	0.75	0.65	0.45

另一方面,如构件经淬火、渗碳、氮化等热处理或化学处理,使表层得到强化;或者经滚压、喷丸等机械处理,使表层形成预压应力,减弱容易引起裂纹的工作拉应力,这些都会明显提高构件的持久极限,得到大于1的β。

综合上述三种因素,在对称循环下,构件的持久极限应为

$$\sigma_{-1}^0 = \frac{\varepsilon_\sigma \beta}{K_\sigma}\sigma_{-1} \text{ 或 } \tau_{-1}^0 = \frac{\varepsilon_\tau \beta}{K_\tau}\tau_{-1} \tag{18-8}$$

式中:σ_{-1}、τ_{-1}——光滑小试样的持久极限。

除上述三种因素外,构件的工作环境,如温度、介质等也会影响持久极限的数值。综上所述,疲劳裂纹的形成主要在应力集中的部位和构件表面。提高疲劳强度应从减缓应力集中、降低表面粗糙度和增加表层强度入手。

18.4 基于疲劳极限的无限寿命设计法

18.4.1 对称循环下构件的疲劳强度计算

对称循环下,构件的持久极限σ_{-1}^0(或τ_{-1}^0)由式(18-8)来计算。将σ_{-1}^0(或τ_{-1}^0)除以安全因数n_f得许用应力为

$$[\sigma_{-1}] = \frac{\sigma_{-1}^0}{n_f} \tag{a}$$

构件的强度条件应为

$$\sigma_{max} \leq [\sigma_{-1}] \text{ 或 } \sigma_{max} \leq \frac{\sigma_{-1}^0}{n_f} \tag{b}$$

式中:σ_{max}——构件危险点的最大工作应力。

也可把强度条件写成由安全因数表达的形式。由式(b)知

$$\frac{\sigma_{-1}^0}{\sigma_{\max}} \geqslant n_f \tag{c}$$

式(c)左侧是构件持久极限 σ_{-1}^0 与最大工作应力 $\sigma_{\max}$ 之比,代表构件工作时的安全储备,称为构件的工作安全因数,用 n_σ 来表示,即

$$n_\sigma = \frac{\sigma_{-1}^0}{\sigma_{\max}} \tag{d}$$

于是强度条件(c)可以写成

$$n_\sigma \geqslant n_f \tag{e}$$

即构件的工作安全因数 n_σ 应大于或等于规定的疲劳安全因数 n_f。

将式(18-8)代入式(d),便可把工作安全因数 n_σ 和强度条件表为

$$n_\sigma = \frac{\sigma_{-1}}{\dfrac{K_\sigma}{\varepsilon_\sigma \beta}\sigma_{\max}} \geqslant n_f \tag{18-9}$$

如为扭转交变应力,则公式(18-9)为

$$n_\tau = \frac{\tau_{-1}}{\dfrac{K_\tau}{\varepsilon_\tau \beta}\tau_{\max}} \geqslant n_f \tag{18-10}$$

例题 18-1 某减速器第一轴如图 18-8 所示。键槽为端铣加工,$m-m$ 截面上的弯矩 $M = 860\text{N}\cdot\text{m}$,轴的材料为 Q255 钢,$\sigma_b = 520\text{MPa}$,$\sigma_{-1} = 220\text{MPa}$。若规定安全因数 $n_f = 1.4$,试校核 $m-m$ 截面的强度。已知:$d = 50\text{mm}$。

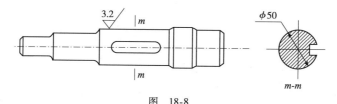

图 18-8

解:①计算轴在 $m-m$ 截面上的最大工作应力。

若不计键槽对抗弯截面系数的影响,则 $m-m$ 截面的抗弯截面系数为

$$W = \frac{\pi}{32}d^3 = \frac{3.14}{32} \times 0.05^3 = 12.3 \times 10^{-6}\text{m}^3$$

最大工作应力为

$$\sigma_{\max} = \frac{M}{W} = \frac{860}{12.3 \times 10^{-6}} = 70\text{MPa}$$

②轴在不变弯矩 M 作用下旋转,故为弯曲变形下的对称循环。

$$\sigma_{\min} = -70\text{MPa}, r = -1$$

③确定轴在 $m-m$ 截面上的系数 $K_\sigma, \varepsilon_\sigma, \beta$。

a. 由图 18-7a 中的曲线 2 查得端铣加工的键槽,当 $\sigma_b = 520\text{MPa}$ 时,$K_\sigma = 1.65$;

b. 由表 18-1 查得 $\varepsilon_\sigma = 0.84$;

c. 由表 18-2 使用插入法,求得 $\beta = 0.936$。

④求截面 $m-m$ 处的工作安全因数。

根据式(18-9)

$$n_\sigma = \frac{\sigma_{-1}}{\dfrac{K_\sigma}{\varepsilon_\sigma \beta}\sigma_{\max}} = \frac{220 \times 10^6}{\dfrac{1.65}{0.84 \times 0.936} \times 70 \times 10^6} = 1.5 > n_f = 1.4$$

所以轴在 m-m 截面处满足强度条件。

18.4.2 非对称循环下构件的疲劳强度计算

材料在非对称循环应力下的疲劳极限 σ_r 或 τ_r 也由试验测定,对于实际构件,同样也应考虑应力集中、截面尺寸与表面加工质量等的影响。在应力比保持一定的条件下,拉压杆与梁的疲劳强度条件为

$$n_\sigma = \frac{\sigma_{-1}}{\dfrac{K_\sigma}{\varepsilon_\sigma \beta}\sigma_a + \psi_\sigma \sigma_m} \geq n_f \tag{18-11}$$

轴的疲劳强度条件为

$$n_\tau = \frac{\tau_{-1}}{\dfrac{K_\tau}{\varepsilon_\tau \beta}\tau_a + \psi_\tau \tau_m} \geq n_f \tag{18-12}$$

式(18-11)、式(18-12)中,σ_m 与 σ_a(或 τ_m 与 τ_a)分别代表构件危险点处的平均应力与应力幅;K_σ、ε_σ(或 K_τ、ε_τ)与 β 分别代表对称循环时的有效应力集中因数、尺寸因数与表面质量因数;ψ_σ 与 ψ_τ 称为敏感因数,代表材料对于应力循环非对称性的敏感程度,其值为

$$\psi_\sigma = \frac{2\sigma_{-1} - \sigma_0}{\sigma_0} \tag{18-13a}$$

$$\psi_\tau = \frac{2\tau_{-1} - \tau_0}{\tau_0} \tag{18-13b}$$

式中:σ_0、τ_0——材料在脉动循环应力下的疲劳极限。

非对称性敏感因数 ψ_σ(或 ψ_τ)与材料有关。对拉—压或弯曲,碳钢的 $\psi_\sigma = 0.1 \sim 0.2$,合金钢的 $\psi_\sigma = 0.2 \sim 0.3$。对扭转,碳钢的 $\psi_\tau = 0.05 \sim 0.1$,合金钢的 $\psi_\tau = 0.1 \sim 0.15$。

一般来说,对 $r > 0$ 的情况,应补充静强度校核。强度条件是

$$n_\sigma = \frac{\sigma_s}{\sigma_{\max}} \geq n_s \tag{18-14}$$

例题 18-2 图 18-9 所示圆杆上有一个沿直径的贯穿圆孔,不对称交变弯矩为 $M_{\max} = 5M_{\min} = 512\text{N} \cdot \text{m}$。材料为合金钢,$\sigma_b = 950\text{MPa}$,$\sigma_s = 540\text{MPa}$,$\sigma_{-1} = 430\text{MPa}$,$\psi_\sigma = 0.2$。圆杆表面经磨削加工,若规定安全因数 $n_f = 2$,$n_s = 1.5$,试校核此杆的强度。

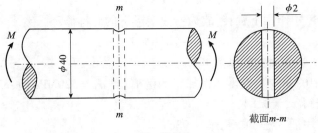

图 18-9

解:① 计算圆杆的工作应力。

$$W = \frac{\pi}{32}d^3 = \frac{3.14}{32} \times 0.04^3 = 6.28 \times 10^{-6} \mathrm{m}^3$$

$$\sigma_{\max} = \frac{M_{\max}}{W} = \frac{512}{6.28 \times 10^{-6}} = 81.5 \mathrm{MPa}$$

$$\sigma_{\min} = \frac{1}{5}\sigma_{\max} = 16.3 \mathrm{MPa}$$

$$r = \frac{\sigma_{\min}}{\sigma_{\max}} = \frac{1}{5} = 0.2$$

$$\sigma_m = \frac{\sigma_{\max} + \sigma_{\min}}{2} = 48.9 \mathrm{MPa}$$

$$\sigma_a = \frac{\sigma_{\max} - \sigma_{\min}}{2} = 32.6 \mathrm{MPa}$$

②确定系数 K_σ、ε_σ、β。

a. 按照圆杆的尺寸，$\frac{d_0}{d} = \frac{2}{40} = 0.05$。由图 18-7a)中的曲线 6 查得，当 $\sigma_b = 950 \mathrm{MPa}$ 时，$K_\sigma = 2.18$；

b. 由表 18-1 查得 $\varepsilon_\sigma = 0.77$；

c. 由表 18-2 查出表面经磨削加工的杆件，$\beta = 1$。

③ 疲劳强度校核。

由式(18-11)计算工作安全因数

$$n_\sigma = \frac{\sigma_{-1}}{\frac{K_\sigma}{\varepsilon_\sigma \beta}\sigma_a + \psi_\sigma \sigma_m} = \frac{430 \times 10^6}{\frac{2.18}{0.77 \times 1} \times 32.6 \times 10^6 + 0.2 \times 48.9 \times 10^6} = 4.21 > n_f = 2$$

所以疲劳强度是足够的。

④静强度校核。

因为 $r = 0.2 > 0$，所以需要校核静强度。

由式(18-14)计算最大应力对屈服极限的工作安全因数。

$$n_\sigma = \frac{\sigma_s}{\sigma_{\max}} = \frac{540 \times 10^6}{81.5 \times 10^6} = 6.62 > n_s = 1.5$$

所以静强度条件也是满足的。

18.4.3 弯扭组合交变应力的强度计算

按照第三强度理论，构件在弯扭组合变形时的静强度条件为

$$\sqrt{\sigma_{\max}^2 + 4\tau_{\max}^2} \leqslant \frac{\sigma_s}{n} \tag{f}$$

将式(f)两边平方后同除以 σ_s^2，并将 $\tau_s = \frac{\sigma_s}{2}$ 代入，则式(f)变为

$$\frac{1}{\left(\frac{\sigma_s}{\sigma_{\max}}\right)^2} + \frac{1}{\left(\frac{\tau_s}{\tau_{\max}}\right)^2} \leqslant \frac{1}{n^2} \tag{g}$$

其中,比值 σ_s/σ_{max} 与 τ_s/τ_{max} 可分别理解为仅考虑弯曲正应力与扭转切应力的工作安全因数,并分别用 n_σ 与 n_τ 表示,于是,上式又可改写作

$$\frac{1}{n_\sigma^2} + \frac{1}{n_\tau^2} \leqslant \frac{1}{n^2} \tag{h}$$

或

$$\frac{n_\sigma n_\tau}{\sqrt{n_\sigma^2 + n_\tau^2}} \geqslant n \tag{i}$$

试验表明,上述形式的静强度条件可推广应用于弯扭组合循环应力下的构件。在这种情况下,n_σ 与 n_τ 应分别按式(18-9)、式(18-10)或式(18-11)、式(18-12)进行计算,而静强度安全因数则相应改用疲劳安全因数 n_f 代替。因此,构件在弯扭组合循环应力下的疲劳强度条件为

$$n_{\sigma\tau} = \frac{n_\sigma n_\tau}{\sqrt{n_\sigma^2 + n_\tau^2}} \geqslant n_f \tag{18-15}$$

式中:$n_{\sigma\tau}$——构件在弯扭组合循环应力下的工作安全因数。

18.5 固体材料的理想断裂强度和应力判据

物体是由原子组成的,各原子之间靠电磁力结合在一起。固体被拉断显然是破坏了原子之间的结合。由固体物理学可知,固体材料断裂强度的理论值为

$$\sigma_{th} = \sqrt{\frac{E\gamma}{b_0}} \tag{18-16}$$

其中,E 为固体材料的弹性模量;γ 为固体材料的表面能密度;b_0 为吸引力和排斥力处于平衡时的原子间距。

研究表明,大多数为固体材料的表面能密度 $\gamma \approx Eb_0/40$,故理想断裂强度 $\sigma_{th} \approx E/6$。但实际上结晶体和玻璃的强度仅为此值的 1/100。例如,通常使用的窗玻璃的理想断裂强度约 7GPa,实际断裂强度仅为 60MPa。Griffith 首先指出了理想值与实际值差别的原因。他认为在一个宏观均质试样中可能含有很小的缺陷,在缺陷的某一部位产生严重的应力集中,致使局部应力可能达到理想断裂强度。Orowan 进行了理论计算,他将缺陷理想化为受单向均匀拉应力 σ 作用的无限大板的一个椭圆孔,均匀拉应力垂直于椭圆长轴,如图 18-10 所示。

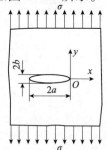

图 18-10 含椭圆孔受单向均匀拉伸的无限大板

由弹性理论可知,在长轴端点(曲率半径为 ρ)附近将产生应力集中,并且沿 y 方向的最大局部应力为

$$\sigma_{y,max} = \sigma\left(1 + 2\sqrt{\frac{a}{\rho}}\right) \tag{18-17}$$

按照应力判据,当缺陷端点的最大局部应力等于固体材料的理想断裂强度时,固体材料就发生断裂,即固体材料的断裂判据为

$$\sigma_{y,max} = \sigma_{th} \tag{18-18}$$

将式(18-16)和式(18-17)代入式(18-18),可得到使固体材料断裂的外加应力为

$$\sigma_f = \sqrt{\frac{E\gamma}{b_0}} \Big/ \left(1 + 2\sqrt{\frac{a}{\rho}}\right) \tag{a}$$

用原子间距 b_0 代替 ρ，并考虑到 $a/\rho \gg 1$，最后得到

$$\sigma_f = 0.5\sqrt{\frac{E\gamma}{a}} \tag{18-19}$$

若宏观裂纹长度 $2a \approx 4\,500 b_0$，则其承载能力仅为理想断裂强度的 1/100。这就解释了固体材料存在缺陷后，由于应力集中导致实际强度远比理想强度低的这一客观事实。

18.6 应力强度因子与断裂韧度

随着高强度材料的使用以及构件大型化（大型焊接件和大型铸件）的发展，发现某些构件虽然满足了传统的强度条件，但在工作应力小于极限应力的情况下发生了脆断，即所谓<u>低应力脆断</u>。究其原因，是由于构件中存在的裂纹在一定的应力作用下发生迅速扩展所造成的。近年来得到蓬勃发展的断裂力学学科就是研究裂纹尖端附近的应力、位移以及裂纹扩展规律的科学。本节就应力强度因子、断裂韧度、裂纹扩展速率等有关问题进行简单介绍。

18.6.1 应力强度因子

根据构成裂纹上下两个面的相对位移，把裂纹扩展分成三种类型。

(1) 张开型（Ⅰ型）：在垂直于裂纹面的拉应力作用下，使两裂纹面相对离开，如图 18-11a)所示。

(2) 滑移型（Ⅱ型）：在平行于裂纹平面且垂直于裂纹前沿的切应力作用下，使两裂纹面相对滑动，且滑动方向垂直于裂纹前沿，如图 18-11b)所示。

(3) 撕开型（Ⅲ型）：在平行于裂纹前沿的切应力作用下，使两裂纹面相对离开，且滑动方向平行于裂纹前沿，如图 18-11c)所示。

在上述三种裂纹中，Ⅰ型裂纹最常见，也最危险，故本节主要讨论Ⅰ型裂纹问题。

考虑一无限大平板，中心有一穿透板厚的平直裂纹，如图 18-12 所示，在垂直裂纹平面的方向，受均匀拉应力 σ 作用。根据弹性理论的计算结果，在裂纹尖端附件任一点 A 处的应力分量为

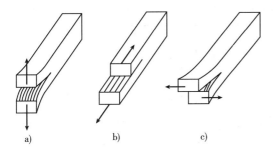

图 18-11 裂纹的分类

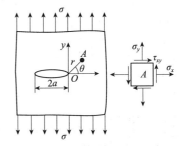

图 18-12 裂纹尖端附近的应力场

$$\sigma_x = \frac{\sigma\sqrt{\pi a}}{\sqrt{2\pi r}}\cos\frac{\theta}{2}\left(1 - \sin\frac{\theta}{2}\sin\frac{3}{2}\theta\right) \tag{a1}$$

$$\sigma_y = \frac{\sigma\sqrt{\pi a}}{\sqrt{2\pi r}}\cos\frac{\theta}{2}\left(1 + \sin\frac{\theta}{2}\sin\frac{3}{2}\theta\right) \tag{a2}$$

$$\tau_{xy} = \frac{\sigma\sqrt{\pi a}}{\sqrt{2\pi r}} \sin\frac{\theta}{2} \cos\frac{\theta}{2} \cos\frac{3}{2}\theta \tag{a3}$$

其中,$r(r \ll a)$ 和 θ 分别表示 A 点极坐标的极径与极角。

由上式可以看出,当 r 和 θ 一定时,即对于某一定点,各应力分量均与 $\sigma\sqrt{\pi a}$ 有关。这说明参量 $\sigma\sqrt{\pi a}$ 的大小反映了裂纹尖端附近应力场的强弱程度,称为<u>应力强度因子</u>(SIF),并用 K_I 表示,即

$$K_\mathrm{I} = \sigma\sqrt{\pi a} \tag{18-20}$$

应力强度因子的量纲为[力]·[长度]$^{-3/2}$。将式(18-20)代入式(a)得

$$\sigma_x = \frac{K_\mathrm{I}}{\sqrt{2\pi r}} \cos\frac{\theta}{2}\left(1 - \sin\frac{\theta}{2}\sin\frac{3}{2}\theta\right) \tag{18-21a}$$

$$\sigma_y = \frac{K_\mathrm{I}}{\sqrt{2\pi r}} \cos\frac{\theta}{2}\left(1 + \sin\frac{\theta}{2}\sin\frac{3}{2}\theta\right) \tag{18-21b}$$

$$\tau_{xy} = \frac{K_\mathrm{I}}{\sqrt{2\pi r}} \sin\frac{\theta}{2}\cos\frac{\theta}{2}\cos\frac{3}{2}\theta \tag{18-21c}$$

研究表明,上式对于所有 I 型裂纹均适用,只是相应的应力强度因子 K_I 值不同,其一般表达式为

$$K_\mathrm{I} = \alpha\sigma\sqrt{\pi a} \tag{18-22}$$

其中,α 称为修正因数,其值与构件和裂纹的几何特征和受力形式有关,几种常见的 I 型裂纹的修正因数 α 值如表 18-3 所示。

几种常见 I 型裂纹的修正因数 α　　　　表 18-3

类　型	α 的 计 算 公 式
(板宽 b,边裂纹 a,两端受 σ)	$\alpha = \dfrac{1}{\sqrt{\pi}}\left[1.99 - 0.41\dfrac{a}{b} + 18.7\left(\dfrac{a}{b}\right)^2 - 38.48\left(\dfrac{a}{b}\right)^3 + 53.85\left(\dfrac{a}{b}\right)^4\right]$ $\alpha = 1.12\ (a \ll b)$
(板宽 b,中心裂纹 $2a$,两端受 σ)	$\alpha = \dfrac{1}{\sqrt{\pi}}\left[1.77 + 0.227\dfrac{a}{b} - 0.51\left(\dfrac{a}{b}\right)^2 + 2.7\left(\dfrac{a}{b}\right)^3\right]$ $\alpha = 1\ (a \ll b)$
(板宽 b,双边裂纹 a,a,两端受 σ)	$\alpha = \dfrac{1}{\sqrt{\pi}}\left[1.98 + 0.36\dfrac{2a}{b} - 2.12\left(\dfrac{2a}{b}\right)^2 + 3.42\left(\dfrac{2a}{b}\right)^3\right]$ $\alpha = 1.12\ (a \ll b)$
(板宽 b,边裂纹 a,弯矩 M) $\sigma = \dfrac{6M}{Bb^2}$,$B$-板厚	$\alpha = \dfrac{1}{\sqrt{\pi}}\left[1.99 - 2.47\dfrac{a}{b} + 12.97\left(\dfrac{a}{b}\right)^2 - 23.17\left(\dfrac{a}{b}\right)^3 + 24.8\left(\dfrac{a}{b}\right)^4\right]$ $\alpha = 1.12\ (a \ll b)$

18.6.2 断裂韧度和断裂判据

由式(18-21)可以看出,不论裂纹远处应力 σ 为何值,当 r 趋于零时(裂尖处),各应力分量均趋于无限大,按照传统的强度观点,构件应断裂。然而,实际情况并非如此。所以,对于含有裂纹的构件,不宜再用应力作为衡量裂纹尖端受力程度的标志,应该用应力强度因子来度量裂纹尖端应力场的强弱程度。

试验表明,对于一定厚度的平板,不论远处应力 σ 和裂纹长度各为何值,只要应力强度因子达到某一临界值,裂纹即迅速扩展(即所谓失稳扩展),并导致板的断裂。使裂纹发生失稳扩展的临界应力强度因子值称为材料的**断裂韧度**,用 K_C 表示。对于 Ⅰ 型裂纹,用 K_{IC} 表示。很显然,构件所用材料的 K_{IC} 越高,则抵抗裂纹失稳扩展的能力越强,这表明 K_{IC} 是材料抵抗裂纹失稳扩展能力的度量,它是衡量材料性能的又一力学指标。

测定材料断裂韧度 K_{IC} 必须按规范进行。为了使断裂韧度为一稳定的最小值,通常对试样的厚度作如下要求,即最小厚度 $B_{\min}$ 要满足如下条件:

$$B_{\min} = 2.5\left(\frac{K_{IC}}{\sigma_s}\right)^2 \qquad (18\text{-}23)$$

表 18-4 中列出了几种材料的 K_{IC} 值。

几种材料的 K_{IC} 值 表 18-4

材　　料	σ_s(MPa)	σ_b(MPa)	K_{IC}(MN·m$^{-\frac{3}{2}}$)	$B_{\min}$(mm)
30CrMnSiNiA	1 470	1 780	84	8.2
300 号马氏体钢	1 730	1 850	90	6.8
7075-T6 铝合金	500	560	32	10.2

由此可见,当 Ⅰ 型裂纹尖端的实际应力强度因子 K_I 达到材料的断裂韧度时,裂纹即发生失稳扩展,因此对于 $B \geqslant 2.5(K_{IC}/\sigma_s)^2$ 的厚板来说,失稳扩展条件为

$$K_I = K_{IC} \qquad (18\text{-}24)$$

式(18-24)称为 Ⅰ 型裂纹的断裂判据。根据该判据,既可对含裂纹构件在一定载荷下是否发生脆断进行判断,也可确定 Ⅰ 型裂纹的最大载荷和裂纹临界长度。

18.6.3 疲劳裂纹扩展速率

对于一般构件的疲劳强度计算主要依赖于材料的疲劳极限。而对于实际上具有裂纹、夹渣等缺陷的构件,常常在较少的交变应力循环次数($N < 10^5$)下发生断裂。裂纹由原尺寸 a 缓慢增长到脆性断裂时的临界尺寸 a_c 的过程称为亚临界裂纹扩展。载荷每经历一个周期的裂纹扩展量称为**疲劳裂纹扩展速率**,用 da/dN 表示。Paris 根据如图 18-13 所示的实验结果提出了等幅疲劳裂纹扩展速率的经验公式

$$\frac{da}{dN} = C(\Delta K_I)^m \qquad (18\text{-}25)$$

该式称为**帕里斯(Paris)公式**,式中,C 和 m 为材料常数,其值由实验测定,或由表 18-5 中数据估算,表中数据均为中间值。$\Delta K_I = K_{I\max} - K_{I\min}$ 为应力强度因子幅值。

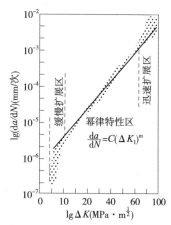

图 18-13 疲劳裂纹扩展的 $\lg(da/dN)$ - $\lg\Delta K$ 曲线

几种材料的疲劳裂纹亚临界扩展数据   表18-5

材料	σ_b(MPa)	m	C
软钢	430	3.3	2.72×10^{-14}
低合金钢	835	3.3	2.72×10^{-14}
马氏体时效钢	2 010	3.0	7.38×10^{-14}
不锈钢	685	3.1	7.45×10^{-14}
铝	77	2.9	5.98×10^{-12}
铜	225	3.9	4.78×10^{-15}
钛	540	4.4	8.96×10^{-16}

18.7 损伤容限设计

损伤容限设计是以断裂力学理论为基础，以无损检测技术为手段，以有初始缺陷或裂纹的零件的寿命估算为中心，以断裂控制为保证，确保零件在使用期内能够安全使用的一种疲劳设计方法。目前已在飞机设计中使用，详细内容请参阅有关资料。这里仅介绍构件剩余寿命估算法。

当已知初始裂纹尺寸 a_0、临界裂纹尺寸 a_c、相应的应力强度因子表达式和材料的疲劳裂纹扩展速率表达式以后，即可进行剩余寿命估算。下面使用 Paris 公式进行等幅应力下构件的寿命估算。

将 Paris 公式积分，可得疲劳扩展寿命为

$$N = \int_{N_0}^{N_f} dN = \int_{a_0}^{a_c} \frac{da}{C(\Delta K_I)^m} \quad (18\text{-}26)$$

若应力强度因子式(18-22)中的系数 α 与 a 无关，则将式(18-22)代入式(18-26)得裂纹由 a_0 扩展到 a_c 所经过的循环次数 N_f

$m \neq 2$ 时

$$N_f = \frac{2[a_c^{(1-\frac{m}{2})} - a_0^{(1-\frac{m}{2})}]}{(2-m)C(\Delta\sigma)^m \pi^{\frac{m}{2}} \alpha^m} \quad (18\text{-}27a)$$

$m = 2$ 时

$$N_f = \frac{1}{C\pi\alpha^2(\Delta\sigma)^2} \ln\frac{a_c}{a_0} \quad (18\text{-}27b)$$

由式(18-27)可以得到经过 N 次循环后裂纹的长度 a_f

$m \neq 2$ 时

$$a_f = \frac{1}{\left[a_0^{\frac{(m-2)}{2}} - \frac{(m-2)NC(\Delta\sigma)^m \pi^{\frac{m}{2}} \alpha^m}{2}\right]^{\frac{2}{(m-2)}}} \quad (18\text{-}28a)$$

$m = 2$ 时

$$a_f = e^{NC(\Delta\sigma)^2 \pi\alpha^2 a_0} \quad (18\text{-}28b)$$

关于变幅应力情况下的裂纹扩展寿命估算，有许多不同方法与计算模型，可参考有关著作。

例题 18-3 经检查发现某机车主动轴轮座部分有横向裂纹，如图 18-14 所示。已知该轴的材料为 40 钢，车轴最低使用温度为 $-40℃$，相应的 $K_{IC} = 2\,000\text{MN} \cdot \text{m}^{-\frac{3}{2}}$，$\sigma_{0.2} = 400\text{MPa}$，实测得到该材料的裂纹扩展速率为 $\frac{da}{dN} = 2.72 \times 10^{-14}(\Delta K_I)^3$，试计算当初始裂纹深度为 25mm 时，车轴的剩余寿命是多少？

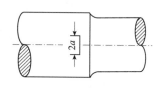
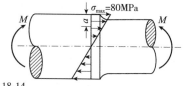

图 18-14

解:①确定临界裂纹尺寸 a_c

该问题是三维问题,为了简化计算,可设想用两相邻的纵截面从轮座部分截出一平板来,可认为该平板是处于平面应变条件下具有浅切口的受弯平板。查表 18-3 得裂纹尖处应力强度因子 $K_{\mathrm{I}\max} = 1.12\sigma_{\max}\sqrt{\pi a}$。根据脆性断裂判据式(18-24)有

$$K_{\mathrm{I}\max} = K_{\mathrm{IC}}, 1.12\sigma_{\max}\sqrt{\pi a} = K_{\mathrm{IC}}$$

由此解得

$$a_c = \frac{K_{\mathrm{IC}}^2}{1.12^2\pi\sigma_{\max}^2} = \frac{2\,000^2}{1.12^2 \times 3.14 \times 80^2} = 159\mathrm{mm}$$

即在 $\sigma_{\max} = 80\mathrm{MPa}$ 下,裂纹深度超过 159mm 时,车轴才会发生断裂,实践证明,对于直径为 275mm 的车轴,临界裂纹尺寸深度超过 200mm 时,才会发生快速断裂。

②估计剩余寿命

假定该轴承受脉动循环的交变应力,即 $\sigma_{\min} = 0$,故有

$$\Delta\sigma = \sigma_{\max} - \sigma_{\min} = 80 \times 10^6 - 0 = 80\mathrm{MPa}$$

由式(18-27a),得

$$N_f = \frac{2[a_c^{(1-\frac{m}{2})} - a_0^{(1-\frac{m}{2})}]}{(2-m)C(\Delta\sigma)^m\pi^{\frac{m}{2}}\alpha^m}$$

$$= \frac{2[159^{(1-\frac{3}{2})} - 25^{(1-\frac{3}{2})}]}{(2-3) \times 2.72 \times 10^{-14} \times 80^3 \times 3.14^{\frac{3}{2}} \times 1.12^3} = 2.22 \times 10^6 \text{ 次}$$

应该指出,以上介绍的是有关疲劳断裂方面的最基本知识。由于疲劳断裂问题在工程中非常重要,所以在这方面的研究成果层出不穷,如关于低应力疲劳问题、变幅应力下的疲劳强度计算、复合应力状态下的断裂分析、弹塑性断裂力学等,对结构的安全都具有重要的指导意义,有兴趣的读者可参阅有关书籍资料。

18.8 Maple 编程示例

编程题 18-1 阶梯轴的尺寸如图 18-15 所示,材料为合金钢 $\sigma_b = 900\mathrm{MPa}, \sigma_{-1} = 410\mathrm{MPa}, \tau_{-1} = 240\mathrm{MPa}$。作用于轴上的弯矩变化为 $-1\,000 \sim +1\,000\mathrm{N\cdot m}$,扭矩变化为 $0 \sim 1\,500\mathrm{N\cdot m}$,若规定安全因数 $n_f = 2$,试校核轴的疲劳强度。

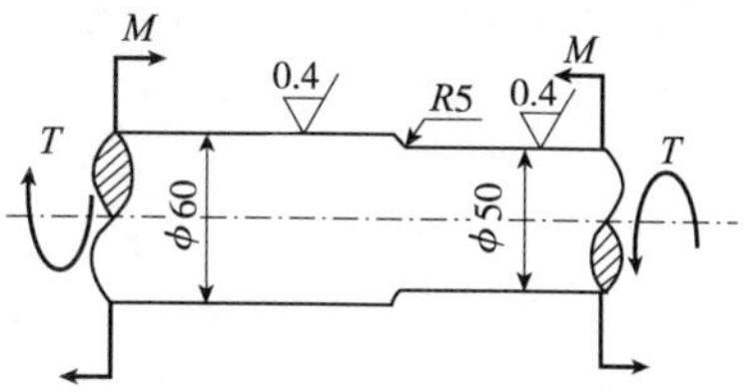

已知: $M_{\max} = 1\,000\mathrm{N\cdot m}, M_{\min} = -1\,000\mathrm{N\cdot m}, T_{\max} = 1\,500\mathrm{N\cdot m}, T_{\min} = 0, D = 60\mathrm{mm}, d = 50\mathrm{mm}, R = 5\mathrm{mm}$。

求: $n_{\sigma\tau} = ?$

图 18-15 (尺寸单位:mm)

解:● 建模

①计算轴的工作应力。首先计算交变弯曲正应力及其循环特征;其次计算交变扭转切应力及其循环特征;

②确定各种系数,根据 $\dfrac{D}{d}=\dfrac{60}{50}=1.2$,$\dfrac{R}{d}=\dfrac{5}{50}=0.1$;由图18-6a)查得,$K_\sigma=1.55$,由图18-6b)查得,$K_\tau=1.24$;由表18-1查得 $\varepsilon_\sigma=0.73$,$\varepsilon_\tau=0.78$;由表18-2查得 $\beta=1$;对合金钢 $\psi_\tau=0.1$。

③计算弯曲工作安全因数 n_σ(对称循环 $r=1$)和扭转工作安全因数 n_τ(脉动循环 $r=0$);

④计算弯扭组合交变应力下,轴的工作安全因数 $n_{\sigma\tau}$。

答:$n_{\sigma\tau}=2.111>n=2$,满足疲劳强度条件。

- **Maple 程序**

```
> restart:                                              #清零。
> alias(D = DD):                                        #变量命名。
> n[sigma,tau]:= n[sigma]*n[tau]/sqrt(n[sigma]^2+n[tau]^2):
>                                                       #轴的工作安全因数 n_{στ}。
> n[sigma]:= sigma[-1]/(K[sigma]/(epsilon[sigma]*beta)*sigma[max]):
>                                                       #弯曲工作安全因数 n_σ。
> n[tau]:= tau[-1]/(K[tau]/(epsilon[tau]*beta)*tau[a]
>                  + psi[tau]*tau[m]):                  #扭转工作安全因数 n_τ。
> sigma[max]:= M[max]/W:                                #最大工作正应力。
> sigma[min]:= M[min]/W:                                #最小工作正应力。
> W:= Pi/32*d^3:                                        #抗弯截面系数。
> tau[max]:= T[max]/Wt:                                 #最大工作切应力。
> tau[min]:= 0:                                         #最小工作切应力。
> Wt:= Pi/16*d^3:                                       #抗扭截面系数。
> M[max]:= 1000: M[min]:= -1000:                        #已知条件。
> T[max]:= 1500: d:= 50e-3:                             #已知条件。
> sigma[max]:= evalf(sigma[max],4):                     #最大工作正应力的数值。
> sigma[min]:= evalf(sigma[min],4):                     #最小工作正应力的数值。
> r[sigma]:= round(sigma[min]/sigma[max]):
>                                                       #正应力的循环特征。
> tau[max]:= evalf(tau[max],4):                         #最大工作切应力的数值。
> tau[min]:= evalf(tau[min],4):                         #最小工作切应力的数值。
> r[tau]:= round(tau[min]/tau[max]):                    #切应力的循环特征。
> tau[a]:= evalf(tau[max]/2,4):                         #切应力幅的数值。
> tau[m]:= evalf(tau[max]/2,4):                         #平均切应力的数值。
> DD:= 60e-3;  R:= 5e-3:                                #已知条件。
> 'DD/d' = evalf(DD/d,2): 'R/d' = evalf(R/d,1):
>                                                       #已知条件。
> sigma[b]:= 900e6: K[sigma]:= 1.55:                    #有效正应力集中因数。
> K[tau]:= 1.24:                                        #有效切应力集中因数。
> epsilon[sigma]:= 0.73:                                #正应力的尺寸因数。
> epsilon[tau]:= 0.78:                                  #切应力的尺寸因数。
> beta:= 1:                                             #表面质量因数。
> psi[tau]:= 0.1:                                       #非对称循环持久极限曲线斜率。
> sigma[-1]:= 410e6:                                    #对称循环正应力的持久极限。
```

```
> tau[ -1]: = 240e6:                           #对称循环切应力的持久极限。
> n[ sigma]: = evalf( n[ sigma],4):            #弯曲工作安全因数 $n_\sigma$ 的数值。
> n[ tau]: = evalf( n[ tau],4):                #扭转工作安全因数 $n_\tau$ 的数值。
> n[ sigma,tau]: = evalf( n[ sigma,tau],4);    #弯扭组合工作安全因数 $n_{\sigma\tau}$ 的数值。
>
```

 思考题

***思考题 18-1** 若 σ_a 保持不变,当 σ_m 从 $-\infty$ 变化到 $+\infty$ 时,r 的变化规律如何？试大致画出 $r=1$ 和 $r=-\infty$ 时 $\sigma(t)$ 的曲线。

思考题 18-2 圆轴扭转的疲劳裂纹往往如图 18-16 所示,试分析为什么会形成这样方向的裂纹。

思考题 18-3 对于同一材料而言(变形形式也相同),在哪种应力循环下的持久极限最低？

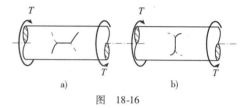

图 18-16

***思考题 18-4** 怎样理解非对称循环时几何形状等因素只对构件持久极限的极限应力幅 $\sigma_{r,a}$ 产生影响,而对其平均应力 $\sigma_{r,m}$ 基本上没有影响？

思考题 18-5 如图 18-17 所示四根圆轴由 Q235 钢制成,其中图 18-17b)、c)的轴转动,图 18-17a)、d)的轴固定不动。若它们在中央所受到的铅垂力大小相同且方向均保持不变,试比较它们的弯曲强度。图中 $d=50$mm、$D=60$mm。

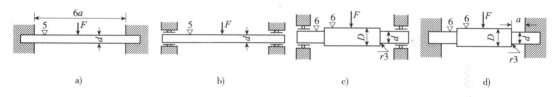

图 18-17

***思考题 18-6** 承受交变应力的构件,危险点上的应力状态可能是复杂应力状态,载荷或应力随时间变化的情况,也未必像正弦函数之类具有规律性。在这些情况下如何进行疲劳强度核算？

思考题 18-7 如图 18-18 所示传动轴 AB,工作时所传递的扭矩和所受的横向力都没有变化,也没有反向转动,只是启动频繁。问轴中正应力和剪应力的变化规律属于表 18-6 中所列的哪一种情况？并写出其工作安全因数的算式。

表 18-6

情况	σ	τ	正误
1	$r=-1$	$r=-1$	
2	$r=-1$	$r=1$	
3	$r=-1$	$r=0$	

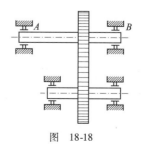

图 18-18

思考题 18-8 如图 18-19 所示两杆除了直曲不同之外，其他条件完全相同。承受不变载荷 F_1 和对称交变载荷 F_2 作用，若要校核两杆的强度，问它们的工作安全因数算式是否相同？

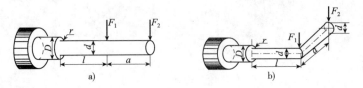

图 18-19

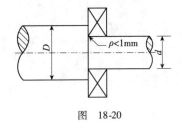

图 18-20

思考题 18-9 某传动轴轴颈处必须安装一种内圈倒角半径很小的滚珠轴承，如图 18-20 所示，从而造成了轴颈处应力集中严重。采取什么措施可以使安装这种轴承时有效应力集中因数不致过高？

***思考题 18-10** 如图 18-21 所示各种结构设计中，哪些方案有利于提高疲劳寿命？

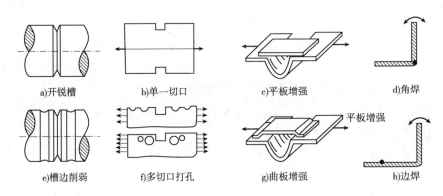

图 18-21

***思考题 18-11** 汽车、坦克和飞机等，其传动机械的设计中，既要考虑抵抗疲劳破坏的耐久性，也要考虑在最大"高峰"载荷下的可靠性。前者与机械在典型使用条件下作用载荷的大小和时间等因素有关；后者与偶然会遇到但又是最为严重的使用条件有关（例如车辆在困难条件下启动或爬坡）。试讨论这两种条件下校核强度的方法有什么不同。

 习题

A 类型习题

习题 18-1 已知交变应力随时间的变化规律如图 18-22 所示，试计算最大应力、最小应力、应力幅、平均应力和循环特征。

习题 18-2 如图 18-23 所示，电机重 1kN，装在矩形截面悬臂梁自由端部，梁的弯曲截面系数 $W_z = 30 \times 10^{-6} \mathrm{m}^3$，由于电机转子不平衡引起的离心惯性力 $F = 200\mathrm{N}$，$l = 1\mathrm{m}$。试绘出固定端截面 A 点的 $\sigma\text{-}t$ 曲线，并求点 A 应力的循环特征 r、最大应力 $\sigma_{\max}$、最小应力 $\sigma_{\min}$、平均应力 σ_m 和应力幅度 σ_a。

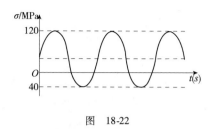
图 18-22

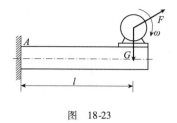
图 18-23

习题 18-3 已知某点应力循环的平均应力 $\sigma_m = 20\text{MPa}$，循环特征 $r = -\dfrac{1}{2}$，试求应力循环中的最大应力 $\sigma_{\max}$ 和应力幅 σ_a。

习题 18-4 已知交变应力的平均应力 σ_m 和应力幅 σ_a 如表 18-7 所示，试分别求其 $\sigma_{\max}$、$\sigma_{\min}$ 及循环特征 r，并指明是何种类型的交变应力。

σ_m、σ_a 表 表 18-7

σ_m (MPa)	20	0	40	20
σ_a (MPa)	20	50	0	50

习题 18-5 火车车轴受力如图 18-24 所示，$a = 500\text{mm}$，$l = 1435\text{mm}$，$d = 150\text{mm}$，$F = 50\text{kN}$。试求车轴中段截面边缘上任意一点的最大应力 $\sigma_{\max}$、最小应力 $\sigma_{\min}$ 和循环特征 r。

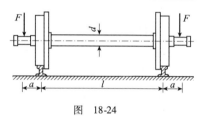
图 18-24

习题 18-6 试在 σ_m-σ_a 直角坐标中，标出图 18-25 所示交变应力状态的点，并计算它们的循环特征 r 值。

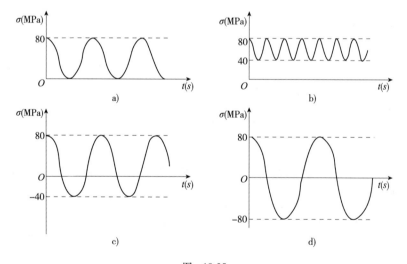
图 18-25

习题 18-7 如图 18-26 所示的阶梯形圆轴，承受不变弯矩 $M = 2.5\text{kN}\cdot\text{m}$ 作用，轴材料为碳钢，$\sigma_b = 500\text{MPa}$，$\sigma_{-1} = 220\text{MPa}$，直径 $D = 100\text{mm}$，$d = 80\text{mm}$，$r = 10\text{mm}$，规定安全因数 $n = 2$，轴表面抛光。试校核其强度。

习题 18-8 如图 18-27 所示的阶梯形圆轴，受 $\pm 5.5\text{kN}\cdot\text{m}$ 交变扭矩作用，轴材料为合金钢，$\sigma_b = 1000\text{MPa}$，$\tau_{-1} = 250\text{MPa}$，规定安全因数 $n = 2$。试求轴上的过渡圆角半径 r。

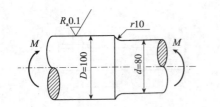
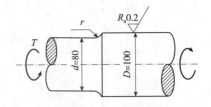

图 18-26 （尺寸单位:mm）　　　　　图 18-27 （尺寸单位:mm）

习题 18-9 试根据 Goodman 简化疲劳极限直线，证明构件的工作安全因数为

$$n_\sigma = \frac{\sigma_{-1}}{\dfrac{k_\sigma}{\varepsilon_\sigma \beta}\sigma_a + \psi_\sigma \sigma_m}$$

式中，$\psi_\sigma = \dfrac{\sigma_{-1}}{\sigma_b}$。

习题 18-10 如图 18-28 所示电动机轴的直径 $d = 30\text{mm}$，轴上有端铣刀加工的键槽，材料为合金钢，$\sigma_b = 750\text{MPa}, \tau_b = 400\text{MPa}, \tau_s = 260\text{MPa}, \tau_{-1} = 190\text{MPa}$。轴在 $\overline{n} = 750\text{r/min}$ 的转速下传递功率 $P = 14.72\text{kW}$，该轴时而工作时而停止，但不倒转，若规定疲劳安全因数 $n = 2.0$。试校核轴的强度。

习题 18-11 如图 18-29 所示的圆轴，受同相位的交变弯矩和交变扭矩的作用。弯矩 M 在 $\pm 0.6\text{kN}\cdot\text{m}$ 间变化，扭矩 T 在 $0\sim 1.6\text{kN}\cdot\text{m}$ 之间变化。材料为碳钢，$\sigma_b = 800\text{MPa}, \sigma_{-1} = 350\text{MPa}, \tau_{-1} = 210\text{MPa}, \psi_\sigma = 0.29$，规定安全因数 $n = 2$。试校核轴的强度。

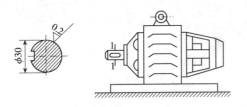
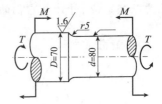

图 18-28 （尺寸单位:mm）　　　　　图 18-29 （尺寸单位:mm）

习题 18-12 某汽轮机转子经超声波探伤，发现其内部有一个尺寸为 $d = 0.37\text{mm}$、$a_0 = 0.185\text{mm}$ 的椭圆形裂纹。实验测得材料的 $\sigma_s = 672\text{MPa}, K_{IC} = 63.2\text{MN}\cdot\text{m}^{-\frac{3}{2}}, C = 7.45\times 10^{-14}, m = 3$。根据转子的工作条件计算得 $\sigma_M = 33\text{MPa}, \tau = 335\text{MPa}$。试计算该转子裂纹扩展到临界尺寸的使用寿命。若要求使用寿命为 40 年，该转子是否安全？此时裂纹长度为多少？（提示：椭圆形裂纹的应力强度因子可使用公式 $K_I = \dfrac{2}{\pi}\sigma\sqrt{\pi a}$ 计算。）

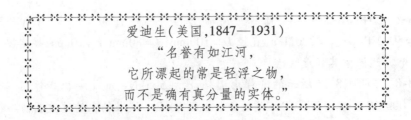

爱迪生（美国，1847—1931）

"名誉有如江河，

它所漂起的常是轻浮之物，

而不是确有真分量的实体。"

> 子曰："巧言令色,鲜矣仁。"

第 19 章　能 量 方 法

前面曾介绍应变能的一些概念,本章进一步论述能量法的基本原理与分析方法在线弹性结构中的应用,包括梁的横向剪切变形、变形体的虚功原理、单位载荷法与图乘法、外力功与应变能、克拉比隆定理、互等定理和卡氏定理等。研究对象包括直杆、曲杆、桁架与刚架。

19.1　梁的横向剪切变形

前面分析梁的变形时,均未考虑剪力的影响,本节对此问题作一简略分析。

19.1.1　梁的剪切应变能

对一根弯曲的梁,不但有弯矩,也伴随着产生剪力 F_S。有剪力必然有剪应变,相应地又有应变能储存于梁内。梁的弯曲应变能在第 9 章已经讨论了,下面仅讨论梁的剪切应变能。

承受剪应力 τ 的梁微元体,其剪切应变能等于 $u_\varepsilon \mathrm{d}x\mathrm{d}y\mathrm{d}z$,由式(5-12b)可知,$u_\varepsilon = \dfrac{\tau^2}{2G}$ 为单位体积剪切应变能,现用剪应力 τ 表示剪切应变能

$$\mathrm{d}U_\varepsilon = \frac{\tau^2}{2G}\mathrm{d}x\mathrm{d}y\mathrm{d}z \tag{a}$$

由式(8-21)给出 $\tau = \dfrac{F_S S_z^*}{I_z b}$,则

$$\mathrm{d}U_\varepsilon = \frac{F_S^2 (S_z^*)^2}{2G I_z^2 b^2}\mathrm{d}x\mathrm{d}y\mathrm{d}z \tag{b}$$

对此梁积分,就可获得全梁总的剪切应变能

$$U_\varepsilon = \int_0^l \frac{F_S^2}{2G I_z^2}\left[\int_A \frac{(S_z^*)^2}{b^2}\mathrm{d}A\right]\mathrm{d}x \tag{c}$$

其中,l 和 A 分别是梁长和梁横截面面积,现用 $f_S I^2/A$ 等于方括号内之项,于是

$$U_\varepsilon = \int_0^l \frac{f_S F_S^2}{2GA}\mathrm{d}x \tag{19-1}$$

$$f_S = \frac{A}{I^2}\int_A \frac{(S_z^*)^2}{b^2}\mathrm{d}A \tag{19-2}$$

其中,f_S 为梁的剪切刚度因数,它是量纲为一的量,取决于梁的特定截面。

19.1.2　梁的剪切刚度因数

梁的剪切刚度因数 f_S 与梁的剪切强度因数 α_s 不同。对于每种横截面,其剪切刚度因数

必须用式(19-2)计算。下面以矩形截面为例计算剪切刚度因数 f_s。考虑图 19-1a)矩形截面梁,在纵坐标 y 与 $y+dy$ 处[图 19-1b)],用两个平行于中性层的截面,从微段 dx 中切取一单元体[图 19-1c)]。对宽度为 b、高度为 h 的矩形截面,其一次矩 S_z^* 为

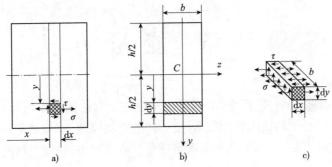

图 19-1 矩形截面梁

$$S_z^* = \frac{b}{2}\left(\frac{h^2}{4} - y^2\right) \qquad (d)$$

对矩形梁

$$\frac{A}{I^2} = \frac{144}{bh^5} \qquad (e)$$

所以剪切刚度因数为

$$f_s = \frac{144}{bh^5}\int_{-\frac{h}{2}}^{\frac{h}{2}} \frac{1}{4}\left(\frac{h^2}{4} - y^2\right)^2 b\,dy = \frac{6}{5}$$

圆截面 $f_s = \frac{10}{9}$;薄壁圆管截面 $f_s = 2$;工字形与盒形等薄壁梁 $f_s = \frac{A}{A_0} = 2 \sim 5$(表 19-1)。其中,$A_0$ 表示腹板的面积。

梁的剪切强度因数 α_s 和剪切刚度因数 f_s 表 19-1

截面形状	截 面	α_s	f_S
	矩形	$\frac{3}{2}$	$\frac{6}{5}$
	圆	$\frac{4}{3}$	$\frac{10}{9}$
	薄壁圆管	2	2
	工字形与箱形截面	$\frac{A}{A_0}$	$\frac{A}{A_0}$

由式(19-1)可知,微段的剪切应变能为

$$dU_\varepsilon = \frac{f_s F_s^2}{2GA}dx = \frac{1}{2}F_s \cdot \frac{f_s F_s}{GA}dx \tag{f}$$

可见,微段的剪切变形为

$$d\lambda = \frac{f_s F_s}{GA}dx \tag{19-3}$$

式中:GA/f_s——梁的抗剪刚度。

例题 19-1 以图 19-2 所示简支梁为例,比较弯曲和剪切两种应变能。设梁的截面为矩形。

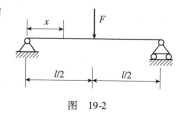

图 19-2

解:以 $M(x) = \frac{F}{2}x$ 代入式(9-33),求出弯曲应变能

$$U_{\varepsilon 1} = 2\int_0^{\frac{l}{2}} \frac{1}{2EI}\left(\frac{F}{2}x\right)^2 dx = \frac{F^2 l^3}{96EI}$$

以 $F_s(x) = \frac{F}{2}$ 代入式(19-1),求出剪切应变能

$$U_{\varepsilon 2} = 2\int_0^{\frac{l}{2}} \frac{f_s}{2GA}\left(\frac{F}{2}\right)^2 dx = \frac{f_s F^2 l}{8GA}$$

梁的总应变能为

$$U_\varepsilon = U_{\varepsilon 1} + U_{\varepsilon 2} = \frac{F^2 l^3}{96EI} + \frac{f_s F^2 l}{8GA}$$

两种应变能之比为

$$\frac{U_{\varepsilon 2}}{U_{\varepsilon 1}} = \frac{12EI f_s}{GAl^2}$$

对矩形截面梁

$$f_s = \frac{6}{5}, \frac{I}{A} = \frac{h^2}{12}$$

此外,由式(1-5),$G = \frac{E}{2(1+\mu)}$,故有

$$\frac{U_{\varepsilon 2}}{U_{\varepsilon 1}} = \frac{12}{5}(1+\mu)\left(\frac{h}{l}\right)^2$$

取 $\mu = 0.3$,当 $\frac{h}{l} = \frac{1}{5}$ 时,以上比值为 0.125;当 $\frac{h}{l} = \frac{1}{10}$ 时,为 0.031 2。可见,只有对短梁才应考虑剪切应变能,对长梁则可忽略不计。

19.2 线弹性体的虚功原理

19.2.1 广义坐标及广义力

研究弹性体的性质就需要研讨作用在物体上而使它变形的外力所做的功,以及阻止此变形的内力所做的功。跟着物体的变形它所有各点,包括力的作用点在内也同时发生位移。

弹性体上诸点在空间中所完成的任何位移在笛卡尔坐标轴向内可以分解成为三个移动位移。空间内一点的全位移在笛卡尔坐标轴上的这三个投影称之为笛卡尔坐标,且用相应于 x、y 和 z 的三个坐标轴的 u、v 和 w 来表示(注:不应把我们所引用的坐标概念与点的坐标相混淆)。

为了解决材料力学与结构力学的许多问题,用某些别的,通常称为广义坐标的坐标参数来代替笛卡尔坐标,将是合理的。

但是,能够称为广义坐标的仅是选用来代替笛卡尔坐标的这种坐标组,由它们可以完全决定弹性体或弹性体系上所有诸点的位移。

例如,对于沿着直线移动而同时绕着垂直于移动位移平面的轴旋转的物体而言,物体上所有诸点的位移将完全决定于两个坐标——旋转轴的移动位移和对此轴的转角。因而在此个别的情况下,可以把移动位移与转角当作是广义坐标。

上面所选择的广义坐标组并不是唯一的。

物体的同样一个位移可用各种的广义坐标组来表示。就上述物体位移的情况,我们可以把对于垂直于移动位移平面的两个平行轴的转角当作是它的广义坐标。

完整体系(注:完整性的概念假定已在理论力学教程中知道)的广义坐标的数目与自由度的数目是相同的。同时每一个笛卡尔坐标与广义坐标之间有某种函数关系,此种函数关系由体系的几何结构和广义坐标的选择所决定。

我们立即看到广义坐标应当这样来选择,以便使它们成为独立的坐标,而且在广义坐标任意的增量下也不破坏加于该体系上的约束。

由于线弹性体的相对刚性,亦即在力作用下它的变形是微不足道的,所以我们就只应该利用物体上诸点的小位移,这样就足以把笛卡尔坐标与下式的广义线性关系联系起来:

$$u_i = \sum_{k=1}^{f} \alpha_{ik} q_k \tag{19-4a}$$

$$v_i = \sum_{k=1}^{f} \beta_{ik} q_k \tag{19-4b}$$

$$w_i = \sum_{k=1}^{f} \gamma_{ik} q_k \tag{19-4c}$$

其中,u_i、v_i、w_i 为物体第 i 点的全位移在坐标轴 x、y 和 z 上之投影;q_k 为广义坐标;α_{ik}、β_{ik}、γ_{ik} 为数值系数。

对弹性体来讲,自由度的数目 f 是无限大的,但是在近似解法中 f 只得取作是有限的和足够小的整数。

其已完全确定的广义力系是和所选择的广义坐标系统相适应的。

为了弄清广义力的概念,设作用在物体上的外力在笛卡尔坐标轴上的投影为 F_{xi}、F_{yi} 和 F_{zi},而其作用点的全位移在这同样轴上的投影相应为 u_i、v_i 和 w_i。

设体系所有诸点的位移有无限小的增量,我们称为虚位移 δu_i、δv_i 和 δw_i,求出外力对此无限小位移所做的功,我们称为虚功 δW。

就整个物体而言,此功可由下面的总和求得

$$\delta W = \sum_i (F_{xi}\delta u_i + F_{yi}\delta v_i + F_{zi}\delta w_i) \tag{19-5}$$

将式(19-4)代替式(19-5)内的位移增量 δu_i、δv_i 和 δw_i,且调换所得功的式子的总和次序,得

$$\delta W = \sum_{k=1}^{f} [\sum_i (F_{xi}\alpha_{ik} + F_{yi}\beta_{ik} + F_{zi}\gamma_{ik})]\delta q_k \tag{19-6}$$

令式(19-6)方括号内的量为 Q_k,称之为广义力,因而这广义力理解为外力的虚功式子内的相应之广义坐标增量 δq_k 的乘数,δq_k 称为广义虚位移。于是,

$$Q_k = \sum_i (F_{xi}\alpha_{ik} + F_{yi}\beta_{ik} + F_{zi}\gamma_{ik}) \tag{19-7}$$

下面遵循所取的广义力的定义,介绍求广义力的程序。

设广义坐标中的一个给以无限小增量,而其余所有的仍保留不变,计算所有外力对此位移所做的功。在求得功之式子内广义坐标增量的乘数,就是我们所需要的广义力。

例题 19-2 求与受分布载荷为 q 均匀荷重的自由支承梁(图 19-3)之广义位移相应的广义力,若

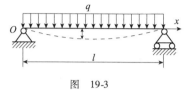

图 19-3

(1) $v = \sum_{k=1}^{\infty} a_k \sin \dfrac{k\pi x}{l}$;

(2) $v = \sum_{k=1}^{\infty} b_k x^k (l-x)^k$ 。

解:(1)级数之系数 a_k 可以看作为广义坐标,因为若广义坐标有任意增量 δa_k 时,梁端点的挠度等于零的等式(约束方程式)亦不会被破坏。

外力对坐标 a_k 的增量所做的功等于

$$\delta W = \int_0^l q \sin \frac{k\pi x}{l} \delta a_k dx = \frac{ql}{k\pi}(1-\cos k\pi)\delta a_k \tag{1}$$

因而,和广义位移 a_k 相应的广义力为

$$Q_k = \frac{ql}{k\pi}(1-\cos k\pi) \tag{2}$$

(2)级数之系数 b_k 可以看作为广义坐标,因为若广义坐标有任意增量 δb_k 时,梁端点的挠度等于零的等式亦不会被破坏。

外力对坐标 b_k 的增量所做的功等于

$$\delta W = \int_0^l q x^k (l-x)^k \delta b_k dx = q\sqrt{\pi}\left(\frac{l}{2}\right)^{2k+1}\frac{\Gamma(k+1)}{\Gamma(k+3/2)}\delta b_k \tag{3}$$

因而,和广义位移 b_k 相应的广义力为

$$Q_k = q\sqrt{\pi}\left(\frac{l}{2}\right)^{2k+1}\frac{\Gamma(k+1)}{\Gamma(k+3/2)} \tag{4}$$

$$Q_1 = \frac{l^3}{6}, Q_2 = \frac{l^5}{30}, Q_3 = \frac{l^7}{140}\cdots$$

当长度为广义位移的因次时,广义力有力的因次;而当广义位移为无因次(转角)时,广义力有力矩的因次。

在所有的情况里广义力的因次应根据广义位移的乘积有功的因次的条件来决定。

19.2.2 线弹性体的虚功原理

在研究弹性体或任何弹性体系的变形时,根据虚位移原理,必须认为此物体或体系对其平衡位置有任何微小的可能偏差时,所有外力及内力的功的总和等于零。

这里要指出,当给予一个体系以虚位移时,相应于平衡位置的给定外力是假定不变的。

因此,若有某些广义外力 $Q_1, Q_2, Q_3, \cdots, Q_n$ 作用在弹性体上,且相应于这些力的广义位移有无限小增量 $\delta q_1, \delta q_2, \delta q_3, \cdots, \delta q_n$,则根据虚位移原理,就应当满足下列条件:

$$\sum_{k=1}^f Q_k \delta q_k = \delta U_\varepsilon \tag{19-8}$$

其中,δU_ε 为物体变形位能的增量,它等于内力的功的增量而取相反的符号,称为虚变形能(注:按物理意义讲,在弹性体里的内力的功为负,因为内力的方向通常与其相应的位

方向相反，我们定义内力功 W_i 是取数值上为正的功，故 U_ε 位能经常为正，而在无变形的情况时取为零，$W_i = U_\varepsilon$，$\delta W_i = \delta U_\varepsilon$）。

式(19-8)的左边为外力的功的增量，称为外力的虚功 δW_e，因此

$$\delta W_e = \delta U_\varepsilon \tag{19-9}$$

此方程代表线弹性体的虚功原理（或虚位移原理），可将它叙述为：如果对载荷系作用下处于平衡的变形线弹性结构给一微小的虚变形，那么由于外力（或载荷）所做的虚功等于内力（或应力合力）所做的虚功。或者外力的虚功等于系统的虚应变能。

19.2.3 应用虚功原理解线弹性变形杆的平衡问题

外力作用下处于平衡状态的杆件如图 19-4 所示。图中由实线表示的曲线为轴线的真实变形。若因其他原因，例如另外的外力或温度变化等，又引起杆件变形，则用虚线表示杆件位移到的位置。可把这种位移称为虚位移。"虚"位移只表示是其他因素造成的位移，以区别于杆件因有原有外力引起的位移。虚位移是在平衡位置上再增加的位移，在虚位移中，杆件的原有外力和内力保持不变，且始终是平衡的。虚位移应满足边界条件和连续性条件，并符合小变形要求。例如，在铰支座上虚位移应等于零；虚位移 $\delta v(x)$ 应是连续函数。又因虚位移符合小变形要求，它不改变原有外力的效应，建立平衡方程时，仍可用杆件变形前的位置和尺寸。满足了这些要求的任一位移都可作为虚位移。正因为它满足上述要求，所以也是杆件实际上可能发生的位移。

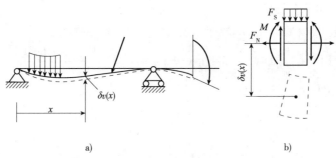

图 19-4 梁上的虚位移

若以 F_1、F_2……$q(x)$……M_{e1}、M_{e2}……表示杆件上的外力（广义力）；δv_1、δv_2、δv_3……$\delta v(x)$……$\delta \varphi_1$、$\delta \varphi_2$……表示外力作用点沿外力方向的虚位移，因在虚位移中外力保持不变，故总外力虚功为

$$\delta W_e = F_1 \delta v_1 + F_2 \delta v_2 + \cdots + \int_l q(x) \delta v(x) \mathrm{d}x + \cdots + M_{e1} \delta \varphi_1 + M_{e2} \delta \varphi_2 \tag{a}$$

设想把杆件分成无穷多微段，从中取出任一微段，如图 19-5 所示。微段上除外力外，两端横截面上还有轴力、弯矩、剪力和扭矩等内力。当它由平衡位置经虚位移到达由虚线表示的位置时，微段上的内、外力都做了虚功。微段的虚变形可以分解成：两端截面的轴向相对位移 $\mathrm{d}(\delta u)$、相对转角 $\mathrm{d}(\delta \theta)$、相对错动 $\mathrm{d}(\delta \lambda)$ 和相对扭转角 $\mathrm{d}(\delta \varphi)$。在上述微段的虚变形中，只有两端截面上的内力做功，其值为

$$\mathrm{d}(\delta W_i) = F_N \mathrm{d}(\delta u) + M \mathrm{d}(\delta \theta) + F_S \mathrm{d}(\delta \lambda) + T \mathrm{d}(\delta \varphi) \tag{b}$$

对上式积分，得总内力虚功为

$$\delta W_i = \int F_N \mathrm{d}(\delta u) + \int M \mathrm{d}(\delta \theta) + \int F_S \mathrm{d}(\delta \lambda) + \int T \mathrm{d}(\delta \varphi) \tag{c}$$

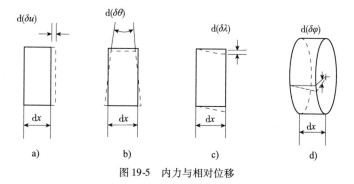

图 19-5 内力与相对位移

将式(a)和式(c)代入式(19-9)得

$$F_1\delta v_1 + F_2\delta v_2 + F_3\delta v_3 + \cdots + \int_l q(x)\delta v(x)\mathrm{d}x + \cdots + M_{e1}\delta\varphi_1 + M_{e2}\delta\varphi_2$$

$$= \int F_N \mathrm{d}(\delta u) + \int M \mathrm{d}(\delta\theta) + \int F_S \mathrm{d}(\delta\lambda) + \int T \mathrm{d}(\delta\varphi) \tag{19-10}$$

例题 19-3 试求如图 19-6 所示桁架各杆的内力。设三杆的横截面面积相等，材料相同，且是线弹性的。

已知：F, l, E, A, α。

求：F_{N1}, F_{N2}, F_{N3}。

解：采用虚功原理。

(1) 计算整个桁架的外力虚功。

按照桁架的约束条件，只有节点 A 有两个自由度。在当前的情况下，由于对称，取 A 点的垂直位移 v 为广义坐标，其虚位移为 δv。整个桁架的外力的虚功为

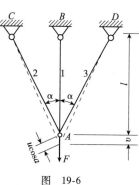

图 19-6

$$\delta W_e = F\delta v \tag{1}$$

(2) 计算整个桁架的内力虚功。

① 引起杆 1、杆 2 和杆 3 的伸长。

$$u_1 = v, u_2 = u_3 = v\cos\alpha \tag{2}$$

② 由郑玄—胡克定律求出三杆的内力。

$$F_{N1} = \frac{EA}{l}v, F_{N2} = F_{N3} = \frac{EA}{l_2}v\cos\alpha = \frac{EA}{l}v\cos^2\alpha \tag{3}$$

③ 杆 1、杆 2 和杆 3 的虚位移。

$$\delta u_1 = \delta v, \delta u_2 = \delta u_3 = \delta v\cos\alpha \tag{4}$$

④ 求整个桁架的内力虚功。

$$\delta W_i = F_{N1}\delta u_1 + 2F_{N2}\delta u_2$$

$$= \frac{EA}{l}v\delta v + 2F_{N2}\frac{EA}{l}v\cos^2\alpha \cdot \delta v\cos\alpha$$

$$= \frac{EAv}{l}(1 + 2\cos^3\alpha) \cdot \delta v \tag{5}$$

(3) 由虚功原理，外力虚功应等于内力虚功，即

$$\delta W_i = \delta W_e, \frac{EAv}{l}(1 + 2\cos^3\alpha) \cdot \delta v = F\delta v \tag{6}$$

消去 δv,可将上式写成

$$\frac{EAv}{l}(1+2\cos^3\alpha)-F=0 \tag{7}$$

由此解出

$$v=\frac{Fl}{EA(1+2\cos^3\alpha)}$$

把 v 代回式(3)即可以求出

$$F_{N1}=\frac{F}{1+2\cos^3\alpha},\ F_{N2}=F_{N3}=\frac{F\cos^2\alpha}{1+2\cos^3\alpha}$$

讨论与练习

(1) 在式(7)中 $\dfrac{EAv}{l}$ 和 $\dfrac{EAv}{l}\cos^3\alpha$ 分别是杆1和杆2的内力 F_{N1} 和 F_{N2} 在垂直方向的投影,式(7)事实上是节点的平衡方程,相当于 $\sum F_y=0$。所以,以位移 v 为基本未知量,通过虚功原理得出的式(7)是静力平衡方程。

(2) 本题是一次超静定问题,可以采用在第4章4.4节中介绍的方法求解,以杆件内力为基本未知量,建立平衡方程,而补充方程则是考虑几何条件和物理条件得到的变形协调方程。请读者完成并与虚功原理比较。

19.3 马克斯威尔—莫尔法

19.3.1 单位载荷法

上节中所述的虚功原理可以用来导出单位载荷法,它是求结构位移的一种重要方法。我们早已讨论过求梁挠度(见第9~11章)和求简单桁架位移的方法,然而,单位载荷法不仅能用于梁、桁架和其他简单类型的结构,而且可用于具有许多杆件的非常复杂的结构。此外,单位载荷法适用于求各种类型的位移,包括结构中某点的挠度、杆轴的转角、两点间的相对位移等,虽然在实际应用中这个方法限于静定结构,因为它的应用需要知道整个结构的应力合力,但是从理论上说,它可用于静定结构和超静定结构。

由于单位载荷法的基本方程可以根据虚功原理导出,所以该法有时候称为虚功法,也被称为虚载荷法和马克斯威尔—莫尔法,简称莫尔法。前一个名词的得来是因为该法需要应用虚载荷(亦即单位载荷),而后一名词的得来是因为 J. G. 马克斯威尔(J. G. Maxwell)于1864年和 O. 莫尔(O. Mohr)于1874年各自独立提出了这个方法。

当应用单位载荷法时,必须考虑两种载荷系作用于结构上。第一个载荷系由结构承受的实际载荷、温度变化或其他产生所要计算位移的原因组成。第二个加载系由结构上单独作用单位载荷 $F_0=1$ 所组成。该单位载荷是一虚构载荷,它完全是为了计算实际载荷所产生的结构位移 Δ 的目的而引进来的。

组成第二个载荷系的单位载荷 $F_0=1$ 作用于结构上使支承处产生约束力,使杆内产生应力合力。让我们用符号 $\overline{F}_N$、$\overline{M}$、$\overline{F}_S$ 和 $\overline{T}$ 表示这些应力合力。这些量连同单位载荷和约束力构成处于平衡的力系。用符号 $\overline{\Delta}$ 表示单位载荷 $F_0=1$ 作用下的位移,$\delta\overline{\Delta}$ 表示其虚位移,

$d\overline{u}$、$d\overline{\theta}$、$d\overline{\lambda}$ 和 $d\overline{\varphi}$ 分别表示微段上内力的位移,$d(\delta\overline{u})$、$d(\delta\overline{\theta})$、$d(\delta\overline{\lambda})$ 和 $d(\delta\overline{\varphi})$ 分别表示微段上内力的虚位移。

现在我们介绍单位载荷法推导中的关键步骤:考虑如图 19-7a)所示任意杆(或杆系结构),现在拟求其轴线上任一点 A 沿任意方位 n-n 的位移 Δ。为了计算位移 Δ,可在图 19-7b)所示同一杆(或标系结构)的 A 点,并沿 n-n 方位施加一个大小等于 $F_0=1$ 的力,即所谓单位力。

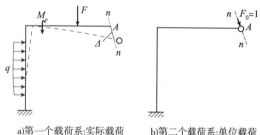

a)第一个载荷系:实际载荷   b)第二个载荷系:单位载荷

图 19-7 任意杆结构的载荷和单位力

我们把变形合理地选择虚变形。让我们取第一个载荷系所引起结构的实际变形 Δ 作为加于第二个载荷系(带有单位载荷的结构)的虚变形 $\delta\overline{\Delta}$,即

$$\delta\overline{\Delta} = \Delta \tag{a}$$

在产生虚变形的过程中,唯一的外虚功为单位载荷自身所做的功,因为它是结构上唯一的外载荷。此虚功为单位载荷与它移动所经过的位移 $\delta\overline{\Delta}$ 之乘积,因此

$$\delta\overline{W}_e = 1 \cdot \delta\overline{\Delta} \tag{b}$$

内虚功是结构单元在产生虚变形时应力合力($\overline{F}_N$、$\overline{M}$、$\overline{F}_S$、$\overline{T}$)所做的功。

$$\delta\overline{W}_i = \int \overline{F}_N d(\delta\overline{u}) + \int \overline{M} d(\delta\overline{\theta}) + \int \overline{F}_S d(\delta\overline{\lambda}) + \int \overline{T} d(\delta\overline{\varphi}) \tag{c}$$

然而,虚变形 $d(\delta\overline{u})$、$d(\delta\overline{\theta})$、$d(\delta\overline{\lambda})$ 和 $d(\delta\overline{\varphi})$ 是按结构承受真实载荷时所发生的实际变形来选择的。用 du、$d\theta$、$d\lambda$ 和 $d\varphi$ 代表这些变形,即

$$d(\delta\overline{u}) = du, d(\delta\overline{\theta}) = d\theta, d(\delta\overline{\lambda}) = d\lambda, d(\delta\overline{\varphi}) = d\varphi \tag{d}$$

按照变形体虚功原理,如果给结构一微小的虚变形(或形状改变),那么外力的虚功等于内力的虚功,由式(19-6)有

$$\delta\overline{W}_e = \delta\overline{W}_i \tag{e}$$

将式(b)和式(c)代入式(e)得

$$\delta\overline{\Delta} = \int \overline{F}_N d(\delta\overline{u}) + \int \overline{M} d(\delta\overline{\theta}) + \int \overline{F}_S d(\delta\overline{\lambda}) + \int \overline{T} d(\delta\overline{\varphi}) \tag{f}$$

将式(a)和式(d)代入式(f),得到单位载荷法的基本方程

$$\Delta = \int \overline{F}_N du + \int \overline{M} d\theta + \int \overline{F}_S d\lambda + \int \overline{T} d\varphi \tag{19-11}$$

其中,Δ 代表需要求算的位移,它可能为平动、转动或相对位移;应力合力 $\overline{F}_N$、$\overline{M}$、$\overline{F}_S$ 和 $\overline{T}$ 代表相应于 Δ 的单位载荷引起的轴力、弯矩、剪力和扭矩;而 du、$d\theta$、$d\lambda$ 和 $d\varphi$ 代表实际载荷所引起的变形。

19.3.2 单位载荷法在线弹性结构中的应用

当结构的材料服从郑玄—胡克定律且结构属于线性时,为最普遍的情况。在这种情况下,我们可以容易地得到由于作用于结构上真实载荷所引起的变形 du、$d\theta$、$d\lambda$ 和 $d\varphi$ 的表达式。如果我们以 F_N、M、F_S 和 T 表示由于真实载荷所引起的结构中的应力合力,那么微段的变形为

$$\mathrm{d}u = \frac{F_N \mathrm{d}x}{EA}, \mathrm{d}\theta = \frac{M\mathrm{d}x}{EI}, \mathrm{d}\lambda = \frac{f_S F_S \mathrm{d}x}{GA}, \mathrm{d}\varphi = \frac{T\mathrm{d}x}{GI_p} \tag{19-12}$$

于是,式(19-11)即变为

$$\Delta = \int_l \frac{F_N \overline{F}_N}{EA}\mathrm{d}x + \int_l \frac{M\overline{M}}{EI}\mathrm{d}x + \int_l \frac{f_S F_S \overline{F}_S}{GA}\mathrm{d}x + \int_l \frac{T\overline{T}}{GI_p}\mathrm{d}x \tag{19-13}$$

式(19-13)为计算线性弹性杆或杆系位移的一般公式。

对于处于平面弯曲的线性弹性梁与平面刚架,上式简化为

$$\Delta = \int_l \frac{M\overline{M}}{EI}\mathrm{d}x \tag{19-14}$$

而对于线性弹性桁架,简化为

$$\Delta = \sum_{i=1}^{n} \frac{F_{Ni}\overline{F}_{Ni}l_i}{E_i A_i} \tag{19-15}$$

应该指出:如果按上述公式求得的位移为正,即表示所求位移与所加单位载荷同向;反之,则表示所求位移与所加单位载荷反向。

单位载荷必须相应于所需求的位移 Δ。相应于该位移的载荷是指作用于结构上需要确定位移的特定点处之作用载荷,这个载荷顺位移的正方向而作用。"位移"一词在这里用作广泛的意义,因而,位移 Δ 可能为平移、转动、相对位移或相对转动。如果计算的位移是平动,相应的单位载荷则为作用于发生平动点上顺平动正方向为其正方向作用的一个集中力。如果计算的位移是转动,那么单位载荷为作用于结构上发生转动点处的力偶;此单位力偶的正方向必须与转动的正方向相同。如果位移为两点沿连接它们的连线上相对平动,那么单位载荷由两个沿一直线但方向相反地作用于这两点上的力所组成。最后,如果位移为两线间的相对转动,单位载荷则包括两个相等而方向相反的力偶。

例题 19-4   如图 19-8a)所示刚架的自由端 A 作用集中载荷 F。刚架各段的抗弯刚度已在图中标出。若不计轴力和剪力对位移的影响,试计算 A 点的垂直位移 Δ_y 及截面 B 的转角 θ_B。

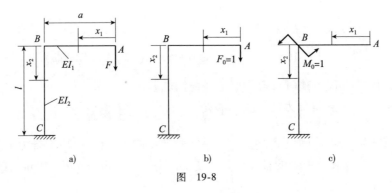

图 19-8

已知:F, l, a, E, I_1, I_2。

求:Δ_y, θ_B。

解:采用单位载荷法求解。

(1) 首先计算 A 点的垂直位移。

① 按图 19-8a)计算刚架在各段内 $M(x)$。

AB 段:$M(x_1) = -Fx_1$,BC 段:$M(x_2) = -Fa$。

②于 A 点作用垂直向下的单位力 $F_0 = 1$,按图 19-8b)计算刚架在各段内的 $\overline{M}(x)$。
AB 段:$\overline{M}(x_1) = -x_1$,BC 段:$\overline{M}(x_2) = -a$。

③由式(19-14)有

$$\Delta_y = \int_0^a \frac{M(x_1)\overline{M}(x_1)\mathrm{d}x_1}{EI_1} + \int_0^l \frac{M(x_2)\overline{M}(x_2)\mathrm{d}x_2}{EI_2}$$

$$= \frac{1}{EI_1}\int_0^a (-Fx_1)(-x_1)\mathrm{d}x_1 + \frac{1}{EI_2}\int_0^l (-Fa)(-a)\mathrm{d}x_2$$

$$= \frac{Fa^3}{EI_1} + \frac{Fa^2 l}{EI_2}$$

(2)计算截面 B 的转角 θ_B。

①在截面 B 上作用一个单位力偶矩 $M_0 = 1$,按图 19-8c)计算刚架在各段内的 $\overline{M}(x)$。
AB 段:$\overline{M}(x_1) = 0$,BC 段:$\overline{M}(x_2) = 1$。

②由式(19-14)有

$$\theta_B = \int_0^a \frac{M(x_1)\overline{M}(x_1)\mathrm{d}x_1}{EI_1} + \int_0^l \frac{M(x_2)\overline{M}(x_2)\mathrm{d}x_2}{EI_2}$$

$$= \frac{1}{EI_2}\int_0^l (-Fa) \cdot 1 \cdot \mathrm{d}x_2 = -\frac{Fal}{EI_2}$$

其中,负号表示 θ_B 的方向与所加单位力偶矩的方向相反。

讨论与练习

如考虑轴力对 A 点的垂直位移的影响,按照单位载荷法,在 Δ_y 中应该再增加一项

$$\Delta_{y1} = \sum_{i=1}^{2} \frac{F_{Ni}\overline{F}_{Ni}l_i}{EA_i}$$

①由图 19-8a)可知
AB 段:$F_{N1} = 0$,BC 段:$F_{N2} = -F$。

②由图 19-8b)可知
AB 段:$\overline{F}_{N1} = 0$,BC 段:$\overline{F}_{N2} = -1$。

③由此求得 A 点因轴力的垂直位移是

$$\Delta_{y1} = \frac{Fl}{EA_2}$$

为了便于比较,设刚架横杆和竖杆长度相等,横截面相同。即 $a = l$,$I_1 = I_2 = I$,$A_1 = A_2 = A$,这样 A 点因弯矩引起的垂直向下位移是

$$\Delta_y = \frac{Fa^3}{EI_1} + \frac{Fa^2 l}{EI_2} = \frac{4Fl^3}{3EI}$$

Δ_{y1} 与 Δ_y 之比是

$$\frac{\Delta_{y1}}{\Delta_y} = \frac{3I}{4Al^2} = \frac{3}{4}\left(\frac{i}{l}\right)^2$$

> 一般说，$\left(\dfrac{i}{l}\right)^2$ 是一个很小的数值，例如当横截面是边长为 b 的正方形，且 $l=10b$ 时，$\left(\dfrac{i}{l}\right)^2=\dfrac{1}{1\,200}$，以上比值变为
>
> $$\dfrac{\Delta_{y1}}{\Delta_y}=\dfrac{3}{4}\left(\dfrac{i}{l}\right)^2=\dfrac{1}{1\,600}$$
>
> 显然，与 Δ_y 相比，Δ_{y1} 可以省略。这就说明，计算抗弯杆件或杆系的变形时，一般可以省略轴力的影响。

例题 19-5 弹簧卡环在开口处受一对 F 力作用，如图 19-9a)所示。求卡环开口处的张开位移和相对转角。

已知：F,R,E,I。

求：Δ_{AB},θ_{AB}。

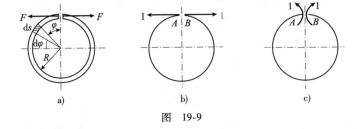

图 19-9

解：采用单位载荷法求解。

(1) 首先计算卡环的张开位移。

① 忽略轴力和剪力的影响，只考虑弯矩的影响。按图 19-9a)计算外载荷作用下的弯矩

$$M(\varphi)=FR(1-\cos\varphi)$$

② 在 A、B 两截面上作用一对大小相等、方向相反的单位力 $F_0=1$，按图 19-9b)计算单位力作用下的弯矩

$$\overline{M}_1(\varphi)=R(1-\cos\varphi)$$

③ 因为是薄壁圆环，横截面高度远小于环轴线的半径，故根据式 (19-13) 得

$$\Delta_{AB}=\int_s\dfrac{M(\varphi)\overline{M}_1(\varphi)\mathrm{d}s}{EI}$$

$$=\int_0^{2\pi}\dfrac{FR^2}{EI}(1-\cos\varphi)^2R\mathrm{d}\varphi=\dfrac{3\pi FR^3}{EI}$$

(2) 计算相对转角。

① 在 A、B 两截面上作用一对大小相等、方向相反的单位力偶 $M_0=1$，按图 19-9c)计算在单位力偶作用下的弯矩

$$\overline{M}_2(\varphi)=1$$

② 代入式 (19-14)，可求得

$$\theta_{AB}=\int_s\dfrac{M(\varphi)\overline{M}_2(\varphi)\mathrm{d}s}{EI}$$

$$=\int_0^{2\pi}\dfrac{FR}{EI}(1-\cos\varphi)R\mathrm{d}\varphi=\dfrac{2\pi FR^2}{EI}$$

例题 19-6 如图 19-10a)所示等截面刚架,承受载荷 F 作用,试求截面 A 的铅垂位移 Δ_A。设弯曲刚度 EI 与扭转刚度 GI_t 均为常数。

已知:F, l, a, E, G, I, I_t。

求:Δ_A。

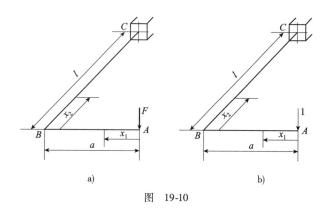

图 19-10

解:采用单位载荷法求解。

(1)计算外载荷作用下的内力

①在载荷 F 作用下,刚架的 AB 段受弯,其弯矩为
$$M(x_1) = -Fx_1$$

②BC 段处于弯扭组合受力状态,其弯矩为
$$M(x_2) = -Fx_2$$

③BC 段的扭矩为
$$T(x_2) = -Fa$$

(2)计算单位载荷作用下的内力

①为了计算截面 A 的铅垂位移,在该截面处施加一铅垂向下的单位力 $F_0 = 1$ [图 19-10b)]。AB 的弯矩
$$\overline{M}(x_1) = -x_1$$

②BC 段的弯矩
$$\overline{M}(x_2) = -x_2$$

③BC 段的扭矩为
$$\overline{T}(x_2) = -a$$

(3)计算截面 A 的铅垂位移

由式(19-13)可知

$$\begin{aligned}\Delta_A &= \int_0^l \frac{M(x_1)\overline{M}(x_1)}{EI}dx_1 + \int_0^l \frac{M(x_2)\overline{M}(x_2)}{EI}dx_2 + \int_0^l \frac{T(x_2)\overline{T}(x_2)}{GI_t}dx_2 \\ &= \int_0^a \frac{(-Fx_1)(-x_1)}{EI}dx_1 + \int_0^l \frac{(-Fx_2)\cdot(-x_2)}{EI}dx_2 + \int_0^l \frac{(-Fa)\cdot(-a)}{GI_t}dx_2 \\ &= \frac{Fa^3}{3EI} + \frac{Fl^3}{3EI} + \frac{Fa^2 l}{GI_t}(\downarrow)\end{aligned}$$

19.3.3 单位载荷法计算温度效应的变形

如果位移不是由于其他效应所引起,譬如温度的变化,那么我们必须应用 du、$d\theta$、$d\lambda$ 和

dφ 的适当表达式代替方程式(g)中仅对载荷效应所列的表达式。例如,均匀温度增加杆,则产生按下面方程所得的长度之增长

$$du = \alpha \cdot \Delta T \cdot dx \tag{g}$$

式中:α——热膨胀系数;

ΔT——温度的增加。

于是单位载荷方程(19-16)采取下面形式:

$$\Delta = \int_l \alpha(\Delta T)\overline{F}_N dx \tag{19-16}$$

此方程甚至可以用于温度变化 ΔT 沿杆轴变化的情况,只需要将 ΔT 表达为 x 的函数,然后进行积分,然而,在温度的变化沿每一杆的长度为一常数的一般情况下,我们可将所有杆总和起来去代替方程(19-16)中的表达式

$$\Delta = \sum_{i=1}^{n} \alpha_i l_i (\Delta T)_i \overline{F}_{Ni} \tag{19-17}$$

式中:l_i——杆的长度。

当温度自梁的一侧至另一侧呈直线变化,但沿杆的长度为一常数时,其变形 $d\theta$ 为

$$d\theta = \frac{\alpha \cdot (T_2 - T_1) \cdot dx}{h} \tag{h}$$

式中:h——梁的高度;

T_2——底面的温度;

T_1——顶面的温度。

因而,在这些条件下可得

$$\Delta = \int_l \frac{\alpha(T_2 - T_1)\overline{M}dx}{h} \tag{19-18}$$

在此方程中,当梁的顶面纤维缩短,底面纤维伸长时,$d\theta$ 假设为正,所以必须对相同的情况的弯矩 $\overline{M}$ 取为正值,其意思是当梁的顶面产生压缩时,$\overline{M}$ 为正值。

19.3.4 图乘法

用单位载荷法计算梁或平面刚架位移的一般公式为式(19-18)。通常,单位载荷为集中力或集中力偶,所以单位载荷在直杆或直杆系内引起的弯矩 $\overline{M}(x)$ 图为直线,或由直线所构成的折线。

考虑长为 l 的一段等截面直杆,该杆段的弯矩 M 和 $\overline{M}$ 图分别如图 19-11a)、b)所示,弯矩 $\overline{M}$ 的方程可表示为

$$\overline{M}(x) = b + kx \tag{i}$$

其中,b 与 k 为常数。

在这种类情况下

$$\int_l M(x)\overline{M}(x)dx = b\int_l M(x)dx + k\int_l xM(x)dx \tag{j}$$

由图 19-11a)可以看出,$M(x)dx$ 代表 dx 区间内 M 图的面积 $d\omega$,$xM(x)dx$ 代表微面积 $d\omega$ 对坐标轴 M 的静矩。所以,如果 l 区间内 M 图的面积为 ω,该图形心 C 的横坐标为 x_C,则

$$\int_l M(x)\overline{M}(x)dx = \omega(b + kx_C) \tag{k}$$

由式(k)可知,上式右边括弧内表达式 $b + kx_C$ 代表 $x = x_C$ 处的 $\overline{M}(x)$ 值,即图 19-11b)中的 $\overline{M}_C$,于是由上式得

$$\int_l M(x)\overline{M}(x)\,\mathrm{d}x = \omega\overline{M}_C \tag{1}$$

即弯矩 $\overline{M}(x)$ 与 $M(x)$ 的乘积的积分值,等于积分区间 M 图的面积乘以该图形心处的 $\overline{M}$ 值。这种将互乘函数的积分运算,转化为函数图形几何量相乘的计算方法,称为<u>图乘法</u>。

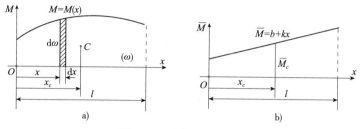

图 19-11 图乘法的弯矩图

一般情况下,梁或刚架的 $\overline{M}$ 图可能由几段直线所构成,弯曲刚度也可能逐段变化,因此,采用图乘法计算梁或平面刚架的一般公式为

$$\Delta = \sum_{i=1}^{n} \frac{\omega_i \overline{M}_{C_i}}{E_i I_i} \tag{19-19}$$

各种图形的面积和形心位置见表 10-3。

例题 19-7 求外伸梁[图 19-12a)] A 端的转角。

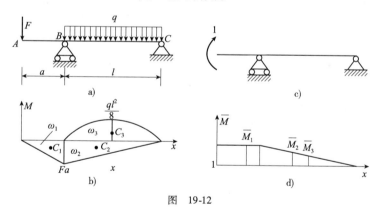

图 19-12

已知:F, q, a, l, E, I。

求:θ_A。

解: 采用图乘法求解。

(1) 外伸梁在载荷作用下的弯矩图,可以分成图 19-12b)中的三部分。将这三部分叠加即为梁的弯矩图。

① $\omega_1 = -\frac{1}{2}Fa \cdot a = -\frac{1}{2}Fa^2$;

② $\omega_2 = -\frac{1}{2}Fa \cdot l = -\frac{1}{2}Fal$;

③ $\omega_3 = \frac{2}{3} \cdot \frac{ql^2}{8} \cdot l = \frac{1}{12}ql^3$。

(2)为了求出截面 A 的转角,在截面 A 上作用一单位力偶矩 $M_0 = 1$[图 19-12c)]。单位力偶矩作用下的 $\overline{M}(x)$ 图,见图 19-12d)。

① $\overline{M}_1 = 1$;

② $\overline{M}_2 = \dfrac{2}{3}$;

③ $\overline{M}_3 = \dfrac{1}{2}$。

(3)由式(19-19)计算外伸梁 A 端的转角。

$$\theta_A = \sum_{i=1}^{3} \frac{\omega_i \overline{M}_i}{EI} = \frac{1}{EI}\left[\left(-\frac{1}{2}Fa^2\right)\cdot 1 + \left(-\frac{1}{2}Fal\right)\cdot\frac{2}{3}\omega_3 + \frac{1}{12}ql^3 \cdot \frac{1}{2}\right]$$

$$= -\frac{Fa(3a+2l)}{6EI} + \frac{ql^3}{24EI}$$

上式中 θ_A 包含两项,分别代表载荷 F 及 q 的影响。第一项前面的负号,表示 A 端因 F 引起的转角与单位力偶矩的方向相反;第二项前面的正号,表示因载荷 q 引起的转角与单位力偶矩的方向相同。

19.4 外力功与应变能

对线弹性结构,若外力从零开始缓慢地增加到最终值,变形中的每一瞬间结构都处于平衡状态,则由功能原理可知,结构的应变能 U_ε(或内力所做的功 W_i)在数值上等于外力所做的功 W_e,亦即

$$U_\varepsilon = W_e \tag{19-20}$$

19.4.1 外力功

对于线性弹性体,载荷 f 与相应位移 δ 成正比,所以,当载荷 f 与位移 δ 分别由零逐渐增加至最大值 F 与 Δ 时,载荷所做之功为三角形的面积

$$W = \frac{1}{2}F\Delta \tag{19-21}$$

上式表明,当载荷与相应位移保持正比关系并由零逐渐增加时,载荷所作之功等于载荷 F 与相应位移 Δ 的乘积之半。式(19-21)为计算线性弹性体外力功的基本公式。式中的 F 为广义力,即或为力,或为力偶矩,或为一对大小相等、方向相反的力或力偶矩等;式中的 Δ 则为相应于该广义力的广义位移,例如,与集中力相应的位移为线位移,与集中力偶相应的位移为角位移,与一对大小相等、方向相反的力相应的位移为相对线位移,等等。总之,广义力在相应广义位移上做功。

当线性弹性体上同时作用几个载荷,例如在任意点 1 与 2 分别作用载荷 f_1 与 f_2[图 19-13a)],而且在加载过程中各载荷之间始终保持一定比例关系,则根据叠加原理可知,载荷 f_1 及 f_2 分别与其位移成正比。因此,如果载荷 f_1 与 f_2 的最大值分别为 F_1 与 F_2,相应位移的最大值分别为 Δ_1 与 Δ_2[图 19-13b)],则外力所作之总功为

$$W = \frac{F_1 \Delta_1}{2} + \frac{F_2 \Delta_2}{2} \tag{a}$$

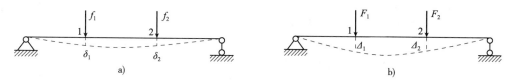

图 19-13 线性弹性体叠加原理与作用载荷次序无关

至于在非比例加载时,例如先加 F_1 后加 F_2,或先加 F_2 后加 F_1,由叠加原理可知,点 1 与点 2 沿载荷方向的总位移仍分别为 Δ_1 与 Δ_2。于是,如果逐渐卸去载荷,而且在卸载过程中 f_1 与 f_2 之间始终保持一定的比例关系即比例卸载,则不论加载方式有何不同,在卸载过程中弹性体所作之总功均为

$$W' = \frac{F_1 \Delta_1}{2} + \frac{F_2 \Delta_2}{2} \qquad (b)$$

由能量守恒定律可知,此功应等于加载时外力所作之总功。也就是说,在非比例加载时,外力所作之总功仍可写成式(b)的形式。

由此可见,不论按何种方式加载,作用在线性弹性体上的广义载荷 $F_1, F_2, \cdots, F_n$ 在相应位移 $\Delta_1, \Delta_2, \cdots, \Delta_n$ 上所作之总功恒为

$$W = \sum_{i=1}^{n} \frac{F_i \Delta_i}{2} \qquad (19-22)$$

上述关系称为克拉比隆(Clapeyron)定理。

19.4.2 应变能

现在利用克拉比隆定理分析线弹性杆的应变能。

圆截面杆微段受力的一般形式如图 19-14a)所示。可以看出,轴力 $F_N(x)$ 仅在轴力引起的轴向变形 du 上做功[图 19-14b)],而弯矩 $M(x)$、剪力 $F_S(x)$ 和扭矩 $T(x)$ 则仅分别在各自引起的弯曲变形 $d\theta$、剪切变形 $d\lambda$ 和扭转变形 $d\varphi$ 上做功[图 19-14c)、d)、e)],它们相互独立。因此,由克拉比隆定理与能量守恒定律,微段 dx 的应变能为

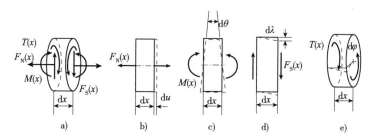

图 19-14 圆截面杆的内力与变形

$$\begin{aligned} dU_\varepsilon = dW_i &= \frac{1}{2}F_N(x)du + \frac{1}{2}M(x)d\theta + \frac{1}{2}F_S(x)d\lambda + \frac{1}{2}T(x)d\varphi \\ &= \frac{F_N^2(x)dx}{2EA} + \frac{M^2(x)dx}{2EI} + \frac{f_S F_S^2(x)dx}{2EA} + \frac{T^2(x)dx}{2GI_p} \end{aligned} \qquad (c)$$

而整个杆或杆系的应变能则为

$$U_\varepsilon = \int_l \frac{F_N^2 dx}{2EA} + \int_l \frac{M^2 dx}{2EI} + \int_l \frac{f_S F_S^2 dx}{2GA} + \int_l \frac{T^2 dx}{2GI_p} \qquad (19-23)$$

式(19-23)只适用于圆截面杆。对于非圆截面等一般杆件,则应将剪力和弯矩沿截面主形心轴 y 与 z 分解为 $F_{Sy}(x)$、$F_{Sz}(x)$ 和 $M_y(x)$、$M_z(x)$ 两个分量,并以 I_t 代替 I_P,于是得

$$U_\varepsilon = \int_l \frac{F_N^2 dx}{2EA} + \int_l \frac{M_y^2 dx}{2EI_y} + \int_l \frac{M_z^2 dx}{2EI_z} + \int_l \frac{f_{Sy} F_{Sy}^2 dx}{2GA} + \int_l \frac{f_{Sz} F_{Sz}^2 dx}{2GA} + \int_l \frac{T^2 dx}{2GI_t} \quad (19\text{-}24)$$

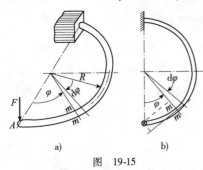

图 19-15

例题 19-8 轴线为半圆形的平面曲杆如图 19-15a)所示,作用于 A 端的集中力 F 垂直于轴线所在的平面。试求 F 力作用点的垂直位移。

已知:F, R, E, G, I, I_p。

求:δ_A。

解:采用功能原理求解。

(1)计算内力的应变能。

①设任意横截面 m-m 的位置由圆心角 φ 来确定。由曲杆的俯视图[图 19-15b)]可以看出,截面 m-m 上的弯矩和扭矩分别为

$$M = FR\sin\varphi$$
$$T = FR(1-\cos\varphi)$$

②对横截面尺寸远小于半径 R 的曲杆,应变能计算可借用直杆公式。这样,微段 $Rd\varphi$ 内的应变能

$$dU_\varepsilon = \frac{M^2 Rd\varphi}{2EI} + \frac{T^2 Rd\varphi}{2GI_p} = \frac{F^2 R^3 \sin^2\varphi d\varphi}{2EI} + \frac{F^2 R^3 (1-\cos\varphi)^2 d\varphi}{2GI_p}$$

③积分求得整个曲杆的应变能为

$$U_\varepsilon = \int_0^\pi \frac{F^2 R^3 \sin^2\varphi d\varphi}{2EI} + \int_0^\pi \frac{F^2 R^3 (1-\cos\varphi)^2 d\varphi}{2GI_p} = \frac{\pi F^2 R^3}{4EI} + \frac{3\pi F^2 R^3}{4GI_p} \quad (1)$$

(2)计算外力的功。

若 F 力作用点沿 F 的方向的位移为 δ_A,在变形过程中,集中力 F 所做的功应为

$$W_e = \frac{1}{2} F\delta_A \quad (2)$$

(3)计算 F 力作用点的垂直位移。

由功能原理式(19-20)得

$$\frac{\pi F^2 R^3}{4EI} + \frac{3\pi F^2 R^3}{4GI_p} = \frac{1}{2} F\delta_A \quad (3)$$

$$\delta_A = \frac{\pi FR^3}{2EI} + \frac{3\pi FR^3}{2GI_p}$$

19.4.3 单元体的应变能密度

线弹性单向应力状态单元体的应变能密度为

$$u_\varepsilon = \frac{1}{2}\sigma\varepsilon = \frac{1}{2}E\varepsilon^2 = \frac{\sigma^2}{2E} \quad (19\text{-}25)$$

线弹性纯剪切应力状态单元体的应变能密度为

$$u_\varepsilon = \frac{1}{2}\tau\gamma = \frac{1}{2}G\gamma^2 = \frac{\tau^2}{2G} \quad (19\text{-}26)$$

线弹性空间应力状态单元体的应变能密度为

$$u_\varepsilon = \frac{1}{2}(\sigma_1\varepsilon_1 + \sigma_2\varepsilon_2 + \sigma_3\varepsilon_3) \tag{19-27a}$$

$$u_\varepsilon = \frac{1}{2E}[\sigma_1^2 + \sigma_2^2 + \sigma_3^2 - 2\mu(\sigma_1\sigma_2 + \sigma_2\sigma_3 + \sigma_3\sigma_1)] \tag{19-27b}$$

$$u_\varepsilon = \frac{1}{2}[\lambda(\varepsilon_1 + \varepsilon_2 + \varepsilon_3)^2 + 2G(\varepsilon_1^2 + \varepsilon_2^2 + \varepsilon_3^2)] \tag{19-27c}$$

19.4.4 莫尔定理

莫尔定理的证明,不一定要借助于虚功原理。以弯曲变形为例,设梁在 F_1、F_2……作用下[图 19-16a)],C 点的位移为 Δ。若梁是线弹性的,由式(9-33),弯曲变形能为

$$U_\varepsilon = \int_l \frac{M^2(x)\mathrm{d}x}{2EI} \tag{d}$$

式中:$M(x)$——载荷作用下梁截面上的弯矩。

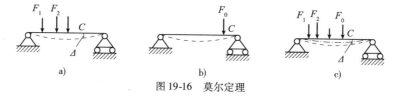

图 19-16 莫尔定理

为了求出 C 点的位移 Δ,设想在 F_1、F_2……作用之前,先在 C 点沿 Δ 方向作用单位力 $F_0 = 1$[图 19-16b)],相应的弯矩为 $\overline{M}(x)$,这时梁的应变能为

$$\overline{U}_\varepsilon = \int_l \frac{\overline{M}^2(x)\mathrm{d}x}{2EI} \tag{e}$$

已经作用 F_0 后,再将原来的载荷 F_1、F_2……作用于梁上[图 19-16c)]。线弹性结构的位移与载荷之间为线性关系,F_1、F_2……引起的位移不因预先作用 F_0 而变化,与未曾作用过 F_0 相同。因而梁因再作用 F_1、F_2……而储存的应变能仍然是由式(d)表示的 U_ε,C 点因这些力而发生的位移 Δ 也仍然不变。不过,C 点上已有 F_0 作用,且 F_0 与 Δ 方向一致,于是 F_0 又完成了数量为 $F_0 \cdot \Delta = 1 \cdot \Delta$ 的功。这样,按先作用 F_0,后作用 F_1、F_2……的次序加力,梁内的应变能应为

$$U_{\varepsilon 1} = U_\varepsilon + \overline{U}_\varepsilon + 1 \cdot \Delta$$

在 F_0 和 F_1、F_2……共同作用下,梁截面上的弯矩为 $M(x) + \overline{M}(x)$,应变能又可用弯矩来计算

$$U_{\varepsilon 1} = \int_l \frac{[M(x) + \overline{M}(x)]^2\mathrm{d}x}{2EI}$$

故有

$$U_\varepsilon + \overline{U}_\varepsilon + 1 \cdot \Delta = \int_l \frac{[M(x) + \overline{M}(x)]^2\mathrm{d}x}{2EI} \tag{f}$$

从式(f)中减去式(d)和式(e),即可求得

$$\Delta = \int_l \frac{M(x) \cdot \overline{M}(x)\mathrm{d}x}{EI} \tag{g}$$

这也就是公式(19-14)。

19.5 互等定理

对线弹性结构,利用应变能的概念,可以导出功的互等定理和位移互等定理。它们在结构分析中有重要作用。

设在线弹性结构上作用 F_1 和 F_2[图 19-17a)],引起两力作用点沿作用方向的位移分别为 Δ_1 和 Δ_2。由式(19-21),F_1 和 F_2 完成的功应为 $\frac{1}{2}F_1\Delta_1 + \frac{1}{2}F_2\Delta_2$。然后,在结构上再作用 F_3 和 F_4,引起 F_3 和 F_4 作用点沿力作用方向的位移为 Δ_3 和 Δ_4[图 19-17b)],并引起 F_1 和 F_2 作用点沿力作用方向位移 Δ'_1 和 Δ'_2。这样,除了 F_3 和 F_4 完成数量为 $\frac{1}{2}F_3\Delta_3 + \frac{1}{2}F_4\Delta_4$ 的功外,原已作用于结构上的 F_1 和 F_2 又位移了 Δ'_1 和 Δ'_2,且在位移中 F_1 和 F_2 的大小不变,所以又完成了数量为 $F_1\Delta'_1 + F_2\Delta'_2$ 的功。因此,按先加 F_1、F_2,后加 F_3、F_4 的次序加力,结构应变能为

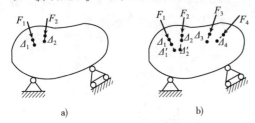

图 19-17 线弹性结构的互等定理

$$U_{\varepsilon 1} = \frac{1}{2}F_1\Delta_1 + \frac{1}{2}F_2\Delta_2 + \frac{1}{2}F_3\Delta_3 + \frac{1}{2}F_4\Delta_4 + F_1\Delta'_1 + F_2\Delta'_2 \tag{a}$$

如改变加载次序,先加 F_3、F_4 后加 F_1、F_2。当作用 F_1 和 F_2 时,虽然结构上已经先用了 F_3 和 F_4,但只要结构是线弹性的,则 F_1 和 F_2 引起的位移和所做的功,依然和未曾作用过 F_3、F_4 一样。于是仿照上述步骤,又可求得结构的应变能为

$$U_{\varepsilon 2} = \frac{1}{2}F_3\Delta_3 + \frac{1}{2}F_4\Delta_4 + \frac{1}{2}F_1\Delta_1 + \frac{1}{2}F_2\Delta_2 + F_3\Delta'_3 + F_4\Delta'_4 \tag{b}$$

式中:Δ'_3、Δ'_4——作用 F_1 和 F_2 时,引起 F_3 和 F_4 作用点沿力方向的位移。

由于应变能只决定于力和位移的最终值,与加力的次序无关,故 $U_{\varepsilon 1} = U_{\varepsilon 2}$,从而得出

$$F_1\Delta'_1 + F_2\Delta'_2 = F_3\Delta'_3 + F_4\Delta'_4 \tag{c}$$

以上结果显然可以推广到更多力的一般情况:

$$\sum_{i=1}^{n} F_i^{\text{I}} \Delta_i^{\text{II}} = \sum_{j=a}^{k} F_j^{\text{II}} \Delta_j^{\text{I}} \tag{d}$$

$$W_{1,2} = W_{2,1} \tag{19-28}$$

功的互等定理(Betti 互等定理)——若线弹性结构分别受到两组不同的广义力的作用,则第一种加载状态下的诸力在第二种加载状态下移动相应位移时所做的功,等于第二种加载状态下的诸力在第一种加载状态下移动相应位移时所做的功。

如果这两组力都是单力系统,第一组力只有 $F_i^{\text{I}} \neq 0$,而其余 $n-1$ 个载荷都为零,第二组力只有 $F_j^{\text{II}} \neq 0$,而其余 $k-1$ 个载荷都是零,那么,上式化为

$$F_i^{\text{I}} \Delta_i^{\text{II}} = F_j^{\text{II}} \Delta_j^{\text{I}} \tag{e}$$

因为 $\Delta_i^{\text{II}} = \delta_{ij} F_j^{\text{II}}$,$\Delta_j^{\text{I}} = \delta_{ji} F_i^{\text{I}}$,将它们代入上式再化简,就导出 Maxwell 的位移互等定理

$$\delta_{ij} = \delta_{ji} \tag{19-29}$$

其中,$\delta_{ij} = \dfrac{\Delta_{ij}}{F_j}$ 和 $\delta_{ji} = \dfrac{\Delta_{ji}}{F_i}$。

位移互等定理(Maxwell 互等定理)——对线弹性结构,在点 i 处作用一单位广义力 $F_i(F_i = 1)$ 在点 j 上所引起广义位移的大小 δ_{ji},等于在点 j 处作用一单位广义力 $F_j(F_j = 1)$ 在

点 i 处所引起的广义位移 δ_{ij}。

注意：这里的位移是指在结构不可能发生刚性位移的情况下，只是由变形引起的位移。

例题 19-9　图 19-18a）所示简支梁 AB 在跨度中点 C 作用集中载荷 F 时，横截面 B 的转角为 $\theta_B = \dfrac{Fl^2}{16EI}$。试计算在截面 B 作用矩为 M_e 的力偶时，截面 C 的挠度 Δ_C [图 19-18b）]。设弯曲刚度 EI 为常数。

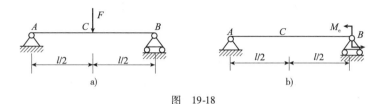

图 19-18

解：采用功的互等定理求解

（1）第一种加载力 F 在第二种加载力 M_e 引起的位移 Δ_C 上所做的功
$$W_{1,2} = F\Delta_C$$

（2）第二种加载力 M_e 在第一种加载力 F 引起的位移 θ_B 上所做的功
$$W_{2,1} = M_e \theta_B$$

（3）根据式（19-28）可知 $W_{1,2} = W_{2,1}$，则
$$F\Delta_C = M_e \theta_B$$

由此得
$$\Delta_C = \frac{M_e}{F} \frac{Fl^2}{16EI} = \frac{M_e l^2}{16EI} (\downarrow)$$

19.6　卡氏定理

19.6.1　卡氏第二定理

设线弹性结构在支座约束下无任何刚性位移，F_1、F_2……F_k 为作用于结构上的外力，沿诸力作用方向的位移分别为 Δ_1、Δ_2……Δ_k（图 19-19）。结构因外力作用而储存的应变能 U_ε 等于外力做功，它应为 F_1、F_2……F_k 的函数，即
$$U_\varepsilon = f(F_1, F_2, \cdots, F_k) \tag{a}$$

如这些外力中的任一个 F_k 有一增量 $\mathrm{d}F_k$，则应变能的增量为 $\Delta U_\varepsilon = \dfrac{\partial U_\varepsilon}{\partial F_k}\mathrm{d}F_k$，于是结构的应变能成为
$$U_\varepsilon + \frac{\partial U_\varepsilon}{\partial F_k}\mathrm{d}F_k \tag{b}$$

图 19-19　线弹性结构广义位移与广义力的关系

若把力的作用次序改变为先加 $\mathrm{d}F_k$，然后再作用 F_1、F_2……F_k 先作用 $\mathrm{d}F_k$ 时，其作用点沿 $\mathrm{d}F_k$ 方向的位移是 $\mathrm{d}\Delta_k$，应变能为 $\dfrac{1}{2}\mathrm{d}F_k\mathrm{d}\Delta_k$。再作用 F_1、F_2……F_k 时，虽然结构上事先已有 $\mathrm{d}F_i$ 存在，但对线弹性结构来说，F_1、F_2……F_k 引起的位移仍然与未曾作用过 $\mathrm{d}F_k$ 一样，因而这些力作的功亦即应变能，仍然等于未作用$\mathrm{d}F_k$时的 U_ε。在作用

F_1、F_2……F_k 的过程中,在 F_k 的方向(亦即 $\mathrm{d}F_k$ 的方向)发生了位移 Δ_k,于是 $\mathrm{d}F_k$ 在位移 Δ_k 上完成的功为 $\Delta_k \mathrm{d}F_k$。这样,按现在的加力次序,结构的应变能应为

$$\frac{1}{2}\mathrm{d}F_k \mathrm{d}\Delta_k + U_\varepsilon + \Delta_k \mathrm{d}F_k \tag{c}$$

因应变能与加力次序无关,(b)、(c)两式应该相等,故

$$\frac{1}{2}\mathrm{d}F_k \mathrm{d}\Delta_k + U_\varepsilon + \Delta_k \mathrm{d}F_k = U_\varepsilon + \frac{\partial U_\varepsilon}{\partial F_k}\mathrm{d}F_k \tag{d}$$

省略二阶微量 $\frac{1}{2}\mathrm{d}F_k \mathrm{d}\Delta_k$,由上式得出

$$\Delta_k = \frac{\partial U_\varepsilon}{\partial F_k} \tag{19-30}$$

这就是卡氏第二定理。它的含义是:线弹性结构体在任意力作用点沿该力方向上的位移,等于线弹性结构体的总应变能对该力的偏导数。

19.6.2 用卡氏第二定理计算杆件的位移

将式(19-23)代入式(19-30),得

$$\Delta_k = \int_l \frac{F_N}{EA}\frac{\partial F_N}{\partial F_k}\mathrm{d}x + \int_l \frac{M}{EI}\frac{\partial M}{\partial F_k}\mathrm{d}x + \int_l \frac{f_S F_S}{GA}\frac{\partial F_S}{\partial F_i}\mathrm{d}x + \int_l \frac{T}{GI_p}\frac{\partial T}{\partial F_k}\mathrm{d}x \tag{19-31}$$

对于处于平面弯曲的线性弹性梁与平面刚架,上式简化为

$$\Delta_k = \int_l \frac{M}{EI}\frac{\partial M}{\partial F_k}\mathrm{d}x \tag{19-32}$$

对于桁架有

$$\Delta_k = \sum_{i=1}^n \frac{F_{Ni}l_i}{E_i A_i}\frac{\partial F_{Ni}}{\partial F_k} \tag{19-33}$$

例题 19-10 图 19-20 所示桁架,节点 B 承受载荷 F 作用。试计算节点 B 的铅垂位移。已知杆 1 与杆 2 各截面的拉压刚度均为 EA。

已知:F,l,E,A。

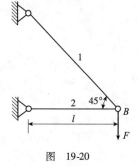

图 19-20

求:Δ_B。

解:采用卡氏第二定理求解。

(1)节点 B 的铅垂位移 Δ_B 为载荷 F 的相应位移。利用截面法,得杆 1 与杆 2 的轴力分别为:

$$F_{N1} = \sqrt{2}F, \quad F_{N2} = -F$$

(2)计算偏导数。

$$\frac{\partial F_{N1}}{\partial F} = \sqrt{2}, \quad \frac{\partial F_{N2}}{\partial F} = -1$$

(3)由式(19-33)计算节点 B 的铅垂位移。

$$\Delta_B = \sum_{i=1}^2 \frac{F_{Ni}l_i}{EA}\frac{\partial F_{Ni}}{\partial F} = \frac{1}{EA}[\sqrt{2}F \cdot \sqrt{2}l \cdot \sqrt{2} + (-F) \cdot l \cdot (-1)] = \frac{(2\sqrt{2}+1)Fl}{EA}$$

所得 Δ_B 为正,说明位移 Δ_B 与载荷 F 同向。

例题 19-11 如图 19-21a)所示简支刚架的抗弯刚度 EI 为常量,$M_e = ql^2$,不计轴力和剪力的影响,求截面 B 的转角和截面 C 的水平位移。

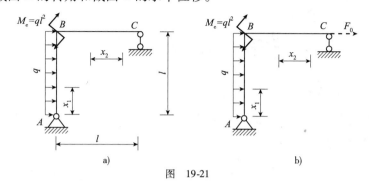

图 19-21

已知:q, l, E, I。

求:θ_B, Δ_C。

解:采用卡氏第二定理求解。

(1)求截面 B 的转角。

① 为求截面 B 的转角,需要将应变能对 M_e 求偏导。尽管存在关系 $M_e = ql^2$,但在求约束力和写弯矩方程时都应将 M_e 单独列出。这样,各支座的约束力分别为

$$F_{Ax} = -ql, \quad F_{Ay} = -\frac{1}{2}ql - \frac{M_e}{l}, \quad F_C = \frac{1}{2}ql + \frac{M_e}{l}$$

各段的弯矩方程为

CB 段:$M(x_1) = \frac{1}{2}qlx_1 + \frac{M_e}{l}x_1$;$BA$ 段:$M(x_2) = \frac{1}{2}ql^2 - \frac{1}{2}qx_2^2$

② 计算偏导数。

CB 段:$\dfrac{\partial M(x_1)}{\partial M_e} = \dfrac{x_1}{l}$;$BA$ 段:$\dfrac{\partial M(x_2)}{\partial M_e} = 0$

③ 由式(19-32)计算截面 B 的转角。

$$\theta_B = \int_L \frac{M}{EI} \frac{\partial M}{\partial M_e} dx = \frac{1}{EI} \int_0^l M(x_1) \frac{\partial M(x_1)}{\partial M_e} dx_1$$

$$= \frac{1}{EI} \int_0^l \left(\frac{1}{2}qlx_1 + \frac{M_e}{l}x_1 \right) \cdot \frac{x_1}{l} dx_1 = \frac{ql^3}{6EI} + \frac{M_e l^2}{3EI} = \frac{ql^3}{2EI}$$

(2)求截面 C 的水平位移。

① 为求截面 C 的水平位移,需要先在 C 处虚加水平力 F_0,如图 19-21b)所示。因此,各支座约束力分别为

$$F_{Ax} = -ql - F_0, \quad F_{Ay} = -\frac{1}{3}ql - F_0, \quad F_C = \frac{3}{2}ql + F_0$$

各段的弯矩方程为

CB 段:$M(x_1) = \frac{3}{2}qlx_1 + F_0 x_1$;$BA$ 段:$M(x_2) = \frac{1}{2}ql^2 - \frac{1}{2}qx_2^2 + F_0(l - x_2)$

② 计算偏导数。

CB 段:$\dfrac{\partial M(x_1)}{\partial F_0} = x_1$;$BA$ 段:$\dfrac{\partial M(x_2)}{\partial F_0} = l - x_2$

③由式(19-32)计算截面 C 的水平位移。

$$\Delta_C = \left[\int_L \frac{M}{EI}\frac{\partial M}{\partial F_0}dx\right]_{F_0=0}$$
$$= \frac{1}{EI}\int_0^l M(x_1)\frac{\partial M(x_1)}{\partial F_0}dx_1 + \frac{1}{EI}\int_0^l M(x_2)\frac{\partial M(x_2)}{\partial F_0}dx_2$$
$$= \frac{1}{EI}\int_0^l \frac{3}{2}qlx_1 \cdot x_1 dx_1 + \frac{1}{EI}\int_0^l \left(\frac{1}{2}ql^2 - \frac{1}{2}qx_2^2\right) \cdot (l-x_2)dx_2 = \frac{17ql^4}{24EI}$$

例题 19-12 图 19-22a)所示圆弧形曲梁 AB，承受矩为 M_e 的力偶作用。试计算截面 B 的水平位移。设弯曲刚度 EI 为常数。

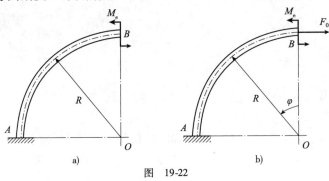

图 19-22

已知：M_e, R, E, I。

求：Δ_B。

解： 采用卡氏第二定理求解。

（1）由于在截面 B 处无水平方向的载荷作用，为此，采用附加力法，在该截面施加一水平载荷 F_0，如图 19-22b)所示。选坐标 φ 代表横截面的位置，利用截面法，得曲梁 AB 任意截面 m-m 上的弯矩为

$$M = -M_e + F_0 R(1-\cos\varphi)$$

（2）计算偏导数。

$$\frac{\partial M}{\partial F_0} = R(1-\cos\varphi)$$

（3）由式(19-32)计算截面 B 的水平位移。

$$\Delta_B = \left[\int_s \frac{M}{EI}\frac{\partial M}{\partial F_0}ds\right]_{F_0=0} = \frac{1}{EI}\int_0^{\frac{\pi}{2}}(-M_e)\cdot R(1-\cos\varphi)Rd\varphi = -\frac{(2+\pi)M_e R^2}{2EI}$$

所得 Δ_B 为负，说明截面 B 的水平位移与附加力 F_0 的方向相反。

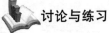 **讨论与练习**

（1）曲梁受力后，其横截面上一般存在三个内力分量，即轴力、剪力与弯矩。但是，对于小曲率杆，影响其变形的主要是弯矩，因此仍可利用式(19-32)计算其位移。

（2）请读者采用单位载荷法求解本题，并与卡氏第二定理方法对比。

19.6.3 卡氏第一定理

现在讨论这样的问题，当线弹性结构体上作用着诸多个力，其应变能等于在施加载荷的过程中,各力所做的总功。每个力 F_k 在理论上可通过载荷—位移关系表达为相应位移 Δ_k 的函数。将这些载荷表达式代入到方程 $U_\varepsilon = \frac{1}{2}\sum_{k=1}^{n}\Delta_k$ 中求和,所得应变能将是位移 Δ_k 的二次函数。于是我们可设想,若一个位移 Δ_k 增加一个微量 $d\Delta_k$,而其他位移保持不变,其应变能增量为 dU_ε,可由下式表达

$$dU_\varepsilon = \frac{\partial U_\varepsilon}{\partial \Delta_k}d\Delta_k \tag{e}$$

式中的偏导数为应变能对 Δ_k 的变化率。我们还知道,当位移 Δ_k 增加一个微量 $d\Delta_k$ 时,相应的 F_k 要做虚功,其他任何力都不作功(因其他位移没有变化)。此功为

$$dU_\varepsilon = F_k d\Delta_k \tag{f}$$

此式也就是线弹性结构体所储存的应变能。

令式(e)与式(f)相等,则

$$F_k = \frac{\partial U_\varepsilon}{\partial \Delta_k} \tag{19-34}$$

式(19-34)说明,只要应变能表达为位移的函数,则应变能对任意位移的偏导数,就等于其相应的力。此式称为线弹性结构的卡氏第一定理,是卡氏在1879年提出的。

例题 19-13 如图 19-23a)所示的线弹性结构,设 1、2 两杆的 EA 相同。试求载荷 F 作用时所引起的节点 B 的位移分量 q_1 和 q_2。

解: 采用卡氏第一定理求解。

首先分析节点 B 的位移分量 q_1 和 q_2 分别引起任意斜杆 1 的伸长量 $\Delta L'_1$ 和 $\Delta L''_1$,如图 19-23b)所示。

$$\Delta L_1 = \Delta L'_1 + \Delta L''_1 = q_1\cos\theta + q_2\sin\theta$$

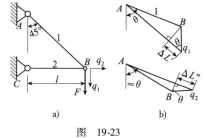

图 19-23

现 1 杆的倾角 $\theta = 45°$,故 $\Delta L_1 = \frac{\sqrt{2}}{2}(q_1 + q_2)$,2 杆的倾角 $\theta = 90°$,$\Delta L_2 = q_2$。

再求杆系的总应变能 U_ε,每一线弹性杆的应变能值为 $\frac{1}{2}\cdot\frac{EA}{L_i}(\Delta L_i)^2$,于是图 19-23a)所示的两杆铰接结构

$$U_\varepsilon = U_{\varepsilon 1} + U_{\varepsilon 2} = \frac{1}{2}\cdot\frac{EA}{\sqrt{2}L}\cdot\frac{1}{2}(q_1+q_2)^2 + \frac{1}{2}\frac{EA}{L}q_2^2 = \frac{EA}{8L}[\sqrt{2}(q_1+q_2)^2 + 4q_2^2]$$

这样就用节点位移 q_1 和 q_2 表述了结构的应变能。已知本题中和 q_1、q_2 相应的广义力分别为 $Q_1 = F$、$Q_2 = 0$。

利用卡氏第一定理 $Q_i = \frac{\partial U}{\partial q_i}$,于是得到

$$Q_1 = \frac{\partial U}{\partial q_1}, F = \frac{\sqrt{2}EA}{4L}(q_1 + q_2) \tag{1}$$

$$Q_2 = \frac{\partial U}{\partial q_2}, 0 = \frac{EA}{4L}[\sqrt{2}(q_1+q_2) + 4q_2] \tag{2}$$

解得

$$q_2 = -\frac{FL}{EA}, q_1 = (2\sqrt{2}+1)\frac{FL}{EA}$$

已知 q_1 和 q_2，可进一步计算各杆的伸长量和轴力如下：

$$\Delta L_1 = \frac{\sqrt{2}}{2}(q_1+q_2) = \frac{2FL}{EA}$$

$$\Delta L_2 = q_2 = -\frac{FL}{EA}$$

$$F_{N_1} = \frac{EA\Delta L_1}{L_1} = \frac{EA}{\sqrt{2}L} \cdot \frac{2FL}{EA} = \sqrt{2}F$$

$$F_{N_2} = \frac{EA\Delta L_2}{L_2} = \frac{EA}{L} \cdot \left(-\frac{FL}{EA}\right) = -F$$

讨论与练习

（1）所解结构是多杆铰接杆系最简单的情况，即 $n=2$。一般来说，利用卡氏第一定理求解对于分析多杆铰接系有明显的优越性。

（2）容易验证，F_{N_1}、F_{N_2} 和 F 满足节点 B 的平衡方程。

19.7 Maple 编程示例

编程题 19-1 如图 19-24a）所示为一简单桁架，其各杆的 EA 相等。在图示载荷作用下，试求 A、C 两节点间的相对位移 δ_{AC}。

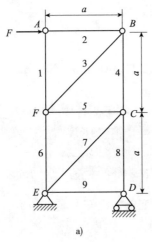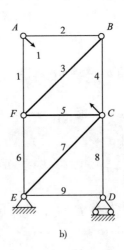

图 19-24

解：●建模 采用莫尔定理求解。

① 先把桁架的杆件编号，其号码已在图中标出。由节点 A 的平衡条件，求各杆件因载荷 F 引起的轴力 F_{Ni}。

② 为了计算节点 A 与 C 间的相对位移 δ_{AC}，需要在 A 点和 C 点沿 A 与 C 的连线作用一对相反的单位力，如图 19-24b）所示。求桁架在单位力作用下各杆的轴力 $\overline{F}_{Ni}$。

③求 A、C 两节点间的相对位移 δ_{AC}。

答：A、C 两节点间的相对位移 $\delta_{AC} = 4.121\dfrac{Fa}{EA}$。等号右边为正，表示 A、C 两点的位移与单位力的方向一致，所以 A、C 两点的距离是缩短的。

- **Maple 程序**

```
> restart:                              #清零。
> FN[1]:=0:                             #杆件1因外载荷引起的轴力。
> FN[2]:=-F:                            #杆件2因外载荷引起的轴力。
> FN[3]:=sqrt(2)*F:                     #杆件3因外载荷引起的轴力。
> FN[4]:=-F:                            #杆件4因外载荷引起的轴力。
> FN[5]:=-F:                            #杆件5因外载荷引起的轴力。
> FN[6]:=F:                             #杆件6因外载荷引起的轴力。
> FN[7]:=sqrt(2)*F:                     #杆件7因外载荷引起的轴力。
> FN[8]:=-2*F:                          #杆件8因外载荷引起的轴力。
> FN[9]:=0:                             #杆件9因外载荷引起的轴力。
> FN0[1]:=-1/sqrt(2):                   #杆件1因单位力引起的轴力。
> FN0[2]:=-1/sqrt(2):                   #杆件2因单位力引起的轴力。
> FN0[3]:=1:                            #杆件3因单位力引起的轴力。
> FN0[4]:=-1/sqrt(2):                   #杆件4因单位力引起的轴力。
> FN0[5]:=-1/sqrt(2):                   #杆件5因单位力引起的轴力。
> FN0[6]:=0:                            #杆件6因单位力引起的轴力。
> FN0[7]:=0:                            #杆件7因单位力引起的轴力。
> FN0[8]:=0:                            #杆件8因单位力引起的轴力。
> FN0[9]:=0:                            #杆件9因单位力引起的轴力。
> l[1]:=a:                              #杆件1的长度。
> l[2]:=a:                              #杆件2的长度。
> l[3]:=sqrt(2)*a:                      #杆件3的长度。
> l[4]:=a:                              #杆件4的长度。
> l[5]:=a:                              #杆件5的长度。
> l[6]:=a:                              #杆件6的长度。
> l[7]:=sqrt(2)*a:                      #杆件7的长度。
> l[8]:=a:                              #杆件8的长度。
> l[9]:=a:                              #杆件9的长度。
> delta[AC]:=sum(FN[i]*FN0[i]*l[i]/(E*A),i=1..9):
>                                       #莫尔定理。
> delta[AC]:=normal(delta[AC]):         #相对位移 δ_AC。
> delta[AC]:=evalf(delta[AC],4);        #相对位移 δ_AC 的数值。
```

思考题

思考题 19-1 试判断图 19-25 所示各种情况杆件或单元体应变能的下列叠加形式是否正确。

（1）图 19-25a)：$U_\varepsilon(F,M_e) = U_\varepsilon(F) + U_\varepsilon(M_e)$；

(2) 图 19-25b):$U_\varepsilon(F,F_1) = U_\varepsilon(F) + U_\varepsilon(F_1)$;

(3) 图 19-25c):$U_\varepsilon(F,q) = U_\varepsilon(F) + U_\varepsilon(q)$;

(4) 图 19-25d):$U_\varepsilon(M_{e1},M_{e2}) = U_\varepsilon(M_{e1}) + U_\varepsilon(M_{e2})$;

(5) 图 19-25e):$U_\varepsilon(F_1,F_2) = U_\varepsilon(F_1) + U_\varepsilon(F_2)$;

(6) 图 19-25f):$U_\varepsilon(2F) = 2U_\varepsilon(F)$;

(7) 图 19-25g):$u_\varepsilon(\sigma,\tau) = u_\varepsilon(\sigma) + u_\varepsilon(\tau)$。

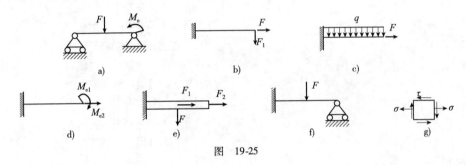

图 19-25

思考题 19-2 如图 19-26 所示,各杆在中点处受到大小不同的静力 F 作用,在线性弹性范围内,力作用点的最终位移是 δ。那么,图中三种情况下力 F 所做的功都是 $\dfrac{F\delta}{2}$ 吗?杆件所储存的应变能都是 $2c\delta^2$ 吗?其中 $c = \dfrac{EA}{l}$,是杆件的拉伸刚度。

思考题 19-3 设圆棒状橡胶拉伸试件的初始直径为 d_0,标距为 l_0,近似作为不可压缩材料而将泊松比 μ 取为 $\dfrac{1}{2}$,其应力应变关系近似为

$$\sigma = \dfrac{E_0}{3}\left[(1+\varepsilon) - \dfrac{1}{(1+\varepsilon)^2}\right]$$

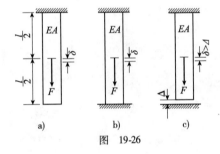

图 19-26

其中 E_0 为初始切线模量。试估算标距段伸长为 Δl 时所储存的应变能。

思考题 19-4 设图 19-27 所示两水平杆的刚度 EI 相同(材料服从郑玄—胡克定律)。试求此结构的应变能。

思考题 19-5 图 19-28a)、b)、c)各结构中所示力系对应于怎样的广义位移?求图 19-28d)杆件中的下列位移时,应加怎样的广义力?

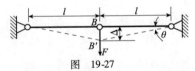

图 19-27

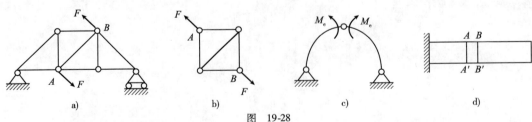

图 19-28

(1) 截面 AA' 沿 AB 方向平移;

(2) AA' 与 BB' 之间的伸长或缩短;

(3) BB' 绕垂直于纸面的轴转动;

（4）AA' 在横截平面内转动。

思考题 19-6 设图 19-29a)中对应于三个集中力的位移分别为 Δ_1、Δ_2 和 Δ_3，若把三个力看成是一个广义力，它所对应的广义位移是什么？把图 19-29b)中梁上的整个均布载荷视为广义力时，所对应的广义位移是什么？

思考题 19-7 怎样用一个位置固定的挠度计（例如百分表），依次测量出如图 19-30 所示自由端受集中力 F 的悬臂梁在 1 至 4 各截面处的挠度？能不能用测量挠度的办法测出梁上多处位置的转角？

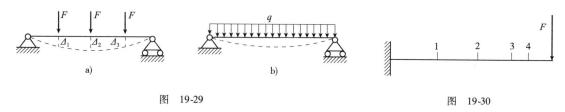

图 19-29　　　　　　　　　　　　图 19-30

思考题 19-8 用图乘法计算如图 19-31 所示两梁在 B 处的转角时，有人认为因梁的 M 图的总面积等于零，所以不论 $\overline{M}_C$ 有多大，乘积 $\omega \overline{M}_C$ 总是零；也有人认为 M 图面积不能正、负抵消，应按绝对值相加，所以总面积都不等于零，其形心都在中点 C 处。你觉得这两种看法对不对？为什么？

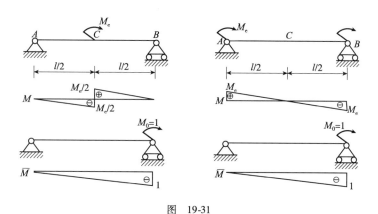

图 19-31

思考题 19-9 试判断如图 19-32 所示各种情况中，图乘法的下列计算是否正确，并说明其理由。

（1）图 19-32a)：$\int_l M\overline{M}\mathrm{d}x = \omega_1 \overline{M}_{C_1} + \omega_2 \overline{M}_{C_2}$。

（2）图 19-32b)：$\int_l M\overline{M}\mathrm{d}x = \omega \overline{M}_C$。

（3）图 19-32c)：$\int_l M\overline{M}\mathrm{d}x = \omega \overline{M}_C$。

（4）图 19-32d)：$EIv_C = 2\left(\dfrac{Fa^2}{2} \times \dfrac{a}{3}\right) + 2Fa^2 \times a = \dfrac{7}{3}Fa^3$。

（5）图 19-32e)：$\because \omega_1 = \omega_2 = \omega$，$\therefore EI\theta_B = \omega_1 \overline{M}_{C_1} + \omega_2 \overline{M}_{C_2} = \omega(\overline{M}_{C_1} + \overline{M}_{C_2})$。

思考题 19-10 用图乘法求图 19-33 所示等刚度梁中点 C 处的转角，下列计算是否正确？并说明其理由。

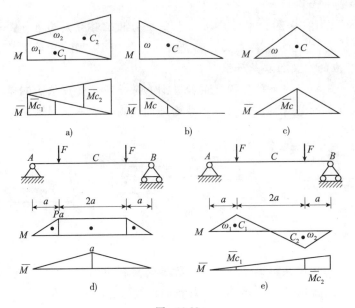

图 19-32

(1) $\theta_C = \dfrac{1}{EI}\left[\left(-\dfrac{ql^2}{8}\times\dfrac{l}{2}\right)(-1) + \dfrac{1}{3}\left(-\dfrac{3ql^2}{8}\right)\dfrac{l}{2}(-1)\right] = \dfrac{ql^3}{8EI}$。

(2) 采用图乘法有 $\theta_A = \dfrac{1}{EI}\left(-1\cdot\dfrac{l}{2}\right)\left(-\dfrac{9ql^2}{32}\right) = \dfrac{ql^3}{64EI}$。

思考题 19-11 用图乘法求如图 19-34 所示梁端部的转角时,弯矩图的面积为

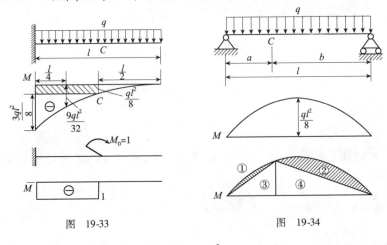

图 19-33   图 19-34

$$\omega = \dfrac{2}{3}\left(\dfrac{ql^2}{8}\right)l$$

若求 C 点的挠度,则可将弯矩图分成四块,其中 1 和 2 两块的面积分别为

$$\omega_1 = \dfrac{2}{3}\left(\dfrac{qa^2}{8}\right)a \text{ 和 } \omega_2 = \dfrac{2}{3}\left(\dfrac{qb^2}{8}\right)b$$

沿 x 轴形心位置均在这两块图形的中间。试证明这个结果,并应用于思考题 19-10 中。

思考题 19-12 如图 19-35 所示一等刚度平面刚架,载荷 F 沿 AB 段移动,其最理想的位置是使节点 C 的铅垂位移等于零。你有没有简便的方法,直接给出 x 值?

思考题 19-13 等刚度 EA 的杆件受力如图 19-36 所示,对于杆件的应变能 U_ε 和 B 截面的铅垂位移 δ_B,下列各种计算是否有错误？错在哪里？

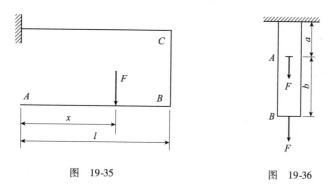

图 19-35　　　　　　　图 19-36

(1) $U_{\varepsilon 1} = \dfrac{F^2 a}{2EA} + \dfrac{F^2(a+b)}{2EA} = \dfrac{F^2 a}{EA} + \dfrac{F^2 b}{2EA}$，$\delta_B = \dfrac{\partial U_{\varepsilon 1}}{\partial F} = \dfrac{2Fa}{EA} + \dfrac{Fb}{EA}$。

(2) 由 $U_{\varepsilon 1} = \dfrac{1}{2} F \delta_B$，得 $\delta_B = \dfrac{2Fa}{EA} + \dfrac{Fb}{EA}$。

(3) $U_{\varepsilon 2} = \dfrac{(F+F)^2 a}{2EA} + \dfrac{F^2 b}{2EA} = \dfrac{2F^2 a}{EA} + \dfrac{F^2 b}{2EA}$，$\delta_B = \dfrac{\partial U_{\varepsilon 2}}{\partial F} = \dfrac{4Fa}{EA} + \dfrac{Fb}{EA}$。

(4) 由 $U_{\varepsilon 2} = \dfrac{1}{2} F \delta_B$ 得 $\delta_B = \dfrac{4Fa}{EA} + \dfrac{Fb}{EA}$。

思考题 19-14 卡氏第二定理和单位载荷法是否只能用来求某一指定截面处的位移？能不能用它们来求出图 19-37 所示三个梁的挠曲线方程？

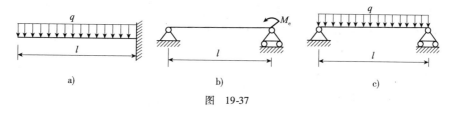

图 19-37

思考题 19-15 变截面梁受力如图 19-38 所示,若力偶作用处挠度为零,问有什么简便的方法确定 I_1 与 I_2 之比值？

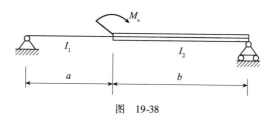

图 19-38

 习题

A 类型习题

习题 19-1 等截面刚架如图 19-39 所示,各杆的抗弯刚度 EI 相同。试用单位载荷法计算截面 A 的铅垂位移 f_A。略去轴力及剪力对变形的影响。

习题 19-2　一平面刚架如图 19-40 所示,已知 EI 为常数。不计轴力和剪力对变形的影响,试用莫尔积分求 C 截面的转角 θ_C 及 D 点的水平位移 Δ_D。

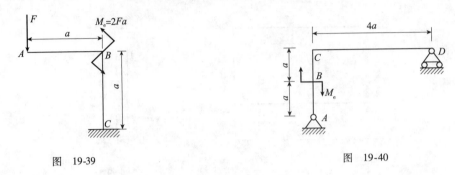

图　19-39　　　　　　　　　　　　图　19-40

习题 19-3　简支梁受均布载荷 q 作用如图 19-41 所示,EI 为已知。试用莫尔积分法求横截面 A、C 之间的相对角位移 θ_{AC}。

习题 19-4　用图乘法求如图 19-42 所示 AB 梁跨中点 C 的挠度 f_C。

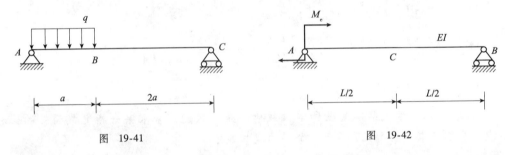

图　19-41　　　　　　　　　　　　图　19-42

习题 19-5　用莫尔法求如图 19-43 所示桁架 A 点的水平位移 Δ_{Ax}(各杆 EI 均相同)。

习题 19-6　刚架尺寸及受力如图 19-44 所示,试用莫尔积分法求 C 截面处的水平位移。已知两杆的抗弯刚度 EI 相等,且为常数。

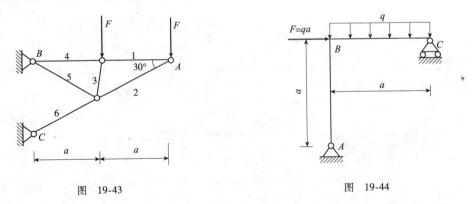

图　19-43　　　　　　　　　　　　图　19-44

习题 19-7　已知梁的 EI 为常数。试用图乘法求如图 19-45 所示悬臂梁中点 D 的铅垂位移 Δ_D。

习题 19-8　用图乘法求如图 19-46 所示悬臂梁 A 截面的转角及 A、B 两截面的挠度。EI 为已知。

习题 19-9　等截面刚架的抗弯刚度为 EI,受力如图 19-47 所示。试用图乘法求 E 点的水平位移 Δ_{Ex}。

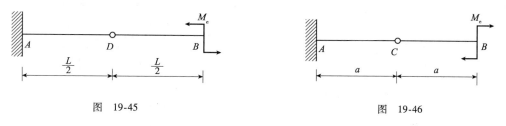

图 19-45　　　　　　　　　　　图 19-46

习题 19-10　如图 19-48 所示刚架各杆抗弯刚度 EI 相同且为常量。用图乘法求 B 截面转角和 B 点的水平位移。

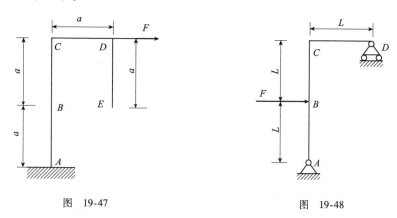

图 19-47　　　　　　　　　　　图 19-48

习题 19-11　如图 19-49 所示刚架各段杆 EI 相同,且 $EI = 5 \times 10^6 \mathrm{N \cdot m^2}$。若 $F = 20\mathrm{kN}$, $q = 10\mathrm{kN/m}, a = 1\mathrm{m}$,求自由端 A 的铅垂位移 f_{Ay}。

习题 19-12　用图乘法求如图 19-50 所示刚架 B 截面的水平位移 Δ_{Bx} 及 C 截面处的铅直位移 Δ_{Cy}。EI 为常量。

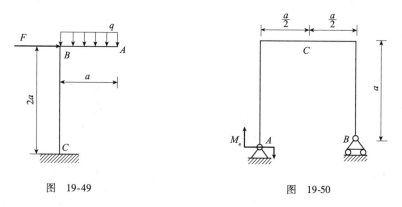

图 19-49　　　　　　　　　　　图 19-50

习题 19-13　开口刚架各段的 EI 相等且已知,受力如图 19-51 所示。试用图乘法求开口两侧截面由于 F 力引起的相对铅垂位移和相对角位移。

习题 19-14　用图乘法求如图 19-52 所示刚架 A 截面的铅直位移 Δ_{Ay} 及 B 截面的转角 θ_B。EI 为常量。

习题 19-15　用图乘法求如图 19-53 所示 AB 梁中点 C 的挠度。已知梁的 EI 为常数。

习题 19-16　用图乘法求如图 19-54 所示悬臂梁 B 截面的转角及 A 截面的挠度。

习题 19-17　用图乘法求如图 19-55 所示阶梯状梁 A 截面的转角及 B 截面的挠度。

习题 19-18　用图乘法求如图 19-56 所示梁 A 截面的挠度及 B 截面的转角。EI 为常数。

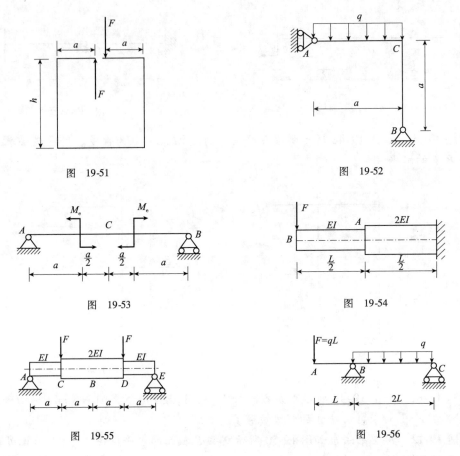

图 19-51　　　　　　　　图 19-52

图 19-53　　　　　　　　图 19-54

图 19-55　　　　　　　　图 19-56

习题 19-19　用图乘法求如图 19-57 所示刚架 D 截面的水平位移 Δ_{Dx}、C 截面水平位移 Δ_{Cx} 及转角 θ_C。EI 为常量。

习题 19-20　如图 19-58 所示，用图乘法求刚架 B 点水平位移。各杆 EI 为常数，略去轴力和剪力的影响。

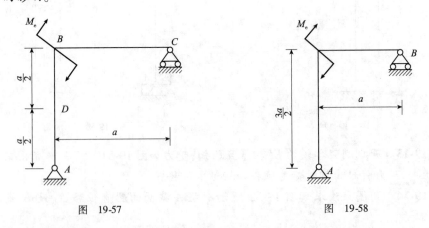

图 19-57　　　　　　　　图 19-58

习题 19-21　用图乘法求如图 19-59 所示变截面刚架 C 截面的转角（略去轴力和剪力的影响）。

习题 19-22　如图 19-60 所示已知梁的抗弯刚度 EI 和支座 B 的弹簧刚度 k。试用能量法求截面 C 的挠度。

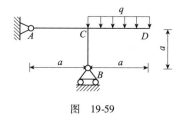

图 19-59

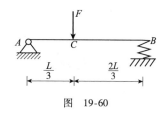

图 19-60

习题 19-23 如图 19-61 所示梁的抗弯刚度为 EI,承受均布载荷及集中力 F 的作用。已知均布载荷 q,用图乘法求:

(1) 集中力作用端挠度为零时的 F 值;
(2) 集中力作用端转角为零的 F 值。

习题 19-24 试用卡氏第二定理计算如图 19-62 所示梁横截面 A 的挠度和转角。设抗弯刚度 EI 为常数。

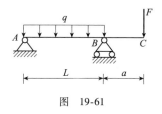

图 19-61

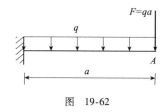

图 19-62

习题 19-25 已知梁的抗弯刚度 EI 为常数,试用卡氏第二定理求如图 19-63 所示外伸梁 D 点的挠度和 B 截面的转角。

习题 19-26 用功的互等定理求解如图 19-64 所示超静定梁。

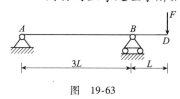

图 19-63

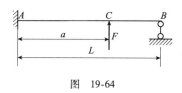

图 19-64

B 类型习题

习题 19-27 如图 19-65 所示弹性体受到一对等值、反向、共线的力 F 作用,试求其体积的改变量 ΔV。已知 $E, \mu, AB = L$。

习题 19-28 如图 19-66 所示均质等厚度矩形板,承受一对集中力 F 作用,材料服从郑玄—胡克定律,弹性模量 E 与泊松比 μ 均已知,设板有单位厚度。试求板的面积 A 的改变量 ΔA。

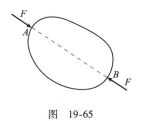

图 19-65

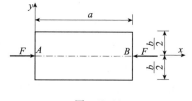

图 19-66

习题 19-29 四分之一圆环(如图 19-67 所示平面曲杆),$EI =$ 常数,求 B 点的位移 Δ_B(只考虑弯矩的影响)。

103

习题 19-30 用卡氏定理求如图 19-68 所示梁 A、B 两端的相对转角 θ_{AB} 与 A 端的转角 θ_A。

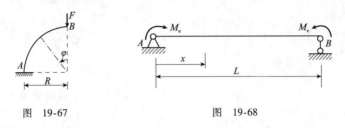

图 19-67   图 19-68

习题 19-31 开口圆环受力如图 19-69 所示，其 EI 为常量，计算在 F 力作用下切口的张开量 Δ_{AB}（略去轴力、剪力的影响）。

习题 19-32 半径为 R 的圆环如图 19-70 所示，其横截面直径为 d，F 力垂直圆环中线所在平面，求开口两侧沿 F 力作用线的相对位移。

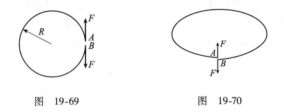

图 19-69   图 19-70

习题 19-33 如图 19-71 所示刚架结构中，AB 梁一端为铰支，另一端支撑在弹性刚架上，AB 梁中点受集中力 F 作用。若 F，a，EI 为已知。求 AB 梁中点 E 的铅垂位移。

习题 19-34 求如图 19-72 所示刚架，BC 段的下侧、AB 段的右侧温度升高 10°C，BC 上侧和 AB 左侧温度无改变，各杆截面为矩形，截面高度 $h=60\text{cm}$，$a=6\text{m}$，热膨胀系数 $\alpha=0.00001^\circ\text{C}^{-1}$。求刚架 C 点铅垂位移 Δ_{Cy}。

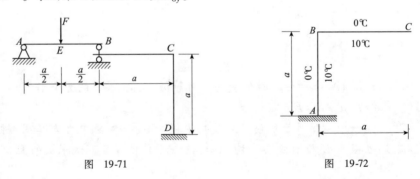

图 19-71   图 19-72

习题 19-35 如图 19-73 所示桁架中的 1、2 两杆材料、尺寸完全相同，长均为 L，截面为 A。求：

（1）材料为线性弹性 $\sigma = E\varepsilon$ 时，A 点的铅垂位移 Δ_{Ay}。

（2）材料为线弹性，而线膨胀系数为 α，当杆 1 的温度上升 $\Delta T^\circ\text{C}$ 时，A 点的水平位移 Δ_{Ax}。

习题 19-36 如图 19-74 所示刚架的抗弯刚度 EI 为常数，求 K 截面的转角 θ_A 及 D 截面的位移 Δ_D。

习题 19-37 如图 19-75 所示半径为 R 的平面细圆环，在切口处嵌入块体，使环张开量为 e，试求环中的最大弯矩。设 EI 已知且为常数。

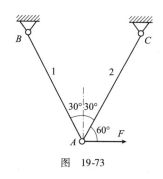

图 19-73

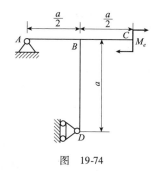

图 19-74

习题 19-38　求如图 19-76 所示结构中 CD 间的相对转角 θ_{CD}。

习题 19-39　如图 19-77 所示桁架各杆的材料相同,截面面积相等。在载荷 A 作用下,试求节点 B 与 D 之间的相对位移。

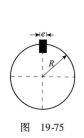

图 19-75

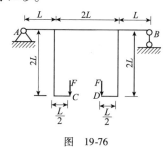

图 19-76

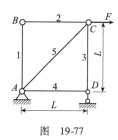

图 19-77

C 类型习题

习题 19-40　求如图 19-78 所示的传动轴在外力 F_1 的作用点处的挠度。

已知数据:$F_1 = 9.5 \mathrm{kN}, F_2 = 1.9 \mathrm{kN}, d_1 = 80 \mathrm{mm}, d_2 = 120 \mathrm{mm}, a = 200 \mathrm{mm}, b = 200 \mathrm{mm}, c = 450 \mathrm{mm}, d = 700 \mathrm{mm}, e = 850 \mathrm{mm}, E = 200 \mathrm{GPa}$。

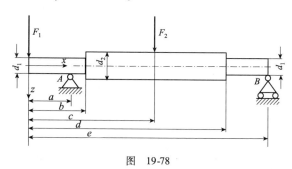

图 19-78

> 毛泽东:"世界是你们的,
> 　　也是我们的,
> 　　但是归根结底是你们的。
> 　　你们青年人朝气蓬勃,
> 　　正在兴旺时期,
> 　　好像早晨八、九点钟的太阳,
> 　　希望寄托在你们身上。"

> 子曰:"君子食无求饱,
> 居无求安,敏于事而慎于言,
> 就有道而正焉,可谓好学也已。"

第 20 章 能量方法的进一步研究

第 19 章介绍了能量法的基本原理与基本分析方法在线弹性结构中的应用。本章进一步讨论能量法的物理意义和应用,包括虚功原理、虚余功原理、最小势能原理和最小余势能原理。作为应用介绍了用能量法求压杆的临界载荷和求弹性结构体的固有角频率。能量法的另一重要应用是求解超静定问题,将在第 21 章讨论。

20.1 虚功原理

20.1.1 外力功与应变能

第 19.4 节中讨论的外力功与应变能都是线弹性的情况。对任意弹性固体在外力作用下变形,引起力作用沿力作用方向位移,外力因此而做功;另一方面,弹性固体因变形而具备了做功的能力,表明储存了应变能。若外力从零开始缓慢地增加到最终值,变形中的每一瞬间固体都处于平衡状态,动能和其他能量的变化皆可不计,则由功能原理可知,固体的应变能 U_ε(或内力所做的功 W_i)在数值上等于外力所做的功 W_e,亦即

$$U_\varepsilon = W_e \tag{20-1}$$

弹性固体的应变能是可逆的,即当外力逐渐解除时,它又可在恢复变形中,释放出全部应变能而做功。

对非线性弹性固体,内力的应变能在数值上仍然等于外力做功,但力与位移的关系以及应力和应变的关系都不是线性的(图 20-1)。

对非线性弹性情况外力做功、应变能密度和应变能分别是

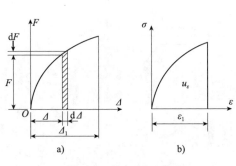

图 20-1 外力功与应变能

$$W_e = \int_0^{\Delta_1} F\mathrm{d}\Delta \tag{20-2}$$

$$u_\varepsilon = \int_0^{\varepsilon_1} \sigma\mathrm{d}\varepsilon \tag{20-3}$$

$$U_\varepsilon = \int_V u_\varepsilon \mathrm{d}V \tag{20-4}$$

由于 F-u 和 σ-ε 的关系都不是斜直线,所以以上积分不能得到式(20-2)、式(20-3)和式(20-4)中的因数 $\frac{1}{2}$。

20.1.2 广义坐标与广义力

在一般情况下笛卡尔坐标与广义坐标的关系是

$$u_i = u_i(q_1, q_2, \cdots, q_f, t) \quad (i=1,2,\cdots,n) \tag{20-5b}$$

$$v_i = v_i(q_1, q_2, \cdots, q_f, t) \quad (i=1,2,\cdots,n) \tag{20-5b}$$

$$w_i = w_i(q_1, q_2, \cdots, q_f, t) \quad (i=1,2,\cdots,n) \tag{20-5b}$$

在材料力学与结构力学的问题里,必须与既定大小和方向的外力,或者是与以本身的作用点的位移为函数的力有着关系。此等力称之为有势的力。

由理论力学教程熟知,此类力的功与途径无关,而仅与其起点和终点的位置有关,且等于自起点到终点的行程中的势的降落。

若设 W_e 为外力在物体离开平衡位置时所做的功,且如上述,此功必定是广义坐标的函数,那么外力功的增量,称为外力虚功,可按下式计算:

$$\delta W_e = \frac{\partial W_e}{\partial q_1}\delta q_1 + \frac{\partial W_e}{\partial q_2}\delta q_2 + \frac{\partial W_e}{\partial q_3}\delta q_3 + \cdots + \frac{\partial W_e}{\partial q_n}\delta q_n \tag{20-6}$$

体系的变形位能和外力的力函数一样应当看成为体系上各点的位移之函数,因为弹性体系之内力的大小和它们的功是与这种位移有关。

因此,显而易见,

$$\delta U_\varepsilon = \frac{\partial U_\varepsilon}{\partial q_1}\delta q_1 + \frac{\partial U_\varepsilon}{\partial q_2}\delta q_2 + \frac{\partial U_\varepsilon}{\partial q_3}\delta q_3 + \cdots + \frac{\partial U_\varepsilon}{\partial q_n}\delta q_n \tag{20-7}$$

以式(20-6)和式(20-7)代入式(19-9),根据位移增量的任意性,我们得出等式的总和

$$\frac{\partial (W_e - U_\varepsilon)}{\partial q_k} = 0 \tag{20-8}$$

式(20-18)就给出了虚位移原理的数学式子,这式可应用到在有势的力作用下的体系内。今后将称 $W_e - U_\varepsilon$ 值为合成力函数。

根据等式(20-7)和(19-8)得

$$\frac{\partial U_\varepsilon}{\partial q_k} = Q_k \tag{20-9}$$

此式在数学上表示著名的拉格朗日定理(注:拉格朗日著《分析力学》,1788年):对于处于平衡的体系而言,作用于此体系的每个广义外力等于体系的变形位能对相应的广义坐标的偏导数。

20.1.3 梁问题的虚功原理

不失一般性,我们用图20-2中的简支梁来推导梁问题的虚功原理,梁变形后的平衡位置用挠曲线 $v = v(x)$ 表示。设使梁在其平衡位置附近得到任意的虚位移 δv 如图20-2所示,虚位移也叫结构的几何可能位移(对完整系统,虚位移与可能位移是一致的),δv 是 x 的连续函数并且要满足支座约束的几何条件,即在如图20-2所示梁的端铰支座处要满足位移边界条件

$$\delta v|_{x=0} = 0, \delta v|_{x=l} = 0 \tag{a}$$

和静力边界条件

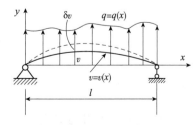

图 20-2 简支梁的虚位移

$$M|_{x=0} = 0, M|_{x=l} = 0 \qquad \text{(b)}$$

梁上的分布载荷 $q(x)$ 在虚位移 δv 上所做的功叫作外力的虚功 δW

$$\delta W = \int_0^l q\delta v \mathrm{d}x \qquad \text{(c)}$$

小变形梁的静力平衡条件有关系式 $\dfrac{\mathrm{d}^2 M}{\mathrm{d}x^2} = q$,将它代入(c)式并进行分部积分,则

$$\delta W = \int_0^l \frac{\mathrm{d}^2 M}{\mathrm{d}x^2}(\delta v)\mathrm{d}x = \left[\frac{\mathrm{d}M}{\mathrm{d}x}(\delta v)\right]_0^l - \left[M\frac{\mathrm{d}}{\mathrm{d}x}(\delta v)\right]_0^l + \int_0^l M\frac{\mathrm{d}^2}{\mathrm{d}x^2}(\delta v)\mathrm{d}x$$

考虑到位移边界条件式(a),$\left[\dfrac{\mathrm{d}M}{\mathrm{d}x}\delta v\right]_0^l = 0$。

考虑梁的静力边界条件式(b),$\left[M\dfrac{\mathrm{d}}{\mathrm{d}x}(\delta v)\right]_0^l = 0$,于是得

$$\int_0^l q\delta v \mathrm{d}x = \int_0^l M\frac{\mathrm{d}^2}{\mathrm{d}x^2}(\delta v)\mathrm{d}x \qquad (20\text{-}10)$$

其中

$$M\frac{\mathrm{d}^2}{\mathrm{d}x^2}(\delta v)\mathrm{d}x = M\frac{\mathrm{d}}{\mathrm{d}x}(\delta\theta)\mathrm{d}x = M\mathrm{d}(\delta\theta)$$

它表示梁微元段 $\mathrm{d}x$ 上内力 M 在虚转角 $\mathrm{d}(\delta\theta)$ 上所做的虚功,式(20-10)是梁问题虚功原理的算式。

<u>虚功原理——当弹性结构处于静平衡状态而给以任意的虚位移时,外力沿虚位移所做的虚功等于结构内力在相应的虚变形上所做的虚功。</u>即

$$\delta W_e = \delta W_i \qquad (20\text{-}11)$$

以上推证虚功原理的过程中并未涉及材料的应力—应变关系,故可适用于线弹性和非线性弹性问题。由于利用过梁的平衡条件 $\dfrac{\mathrm{d}^2 M}{\mathrm{d}x^2} = q$,所以,虚功原理属于小变形范围。以下举例说明虚功原理在结构分析中的应用。

例题 20-1 图 20-3a)表示一受均布载荷 q 作用的线弹性等直梁,支座 C 是非线性弹性支座。图 20-3b)表示支座 C 的力—位移关系,已知

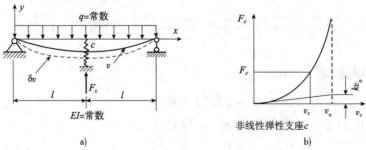

图 20-3

$$F_C = kv_C\left(1 + \frac{a}{1 - \dfrac{v_C}{v_0}}\right) \qquad (1)$$

其中,k 是弹簧的初始刚度;a 是常数;v_0 是将弹簧压缩成无间隙状态的位移。

要求:

(1) 用虚功原理导出梁的平衡方程和静力边界条件；
(2) 求出支座位移 v_C 的计算公式。

解：(1) 在梁平衡位置 $v = v(x)$ 附近给以任意的虚位移 δv，相应地，支座 C 有虚位移 $\delta v_C = \delta v|_{x=l}$。考虑结构的对称性条件，虚位移 δv 必须满足如下的几何边界条件

$$\delta v_A = 0, \delta v|_{x=0} = 0 \tag{2}$$

$$\delta \theta_C = 0, (\delta v)'|_{x=l} = 0 \tag{3}$$

外力 q 在虚位移 δv 上所做的虚功为 $\delta W = 2\int_0^l q\delta v \mathrm{d}x$，支座 C 中内力 F_C 所做的虚功是 $F_C \delta v_C$，梁内弯矩所做的虚功是 $2\int_0^l M\dfrac{\mathrm{d}^2}{\mathrm{d}x^2}(\delta v)\mathrm{d}x$。已知梁的材料是线弹性的，材料力学公式 $M = EIv''$ 成立，通过分部积分有

$$\begin{aligned} 2\int_0^l M(\delta v)''\mathrm{d}x &= 2\int_0^l EIv''(\delta v)''\mathrm{d}x \\ &= 2EI\left\{ [v''(\delta v)']_0^l - [v'''(\delta v)]_0^l + \int_0^l v^{(4)}\delta v \mathrm{d}v \right\} \end{aligned}$$

考虑几何边界条件式(2)和式(3)，上式化为

$$2\int_0^l M(\delta v)''\mathrm{d}x = 2EI\left\{ -[v''(\delta v)']\big|_{x=0} - [v'''\delta v]\big|_{x=l} + \int_0^l v^{(4)}\delta v \mathrm{d}v \right\}$$

于是本问题的虚功原理式可写出如下

$$2\int_0^l q\delta v\mathrm{d}x = 2EI\left\{ -[v''(\delta v)']\big|_{x=0} - [v'''\delta v]\big|_{x=l} + \int_0^l v^{(4)}\delta v\mathrm{d}v \right\} + F_C \delta v_C \tag{4}$$

式(4)中并未涉及 F_C-v_C 规律，所以，式(4)可以适用于非线性支座 C 的情况，经过整理后，虚功原理式(4)又化为

$$2\int_0^l (EIv^{(4)} - q)\delta y\mathrm{d}x - 2EIv''\big|_{x=0} \cdot \delta v'\big|_{x=0} + (F_C - 2EIv'''\big|_{x=l})\delta v_C = 0$$

由于虚位移 δv 的任意性，要使上式成立，必须

$$EIv^{(4)} - q = 0 \quad (0 \leqslant x \leqslant l) \tag{5}$$

$$EIv''\big|_{x=0} = 0，即 M_A = 0 \tag{6}$$

$$2EIv'''\big|_{x=l} = F_C \tag{7}$$

式(5)是梁的控制微分方程，也就是梁的静平衡方程。式(6)和式(7)是梁的静力边界条件，$EIv''' = F_S$ 是梁内的剪力，从以上分析看出，写出结构的虚功原理方程和列出它的静力平衡方程和静力边界条件是等价的。

(2) 求出支座位移 v_C 的计算公式。由积分微分方程(5)得

$$EIv = \frac{1}{24}qx^4 + \frac{1}{6}Ax^3 + \frac{1}{2}Bx^2 + Cx + D \quad (0 \leqslant x \leqslant l) \tag{8}$$

利用上式考虑几何边界条件，有

$$EIv\big|_{x=0} = 0, D = 0$$

考虑静力边界条件式(6)

$$EIv''\big|_{x=0} = 0, B = 0$$

考虑静力边界条件式(7)，则

$$F_C = 2EIv'''\big|_{x=0}, F_C = 2(ql + A)$$

于是

$$A = \frac{1}{2}kv_C\left(1 + \frac{a}{1 - \frac{v_C}{v_0}}\right) - ql$$

再考虑中支座处几何边界条件,则有

$$EIv'|_{x=0} = 0, \quad \frac{1}{6}ql^3 + \frac{1}{2}Al^2 + C = 0$$

将以上的结果代回式(8)就得梁的挠曲线方程

$$EIv = \frac{1}{24}qx^4 + \frac{1}{6}\left\{\frac{1}{2}kv_C\left(1 + \frac{a}{1 - \frac{v_C}{v_0}}\right) - ql\right\}x^3 +$$

$$\left\{\frac{1}{3}ql^3 - \frac{1}{4}kl^2v_C\left(1 + \frac{a}{1 - \frac{v_C}{v_0}}\right)\right\}x \quad (0 \leq x \leq l) \tag{9}$$

要用上式(9)计算梁上任意一点的挠度,必须先求出支座位移 v_C,在上式中令 $x = l$,化简得

$$EIv_C = \frac{5}{24}ql^4 - \frac{l^3}{6}kv_C\left(1 + \frac{a}{1 - \frac{v_C}{v_0}}\right)$$

令 $\psi = \frac{kl^3}{6EI}$ 和 $v_1 = \frac{5ql^4}{24EI}$,再整理上式,最后求得关于解支座位移 v_C 的二次方程式如下

$$(1 + \psi)\left(\frac{y_C}{y_0}\right)^2 - \left[1 + \psi(1 + a) + \frac{y_1}{y_0}\right]\left(\frac{y_C}{y_0}\right) + \frac{y_1}{y_0} = 0 \tag{10}$$

20.1.4 马克斯威尔—莫尔法

在第 19.3 节我们用虚功原理推导出了单位载荷法的基本方程式(19-11)。如下

$$\Delta = \int \overline{F}_N du + \int \overline{M} d\theta + \int \overline{F}_S d\lambda + \int \overline{T} d\varphi \tag{20-12}$$

式(20-11)是极为普遍的,不受任何有关结构材料线性性能的限制。换句话说,不需要为了应用方程式(20-11)一定要迭加定理能够成立。

例题 20-2 图 20-4a)为一简支梁,集中力 F 作用于跨度中点。材料的应力—应变关系为 $\sigma = C\sqrt{\varepsilon}$。式中 C 为常量,ε 和 σ 皆取绝对值。试求集中力 F 作用点 D 的垂直位移。

解: ① 首先研究梁的变形,以求出公式(20-11)中 $d\theta$ 的表达式。弯曲变形时,梁内离中心层为 y 处的应变是

$$\varepsilon = \frac{y}{\rho}$$

其中,$\frac{1}{\rho}$ 为挠曲线的曲率。由应力—应变关系得

$$\sigma = C\varepsilon^{\frac{1}{2}} = C\left(\frac{y}{\rho}\right)^{\frac{1}{2}}$$

横截面上的弯矩应为

$$M = \int_A y\sigma \, dA = C\left(\frac{1}{\rho}\right)^{\frac{1}{2}} \int_A y^{\frac{3}{2}} dA \tag{1}$$

引用记号

$$I^* = \int_A y^{\frac{3}{2}} dA \tag{2}$$

则由式(1)可以得出

$$\frac{1}{\rho} = \frac{M^2}{(CI^*)^2}$$

由于 $\frac{1}{\rho} = \frac{d\theta}{dx}$,且 $M = \frac{Fx}{2}$,故有

$$d\theta = \frac{1}{\rho}dx = \frac{M^2 dx}{(CI^*)^2} = \frac{F^2 x^2 dx}{4(CI^*)^2} \tag{3}$$

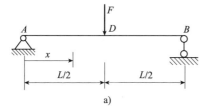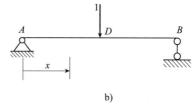

图 20-4

② 设想在 D 点作用一单位力 [图 20-4b)],这时弯矩

$$\overline{M}(x) = \frac{x}{2} \tag{4}$$

③ 将 $d\theta$ 及 $\overline{M}(x)$ 的表达式代入公式(20-11),完成积分得

$$\Delta_D = \int_l \overline{M} d\theta = 2\int_0^{\frac{l}{2}} \frac{F^2 x^3 dx}{8(CI^*)^2} = \frac{F^2 l^4}{256(CI^*)^2}$$

 讨论与练习

(1)将本题结果与线弹性结果对比。
(2)对矩形截面其宽与高分别为 b 与 h,试用式(2)计算 I^*。
(3)对圆形截面其直径为 D,试用式(2)计算 I^*。

20.1.5 由虚功原理导出互等定理

图 20-5a)和 20-5b)分别表示同一梁上受到两组不同载荷作用的情况。设该梁上已作用第一组载荷 F_1^I、F_2^I、…、F_n^I 共 n 个力以后,再将第二组载荷 k 个力 F_a^{II}、F_b^{II}、…、F_k^{II} 所引起的挠曲线 $v = v_2(x)$ 当作虚位移 $\delta v_1 = v_2$ 给予该梁 [图 20-5a)],由虚功原理式(20-10)有

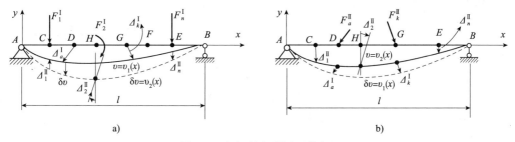

图 20-5 由虚功原理导出互等定理

$$\sum_{i=1}^{n} F_i^{\mathrm{I}} \Delta_i^{\mathrm{II}} = \int_0^l M_1 \frac{\mathrm{d}^2}{\mathrm{d}x^2}(\delta v_1)\mathrm{d}x = \int_0^l M_1 v''_2 \mathrm{d}x$$

其中，M_1 是第一组力所引起的弯矩。

改变上述顺序[图20-5b)]则

$$\sum_{j=a}^{k} F_j^{\mathrm{II}} \Delta_j^{\mathrm{I}} = \int_0^l M_2 \frac{\mathrm{d}^2}{\mathrm{d}x^2}(\delta v_2)\mathrm{d}x = \int_0^l M_1 v''_1 \mathrm{d}x$$

如果该梁的材料是线弹性的，则材料力学公式 $v''_1 = \dfrac{M_1}{EI}$ 和 $v''_2 = \dfrac{M_2}{EI}$ 成立，代入以上两式可以导出 Betti 的<u>功的互等定理</u>

$$\sum_{i=1}^{n} F_i^{\mathrm{I}} \Delta_i^{\mathrm{II}} = \sum_{j=a}^{k} F_j^{\mathrm{II}} \Delta_j^{\mathrm{I}} \tag{d}$$

$$W_{1,2} = W_{2,1} \tag{20-13}$$

如果这两组力都是单力系统，第一组力只有 $F_i^{\mathrm{I}} \neq 0$，而其余 $n-1$ 个载荷都为零，第二组力只有 $F_j^{\mathrm{II}} \neq 0$，而其余 $k-1$ 个载荷都是零，那么，上式化为

$$F_i^{\mathrm{I}} \Delta_i^{\mathrm{II}} = F_j^{\mathrm{II}} \Delta_j^{\mathrm{I}}$$

因为 $\Delta_i^{\mathrm{II}} = \delta_{ij} F_j^{\mathrm{II}}$，$\Delta_j^{\mathrm{I}} = \delta_{ji} F_i^{\mathrm{I}}$，将它们代入上式再化简，就导出 Maxwell 的<u>位移互等定理</u>

$$\delta_{ij} = \delta_{ji} \tag{20-14}$$

从虚功原理导出互等定理的过程中，已经引入材料力学公式 $v'' = \dfrac{M}{EI}$ 后者是建立在郑玄—胡克定律的基础之上，所以，两个互等定理都只能适用于线弹性结构。

例题 20-3 装有尾顶针的车削工件可简化成超静定梁，如图20-6a)所示，试求 B 支座的约束力。

已知：F, l, a, E, I。

求：F_B。

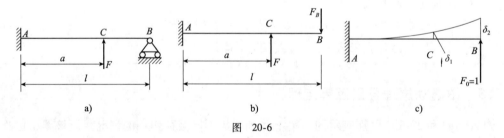

图 20-6

解：利用互等定理求解。

① 利用<u>位移互等定理</u>确定单位力作用下 C 处的位移。

a. 我们知道在 $F_0 = 1$ 作用下作用点 B 处的位移是 $\delta_2 = \dfrac{l^3}{3EI}$，因此，$C$ 处单独作用单位力 $F_1 = 1$ 在 B 处的位移可以采用<u>叠加原理</u>计算。

$$\delta_{B,C} = v_B + \theta_B \cdot (l-a) = \frac{a^3}{3EI} + \frac{a^2}{2EI} \cdot (l-a) = \frac{a^2(3l-a)}{6EI}$$

b. 在 $F_0 = 1$ 作用下作用点 C 处的位移是

$$\overline{\Delta}_{C,B} = \delta_1$$

c. 由式(20-13)知, $\delta_{B,C} = \delta_{C,B}$, 得

$$\delta_1 = \frac{a^2}{6EI}(3l-a)$$

②利用功的互等定理确定 B 支座的约束力。

a. 计算第一组力在第二组力引起的位移上所做的功。

解除支座 B, 把工件看作是悬臂梁。把工件上作用的切削力 F 和尾顶针约束力 F_B 作为第一组力[图 20-6b)]。然后,设想在同一悬臂梁的右端作用 $F_0=1$ 的单位力[图 20-6c)],并作为第二组力。

$$W_{1,2} = F\delta_1 - F_B\delta_2 = \frac{Fa^2}{6EI}(3l-a) - \frac{F_B l^3}{3EI}$$

b. 计算第二组力在第一组力引起的位移上所做的功。

在第一组力作用下[图 20-6a)],由于右端 B 实际上是铰支座,它沿 $F_0=1$ 方向的位移应等于零,故第二组力在第一组力引起的位移上所做的功等于零。

$$W_{2,1} = 0$$

c. 由式(20-12)知

$$W_{1,2} = W_{2,1}$$

即

$$\frac{Fa^2}{6EI}(3l-a) - \frac{F_B l^3}{3EI} = 0$$

$$F_B = \frac{Fa^2}{2l^3}(3l-a)$$

20.1.6 由虚功原理导出卡氏第一定理

设梁受到一组广义为 F_1、F_2、…、F_n 的作用,在其平衡位置 $v=v(x)$ 附近给以任意的虚位移 δv,相应于各外力有虚广义位移 $\delta\Delta_1$、$\delta\Delta_2$、…、$\delta\Delta_n$ (图 20-7)。按虚功原理有

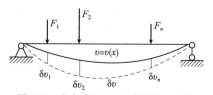

图 20-7 由虚功原理导出卡氏第一定理

$$F_1\delta\Delta_1 + F_2\delta\Delta_2 + \cdots + F_n\delta\Delta_n = \delta U_\varepsilon \quad (a)$$

如果能将应变能表述成 $U = U(\Delta_1、\Delta_2、\cdots、\Delta_n)$,虚应变能 δU_ε 因一组 $\delta\Delta_1$、$\delta\Delta_2$、…、$\delta\Delta_n$ 而产生,故

$$\delta U_\varepsilon = \frac{\partial U_\varepsilon}{\partial \Delta_1}\delta\Delta_1 + \frac{\partial U_\varepsilon}{\partial \Delta_2}\delta\Delta_2 + \cdots + \frac{\partial U_\varepsilon}{\partial \Delta_n}\delta\Delta_n \quad (b)$$

将式(b)代入式(a),由于虚位移 $\delta\Delta_1$、$\delta\Delta_2$、…、$\delta\Delta_n$ 的任意性,要使等式成立,必须满足

$$F_k = \frac{\partial U_\varepsilon}{\partial \Delta_k} \quad (20\text{-}15)$$

这就是卡氏第一定理。它直接得自虚功原理故能适用于线弹性和非线性问题。

卡氏第一定理提供了解线弹性和非线性弹性结构基于应变能的分析方法,应用时需将应变能表述为广义位移的函数。

例题 20-4 图 19-23a)中的铰接两杆,设材料的应力—应变关系是非线性的, $\sigma = b\sqrt{\varepsilon}$, b 是常数[图 20-8b)]。试求这一非线性弹性结构节点 B 的位移。

解：采用卡氏第一定理求解。

所解的结构是多杆铰接杆系[图20-8a)，共有 n 根杆]的最简单的情况，即 $n=2$。这里所用的方法对于分析多杆铰接系有明显的优越性。

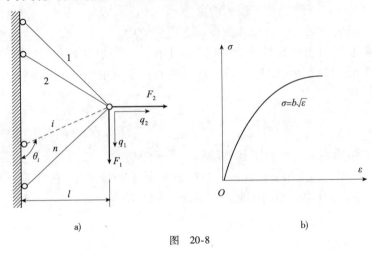

图 20-8

考虑到2杆变形实际是缩短的，在图上19-23a)上令 q_2 反向，于是，$\Delta L_1 = \dfrac{\sqrt{2}}{2}(q_1 - q_2)$，$\Delta L_1 = q_2$。1、2两杆的应变分别是

$$\varepsilon_1 = \frac{\Delta L_1}{\sqrt{2}L} = \frac{1}{2L}(q_1 - q_2) \qquad (伸长)$$

$$\varepsilon_2 = \frac{\Delta L_2}{L} = \frac{q_2}{L} \qquad (缩短)$$

轴力杆内的应力是均匀分布的，因此杆内各点处应力 σ 和应变 ε 都是常数，各杆的应变能等于应变能密度 u_ε 乘杆的体积，先计算1、2两杆各自的应变能密度

$$u_{\varepsilon,1} = \int_0^{\varepsilon_1} \sigma d\varepsilon = \int_0^{\varepsilon_1} b\sqrt{\varepsilon}\, d\varepsilon = \frac{2}{3} b \varepsilon_1^{\frac{3}{2}} = \frac{2}{3} b \left[\frac{1}{2L}(q_1 - q_2)\right]^{\frac{3}{2}}$$

$$u_{\varepsilon,2} = \int_0^{\varepsilon_2} \sigma d\varepsilon = \frac{2}{3} b \left(\frac{q_2}{L}\right)^{\frac{3}{2}}$$

于是，杆系的总应变能为

$$U_\varepsilon = u_{\varepsilon,1} \cdot A \cdot \sqrt{2}L + u_{\varepsilon,2} \cdot AL = \frac{bA}{3\sqrt{L}} \left[(q_1 - q_2)^{\frac{3}{2}} + 2 q_2^{\frac{3}{2}}\right]$$

应用卡氏第一定理，得

$$Q_1 = \frac{\partial U_\varepsilon}{\partial q_1}, F = \frac{bA}{3\sqrt{L}} \cdot \frac{3}{2}(q_1 - q_2)^{\frac{1}{2}}$$

$$Q_2 = \frac{\partial U_\varepsilon}{\partial q_2}, 0 = \frac{bA}{3\sqrt{L}} \left[-\frac{3}{2}(q_1 - q_2)^{\frac{1}{2}} + 3 q_2^{\frac{1}{2}}\right]$$

解得 $q_2^{\frac{1}{2}} = \dfrac{F\sqrt{L}}{bA}$，即 $q_2 = \dfrac{F^2 L}{b^2 A^2}$ 和 $q_1 = \dfrac{5 F^2 L}{b^2 A^2}$。

于是，分别计算两杆的应变和轴力如下

$$\varepsilon_1 = \frac{1}{2L}(q_1 - q_2) = \frac{2F^2}{b^2 A^2} \quad \text{（伸长）}$$

$$\varepsilon_2 = \frac{q_2}{L} = \frac{F^2}{b^2 A^2} \quad \text{（缩短）}$$

$$F_{N1} = \sigma_1 A_1 = b\sqrt{\varepsilon_1} A = \sqrt{2} F \quad \text{（拉力）}$$

$$F_{N2} = \sigma_2 A = b\sqrt{\varepsilon_2} A = F \quad \text{（压力）}$$

容易验证，F_{N2}、F_{N2} 和载荷 F 满足节点 B 的平衡方程。

20.2 虚余功原理

20.2.1 余功和余应变能

一结构外力作用变形时，对于变外力 $F = F(\Delta)$ 来说，外力 F 沿相应位移 Δ 上所做的功

$$W = \int_0^{\Delta_1} F \mathrm{d}\Delta$$

如图 20-9 所示。现在定义

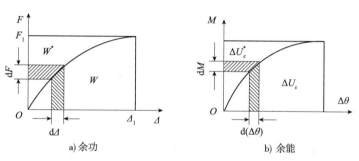

a) 余功　　b) 余能

图 20-9　余功和余应变能

$$W^* = \int_0^{F_1} \Delta \mathrm{d}F \tag{20-16}$$

从图 20-9 可见，$W^* + W = F\Delta$（常力 F 沿 Δ 的功），我们称 W^* 和 W 互余，并将 W^* 叫作余功。

在图 20-9b)上，$\Delta U_\varepsilon = \int_0^{\Delta\theta_1} M \mathrm{d}(\Delta\theta)$ 是梁微元 Δx 的应变能，同理可以定义

$$\Delta U_\varepsilon^* = \int_0^{M_1} \Delta\theta \mathrm{d}M \tag{20-17}$$

并把 ΔU_ε^* 叫作梁微元 Δx 的余应变能，简称余能。

功和应变能是我们已经熟悉的两个物理概念。1899 年 F. Z. Engesser 提出了余功和余能这样两个抽象概念。引入余功和余能这两个概念可以扩大结构分析的能量法。

20.2.2 虚余功原理

图 20-10 所示的弹性梁在任意分布载荷 $q(x)$ 作用下处于平衡状态。类似于虚位移（几何可能位移）再定义名叫虚载荷的概念。设想在梁保持原有平衡状态的情况下，外载 $q(x)$ 有变化 $\delta q(x)$，并称之为给予结构以虚载荷 $\delta q(x)$，外力变化要引起内力变化，于是梁在原平衡状态下获得虚内力 δM 和 δF_S。

虚载荷是自成平衡的,也称作结构的静力可能载荷,设梁属小变形,虚载荷 $\delta q(x)$ 要满足静力平衡条件

$$\frac{d}{dx}(\delta F_s) = \delta q$$

$$\frac{d}{dx}(\delta M) = \delta F_s$$

$$\frac{d^2}{dx^2}(\delta M) = \delta q \tag{a}$$

还是满足结构的静力边界条件,对于铰支座则有

$$\delta M|_{x=0} = 0, \delta M|_{x=l} = 0 \tag{b}$$

图 20-11 中说明,当结构保持原平衡状态 A,即假设 Δ 不变,外载 F 有变化 $\delta\Delta$ 时有

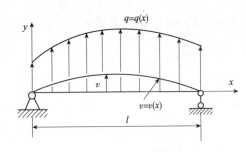
图 20-10　虚余功原理

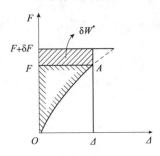
图 20-11　虚余功

$$\delta W^* = \delta F \cdot \Delta \tag{20-18}$$

其中,δW^* 是虚载荷 δF 在结构产际位移 Δ 上所做的虚余功。

回到图 20-10 所示的梁问题,虚载荷 $\delta q(x)$ 在实际变形 $v = v(x)$ 上所做的虚余功为

$$\delta W^* = \int_0^l \delta q(x) v(x) dx$$

将小变形的梁平衡方程 $\frac{d^2}{dx^2}(\delta M) = \delta q$ 代入上式,并且通过分部积分,则

$$\int_0^l v \delta q dx = \int_0^l v(\delta M)'' dx = [\delta M' v]_0^l - [\delta M v']_0^l + \int_0^l \delta M v'' dx$$

根据图示梁的几何边界条件 $v|_{x=0} = 0, v|_{x=l} = 0$ 和虚载荷所应满足的静力边界条件 (b),于是

$$\delta W^* = \int_0^l \delta q(x) \cdot v(x) dx = \int_0^l \delta M \cdot v'' dx = \delta U^* \tag{20-19}$$

其中,$\int_0^l \delta M v'' dx = \int_0^l \delta M \cdot \frac{d\theta}{dx} dx$ 是全梁中虚弯矩 δM 在实际转角上所做的内虚余功,也叫梁的虚余能 δU^*。式(20-19)叫作虚余功原理。

虚余功原理——若弹性结构处于平衡状态,虚载荷沿实际位移所做的虚余功 δW^* 等于结构的虚内力在实际变形上所做的内力虚余功,或称虚余能 δU^*。

上述推导过程引进过平衡方程 $\frac{d^2}{dx^2}(\delta M) = \delta q$,因而虚余功原理属小变形范畴,但推导中不涉及材料性质(力—变形关系),因此虚余功原理适用于线弹性和非线性弹性结构。

20.2.3 由虚余功原理导出 Crotti-Engesser 定理和卡氏第二定理

如图 20-12a)所示受一组广义力 F_1、F_2、$\cdots$、F_n 作用的弹性能,设该梁保持原有平衡状态 $v = v(x)$ 并给以虚载荷(外载的变化)δF_1、δF_2、$\cdots$、δF_n,按虚余功原理有

$$\delta F_1 v_1 + \delta F_2 v_2 + \cdots + \delta F_n v_n = \delta U_\varepsilon^*$$

如果能将余能 U_ε^* 表述为广义力的函数 $U_\varepsilon^* = U_\varepsilon^*(F_1、F_2、\cdots、F_n)$。由于外力的变化 δF_1、δF_2、$\cdots$、δF_n 引起余能的变化,即虚余能为

$$\delta U_\varepsilon^* = \frac{\partial U_\varepsilon^*}{\partial F_1}\delta F_1 + \frac{\partial U_\varepsilon^*}{\partial F_2}\delta F_2 + \cdots + \frac{\partial U_\varepsilon^*}{\partial F_n}\delta F_n$$

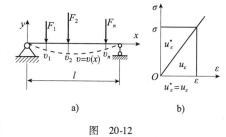

图 20-12

将它代入前式,由于虚载荷 δF_1、δF_2、$\cdots$、δF_n 的任意性,要使等式成立就必须满足

$$\frac{\partial U_\varepsilon^*}{\partial F_i} = v_i \quad (i = 1, 2, \cdots, n) \tag{20-20}$$

这就是 Crotti-Engesser 定理——弹性结构的余应变能对于任一广义力 F_i 的一阶偏导数就等于和 F_i 相应的广义位移 Δ_i。

Crotti-Engesser 定理和虚余功原理一样可适用于线弹性和非线性弹性结构。由此可进一步导出仅适合线弹性结构的卡氏第一定理。

对于线弹性材料[图 2-12b)],结构的应变能 U_ε 和其余能 U_ε^* 相等,即 $U_\varepsilon^* = U_\varepsilon$,于是,Crotti-Engesser 定理的式(20-17)立即化为卡氏第二定理。

$$\frac{\partial U_\varepsilon^*}{\partial F_i} = \Delta_i \quad (i = 1, 2, \cdots, n)$$

显然,卡氏第二定理只能适用于线弹性结构。

Crotti-Engesser 定理和卡氏第二定理形式相似,前者可适用于非线性弹性问题,因此,建立了余能概念就扩大了结构分析中能量原理的应用范围。

20.3 最小势能原理

设有一个变剖面的梁,一端($x = 0$)固支,另一端($x = l$)简支,分布横向载荷 $q(x)$ 以及端点弯矩 $\overline{M}_l$ 的作用,见图 20-13。梁的挠度 $v(x)$ 应满足下列微分方程和边界条件

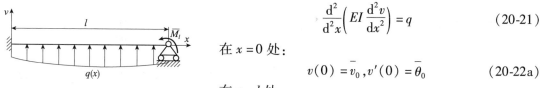

$$\frac{d^2}{d^2 x}\left(EI\frac{d^2 v}{dx^2}\right) = q \tag{20-21}$$

在 $x = 0$ 处:

$$v(0) = \overline{v}_0, v'(0) = \overline{\theta}_0 \tag{20-22a}$$

图 20-13 最小势能原理直梁

在 $x = l$ 处:

$$v(l) = \overline{v}_l \tag{20-22b}$$

$$EI\frac{d^2 v}{dx^2} = \overline{M}_l \tag{20-22c}$$

其中,$\overline{v}_0$,$\overline{\theta}_0$,$\overline{v}_l$,$\overline{M}_l$ 是已知数。

把满足方程式(20-20)~式(20-22)的挠度叫作真实挠度,或叫作精确解,把满足条件式(20-22a)和式(20-22b)但不管是否满足式(20-21)和式(20-22c)的挠度叫作变形可能的

挠度,简称可能挠度。

在最小的势能原理中,把外载荷看作是不变的已知量,而把挠度看作是可变的自变函数。整个系统的势能包括两部分:第一部分是梁的应变能 $\Pi_b^{[2]}$,它的算式是

$$\Pi_b^{[2]} = U_\varepsilon = \frac{1}{2} \int_0^l EI \left(\frac{d^2 v}{dx^2}\right)^2 dx \tag{20-23a}$$

第二部分是横向载荷的势能 $\Pi^{[1]}$,它的算式是

$$\Pi^{[1]} = V = -\left(\int_0^l qv dx - \overline{M}_l v'(l)\right) \tag{20-23b}$$

所以总势能 Π 是

$$\Pi = \int_0^l \left\{\frac{1}{2} EI \left(\frac{d^2 v}{dx^2}\right)^2 - qv\right\} dx + \overline{M}_l v'(l) \tag{20-24}$$

这个算式把总势能 Π 表达为挠度 v 的泛函,其中除函数 v 可变之外,其余的量都假定为已知的不变的量。

最小势能原理指出:在所有变形可能的挠度中,精确解使系统的总势能取极小值。

一般情况下,结构处于平衡状态的基本条件是结构必须满足边界条件(支承)和内部变形连续协调条件,这时结构的总势能又必为最小值,这就是最小势能原理。

下面介绍采用虚功原理证明最小势能原理。

设 $v(x)$ 是精确解,它满足方程式(20-20)~式(20-22)。设 $v_k(x)$ 是另一个变形可能的挠度,我们只知道它满足

在 $x = 0$ 处:

$$v_k(0) = \overline{v}_0, v'_k(0) = \overline{\theta}_0$$

在 $x = l$ 处:

$$v_k(l) = \overline{v}_l \tag{20-25}$$

命

$$v_k = v + \delta v \tag{20-26}$$

从方程式(20-21)、式(20-22a)、式(20-25)可知,δv 满足下列位移边界条件:

在 $x = 0$ 处:

$$\delta v(0) = 0, \delta v'(0) = 0$$

在 $x = l$ 处:

$$\delta v(l) = 0 \tag{20-27}$$

命 $\Pi(v)$ 为与精确解相应的总势能,它的算式是式(20-24)。再命 $\Pi(v_k)$ 为与 v_k 相应的总势能,它的算式是

$$\Pi(v_k) = \int_0^l \left[\frac{1}{2} EI \left(\frac{d^2 v_k}{dx^2}\right)^2 - q v_k\right] dx + \overline{M}_l v'_k(l) \tag{20-28}$$

将式(20-26)代入式(20-28),然后按 δv 的次数排齐,得到

$$\Pi(v_k) = \Pi(v + \delta v)$$
$$= \Pi(v) + 2\Pi^{[1]}(v, \delta v) + \Pi^{[2]}(\delta v) \tag{20-29}$$

其中

$$2\Pi^{[1]}(v, \delta v) = \int_0^l \left\{EI \frac{d^2 v}{dx^2} \frac{d^2 \delta v}{dx^2} - q \delta v\right\} dx + \overline{M}_l \delta v'(l) \tag{20-30}$$

$$\Pi^{[2]}(\delta v) = \int_0^l \frac{1}{2} EI \left(\frac{d^2 \delta v}{dx^2}\right)^2 dx \tag{20-31}$$

$\Pi^{[1]}$ 是一个新定义的泛函,而 $\Pi^{[2]}$ 实质上就是前面定义过的泛函 $\Pi_b^{[2]}$。

在虚功原理的公式(20-17)中,注意到 $M = EI \frac{d^2 v}{dx^2}$,便有

$$\int_0^l q \delta v dx - \overline{M}_l \delta v'(l) = \int_0^l EI \frac{d^2 v}{dx^2} \frac{d^2}{dx^2}(\delta v) dx$$

此式表明

$$2\Pi^{[1]}(v, \delta v) = 0 \tag{20-32}$$

这样式(20-29)化为

$$\Pi(v_k) = \Pi(v) + \Pi^{[2]}(\delta v) \tag{20-33}$$

从式(20-31)可以看到 $\Pi^{[2]}(\delta v) \geq 0$,因此,必有

$$\Pi(v_k) \geq \Pi(v) \tag{20-34}$$

式中的等号只有在 δv 为刚体位移时才能成立,这便是希望证明的最小势能原理。

上面虽然仅对一种特殊的边界条件式(20-21)和式(20-22)证明了最小势能原理,但证明的方法是普遍适用于其他类型的边界条件的。不仅如此,上述证明步骤适用于其他更加复杂的结构力学,弹性力学问题。

精确解既然能使总势能取最小值,那么必有

$$\delta \Pi(v) = 0 \tag{20-35}$$

此式可看作是可能挠度的一个变分方程。根据公式(20-24)计算 $\delta \Pi$,得到

$$\delta \Pi = \int_0^l \left[\frac{d^2}{dx^2}\left(EI \frac{d^2 v}{dx^2}\right) - q\right] \delta v dx + [-EI v''(l) + \overline{M}_l] \delta v'(l) \tag{20-36}$$

对于精确解 v,式(20-34)显然成立。反之,对于任意的变形可能的变分 δv 方程式(20-36)都成立,便可推知 v 必满足方程式(20-20)和边界条件式(20-22b),这正好补足了可能挠度尚未满足的平衡条件。所以最小势能原理与平衡条件完全等价。

20.4 最小余势能原理

式(20-24)代表结构处于平衡状态时的总势能,式(20-24)可写成

$$\Pi = U_\varepsilon - W_e \tag{20-37}$$

其中,U_ε 代表结构的变形能;W_e 代表外力所做的功。

总余势能与总势能也是互为共轭的,如同功与余功一样理解。因此,总余势能 Π^* 可写成

$$\Pi^* = U_\varepsilon^* - W_e^* \tag{20-38}$$

其中,U_ε^* 代表结构的余变形能;W_e^* 代表外力所做的余功。

$$\Pi + \Pi^* = \text{const}, U_\varepsilon + U_\varepsilon^* = \text{const}, W_e + W_e^* = \text{const} \tag{20-39}$$

泛函数 Π^* 称为整个弹性体的余势能,根据外力余功的一阶变分 δW_e^*,而余势能的一阶变分为 δU_ε^*,因此,结构的整体弹性系统的总余势能的驻值为

$$\delta \Pi^* = \delta U_\varepsilon^* - \delta W_e^* = \delta(U_\varepsilon^* - W_e^*) = 0 \tag{20-40}$$

式(20-40)就是最小余势能原理。

对于线弹性结构有

$$\Pi^* = \Pi, U_\varepsilon^* = U_\varepsilon, W_e^* = W_e \tag{20-41}$$

20.5　用能量法求压杆的临界载荷

对于载荷、支持方式或截面变化比较复杂的压杆,宜采用能量法求解。

在临界载荷作用下压杆具有两种平衡形式即直线形式与微弯形式。所以当压杆处于临界状态并由直线形式转入微弯形式的过程中,由于压杆始终处于平衡状态,轴向压力在轴向位移上所作之虚功 δW_e,等于压杆因弯曲变形所增加的虚应变能 δU_ε,即临界状态的能量特征为

$$\delta W_e = \delta U_\varepsilon \tag{20-42}$$

设压杆在微弯平衡时的挠曲轴方程为

$$v = v(x)$$

将 v 取作虚位移,因此,当压杆由直线平衡形式转入微弯平衡形式的过程中,压杆增加的虚应变能为

$$\delta U_\varepsilon = \int_0^l \frac{M^2(x)}{2EI} dx$$

或

$$\delta U_\varepsilon = \frac{1}{2} \int_0^l EI (v'')^2 dx \tag{20-43}$$

载荷作用点因弯曲变形引起的轴向位移(也称为曲率缩短)为 $BB' = u$ [图20-14a)],将 u 取作虚位移,由图20-14b)可以看出,

$$du = ds - dx = \sqrt{(dx)^2 + (dv)^2} - dx = (\sqrt{1+(v')^2} - 1)dx \approx \frac{1}{2}(v')^2 dx$$

可求得

$$u = \frac{1}{2} \int_0^l (v')^2 dx \tag{20-44}$$

轴向载荷 F_{cr} 所作之虚功为

$$\delta W_e = F_{cr} u = \frac{F_{cr}}{2} \int_0^l (v')^2 dx \tag{20-45}$$

将式(20-43)、式(20-45)代入式(20-42),得

$$F_{cr} = \frac{\int_0^l EI (v'')^2 dx}{\int_0^l (v')^2 dx} \tag{20-46}$$

可见,当挠曲轴方程 $v(x)$ 确定后,由上式即可求出压杆的临界载荷。

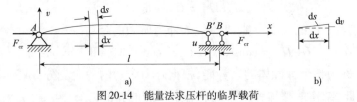

图20-14　能量法求压杆的临界载荷

当真实挠曲线未知时,可假设一条必须满足位移边界条件的失稳曲线 $v = f(x)$,将其代入式(20-46)求得临界力 F_{cr}。显然,由此求得临界载荷一般为近似解而非精确解。但实践表明,只要挠曲轴方程选择适当,所得解答仍然是足够精确的。

式(20-46)为端部承压细长杆临界载荷的一般公式,它适用于等截面杆,也适用于变截

面杆。至于其他非端部承压的细长压杆其临界载荷同样可以利用关系式(20-46)确定。

现假设满足位移条件的失稳曲线为

$$v = a_n \sin \frac{n\pi x}{l} \quad (n=1,2,\cdots) \tag{a}$$

其中 a_n 为常数,代入式(20-46)并积分得

$$F_{\text{cr},n} = \left(\frac{n\pi}{l}\right)^2 EI \quad (n=1,2,\cdots) \tag{b}$$

故最小的临界力以及对应的失稳曲线为

$$F_{\text{cr}} = \frac{\pi^2 EI}{l^2}, v = a_1 \sin \frac{\pi x}{l} \tag{c}$$

应该指出,采用式(20-46)计算时,选取的满足位移边界条件函数 $v=f(x)$,若能同时满足力的边界条件,则其计算精度将显著提高。下面给出数学证明。

证明: 先取式(20-46)等号右边的分子,由分部积分进行如下推导

$$\int_0^l EI(v'')^2 \mathrm{d}x = (EIv''v')\Big|_0^l - (EIv'''v)\Big|_0^l + \int_0^l EIv^{(4)} v \mathrm{d}x \tag{d}$$

又由压杆稳定问题的基本方程式(16-2),得

$$EIv^{(4)} + Fv'' = 0 \tag{e}$$

故式(d)成为

$$\int_0^l EI(v'')^2 \mathrm{d}x = (EIv''v')\Big|_0^l - (EIv'''v)\Big|_0^l - \int_0^l Fv''v \mathrm{d}x$$

$$= (EIv''v')\Big|_0^l - (EIv'''v)\Big|_0^l - F(v'v)\Big|_0^l + F\int_0^l (v')^2 \mathrm{d}x$$

由此可得压杆的弹性总势能

$$\Pi = \frac{1}{2}\int_0^l EI(v'')^2 \mathrm{d}x - \frac{F}{2}\int_0^l (v')^2 \mathrm{d}x$$

$$= \frac{1}{2}(EIv''v')\Big|_0^l - \frac{1}{2}(EIv'''v)\Big|_0^l - \frac{1}{2}F(v'v)\Big|_0^l \tag{f}$$

显然,计算压杆临界载荷时,若事先给出的挠度 $v=f(x)$ 同时满足位移边界条件和力的边界条件,则式(f)右端为零,表明结构的总势能达到最小值;若仅能满足位移边界条件,总势能将不是最小值,相应临界载荷的计算精度就会较差。

例题 20-5 试求如图 20-15 所示两端简支压杆的临界载荷。

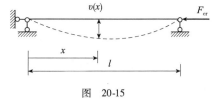

图 20-15

解法一: 取满足位移边界条件的挠度为

$$v = ax(l-x)$$

由式(20-46)得

$$F_{\text{cr}} = \frac{12EI}{l^2}$$

与精确解 $F_{\text{cr}} = \pi^2 EI/l^2$ 比较,误差 21.59%。

解法二: 取简支梁在单位均布载荷作用下的挠度作为试函数,利用连续分段独立一体化积分法求得同时满足位移边界条件和力边界条件的挠度为

$$v = \frac{qx}{24EI}(l^3 - 2lx^2 + x^3)$$

由式(20-46)得：

$$F_{cr} = \frac{9.882EI}{l^2}$$

与精确解比较,误差 0.13%。

> **讨论与练习**
>
> "连续分段独立一体化积分法"和"能量法"联合使用求解压杆的临界力,就可以达到快速、解析、逼近精确的解。首先采用"连续分段独立一体化积分法"确定结构解析的试函数,然后利用"能量法"确定临界力。

20.6 用能量法求弹性结构体的固有角频率

弹性结构体发生自由振动时,在受振动过程中,弹性结构体各质点离开原静力平衡位置作往复运动,待结构质体(质量 m)位移达到最大时,结构体势能达到最大值,这时结构体的动能为零(速度等于零)。当结构体各质点通过静力平衡位置时,则结构体的动能(速度最大)具有最大值,而结构体的势能为零。略去结构体材料介质的阻尼影响,遵照能量守恒原理,最大动能值应等于最大势能值,由此可计算弹性结构体固有角频率 ω_0。

弹性结构体的固有角频率 ω_0 是与结构体本身的质量 m 大小和截面惯性矩及支承跨度有关的固有特征。角频率可分结构体平面振动角频率和扭转角频率。

设杆长为 l,单位长度重为 $\overline{W}$,杆的长度分布质量 $\overline{m} = \overline{W}/g$,如图 20-16 所示。垂直于杆体的横向位移为 $v(x,t)$,平面振动固有角频率为 ω_0,设其自由振动曲线为

$$v(x,t) = Y(x)\sin\omega_0 t$$

则

$$\dot{v}_t(x,t) = Y(x)\omega_0\cos\omega_0 t$$

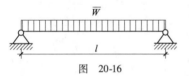

图 20-16

杆系统的动能为

$$T = \frac{1}{2}\int_0^l \overline{m}\dot{v}^2 dx = \frac{1}{2}\int_0^l \overline{m}Y^2\omega_0^2\cos^2\omega_0 t\,dx$$

杆达到平衡位置时(即 $\omega_0 t = 0、\pi、2\pi、\cdots$,则 $\cos^2\omega_0 t = 1$,$\dot{v}_{t,\max} = Y\omega_0$)的最大动能为:

$$T_{\max} = \frac{1}{2}\int_0^l \overline{m}Y^2\omega_0^2 dx \tag{20-47}$$

杆的势能随着杆的振动变形而改变(当 $\omega_0 t = \frac{\pi}{2}、\frac{3\pi}{2}、\frac{5\pi}{2}、\cdots$,则 $\sin^2\omega_0 t = 1$,$v_{\max} = Y$),略去剪切影响,其弯曲变形能

$$U_\varepsilon = \int_0^l \frac{M^2(x)}{2EI} dx$$

由式(9-9)得知,挠曲曲率 $Y'' = \frac{d^2 Y}{dx^2} = \frac{M}{EI}$,则

$$U_{\varepsilon,\max} = \frac{1}{2}\int_0^l EI(Y'')^2 dx \tag{20-48}$$

由

$$T_{\max} = U_{\varepsilon,\max} \tag{20-49}$$

可得自振角频率

$$\omega_0^2 = \frac{\int_0^l EI(Y'')^2 \mathrm{d}x}{\int_0^l \overline{m} Y^2 \mathrm{d}x} \tag{20-50}$$

当真实挠曲线未知时,可假设一条必须满足位移边界条件的振型曲线 $Y = f(x)$,将其代入式(20-50)求得固有角频率 ω_0。显然,由此求得固有角频率一般为近似解而非精确解。但实践表明,只要挠曲轴方程选择适当,所得解答仍然是足够精确的。

应该指出,采用式(20-50)计算时,选取的满足位移边界条件振型函数 $Y = f(x)$,若能同时满足力的边界条件,则其计算精度将显著提高。下面给出数学证明。

证明:先取式(20-50)等号右边的分子,由分部积分进行如下推导

$$\int_0^l EI(Y'')^2 \mathrm{d}x = (EIY''Y')_0^l - (EIY'''Y)_0^l + \int_0^l EIY^{(4)} Y \mathrm{d}x \tag{a}$$

质量杆自由振动的运动微分方程经过分离变量后得到的振型应满足的基本方程式(9-41),得

$$EIY^{(4)} - \overline{m}\omega_0^2 Y = 0 \tag{b}$$

可得质量杆的弹性总势能

$$\Pi = \frac{1}{2}\int_0^l EI(Y'')^2 \mathrm{d}x - \omega_0^2 \int_0^l \overline{m} Y^2 \mathrm{d}x = \frac{1}{2}(EIY''Y')_0^l - \frac{1}{2}(EIY'''Y)_0^l \tag{c}$$

由式(c)可知,若要得到精度较高的质量杆的自振角频率,给出的振型函数 $Y = f(x)$ 必须同时满足位移边界条件和力边界条件。

例题 20-6 试求图 20-17 所示悬臂均质杆($\overline{m}$ 为常数)的基本角频率。

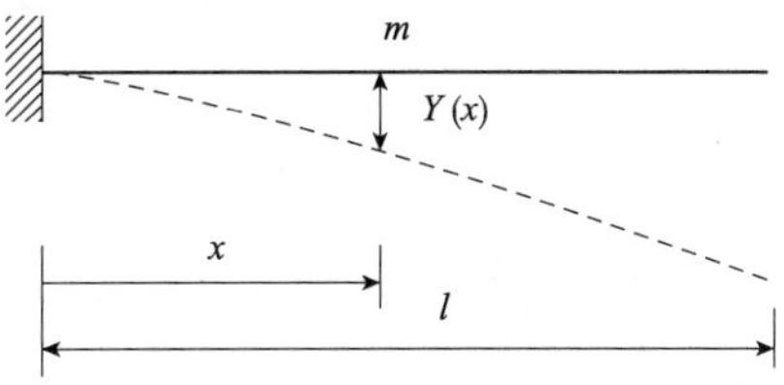

解法一:取满足位移边界条件的振型函数为二次抛物线

$$Y = a\frac{x^2}{l^2}(a \text{ 为常数})$$

由式(20-50)得

$$\omega_0 = \frac{4.472}{l^2}\sqrt{\frac{EI}{\overline{m}}}$$

与精确解 $\omega_0 = \frac{3.516}{l^2}\sqrt{\frac{EI}{\overline{m}}}$ 比较,误差 27.20%。

解法二:取悬臂梁在单位均布载荷作用下的挠度作为振型函数,利用连续分段独立一体化积分法求得同时满足位移边界条件和力边界条件的挠度为

$$v = \frac{qx^2}{24EI}(6l^2 - 4lx + x^2)$$

由式(20-50)得

$$\omega_0 = \frac{3.530}{l^2}\sqrt{\frac{EI}{\overline{m}}}$$

与精确解比较,误差 0.40%。

图 20-17

讨论与练习

"连续分段独立一体化积分法"和"能量法"联合使用求解质量杆的固有角频率，就可以达到快速、解析、高精度的解。首先采用"连续分段独立一体化积分法"确定结构解析的振型函数，然后利用"能量法"确定固有角频率。

20.7 Maple 编程示例

编程题 20-1 试确定两端铰支的等厚度锥形压杆的临界力如图 20-18 所示。截面的惯性矩由下式给出

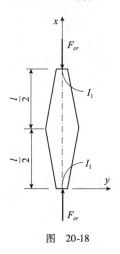

图 20-18

$$I = \begin{cases} I_1\left(1 + \dfrac{3x}{l}\right), & 0 \leqslant x \leqslant \dfrac{l}{2} \\ I_1\left(4 - \dfrac{3x}{l}\right), & \dfrac{l}{2} < x \leqslant l \end{cases}$$

其中，I_1 是 $x=0$ 和 $x=l$ 截面的惯性矩。

解：● 建模 采用最小势能原理。

①设压杆的失稳曲线为 $v = a\sin\dfrac{\pi x}{l}$，考虑到对称性，内力的应变能为

$$U_\varepsilon = \int_0^l \frac{1}{2} EI(x)(v'')^2 \mathrm{d}x = \frac{EI_1}{l}\int_0^{\frac{l}{2}}(3x+l)(v'')^2 \mathrm{d}x$$

②外力的功

$$W_e = F_{cr} u = F_{cr}\int_0^l \frac{1}{2}(v')^2 \mathrm{d}x = F_{cr}\int_0^{\frac{l}{2}}(v')^2 \mathrm{d}x$$

③杆件的总势能为 $\Pi = U_\varepsilon - W_e$，由最小势能原理

$$\delta\Pi = 0, \frac{\partial \Pi}{\partial a} = 0$$

可解得 F_{cr}。

答：两端铰支的等厚度锥形压杆的临界力为 $F_{cr} = \dfrac{(12+7\pi^2)EI_1}{4l^2} = \dfrac{2.054\pi^2 EI_1}{l^2}$。

讨论与练习

应该指出，使用能量法求压杆的临界力时需要假设一条失稳曲线，让杆件按指定的失稳曲线弯曲，这相当于给杆件添加了某些约束，使得由此所求得的临界力 F_{cr} 的近似值比精确值大。

● **Maple 程序**

```
> restart:                              #清零。
> v: = a * sin(Pi * x/l):               #假设压杆的失稳曲线。
```

```
>U[epsilon]:=int(EI1*(1+3*x/l)*diff(v,x$2)^2,x=0..l/2);
>                                                      #内力的应变能。
>W[e]:=F[cr]/2*int((diff(v,x))^2,x=0..l);
>                                                      #外力的功。
>PI:=U[epsilon]-W[e];                                   #杆件的总势能。
>eq:=diff(PI,a)=0;                                      #极小值方程。
>solve({eq},{F[cr]});                                   #解方程求临界力。
```

思考题

*思考题 20-1 如果考虑到大曲率曲杆的曲率的影响,应变能公式该如何修正?

*思考题 20-2 如何计算图 20-19 所示任意形状的弹性体在两个大小相等、方向相反的力 F 作用下的体积变化(已知力作用点间的距离 l 和材料的弹性常数 E, μ)。

图 20-19

*思考题 20-3 怎样利用内力图来计算梁在变形前、后轴线之间所围的面积?

*思考题 20-4 圆环在环的平面内的力系作用下,若不计轴力和剪力对变形的影响,它在变形后所包围的面积有没有变化?

思考题 20-5 等刚度悬臂梁受力如图 20-20,有人用卡氏定理计算如下:

AB 段, $M = -Fx, \dfrac{\partial M}{\partial F} = -x$。

BC 段, $M = -F(a+x) - Fx = -F(a+2x), \dfrac{\partial M}{\partial F} = -(a+2x)$。

则 $\delta = \int_0^a \dfrac{Fx^2 \mathrm{d}x}{EI} + \int_0^a \dfrac{F(a+2x)^2 \mathrm{d}x}{EI} = \dfrac{14Fa^3}{3EI}$。

问所求出的 δ 代表哪一点的位移? 此梁所储存的变形能是多少?

思考题 20-6 欲使任意结构上 A 点受力后只沿作用力 F 的方向产生位移(可以如图 20-21 所示结构为例),问如何选择力的作用方位角 α?

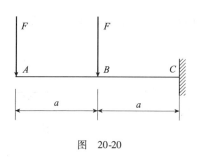

图 20-20

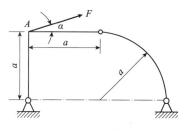

图 20-21

*思考题 20-7 对于如图 20-22 所示结构,当曲杆的弹性模量分别为 $E = \infty$ 和 $E \neq \infty$ 时,如何求着力点 A 的铅垂位移?

思考题 20-8 如图 20-23 所示高度为 h 的等刚度矩形简支梁,当温度变化后,温度沿高度呈线性分布,上、下表面分别为 t_1 和 $t_2(t_1 > t_2)$。问如何应用单位载荷法求梁的中点挠度?

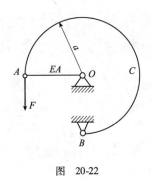

图 20-22

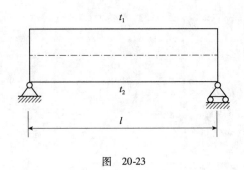

图 20-23

 习题

A 类型习题

习题 20-1 如图 20-24 所示,试求全梁受均布载荷作用的悬臂梁的势能。已知抗弯刚度 EI。(注意:全梁的总势能 Π 恰等于负值的应变能 U_ε,这是线弹性结构体固有的特点,因为弹性结构体加载过程的外力功 W_e,其值就等于应变能 U_ε。)

习题 20-2 如图 20-25 所示,试用最小势能原理求各杆的伸长值、内力及应力,各杆 E 和 A 视为常数。

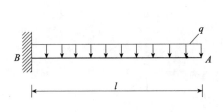

图 20-24

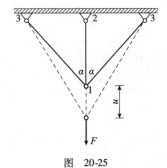

图 20-25

习题 20-3 如图 20-26 所示桁架,ABC 在节点 B 处承受一竖直载荷 F,杆 AB 和杆 BC 均有相同的 A 和 E,求全结构的总势能。

习题 20-4 如图 20-27 所示桁架,四杆均由弹性模量 E 的相同材料构成,每根长度为 l,截面为 A,而 β 角等于 $30°$,试用卡氏第一定理求各杆内力。

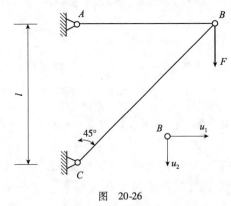

图 20-26

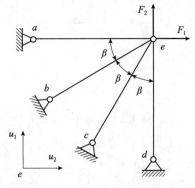

图 20-27

习题 20-5 如图 20-28 所示超静定梁,求在集中力 F 作用下全梁的总势能(认为全梁为弹性材料)。

习题 20-6 如图 20-29 所示压杆,假设压曲曲线
$$y = C_1 x^2 (l-x) + C_2 x^3 (l-x)$$
试用能量法等截面杆的临界载荷值 F_{cr}。

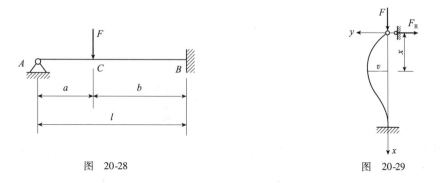

图 20-28   图 20-29

B 类型习题

习题 20-7 如图 20-30 所示,应用最小势能原理确定弹性基础梁挠曲线函数。梁的抗弯刚度为 EI,地基刚度为 λ。

习题 20-8 如图 20-31 所示,试用最小势能原理求超静定杆系 E 点的竖直位移 v。已知三杆的材料相同且横截面面积相等。材料均为弹性。

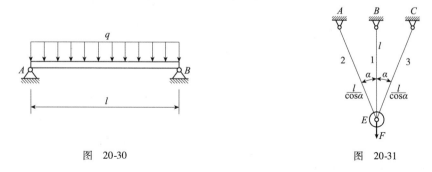

图 20-30   图 20-31

习题 20-9 如图 20-32a)所示,试计算两杆在载荷 F 作用下的余变形能。其中两杆长均为 L,横截面面积均为 A,其材料相同,其均为线性,中点位移为 δ。

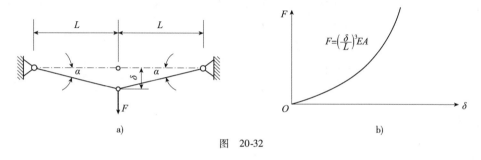

图 20-32

习题 20-10 如图 20-33a)所示,试计算结构在 F_1 作用下的余能。已知两杆的长度均为 L,横截面面积为 A。材料在单向拉力作用下的应力—应变曲线如图 20-33b)所示,σ_s 为材料的屈服极限。

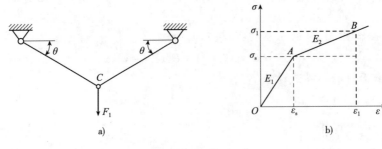

图 20-33

习题 20-11 如图 20-34 所示,试用能量法求压杆的临界载荷 F_{cr}。假定压杆失稳时的弹性曲线近似地采用简支梁的梁端受力矩作用时的挠曲线 $y = ax\left(1 - \dfrac{x^2}{l^2}\right)$。

习题 20-12 如图 20-35 所示,试用能量法求压杆的临界载荷 F_{cr}。假定压杆失稳时的近似曲线为:(1) $y = \dfrac{ax(l-x)}{l^2}$;(2) $y = a\sin\dfrac{\pi x}{l}$。

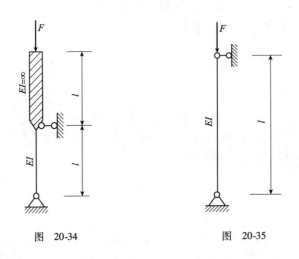

图 20-34　　　　　　　　图 20-35

习题 20-13 如图 20-36 所示等截面直杆,受轴向载荷 F 作用,横截面积为 A,$\sigma = C\sqrt{\varepsilon}$,$C$ 为材料常数。求外力所做的功 W_e。

习题 20-14 如图 20-37 所示矩形截面简支梁,应力应变关系为 $\sigma = C\sqrt{\varepsilon}$,$C$ 为材料常数,已知 q、L、b、h。求 A、B 截面的转角 θ_A、θ_B。

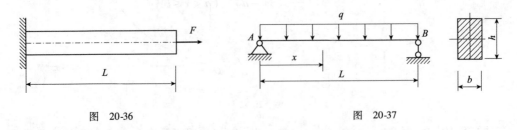

图 20-36　　　　　　　　图 20-37

习题 20-15 如图 20-38 所示桁架二杆的材料及截面积相同,$\sigma = C\sqrt{\varepsilon}$,求 B 点的铅垂位移 Δ_{By}。已知横截面积为 A。

习题 20-16 简支梁 AB 用两个对称安放的支撑杆及拉索 AC、CD、DB 来加强，拉索 CD 可用拉紧器调节其拉力，如图 20-39 所示。当旋紧拉紧器时，梁产生向上的弯曲变形。已知梁的抗弯刚度 EI，跨度 L，支撑杆长度 $h=0.1L$。求梁中点的挠度 f 随拉索中最大张力 F_N 及支撑杆位置 α 的变化规律（不考虑支撑杆的压缩变形及梁内纵向力的影响）。

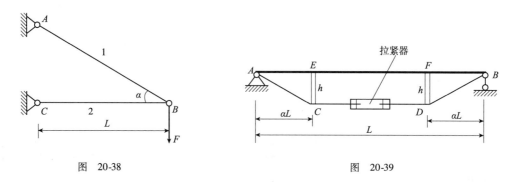

图 20-38   图 20-39

习题 20-17 试用如图 20-40 所示线弹性 3 杆对称结构证明以下结论：
(1) 若内力满足平衡条件，则功能原理等价几何方程；
(2) 若变形满足几何方程，则功能原理等价于平衡方程。（《力学与实践》小问题，1995 年第 266 题）

习题 20-18 如图 20-41 所示等截面圆直杆，已知杆材料弹性常数为 E、μ，在杆中央截面沿径向作用均布压力 q，求杆沿 x 方向的伸长 Δl。（《力学与实践》小问题，1990 年第 196 题）

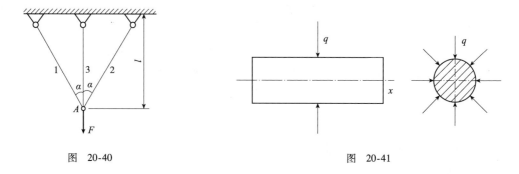

图 20-40   图 20-41

习题 20-19 利用如图 20-42a) 所示悬臂梁在集中力作用下的挠度方程（挠度向下为正）。

$$y_1(x)=\begin{cases}\dfrac{Fx^2}{6EI}(3a-x) & (0\leqslant x\leqslant a)\\[2mm]\dfrac{Fa^2}{6EI}(3x-a) & (a<x\leqslant l)\end{cases}$$

求如图 20-42b) 所示超静定梁的挠曲线方程。（《力学与实践》小问题，1990 年第 200 题）

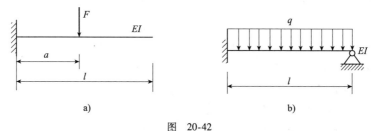

图 20-42

习题20-20 如图20-43所示两等截面直杆,长度相同,材料、截面尺寸、约束情况各异,试以梁的弯曲变形为例,证明 $K_2A_{21} = K_1A_{12}$。其中 K_1、K_2 各为第一杆和第二杆的与变形有关的刚度;A_{21} 为第一杆上的载荷在第二杆的相应位移上做的功;A_{12} 为第二杆上的载荷在第一杆的相应位移上做的功。(《力学与实践》小问题,1992年第220题)

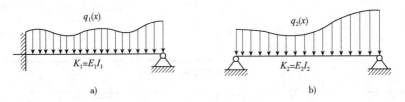

图 20-43

习题20-21 一半径为 R、弯曲刚度为 EI,质量为 m 的均质半圆环,如果把它的开口向上,静止地放在刚性的水平地面上,问它的重心距地面的高度为多少?(《力学与实践》小问题,1982年第30题)

习题20-22 均质薄圆盘半径为 R,厚度为 h,材料的弹性模量为 E,泊松比为 μ,密度为 ρ,以匀角速度 ω 绕通过圆盘中心且垂直于圆盘的轴转动。试利用功的互等定理求动应力下半径 R 的改变量。(《力学与实践》小问题,1996年第292题)

习题20-23 如图20-44所示,设密圈螺旋弹簧的平均半径 R,圈数 n,簧丝的直径 d 用材料的弹性模量 E 均为已知。当弹簧的两端在垂直于弹簧轴线的平面内受到一对大小相等、方向相反的力偶 M 的作用时,弹簧圈数的增量是多少?(《力学与实践》小问题,1984年第68题)

习题20-24 如图20-45所示,一长为 l,弯曲刚度为 EI 的简支梁 AB,若在其两端作用大小相等、方向相反的力偶 M,则梁的变形能为 $U = M^2l/(2EI)$。根据卡氏第二定理可得 A 端的转角为 $\theta_A = \partial U/\partial M = Ml/(EI)$,但这个结论是错误的,问错在何处?(《力学与实践》小问题,1985年第89题)

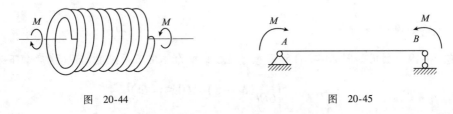

图 20-44 　　　　　　　　　图 20-45

习题20-25 如图20-46所示,相同的三只筷子(限等直杆),每只筷子的一端搁在桌面上,另一端搁在另一只筷子的中点处。用手指在一个交叉点向下摁。求证它的位移是其他交叉点的位移的一倍半。(《力学与实践》小问题,1980年第2题)

习题20-26 如图20-47所示,长为 l 的直杆,一端固定,另一端附有质量为 m 的重物。已知杆的弯曲刚度为 EI,其质量可以忽略,杆连同固定支座以匀角速度 ω 绕杆轴旋转,求系统失稳的临界角速度 ω_{cr}。(《力学与实践》小问题,1991年第204题)

习题20-27 如图20-48所示,某均质实心圆柱高 l,下端固定,为保持在自重作用下不失稳,直径不能小于某一值。如改成内外径之比为 α 的空心柱,且保持高度和稳定安全因数不变,从稳定安全考虑,可节省材料多少?(《力学与实践》小问题,2001年第330题)

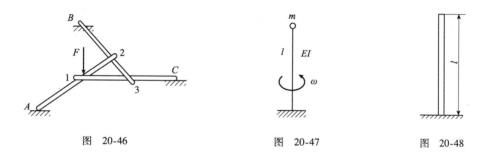

图 20-46　　　　　　　图 20-47　　　　　　　图 20-48

C 类型习题

习题 20-28　如图 20-49 所示薄圆环,质量为 m,平均半径为 R,横截面为矩形($t \ll R$),A 处被切开。材料的应力应变关系为 $\sigma = B\sqrt{\varepsilon}$,其中 B 为常数,此关系式对于拉伸和压缩都相同。设变形后平面假设仍然成立。当圆环绕圆心 O 在其平面内以匀角速度 ω 转动时,求切口 A 处的相对位移(不计重力影响)。(《力学与实践》小问题,1983 年第 52 题)

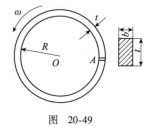

图 20-49

> 毛泽东:"多少事,从来急;
> 　　　　天地转,光阴迫。
> 　　　　一万年太久,只争朝夕。"

> 子曰："不患人之不己知，患不知人也。"

第 21 章 超静定结构

在前面的章节中讨论了求解简单一次超静定问题的变形比较法、叠加法、待定系数法。本章以能量法为基础，进一步研究分析超静定问题的原理与方法，包括力法，位移法，三弯矩方程及对称性的利用。

21.1 超静定结构的概念

根据结构的约束特点，超静定问题大致分为三类：仅在结构外部存在多余约束，即支座约束力是超静定的；仅在结构内部存在多余约束，即内力是超静定的；在结构外部与内部均存在多余约束，即支座约束力与内力都是超静定的。仅在外部或内部存在多余约束的结构，分别称为<u>外力超静定结构</u>与<u>内力超静定结构</u>；而在结构外部与内部均存在多余约束的结构，则称为<u>混合型超静定结构</u>。

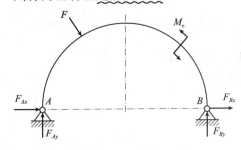

图 21-1 外部超静定平面曲杆

例如，图 21-1 所示曲杆，有 4 个支座约束力，3 个有效平衡方程，而且，当支座约束力确定后，利用截面法可以求出任一横截面的内力，所以，该曲杆具有 1 个多余的外部约束，属一次超静定问题。

图 21-2a)是一个静定刚架，切口两侧的 A、B 两截面可以有相对的位移和转动。如用铰链将 A、B 连接[图 21-2b)]，这就限制了 A、B 两截面沿垂直和水平两个方向的相对位移，构成结构的内部约束，相当于增加了两对内部约束力——轴力 F_N 与剪力 F_S，该刚架变为二次内力超静定结构，如图 21-2c)所示。推广下去，如把刚架上面的两根杆件改成联为一体的一根杆件，这就约束了 A、B 两截面的相对转动和位移，等于增加了三对内部约束力——轴力 F_N、剪力 F_S 和弯矩 M [图 21-2e)]。可见，轴线为单闭合曲线的平面刚架并仅在轴线平面内承受外力时，为三次内力超静定问题。上述结论同样适用于轴线为单闭合曲线的平面曲杆。

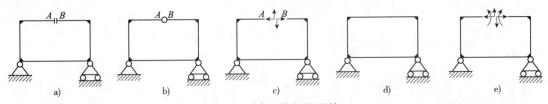

图 21-2 内部超静定平面刚架

由此不难看出，如图 21-3 所示结构具有 1 个多余的外部约束、3 个多余的内部约束，即为四次超静定问题。

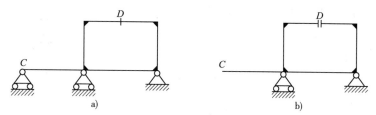

图 21-3 混合型超静定结构

解除超静定结构的某些约束后得到的静定结构,称为原超静定结构的<u>基本静定系</u>。在基本静定系上,除原有载荷外,还应该用相应的多余约束力代替被解除的多余约束。有时把载荷和多余约束力作用下的基本静定系称为<u>相当系统</u>。

在分析超静定问题的方法中,最基本的有两种:力法与位移法。在力法中,以多余未知力为基本未知量。在位移法中,以结构的某些位移为基本未知量。位移法不仅可用于分析超静定问题,也可用于分析静定问题。本章主要介绍力法。

21.2 用力法解超静定结构

21.2.1 力法

现以安装尾顶针的工件为例。工件简化成如图 21-4a)所示的梁,因为多出一个外部约束,所以它是一次超静定梁。解除多余支座 B,并以多余约束力 X_1 代替它[图 21-4b)]。X_1 是一个未知力,在 F 与 X_1 联合作用下,以 Δ_1 表示 B 端沿 X_1 方向的位移。可以认为 Δ_1 由两部分组成,一部分是基本静定系(悬臂梁)在 F 单独作用下引起的 Δ_{1F},如图 20-4c)所示;另一部分是在 X_1 单独作用下引起的 Δ_{1X_1}。这样

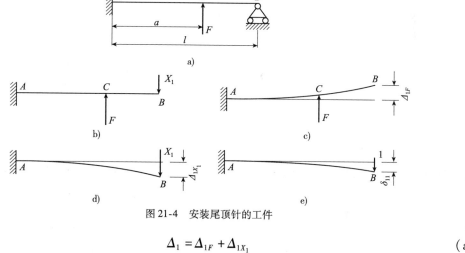

图 21-4 安装尾顶针的工件

$$\Delta_1 = \Delta_{1F} + \Delta_{1X_1} \tag{a}$$

位移记号 Δ_{1F} 和 Δ_{1X_1} 的第一个下标"1",表示位移发生于 X_1 的作用点且沿 X_1 的方向;第二个下标"F"或"X_1",则分别表示位移是由 F 或 X_1 引起的。因 B 端原来就有一个铰支座,它在 X_1 方向不应有任何位移,所以

$$\Delta_1 = \Delta_{1F} + \Delta_{1X_1} = 0 \tag{b}$$

这也就是变形协调方程。

在计算 Δ_{1X_1} 时,可以在基本静定系上沿 X_1 方向作用单位力[图21-4e)],B 点沿 X_1 方向因这一单位力引起的位移记为 δ_{11}。对线弹性结构,位移与力成正比,X_1 是单位力的 X_1 倍,故 Δ_{1X_1} 也是 δ_{11} 的 X_1 倍,即

$$\Delta_{1X_1} = \delta_{11} X_1 \tag{c}$$

代入式(b),得

$$\delta_{11} X_1 + \Delta_{1F} = 0 \tag{21-1}$$

在系数 δ_{11} 和常量 Δ_{1F} 求出后,就可以由上式解出 X_1。例如,用莫尔积分可求得

$$\delta_{11} = \frac{l^3}{3EI}, \Delta_{1F} = -\frac{Fa^2}{6EI}(3l-a)$$

代入式(21-1),便可求出

$$X_1 = \frac{Fa^2}{2l^3}(3l-a)$$

上述求解超静定结构的方法以"力"为基本未知量,称为力法。与叠加法比较,除使用的记号略有差别外,并无原则上的不同。但力法的求解过程更为规范化,这对求解高次超静定结构,就更显出优越性。

例题 21-1 如图 21-5 所示刚架,各杆 EI 相同,且为常量。试绘制 M 图。

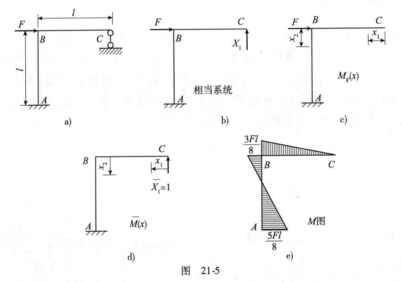

图 21-5

解:这是一次外力超静定刚架问题。

选支座 C 为多余约束,将其去掉并代之以未知约束力 X_1,相当系统如图 21-5b)所示。

① 列写弯矩方程 $M_F, \overline{M}$。

a. 原有载荷单独作用于静定基时的弯矩方程 M_F[图21-5c)]

CB 段:$M_F(x_1) = 0$;BA 段:$M_F(x_2) = -Fx_2$。

b. 单位载荷 $\overline{X}_1 = 1$ 单独作用于静定基时的弯矩方程[图21-5d)]

CB 段:$\overline{M}(x_1) = x_1$;BA 段:$\overline{M}(x_2) = l$。

② 利用单位载荷法计算 Δ_{1F}, δ_{11}。

a. 由式(19-14)知,外载荷单独作用在静定基下的位移为

$$\Delta_{1F} = \int_l \frac{M_F \overline{M}}{EI} dx = \int_0^l \frac{(-Fx_2)l}{EI} dx_2 = -\frac{Fl^3}{2EI}$$

b. 由式(19-14)知,单位载荷 $\overline{X}_1 = 1$ 单独作用在静定基下的位移为

$$\delta_{11} = \int_l \frac{\overline{M}\,\overline{M}}{EI}\mathrm{d}x = \int_0^l \frac{x_1 \cdot x_1}{EI}\mathrm{d}x_1 + \int_0^l \frac{l \cdot l}{EI}\mathrm{d}x_2 = \frac{4l^3}{3EI}$$

③用力法计算多余约束力 X_1。

由式(21-1),得

$$X_1 = -\frac{\Delta_{1F}}{\delta_{11}} = \frac{3F}{8}$$

外载荷作用在原结构上的弯矩,其弯矩图见图 21-5e)。

CB 段:$M_1 = \frac{3}{8}Fx_1, 0 \leq x_1 \leq l$;$BA$ 段:$M_2 = \frac{3}{8}Fl - Fx_2, 0 \leq x_2 \leq l$。

例题 21-2 计算如图 21-6a)所示桁架各杆的内力。设各杆的材料相同,横截面面积相等。

已知:F, a, E, A。

求:$F_{N1}, F_{N2}, F_{N3}, F_{N4}, F_{N5}, F_{N6}$。

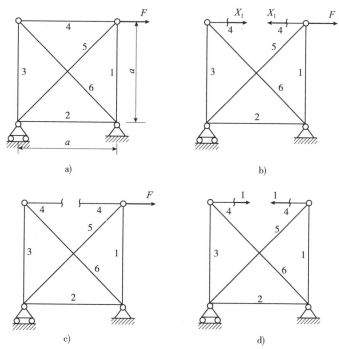

图 21-6

解:这是一次内力超静定桁架问题。

桁架的约束力是静定的,但因桁架内部有 1 个多余约束,所以各杆的内力却是超静定的。对杆件进行编号。以杆件 4 为多余约束,假想地把它切开,并代以多余约束力 X_1 得到由图 21-6b)所示的相当系统。以 Δ_{1F} 表示杆 4 切口两侧截面因载荷 F 而引起的沿 X_1 方向的相对位移,而 δ_{11} 表示切口两侧截面因单位力[图 21-6d)]而引起的沿 X_1 方向的相对位移。由于杆件 4 实际上是连续的,故切口两侧截面的相对位移应等于零。于是式(21-1)仍然成立。

①列写轴力方程 $F_{N,i}^F, \overline{F}_{N,i}$。

a. 外载荷单独作用于静定基时的轴力 $F_{N,i}^F$[图 21-6c)],见表 21-1。

b. 在单位力作用下各杆的轴力 $\overline{F}_{Ni}$ [图 21-6c)]，见表 21-1。

②利用单位载荷法计算 Δ_{1F}, δ_{11}。

a. 由式(19-15)知,外载荷单独作用在静定基下的位移为

$$\Delta_{1F} = \sum \frac{F_{N,i}^F \overline{F}_{N,i} l_i}{EA} = -2(1+\sqrt{2})\frac{Fa}{EA}$$

b. 由式(19-15)知,单位载荷 $\overline{X}_1 = 1$ 单独作用在静定基下的位移为

$$\delta_{11} = \sum \frac{\overline{F}_{N,i} \overline{F}_{N,i} l_i}{EA} = 4(1+\sqrt{2})\frac{a}{EA}$$

③用力法计算多余约束力 X_1。

由式(21-1),得

$$X_1 = -\frac{\Delta_{1F}}{\delta_{11}} = \frac{F}{2}$$

在求处 X_1 以后,由叠加原理可知,桁架内任一杆件的实际内力是

$$F_{N,i} = F_{N,i}^F + \overline{F}_{N,i} X_1$$

由此算出的实际内力已列入表 21-1 的最后一列中。

例题 21-2 参数表　　　　　　　　　　　　　　表 21-1

杆件编号	$F_{N,i}^F$	$\overline{F}_{N,i}$	l_i	$F_{N,i}$
1	$-F$	1	a	$-\dfrac{F}{2}$
2	$-F$	1	a	$-\dfrac{F}{2}$
3	0	1	a	$\dfrac{F}{2}$
4	0	1	a	$\dfrac{F}{2}$
5	$\sqrt{2}F$	$-\sqrt{2}$	$\sqrt{2}a$	$\dfrac{\sqrt{2}F}{2}$
6	0	$-\sqrt{2}$	$\sqrt{2}a$	$-\dfrac{\sqrt{2}F}{2}$

21.2.2 正则方程

对于高次超静定结构,可以使用力法正则方程求解。力法正则方程的基础也是变形协调,每一个方程表达一个或者一对约束力对应的广义位移为零。通过能量法求解力和位移的关系,这样将变形协调方程导出的补充方程写成正则方程的形式,即

$$\delta_{ij} X_j + \Delta_{iF} = 0 \quad (i,j=1,2,\cdots,n) \tag{21-2}$$

力法正则方程形式统一,便于计算机求解。当然,由于力法正则方程是变形协调条件的具体表达,其系数计算具有规律性,而且无需作变形图。因此,力法正则方程比变形比较法应用更为方便。其中 $X_1, X_2, \cdots, X_n$ 为未知约束力;$\delta_{11}, \delta_{21}, \cdots, \delta_{ij}$ 为单位载荷产生的位移,第一脚标 i 表示位移是 X_i 作用点,并且与 X_i 方向一致的位移;第二脚标 j 表示位移是 $X_j = 1$ 引起的;$\Delta_{1F}, \Delta_{2F}, \cdots, \Delta_{iF}$ 表示外力产生的位移,第一脚标 i 表示位移是 X_i 作用点并与其方向一致且由 F 力引起的位移,F 表示实际的外载荷。力法正则方程的系数 δ_{ij} 和 Δ_{iF} 使用单位载荷法或者图乘法求得:

$$\Delta_{i,F} = \int_l \frac{\overline{M}M_i}{EI}\mathrm{d}x \quad (i = 1,2,\cdots,n) \tag{21-3}$$

$$\delta_{ii} = \int_l \frac{\overline{M}_i \overline{M}_i}{EI}\mathrm{d}x \quad (i = 1,2,\cdots,n) \tag{21-4}$$

$$\delta_{ij} = \int_l \frac{\overline{M}_i \overline{M}_j}{EI}\mathrm{d}x \quad (i,j = 1,2,\cdots,n) \tag{21-5}$$

根据位移互等定理，方程组中的系数存在以下关系：

$$\delta_{ij} = \delta_{ji} \quad (i,j = 1,2,\cdots,n) \tag{21-6}$$

我们把 δ_{ii}, δ_{ij} $(i,j = 1,2,\cdots,n)$，这些挠度称为柔度影响系数，或简单地称为柔度，因为它们表示载荷单位值的影响。其注脚按照通常的方式，第一个注脚表示挠度所相应的赘余量，第二个注脚引起的原因。所以力法也称为柔度法。

21.3 对称及反对称性质的利用

在工程实际中，很多超静定结构是对称的。利用结构的对称性可使计算工作大为简化。

结构的对称条件是：结构具有对称的形状、尺寸与约束条件，而且，处在对称位置的构件具有相同的截面尺寸与弹性常数。例如，图 21-7a)所示刚架即为对称结构。

作用在对称结构上的载荷可能是各种各样的，其中有所谓对称载荷与反对称载荷。

如果作用在对称位置的载荷不仅数值相等，而且方位与指向均对称，则称为**对称载荷**；反之，如果作用在对称位置的载荷数值相等、方位对称，但指向反对称，则称为**反对称载荷**。例如，图 21-7b)所示载荷为对称载荷，而图 21-7c)所示载荷则为反对称载荷。

在对称载荷作用下，对称结构的变形与内分布对称于结构的对称轴（或对称面）；而在反对称载荷作用下，对称结构的变形与内力分布则将反对称于对称轴（或对称面）。

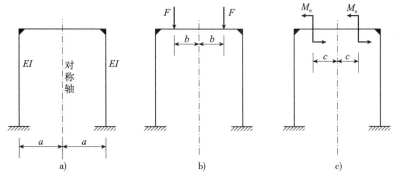

图 21-7 对称结构的对称载荷与反对称载荷

有些载荷虽不是对称或反对称的[图 21-8a)]，但可把它转化为对称和反对称的两种载荷的叠加[图 21-8b)、c)]。分别求出对称和反对称两种情况的解，叠加后即为原载荷作用下的解。

对称性定理：在对称载荷作用下，对称结构对称轴（或对称面）处横截面上的反对称性内力（剪力 $F_{S,y}$、$F_{S,z}$ 与扭矩 T）为零；而在反对称载荷作用下，则该截面的对称性内力（轴力 F_N 与弯矩 M_y、M_z）均为零。

例题 21-3 求解如图 21-9a)所示刚架，并画弯矩图。各杆抗弯刚度为 EI。

解：这是三次超静定问题。

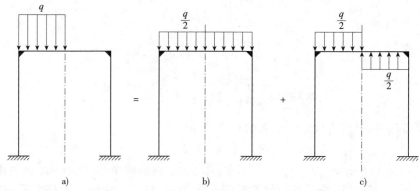

图 21-8　结构的对称与反对称分解

选择对称截面上的内力作为未知力。利用结构和载荷的对称性，在对称截面上只有轴力 X_1 和弯矩 X_2，原三次超静定问题简化为二次超静定问题，相当系统如图 21-9b)所示。

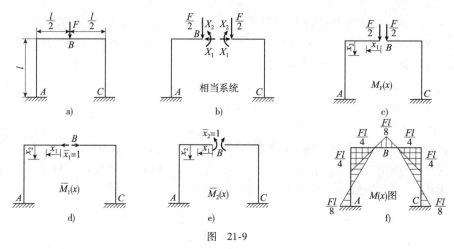

图 21-9

(1) 列写弯矩方程 $M_F, \overline{M}_1, \overline{M}_2$。

① 原有载荷单独作用于静定基时的弯矩方程 M_F [图 21-9c)] 为

$$M_F(x_1) = -\frac{F}{2}x_1 \left(0 \leq x_1 \leq \frac{l}{2}\right), M_F(x_2) = -\frac{Fl}{4}(0 \leq x_2 \leq l)$$

② 单位载荷 $\overline{X}_1 = 1$ 单独作用于静定基时的弯矩方程 [图 21-9d)] 为

$$\overline{M}_1(x_1) = 0 \left(0 \leq x_1 \leq \frac{l}{2}\right), \overline{M}_1(x_2) = x_2 (0 \leq x_2 \leq l)$$

③ 单位载荷 $\overline{X}_2 = 1$ 单独作用于静定基时的弯矩方程 [图 21-9e)] 为

$$\overline{M}_2(x_1) = 1 \left(0 \leq x_1 \leq \frac{l}{2}\right), \overline{M}_2(x_2) = 1 (0 \leq x_2 \leq l)$$

(2) 利用单位载荷法计算 $\Delta_{1F}, \Delta_{2F}, \delta_{11}, \delta_{22}, \delta_{12}$。

① 由式(21-3)知，外载荷单独作用在静定基下的位移 Δ_{1F} 为

$$\Delta_{1F} = \int_l \frac{M_F \overline{M}_1}{EI} dx = \frac{2}{EI} \int_0^l \left(-\frac{Fl}{4}\right) \cdot x_2 dx_2 = -\frac{Fl^3}{4EI}$$

② 由式(21-3)知，外载荷单独作用在静定基下的位移 Δ_{2F} 为

$$\Delta_{2F} = \int_l \frac{M_F \overline{M}_2}{EI}dx = \frac{2}{EI}\int_0^{\frac{l}{2}}\left(-\frac{Fx_1}{2}\right)\cdot 1 \cdot dx_1 + \frac{2}{EI}\int_0^l\left(-\frac{Fl}{4}\right)\cdot 1 \cdot dx_2 = -\frac{5Fl^3}{8EI}$$

③由式(21-4)知,单位载荷 $\overline{X}_1 = 1$ 单独作用在静定基下的位移为

$$\delta_{11} = \int_l \frac{\overline{M}_1 \overline{M}_1}{EI}dx = \frac{2}{EI}\int_0^l x_2 \cdot x_2 dx_2 = \frac{2l^3}{3EI}$$

④由式(21-4)知,单位载荷 $\overline{X}_2 = 1$ 单独作用在静定基下的位移为

$$\delta_{22} = \int_l \frac{\overline{M}_2 \overline{M}_2}{EI}dx = \frac{2}{EI}\int_0^{\frac{l}{2}} 1 \cdot 1 \cdot dx_1 + \frac{2}{EI}\int_0^l 1 \cdot 1 \cdot dx_2 = \frac{3l}{EI}$$

⑤由式(21-5)知,单位载荷 $\overline{X}_1 = 1$ 单独作用下在静定基 $\overline{X}_2$ 处的位移为

$$\delta_{12} = \delta_{21} = \int_l \frac{\overline{M}_1 \overline{M}_2}{EI}dx = \frac{2}{EI}\int_0^l x_2 \cdot 1 \cdot dx_2 = \frac{l^2}{EI}$$

(3) 计算多余约束力 X_1, X_2。

代入力法正则方程式(21-2),简化后得

$$\begin{cases} 8lX_1 + 8X_2 - 3Fl = 0 \\ 8lX_1 + 24X_2 - 5Fl = 0 \end{cases}$$

解出

$$X_1 = \frac{F}{4}, X_2 = \frac{Fl}{8}$$

根据 $M = M_F + \overline{M}_1 X_1 + \overline{M}_2 X_2$,可画出刚架的弯矩图,如图 21-9f)所示。

例题 21-4 求解如图 21-10a)所示刚架,并画弯矩图。设各杆 EI 相等且为常量。

解:这是三次超静定问题。

选择对称截面上的内力作为未知力。根据结构的对称性和载荷的反对称性,在对称截面上只有剪力 X_1,原三次超静定问题简化为一次超静定问题,相当系统如图 21-10b)所示。

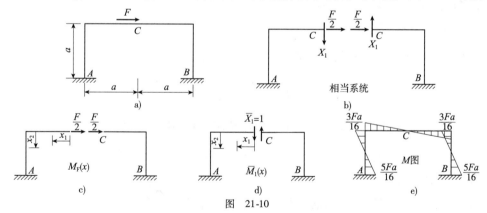

图 21-10

(1) 列写弯矩方程 $M_F, \overline{M}$。

①原有载荷单独作用于静定基时的弯矩方程 M_F[图 21-10c)]为

$$M_F(x_1) = 0 (0 \leq x_1 \leq a), M_F(x_2) = -\frac{Fx_2}{2}(0 \leq x_2 \leq a)$$

②单位载荷 $\overline{X}_1 = 1$ 单独作用于静定基时的弯矩方程[图 21-10d)]为

$$\overline{M}(x_1) = x_1 (0 \leq x_1 \leq a), \overline{M}(x_2) = -a (0 \leq x_2 \leq a)$$

(2) 利用单位载荷法计算 Δ_{1F}, δ_{11}。

① 由式(21-3)知，外载荷单独作用在静定基下的位移 Δ_{1F} 为

$$\Delta_{1F} = \int_l \frac{M_F \overline{M}}{EI} dx = \frac{2}{EI} \int_0^a \left(-\frac{Fx_2}{4} \right) \cdot (-a) dx_2 = \frac{Fa^3}{2EI}$$

② 由式(21-4)知，单位载荷 $\overline{X}_1 = 1$ 单独作用在静定基下的位移为

$$\delta_{11} = \int_l \frac{\overline{M}\,\overline{M}}{EI} dx = \frac{2}{EI} \int_0^a (-x_1) \cdot (-x_1) dx_1 + \frac{2}{EI} \int_0^a (-a) \cdot (-a) dx_2 = \frac{8a^3}{3EI}$$

(3) 计算多余约束力 X_1。

代入力法正则方程式(21-2)，得

$$X_1 = -\frac{\Delta_{1F}}{\delta_{11}} = -\frac{3}{16} F$$

根据叠加法 $M = M_F + \overline{M} X_1$，画出刚架的弯矩图，如图 21-10e)所示。

例题 21-5 在等截面圆环直径 AB 的两端，沿直径作用方向相反的一对 F 力[图 21-11a)]。试求 AB 直径的长度变化。

已知：F, a, E, I

求：δ_{AB}。

解：这是三次超静定问题。

沿水平直径将圆环切开[图 21-11b)]。由载荷的对称性质，截面 C 和 D 上的剪力等于零，只有轴力 F_N 和弯矩 M_0。利用平衡条件容易求出 $F_N = \frac{F}{2}$，故只有 M_0 为多余约束力，把它记为 X_1。圆对垂直直径 AB 和水平 CD 都是对称的，可以只研究圆环的四分之一[图 21-11c)]。由于对称截面 A 和 D 的转角皆等于零，这样，可把 A 截面作为固定端，而把截面 D 的转角作为变形协调条件，显然满足式(21-1)。

(1) 利用力法计算多余约束力 X_1。

① 列写弯矩方程 $M_F, \overline{M}$。

a. 外载荷 $F_N = \frac{F}{2}$ 单独作用于静定基时的弯矩方程 M_F[图 21-11d)]为

$$M_F = \frac{Fa}{2}(1 - \cos\varphi) \quad \left(0 \leq \varphi \leq \frac{\pi}{2}\right)$$

b. 单位载荷 $\overline{X}_1 = 1$ 单独作用于静定基时的弯矩方程[图 21-11e)]为

$$\overline{M} = -1 \quad \left(0 \leq \varphi \leq \frac{\pi}{2}\right)$$

② 利用单位载荷法计算 Δ_{1F}, δ_{11}。

a. 由式(21-3)知，外载荷单独作用在静定基下的位移 Δ_{1F} 为

$$\Delta_{1F} = \int_l \frac{M_F \overline{M}}{EI} ds = \frac{4}{EI} \int_0^a \frac{Fa}{2}(1 - \cos\varphi) \cdot (-1) a d\varphi = -\frac{\pi - 2}{4} \frac{Fa^2}{EI}$$

b. 由式(21-4)知，单位载荷 $\overline{X}_1 = 1$ 单独作用在静定基下的位移为

$$\delta_{11} = \int_l \frac{\overline{M}\,\overline{M}}{EI} ds = \frac{2}{EI} \int_0^{\frac{\pi}{2}} (-1) \cdot (-1) a d\varphi = \frac{\pi a}{2EI}$$

③ 计算多余约束力 X_1。

代入力法正则方程(21-2)，得

$$X_1 = -\frac{\Delta_{1F}}{\delta_{11}} = \frac{\pi-2}{2\pi}Fa$$

（2）利用单位载荷法相计算对位移 δ_{AB}。

①列写弯矩方程 $M(\varphi)$。

在 $\frac{F}{2}$ 及 X_1 共同作用下[图21-11c)]任意截面上的弯矩为

$$M(\varphi) = \frac{Fa}{2\pi}(2-\pi\cos\varphi)$$

这也就是四分之一圆环内的实际弯矩。

②列写弯矩方程 $\overline{M}(\varphi)$。

在一对 F 力作用下圆环垂直直径的长度变化也就是 F 力作用点 A 和 B 的相对位移 δ_{AB}。为了求出这个位移,在 A、B 两点作用一对单位力如图20-11f)所示。这时只要令 $F=1$,就得到在单位力作用下圆环内的弯矩

$$\overline{M}(\varphi) = \frac{a}{2\pi}(2-\pi\cos\varphi)$$

③计算对位移 δ_{AB}。

使用莫尔积分求 A、B 两点的相对位移 δ_{AB} 时,积分应遍及整个圆环。

$$\delta_{AB} = \int_l \frac{M(\varphi)\overline{M}(\varphi)}{EI}\mathrm{d}s = \frac{4}{EI}\int_0^{\frac{\pi}{2}} M(\varphi)\overline{M}(\varphi)a\mathrm{d}\varphi$$

$$= \frac{4}{EI}\int_0^{\frac{\pi}{2}} \frac{Fa^3}{4\pi^2}(2-\pi\cos\varphi)^2\mathrm{d}\varphi = \frac{\pi^2-8}{4\pi}\frac{Fa^3}{EI} = 0.149\frac{Fa^3}{EI}$$

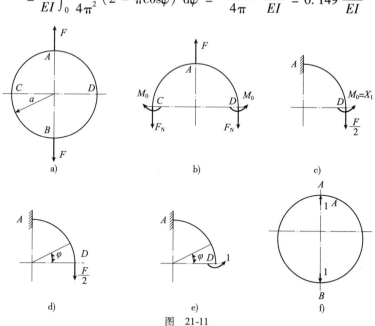

图 21-11

21.4 超静定刚架空间受力分析

如图21-12a)所示为一轴线位于同一平面的刚架,而外载荷则均垂直于刚架的轴线平面。一般情况下,刚架横截面上的内力如图21-7b)所示,包括位于轴线平面内的内力分量

F_N、F_{Sz} 与 M_y 以及位于轴线平面外的内力分量 F_{Sy}、T 与 M_z。前者简称为<u>面内内力分量</u>，后者简称为<u>面外内力分量</u>。

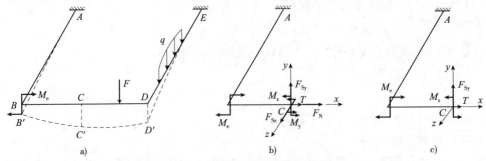

图 21-12 超静定刚架空间受力分析

当梁承受横向载荷作用时，如果变形很小，截面形心的轴向位移可忽略不计。与之相似，当变形很小时，刚架横截面的形心在刚架轴线平面内的位移也可以忽略不计。因此，面内内力分量(轴力 F_N、面内剪力 F_{Sz} 与面内弯矩 M_y)一般可以忽略不计，而仅需考虑面外内力分量 F_{Sy}、T 与 M_z[图 21-7c)]。同理，位于轴线平面内的<u>支座约束力</u>与<u>支座约束力偶矩</u>也可忽略不计。

例题 21-6 如图 21-13a)所示为一水平放置的刚架，在截面 B 与 D 同时承受矩为 M_e 的集中力偶作用，试画刚架的内力图。设刚架由等截面圆杆组成。

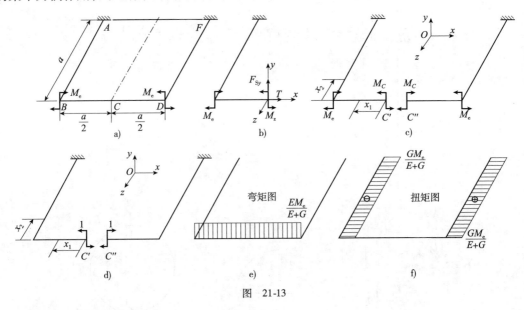

图 21-13

解：(1) 问题分析。

这是一个空间问题，在固定端 A 与 F 处各有 6 个约束力，即共有 12 个约束力，而空间力系的有效平衡方程仅 6 个，所以，上述刚架为 6 次超静定问题。

根据前述分析，在横向载荷作用下，刚架任一横截面上仅存在面外内力分量 F_{Sy}、T 与 M_z [图 21-13b)]，即仅剩下 3 个未知多余力。

其次，考虑到该刚架左、右对称，而且所受载荷也对称，因此，在对称截面 C 上，非对称性内力 F_{Sy} 与 T 为零，于是，仅剩下 1 个未知多余力，即弯矩 M_C [图 21-13c)]。

(2)求解超静定。

根据上述分析,如果选相当系统如图21-13c)所示,则变形协调条件为切开处左、右两截面绕坐标轴 z 的相对转角为零,即

$$(\theta_z)_{C''}^{C'} = 0 \tag{1}$$

为了计算上述位移,施加单位载荷如图21-13d)所示。

可以看出,在单位载荷作用下,CB 与 BA 段的内力方程分别为

$$\overline{M}(x_1) = 1$$
$$\overline{T}(x_2) = 1$$

在载荷 M_e 与多余力 M_C 作用下,上述两段的内力方程则分别为

$$M(x_1) = M_C$$
$$T(x_2) = M_C - M_e$$

利用单位载荷法,求得截面 C' 与 C'' 绕坐标轴 z 的相对转角为

$$(\theta_z)_{C''}^{C'} = \frac{2}{EI}\int_0^{\frac{a}{2}} \overline{M}(x_1)M(x_1)\mathrm{d}x_1 + \frac{2}{GI_\mathrm{p}}\int_0^a \overline{T}(x_2)T(x_2)\mathrm{d}x_2$$

$$= \frac{2}{EI}\int_0^{\frac{a}{2}} 1 \cdot M_C \mathrm{d}x_1 + \frac{2}{GI_\mathrm{p}}\int_0^a 1 \cdot (M_C - M_e)\mathrm{d}x_2$$

由此得

$$(\theta_z)_{C''}^{C'} = \left(\frac{1}{EI} + \frac{2}{GI_\mathrm{p}}\right)M_C a - \frac{2M_e a}{GI_\mathrm{p}}$$

将上式代入上式(1),于是得

$$M_C = \frac{E}{E + G}M_e$$

未知多余力确定后,画刚架的弯矩与扭矩图分别如图21-13e)、f)所示。

21.5 连续梁与三弯矩方程

21.5.1 连续梁

具有三个或更多支承的梁[图21-14a)],称为连续梁。在航空、建筑与桥梁等结构中,连续梁得到广泛应用。

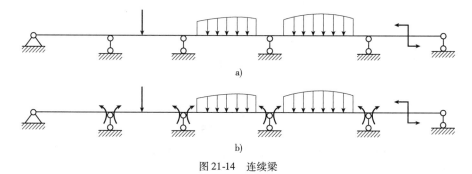

图21-14 连续梁

对于这种静不定梁,如果以中间支座的约束力为多余力,并根据支座处挠度为零的条件建立变形补充方程,则在该方程中将包含全部外载荷与全部多余力。显然,按照这种方式建

立变形补充方程需要进行大量计算,而且在每个变形补充方程中均包括全部多余力。

对于连续梁,一种更有效的求解方法是在所有中间支座处将梁切开,并换为铰链连接,即基本系统为一系列简支梁[图21-14b)]。在每个简支梁上,仅承受直接作用于该跨的外载荷以及两端的支点弯矩(即多余未知力),因而可以很方便地求出梁端的转角,并根据中间支座处相连两截面的转角相同的条件(即变形协调条件),建立补充方程,从而确定全部支点弯矩。

21.5.2 三弯矩方程

考虑如图21-15a)所示支座i处的左、右两跨简支梁,在左跨(即第i跨)简支梁上,作用有支点弯矩M_{i-1}与M_i以及已知外载荷(用F_i表示);在右跨(即第$i+1$跨)简支梁上,作用有支点弯矩M_i与M_{i+1}以及已知外载荷(用F_{i+1}表示)。在载荷F_i与F_{i+1}作用下,左、右简支梁的弯矩图如图21-15b)所示,以下简称为载荷弯矩图。

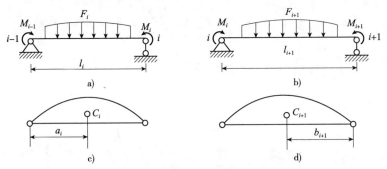

图21-15 三弯矩方程

设左跨简支梁载荷弯矩图的面积为ω_i,其形心C_i至支座$i-1$的距离为a_i,则由图乘法可知,作用在左跨梁上的载荷F_i使右端截面i产生的转角为

$$\theta'_{i,F} = \frac{\omega_i a_i}{EI_i l_i}$$

此外,作用在左跨梁上的支点弯矩M_{i-1}与M_i使该截面的转角为

$$\theta'_{i,M} = \frac{M_{i-1} l_i}{6EI_i} + \frac{M_i l_i}{3EI_i}$$

因此,左跨简支梁截面i的总转角为

$$\theta'_i = \theta'_{i,F} + \theta'_{i,M} = \frac{1}{EI_i}\left(\frac{\omega_i a_i}{l_i} + \frac{M_{i-1} l_i}{6} + \frac{M_i l_i}{3}\right) \tag{a}$$

同理,右跨简支梁左端截面i的转角为

$$\theta''_i = -\frac{1}{EI_{i+1}}\left(\frac{\omega_{i+1} b_{i+1}}{l_{i+1}} + \frac{M_i l_{i+1}}{3} + \frac{M_{i+1} l_{i+1}}{6}\right) \tag{b}$$

其中,ω_{i+1}代表右跨简支梁载荷弯矩图的面积;b_{i+1}代表ω_{i+1}形心C_{i+1}至支座$i+1$的距离。

在中间支座i处,左、右相连两截面的转角相同,即

$$\theta'_i = \theta''_i$$

将式(a)与式(b)代入上式,得变形的补充方程为

$$\frac{M_{i-1}l_i}{I_i} + 2M_i\left(\frac{l_i}{I_i} + \frac{l_{i+1}}{I_{i+1}}\right) + \frac{M_{i+1}l_{i+1}}{I_{i+1}} = -6\left(\frac{\omega_i a_i}{I_i l_i} + \frac{\omega_{i+1} b_{i+1}}{I_{i+1} l_{i+1}}\right) \qquad (21\text{-}7)$$

在上述方程中,仅包含相邻三支座的支点弯矩,因此,通常称之为三弯矩方程。

对于等截面连续梁,由于 $I_i = I_{i+1}$,三弯矩方程简化为

$$M_{i-1}l_i + 2M_i(l_i + l_{i+1}) + M_{i+1}l_{i+1} = -6\left(\frac{\omega_i a_i}{l_i} + \frac{\omega_{i+1} b_{i+1}}{l_{i+1}}\right) \qquad (21\text{-}8)$$

21.5.3 边界条件的处理

显然,如果连续梁具有 n 个中间支座,即可建立 n 个三弯矩方程,并由此求出 n 个未知的支点弯矩。如果梁的一端,例如右端 s [图21-16a)]为固定端,则未知的支点弯矩将相应增加。对于这种问题,可将该固定端用一跨度 l_{s+1} 为无限小的简支梁代替[图21-16b)]。由图21-16c)可知,简支梁截面 s 的转角为

$$\theta_s = \frac{M_s l_s}{3EI}$$

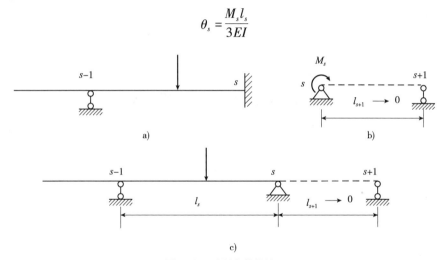

图 21-16 边界条件的处理

而当 l_{s+1} 趋于零时,θ_s 也趋于零。可见,相距无限近的两个铰支座具有固定端的约束性质。而作此种替换后,即可在支座 s 处补充建立一个三弯矩方程。

例题 21-7 如图21-17a)所示连续梁,承受集中载荷 F 与发布载荷 q 作用,且 $F = ql$,试求梁的约束力。设弯曲刚度为 EI 为常数。

解: 此梁为两次超静定问题。

多余力为支点弯矩 M_1 与 M_2。

(1)绘制弯矩图。

各跨简支梁的载荷弯矩图如图21-17b)所示。

(2)计算 $M_0, M_3, \omega_1, \omega_2, \omega_3, a_1, b_3$。

①由图21-17a)可知:$M_0 = 0, M_3 = 0$

②由图21-17b)可知:

$$\omega_1 = \frac{2}{3} \cdot l \cdot \frac{ql^2}{8} = \frac{ql^3}{12}, \omega_2 = 0, \omega_1 = \frac{1}{2} \cdot l \cdot \frac{ql^2}{4} = \frac{ql^3}{8}$$

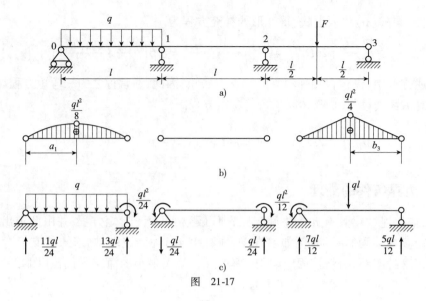

图 21-17

③由图 21-17c)可知：

$$a_1 = \frac{l}{2}, b_3 = \frac{l}{2}$$

(3) 计算多余力为 M_1 与 M_2。

根据式(21-8)可知，相应于支座 1 与 2 的三弯矩方程分别为

$$M_0 l_1 + 2M_1(l_1 + l_2) + M_2 l_2 = -6\left(\frac{\omega_1 a_1}{l_1} + \frac{\omega_2 b_2}{l_2}\right) \tag{1a}$$

$$M_1 l_2 + 2M_2(l_2 + l_3) + M_3 l_3 = -6\left(\frac{\omega_2 a_2}{l_2} + \frac{\omega_3 b_3}{l_3}\right) \tag{1b}$$

简化后得

$$\begin{cases} 4M_1 + M_2 = -\dfrac{ql^2}{4} \\ M_1 + 4M_2 = -\dfrac{3ql^2}{8} \end{cases}$$

联立求解上述方程组，得

$$M_1 = -\frac{ql^2}{24}, M_2 = -\frac{ql^2}{12}$$

支点弯矩确定后，作用在各简支梁上的主动外力均为已知[图 21-17c)]，由此可求出各简支梁的约束力，并计算相邻简支梁在共同支座处的约束力的代数和，即得连续梁的约束力为

$$F_{R0} = \frac{11}{24}ql(\uparrow), F_{R1} = \frac{1}{2}ql(\uparrow), F_{R2} = \frac{15}{24}ql(\uparrow), F_{R3} = \frac{5}{12}ql(\uparrow)$$

21.6 位移法解超静定结构

21.6.1 用位移法解超静定梁

对于大型的和复杂的结构，位移法的应用比力法更为广泛，因为位移法更适合于计算机的程序设计。和力法不同，位移法以结构的节点位移（线位移和转角）作为基本未知量。力

法分析中要放松超静定结构的多余约束,位移法却在节点处增加约束以消除各个节点位移使原结构成为约束结构。位移法的补充条件是增加约束节点处的平衡条件。位移法也叫刚度法或平衡法。

(1)节点—结构中两根杆或多根杆的交点、结构的支承点以及外伸的自由端都叫作结构的节点。当结构承受外载荷作用发生变形时,非固定端的节点就有线位移和转动位移。位移法将这些非零的节点位移作为基本未知量,在确定这些节点位移值之后,再进而计算结构的支座约束力和内力。

(2)结构的动不定次数——用位移法分析静不定结构时,将非零的节点位移个数叫作结构的动不定次数。

如图21-18a)所示的梁有三个节点A、B和C。节点A和C是固定端,结构变形时它们的节点位移恒等于零,只有节点B处有非零的转角θ_B和水平位移,这是二次动不定结构。在小变形情况下,略去杆的轴向变形,取节点B的水平位移为零,该梁就化为一次动不定结构,位移法的基本未知量只有一个,即θ_B。用位移法分析此梁时,首先在非零节点位移处增加外约束如图21-18b)所示,将实际结构改变为零次动不定的约束结构。

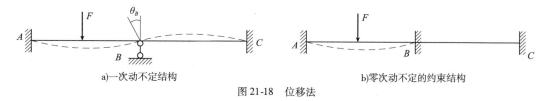

a)一次动不定结构　　　　　　　　b)零次动不定的约束结构

图21-18　位移法

以下都略去梁的轴向变形。图21-18所示的梁,用位移法分析是一次动不定的,如用力法分析,取支座A、C的水平支座约束力为零,则它是三次静不定的。在图21-19a)中为一次静不定梁,用位移法分析则是三次动不定的;在图21-19b)中为二次静不定梁,其动不定次数为二;在图21-19c)中为一次静不定梁,其非零节点位移有转角θ_B和θ_C和节点C的挠度Δ_C,故它是三次动不定的。用位移法分析图21-19的三个梁,它们的零次动不定结构都是图21-19b)所示的约束结构。

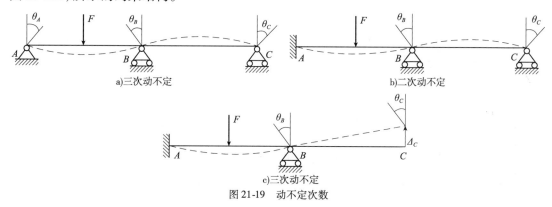

图21-19　动不定次数

(3)固端作用力表——位移法分析的基本步骤之一是约束所有非零节点位移,使原结构成为两端固定梁的集合。位移法计算要涉及两端固定梁的约束力公式,可以利用固端作用力表。

表21-2给出几种常见的两端固定梁的固端作用力,包括固端的约束力F和约束力偶M。位移法的正负号规定是逆时针方向的固端力矩和向上的固端约束力为正值,如表21-2中类型1所示。

固端作用力表 表21-2

类型	载荷	固端力矩	固端力
1	均布荷载 q，两端固定，跨度 L	$M_A = \dfrac{qL^2}{12}$ $M_B = -\dfrac{qL^2}{12}$	$F_A = -\dfrac{qL}{2}$ $F_B = -\dfrac{qL}{2}$
2	集中力 F，距 A 端 a，距 B 端 b	$M_A = -\dfrac{Fab^2}{L^2}$ $M_B = \dfrac{Fa^2 b}{L^2}$	$F_A = -\dfrac{Fb^2}{L^3}(3a+b)$ $F_B = -\dfrac{Fa^2}{L^3}(a+3b)$
3	三角形分布荷载，最大值 q_0	$M_A = -\dfrac{q_0 L^2}{30}$ $M_B = \dfrac{q_0 L^2}{20}$	$F_A = -\dfrac{3q_0 L}{20}$ $F_B = -\dfrac{7q_0 L}{20}$
4	B 端转角 θ_B	$M_A = \dfrac{2EI}{L}\theta_B$ $M_B = \dfrac{4EI}{L}\theta_B$	$F_A = \dfrac{6EI}{L^2}\theta_B$ $F_B = -\dfrac{6EI}{L^2}\theta_B$
5	B 端位移 Δ	$M_A = -\dfrac{6EI}{L^2}\Delta$ $M_B = -\dfrac{6EI}{L^2}\Delta$	$F_A = -\dfrac{12EI}{L^3}\Delta$ $F_B = \dfrac{12EI}{L^3}\Delta$
6	集中力矩 M_0，距 A 端 a，距 B 端 b	$M_A = -M_0\left(1-\dfrac{4a}{L}+\dfrac{3a^2}{L^2}\right)$ $M_B = \dfrac{M_0 a}{L}\left(2-\dfrac{3a}{L}\right)$	$F_A = \dfrac{6M_0 a}{L^2}\left(1-\dfrac{a}{L}\right)$ $F_B = -\dfrac{6M_0 a}{L^2}\left(1-\dfrac{a}{L}\right)$
7	均布荷载 q，A 固定，B 铰支	$M_A = -\dfrac{qL^2}{8}$	$F_A = -\dfrac{5qL}{8}$ $F_B = -\dfrac{3qL}{8}$

例题 21-8 计算如图 21-20a)所示梁的转角 θ_B，设该梁是等刚度的，EI = 常数。

解：采用位移法。

用力法解图 21-20a)所示的梁，它是三次静不定的，计算过程比较烦冗。现用位移法解此梁，因为是一次动不定的，基本未知量只有一个，即支座 B 处的转角 θ_B，利用表 21-1 则计算过程非常简便。

在原梁的支座 B 处附加转动约束，得零次动不定结构如图 21-20b)所示。

本问题的补充方程仍为

$$M_B = (M_B)^{(e)} + (M_B)^{(\theta_B)} = 0 \tag{1}$$

利用表 21-1，用叠加法分别计算外载弯矩 $(M_B)^{(e)}$ 和转角 θ_B 引起的弯矩 $(M_B)^{(\theta_B)}$。

$$(M_B)^{(e)} = (M_B)_F + (M_B)_q = -\frac{FL}{8} + \frac{q(2L)^2}{12},$$

$$(M_B)^{\theta_B} = [(M_B)^{\theta_B}]_{AB} + [(M_B)^{\theta_B}]_{BC}$$

$$= \frac{4EI}{L}\theta_B + \frac{4EI}{2L}\theta_B = \frac{6EI}{L}\theta_B$$

将它们代入式(1)后解得

$$\theta_B = \frac{FL^2}{48EI} - \frac{qL^3}{18EI}。$$

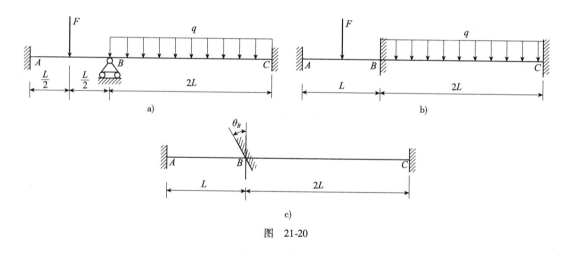

图 21-20

21.6.2 位移法解超静定结构的正则方程

现在考虑图 21-21a)中的 n 次动不定梁，这是用位移法解超静梁的一般情况。对 n 个非零的节点位移都附加相应的约束，就得到 21-21b)所示的零次动不定结构。对此有 n 个补充方程

$$M_j = 0 \quad (j=1,2,\cdots,n) \tag{21-9}$$

用叠加法计算节点 i 处的固端力矩有

$$M_i = (M_i)_F + (M_i)_{\theta_1} + (M_i)_{\theta_2} + \cdots + (M_i)_{\theta_j} + \cdots + (M_i)_{\theta_n}$$

令

$$k_{ij} = \frac{(M_i)_{\theta_j}}{\theta_j} \quad (i,j=1,2,\cdots,n) \tag{21-10}$$

149

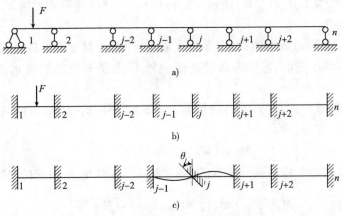

图 21-21 位移法解超静定结构的正则方程

其中,k_{ij} 表示 θ_j 的单位值($\theta_j=1$)在固支座 i 处所引起的固端作用力值,其值越大则结构的刚性越好,k_{ij} 叫作刚度影响系数。于是,式(21-9)可以展开写成

$$\left.\begin{array}{l}(M_1)_F+k_{11}\theta_1+k_{12}\theta_2+\cdots+k_{1n}\theta_n=0\\(M_2)_F+k_{21}\theta_1+k_{22}\theta_2+\cdots+k_{2n}\theta_n=0\\\cdots\\(M_n)_F+k_{n1}\theta_1+k_{n2}\theta_2+\cdots+k_{nn}\theta_n=0\end{array}\right\} \quad (21\text{-}11)$$

此式叫作位移法的正则方程式,可以简写成如下的矩阵式

$$[k]\{\theta\}=-\{M_F\} \quad (21\text{-}12)$$

其中

$$[k]=\begin{bmatrix}k_{11}&k_{12}&\cdots&k_{1n}\\k_{21}&k_{22}&\cdots&k_{2n}\\\cdots&\cdots&\cdots&\cdots\\k_{n1}&k_{n2}&\cdots&k_{nn}\end{bmatrix}$$

$$\{\theta\}=\{\theta_1 \quad \theta_2 \quad \cdots \quad \theta_n\}^T$$

$$\{M_F\}=\{(M_1)_F \quad (M_2)_F \quad \cdots \quad (M_n)_F\}^T$$

其中,$[k]$ 是 $n\times n$ 阶矩阵,叫作刚度矩阵;$\{\theta\}$ 和 $\{M_F\}$ 都是 $n\times 1$ 阶列阵。

在位移法的刚度矩阵 $[k]$ 中有大量的零元素,这是和力法的柔度矩阵的不同之处。例如,我们来考虑矩阵 $[k]$ 中第 j 列的各个元素,即刚度影响系数 k_{1j}、k_{2j}、$\cdots$、k_{nj}。在原结构的零次动不定结构的固支座 j 处给以单位转角 $\theta_j=1[21\text{-}20c)]$,容易看出,因为各支座 1、2、$\cdots$、$n$ 都被固支,只有支座 j 的相邻两段的固支座上有作用力,即 $k_{j-1,j}$、k_{jj} 和 $k_{j+1,j}$ 是非零的,在 $[k]$ 的第 j 列上其他各个元素都为零。

21.7 Maple 编程示例

编程题 21-1 求解如图 21-22a)所示超静定刚架。设两杆的 EI 相等。

已知:q,a,E,I。

求:$F_{Ax},F_{Ay},M_A,F_{Bx},F_{By},M_B$。

解: ● 建模

①刚架是一个三次超静定结构。解除固定支座 B 的三个多余约束,并代以 3 个多余未知力,得图 21-22b)所示相当系统。

②正则方程就是方程式

$$\begin{cases} \delta_{11}X_1 + \delta_{12}X_2 + \delta_{13}X_3 + \Delta_{1F} = 0 \\ \delta_{21}X_1 + \delta_{22}X_2 + \delta_{23}X_3 + \Delta_{2F} = 0 \\ \delta_{31}X_1 + \delta_{32}X_2 + \delta_{33}X_3 + \Delta_{3F} = 0 \end{cases}$$

③由图 21-22c)、d)、e)、f),应用莫尔定理分别计算正则方程式中的 3 个常数和 9 个系数。

④由正则方程,便可以解出 X_1、X_2 和 X_3。

⑤求支座约束力 F_{Ax},F_{Ay},M_A,F_{Bx},F_{By},M_B。

答: $F_{Ax} = -\dfrac{9}{16}qa$,$F_{Ay} = \dfrac{1}{16}qa$,$M_A = \dfrac{5}{48}qa^2$;

$F_{Bx} = -\dfrac{7}{16}qa$,$F_{By} = -\dfrac{1}{16}qa$,$M_B = \dfrac{1}{48}qa^2$

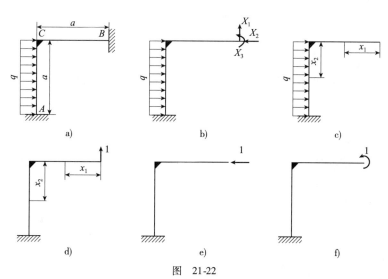

图 21-22

● **Maple 程序**

```
> restart:                                      #清零。
> M1[1]:=0:                                     #只作用 q 时刚架第一段的弯矩。
> M1[2]:=-1/2*q*x[2]^2:                         #只作用 q 时刚架第二段的弯矩。
> M01[1]:=x[1]:                                 #作用第一单位力时第一段的弯矩。
> M01[2]:=a:                                    #作用第一单位力时第二段的弯矩。
> M02[1]:=0:                                    #作用第二单位力时第一段的弯矩。
> M02[2]:=x[2]:                                 #作用第二单位力时第二段的弯矩。
> M03[1]:=1:                                    #作用第三单位力时第一段的弯矩。
> M03[2]:=1:                                    #作用第三单位力时第二段的弯矩。
> Delta[1,F]:=int(M1[2]*M01[2]/(E*J),x[2]=0..a): #Δ_{1F}。
> Delta[2,F]:=int(M1[2]*M02[2]/(E*J),x[2]=0..a): #Δ_{2F}。
```

```
> Delta[3,F] := int(M1[2] * M03[2]/(E * J),x[2] =0..a):        #Δ_{3F}。
> delta[11] := int(M01[1]^2/(E * J),x[1] =0..a)
>           + int(M01[2]^2/(E * J),x[2] =0..a):                 #δ_{11}。
> delta[22] := int(M02[1]^2/(E * J),x[1] =0..a)
>           + int(M02[2]^2/(E * J),x[2] =0..a):                 #δ_{22}。
> delta[33] := int(M03[1]^2/(E * J),x[1] =0..a)
>           + int(M03[2]^2/(E * J),x[2] =0..a):                 #δ_{33}。
> delta[12] := int(M01[1] * M02[1]/(E * J),x[1] =0..a)
>           + int(M01[2] * M02[2]/(E * J),x[2] =0..a):          #δ_{12}。
> delta[23] := int(M02[1] * M03[1]/(E * J),x[1] =0..a)
>           + int(M02[2] * M03[2]/(E * J),x[2] =0..a):          #δ_{23}。
> delta[31] := int(M03[1] * M01[1]/(E * J),x[1] =0..a)
>           + int(M03[2] * M01[2]/(E * J),x[2] =0..a):          #δ_{31}。
> delta[21] := delta[12]:                                       #δ_{21}。
> delta[32] := delta[23]:                                       #δ_{32}。
> delta[13] := delta[31]:                                       #δ_{13}。
> eq1 := delta[11] * X[1] + delta[12] * X[2] + delta[13] * X[3] + Delta[1,F] =0:
>                                                               #正则方程之一。
> eq2 := delta[21] * X[1] + delta[22] * X[2] + delta[23] * X[3] + Delta[2,F] =0:
>                                                               #正则方程之二。
> eq3 := delta[31] * X[1] + delta[32] * X[2] + delta[33] * X[3] + Delta[3,F] =0:
>                                                               #正则方程之三。
> SOL1 := solve({eq1,eq2,eq3},{X[1],X[2],X[3]}):                #解方程组。
> X[1] := subs(SOL1,X[1]):                                      #多余约束力之一。
> X[2] := subs(SOL1,X[2]):                                      #多余约束力之二。
> X[3] := subs(SOL1,X[3]):                                      #多余约束力之三。
> FB[x] := -X[2];                                               #固定端B的约束力$F_{Bx}$。
> FB[y] := X[1];                                                #固定端B的约束力$F_{By}$。
> MB := X[3];                                                   #固定端B的约束力偶$M_B$。
> eq4 := q * a + FB[x] + FA[x] =0:                              #刚架,$\sum F_x =0$。
> eq5 := FB[y] + FA[y] =0:                                      #刚架,$\sum F_y =0$。
> eq6 := -q * a * a/2 + FB[y] * a - FB[x] * a + MB + MA =0:     #刚架,$\sum M_A =0$。
> solve({eq4,eq5,eq6},{FA[x],FA[y],MA});                        #解方程组。
```

思考题

思考题 21-1 两半圆弧形曲杆在 A 和 B 处铰接,C 处有三种不同的约束,如图 21-23 所示。试判断各种约束情况下它们是结构还是机构,是静定的还是超静定的。

思考题 21-2 判断平面刚架在同一平面内的任意力系作用下超静定的次数时,为什么每切断一根杆件就相当于除去三个约束?每解除两杆间的一个铰链就相当于除去两个约束?试判断图 21-24 所示刚架的超静定次数。

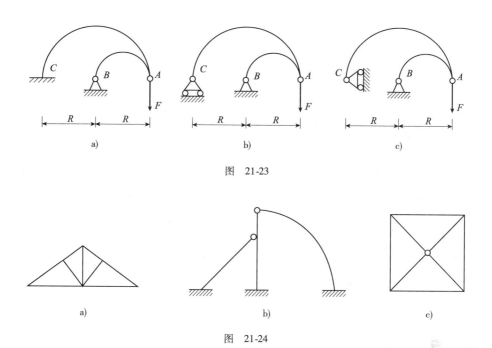

图 21-23

图 21-24

思考题 21-3 对图 21-25a)所示超静定梁,试问图 21-25b)、c)、d)、e)、f)所示五种基本体系是否都可用?试写出对应的变形协调条件。

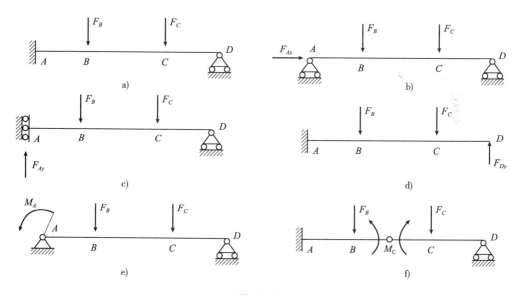

图 21-25

思考题 21-4 为什么可以把受弯构件中的内力 M 和 F_S 作为多余约束力?当把剪力作为多余约束时,截面之间的联系采取什么形式?试以图 21-26 所示连续梁为例予以说明。

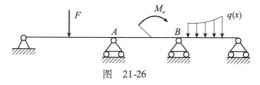

图 21-26

思考题 21-5 超静定桁架受力如图 21-27a),试指出图 21-27b)、c)、d)、e)所列基本体系的正误。

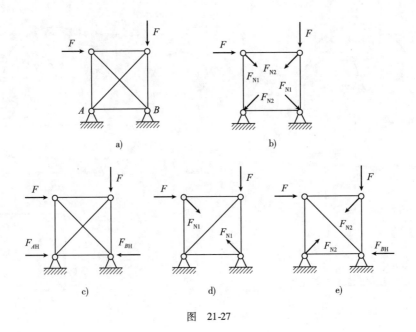

图 21-27

思考题21-6 有人在求解图21-28a)所示超静定结构时不引用平衡条件,而解除了全部约束,写出如图21-28b)所示的多余约束力,并列出对应的变形协调条件。试问这样能不能得出正确的结果? 为什么?

思考题21-7 作完超静定问题的计算后,用平衡条件核算无误,就可以得出此解算正确的结论吗? 为什么?

思考题21-8 对称的杆件体系在受到对称载荷作用时,在对称截面上不存在剪力。这是否是一种普遍的规律? 如图21-29所示等刚度梁是否也属于对称杆件受对称载荷作用的情况? 为什么?

思考题21-9 如何利用对称性和反对称性来简化超静定问题的计算? 对图21-30所示的刚架应如何简化计算?

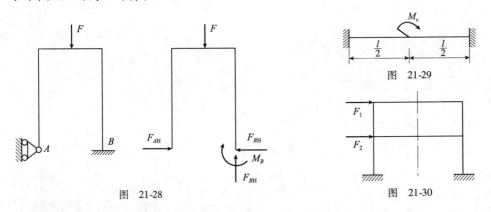

图 21-28

图 21-29

图 21-30

思考题21-10 悬吊圆管足够长时,可取其单位长度的一段作为圆环处理。设此吊环处于图21-31所示三种受力状态,想想它们各是几次超静定问题。

思考题21-11 对图21-32所示各刚架,试选择最简单的基本体系,并注明所选的多余未知量。

154

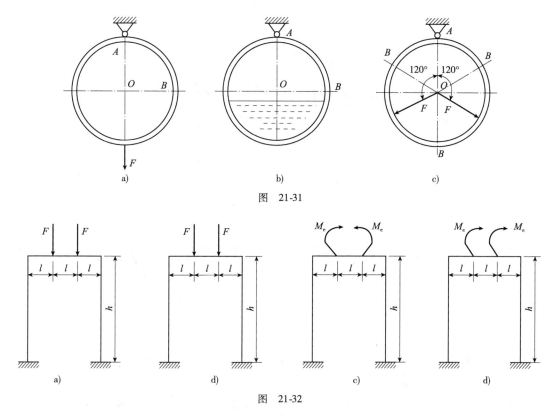

图 21-31

图 21-32

思考题 21-12 等刚度超静定圆环和矩形刚架受力如图 21-33 所示，q、q_1 和 q_2 是均布切向载荷集度。有人认为，利用正、反对称性，选取适当的示力对象，它们就可以像静定结构那样，仅用平衡条件便能求出内力。你试试看能否这样做。

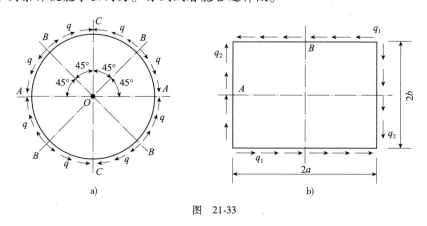

图 21-33

思考题 21-13 试证明力学示各超静定体系中，图 21-34a) 可化为一次超静定问题，其他的甚至可以简化成静定问题求解。

思考题 21-14 为求解图 21-35a) 所示等刚度梁，有人选取了图 21-35b) 所示的基本体系，同时列出如下的力法正则方程：

$$\delta_{11}X_1 + \delta_{12}X_2 + \Delta_{1F} = 0 \tag{1a}$$

$$\delta_{21}X_1 + \delta_{22}X_2 + \Delta_{2F} = 0 \tag{1b}$$

对吗？若用式(1)作为变形协调条件，应取怎样的基本体系？

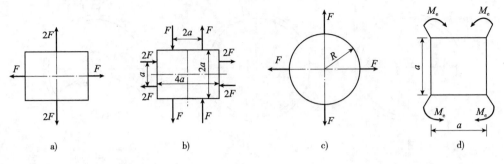

图 22-34

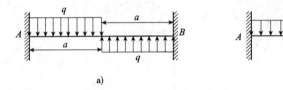

图 21-35

思考题 21-15 对如图 21-36 所示带有中间铰的等腰三角形的等刚度刚架,能否不求解方程而直接画出它的弯矩图?

思考题 21-16 圆环上作用着围绕环的轴线转动的均匀分布力偶 m,如图 21-37 所示,若要求出环直径上两横截面的相对转角,这个问题可否化为静定问题求解?

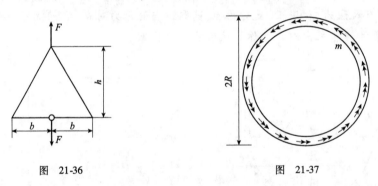

图 21-36 图 21-37

思考题 21-17 两等截面方框受力如图 21-38 所示,试分析它们的超静定次数,并选取适当的基本体系、给出对应的多余约束力。

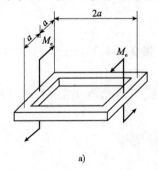
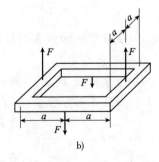

图 21-38

思考题 21-18 一般来说,当超静定结构的支座发生位移时,便会产生附加内力,如图 21-39a)的刚架就是如此。但图 21-39b)刚架两支座在同一水平线上,当支座 B 下沉一微量 Δ 时,并不引起内力。这是什么原因?

思考题 21-19 图 21-40a)所示超静定梁的中间支座沉陷了 Δ,求附加内力时怎样选取基本体系,若取图 21-40b)、c)、d)所示的基本体系,它们的力法正则方程是否完全一致?

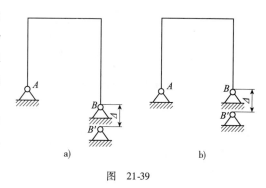

图 21-39

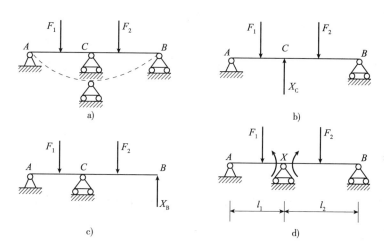

图 21-40

思考题 21-20 怎样理解力法正则方程所代表的变形协调关系?对图 21-41a)所示超静定梁,把截面 C 处的弯矩取为多余约束力 X_1,画出基本体系如图 21-41b),其正则方程为 $\delta_{11}X_1 + \Delta_{1F} = 0$。我们可以大概分析出此梁的挠曲线形状,如图 21-41a)中虚线所示,这表明 C 处的挠度和转角都不等于零,问上列正则方程表示什么位移等于零?

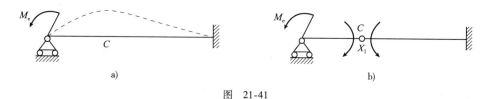

图 21-41

 习题

A 类型习题

习题 21-1 结构受载如图 21-42 所示,已知 $E=200\text{GPa}, q=300\text{kN/m}, L=1\text{m}, I=AL^2/3 = 4\times10^{-5}\text{m}^4$。用莫尔积分法求 B 端的挠度。

习题 21-2 如图 21-43 所示平面刚架 ABC 的各杆均为直径等于 D 的实心圆截面杆,材料为低碳钢,已知弹性常数 $G=0.4E$。试用能量法求 F 力作用点之竖直位移。

习题 21-3 用能量法求如图 21-44 所示梁支座 B 处的约束力。

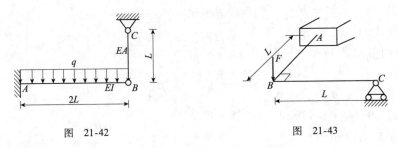

图 21-42　　　　　　　　　图 21-43

习题 21-4　静不定梁 AB 受力如图 21-44 所示(同上题图),试用力法求约束力偶。梁的抗弯刚度 EI 已知。

习题 21-5　求如图 21-45 所示梁的约束力 F_A。

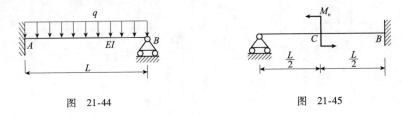

图 21-44　　　　　　　　　图 21-45

习题 21-6　如图 21-46 所示刚架,在截面 B 处受到集中力偶 M_e 的作用,EI 为常数。试求支座约束力。

习题 21-7　如图 21-47 所示刚架中各杆抗弯刚度 EI 相同。试求载荷 F 的作用下 C 截面的铅垂位移。

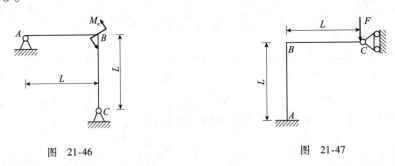

图 21-46　　　　　　　　　图 21-47

习题 21-8　平面刚架如图 21-48 所示,各杆 EI 相同且为常数。求支座约束力、最大弯矩及其发生位置。

习题 21-9　求如图 21-49 所示平面变截面刚架的最大弯矩及其作用位置。

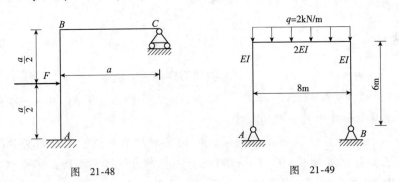

图 21-48　　　　　　　　　图 21-49

习题 21-10 平面刚架受力如图 21-50 所示,各杆 EI 相同且为常数,求最大弯矩及其作用位置。

习题 21-11 求如图 21-51 所示平面刚架的最大弯矩及其作用位置。已知各杆的抗弯刚度皆为 EI。

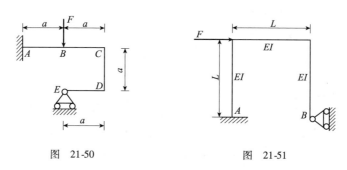

图 21-50   图 21-51

习题 21-12 求如图 21-52 所示平面刚架的约束力。

习题 21-13 求如图 21-53 所示平面刚架的最大弯矩及其作用位置。

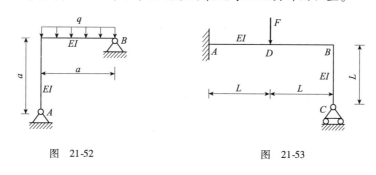

图 21-52   图 21-53

B 类型习题

习题 21-14 如图 21-54 所示,已知梁材料的作用应力为 $[\sigma]$,抗弯截面模量为 W,刚度为 EI,问支座 ε 的抬高量 Δ 为多少时,该梁能承受的载荷 F 为最大?最大值 $F_{\max}$ 为多少?

习题 21-15 混凝土矩形截面刚架如图 21-55 所示,设抗弯刚度为 EI,热膨胀系数为 α。求由于温度变化引起的内力。

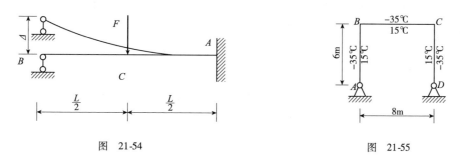

图 21-54   图 21-55

习题 21-16 结构如图 21-56 所示,已知直角拐 ABC 的直径为 d,热膨胀系数为 α,拉压及剪切弹性模量分别为 E、G,CD 杆的横截面积为 A,在 E 点受到外力偶矩 M_e,当 CD 杆温度降低 $\Delta T\,^\circ\!\mathrm{C}$ 时,求 CD 杆的内力。

习题 21-17 如图 21-57 所示,两端固定半圆形等截面小曲率杆,求当温度升高 $\Delta t\,^\circ\!\mathrm{C}$ 时的内力。设 EI、a、α 均已知。

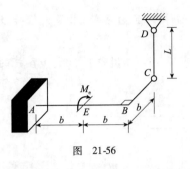
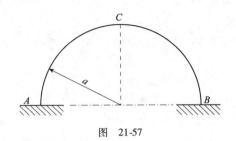

图 21-56　　　　　　　　　　图 21-57

习题 21-18　如图 21-58 所示,钢制曲拐的横截面直径 $d=20\text{mm}$,C 端与钢丝连接,钢丝的横截面积 $A=6.5\text{ mm}^2$,$a=0.6\text{m}$,$b=0.3\text{m}$,$L=4\text{m}$。曲拐和钢丝的弹性模量为 $E=200\text{GPa}$,$G=84\text{GPa}$。若无应力连接后钢丝温度下降 50℃,且线膨胀系数 $\alpha=12.5\times10^{-6}/\text{℃}$,试按第三强度理论求曲拐 A 截面顶点处的相当应力。

习题 21-19　如图 21-59 所示,半径为 R 的半圆形小曲率杆 ADB 和杆件 BC 铰接而成。A、C 分别为固定铰支座,B 为活动铰支座。曲杆的抗弯刚度为 EI,BC 杆的抗压刚度为 EA,两杆材料的线膨胀系数均为 α,结构在无初应力时装配。设结构工作时两杆温度都下降 $\Delta T\text{℃}$,并在 D 截面处受铅垂力 F 作用,试求 BC 杆的轴力。

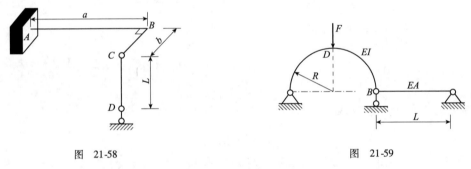

图 21-58　　　　　　　　　　图 21-59

习题 21-20　如图 21-60 所示,结构为小曲率圆杆,抗弯刚度 EI 为常数。试计算截面 A 与 B 间沿 AB 连线方向的相对位移 Δ_{AB}。

习题 21-21　弹性元件 AB 由两片抗弯刚度为 EI,曲率半径为 R 的钢片组成,承受 F 力作用,如图 21-61 所示,若不计轴力及弯曲剪力的影响,试求弹性元件的弹性常数 k。$\left(\text{提示}:k=\dfrac{F}{\delta_{CD}}\right)$

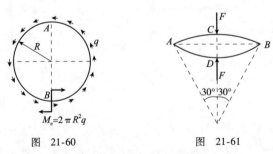

图 21-60　　　　　　　　　　图 21-61

习题 21-22　在一直线上打入 n 个半径为 r 的等间距圆柱,按图 21-62a)所示方式将厚度为 t 的平钢板插入圆柱之间,试求钢板内产生的最大弯曲正应力。[提示:钢板的计算简图可视为两端固定,其两支座间的相对位移为 $2r$,其相当系统如图 21-62b)所示]

习题 21-23 如图 21-63 所示静不定梁，自由端承受载荷 F 作用，试利用三弯矩方程画梁的弯矩图。设弯曲刚度 EI 为常数，$l_1 = l_2 = l$。

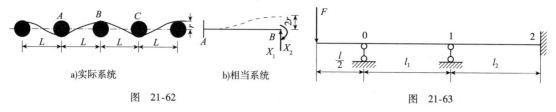

a)实际系统   b)相当系统

图 21-62   图 21-63

习题 21-24 如图 21-64 所示连续梁，承受线性分布载荷与集中力偶作用，载荷集度的最大值为 q，力偶之矩为 $M_e = qa^2$，其中之 a 为梁的跨度，试利用三弯矩方程求支点弯矩。设弯曲刚度 EI 为常值。

习题 21-25 由于连续梁的支座沉陷或安装误差等原因，各支座不在同一水平线上（图 21-65），试利用三弯矩方程求由此在梁内引起的支点弯矩。

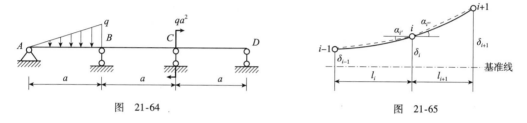

图 21-64   图 21-65

习题 21-26 如图 21-66 所示双跨梁，中间支座高于左、右支座，已知梁的跨长 $l = 6\text{m}$，中间支座的位置偏差 $\delta = l/200$，梁截面为 50a 工字钢，弹性模量 $E = 200\text{GPa}$。试利用三弯矩方程计算梁内的最大弯曲正应力。

习题 21-27 如图 21-67 所示梁的 EI 值为常数，试用位移法求支座 B 处的转角和梁的支座约束力。

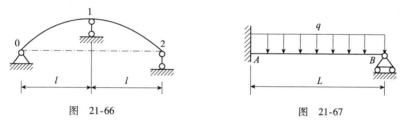

图 21-66   图 21-67

C 类型习题

习题 21-28 如图 21-68 所示，试用弹性静力学中的能量法求习题 6-34 中超静定支承轴支座处的扭转力矩。

习题 21-29 如图 21-69 所示，用弹性静力学的能量法求解习题 4-36。

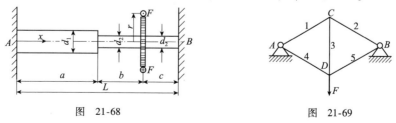

图 21-68   图 21-69

习题 21-30　在习题 11-14 中我们讨论了一个对称地承受着两个集中力 F 的圆环。圆环是由三个用铰链连接的拱单元所组成(图 21-70)。

(1) 试求在无铰链封闭圆环中的弯矩分布。

(2) 如只考虑弯矩的影响,求圆环被压缩后的变形 f_F。

(3) 这时,圆环在与受力垂直的平面内的位移 f_H 将为多大？

习题 21-31　如图 21-71 所示,圆轴 AB 两端固定,矩形截面梁 CD 和 AB 焊接。$l = 300\text{mm}, d = 40\text{mm}, b = 20\text{mm}, h = 60\text{mm}$,弹性模量 $E = 210\text{GPa}$,切变模量 $G = 84\text{GPa}$,结构受集中载荷 $F = 1\text{kN}$。

(1) 计算轴 AB 危险点的 σ_{r3}。

(2) 计算截面 D 的转角 θ_D 和挠度 w_D。

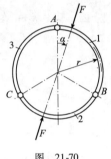

图　21-70

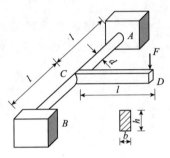

图　21-71

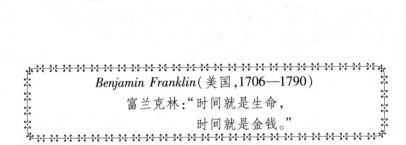

Benjamin Franklin(美国,1706—1790)

富兰克林:"时间就是生命,
　　　　　时间就是金钱。"

> 子曰："参乎,吾道一以贯之。"

第 22 章 利用计算机求解刚架弯曲变形的快速解析法

李银山提出了一种求解复杂载荷作用下刚架弯曲变形问题的连续分段独立一体化积分法。连续分段独立一体化积分法首先将刚架进行自然分段,独立建立具有四阶导数的挠曲线近似微分方程,然后分段独立积分四次,得到挠度的通解。根据边界条件和连续性条件,确定积分常数,得到剪力、弯矩、转角和挠度的解析函数,同时绘出剪力图、弯矩图、转角图和挠度图。工程实例表明,连续分段独立一体化积分法建立方程简单,计算编程程式化,求解速度快,与有限元法相比其优点是可以得到精确的解析解。

22.1 连续分段独立一体化积分法求解刚架问题

(1)采用连续分段独立一体化积分法求解刚架问题的基本思想:

①采用连续分段独立一体化积分法求解刚架问题与求解梁问题方法基本相同,只是坐标的选择与直角拐弯处的边界条件处理略有不同。

②关于坐标的选择:对于直梁问题选一个坐标 x 就可以了,对于刚架问题根据问题的需要选择若干个坐标 $x_1, x_2, x_3, \cdots$。

③关于直角拐弯处的边界条件:

a. 转角相同;

b. 弯矩相同;

c. 剪力与轴力需要协调;

d. 挠度不同,需要根据问题找关系。

(2)连续分段独立一体化积分法的解刚架问题步骤如下:

①首先把刚架在突变处自然分成 n 段,建立独立的四阶导数挠曲线微分方程

$$\frac{\mathrm{d}^4 v_i}{\mathrm{d} x_i^4} = \frac{q_i(x_i)}{E_i I_i} \quad (i=1,2,\cdots,n) \tag{22-1}$$

②积分一次,得到剪力方程通解

$$\frac{\mathrm{d}^3 v_i}{\mathrm{d} x_i^3} = \int \frac{q_i(x_i) \mathrm{d} x_i}{E_i I_i} + C_{i,1} \quad (i=1,2,\cdots,n) \tag{22-2}$$

积分两次,得到弯矩方程通解

$$\frac{\mathrm{d}^2 v_i}{\mathrm{d} x_i^2} = \int \left[\int \frac{q_i(x_i)}{E_i I_i} \mathrm{d} x_i \right] \mathrm{d} x_i + C_{i,1} x_i + C_{i,2} \quad (i=1,2,\cdots,n) \tag{22-3}$$

积分三次,得到转角方程通解

$$\frac{\mathrm{d}v_i}{\mathrm{d}x_i} = \int\left\{\int\left[\int\left[\int\frac{q_i(x_i)}{E_iI_i}\mathrm{d}x_i\right]\mathrm{d}x_i\right]\mathrm{d}x_i\right\} + \frac{1}{2}C_{i,1}x_i^2 + C_{i,2}x_i + C_{i,3} \quad (i=1,2,\cdots,n) \quad (22\text{-}4)$$

积分四次,得到挠度方程通解

$$v_i = \int\left\{\int\left[\int\left(\int\frac{q_i(x_i)}{E_iI_i}\mathrm{d}x_i\right)\mathrm{d}x_i\right]\mathrm{d}x_i\right\} +$$
$$\frac{1}{6}C_{i,1}x_i^3 + \frac{1}{2}C_{i,2}x_i^2 + C_{i,3}x_i + C_{i,4} \quad (i=1,2,\cdots,n) \quad (22\text{-}5)$$

③利用位移边界条件、力边界条件和连续性条件建立 $4n$ 个边界条件约束方程

$$f(C_{i,j}) = 0 \quad (i=1,2,\cdots,n;j=1,2,3,4) \quad (22\text{-}6)$$

联立求解边界条件约束方程(22-6),就可确定 $4n$ 个积分常数 $C_{i,j}(i=1,2,\cdots,n;j=1,2,3,4)$。

④将积分常数 $C_{i,j}(i=1,2,\cdots,n;j=1,2,3,4)$ 代入(22-2)~式(22-5)就可得到剪力、弯矩、转角和挠度的解析表达式。

⑤根据剪力、弯矩、转角和挠度的解析表达式,利用计算机绘出剪力图、弯矩图、转角图和挠度图。

⑥根据剪力、弯矩、转角和挠度的解析表达式,确定最大剪力、最大弯矩、最大转角和最大挠度。

⑦根据剪力和弯矩的解析表达式,直接确定支座约束力。

22.2 静定刚架的快速解析法

22.2.1 复杂载荷作用下的厂字形刚架

例题 22-1 厂字形刚架如图 22-1a)所示,承受载荷 F 作用,设弯曲刚度 EI 为常数,试用连续分段独立一体化积分法计算截面 C 的转角。

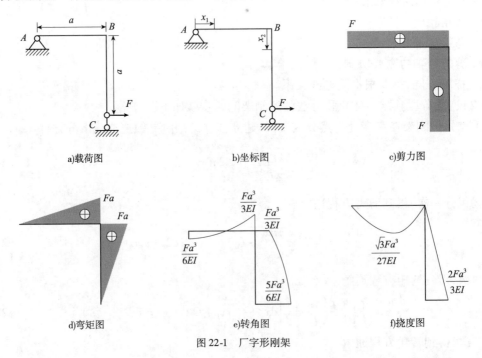

图 22-1 厂字形刚架

解:利用分段独立一体化积分法求解步骤为:

①将刚架分为两段 $n=2$,建立坐标如图 22-1b)所示,各段的挠曲线近似微分方程:

$$\frac{d^4 v_1}{dx_1^4}=0 \quad (0 \leqslant x_1 \leqslant a) \tag{1}$$

$$\frac{d^4 v_2}{dx_2^4}=0 \quad (0 \leqslant x_2 \leqslant a) \tag{2}$$

②对式(1)、式(2)各段的挠曲线近似微分方程分别积分四次,得到剪力、弯矩、转角和挠度的通解。在通解中,包含有 8 个积分常数 $C_i(i=1,2,\cdots,8)$。

③利用如下的位移边界条件、力边界条件和连续性条件

$$v_1(0)=0, EIv''_1(0)=0 \tag{3a}$$

$$v_1(a)=0, v_2(0)=0 \tag{3b}$$

$$v'_1(a)=v'_2(0), EIv''_1(a)=EIv''_2(0) \tag{3c}$$

$$EIv''_2(a)=0, EIv'''_2(a)=-F \tag{3d}$$

联立解方程组(3)式,得出 8 个积分常数 $C_i(i=1,2,\cdots,8)$。

④将积分常数 $C_i(i=1,2,\cdots,8)$ 代入剪力、弯矩、转角和挠度的通解得到剪力、弯矩、转角和挠度的解析表达式。

图 22-1c)~f)分别是用计算机画出的剪力图、弯矩图、转角图、挠度图。

可得截面 C 的转角为 $\theta_C = \dfrac{5Fa^2}{6EI}$。

22.2.2 复杂载荷作用下的门字形刚架

例题 22-2 门字形刚架如图 22-2a)所示,弯曲刚度 EI 为常数,试用连续分段独立一体化积分法计算截面 A 的转角及截面 D 的水平位移。

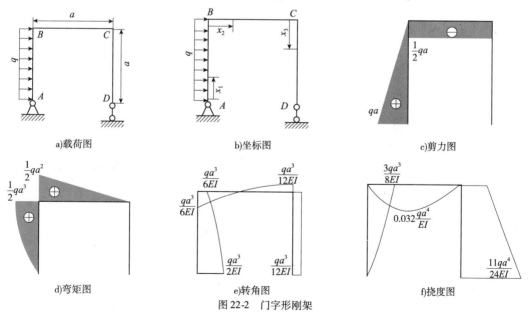

图 22-2 门字形刚架

解:利用连续分段独立一体化积分法求解步骤为:

①将刚架分为三段 $n=3$,建立坐标如图 22-2b)所示,各段的挠曲线近似微分方程:

$$\frac{d^4 v_1}{dx_1^4} = \frac{-q}{EI} \quad (0 \leq x_1 \leq a) \tag{1}$$

$$\frac{d^4 v_2}{dx_2^4} = 0 \quad (0 \leq x_2 \leq a) \tag{2}$$

$$\frac{d^4 v_3}{dx_3^4} = 0 \quad (0 \leq x_3 \leq a) \tag{3}$$

②对式(1)~式(3)各段的挠曲线近似微分方程分别积分四次,得到剪力、弯矩、转角和挠度的通解。在通解中,包含有 12 个积分常数 $C_i (i=1,2,\cdots,12)$。

③利用如下的位移边界条件、力边界条件和连续性条件

$$v_1(0) = 0, EIv''_1(0) = 0 \tag{4a}$$
$$v_2(0) = 0, v_2(a) = 0 \tag{4b}$$
$$v'_1(a) = v'_2(0), v'_2(a) = v'_3(0) \tag{4c}$$
$$EIv''_1(a) = EIv''_2(0), EIv''_2(a) = EIv''_3(0) \tag{4d}$$
$$v_1(a) = -v_3(0), EIv'''_1(a) = -EIv'''_3(0) \tag{4e}$$
$$EIv''_3(a) = 0, EIv'''_3(a) = 0 \tag{4f}$$

联立解方程组(4),得出 12 个积分常数 $C_i (i=1,2,\cdots,12)$。

④将积分常数 $C_i (i=1,2,\cdots,12)$ 代入剪力、弯矩、转角和挠度的通解得到剪力、弯矩、转角和挠度的解析表达式。

图 22-2c)~f) 分别是用计算机画出的剪力图、弯矩图、转角图和挠度图。

截面 A 的转角

$$\theta_A = -\frac{qa^3}{2EI}$$

截面 D 的水平位移

$$v_D = \frac{11qa^4}{24EI}$$

22.2.3 复杂载荷作用下的丁字形刚架

例题 22-3 丁字形刚架如图 22-3a)所示,弯曲刚度 EI 为常数,试用连续分段独立一体化积分法计算截面 A 的转角及截面 D 的铅垂位移。

解:利用分段独立一体化积分法求解步骤为:

①将刚架分为三段 $n=3$,建立坐标如图 22-3b)所示,各段的挠曲线近似微分方程:

$$\frac{d^4 v_1}{dx_1^4} = 0 \quad (0 \leq x_1 \leq \frac{a}{2}) \tag{1}$$

$$\frac{d^4 v_2}{dx_1^4} = 0 \quad (\frac{a}{2} < x_1 \leq a) \tag{2}$$

$$\frac{d^4 v_3}{dx_2^4} = 0 \quad (0 \leq x_2 \leq a) \tag{3}$$

②对式(1)~式(3)各段的挠曲线近似微分方程分别积分四次,得到剪力、弯矩、转角和挠度的通解。在通解中,包含有 12 个积分常数 $C_i (i=1,2,\cdots,12)$。

③利用如下的位移边界条件、力边界条件和连续性条件

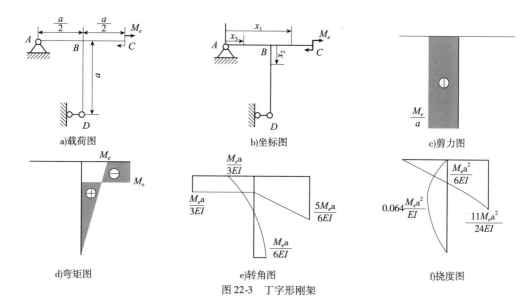

图 22-3 丁字形刚架

$$v_1(0)=0, EIv''_1(0)=0 \tag{4a}$$

$$EIv''_2(a)=-M_e, EIv'''_2(a)=0 \tag{4b}$$

$$v_3(a)=0, EIv''_3(a)=0 \tag{4c}$$

$$v_1\left(\frac{a}{2}\right)=v_2\left(\frac{a}{2}\right), v'_1\left(\frac{a}{2}\right)=v'_2\left(\frac{a}{2}\right) \tag{4d}$$

$$EIv'''_1\left(\frac{a}{2}\right)=EIv'''_2\left(\frac{a}{2}\right), v'_1\left(\frac{a}{2}\right)=v'_3(0) \tag{4e}$$

$$v_3(0)=0, EIv''_1\left(\frac{a}{2}\right)=EIv''_2\left(\frac{a}{2}\right)+EIv''_3(0) \tag{4f}$$

联立解方程组(4),得出 12 个积分常数 $C_i(i=1,2,\cdots,12)$。

④将积分常数 $C_i(i=1,2,\cdots,12)$ 代入剪力、弯矩、转角和挠度的通解得到剪力、弯矩、转角和挠度的解析表达式。

剪力函数

$$F_{S1}=0, 0\leqslant x_1\leqslant \frac{a}{2}$$

$$F_{S2}=0, \frac{a}{2}<x_1\leqslant a$$

$$F_{S3}=-\frac{M_e}{a}, 0\leqslant x_2\leqslant a$$

弯矩函数

$$M_1=0, 0\leqslant x_1\leqslant \frac{a}{2}$$

$$M_2=M_e, \frac{a}{2}<x_1\leqslant a$$

$$M_3=\frac{M_e}{a}(a-x_2), 0\leqslant x_2\leqslant a$$

转角函数

$$\theta_1=-\frac{M_e a}{3EI}, 0\leqslant x_1\leqslant \frac{a}{2}$$

$$\theta_2 = \frac{M_e a}{6EI}(a - 6x_1), \frac{a}{2} < x_1 \leq a$$

$$\theta_3 = -\frac{M_e}{6EIa}(3x_2^2 - 6ax_2 + 2a^2), 0 \leq x_2 \leq a$$

挠度函数

$$v_1 = -\frac{M_e a x_1}{3EI}, 0 \leq x_1 \leq \frac{a}{2}$$

$$v_2 = \frac{-M_e}{24EI}(12x_1^2 - 4ax_1 + 3a^2), \frac{a}{2} < x_1 \leq a$$

$$v_3 = \frac{-M_e x_2}{6EIa}(x_2^2 - 3ax_2 + 2a^2), 0 \leq x_2 \leq a$$

图 22-3c) ~ f) 是用计算机画出的剪力图、弯矩图、转角图和挠度图。

截面 A 的转角: $\theta_A = -\frac{M_e a}{3EI}$;

截面 D 的铅垂位移: $u_D = \frac{M_e a^2}{6EI}$;

支座约束力: $F_{Ax} = -\frac{M_e}{a}, F_{Ay} = 0, F_D = \frac{M_e}{a}$。

22.3 超静定刚架的快速解析法

22.3.1 一次超静定问题

例题 22-4 门字形一次超静定刚架如图 22-4a)所示,横梁的弯曲刚度为 EI_b,立柱的弯曲刚度为 EI_c,试用连续分段独立一体化积分法计算最大弯矩和支座约束力。

解:利用连续分段独立一体化积分法求解步骤为:

①将刚架分为三段 $n = 3$,建立坐标如图 22-4b)所示,各段的挠曲线近似微分方程:

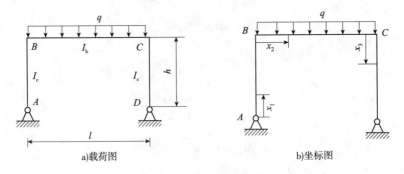

a)载荷图　　　　　　b)坐标图

图 22-4　一次超静定门字形刚架

$$\frac{d^4 v_1}{dx_1^4} = 0 \quad (0 \leq x_1 \leq h) \tag{1}$$

$$\frac{d^4 v_2}{dx_2^4} = -\frac{q}{EI_b} \quad (0 \leq x_2 \leq l) \tag{2}$$

$$\frac{\mathrm{d}^4 v_3}{\mathrm{d}x_3^4} = 0 \quad (0 \leqslant x_3 \leqslant h) \tag{3}$$

②对式(1)~式(3)各段的挠曲线近似微分方程分别积分四次,得到剪力、弯矩、转角和挠度的通解。在通解中,包含有12个积分常数 $C_i(i=1,2,\cdots,12)$。

③利用如下的位移边界条件、力边界条件和连续性条件

$$v_1(0)=0, EI_c v''_1(0)=0 \tag{4a}$$
$$v_2(0)=0, v_2(l)=0 \tag{4b}$$
$$v'_1(h)=v'_2(0), v'_2(l)=v'_3(0) \tag{4c}$$
$$EI_c v''_1(h)=EI_b v''_2(0), EI_b v''_2(l)=EI_c v''_3(0) \tag{4d}$$
$$v_1(h)=-v_3(0), EI v'''_1(h)=-EI v'''_3(0) \tag{4e}$$
$$EI_c v_3(h)=0, EI_c v''_3(h)=0 \tag{4f}$$

联立解方程组(4)式,得出12个积分常数 $C_i(i=1,2,\cdots,12)$。

④将积分常数 $C_i(i=1,2,\cdots,12)$ 代入剪力、弯矩、转角和挠度的通解得到剪力、弯矩、转角和挠度的解析表达式。

弯矩: $M_B = -\dfrac{ql^2}{100}K_B, M_C = M_B, M_P = \dfrac{ql^2}{100}K_P(x_2 = x_P)$;

支座约束力: $F_{Ax} = -\dfrac{M_B}{h}, F_{Ay} = \dfrac{ql}{2}, F_{Dx} = \dfrac{M_B}{h}, F_{Dy} = \dfrac{ql}{2}$;

其中, $K_B = \dfrac{25}{3+2k}, K_P = \dfrac{25(1+2k)}{2(3+2k)}, x_P = \dfrac{l}{2}, k = \dfrac{k_b}{k_c}, k_b = \dfrac{I_b}{l}, k_c = \dfrac{I_c}{h}$。

22.3.2 二次超静定问题

例题 22-5 厂字形二次超静定刚架如图 22-5a)所示,横梁的弯曲刚度为 EI_b,立柱的弯曲刚度为 EI_c,试用连续分段独立一体化积分法计算最大弯矩和支座约束力。

解:利用连续分段独立一体化积分法求解步骤为:

①将刚架分为二段 $n=2$,建立坐标如图 22-5b)所示,各段的挠曲线近似微分方程:

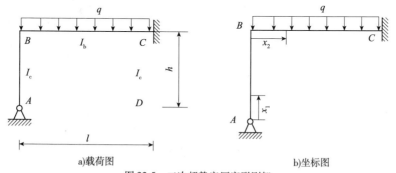

图 22-5 二次超静定厂字形刚架

$$\frac{\mathrm{d}^4 v_1}{\mathrm{d}x_1^4} = 0 \quad (0 \leqslant x_1 \leqslant h) \tag{1}$$

$$\frac{\mathrm{d}^4 v_2}{\mathrm{d}x_2^4} = -\frac{q}{EI_b} \quad (0 \leqslant x_2 \leqslant l) \tag{2}$$

②对式(1)、式(2)各段的挠曲线近似微分方程分别积分四次,得到剪力、弯矩、转角和

挠度的通解。在通解中,包含有 12 个积分常数 $C_i(i=1,2,\cdots,12)$。

③利用如下的位移边界条件、力边界条件和连续性条件

$$v_1(0)=0, EI_c v''_1(0)=0 \tag{3a}$$

$$v_1(h)=0, v_2(0)=0 \tag{3b}$$

$$v'_1(h)=v'_2(0), EI_c v''_1(h)=EI_b v''_2(0) \tag{3c}$$

$$v_2(l)=0, v'_2(l)=0 \tag{3d}$$

联立解方程组(3)式,得出 8 个积分常数 $C_i(i=1,2,\cdots,8)$。

④将积分常数 $C_i(i=1,2,\cdots,8)$ 代入剪力、弯矩、转角和挠度的通解得到剪力、弯矩、转角和挠度的解析表达式。

弯矩:$M_B = -\dfrac{ql^2}{100}K_B, M_C = -\dfrac{ql^2}{100}K_C, M_P = \dfrac{ql^2}{100}K_P(x_2=x_P)$;

支座约束力:$F_{Ax} = -\dfrac{M_B}{h}, F_{Ay} = \dfrac{ql}{10}G_A, F_{Cx} = \dfrac{M_B}{h}, F_{Cy} = \dfrac{ql}{10}G_C$;

其中,$K_B = \dfrac{25}{3+4k}, K_C = \dfrac{25(1+2k)}{3+4k}, K_P = \dfrac{25(3+10k+9k^2)}{2(3+4k)^2}, G_A = \dfrac{15(1+k)}{3+4k}, G_C = \dfrac{5(3+5k)}{3+4k}, x_P = \dfrac{3(1+k)l}{2(3+4k)}, k = \dfrac{k_b}{k_c}, k_b = \dfrac{I_b}{l}, k_c = \dfrac{I_c}{h}$。

22.3.3 三次内力超静定问题

例题 22-6 如图 22-6a)所示三次超静定口字形刚架,在横截面 A 与 A' 处承受一对大小相等、方向相反的水平载荷 F 作用,试用分段独立一体化积分法求刚架内的最大弯矩。(已知:F,a,E,I)

解:利用分段独立一体化积分法求解步骤为:

①将刚架分为六段 $n=6$,建立坐标如图 22-6b)所示,各段的挠曲线近似微分方程:

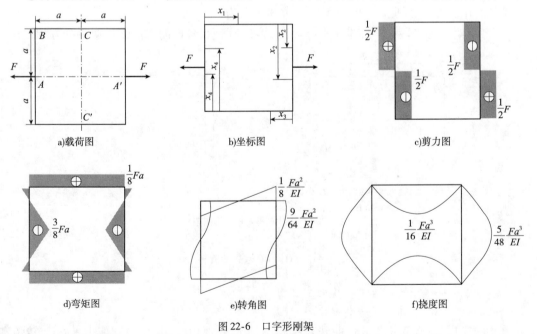

a)载荷图 b)坐标图 c)剪力图

d)弯矩图 e)转角图 f)挠度图

图 22-6 口字形刚架

$$\frac{d^4 v_1}{dx_1^4} = 0 \quad (0 \leq x_1 \leq 2a) \tag{1}$$

$$\frac{d^4 v_2}{dx_2^4} = 0 \quad (0 \leq x_2 \leq a) \tag{2}$$

$$\frac{d^4 v_3}{dx_2^4} = 0 \quad (a < x_2 \leq 2a) \tag{3}$$

$$\frac{d^4 v_4}{dx_3^4} = 0 \quad (0 \leq x_3 \leq 2a) \tag{4}$$

$$\frac{d^4 v_5}{dx_4^4} = 0 \quad (0 \leq x_4 \leq a) \tag{5}$$

$$\frac{d^4 v_6}{dx_4^4} = 0 \quad (a < x_4 \leq 2a) \tag{6}$$

②对式(1)~式(6)各段的挠曲线近似微分方程分别积分四次,得到剪力、弯矩、转角和挠度的通解。在通解中,包含有24个积分常数$C_i(i=1,2,\cdots,24)$。

③利用如下的位移边界条件、力边界条件和连续性条件

$$v_2(a) = v_3(a), v'_2(a) = v'_3(a) \tag{7a}$$

$$EIv''_2(a) = EIv''_3(a), EIv'''_2(a) = EIv'''_3(a) - F \tag{7b}$$

$$v_5(a) = v_6(a), v'_5(a) = v'_6(a) \tag{7c}$$

$$EIv''_5(a) = EIv''_6(a), EIv'''_5(a) = EIv'''_6(a) - F \tag{7d}$$

$$v'_1(0) = v'_6(2a), EIv''_1(0) = EIv''_6(2a) \tag{7e}$$

$$v'_2(0) = v'_1(2a), EIv''_2(0) = EIv''_1(2a) \tag{7f}$$

$$v'_4(0) = v'_3(2a), EIv''_4(0) = EIv''_3(2a) \tag{7g}$$

$$v'_5(0) = v'_4(2a), EIv''_5(0) = EIv''_4(2a) \tag{7h}$$

$$v_1(0) = 0, v_1(2a) = 0 \tag{7i}$$

$$v_2(0) = 0, v_3(2a) = 0 \tag{7j}$$

$$v_4(0) = 0, v_4(2a) = 0 \tag{7k}$$

$$v_5(0) = 0, v_6(2a) = 0 \tag{7l}$$

联立解方程组式(7),得出24个积分常数$C_i(i=1,2,\cdots,24)$。

④将积分常数$C_i(i=1,2,\cdots,24)$代入剪力、弯矩、转角和挠度的通解得到剪力、弯矩、转角和挠度的解析表达式。

剪力函数

$$F_{S1} = 0, 0 \leq x_1 \leq 2a$$

$$F_{S2} = -\frac{F}{2}, 0 \leq x_2 < a$$

$$F_{S3} = \frac{F}{2}, a < x_2 \leq 2a$$

$$F_{S4} = 0, 0 \leq x_3 \leq 2a$$

$$F_{S5} = -\frac{F}{2}, 0 \leq x_4 < a$$

$$F_{S6} = \frac{F}{2}, a < x_4 \leq 2a$$

弯矩函数

$$M_1 = \frac{Fa}{8}, 0 \leq x_1 \leq 2a$$

$$M_2 = -\frac{F}{8}(4x_2 - a), 0 \leq x_2 \leq a$$

$$M_3 = \frac{F}{8}(4x_2 - 7a), a < x_2 \leq 2a$$

$$M_4 = \frac{Fa}{8}, 0 \leq x_3 \leq 2a$$

$$M_5 = -\frac{F}{8}(4x_4 - a), 0 \leq x_4 \leq a$$

$$M_6 = \frac{F}{8}(4x_4 - 7a), a < x_4 \leq 2a$$

转角函数

$$\theta_1 = \frac{Fa}{8EI}(x_1 - a), 0 \leq x_1 \leq 2a$$

$$\theta_2 = -\frac{F}{8EI}(x_2 - a)(2x_2 + a), 0 \leq x_2 \leq a$$

$$\theta_3 = \frac{F}{8EI}(x_2 - a)(2x_2 - 5a), a < x_2 \leq 2a$$

$$\theta_4 = \frac{Fa}{8EI}(x_3 - a), 0 \leq x_3 \leq 2a$$

$$\theta_5 = -\frac{F}{8EJ}(x_4 - a)(2x_4 + a), 0 \leq x_4 \leq a$$

$$\theta_6 = \frac{F}{8EI}(x_4 - a)(2x_4 - 5a), a < x_4 \leq 2a$$

挠度函数

$$v_1 = \frac{Fax_1}{16EI}(x_1 - a), 0 \leq x_1 \leq 2a$$

$$v_2 = -\frac{Fx_2}{48EI}(4x_2^2 - 3ax_2 - 6a^2), 0 \leq x_2 \leq a$$

$$v_3 = \frac{F(x_2 - 2a)}{48EI}(4x_2^2 - 3ax_2 - 6a^2), a < x_2 \leq 2a$$

$$v_4 = \frac{Fax_3}{16EJ}(x_3 - a), 0 \leq x_3 \leq 2a$$

$$v_5 = -\frac{Fx_4}{48EI}(4x_4^2 - 3ax_4 - 6a^2), 0 \leq x_4 \leq a$$

$$v_6 = \frac{F(x_4 - 2a)}{48EJ}(4x_4^2 - 3ax_4 - 6a^2), a < x_4 \leq 2a$$

图 22-16c）~f) 分别是用计算机画出的剪力图、弯矩图、转角图和挠度图。刚架内的最大弯矩 $|M|_{max} = \frac{3}{8}Fa$（在力 F 作用点处）。

22.4 考虑轴力变形刚架的快速解析法

22.4.1 考虑轴力变形的静定刚架问题

利用连续分段独立一体化积分法求解考虑轴力变形刚架的基本思想：

(1)考虑轴力变形时，位移边界条件需要考虑轴力变形，这样会增加轴力未知数；

(2)考虑轴力变形时，增加了轴力未知数，可以补充剪力与轴力关系的力连续条件，同时考虑拉压杆的郑玄—胡克定律，增加相同数量的方程。

例题 22-7 考虑轴力变形的影响，给定各杆抗拉刚度为 EA，利用连续分段独立一体化积分法求解在例 22-1 中的刚架问题。

解：利用分段独立一体化积分法求解步骤为：

① 将刚架分为两段 $n=2$，建立坐标如图 22-1b)所示，各段的挠曲线近似微分方程：

$$\frac{d^4 v_1}{dx_1^4}=0 \quad (0 \leqslant x_1 \leqslant a) \tag{1}$$

$$\frac{d^4 v_2}{dx_2^4}=0 \quad (0 \leqslant x_2 \leqslant a) \tag{2}$$

② 对式(1)和式(2)各段的挠曲线近似微分方程分别积分四次，得到剪力、弯矩、转角和挠度的通解。在通解中，包含有 8 个积分常数 $C_i(i=1,2,\cdots,8)$。

③ 利用如下的位移边界条件、力边界条件和连续性条件：

$$v_1(0)=0, EIv''_1(0)=0 \tag{3a}$$

$$v'_1(a)=v'_2(0), EIv''_1(a)=EIv''_2(0) \tag{3b}$$

$$EIv''_2(a)=0, EIv'''_2(a)=-F \tag{3c}$$

$$v_1(a)=\frac{F_{N1}a}{EA}, v_2(0)=\frac{F_{N2}a}{EA} \tag{3d}$$

$$EIv'''_1(a)=F_{N2}, EIv'''_2(0)=-F_{N1} \tag{3e}$$

联立解方程组(3)式，得出 8 个积分常数 $C_i(i=1,2,\cdots,8)$ 和轴力 F_{N1}、F_{N2}。

④ 将积分常数 $C_i(i=1,2,\cdots,8)$ 代入转角和挠度的通解得到转角和挠度的解析表达式。

转角函数

$$\theta=\begin{cases}\dfrac{F}{6EI}(3x_1^2-a^2)+\dfrac{F}{EA} & (0\leqslant x_1\leqslant a)\\ \dfrac{F}{6EI}(2a^2+6ax_2-3x_2^2)+\dfrac{F}{EA} & (0\leqslant x_2\leqslant a)\end{cases}$$

挠度函数

$$v=\begin{cases}\dfrac{Fx_1}{6EI}(x_1^2-a^2)+\dfrac{Fx_1}{EA} & (0\leqslant x_1\leqslant a)\\ \dfrac{Fx_2}{6EI}(2a^2+3ax_2-x_2^2)+\dfrac{F(x_2+a)}{EA} & (0\leqslant x_2\leqslant a)\end{cases}$$

轴力函数

$$F_N=\begin{cases}F, 0\leqslant x_1\leqslant a\\ F, 0\leqslant x_2\leqslant a\end{cases}$$

截面 C 的转角

$$\theta_C = \frac{5Fa^2}{6EI} + \frac{F}{EA}$$

22.4.2 考虑轴力变形的超静定刚架问题

例题 22-8 考虑轴力变形的影响,给定各杆抗拉刚度为 EA,抗弯刚度为 EI,利用连续分段独立一体化积分法求解图 22-7 中的刚架问题。

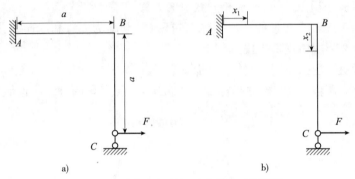

图 22-7 考虑轴力变形的一次超静定厂字形刚架

解:利用连续分段独立一体化积分法求解步骤为:

①将刚架分为两段 $n=2$,建立坐标如图 22-7b)所示,各段的挠曲线近似微分方程:

$$\frac{\mathrm{d}^4 v_1}{\mathrm{d}x_1^4} = 0 \quad (0 \leq x_1 \leq a) \tag{1}$$

$$\frac{\mathrm{d}^4 v_2}{\mathrm{d}x_2^4} = 0 \quad (0 \leq x_2 \leq a) \tag{2}$$

②对式(1)和式(2)各段的挠曲线近似微分方程分别积分四次,得到剪力、弯矩、转角和挠度的通解。在通解中,包含有 8 个积分常数 $C_i(i=1,2,\cdots,8)$。

③利用如下的位移边界条件、力边界条件和连续性条件

$$v_1(0) = 0, v''(0) = 0 \tag{3a}$$

$$v'_1(a) = v'_2(0), EIv''(a) = EIv''_2(0) \tag{3b}$$

$$EIv''_2(a) = 0, EIv'''_2(a) = -F \tag{3c}$$

$$v_1(a) = \frac{F_{N1}a}{EA}, v_2(0) = \frac{F_{N2}a}{EA} \tag{3d}$$

$$EIv'''_1(a) = F_{N2}, EIv'''_2(0) = -F_{N1} \tag{3e}$$

联立解方程组(3)式,得出 8 个积分常数 $C_i(i=1,2,\cdots,8)$ 和轴力 F_{N1}、F_{N2}。

④将积分常数 $C_i(i=1,2,\cdots,8)$ 代入转角和挠度的通解得到转角和挠度的解析表达式。

剪力函数

$$F_S = \begin{cases} \dfrac{3F}{2} \cdot \dfrac{a^2 A}{3I + a^2 A} & (0 \leq x_1 \leq a) \\ -F & (0 \leq x_2 \leq a) \end{cases}$$

弯矩函数

$$M = \begin{cases} \dfrac{Fa}{2} \cdot \dfrac{6I - a^2A + 3aAx_1}{3I + a^2A} & (0 \leq x_1 \leq a) \\ F(a - x_2) & (0 \leq x_2 \leq a) \end{cases}$$

轴力函数

$$F_N = \begin{cases} F & (0 \leq x_1 \leq a) \\ \dfrac{3F}{2} \cdot \dfrac{a^2A}{3I + a^2A} & (0 \leq x_2 \leq a) \end{cases}$$

支座约束力

$$F_{Ax} = -F, \quad F_{Ay} = \dfrac{3F}{2} \cdot \dfrac{a^2A}{3I + a^2A}$$

$$M_{Az} = -\dfrac{Fa}{2} \cdot \dfrac{6I - a^2A}{3I + a^2A}, \quad F_C = -\dfrac{3F}{2} \cdot \dfrac{a^2A}{3I + a^2A}$$

22.5 考虑剪力变形刚架的快速解析法

22.5.1 由剪切所形成挠度的确定

用 v_s 代表由于剪切单独作用产生的挠度,根据梁剪切变形公式(19-3)知

$$\dfrac{dv_s}{dx} = \dfrac{f_s F_s}{GA} \tag{22-7}$$

当梁上作用有连续分布载荷 q 时,其剪力 F_s 和弯矩 M 为连续函数

$$\dfrac{dF_s}{dx} = q(x), \quad \dfrac{dM}{dx} = F_s \tag{22-8}$$

将式(22-7)对 x 进行微分,于是由于剪切单独作用引起的曲率为

$$\dfrac{d^2 v_s}{dx^2} = \dfrac{f_s q(x)}{GA} \tag{22-9}$$

梁的总挠度 v 为弯曲挠度 v_b 和剪切挠度 v_s 之和,即

$$v = v_b + v_s \tag{22-10}$$

将式(22-10)对 x 进行微分

$$\dfrac{dv}{dx} = \Theta, \quad \dfrac{dv_b}{dx} = \theta, \quad \dfrac{dv_s}{dx} = \gamma \tag{22-11}$$

梁的总转角 Θ 为弯曲转角 θ 和剪切角 γ 之和,即

$$\Theta = \theta + \gamma \tag{22-12}$$

由于

$$\dfrac{d^2 v_b}{dx^2} = \dfrac{M}{EI} \tag{22-13}$$

将式(22-10)对 x 进行一次微分,得到总曲率为

$$\dfrac{dv}{dx} = \theta + \dfrac{f_s F_s}{GA} \tag{22-14}$$

将式(22-10)对 x 进行二次微分,得到总曲率为

$$\dfrac{d^2 v}{dx^2} = \dfrac{M}{EI} + \dfrac{f_s q(x)}{GA} \tag{22-15}$$

将式(22-10)对 x 进行三次微分,得到

$$\frac{d^3v}{dx^3} = \frac{F_S}{EI} + \frac{f_S q'(x)}{GA} \tag{22-16}$$

将式(22-10)对 x 进行四次微分,得到

$$\frac{d^4v}{dx^4} = \frac{q(x)}{EI} + \frac{f_S q''(x)}{GA} \tag{22-17}$$

式(22-17)就是考虑剪切变形后的关于挠度的四阶微分方程。

$$M = EIv''(x) - \frac{f_S EI}{GA}q(x) \tag{22-18}$$

$$F_S = EIv'''(x) - \frac{f_S EI}{GA}q'(x) \tag{22-19}$$

$$\theta = v'(x) - \frac{f_S EI}{GA}v'''(x) + \frac{f_S EI}{GA}q'(x) \tag{22-20}$$

例题 22-9 考虑剪切变形的影响,采用连续分段独立一体化积分法,计算承受均匀载荷的简支梁中央处之挠度。已知:q, l, f_S, E, G, A, I。

解:利用连续分段独立一体化积分法求解步骤为:

①将简支梁分为一段 $n=1$,建立坐标如图 22-8 所示,各段的挠曲线近似微分方程:

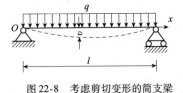

图 22-8 考虑剪切变形的简支梁

$$\frac{d^4v}{dx^4} = -\frac{q}{EI} \quad (0 \leq x \leq l) \tag{1}$$

②对式(1)的挠曲线近似微分方程分别积分四次,得到剪力、弯矩、转角和挠度的通解。在通解中,包含有 4 个积分常数 $C_i(i=1,2,3,4)$。

③利用如下的位移边界条件、力边界条件和连续性条件

$$v(0) = 0, \quad EIv''(0) + \frac{f_S EIq}{GA} = 0 \tag{2a}$$

$$v(l) = 0, \quad EIv''(l) + \frac{f_S EIq}{GA} = 0 \tag{2b}$$

联立解方程组(2)式,得出 4 个积分常数 $C_i(i=1,2,3,4)$。

④将积分常数 $C_i(i=1,2,3,4)$ 代入转角和挠度的通解得到转角和挠度的解析表达式。

转角函数

$$\theta = -\frac{ql^3}{24EI}\left(2\frac{x}{l} - 1\right)\left(2\frac{x^2}{l^2} - 2\frac{x}{l} - 1\right) - \frac{f_S ql}{2GA}\left(2\frac{x}{l} - 1\right)$$

挠度函数

$$v = -\frac{ql^4}{24EI}\left(\frac{x}{l}\right)\left(\frac{x^3}{l^3} - 2\frac{x^2}{l^2} + 1\right) - \frac{f_S ql^2}{2GA}\left(\frac{x}{l}\right)\left(1 - \frac{x}{l}\right)$$

最大转角

$$\theta_{\max} = \frac{ql^3}{24EI} + \frac{f_S ql}{2GA} \quad (x = l)$$

最大挠度

$$v_{\max}^{(-)} = \frac{5ql^4}{384EI} + \frac{f_S ql^2}{8GA} \quad \left(x = \frac{l}{2}\right)$$

22.5.2 解超静定型剪切的考虑

例题 22-10 考虑剪切变形的影响，采用连续分段独立一体化积分法，计算承受均匀载荷的一次超静定梁支座 A 处的约束力。已知：q, l, f_s, E, G, A, I。

解：利用连续分段独立一体化积分法求解步骤为：

①将一次超静定梁分为一段 $n=1$，建立坐标如图 22-9 所示，挠曲线近似微分方程为：

$$\frac{d^4 v}{dx^4} = -\frac{q}{EI} \quad (0 \leq x \leq l) \quad (1)$$

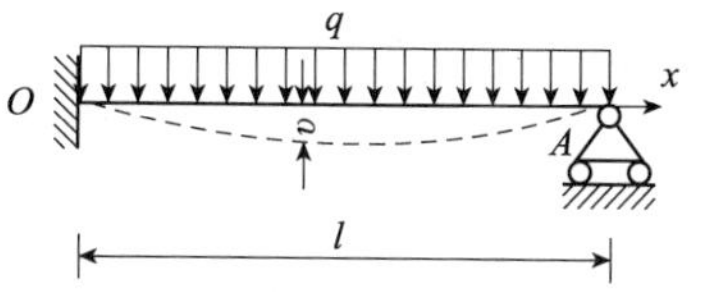

图 22-9 考虑剪切变形的一次超静定梁

②对式(1)的挠曲线近似微分方程分别积分四次，得到剪力、弯矩、转角和挠度的通解。在通解中，包含有 4 个积分常数 $C_i (i=1,2,3,4)$。

③利用如下的位移边界条件、力边界条件和连续性条件

$$v(0)=0, v'(0) - \frac{f_s EI}{GA} v'''(0) = 0 \quad (2a)$$

$$v(l)=0, EIv''(l) + \frac{f_s EIq}{GA} = 0 \quad (2b)$$

联立解方程组(2)式，得出 4 个积分常数 $C_i(i=1,2,3,4)$。

④将积分常数 $C_i(i=1,2,3,4)$ 代入转角和挠度的通解得到转角和挠度的解析表达式。

$$F_A = \frac{3}{8}ql + \frac{3q f_s EI}{2 \, GAl}$$

$$M_O = \frac{1}{8}ql^2 - \frac{3q f_s EI}{2 \, GA}$$

$$F_{Ox} = 0, \quad F_{Oy} = \frac{5}{8}ql - \frac{3q f_s EI}{2 \, GAl}$$

22.6 Maple 编程示例

编程题 22-1 复杂载荷作用下门字形刚架的载荷和尺寸如图 22-10 所示，试利用计算机编程求解所有支座约束力。已知：q, l, h, E, I_b, I_c。

解：● **建模** 利用连续分段独立一体化积分法求解步骤为：

①将刚架分为三段 $n=3$，建立坐标如图 22-10b)所示，各段的挠曲线近似微分方程：

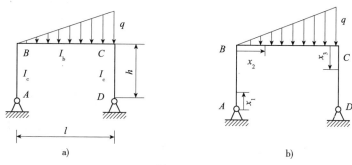

图 22-10

$$\frac{d^4 v_1}{dx_1^4} = 0 \quad (0 \leq x_1 \leq h) \tag{1}$$

$$\frac{d^4 v_2}{dx_2^4} = \frac{-q}{EI_b} x_2 \quad (0 \leq x_2 \leq l) \tag{2}$$

$$\frac{d^4 v_3}{dx_3^4} = 0 \quad (0 \leq x_3 \leq h) \tag{3}$$

②对式(1)~式(3)各段的挠曲线近似微分方程分别积分四次,得到剪力、弯矩、转角和挠度的通解。在通解中,包含有12个积分常数 $C_i(i = 1, 2, \cdots, 12)$。

③利用如下的位移边界条件、力边界条件和连续性条件

$$v_1(0) = 0, EI_c v''_1(0) = 0 \tag{4a}$$
$$v_2(0) = 0, v_2(l) = 0 \tag{4b}$$
$$v'_1(h) = v'_2(0), v'_2(l) = v'_3(0) \tag{4c}$$
$$EI_c v''_1(h) = EI_b v''_2(0), EI_b v''_2(l) = EI_c v''_3(0) \tag{4d}$$
$$v_1(h) = -v_3(0), EIv'''_1(h) = -EIv'''_3(0) \tag{4e}$$
$$EI_c v_3(h) = 0, EI_c v''_3(h) = 0 \tag{4f}$$

联立解方程组(4)式,得出12个积分常数 $C_i(i = 1, 2, \cdots, 12)$。

④将积分常数 $C_i(i = 1, 2, \cdots, 12)$ 代入剪力、弯矩、转角和挠度的通解得到剪力、弯矩、转角和挠度的解析表达式。

答:支座约束力:$F_{Ax} = \frac{ql^2}{100h} K_B, F_{Ay} = \frac{ql}{6}; F_{Dx} = -\frac{ql^2}{100h} K_B, F_{Dy} = \frac{ql}{3}$。

其中,$K_B = \frac{25}{2(3 + 2k)}, k = \frac{k_b}{k_c}, k_b = \frac{I_b}{l}, k_c = \frac{I_c}{h}$。

- **Maple 程序**

```
> restart:                                              #开始。
> ####################################
> n: = 3:                                               #分成三段。
> Q[1]: = 0:                                            #第一段分布函数。
> Q[2]: = -q*x[2]/(E*J[b]):                             #第二段分布函数。
> Q[3]: = 0:                                            #第三段分布函数。
> for k from 1 to n do                                  #解微分方程通解循环开始。
> ddddvx[k]: = Q[k]:                                    #各段挠曲线近似微分方程。
> dddvx[k]: = int(ddddvx[k],x[k]) + C[4*k-3]:
>                                                      #积分一次得剪力方程通解。
> ddvx[k]: = int(dddvx[k],x[k]) + C[4*k-2]:
>                                                      #积分两次得弯矩方程通解。
> dvx[k]: = int(ddvx[k],x[k]) + C[4*k-1]:
>                                                      #积分三次得转角方程通解。
> v[k]: = int(dvx[k],x[k]) + C[4*k]:                    #积分四次得挠度方程通解。
> od:                                                   #解微分方程通解循环结束。
> ####################################
```

```
> eq[1] := subs(x[1] = 0, v[1]) = 0:                    #$v_1(0) = 0$。
> eq[2] := subs(x[1] = 0, (E*J[c])*ddvx[1]) = 0:
>                                                        #$EI_c v''_1(0) = 0$。
> eq[3] := subs(x[2] = 0, v[2]) = 0:                    #$v_2(0) = 0$。
> eq[4] := subs(x[2] = l, v[2]) = 0:                    #$v_2(l) = 0$。
> eq[5] := subs(x[1] = h, dvx[1])
>        = subs(x[2] = 0, dvx[2]):                       #$v'_1(h) = v'_2(0)$。
> eq[6] := subs(x[2] = l, dvx[2])
>        = subs(x[3] = 0, dvx[3]):                       #$v'_2(l) = v'_3(0)$。
> eq[7] := subs(x[1] = h, (E*J[c])*ddvx[1])
>        = subs(x[2] = 0, (E*J[b])*ddvx[2]):             #$EI_c v''_1(h) = EI_b v''_2(0)$。
> eq[8] := subs(x[2] = l, (E*J[b])*ddvx[2])
>        = subs(x[3] = 0, (E*J[c])*ddvx[3]):             #$EI_b v''_2(l) = EI_c v''_3(0)$。
> eq[9] := subs(x[1] = h, v[1])
>        = - subs(x[3] = 0, v[3]):                       #$v_1(h) = -v_3(0)$。
> eq[10] := subs(x[1] = h, (E*J[c])*dddvx[1])
>         = - subs(x[3] = 0, (E*J[c])*dddvx[3]):         #$EIv'''_1(h) = -EIv'''_3(0)$。
> eq[11] := subs(x[3] = h, v[3]) = 0:                    #$EI_c v_3(h) = 0$。
> eq[12] := subs(x[3] = h, (E*J[c])*ddvx[3]) = 0:
>                                                        #$EI_c v''_3(h) = 0$。
> SOL1 := solve({seq(eq[k], k = 1..4*n)},
>               {seq(C[k], k = 1..4*n)}):                #求解12个积分常数。
> ############################################
> Fs1 := normal(subs(SOL1, (E*J[c])*dddvx[1])):
>                                                        #第一段剪力函数。
> Fs2 := normal(subs(SOL1, (E*J[b])*dddvx[2])):
>                                                        #第二段剪力函数。
> Fs3 := normal(subs(SOL1, (E*J[c])*dddvx[3])):
>                                                        #第三段剪力函数。
> M1 := normal(subs(SOL1, (E*J[c])*ddvx[1])):
>                                                        #第一段弯矩函数。
> M2 := normal(subs(SOL1, (E*J[b])*ddvx[2])):
>                                                        #第二段弯矩函数。
> M3 := normal(subs(SOL1, (E*J[c])*ddvx[3])):
>                                                        #第三段弯矩函数。
> theta1 := factor(subs(SOL1, dvx[1])):                  #第一段转角函数。
> theta2 := factor(subs(SOL1, dvx[2])):                  #第二段转角函数。
> theta3 := factor(subs(SOL1, dvx[3])):                  #第三段转角函数。
> v1 := factor(subs(SOL1, v[1])):                        #第一段挠度函数。
> v2 := factor(subs(SOL1, v[2])):                        #第二段挠度函数。
> v3 := factor(subs(SOL1, v[3])):                        #第三段挠度函数。
> ############################################
```

思考题

*思考题22-1 如图22-11所示四种结构中($b=40\text{cm}, a=50\text{cm}$),除所示立柱和横梁的矩形截面高度有差异之外,其他条件完全相同。试说明各结构中 C 点处弯矩的大小次序为什么如下所列($h=l$ 时):

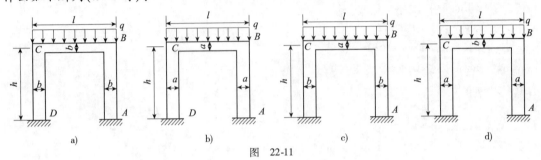

图 22-11

$$\frac{ql^2}{12} > M_{(d)} > M_{(a)} = M_{(b)} = \frac{ql^2}{18} > M_{(c)} > 0$$

*思考题22-2 试建立一种统一的方法来分析图22-12中各种等刚度测力环,找出拉力 F 与测力环水平位移 Δa 之间的关系。

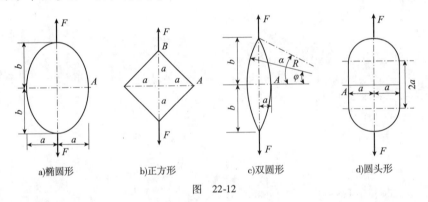

a)椭圆形 b)正方形 c)双圆形 d)圆头形

图 22-12

*思考题22-3 考虑温度变化和支座沉陷的影响时,力法正则方程式的形式如何?各系数如何求出?

*思考题22-4 三弯矩方程中的第 i 个方程,为什么只涉及到三个未知数 M_{i-1}、M_i 和 M_{i+1}?如果连续梁的各支座都是弹性支座,第 i 号支座的沉陷量为 $f_i = F_{R,i}/k_i$,其中 k_i 为支座的弹簧刚度系数,$F_{R,i}$ 为支座约束力。问此时求解连续梁的基本方程中会出现几个弯矩?

*思考题22-5 连续梁某跨上有中间铰时,还能不能套用三弯矩方程?

思考题22-6 如果等刚度超静定梁在某跨无外载,沿该跨弯矩将按什么规律变化?在如图22-13所示等刚度梁上外伸部分的载荷无论怎么复杂,支座 B 处梁截面上的弯矩可以仅用平衡方程求出。此时支座 A 处梁截面上的弯矩 M_A 是否也可以仅用平衡方程求出?比值 M_A/M_B 是否为常数(与载荷和跨度 l 有无关系)?

思考题22-7 悬臂桥在中点对接如图22-14所示,强烈的阳光晒着桁架的一侧,另一侧因路面遮住而背阴。为使两半跨桥身对齐(即相对转角等于零),问接触处产生什么相互约束力(假定纵向允许自由伸缩)?为了计算所产生的约束力,可采用怎样简化的力学模型?

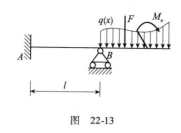

图 22-13

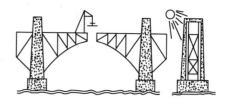

图 22-14

思考题 22-8 如图 22-15 所示各结构由材料和截面形状、尺寸均相同的杆件制成,试比较它们的最大弯矩的大小。工程实际中的杆系结构,在难于分辨节点的连接属于刚接还是铰接时,若分别按这两种连接模式进行强度核算,问哪种模式较偏于安全?从结构设计的角度看,削弱节点刚度会引起什么后果?

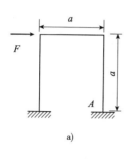
a)

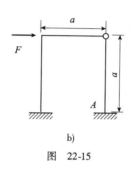
b)

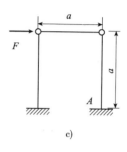
c)

图 22-15

思考题 22-9 两等刚度刚架 EDC 和 ABC 在 C 处铰接,受力如图 22-16 所示,问 BC 杆受拉还是受压?

***思考题 22-10** n 根杆件构成的超静定桁架受力如图 22-17 所示,如何能比较简便求出各杆的内力?

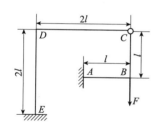

图 22-16

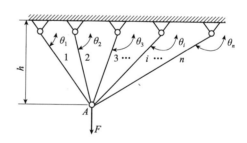

图 22-17

***思考题 22-11** 刚性平板由 n 根彼此平行的弹性杆所支撑,构成如图 22-18 所示的超静定系统。若刚体受力发生垂直位移 w 和绕 x、y 轴的转动 θ_x、θ_y,问各杆中的内力如何计算?如果把各杆看作平行于 z 轴的纵向纤维,把刚性平板看作讨论平面假设时的横截面,我们由此可以得到什么启发?

思考题 22-12 利用连续分段独立一体化积分法求解刚架问题与求解梁问题相比增加了什么难度?请自己总结解题要点。

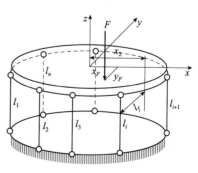

图 22-18

思考题 22-13 考虑轴力变形时,利用连续分段独立一体化积分法求解的刚架问题增加了什么难度?请自己总结解题要点。

思考题 22-14 考虑剪切变形时,利用连续分段独立一体化积分法求解的刚架问题增加了什么难度?请自己总结解题要点。

A 类型习题

习题 22-1 求解如图 22-19 所示超静定刚架,设 EI = 常数。

习题 22-2 如图 22-20 所示刚架,各杆的抗弯刚度为 EI,求 D 点的水平位移 Δ_{Dx}。

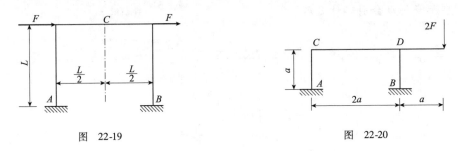

图 22-19   图 22-20

习题 22-3 如图 22-21 所示,设梁的抗弯刚度为 EI,求支座 B 下沉 Δ 时,B 支座的约束力,并求 C 点的挠度 Δ_{Cy}。

习题 22-4 如图 22-22 所示,梁在 F 作用下 C 处的挠度大于 Δ,求 DE 梁在 D 处受到的作用力(设 AC,DE 的抗弯刚度 EI 相等且为常数)。

图 22-21   图 22-22

习题 22-5 如图 22-23 所示刚架,承受载荷 $F=80\text{kN}$,已知铰链 A 允许传递的剪力 $[F_S]=40\text{kN},L=0.5\text{m}$。试求尺寸 a 的允许取值范围。设弯曲刚度 EI 是常数。

习题 22-6 如图 22-24 所示,刚架的铰支座 A 连在一滑轮上,滑轮与地面间的摩擦因数为 f,刚架受力后,滑轮将在地面上滑移。设刚架各杆的 EI 为常数。试求作用于滑轮上的正压力。

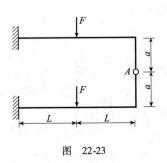   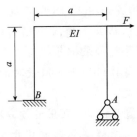

图 22-23   图 22-24

B 类型习题

习题 22-7 有一存货架,总长为 $11a$,用两块相同的长为 $6a$ 的等截面矩形板放置在 A、B、C、D 四个支架上构成,如图 22-25a)所示。货重视为均布载荷。为提高承载能力,提出如图 22-25b)、c)所示的结构(螺栓变形不计,且与板材接触牢固)。试比较三种结构正应力强度的高低。(《力学与实践》小问题,1989 年第 168 题)

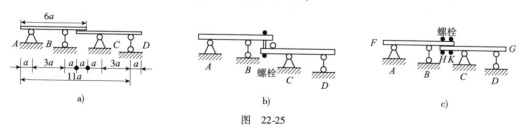

图 22-25

习题 22-8 如图 22-26 所示,在等截面薄圆环的竖向直径 CD 两端作用一对拉力 F,求证横向直径 AB 的缩短 Δ_{AB} 与竖向直径 CD 的伸长 Δ_{CD} 之比 $\left|\dfrac{\Delta_{AB}}{\Delta_{CD}}\right| = 0.918$。(《力学与实践》小问题,1981 年第 13 题)

习题 22-9 如图 22-27 所示,圆内接正 n 边形刚架,在各角点作用等值径向拉力 F,求刚架的内力。(《力学与实践》小问题,1986 年第 123 题)

习题 22-10 如图 22-28 所示,边长为 l,弯曲刚度为 EI 的刚接方框 $ABCD$ 在 B、D 两点分别作用有大小相等、方向相反的力偶 $4M_e$,试绘制该方框的弯矩图。(《力学与实践》小问题,1989 年第 172 题)

习题 22-11 如图 22-29 所示正三角形刚架,由三根相同的等直杆刚接而成。设各边中点作用有其矩为 M_e 的力偶,试求此刚架的内力。(《力学与实践》小问题,1995 年第 276 题)

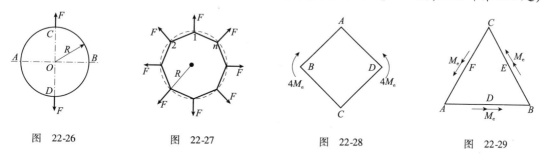

图 22-26   图 22-27   图 22-28   图 22-29

习题 22-12 如图 22-30 所示正方形刚架由材料相同的等截面杆构成,试计算其内力。(《力学与实践》小问题,1995 年第 268 题)

习题 22-13 如图 22-31 所示结构,各杆的弯曲刚度 EI 均相同,AB 杆中点 C 受集中载荷 F 作用,求 C 点的位移。(《力学与实践》小问题,1990 年第 188 题)

习题 22-14 如图 22-32 所示,$n(n \geq 3)$ 根圆杆支在相距 L 的两刚性夹板上,其支点沿半径为 R 的圆周均匀分布,各杆的材料和尺寸相同,两夹支板上分别作用着大小相等方向相反的扭力偶 M_e,试求两夹支板的相对角位移。(《力学与实践》小问题,1985 年第 96 题)

习题 22-15 如图 22-33 所示,一半径为 R 的圆环,受载圆环直径为 d,材料的弹性常数为 E、G。求 B、C 两点在垂直于圆环变形前所在平面的相对位移。(《力学与实践》小问题,1991 年第 212 题)

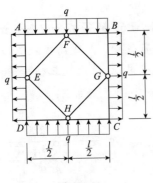

图 22-30

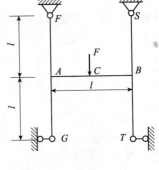

图 22-31

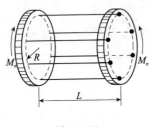

图 22-32

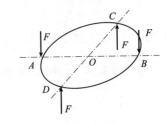

图 22-33

C 类型习题

习题 22-16 如图 22-34 所示，一超静定支承的框架，在折角处为固定焊接（角度保持不变），受一外力 F。

(1) 求支座约束力？

(2) 折角 C 处的水平位移为多少？

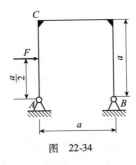

图 22-34

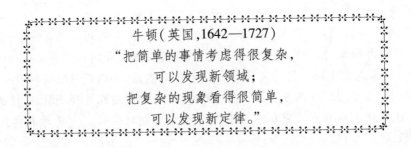

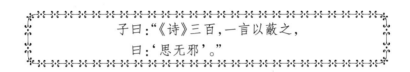

第23章 压杆稳定的进一步研究

本章对压杆稳定进一步研究,包括杆件稳定临界力应用分类计算、杆的纵横弯曲、压杆设计迭代法的计算机实现、压杆设计的直接法研究、压杆问题的有限差分解法和弹性压杆的大变形分析。

23.1 杆件稳定临界力应用分类计算

23.1.1 刚性杆结构的稳定性问题

在工程实践中还有一类失稳问题不是由于杆件失稳产生的,而是由于结构几何形状的改变而引起的。

例题 23-1 如图 23-1a)表示由铅垂刚性杆和两根钢丝绳组成的结构,刚性杆上端受铅垂压力 F 作用,钢丝绳的横截面面积为 A,弹性模量为 E,钢丝绳的初始拉力为零。设结构不能在垂直于图面方向运动。试求该结构的临界载荷 F_{cr}。

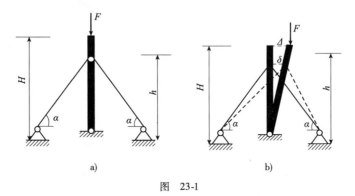

图 23-1

解:此结构失稳时,要向一侧偏移。设刚性杆上端向右偏移的距离为 Δ,与钢丝绳铰接处偏移的距离为 δ,则有

$$\frac{\Delta}{\delta} = \frac{H}{h}, \delta = \frac{h}{H}\Delta$$

偏移发生以后,右侧的钢丝绳松弛,而左侧的钢丝绳绷紧,设左侧钢丝绳的伸长量为 c,则

$$c = \delta\cos\alpha = \frac{h}{H}\Delta\cos\alpha$$

设左侧钢丝绳内的拉力为 F_N,则有物理关系

$$\frac{F_N h}{\frac{\sin\alpha}{EA}} = \frac{h}{H}\Delta\cos\alpha$$

从而得到钢丝绳内的拉力 F_N 为

$$F_N = \frac{\Delta}{H}EA\sin\alpha\cos\alpha$$

在临界情况下,钢丝绳内的拉力 F_N 与临界压力 F_{cr} 的关系为(对刚性杆底部支座取矩)

$$F_N h\cos\alpha = F_{cr}\Delta$$

从而得到

$$F_{cr} = \frac{\frac{\Delta}{H}EAh\sin\alpha\cos^2\alpha}{\Delta} = \frac{EAh}{H}\sin\alpha\cos^2\alpha$$

23.1.2 超静定结构的稳定性问题

对于超静定结构的稳定性问题,往往需要首先对结构进行静力平衡分析,得出超静定结构中各杆轴力之间的关系。当结构中某些杆件首先达到失稳条件时,结构可能还有承载能力。

例题 23-2 在如图 23-2 所示结构中,$\alpha = 30°$,三杆均为直径相同的圆截面细长杆,其直径为 d,弹性模量为 E。C 处为固定端支承,其余为铰链约束。假设结构由于面内的失稳而破坏。试:(1)分析结构发生破坏过程;(2)确定载荷的临界值 F_{cr}。

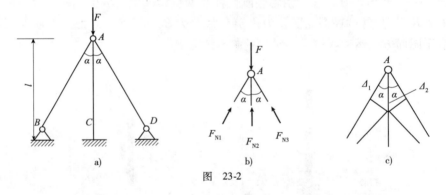

图 23-2

解:(1)分析破坏过程
各杆的临界压力分别为

$$(F_{N2})_{cr} = \frac{\pi^2 EI}{(0.7l)^2} = 2.04\frac{\pi^2 EI}{l^2}, \quad (F_{N1})_{cr} = (F_{N3})_{cr} = \frac{\pi^2 EI}{(l/\cos 30°)^2} = 0.75\frac{\pi^2 EI}{l^2}$$

临界压力之间的关系为

$$\frac{(F_{N2})_{cr}}{(F_{N1})_{cr}} = 2.72 \tag{1}$$

在失稳发生之前,各杆的内力满足如下平衡关系(图 23-2b)

$$\sum F_x = 0, \quad F_{N1} - F_{N3} = 0 \tag{2}$$

$$\sum F_y = 0, \quad F_{N2} + 2F_{N1}\cos\alpha = F \tag{3}$$

三杆之间的变形关系如图 23-2c)所示,可表示为

$$\Delta_1 = \Delta_2\cos\alpha$$

由物理方程

$$\frac{\dfrac{F_{N1}l}{\cos\alpha}}{EA} = \frac{F_{N2}l}{EA}\cos\alpha$$

得到

$$F_{N1} = F_{N2}\cos^2\alpha$$

进而得到

$$F_{N2} = \frac{F}{1 + 2\cos^3\alpha} = 0.43F, \quad F_{N1} = F_{N3} = \frac{F\cos^2\alpha}{1 + 2\cos^4\alpha} = 0.326F$$

$$\frac{F_{N2}}{F_{N1}} = 1.33 \tag{4}$$

由式(4)知,F_{N2} 是 F_{N1} 的 1.33 倍,故当 F_{N1} 达到 $(F_{N1})_{cr}$ 时,$F_{N2} = 1.33(F_{N1})_{cr}$;由式(1)可知,这两杆的临界力之比为 2.72,故当 AB 杆达到临界状态时,AC 杆没有达到临界状态,因此 AB 杆和 AD 杆首先失稳,此时 AC 杆还有承载能力,只有当 AC 杆也失稳时,结构才算破坏。

(2) 计算载荷的临界值 F_{cr}。

当 AB 和 AD 两杆达到失稳而 AC 杆尚未失稳时,可以认为 AB 与 AD 两杆的内力仍保持其临界值。增加 F 而使 AC 杆也达到失稳状态,于是三杆的内力都达到临界值。此时

$$F_{cr} = (F_{N2})_{cr} + 2(F_{N1})_{cr}\cos\alpha = 32.96\frac{EI}{l^2}$$

23.1.3 温度变化引起的失稳问题

例题 23-3 在图 23-3a)所示结构中,三杆均为直径 $d = 30\text{mm}$ 的圆截面杆,$l = 450\text{mm}$,弹性模量 $E = 200\text{GPa}$,热膨胀系数 $\alpha = 12.5 \times 10^{-6}\text{℃}^{-1}$,材料的 $\lambda_p = 100$,设稳定安全因数 $n_{st} = 2.0$,试求温度升高多少会导致结构发生失稳破坏。

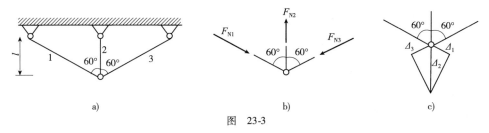

图 23-3

解:设三杆承受同样的温度变化。由汇交力系的平衡[图 23-3b)],得

$$F_{N1} = F_{N3}, \quad F_{N2} - 2F_{N1}\cos 60° = 0, \quad (F_{N1} = F_{N2})$$

由变形协调关系[图 23-3c)]$\Delta_2 = 2\Delta_1$,得

$$\alpha Tl + \frac{F_{N2}l}{EA} = 2\left(\alpha T \cdot 2l - \frac{F_{N1} \cdot 2l}{EA}\right) \quad \left(F_{N1} = \frac{3}{5}\alpha TEA\right)$$

对于杆 1 和杆 3,其柔度为

$$\lambda = \frac{\mu l_1}{i} = \frac{8\mu l}{d} = \frac{8 \times 1 \times 450 \times 10^{-3}}{30 \times 10^{-3}} = 120 > \lambda_p = 100$$

故为细长杆,其临界力由欧拉公式确定。

$$F_{\text{N1,cr}} = \frac{\pi^2 EI}{(\mu l_1)^2} = \frac{\pi^3 Ed^4}{256 l^2}$$

$$= \frac{3.14^3 \times 200 \times 10^9 \times 30^4 \times 10^{-12}}{256 \times 450^2 \times 10^{-6}} = 96.89 \text{kN}$$

由

$$\frac{F_{\text{N1,cr}}}{n_{\text{st}}} = \frac{3}{5}\alpha TEA$$

得结构失稳时的温度变化为

$$T = \frac{5F_{\text{N1,cr}}}{3n_{\text{st}}\alpha EA} = \frac{20F_{\text{N1,cr}}}{3\pi n_{\text{st}}\alpha Ed^2}$$

$$= \frac{20 \times 96.89 \times 10^3}{3 \times 3.14 \times 2 \times 12.5 \times 10^{-6} \times 200 \times 10^9 \times 30^2 \times 10^{-6}} = 47.6\text{℃}$$

23.1.4 液体流动引起的失稳问题

例题 23-4 在如图 23-4 所示两端铰支,长为 l 的直圆管中,定常地以速度 v 流动着液体。管的弹性模量为 E,惯性矩为 I,液体沿单位管长的质量为 $\overline{m}$,求当管子失稳时液体流动的速度。

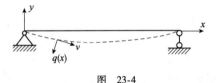

图 23-4

解:若管稍有扰动,挠曲线为 $y(x)$,当管内液体以 v 流动时,单位长度圆管上作用有惯性力 $q(x) = \overline{m}\dfrac{v^2}{\rho}$,这里的 ρ 是管子弯曲后轴线的曲率半径,由于小挠度,$\dfrac{1}{\rho} \approx y''(x)$,于是梁上铅直向下的分布载荷可近似表示为 $q(x) = \overline{m}v^2 y''$,因此有

$$EIy'' = M(x), EIy''' = \frac{dM}{dx} = F_S(x), EIy^{(4)} = q(x)$$

注意到分布载荷向上时为正,故有

$$EIy^{(4)} + \overline{m}v^2 y'' = 0 \tag{1}$$

令

$$k^2 = \frac{\overline{m}v^2}{EI}$$

则方程式(1)可写为

$$y^{(4)} + k^2 y'' = 0 \tag{2}$$

令方程式(2)具有形如 $y = Ce^{rx}$ 的解,代入方程式(2)可得其特征方程

$$r^4 + k^2 r^2 = 0 \tag{3}$$

该特征方程的解为

$$r_{1,2} = 0, r_{3,4} = \pm ik$$

于是,得方程式(2)的通解为

$$y = A\sin kx + B\cos kx + Cx + D$$

其二阶导数为

$$y'' = -Ak^2\sin kx - Bk^2\cos kx$$

该问题的边界条件为

$$y(0)=0, y''(0)=0, y(l)=0, y''(l)=0$$

由 $y''(0)=0$，得 $B=0$，这时
$$y = A\sin kx + Cx + D$$

由 $y(0)=0$，得 $D=0$，这时
$$y = A\sin kx + Cx$$

由 $y''(l)=0$，得 $-Ak^2\sin kl = 0$，由 $k^2 \neq 0$，得
$$A\sin kl = 0$$

由 $y(l)=0$，得 $A\sin kl + Cl = 0$，由 $A\sin kl = 0$，得
$$C = 0$$

失稳时的构形为
$$y = A\sin kx$$

由 $\sin kl = 0$，得 $kl = n\pi$ （$n = 1,2,3,\cdots$），则
$$k = \frac{n\pi}{l} = \sqrt{\frac{\overline{m}v^2}{EI}} \quad (n = 1,2,3,\cdots)$$

从而可知管子开始失稳时的液体流速
$$v_{cr} = \frac{\pi}{l}\sqrt{\frac{EI}{\overline{m}}}$$

23.1.5 旋转细长压杆的稳定性问题

例题 23-5 考虑图 23-5 以角速度 ω 旋转的细长压杆，其长度为 l，抗弯刚度 EI 为常量，单位长度的质量为 $\overline{m}$，在两端受到一对压力 F 的作用，试建立该旋转压杆失稳时压力 F 与旋转转角速度 ω 所应满足的关系。

解：设旋转细长压杆的屈曲构形如图 23-5 中的虚线所示，在任意截面 s 处，由旋转引起的分布惯性力为 $\overline{m}\omega^2 v(s)$，则其控制微分方程为
$$EIv^{(4)}(s) + Fv''(s) - \overline{m}\omega^2 v(s) = 0 \quad (1)$$

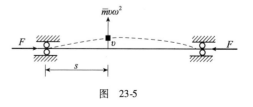

图 23-5

为求解方便，引入量纲一参数，$y = v/l, x = s/l$。则方程式(1)可写成
$$y^{(4)}(x) + \frac{Fl^2}{EI}y''(x) - \frac{\overline{m}l^4\omega^2}{EI}y(x) = 0 \quad (2)$$

令
$$a = \frac{Fl^2}{EI}, b = l^2\omega\sqrt{\frac{\overline{m}}{EI}}$$

则方程式(2)可简写成
$$y^{(4)}(x) + ay''(x) - b^2 y(x) = 0, x \in (0,1) \quad (3)$$

为求解四阶线性齐次微分方程，令 $y = e^{rx}$，则其特征方程为
$$r^4 + ar^2 - b^2 = 0 \quad (4)$$

该特征方程的解为
$$r_{1,2}^2 = \frac{-a \pm \sqrt{a^2 + 4b^2}}{2} \quad (5)$$

令

$$r_{1,2} = \pm\alpha, r_{3,4} = \pm\beta i, \alpha = \sqrt{\frac{\sqrt{a^2+4b^2}-a}{2}}, \beta = \sqrt{\frac{\sqrt{a^2+4b^2}+a}{2}}$$

则方程式(3)的通解为

$$y = A\sinh\alpha x + B\cosh\alpha x + C\cos\beta x + D\sin\beta x, \quad x \in (0,1) \tag{6}$$

对两端铰支的细长旋转压杆,其边界条件可表示为

$$y(0) = 0, y''(0) = 0, y(1) = 0, y''(1) = 0$$

将边界条件式(6)代入通解式(5),得

$$(\alpha^2 + \beta^2)\sinh\alpha\sin\beta = 0$$

在一般情况下,$\alpha^2 + \beta^2 \neq 0$,$\sinh\alpha \neq 0$,为使方程式(6)有非零解,只有

$$\sin\beta = 0, \beta = n\pi \quad (n = 1, 2, \cdots)$$

亦即

$$a + \sqrt{a^2 + 4b^2} = 2n^2\pi^2 \quad (n = 1, 2, \cdots)$$

$$F + \sqrt{F^2 + 4\overline{m}\omega^2} = \frac{2n^2\pi^2 EI}{l^2} \quad (n = 1, 2, 3\cdots) \tag{7}$$

此式即为两端铰支旋转细长压杆失稳时压力 F 与旋转角速度 ω 所应满足的关系。当转速为零时,式(7)与经典的欧拉公式是一致的。

23.1.6 组合构件压杆的稳定

组合压杆在工程界中有多种,如桥梁结构的上端杆、厂房的双肢柱、桅杆和塔身等。为了稳定,都用组合杆形成组合压杆,目的是为了增加横截面惯性矩、提高抗弯能力、增强稳定性。不可采用提高材料强度的方法来增强稳定性。但当压杆失稳时,不仅有弯曲变形,还有剪切变形,因此组合压杆是一个弯剪形结构,如图23-6所示。对组合压杆的临界载荷的确定一般应取弯曲和剪切两者综合的计算公式。

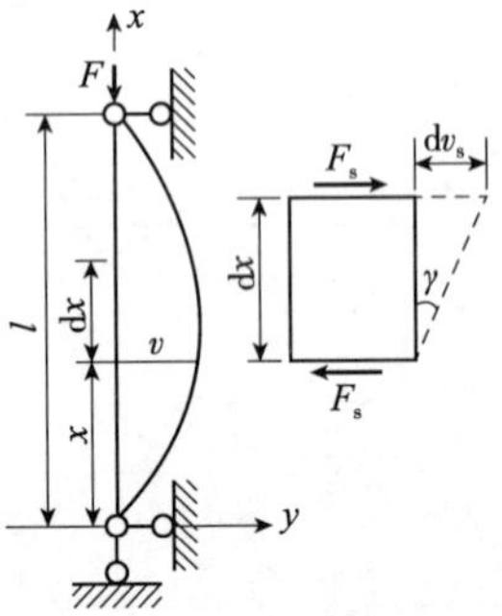

设 v_b 为压曲挠度,v_s 为剪切挠度,由于两者各自的变形很小,可用叠加原理求总的挠度 v,即

$$v = v_b + v_s \tag{a}$$

用微分方程来建立平衡方程

$$\frac{dv}{dx} = \frac{dv_b}{dx} + \frac{dv_s}{dx} \tag{b}$$

图 23-6 组合构件压杆的稳定

其中

$$\frac{dv_s}{dx} = \gamma = \frac{f_s F_s}{GA} \tag{c}$$

式中的 f_s、γ、F_s、G 和 A,在前面剪切变形中都有解释。

再对式(b)微分得

$$\frac{d^2v}{dx^2} = \frac{d^2v_b}{dx^2} + \frac{f_s}{GA}\frac{dF_s}{dx} \tag{d}$$

因 $\frac{d^2v_b}{dx^2} = -\frac{M}{EI}, \frac{dF_s}{dx} = \frac{d^2M}{dx^2}, M = Fv$,代入式(d)得

$$v'' = -\frac{Fv}{EI} + \frac{f_S F}{GA}v'' \qquad (e)$$

$$\left(1 - \frac{f_S F}{GA}\right)v'' + \frac{F}{EI}v = 0 \qquad (f)$$

令

$$K = \sqrt{\frac{GAF}{EI(GA - f_S F)}} \qquad (g)$$

于是式(f)为

$$v'' + Kv = 0 \qquad (h)$$

其方程的解为

$$v = C_1 \cos Kx + C_2 \sin Kx \qquad (i)$$

当 $v(0) = 0$,得

$$C_1 = 0$$

当 $v(l) = 0$,得

$$C_2 \sin Kx = 0$$

最小值为 $Kl = \pi$,则临界力为

$$F_{cr} = \frac{\pi^2 EI}{l^2} \cdot \frac{1}{1 + \frac{\pi^2 EI}{l^2}\overline{\gamma}} \qquad (23-1)$$

其中, $\overline{\gamma} = \frac{f_S}{GA}$ 为 $F_S = 1$ 时的剪切角。

23.2 纵横弯曲

如图 23-7 所示为一在轴向力 **F** 和横向均布载荷 **q** 共同作用下发生压缩与弯曲组合变形的杆件,若杆的抗弯刚度很大,则由横向均布载荷 **q** 引起的挠度很小,这时由轴向力 **F** 产生的附加弯矩可以忽略。但若杆的抗弯刚度较小,则由轴向力 **F** 产生的附加弯矩不能忽略,这种考虑横向力和轴向力同时引起的弯曲变形问题,称为纵横弯曲。

对于如图 23-7 所示的杆件,其挠曲线近似微分方程为

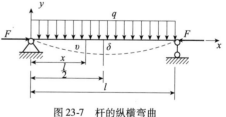

图 23-7 杆的纵横弯曲

$$EIv'' = M(x), EIv'' = \frac{ql}{2}x - \frac{q}{2}x^2 - Fv \qquad (a)$$

即

$$v'' + k^2 v = \frac{q}{2EI}(lx - x^2) \qquad (b)$$

其中, $k^2 = \frac{F}{EI}$。

微分方程式(b)的通解为

$$v = A\sin kx + B\cos kx + \frac{q}{2EIk^2}\left(\frac{2}{k^2} + lx - x^2\right) \qquad (c)$$

由边界条件 $v(0)=0, v(l)=0$，可求出 A 和 B 为

$$B = -\frac{q}{EIk^4}, A = -\frac{q}{EIk^4}\tan\beta \tag{d}$$

其中，$\beta = \frac{kl}{2}$。

所以杆的挠曲线方程为

$$v = -\frac{q}{EIk^4}\left[\tan\beta\sin kx + \cos kx - 1 + \frac{k^2}{2}(x^2 - lx)\right] \tag{e}$$

将 $x = \frac{l}{2}$ 代入式(e)，可求得最大挠度（取绝对值）

$$\delta = \frac{q}{EIk^4}\left(\sec\beta - 1 - \frac{k^2l^2}{8}\right) \tag{23-2}$$

将 $k = \frac{2\beta}{l}$ 代入式(23-2)，得

$$\delta = \frac{5ql^4}{384EI}\left[\frac{24}{5}\frac{\left(\sec\beta - 1 - \frac{\beta^2}{2}\right)}{\beta^4}\right] \tag{23-3}$$

由于

$$\beta^2 = \frac{k^2l^2}{4} = \frac{Fl^2}{4EI} = \frac{\pi^2}{4}\frac{F}{\pi^2EI/l^2} = \frac{\pi^2}{4}\frac{F}{\overline{F}_{cr}} \tag{f}$$

其中，$\overline{F}_{cr} = \frac{\pi^2EI}{l^2}$。

当 $F < \overline{F}_{cr}$ 时，$0 < \beta < \frac{\pi}{2}$，于是 $\sec\beta$ 可展成幂级数

$$\sec\beta = 1 + \frac{1}{2}\beta^2 + \frac{5}{24}\beta^4 + \frac{61}{720}\beta^6 + \cdots$$

由此可得

$$\delta = \frac{5ql^4}{384EI}\left(1 + \frac{61}{150}\beta^2 + \frac{277}{1680}\beta^4 + \cdots\right) \tag{g}$$

将式(f)代入式(g)括号内的第二项，该项可写为

$$\frac{61}{150}\beta^2 = \frac{61}{150}\frac{\pi^2}{4}\frac{F}{\overline{F}_{cr}} \approx \frac{F}{\overline{F}_{cr}} \tag{h}$$

故式(g)可写成

$$\delta = \frac{5ql^4}{384EI}\left(1 + \frac{F}{\overline{F}_{cr}}\right) \tag{23-4}$$

值得指出的是，式(23-4)中的 $\overline{F}_{cr} = \frac{\pi^2EI}{l^2}$ 是此杆仅在压力 F 作用下由横向均布载荷 q 引起弯曲时的中性轴失稳的临界力，但并非是此杆在压力 F 和横向均布载荷 q 共同作用时失稳的临界力。式(23-4)可写成如下形式

$$\delta \approx \overline{\delta}(1 + \alpha) \approx \frac{\overline{\delta}}{1 - \alpha} \tag{23-5}$$

其中，$\alpha = \frac{F}{\overline{F}_{cr}}$；$\overline{\delta} = \frac{5ql^4}{384EI}$ 为只有横向均布载荷 q 作用时的最大挠度。虽然式(23-5)是通

过具体的压缩与弯曲的组合变形导出的,但通过能量法可以证明,它近似地适用于其他复杂的纵横弯曲问题。

对于纵横弯曲问题,通常要进行强度和稳定性校核。如图 23-7 所示杆件的强度条件为

$$M_{\max} = \frac{ql^2}{8} + \frac{F\bar{\delta}}{1-\alpha}$$

$$\sigma_{\max} = \frac{M_{\max}}{W} + \frac{F}{A} \leq [\sigma]$$

为了防止压杆在最小抗弯刚度方向失稳,一般还应按理想压杆进行稳定性校核。

通常把轴向压力和横向载荷联合作用的直梁称为梁柱。放大系数法对于梁柱的强度核算,是一种简便的近似方法。如前所述,有

$$EIv'' = \bar{M} - Fv, \quad EIv'' = EI\bar{v}'' - Fv \tag{23-6}$$

其中,$\bar{M}$ 和 $\bar{v}$ 分别为横力单独作用下的弯矩和挠度函数。可以近似地认为

$$v = \delta\sin\frac{\pi x}{l}, \quad \bar{v} = \bar{\delta}\sin\frac{\pi x}{l}$$

将这代入式(23-6)得

$$EI\delta\left(\frac{\pi}{l}\right)^2 = EI\bar{\delta}\left(\frac{\pi}{l}\right)^2 - F\delta$$

于是

$$\delta = \frac{\bar{\delta}}{1-\alpha} \tag{23-7}$$

当梁的固定方式不是简支时,仍可采用式(23-7),不过计算 $\alpha = F/\bar{F}_{cr}$ 时,其 $\bar{F}_{cr}$ 要采用对应的 μ 值。如设弯矩与挠度成正比,也可以认为

$$M = \frac{\bar{M}}{1-\alpha} \tag{23-8}$$

第 20-5 节所介绍的能量方法,同样可以用来求解梁柱问题,此时式(20-45)中的 $\delta\overline{W}_e$ 必须计入横力功

$$\delta\overline{W}_e = \int_0^l q(x)v(x)\mathrm{d}x \tag{23-9}$$

轴向拉力和横向载荷联合作用下的直杆称为系杆或系梁。

例题 23-6 如图 23-8 所示木梁,梁长 $l=1\text{m}$,截面为宽 $b=6\text{cm}$、高 $h=1\text{cm}$ 的矩形。作用于中点集中力 $F_1=50\text{N}$,材料的许用应力 $[\sigma]=10\text{MPa}$,弹性模量 $E=1\text{GPa}$,求轴向力 F_2 在什么范围内梁是安全的。

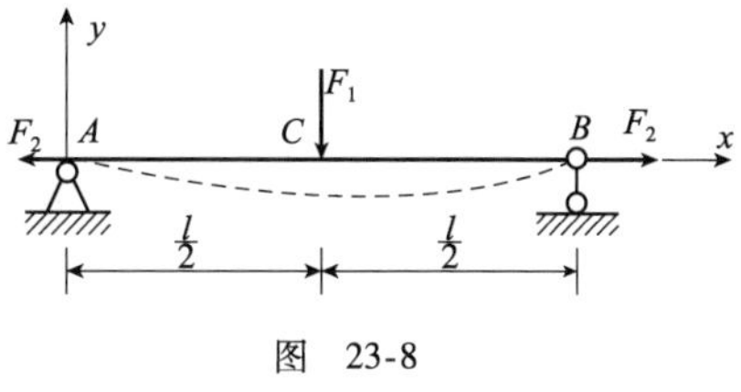

解: 由于木梁变形较大,轴向力对弯曲应力和变形的影响应予考虑。由于问题的对称性,可只对左半部分列出方程

图 23-8

$$EIv'' = \frac{F_1 x}{2} + F_2 v \quad \left(0 \leq x \leq \frac{l}{2}\right) \tag{1}$$

令 $k^2 = \frac{F_2}{EI}$,则方程式(1)可写为

$$v'' - k^2 v = \frac{F_1}{2EI}x \tag{2}$$

其解为

$$v = C_1 \mathrm{e}^{kx} + C_2 \mathrm{e}^{-kx} - \frac{F_1 x}{2F_2} \tag{3}$$

其一阶导数为

$$v' = C_1 k \mathrm{e}^{kx} - C_2 k \mathrm{e}^{-kx} - \frac{F_1}{2F_2} \tag{4}$$

该问题的边界条件为 $v(0) = 0, v'\left(\dfrac{l}{2}\right) = 0$。

由 $v(0) = 0$ 代入式(3),得

$$C_1 + C_2 = 0$$

将 $v'\left(\dfrac{l}{2}\right) = 0$ 代入式(4),得

$$C_1 = \frac{F_1}{2F_2 k} \left(\mathrm{e}^{\frac{kl}{2}} + \mathrm{e}^{-\frac{kl}{2}} \right)^{-1}$$

由此得到挠曲线方程为

$$v = \frac{F_1}{2F_2 k} \frac{\sinh kx}{\cosh \dfrac{kl}{2}} - \frac{F_1 x}{2F_2}$$

弯矩方程为

$$M = EIv'' = \frac{EIkF_1}{2F_2} \frac{\sinh kx}{\cosh \dfrac{kl}{2}}$$

最大弯矩为

$$M_{\max} = \frac{F_1}{2k} \tanh \frac{kl}{2}$$

梁内的最大正应力为

$$\sigma_{\max} = \frac{M_{\max}}{W} + \frac{F_2}{A} = \frac{F_1}{2kW} \tanh \frac{kl}{2} + \frac{F_2}{A} = \frac{F_1}{2Wk} \tanh \frac{kl}{2} + \frac{EI}{A} k^2 \leqslant [\sigma] \tag{5}$$

取等号,将 $A = bh, I = \dfrac{bh^3}{12}, W = \dfrac{bh^2}{6}$ 代入式(5),整理后得到

$$\tanh \frac{kl}{2} + \frac{Ebh^4}{36 F_1 l^3} (kl)^3 - \frac{bh^2 [\sigma]}{3 F_1 l} (kl) = 0 \tag{6}$$

代入具体的数值进行计算发现,当满足条件 $16\mathrm{N} \leqslant F_2 \leqslant 5\,550\mathrm{N}$ 时,梁内的最大应力小于许用应力。

讨论与练习

(1) 请使用 Maple 编程求解非线性方程式(5)。

(2) 请使用 Maple 编程绘制最大弯矩变化规律。

23.3 压杆设计的直接法

压杆的稳定设计是通过计算压杆截面积选用截面形状来表达的。压杆的截面设计一般是采用试算法,计算量较大,本节介绍一种直接的压杆设计方法,它适用于大、中、小各种柔度的压杆。

我们把式(23-10)中的 β 定义为截面形状因子,即

$$\beta = \frac{I}{A^2} \tag{23-10}$$

式中:I——截面的惯性矩;
A——截面的面积。

我们知道,压杆设计就是要寻求一个适合的截面,使其惯性矩 I 和截面面积 A 同时满足

$$[\sigma] = \frac{F}{\varphi A} \tag{23-11a}$$

$$\lambda = \frac{\mu l}{i} \tag{23-11b}$$

$$I = i^2 A \tag{23-11c}$$

对于有确定的截面形状因子的压杆,它的 β 是一个只与尺寸有关的数,由式(23-10)和式(23-11)式可导出

$$\frac{\lambda^2}{\varphi} = \frac{\mu^2 l^2 \cdot [\sigma]}{F\beta} \tag{23-12}$$

式中:λ——长细比;
φ——折减因数;
l——杆长;
μ——长度因数(由支承条件确定);
F——工作压力;
$[\sigma]$——许用应力;
β——截面形状因子,由式(23-13)确定。

$$\beta = \frac{I}{A^2} \tag{23-13}$$

显而易见式(23-12)的右边均为已知量,所以只要在一般的 φ-λ 表中增加一项 $\frac{\lambda^2}{\varphi}$,由式(23-12)算得的 $\frac{\lambda^2}{\varphi}$ 值可通过查 $\lambda - \varphi - \frac{\lambda^2}{\varphi}$ 表而知对应的折减因数 φ 的大小,从而可求出所需的截面面积 A 值。如表 23-1 所示为 16Mn 钢的 $\lambda - \varphi - \frac{\lambda^2}{\varphi}$ 表[该表的 λ 和 φ 值取自《起重机设计规范》(GB/T 3811—2008)]。几种常用压杆截面的形状因子 β 值列于表 23-2 中,供设计中参考。

16Mn 钢压杆的折减因数 $\varphi - \lambda - \dfrac{\lambda^2}{\varphi}$ 表 23-1

λ	φ	$\dfrac{\lambda^2}{\varphi}(\times 10^2)$	λ	φ	$\dfrac{\lambda^2}{\varphi}(\times 10^2)$
0	1.000	0.00	130	0.279	606
10	0.993	1.01	140	0.242	810
20	0.973	4.11	150	0.213	1 060
30	0.940	9.57	160	0.188	1 360
40	0.895	17.9	170	0.168	1 720
50	0.840	29.8	180	0.151	2 150
60	0.776	46.4	190	0.136	2 650
70	0.705	69.5	200	0.124	3 230
80	0.627	102	210	0.113	3 900
90	0.546	148	220	0.104	4 650
100	0.462	216	230	0.096	5 510
110	0.384	315	240	0.089	6 470
120	0.325	443	250	0.082	7 620

截面形状因子 β   表 23-2

截面形状	截面形状因子 β	截面形状	截面形状因子 β
圆 (直径 D)	圆 $\beta = \dfrac{1}{4\pi}$	空心圆 (外径 D, 内径 d)	空心圆 $\beta = \dfrac{1}{4\pi} \cdot \dfrac{1+\alpha^2}{1-\alpha^2}$ $\alpha = \dfrac{d}{D}$
正方形 (边长 a)	正方形 $\beta = \dfrac{1}{12}$	等厚度空心正方形 (边长 a, 厚 t)	等厚度空心正方形 $\beta = \dfrac{1}{12} \cdot \dfrac{1+(1-2\alpha)^2}{1-(1-2\alpha)^2}$ $\alpha = \dfrac{t}{a}$
矩形 (高 h, 宽 b)	矩形 $\beta = \dfrac{\alpha}{12}$ $h > b$ $\alpha = \dfrac{b}{h}$	等厚度空心矩形 (高 h, 宽 b, 厚 t)	等厚度空心矩形 $\beta = \dfrac{1}{12} \cdot$ $\dfrac{\alpha_2[1-(1-2\alpha_1)^3(1-2\alpha_2)]}{\alpha_1[1-(1-2\alpha_1)(1-2\alpha_2)]^2}$ $h > b, \alpha_1 = \dfrac{t}{b}, \alpha_2 = \dfrac{t}{h}$

例题 23-7 一根长度 $l=800\text{mm}$ 的圆截面直杆,两端铰支并受轴向压力 $F=100\text{kN}$,该直杆材料为 16Mn 钢,许用应力 $[\sigma]=170\text{MPa}$,试求此压杆所需的直径 d。

解:利用直接法求解。

① 圆截面形状因子

$$\beta = \frac{I}{A^2} = \frac{1}{4\pi}$$

② 利用式(23-12)计算 $\dfrac{\lambda^2}{\varphi}$ 的值

$$\frac{\lambda^2}{\varphi} = \frac{\mu^2 l^2 \cdot [\sigma]}{F\beta} = \frac{4\pi\mu^2 l^2 \cdot [\sigma]}{F}$$

$$= \frac{4 \times 3.14 \times 1^2 \times 0.8^2 \times 170 \times 10^6}{100 \times 10^3} \approx 137 \times 10^2$$

③ 由表 23-1 中的 $\dfrac{\lambda^2}{\varphi}$ 值查得对应的 φ 值

$$\varphi = 0.627 + (0.546 - 0.627) \times \frac{137 - 102}{148 - 102} = 0.565\ 4$$

④ 计算压杆直径

$$d = \sqrt{\frac{4F}{\pi[\sigma]\varphi}} = \sqrt{\frac{4 \times 10 \times 10^3}{3.14 \times 170 \times 10^6 \times 0.565\ 4}} = 0.036\ 39\text{m}$$

选取直径 $d = 37\text{mm}$。

23.4 压杆临界力计算的循序渐进积分法

在所有根据利用微分方程式来求变截面杆件与不均匀压缩杆件的欧拉临界力的方法中,循序渐进积分法值得无条件地偏重,因为它只牵涉到少数相当简单的计算。

设所研究的杆件的中性平衡微分方程式为

$$[EI(x)v'']'' + [F(x)v']' = 0 \tag{23-14}$$

将与所要求的杆件欧拉临界力成比例的项移至方程式的右边

$$[EI(x)v'']'' = -[F(x)v']'$$

并且使

$$F(x) = \beta f(x)$$

其中,β 为某些常数,我们将要求它的欧拉值,得

$$[EI(x)v'']'' = -\beta[f(x)v']' \tag{23-15}$$

相应地在问题的所有的边界条件里搬移所有与 β 成比例的项于等式的右边,保留与 β 无关的项在等式的左边。

做完了这些以后,将适合丧失稳定性的预期形状的某些任意函数 $\varphi_0(x)$ 代入所获得的等式右边来替换所有的 v,将函数 $\varphi_1(x)$ 代入此等式的左边来替换 v,此 $\varphi_1(x)$ 必须在适当边界条件下,应用所得的微分方程式的积分决定之。

很显然,最后的问题就归结为在已知载荷下求变截面杆件的弹性线,亦就是化成众所周知的问题了。

求得了与 β 值成比例的函数 $\varphi_1(x)$,可以使杆件的某一截面的 $\varphi_1(x)$ 与 $\varphi_0(x)$ 相等以求

得此杆的欧拉临界力。通常使 v 为极大的截面中 $\varphi_1(x)$ 与 $\varphi_0(x)$ 相等,这样有时较为便利。

若当 $\beta = \text{const}$ 及 x 为任何值时,等式 $\varphi_1(x) = \varphi_0(x)$ 是正确的,则问题的解答应当认为是完善了。

不然的话,循序渐进法必须继续进行。同时在微分方程式的右边及边界条件的右边应当将函数 $\varphi_1(x)$ 代替 v,而在左边,用函数 $\varphi_2(x)$ 代替 v,函数 $\varphi_2(x)$ 可以从微分方程式的积分求得之。使某一断面中,$\varphi_2(x) = \varphi_1(x)$,就求得第二次近似中的 β_2 值,如此继续进行之。

当在任何 x 值与 $\beta = \text{const}$ 时有

$$\varphi_{n+1}(x) = \varphi_n(x)$$

则循序渐进积分法便可终止进行了。

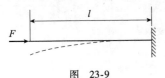

图 23-9

例题 23-8 如图 23-9 所示,求受有压力 F 的悬臂杆件的欧拉临界力。这种情形,由第 16 章第 1 节已知,欧拉临界力为

$$F_{cr} = \frac{\pi^2 EI}{4l^2} = 2.467 \frac{EI}{l^2}$$

解:采用循序渐进积分法。

我们将积中性平衡的微分方程式

$$EIv^{(4)} = -Fv'' \tag{1}$$

此时边界条件为

$$v(0) = 0, v'(0) = 0$$
$$v''(l) = 0, EIv'''(l) = -Fv'(l) \tag{2}$$

取 $\varphi_0 = \left(\dfrac{x}{l}\right)^2$ 作为初函数,则

$$EI\varphi_1^{(4)}(x) = -\frac{2F}{l^2}$$

将所得到的微分方程式进行四次积分后可以得

$$\varphi_1 = \frac{Fl^2}{EI}\left[-\frac{1}{12}\left(\frac{x}{l}\right)^4 + \frac{A_0}{6}\left(\frac{x}{l}\right)^3 + \frac{A_1}{2}\left(\frac{x}{l}\right)^2 + A_2\left(\frac{x}{l}\right) + A_3\right] \tag{3}$$

使公式(3)满足边界条件,此边界条件可以写成下列形状

$$\varphi_1(0) = 0, \varphi'_1(0) = 0$$
$$\varphi''_1(l) = 0, EI\varphi'''_1(l) = -F\varphi'_0(l)$$

得

$$A_0 = 0, A_1 = 1, A_2 = 0, A_3 = 0$$

因此

$$\varphi_1 = \frac{Fl^2}{EI}\left[-\frac{1}{12}\left(\frac{x}{l}\right)^4 + \frac{1}{2}\left(\frac{x}{l}\right)^2\right]$$

在截面 $x = l$ 处,使 $\varphi_1(x)$ 等于 $\varphi_0(x)$,得

$$\frac{5Fl^2}{12EI} = 1$$

由此

$$F_{cr} = 2.4 \frac{EI}{l^2}$$

为求第二次近似,将所求得的函数取 $\varphi_1(x)$ 代入微分方程式(1)的右边并且弃去乘数 $\dfrac{Fl^2}{EI}$ 得

$$EI\varphi_2^{(4)}(x) = -\dfrac{F}{l^2}\left[1 - \left(\dfrac{x}{l}\right)^2\right]$$

积分四次后,可得

$$\varphi_2 = \dfrac{Fl^2}{EI}\left[\dfrac{1}{360}\left(\dfrac{x}{l}\right)^6 - \dfrac{1}{24}\left(\dfrac{x}{l}\right)^4 + \dfrac{A_0}{6}\left(\dfrac{x}{l}\right)^3 + \dfrac{A_1}{2}\left(\dfrac{x}{l}\right)^2 + A_2\left(\dfrac{x}{l}\right) + A_3\right] \qquad (4)$$

并且使公式(4)满足边界条件,得

$$A_0 = 0, A_1 = \dfrac{5}{12}, A_2 = 0, A_3 = 0$$

因此

$$\varphi_2 = \dfrac{Fl^2}{EI}\left[\dfrac{1}{360}\left(\dfrac{x}{l}\right)^6 - \dfrac{1}{24}\left(\dfrac{x}{l}\right)^4 + \dfrac{5}{24}\left(\dfrac{x}{l}\right)^2\right]$$

使

$$\varphi_2(l) = \varphi_1(l)$$

可得 F_{cr} 的第二次近似值,由此得

$$F_{cr} = \dfrac{150}{61}\dfrac{EI}{l^2} = 2.46\dfrac{EI}{l^2}$$

这实际上是符合问题的正确解答。

23.5 压杆稳定问题的有限差分法

对于变截面压杆或者受力复杂的压杆,计算其临界力比较困难,因为它要求截面的惯性矩能表达成随轴线变化的函数。有限差分方法可以很方便地求解这些压杆的临界力。

变截面压杆的挠曲线近似微分方程为

$$v'' + \dfrac{F_{cr}}{EI(x)}v = 0 \qquad (23\text{-}16)$$

根据差分公式(10-36)可将微分方程转变成代数方程。若在压杆上选定某些点,然后对这些点使用式(10-36),这样可以得到一组线性齐次代数方程,其未知量就是压杆各截面的位移。通过确保这组线性齐次代数方程有非零解的条件,可求得压杆的稳定方程,进而求出压杆的临界力。

根据式(10-36),可得到与式(23-16)相对应的有限差分方程为

$$v_{i+1} + \left(\dfrac{F_{cr}h^2}{EI_i} - 2\right)v_i + v_{i-1} = 0 \quad (i = 1, 2, 3, \cdots) \qquad (23\text{-}17)$$

例题 23-9 试确定两端铰支的等厚度锥形压杆的临界力如图 23-10a)所示。截面的惯性矩由下式给出

$$I = \begin{cases} I_1\left(1 + \dfrac{3x}{l}\right) & \left(0 \leqslant x \leqslant \dfrac{l}{2}\right) \\ I_1\left(4 - \dfrac{3x}{l}\right) & \left(\dfrac{l}{2} < x \leqslant l\right) \end{cases}$$

式中，I_1 是 $x=0$ 和 $x=l$ 截面的惯性矩。
已知：E, I_1, l。
求：F_{cr}。

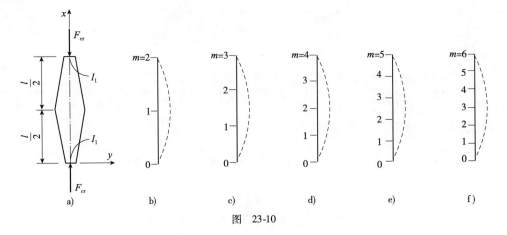

图 23-10

解：利用差分法求解。

将全杆 m 等分，将惯性矩离散化表示

$$I_{(i)} = \begin{cases} I_1\left(1+\dfrac{3x_i}{l}\right) & \left(0 \leqslant x \leqslant \dfrac{l}{2}\right) \\ I_1\left(4-\dfrac{3x_i}{l}\right) & \left(\dfrac{l}{2} < x \leqslant l\right) \end{cases} \quad (1)$$

根据式（23-17）知，压杆差分方程为

$$v_{i+1} + \left[\dfrac{F_{cr}h^2}{EI_1\left(1+\dfrac{3x_i}{l}\right)} - 2\right]v_i + v_{i-1} = 0 \quad (i=1,2,3\cdots) \quad (2)$$

① 取 $m=2, h=\dfrac{l}{2}$，如图 23-10b) 所示。边界条件 $v_0=0$、$v_2=0$，压杆差分方程为

$$\left(\dfrac{F_{cr}l^2}{10EI_1} - 2\right)v_1 = 0$$

因为 $v_1 \neq 0$，故有

$$F_{cr} = \dfrac{20EI_1}{l^2} \quad (3)$$

② 取 $m=3, h=\dfrac{l}{3}$，如图 23-10c) 所示。边界条件 $v_0=0$、$v_3=0$，根据对称性 $v_1=v_2$，压杆差分方程为

$$v_1 + \left(\dfrac{F_{cr}l^2}{18EI_1} - 2\right)v_1 = 0$$

利用 v_1 有非零解的条件解得

$$F_{cr} = \dfrac{18EI_1}{l^2} \quad (4)$$

③取 $m=4$，$h=\dfrac{l}{4}$，如图 23-10d) 所示。边界条件 $v_0=0$、$v_4=0$，根据对称性 $v_2=v_3$，压杆差分方程组为

$$v_2 + \left(\dfrac{F_{cr}l^2}{28EI_1} - 2\right)v_1 = 0$$

$$2v_1 + \left(\dfrac{F_{cr}l^2}{40EI_1} - 2\right)v_2 = 0$$

利用上述线性齐次代数方程组中 v_1 和 v_2 有非零解的条件

$$\begin{vmatrix} \dfrac{F_{cr}l^2}{28EI_1} - 2 & 1 \\ 2 & \dfrac{F_{cr}l^2}{40EI_1} - 2 \end{vmatrix} = 0$$

即

$$\left(\dfrac{F_{cr}l^2}{EI_1}\right)^2 - 136\left(\dfrac{F_{cr}l^2}{EI_1}\right) + 2\,240 = 0$$

由此解得 F_{cr} 的最小正值为

$$F_{cr} = \dfrac{19.17EI_1}{l^2} \tag{5}$$

④取 $m=5$，如图 23-10e) 所示情况，同理可得

$$F_{cr} = \dfrac{18.96EI_1}{l^2} \tag{6}$$

⑤取 $m=6$，如图 23-10f) 所示情况，可得

$$F_{cr} = \dfrac{19.22EI_1}{l^2} \tag{7}$$

讨论与练习

(1) 从式(3)~式(7)可以看出，增加分段数逐步改进了临界力 F_{cr} 的计算精度。在编程题 20-1 中已用能量法求出

$$F_{cr} = \dfrac{(12+7\pi^2)EI_1}{4l^2} = \dfrac{20.27EI_1}{l^2}$$

此值高于上述值。

(2) 要用能量法改进计算临界力的精度，就需要选择更接近真实挠度曲线的试函数。这里建议采用组合法：寻求杆件的欧拉临界力的组合法是逐步积分法与能量法的结合。

当应用组合法解答问题时其丧失稳定性的形状是用逐步积分法逐步地更趋精确，而杆件的欧拉临界力则应用能量法的第一次近似计算出来。

组合法收敛得这样快以至于通常无须再做多于二次的近似计算了。

(3) 请读者练习采用组合法计算本题，改进精度。

23.6 弹性压杆的大变形分析

23.6.1 问题的提出

本节建立了弹性压杆的大变形的数学模型,采用 Maple 编程求解了这个数学模型,并对细长柔韧压杆弹性失稳后挠曲线形状进行了计算机仿真。分析计算了失稳后屈曲的力学特征,给出了解析表达式;分析计算了失稳后屈曲的平衡状态曲线的几何特征,给出了计算机仿真曲线。

弹性细杆的平衡和稳定性问题起源于 1730 年 Daniel Bernoulli 和 Euler 的工作。弹性细杆的平衡和稳定性问题有着广泛的应用背景,如海底电缆和钻杆。由于在分子生物学中将弹性杆作为 DNA 等生物大分子链的力学模型,这一经典力学问题在近 30 年内又重新引起注意。本节采用 Maple 对该问题给出了详细解答和计算机仿真。

对于某一均匀圆柱形细长弹性棒长为 L,在棒的两端施加方向相反大小相等(等于 F)的轴向压力。实验表明,仅当 F 大于某力 F_1 时,棒才会发生弯曲。这个力 F_1 称为临界力。而当 $F = F_2 \approx 2F_1$ 时,棒的平衡状态如图 23-11 所示,棒的两个端点重合(假设棒仍处在弹性限度之内)。试建立数学模型来验证实验的结果。并且完成以下任务:

(1)计算力学特征:
① 临界力 F_1 的表达式;
② $\dfrac{F_2}{F_1}$ 的精确的理论比值。

(2)计算 $F = F_2$ 时,棒的平衡状态曲线的几何特征:
① 宽度与棒长之比 $\dfrac{t}{L}$;

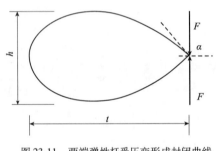

图 23-11 两端弹性杆受压变形成封闭曲线

② 高度与棒长之比 $\dfrac{h}{L}$;
③ 端点重合处的夹角 α(单位:°)。

23.6.2 弹性压杆大变形的力学特征分析

以一端固定并在自由端作用集中力 F 的压杆为例(图 23-12),当 F 超过临界压力时,杆件将发生大挠度弯曲变形。由弯曲理论知,曲率 $\dfrac{1}{\rho} = \dfrac{M}{EI}$,曲率 $\dfrac{1}{\rho}$ 的精确表达式是 $\dfrac{1}{\rho} = -\dfrac{\mathrm{d}\theta}{\mathrm{d}s}$,式中 s 是沿挠曲线从原点 O 算起的曲线长度,θ 为挠曲线切线与 x 轴的夹角。负号是因为在如图 23-11 所示情况下,θ 随 s 的增加而减小。m-n 截面上的弯矩则为 $M = Fy$,因此杆的平衡方程为

$$\frac{\mathrm{d}\theta}{\mathrm{d}s} + \frac{F}{EI} y = 0 \tag{23-18}$$

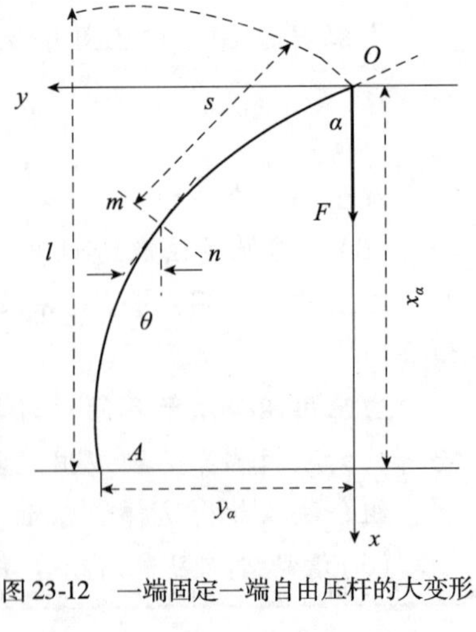

图 23-12 一端固定一端自由压杆的大变形

引用记号 $k^2 = \dfrac{F}{EI}$，将式(23-18)等号两边对 s 取导数，由于 $\dfrac{dy}{ds} = \sin\theta$，得挠曲轴控制方程

$$\frac{d^2\theta}{ds^2} + k^2\sin\theta = 0 \tag{23-19}$$

压杆在自由端的边界条件

$$\theta|_{s=0} = \alpha, \left.\frac{d\theta}{ds}\right|_{s=0} = 0 \tag{23-20a}$$

在固定端的边界条件

$$\theta|_{s=l} = 0, x|_{s=l} = x_\alpha, y|_{s=l} = y_\alpha \tag{23-20b}$$

积分式(23-19)求得压杆的长度 l 为

$$l = \frac{1}{2k}\int_0^\alpha \frac{d\theta}{\sqrt{\sin^2\dfrac{\alpha}{2} - \sin^2\dfrac{\theta}{2}}} \tag{23-21}$$

为了简化上列积分，引进记号 $p = \sin\dfrac{\alpha}{2}$，并引入新变量 φ，使

$$\sin\frac{\theta}{2} = \sin\varphi \sin\frac{\alpha}{2} \tag{23-22}$$

将式(23-22)代入式(23-21)，整理后得

$$l = \frac{1}{k}\int_0^{\frac{\pi}{2}} \frac{d\varphi}{\sqrt{1 - p^2\sin^2\varphi}} = \frac{1}{k}K(p) \tag{23-23}$$

其中，$K(p)$ 为第一类完整椭圆积分。这样，只要已知压杆在自由端的转角 α，求出 $K(p)$ 的数值，就确定了 k 值。根据 k 的数值又可求得相应的压力。

当压杆的轴线接近直线时，α、θ、p 和 φ 都是很小的数值，在式(23-23)中 $p^2\sin^2\varphi$ 与 1 相比可以忽略，于是得

$$F_{cr} = \frac{\pi^2 EI}{4l^2} \tag{23-24}$$

这也就是压杆的临界压力。以上结果表明，当压杆刚开始失稳时，弯曲变形很小，欧拉公式是足够精确的。

由式(23-23)和式(23-24)得到

$$\frac{F}{F_{cr}} = \frac{4K^2(p)}{\pi^2} \tag{23-25a}$$

$$p = \sin\frac{\alpha}{2} \tag{23-25b}$$

最大转角 α 与比值 $\dfrac{F}{F_{cr}}$ 之非线性关系见图23-13a)。表23-3中列出了最大转角 α 与比值 $\dfrac{F}{F_{cr}}$ 之间的关系。从表23-3可以看出，变形与压力并不按同一比例增加，而且压力 F 比 F_{cr} 增加不多，而变形的增大却非常显著。

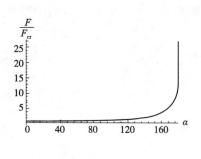

a) 转角与压力之关系

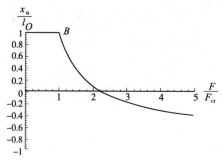

b) 载荷与挠度之关系

c) 载荷与轴向位移之关系

图 23-13 载荷比值与自由端位移之关系

计算压杆的自由端的挠度 y_α 和轴向位移 x_α 公式如下

$$x_\alpha = \frac{2}{k}\int_0^{\frac{\pi}{2}}\sqrt{1-p^2\sin^2\varphi}\,\mathrm{d}\varphi - l = \frac{2}{k}E(p) - l \tag{23-26a}$$

$$y_\alpha = \frac{2p}{k}\int_0^{\frac{\pi}{2}}\sin\varphi\,\mathrm{d}\varphi = \frac{2p}{k} \tag{23-26b}$$

其中，$E(p)$ 为第二类完整椭圆积分。进一步利用式 (23-25) 可得出压力 F 和挠度 y_α、x_α 的参数方程如下

$$\frac{F}{F_{\mathrm{cr}}} = \frac{4K^2(p)}{\pi^2} \tag{23-27a}$$

$$\frac{x_\alpha}{l} = \frac{2E(p)}{K(p)} - 1 \tag{23-27b}$$

$$\frac{y_\alpha}{l} = \frac{2p}{K(p)} \tag{23-27c}$$

对于 $p \in (0, 1)$ 范围内的任一给定的 p，可得相应的 F 与 y_α。通过这种间接消参的方式，最终得到图 23-13b) 中的 F 与 y_α 关系曲线。当 $F = F_{\mathrm{cr}}$ 时并不是一个随遇平衡位置。平衡路径将在此处分为三个分支，由静力判据易于验证当 $F > F_{\mathrm{cr}}$ 时，在 $\delta = 0$ 的分支上平衡是不稳定的，而在另两个分支上平衡是稳定的。这两个分支完全是对称的，但实际上的平衡只能是沿着某一分支实现，并不具有对称性。

图 23-13 揭示了系统平衡对参数 F 大范围的依赖关系。这表明，研究一个力学系统的

稳定性问题不能再限于讨论在给定的载荷 F 之下判断平衡是否稳定,更不能只限于探求临界载荷 F_{cr},而是要给出平衡状态随参数 F 变化的整个平衡路径(平衡路径又常称为平衡解曲线,或简称为解曲线)。在解曲线上发生分岔的点具有特殊的地位,如图 23-13b)中的 B 点,这种点称之为分岔点,这种分岔属于静分岔。

图 23-13c)给出了一端固定一端自由理想弹性压杆载荷与自由端轴向位移之关系曲线。

图 23-14 分别给出了一端固定一端自由的理想弹性压杆自由端:
(1)转角与挠度的大变形关系曲线[图 23-14a)]。
(2)转角与轴向位移的大变形关系曲线[图 23-14b)]。
(3)挠度与轴向位移的大变形关系曲线[图 23-14c)]。

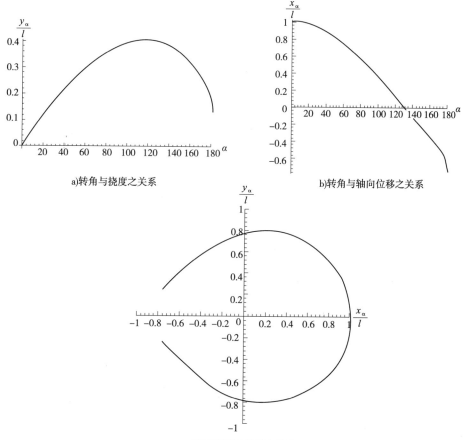

a)转角与挠度之关系 b)转角与轴向位移之关系

c)挠度与轴向位移之关系

图 23-14 自由端位移之间的非线性关系

表 23-3 中列出了最大转角 α 与比值 $\dfrac{y_\alpha}{l}$、$\dfrac{x_\alpha}{l}$ 之间的关系。

自由端压力、转角、挠度和轴向位移对应关系　　表 23-3

α	$\dfrac{F}{F_{cr}}$	$\dfrac{x_\alpha}{l}$	$\dfrac{y_\alpha}{l}$
0°	1	1	0
10°	1.004	0.992	0.055 38
20°	1.015	0.970	0.219 4

续上表

α	$\dfrac{F}{F_{cr}}$	$\dfrac{x_\alpha}{l}$	$\dfrac{y_\alpha}{l}$
30°	1.035	0.932	0.324 0
40°	1.063	0.881	0.422 4
50°	1.102	0.817	0.512 6
60°	1.152	0.740	0.593 4
70°	1.214	0.655	0.662 6
80°	1.294	0.559	0.719 4
90°	1.393	0.457	0.762 5
100°	1.519	0.348	0.791 4
110°	1.678	0.237	0.805 2
113.7°	1.749	0.194 7	0.806 3
120°	1.883	0.123	0.803 2
130°	2.160	0.008	0.784 8
130.7°	2.183	0	0.783 2
140°	2.540	-0.107 4	0.750 0
150°	3.104	-0.222 6	0.698 0
160°	4.029	-0.340 4	0.624 6
170°	5.948	-0.471 2	0.520 0
180°	∞	-1	0

问题(1):计算力学特征。

①临界力 F_1 的表达式;

②$\dfrac{F_2}{F_1}$ 的精确的理论比值。

问题(2):计算 $F = F_2$ 时,棒的平衡状态曲线的几何特征。

①宽度与棒长之比 $\dfrac{t}{L}$;

②高度与棒长之比 $\dfrac{h}{L}$;

③端点重合处的夹角 α(单位:度)。

现在讨论问题(1),由于对称性,取一半杆长 $l = \dfrac{L}{2}$,临界力 $F_1 = \dfrac{\pi^2 EI}{L^2}$。棒的两个端点重合时 $\alpha = 130.7°$,$\dfrac{x_\alpha}{l} = 0$,$\dfrac{y_\alpha}{l} = 0.783\ 2$,$\dfrac{F_2}{F_1} = 2.183$。

23.6.3 柔韧压杆挠曲线封闭时平衡状态曲线的几何特征

由 $dx = ds\cos\theta$、$dy = ds\sin\theta$ 和 $ds = -\dfrac{d\theta}{k\sqrt{2}\sqrt{\cos\theta - \cos\alpha}}$ 可以得到

$$dx = -\frac{1}{k}\left(2\sqrt{1-p^2\sin^2\varphi} - \frac{1}{\sqrt{1-p^2\sin^2\varphi}}\right)d\varphi \qquad (23\text{-}28a)$$

$$dy = -\frac{2p}{k}\sin\varphi d\varphi \qquad (23\text{-}28b)$$

积分式(23-28a)、式(23-28b),得到

$$x = -\frac{1}{k}\left(2\int_{\frac{\pi}{2}}^{\varphi}\sqrt{1-p^2\sin^2\varphi}d\varphi - \int_{\frac{\pi}{2}}^{\varphi}\frac{1}{\sqrt{1-p^2\sin^2\varphi}}d\varphi\right) \qquad (23\text{-}29a)$$

$$y = -\frac{2p}{k}\int_{\frac{\pi}{2}}^{\varphi}\sin\varphi d\varphi \qquad (23\text{-}29b)$$

简写成

$$x = \frac{1}{k}[2E(p) - 2E(z,p) - K(p) + F(z,p)] \qquad (23\text{-}30a)$$

$$y = \frac{2p}{k}\cos\varphi \qquad (23\text{-}30b)$$

其中,$F(z,p)$为第一类椭圆积分,$E(z,p)$为第二类椭圆积分。

作变换

$$u = \frac{x_\alpha - x}{l} \qquad (23\text{-}31a)$$

$$v = \frac{y_\alpha - y}{l} \qquad (23\text{-}31b)$$

并注意式(23-27)和式(23-30),得到

$$u = \frac{1}{K(p)}[2E(z,p) - F(z,p)] \qquad (23\text{-}32a)$$

$$v = \frac{2p}{K(p)}(1 - \cos\varphi) \qquad (23\text{-}32b)$$

$$\varphi = \arcsin\left(\frac{1}{p}\sin\frac{\theta}{2}\right) \qquad (23\text{-}32c)$$

$$z = \sin\varphi \qquad (23\text{-}32d)$$

变动 θ 的数值,便可确定挠曲线的形状。

图 23-15 给出了一端固定一端自由,大变形压杆后屈曲挠曲线形状仿真。对于开始提出的问题,如将其中点分成两部分,则每一部分都可看作是一端固定另一端自由的压杆。图 23-16 是细长柔韧压杆弹性失稳后达到挠曲线封闭时的形状仿真。

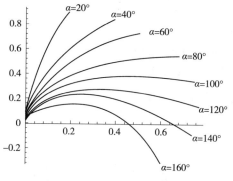

图 23-15 后屈曲挠曲线形状仿真

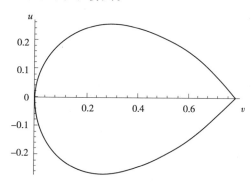

图 23-16 挠曲线封闭时的形状

对于问题(2)，细长柔韧压杆弹性失稳后达到挠曲线封闭时 $L=2l$，根据 $x_\alpha=0$，可解得：端点重合处的夹角 $\alpha=130.7°$，$x_\alpha/l=0$，$p=0.9089$，$K(p)=2.321$，$E(p)=1.161$，$F/F_{cr}=2.183$，$y_\alpha/l=0.7832$，宽度与棒长之比 $t/L=0.3916$。当 $\theta=90°$ 时，高度与棒长之比 $h/L=x_{max}/l=0.2569$。

23.6.4 讨论与结论

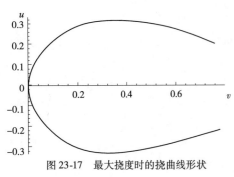

图 23-17 最大挠度时的挠曲线形状

需要说明的是，细长柔韧压杆弹性失稳后，达到挠曲线封闭(图 23-16)与达到最大挠度并不是同一位置(图 23-17)。达到挠曲线封闭时 $\alpha=130.7°$，$F/F_{cr}=2.183$；而达到最大挠度时 $\alpha=113.7°$，$F/F_{cr}=1.749$(注意：这两种情况容易混淆)。

Maple 软件对力学教学和工程应用具有很重要的作用，本节采用 Maple 编程，对细长柔韧压杆弹性失稳后挠曲线形状进行了计算机仿真，给出了细长柔韧压杆弹性失稳后最大挠度和挠曲线封闭两种情况下的挠曲线形状仿真和详细的解答。

23.7 Maple 编程示例

编程题 23-1 细长柔韧压杆弹性失稳后计算机仿真。

解：• Maple 程序

```
> restart:                                    #清零。
> with(plots):                                 #加载绘图库。
> with(student):                               #加载学生库。
> for i from 1 to 8 do                         #仿真循环开始。
> a[i]:=20*i:                                  #转角间隔20°。
> alpha[i]:=a[i]*Pi/180:                       #转角变弧度。
> p[i]:=sin(alpha[i]/2):                       #p = sinα/2。
> phi[i]:=arcsin(1/p[i]*sin(theta/2)):
>                                              #φ = arcsin(1/p sin(θ/2))。
> z[i]:=sin(phi[i]):                           #z = sinφ。
> K[i]:=EllipticK(p[i]):                       #第一类完全椭圆积分。
> KK[i]:=EllipticF(z[i],p[i]):                 #第一类椭圆积分。
> E[i]:=EllipticE(p[i]):                       #第二类完全椭圆积分。
> EE[i]:=EllipticE(z[i],p[i]):                 #第二类椭圆积分。
> u[i]:=1/K[i]*(2*EE[i]-KK[i]):                #轴向位移值。
> v[i]:=2*p[i]/K[i]*(1-cos(phi[i])):
>                                              #挠度值。
> od:                                          #仿真循环结束。
> plot([seq([v[i],u[i],theta=0..Pi],i=1..8)]);
>                                              #仿真曲线绘图。
```

编程题 23-2 一圆截面连杆,两端铰支,杆长 $l = 200\text{mm}$,承受轴向压力 $F = 25\text{kN}$,材料为锻铝合金 LD10,屈服极限 $\sigma_s = 193\text{MPa}$,弹性模量 $E = 38\text{GPa}$,比例极限 $\sigma_p = 123\text{MPa}$,$a = 211.7\text{MPa}$,$b = 1.586\text{MPa}$,稳定许用应力为

$$[\sigma_{st}] = \frac{\pi^2 E}{\lambda^2} \quad (\lambda \geq \lambda_p)$$

$$[\sigma_{st}] = a - b\lambda \quad (\lambda_0 < \lambda < \lambda_p)$$

$$[\sigma_{st}] = \sigma_s \quad (\lambda \leq \lambda_0)$$

试确定杆径 d。

解:• **建模** 利用迭代法求解。

根据稳定条件,要求 $d \geq \sqrt{\dfrac{4F}{\pi[\sigma_{st}]}}$,由于稳定许用应力 $[\sigma_{st}]$ 与横截面尺寸(d)也有关,所以,需采用迭代法进行设计。

在进行第 i 次试算时,可取柔度的初始值为 $\lambda_{i+1} = \dfrac{\lambda_i + \lambda'_i}{2}$。式中,$\lambda_i$ 代表进行第 i 次试算时的柔度初始值,而 λ'_i 则代表根据 λ_i 进行计算所得之柔度值。作为第一次试算,可任取 $\lambda_1 > 0$。于是,由所设 λ_i 求出相应的稳定许用应力 $[\sigma_{st}]_i$,杆径 d_i 以及相应的柔度 λ'_i。

答:选取直径 $d = 16\text{mm}$。$\lambda = 51$ 属中柔度压杆。

检验程序稳定性:给定不同的柔度初始值其结果基本一致。

在短粗杆范围取 $\lambda_1 = 8$,运行结果:$d = 0.01562$,$\lambda = 51.21$,$k = 10$;

在中柔度杆范围取 $\lambda_1 = 40$,运行结果:$d = 0.01562$,$\lambda = 51.21$,$k = 8$;

在细长杆范围取 $\lambda_1 = 100$,运行结果:$d = 0.01562$,$\lambda = 51.23$,$k = 8$。

• **Maple 程序**

```
> restart:                                              #清零。
> alias([sigma]=sigma[XY],sigma[p]=sp,sigma[s]=ss):
>                                                       #变量命名。
> L:=0.2:mu:=1:                                         #已知条件。
> F:=25e3:E:=38e9:                                      #已知条件。
> a:=211.7e6:  b:=1.586e6:                              #已知条件。
> sp:=123e6:ss:=193e6:                                  #已知条件。
> diameter:=proc(F,L,mu,E,a,b,sp,ss)                    #圆截面压杆直径子程序。
> local lambda,d,sigma,k,dd,lambda1:                    #局部变量。
> lambda[1]:=10:                                        #给定柔度初始值。
> lambda[p]:=evalf(Pi*sqrt(E/sp),4):                    #计算 $\lambda_p$ 值。
> lambda[0]:=(a-ss)/b:                                  #计算 $\lambda_0$ 值。
> sigma[XY]:=ss:                                        #强度许用应力值。
> if lambda[1]<lambda[0] then                           #对小柔度杆
> sigma[st][1]:=sigma[XY]:                              #$[\sigma_{st}] = \sigma_s$。
> elif lambda[1]<lambda[p] and lambda[1]>lambda[0] then
>                                                       #对中柔度杆
> sigma[st][1]:=a-b*lambda[1]:                          #$[\sigma_{st}] = a - b\lambda$。
> elif lambda[1]>=lambda[p] then                        #对大柔度杆
```

```
> sigma[st][1]:=Pi^2*E/lambda[1]^2:         #[σ_st] = π²E/λ²。
> fi:                                        #判断柔度初始值类型结束。
> d[1]:=evalf(sqrt(4*F/(Pi*sigma[st][1])),4); #计算直径初始值。
>
> for k from 1 to 5000                       #设计直径循环开始。
> lambda1[k]:=4*L*mu/d[k];                   #第k次之柔度值。
> lambda[k+1]:=evalf((lambda[k]+lambda1[k])/2,4);
>                                            #第k+1次之柔度值。
> if lambda[k+1]<lambda[0] then              #对小柔度杆
> sigma[st][k+1]:=sigma[XY]:                 #[σ_st] = σ_s。
> elif lambda[k+1]<lambda[p] and lambda[k+1]>lambda[0] then
>                                            #对中柔度杆
> sigma[st][k+1]:=a-b*lambda[k+1]:           #[σ_st] = a-bλ
> elif lambda[k+1]>=lambda[p] then           #对大柔度杆
> sigma[st][k+1]:=Pi^2*E/lambda[k+1]^2:      #[σ_st] = π²E/λ²
> fi:                                        #判断连杆柔度类型结束。
> d[k+1]:=evalf(sqrt(4*F/(Pi*sigma[st][k+1])),4):
>                                            #精神圆截面直径。
> if abs(lambda[k+1]-lambda[k])<=0.01        #精度要求控制,
> then break                                 #中止循环。
> fi:                                        #相邻两次直径值控制循环。
> od:                                        #循环结束。
> d[k+1],"lambda=",evalf(lambda[k+1],4),"k=",k;
>                                            #直径,柔度,循环次数。
> end:                                       #子程序结束。
> d:=diameter(F,L,mu,E,a,b,sp,ss);           #输出设计结果。
```

思考题

*思考题 23-1 试查阅有关稳定问题的书籍,研究一下对于"丧失平衡稳定性"这个概念,有哪些定义和描述途径。

*思考题 23-2 受轴向拉伸的直杆会不会丧失平衡稳定性?为什么?

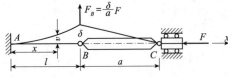

图 23-18

*思考题 23-3 压杆 AB 一端固定,另一端铰接刚性连杆 BC,如图 23-18 所示。试列出其纵弯曲的挠曲线近似微分方程和有关的边界条件(图中 F_B 是变形后由 F 引起的)。

*思考题 23-4 写出如图 23-19 所示三种具有弹性转动约束的梁纵弯曲的弯矩和挠曲线近似微分方程的边界条件。图中弹簧铰的转角 $\varphi = \overline{\varphi}M$,$\dfrac{1}{\overline{\varphi}}$ 为弹簧的刚度系数。δ 表示最大挠度。

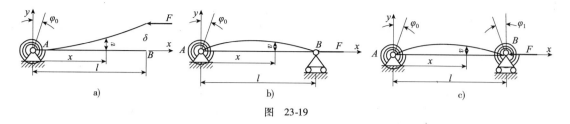

图 23-19

*思考题 23-5 压杆的临界应力越大，它的稳定性就越好；临界应力越小，稳定性就越差。这种说法对吗？试研究下列三种情况，从中得出应有的结论。

(1) 两空心圆杆除了内径不同($d_1 < d_2$)外，其他条件(包括外径)完全相同；
(2) 比较同一压杆在不同平面内失稳的可能性时；
(3) 对材料、截面形状和尺寸相同的几根压杆，比较何者容易失稳时。

*思考题 23-6 如图 23-20a)、b) 所示两细长圆杆除了支承不同外，其他条件完全相同。图 23-20a) 表示杆件固定在刚性底座上，而底座又置于弹性地基上；图 23-20b) 则表示杆件直接固定在刚性地基上。问两者的临界压力是否相同？对于图 23-20c) 所示的螺旋千斤顶，其底座对起顶丝杆的稳定性有没有影响？在校核稳定性时，若把起顶丝杆看成是一端固定另一端自由的压杆，并取长度为 l，试问这个计算模型是偏于安全还是偏于危险？

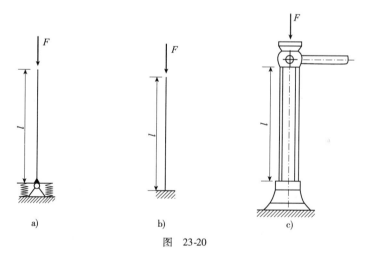

图 23-20

*思考题 23-7 如图 23-21 所示一直圆筒，下端用铰固定，内部充满液体，上端用柱塞盖紧后，通过滑铰加压。设塞与筒之间没有摩擦力，力 F 的作用通过液体传到筒壁上，但筒并不承受纵向压力。如果筒属于细长杆，它会不会丧失稳定性？

*思考题 23-8 如图 23-22 所示细长杆上有一刻槽，用 $\sigma \leqslant [\sigma_{st}]$ 进行稳定性校核。式中，σ 为横截面上的应力；$[\sigma_{st}]$ 为稳定的许用应力。人们对 σ 有不同的取法。

(1) 取有槽截面的平均应力；
(2) 取无槽截面的应力；
(3) 取有槽截面的最大应力。问哪一种选取方法是对的？在 $[\sigma_{st}] = F_{cr}/(An_{st})$ 中，如何考虑刻槽等局部削弱对欧拉临界力 F_{cr} 的影响？

*思考题 23-9 对梁柱作强度核算时，我们以怎样的情况作为危险情况？建立梁柱的强度条件时，为什么要以产生这种危险情况的载荷为依据，而不能直接以梁柱的最大正应力小于材料的许用应力来考虑？梁柱的强度条件 $\sigma_{\max}(nF,nq) \leqslant \sigma^0$ 的左边算式中包含有安全因数 n（式中，F 为纵力，q 为横力，σ^0 为材料的危险应力），与梁的强度条件显得不同，你是怎样理解这个特点的？

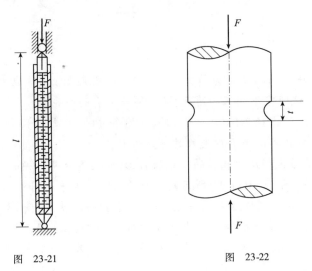

图 23-21   图 23-22

***思考题 23-10**　薄壁圆管扭转时会丧失稳定性，因此，设计时要注意不能把管的壁厚取得太薄。例如，对于管的平均半径与壁厚之比为 60 的低碳钢长圆管，当最大应力达到通常的许用应力值时将会发生失稳。问这里说的最大应力和许用应力指的是正应力还是切应力？为什么？

 习题

A 类型习题

习题 23-1　如图 23-23 所示两刚性杆，在中点 D 由一刚度为 k 的弹簧支承，试确定此结构的临界载荷 F_{cr}。

习题 23-2　如图 23-24 所示圆弧曲杆 AB 与直杆 BC 组成一托架，A、B、C 处均为铰接，BC 杆为 $400\text{mm} \times 80\text{mm}$ 的矩形截面木柱，稳定安全因数为 3，弹性模量 $E = 11\text{GPa}$。试用欧拉公式来求保持 BC 稳定的最大安全载荷 F。

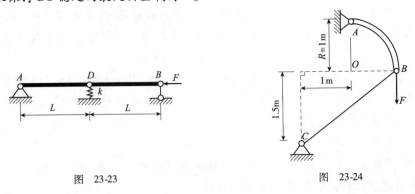

图 23-23   图 23-24

习题 23-3　如图 23-25 所示，AB 梁的中点用一细长杆 CD 支撑，梁与杆具有相同的弹性模量 E。若梁的上表面温度降低 $t(℃)$。温度沿梁高度线性变化。已知，AB 梁横截面尺寸

b,h 线膨胀系数 $\alpha ℃^{-1}$ 及 CD 杆的直径 d。试求此结构失稳时温度变化的临界值 t。

习题 23-4 如图 23-26 所示结构中,梁的截面为矩形,柱的截面为圆形,直径 $d=6\mathrm{cm}$。梁和柱的材料均为 Q235 钢。试校核此结构是否安全。已知材料的弹性模量 $E=200\mathrm{GPa}$,$[\sigma]=160\mathrm{MPa}$,$\sigma_\mathrm{p}=200\mathrm{MPa}$,$[\tau]=100\mathrm{MPa}$。

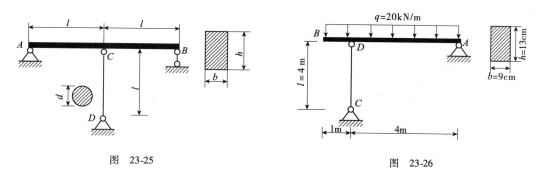

图 23-25　　　　　　　图 23-26

习题 23-5 如图 23-27 所示之刚架,水平梁 BC 的抗弯刚度为 EI_1,长度为 L_1。两立柱的抗弯刚度为 EI,长度 L,立柱下端为固定铰支,整个刚架顶端可以有侧向位移。试列出用以确定临界载荷 F 的方程。

习题 23-6 杆件 AB 与 AC 在 A 点刚接,受力如图 23-28 所示,求杆 AC 的临界压力 F_cr。

习题 23-7 如图 23-29 所示结构,AB、CD 为两根相同的钢制矩形杆,在 20℃ 时装配而成。当稳定安全因数 $n_{st}=5$ 时,问 AB 杆温度可以升到多少摄氏度?已知弹性模量 $E=200\mathrm{GPa}$,线膨胀系数 $\alpha=3\times10^{-5}℃^{-1}$。$a=6\mathrm{mm},b=3\mathrm{mm}$。

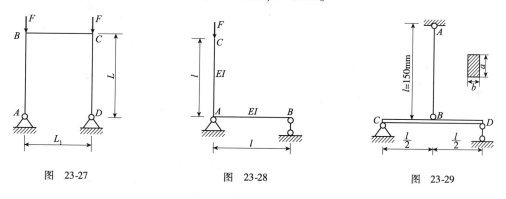

图 23-27　　　　　图 23-28　　　　　图 23-29

B 类型习题

习题 23-8 如图 23-30 所示平面结构,重物 $Q=10\mathrm{kN}$ 从距离梁 40mm 的高度自由下落至 AB 梁中点 C,梁 AB 为工字形截面。$I_z=1.576\times10^{-4}\mathrm{m}^4$,杆 BD 的两端可视为球形铰链支承,长度 $l=2\mathrm{m}$,采用 $b=5\mathrm{cm}$、$h=12\mathrm{cm}$ 的矩形截面。梁与杆的材料均为 Q235 钢,$E=200\mathrm{GPa}$,$\sigma_\mathrm{p}=200\mathrm{MPa}$,$\sigma_\mathrm{s}=235\mathrm{MPa}$,$a=304\mathrm{MPa}$,$b=1.12\mathrm{MPa}$,$n_{st}=3$,问杆 BD 是否安全。

习题 23-9 如图 23-31 所示,矩形截面梁 AB 和圆截面杆 CD 由 Q235 钢制成,$E=200\mathrm{GPa}$,$l=1\mathrm{m}$,矩形截面的高 $h=40\mathrm{mm}$,宽 $b=20\mathrm{mm}$,圆杆直径 $d=30\mathrm{mm}$,重物 $Q=2\mathrm{kN}$,自高度 H 自由落下,试求:

(1) 使 CD 杆轴力达到临界力时的高度 H;

(2) 此时梁内的最大动应力 $\sigma_{d,\max}$。

习题 23-10 如图 23-32 所示结构,用 Q235 钢制成。在梁端 B 的正上方有一重 $Q=5\mathrm{kN}$

的物体自高度 $H=8\text{mm}$ 处自由下落于梁上,梁的横截面为工字形,其对中性轴 z 的惯性矩为 $I_z=25\times10^6\text{ mm}^4$,抗弯截面模量 $W_z=250\times10^3\text{ mm}^3$,$CD$ 杆的截面直径 $d=50\text{mm}$。若材料的弹性模量 $E=200\text{GPa}$,屈服极限 $\sigma_s=240\text{MPa}$,比例极限 $\sigma_p=200\text{MPa}$,强度安全因数 $n_s=2.0$,稳定安全系数 $n_{st}=3.0$,已知 $a=1.5\text{m}$。试校核该结构能否安全工作。

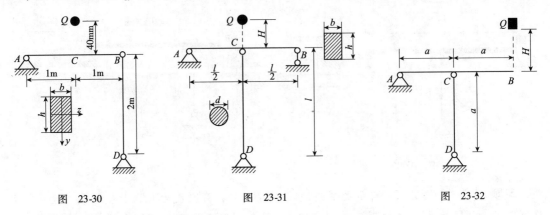

图 23-30 　　　　　　　图 23-31 　　　　　　　图 23-32

习题 23-11 如图 23-33 所示结构,A 和 C 点固支,B 处为刚性连接,D 点铰支,AB、BC 及 BD 杆的长度及弯曲刚度均分别为 l 和 EI,求集中载荷 F 作用在 B 点时,使 BD 杆在平面内失稳的临界值。(《力学与实践》小问题,1987 年第 156 题)

习题 23-12 如图 23-34 所示,试用能量法求钢结构刚架的临界载荷值 F_{cr}。

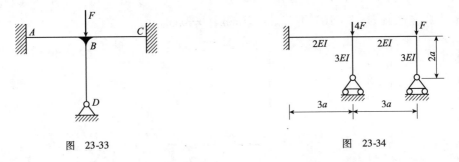

图 23-33 　　　　　　　　　　　图 23-34

C 类型习题

习题 23-13 (超静定结构的冲击稳定问题)如图 23-35 所示,10 号工字梁的 C 端固定,A 端铰支于空心圆管 AB 上,空心圆管的外径 $D=40\text{mm}$,内径 $d=30\text{mm}$。梁及空心圆管均为 Q235 钢,弹性模量 $E=200\text{GPa}$。规定的稳定安全因数 $n_{st}=2.5$。当重为 $Q=300\text{N}$ 的重物从高度 10mm 处落于 A 端时,试校核 AB 杆的稳定性。

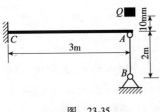

图 23-35

> 牛顿:"如果说我看得远,
> 　　那是因为我站在巨人们的肩上。"

> 子曰:"性相近也,习相远也。"

第 24 章 杆件的塑性变形

本章以理想弹塑性假设为基础,讨论考虑材料塑性的强度和刚度计算方法。

24.1 金属材料的应力—应变关系

到目前为止,我们主要研究了杆件在弹性范围内的应力和变形的计算,并采用许用应力法建立了强度条件。对于塑性材料,一般认为当结构中的危险点处的相当应力 σ_r 达到材料的屈服点 σ_s 时,即认为结构达到了危险状态。然而,实际构件中的某些强度问题超出了郑玄—胡克定律描述的范围,如材料加工中的导线拉制、滚压、挤压、锻压及滚花等,在加工过程中都经历了塑性变形(即永久变形),塑性变形是材料疲劳的因素之一,对材料断裂也有重要影响。因此,对金属塑性行为的认识自然成为我们在处理工程结构安全问题中必备的知识。

24.1.1 金属材料在单向拉伸时的应力—应变曲线

轴向拉伸构件,当应力值超过材料的比例极限时就发生超弹性变形,这时,应力—应变关系不再服从郑玄—胡克定律。超弹性变形包括非线性弹性变形和塑性变形,本章的讨论我们不再区分。在常温和静载下,设材料无初应力,金属材料的应力—应变关系一般如图 24-1 所示。应力—应变关系也叫材料的本构关系。

如图 24-1a)所示的为低碳钢的 σ-ε 曲线,其性质如第 3 章所述。如图 24-1b)所示的为无明显屈服阶段的金属材料的 σ-ε 曲线,如铝、铜和冷作硬化钢。如第 3 章所述,定义产生 0.2% 塑性变形时所对应的应力值为条件屈服强度,用 $\sigma_{0.2}$ 表示。

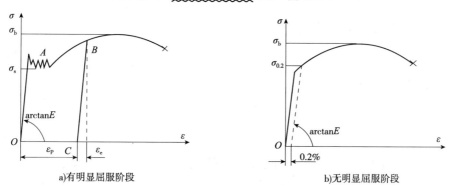

图 24-1 金属材料在单向拉伸时的 σ-ε 曲线

大多数结构材料的应力—应变曲线具有初始的直线区段,在此区段内材料的性能是线弹性的。各种材料在压缩时可以得到与拉伸类似的图形,已经发现,钢材的比例极限 σ_p,弹

性极限 σ_e 和屈服极限 σ_s 相差不大，$\sigma_p < \sigma_e < \sigma_s$，$\sigma_p \approx \sigma_e \approx \sigma_s$，为简化计算，超弹性问题常近似地以 σ_s 作为材料的比例极限。

24.1.2 真应力与真应变

前面用郑玄—胡克定律 $\sigma = E\varepsilon$ 描述了线弹性范围内的应力—应变关系，下面将建立塑性变形阶段的应力—应变关系。在塑性变形较大时，用 σ-ε 曲线不能真正代表加载和变形状态，例如在颈缩阶段，试样的应变增加而应力反而减小，如图 24-1a) 所示，这与实际情况不符。其实颈缩后由于实际横截面面积的减小，局部拉应力仍在增加。因此这时应该使用真应力和真应变来讨论塑性变形状态。真应力为轴向力除以真实的横截面面积，真应变为长度改变量除以当时长度。对于均匀变形，真应变为

$$\varepsilon_{11} = \frac{l_1 - l_0}{l_0} + \frac{l_2 - l_1}{l_1} + \frac{l_3 - l_2}{l_2} + \cdots + \frac{l_n - l_{n-1}}{l_{n-1}}$$

$$\varepsilon_{11} = \sum_{i=1}^{n} \frac{\Delta l_i}{l_i} = \int_{l_0}^{l_n} \frac{dl}{l} = \ln \frac{l_n}{l_0} \tag{24-1}$$

式中：l_1、l_2、$\cdots$、l_{n-1}、l_n——每步载荷增量后的构件长度。

因为最后表达式是用对数表达的，真应变又称为对数应变，有时也叫自然应变。

24.1.3 初始弹性范围

在单向应力状态下，材料的初始弹性范围为

$$-\sigma_s \leq \sigma \leq \sigma_s \tag{24-2}$$

在此范围内，材料处于初始弹性状态，其变形过程是可逆的，应力和应变是单值对应的，并且服从郑玄—胡克定律

$$\sigma = E\varepsilon \tag{24-3}$$

在二向和三向应力状态下，材料的初始弹性范围用 Tresca 最大剪应力理论

$$\sigma_1 - \sigma_3 \leq \sigma_s \tag{24-4}$$

或 Mises 最大歪形比能理论

$$(\sigma_1 - \sigma_2)^2 + (\sigma_2 - \sigma_3)^2 + (\sigma_3 - \sigma_1)^2 \leq 2\sigma_s^2 \tag{24-5}$$

来表示。在初始弹性范围内，材料的应力—应变关系服从广义郑玄—胡克定律式(12-84)。

24.1.4 塑性变形和后继弹性范围

构件在单向应力状态下，载荷不断地加大使其应力 σ 值超过 σ_s，见图 24-1a) 中的 B 点，相应于应力 σ 的应变为

$$\varepsilon = \varepsilon_p + \varepsilon_e \tag{24-6a}$$

$$\varepsilon_e = \frac{\sigma}{E} \tag{24-6b}$$

其后卸载，使构件的应力由 σ 减小到零，ε 的一部分 ε_e 可以消除，这是总应变的弹性部分，另一部分 ε_p 被遗留下来。卸载时，不能消除的变形叫作塑性变形或残余变形，ε_p 叫作残余应变。材料超弹性变形的过程是不可逆的。

如图 24-2a) 所示，材料加载时超过了初始弹性范围再卸载，在一定范围 $\sigma_-^* \leq \sigma \leq \sigma_+^*$ 内，卸载时的 $\Delta\sigma$ 和 $\Delta\varepsilon$ 服从增量型的郑玄—胡克定律

$$\Delta\sigma = E\Delta\varepsilon \tag{24-7}$$

σ_+^* 决定于开始卸载时的应力，σ_-^* 则须通过试验来确定。$\sigma_-^* \leq \sigma \leq \sigma_+^*$ 叫作材料的后继弹性范围。

在塑性力学问题中，应力和应变之间一般不再有单值对应关系。不了解加载变化的全过程，只知道应力的最终值 σ 是不能确定相应于 σ 的应变值的。如图 24-2b) 所示为某材料的应力—应变曲线。

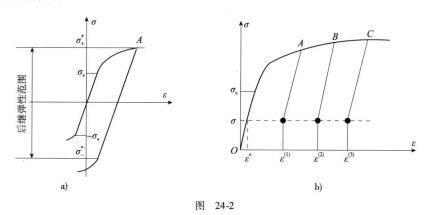

图 24-2

若应力由 0 增加到 $\sigma(\sigma < \sigma_s)$，这是弹性变形过程，相应的应变 $\varepsilon^e = \dfrac{\sigma}{E}$，可由郑玄—胡克定律唯一地加以确定。

若应力分别由 0 增加到 σ_A、σ_B 或 $\sigma_C(\sigma_A$、σ_B、$\sigma_C > \sigma_s)$，再各自卸载都减小到最终值 σ，那么和 σ 相应的最终应变值分别为 $\varepsilon^{(1)}$、$\varepsilon^{(2)}$ 和 $\varepsilon^{(3)}$。在超弹性计算中，要确定最终的应变值 ε 必须追迹材料加载过程的历史。

24.1.5 拉伸曲线的简化

求解真实材料的塑性力学问题是比较困难的，为了简化计算，人们提出了好几种突出塑性力学问题主要特征的简化曲线，常用的有以下五种：

(1) 理想弹塑性模型 [图 24-3a)]

对于低碳钢材料，其 σ-ε 曲线有一水平的屈服阶段，可以用这一模型近似计算一般合金钢，铝合金等强化材料，可以用两段折线来近似于真实的拉伸曲线，其应力—应变关系可表述为

$$\sigma = \begin{cases} E\varepsilon & (\varepsilon \leq \varepsilon_s) \\ \sigma_s & (\varepsilon > \varepsilon_s) \end{cases} \tag{24-8}$$

(2) 线性强化弹塑性模型 [图 24-3b)]

对于一般合金钢，铝合金等强化材料可以用两段折线来近似于真实的拉伸曲线，其应力—应变关系可表述为

$$\sigma = \begin{cases} E\varepsilon & (\varepsilon \leq \varepsilon_s) \\ \sigma_s + E'(\varepsilon - \varepsilon_s) & (\varepsilon > \varepsilon_s) \end{cases} \tag{24-9}$$

(3) 理想刚塑性模型 [图 24-3c)]

若理想弹塑性材料的塑性变形较大，致使总应变中的弹性部分可以忽略，其应力—应变

关系可表示为

$$\sigma = \sigma_s \quad (\varepsilon > 0) \tag{24-10}$$

(4) 线性强化刚塑性模型 [图 24-3d)]

略去强化材料应变中弹性应变部分，其应力—应变关系可表述为

$$\sigma = \sigma_s + E'\varepsilon \quad (\varepsilon > 0) \tag{24-11}$$

式中，$E' = \tan\beta$。

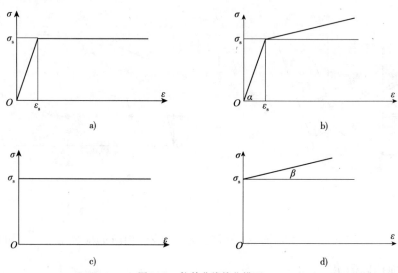

图 24-3 拉伸曲线简化模型

(5) 幂函数近似模型 [图 24-4)]

采用幂函数来近似地表述真实的 $\sigma\text{-}\varepsilon$ 曲线，即

$$\sigma = C\varepsilon^n \quad (0 \leq n \leq 1) \tag{24-12}$$

其中，C 和 n 为材料常数。

现在即以理想弹塑性假设为基础，分析如图 24-4a) 所示静不定桁架的极限承载能力，并介绍有关概念。

设各杆的材料相同，横截面面积均为 A，而且方位角 $\alpha > \beta$。当载荷 F 增加到杆 3 屈服时 [图 24-5b)]，按照前述强度观点，结构已处于危险状态。然而，由于杆 1 与杆 2 尚未屈服，它们组成一静定结构，仍可承担继续增大的载荷，直到杆 2 屈服时 [图 24-4c)]，结构才失去抵抗变形的能力而成为几何可变"机构"。由于塑性变形所形成的几何可变机构，称为<u>塑性机构</u>，使构件或结构成为塑性机构的载荷称为<u>极限载荷</u>，与极限载荷相对应的平衡状态称为<u>塑性极限状态</u>。

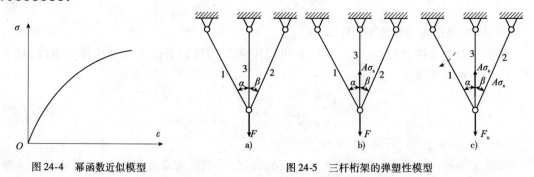

图 24-4 幂函数近似模型　　　　图 24-5 三杆桁架的弹塑性模型

所以,如果以塑性极限状态作为构件或结构的危险状态,并用 F_u 表示极限载荷,则相应的强度条件为

$$F \leqslant [F_u] = \frac{F_u}{n_u} \tag{24-13}$$

其中,F 为实际载荷或工作载荷;n_u 为相应的安全因数;$[F_u]$ 为根据极限载荷确定的许用载荷。

式(24-13)称为许用载荷强度条件。

一般说来,如果构件工作时不允许出现明显的塑性变形,显然应按许用应力强度条件进行强度计算;相反,如果构件工作时允许出现明显塑性变形,则可采用许用载荷强度条件进行强度计算。按照许用应力强度条件进行强度计算的方法,称为<u>许用应力法</u>;而按照许用载荷强度条件进行强度计算的方法,则称为<u>许用载荷法</u>。

24.2 拉压杆的塑性分析

在一次超静定桁架中,当有一根多余杆屈服时,即变为静定桁架,如果再有一杆屈服,桁架即处于极限状态。依次类推,在 n 次超静定桁架中,如果有 $n+1$ 根杆屈服,桁架即处于极限状态。

求解 n 次超静定桁架,需要 n 个补充条件,再加上待求的极限载荷,则共需 $n+1$ 个补充条件。而当桁架处于极限状态时,已屈服的 $n+1$ 根杆的已知内力($F_{Ni} = A_i\sigma_s$;$i = 1,2,\cdots$;$n+1$),恰好提供了 $n+1$ 个补充条件。因此,桁架的极限载荷可根据极限状态的平衡条件确定。

但是,当桁架处于极限状态时,究竟是哪些杆屈服,以及屈服内力的方向(拉或压)如何,则需要进行判断。显然,这二者是相互关联的。

如果假定某 $n+1$ 根杆屈服为一种可能的极限状态,则将有与此相适应的屈服内力方向。为了判断哪种可能的极限状态为真实的极限状态,可通过检查所设未屈服杆是否确未屈服来判断。

例题 24-1 在如图 24-6a)所示超静定结构中,设三杆的材料相同,横截面面积同为 A。试求使结构开始出现塑性变形的载荷 F_1、极限载荷 F_p。

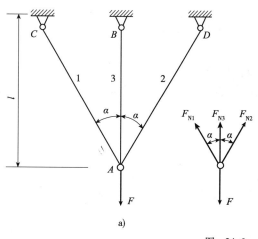
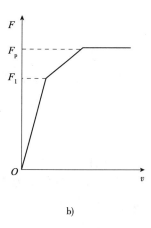

图 24-6

已知：$E, A, \sigma_s, \alpha, l$。

求：F_1、F_p。

解：采用理想弹塑性本构关系。

平衡方程
$$F = F_{N3} + 2F_{N1}\cos\alpha \tag{1a}$$
$$F = A(\sigma_3 + 2\sigma_1\cos\alpha) \tag{1b}$$

几何方程
$$\delta_3 = v, \varepsilon_3 = \frac{v}{l} \tag{2a}$$
$$\delta_1 = v\cos\alpha, \varepsilon_1 = \varepsilon_3\cos^2\alpha \tag{2b}$$

本构方程
$$\sigma_i = E\varepsilon_i \quad (\varepsilon \leq \varepsilon_s) \tag{3a}$$
$$\sigma_i = \sigma_s \quad (\varepsilon > \varepsilon_s) \tag{3b}$$

从上列基本方程可见，本例与弹性力学问题有共同之点，例如，都是用全量型的基本方程，都可以按力法或位移法求解。在此处，未知位移量只一个 v，所以，以位移法为方便。但是，与弹性力学问题不同，在本例中，本构方程不是唯一的，而且，随着 F 的逐渐增加，因杆件进入塑性状态的先后次序不同，本构方程各异，因而必须分阶段求解。

(1) 弹性解

$\sigma_i \leq \sigma_s$，在弹性范围内，三杆的轴力分别为

$$F_{N1} = F_{N2} = \frac{\cos^2\alpha}{1 + 2\cos^3\alpha}F \tag{4b}$$

$$F_{N3} = \frac{1}{1 + 2\cos^3\alpha}F \tag{4b}$$

节点 A 的位移

$$v = \frac{1}{1 + 2\cos^3\alpha} \cdot \frac{Fl}{EA} \tag{5}$$

由于 $F_{N3} > F_{N1}$，故当载荷逐渐增加时，AB 杆的应力首先达到 σ_s，这时的载荷即为 F_1，称为桁架的弹性极限载荷。由式(4b)得

$$F_{N3} = A\sigma_s = \frac{F_1}{1 + 2\cos^3\alpha}$$

由此解出

$$F_1 = A\sigma_s(1 + 2\cos^3\alpha) \tag{6}$$

按照许用应力法，认为此时整个杆系已处于极限状态。在此阶段内，外力 F 与轴力 F_{N1}、F_{N2}、F_{N3} 分别成正比。节点 A 的位移 v 也与外力 F 成正比。

(2) 弹塑性解

$$\sigma_1 < \sigma_s, \sigma_2 < \sigma_s, \sigma_3 = \sigma_s \quad (F > F_1)$$

由于杆 1 和杆 2 仍然处于弹性阶段，仍可承担继续增大的载荷。当 $F > F_1$ 时，根据理想弹塑性曲线可知，中间杆的轴力 F_{N3} 保持为 $A\sigma_s$，两侧杆件仍然是弹性的。这时杆系由超静定变为静定，由 $\sum F_y = 0$ 得

$$F_{N1} = F_{N2} = \frac{F - \sigma_s A}{2\cos\alpha} \quad (F_{N3} = A\sigma_s) \tag{7}$$

由式(2b)知,节点 A 的位移

$$v = \frac{\delta_1}{\cos\alpha} = \frac{F_{N_1}l}{EA\cos^2\alpha} = \frac{1}{2\cos^3\alpha} \cdot \frac{(F - A\sigma_s)l}{EA} \tag{8}$$

在此阶段内,外力 F 仍与节点的位移呈线性关系。

(3)塑性解

$$\sigma_1 = \sigma_s, \sigma_2 = \sigma_s, \sigma_3 = \sigma_s, F = F_p$$
$$F_{N1} = F_{N2} = F_{N3} = A\sigma_s \tag{9}$$

当载荷 F 继续增加,直至杆 1 和杆 2 也屈服时,杆系才失去抵抗变形能力而变为塑性机构,这时的载荷称为极限载荷 F_p。由 $\sum F_y = 0$ 得

$$F_p = A\sigma_s + 2A\sigma_s\cos\alpha = A\sigma_s(1 + 2\cos\alpha) \tag{10}$$

综上所述,结构弹性极限载荷和位移为

$$F_1 = A\sigma_s(1 + 2\cos^3\alpha), v_1 = \frac{\sigma_s l}{E}$$

结构塑性极限载荷和位移为

$$F_p = A\sigma_s(1 + 2\cos\alpha), v_p = \frac{\sigma_s l}{E\cos^2\alpha}$$

载荷 F 与 A 点的位移的关系[图 24-6c]:

$$F = \begin{cases} \dfrac{EAv(1 + 2\cos^3\alpha)}{l} & (0 \leqslant v \leqslant v_1) \\ \dfrac{2EA\cos^3\alpha(v - v_1)}{l} + F_1 & (v_1 < v < v_p) \\ F_p & (v \geqslant v_p) \end{cases}$$

24.3 圆轴的塑性分析

根据理想弹塑性假设,它适用于存在明显屈服阶段的材料,例如结构钢等,对于切应力与切应变(图 24-7)的本构关系为

$$\tau = \begin{cases} G\gamma & (\gamma \leqslant \gamma_s) \\ \tau_s & (\gamma > \gamma_s) \end{cases} \tag{24-14}$$

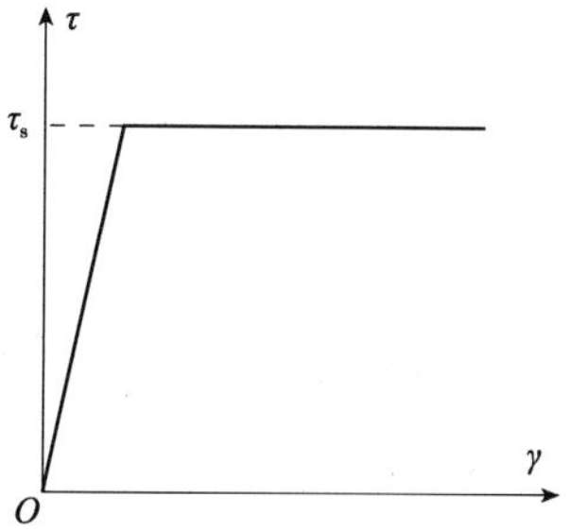

在研究圆轴扭转问题时,曾在平面假设的基础上,建立了扭转切应力公式,得到最大扭转切应力为

$$\tau_{\max} = \frac{16T}{\pi d^3}$$

图 24-7 理想弹塑性假设

按照许用应力法的观点,当最大扭转切应力到达屈服切应力 τ_s 时[图 24-8a)],轴即处于危险状态,相应的扭矩即所谓屈服扭矩为

$$T_s = \frac{\pi d^3}{16T}\tau_s \tag{24-15}$$

实际上,由于扭转切应力沿半径线性分布,当最大切应力达到屈服切应力时,截面内部各点的材料仍处于弹性状态,因而仍可承担继续增大的载荷。

当载荷增大时,横截面上切应力到达屈服切应力的区域(即塑性区)逐渐向内扩展。由于平面假设仍然成立,切应变仍沿半径线性变化,因此,如果采用理想弹塑性的假设(图 24-7),

则扭转切应力的分布曲线将由直线变为折线,如图24-8b)所示。而当载荷增加到横截面上各点处的切应力均等于屈服切应力时[图24-8c)],轴即处于极限状态,相应的扭矩称为极限扭矩,其值为

$$T_p = \int_A \rho \tau_s dA = \tau_s \int_A \rho dA = \frac{\pi d^3}{12} \tau_s \tag{24-16}$$

比较式(24-16)与式(24-15),得

$$\frac{T_p}{T_s} = \frac{4}{3}$$

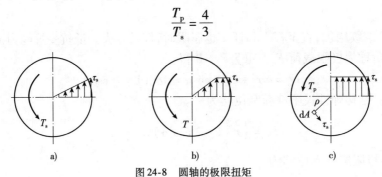

图24-8 圆轴的极限扭矩

可见,如果按照许用载荷法进行强度计算,轴的承载能力将提高33.3%。

例题24-2 如图24-9所示圆截面轴,直径为d横截面上的扭矩为T,且$T_s < T < T_p$,试求扭转角变化率$\frac{d\varphi}{dx}$。

解:设横截面上弹性区的半径为r,则由图可知,弹性区与塑性区的扭转切应力分别为

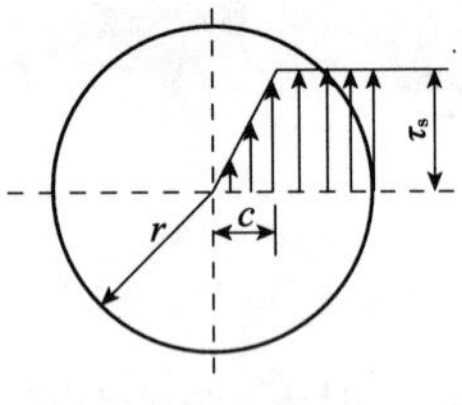

$$\tau_1 = \frac{\rho}{r}\tau_s \quad (0 \leq \rho \leq r)$$

$$\tau_2 = \tau_s \quad \left(r \leq \rho \leq \frac{d}{2}\right)$$

因此

$$T = \int_0^r \rho \cdot \frac{\rho \tau_s}{r} \cdot 2\pi \rho d\rho + \int_r^{d/2} \rho \cdot \tau_s \cdot 2\pi \rho d\rho = \frac{\pi \tau_s}{12}(d^3 - 2r^3)$$

图 24-9

由此得

$$r = \sqrt[3]{\frac{d^3}{2} - \frac{6T}{\pi \tau_s}} \tag{1}$$

圆轴的扭转变形由弹性区控制。设弹性区所承担的扭矩为T_1,弹性区截面的极惯性矩与抗扭截面系数分别为I_{p1}与W_{p1},则由式(6-10)得扭转角的变化率为

$$\frac{d\varphi}{dx} = \frac{T_1}{GI_{p1}} = \frac{W_{p1}\tau_s}{GI_{p1}} = \frac{\tau_s}{Gr} \tag{2}$$

将式(1)代入式(2),于是得

$$\frac{d\varphi}{dx} = \frac{\tau_s}{Gr}\left(\frac{2\pi\tau_s}{\pi d^3 \tau_s - 12T}\right)^{\frac{1}{3}}$$

24.4 梁的塑性分析

24.4.1 梁的极限弯矩

与圆轴扭转相似,梁截面上的弯曲正应力也是非均匀分布的。因此,如果按照许用载荷

法进行强度分析,其承载能力也将有显著提高。

考虑如图 24-10a)所示梁,其最大弯曲正应力为

$$\sigma_{\max} = \frac{M}{W}$$

当最大正应力 $\sigma_{\max}$ 达到屈服应力 σ_s 时[图 24-10b)],相应的弯矩为

$$M_s = W\sigma_s \tag{24-17}$$

称为屈服弯矩。这时,截面内部各点处的材料仍处于弹性状态,所以仍可承担继续增大的载荷。

当载荷增加时,横截面上正应力到达屈服应力 σ_s 的区域(即塑性区)逐渐向中性轴扩展。由于平面假设仍然成立,纵向正应变仍沿截面高度线性变化,并采用理想弹塑性假设,且拉、压简化曲线相同[图 24-10b)],则弯曲正应力分布曲线由直线变为折线[图 24-10c)]。而当载荷增加到使横截面上各点处的正应力均等于 σ_s 时[图 24-10d)],梁即处于极限状态,相应的弯矩称为极限弯矩。并用 M_p 表示。现在研究极限弯矩 M_p 之值。

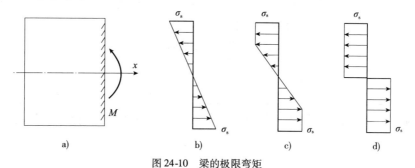

图 24-10 梁的极限弯矩

如图 24-11 所示为一对称截面梁及其在极限状态时的正应力分布图。设截面受拉区的面积为 A_1,受压区的面积为 A_2,则由轴力 $F_N = 0$ 可知

$$A_1\sigma_s = A_2\sigma_s$$

得

$$A_1 = A_2$$

由此表明,当梁处于极限状态时,中性轴将整个横截面分成为面积相等的两部分,即中性轴沿横截面的面积平分线。可见,对于上、下不对称的截面,中性轴不再通过截面形心。

中性轴的位置确定后,由合力矩定理即可确定梁截面的极限弯矩为

$$M_p = \int_{A_1} y\sigma_s dA + \int_{A_2} (-y)(-\sigma_s) dA = \sigma_s \left(\int_{A_1} y dA + \int_{A_2} y dA \right)$$

由此得

$$M_p = \sigma_s (S_1 + S_2) \tag{24-18}$$

其中,S_1 与 S_2 分别代表截面 A_1 与 A_2 对中性轴 z 的静矩,且均取正值。

比较式(22-17)与式(22-18)得

$$\frac{M_p}{M_s} = \frac{S_1 + S_2}{W}$$

令

$$f = \frac{S_1 + S_2}{W} \tag{22-19}$$

则
$$M_p = fM_s = fW\sigma_s \quad (24\text{-}20)$$

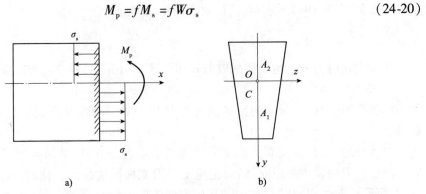

图 24-11 对称截面梁及其在极限状态时的正应力分布

可见,极限弯矩为屈服弯矩的 f 倍,并可用抗弯截面系数 W、屈服应力 σ_s 与比例系数 f 表示。系数 f 与横截面的形状有关,称为<u>塑性特征形状因数</u>,其值可根据式(24-19)计算。几种常见截面的塑性特征形状因数 f 值如表 24-1 所示。

几种常见截面的塑性特征形状因数　　　表 24-1

截面形状	工字形	薄壁圆形	矩形	实心圆形
f	1.15~1.17	1.27	1.50	1.70

例题 24-3 在纯弯曲情况下,计算矩形截面梁和圆截面梁开始出现塑性变形时的弯矩 M_s 和极限弯矩 M_p。

解:(1)矩形截面

① 对矩形截面梁[图 24-12a)]梁开始出现塑性变形时的弯矩

$$M_s = \frac{I\sigma_s}{y_{\max}} = \frac{bh^2}{6}\sigma_s$$

② 极限弯矩

$$M_p = \frac{1}{2}A\sigma_s(\bar{y}_1 + \bar{y}_2) = \frac{bh^2}{4}\sigma_s$$

③ M_s 和 M_p 之比为

$$\frac{M_p}{M_s} = 1.5$$

从开始塑性变形到极限情况,弯矩增加 50%。

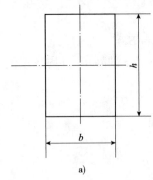
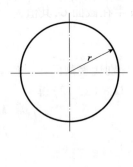

图 24-12

(2) 圆形截面

① $M_s = \dfrac{I\sigma_s}{y_{max}} = \dfrac{\pi r^3}{4}\sigma_s$

② $M_p = \dfrac{1}{2}A\sigma_s(\bar{y}_1 + \bar{y}_2) = \dfrac{1}{2}\pi r^2 \sigma_s \left(\dfrac{4r}{3\pi} + \dfrac{4r}{3\pi}\right) = \dfrac{4r^3}{3}\sigma_s$

③ $\dfrac{M_p}{M_s} = \dfrac{16}{3\pi} = 1.7$

从开始塑性变形到极限情况,弯矩增加70%。

24.4.2 梁的极限载荷

梁的极限弯矩确定后,现在进一步研究梁的极限载荷。

考虑如图24-13a)所示简支梁,当截面C的弯矩(即最大弯矩)等于该截面的极限弯矩M_p时,整个截面C完全屈服,其邻近截面也发生局部塑性变形,如图24-13a)中阴影区域所示。这时,截面C处的微小梁段虽然仍可承受极限弯矩M_p,但已如同铰链一样失去抵抗弯曲变形的能力[图24-12b)]。这种由于塑性变形所形成的"铰链"称为<u>塑性铰</u>。

对于一次超静定梁,出现一个塑性铰变为静定梁,如果再出现一个塑性铰,梁即变为塑性机构。依此类推,对于n度单跨静不定梁,如果出现$n+1$个塑性铰,梁即处于极限状态,相应的载荷即为极限载荷。

与超静定桁架相似,梁的极限载荷也是根据极限状态的平衡条件确定的。

例题 24-4 如图24-14a)所示等截面梁,承受载荷F作用,试求该载荷的极限值F_u。屈服应力σ_s、截面抗弯系数W与形状因数f均为已知。

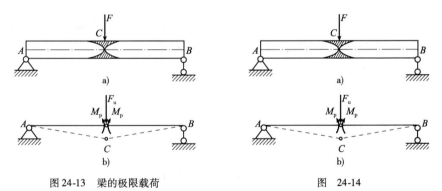

图 24-13 梁的极限载荷 　　图 24-14

解:最大弯矩发生在截面C,其值为

$$M_{max} = \dfrac{Fab}{a+b}$$

因此,当载荷F增加到使$M_{max} = M_p$,即

$$\dfrac{Fab}{a+b} = M_p \tag{1}$$

时,截面C处将出现塑性铰,梁即处于极限状态[图24-13b)]。

由式(24-17)可知,极限弯矩为

$$M_p = fW\sigma_s \tag{2}$$

将式(2)代入式(1),于是得梁的极限载荷为

$$F_\mathrm{u} = \frac{M_\mathrm{p}(a+b)}{ab} = \frac{fW\sigma_\mathrm{s}(a+b)}{ab}$$

24.5 用虚功原理进行结构变形的塑性分析

(1)当截面形成塑性铰时的极限弯矩,就是截面最大抗弯的弯矩,所以一般设计的弯矩只能小于或等于极限弯矩。求极限载荷要满足的三个条件:
①结构的内力和外力必须满足平衡条件;
②形成结构的破坏机构;
③所有截面弯矩必须小于或等于极限弯矩。

(2)三个条件的简要含义就是:
①平衡条件——结构的弯矩和极限载荷处于静力平衡状态;
②形成破坏机构条件——只有形成足够数量的塑性铰,结构才能产生机构运动,其破坏形式是与受力状态相适应的;
③弯矩限值条件——所有截面的弯矩绝对值必须小于或等于极限弯矩。极限弯矩所在截面附近的弯曲方向一致,塑性铰以外的截面弯矩值不大于极限弯矩值。

(3)为确定结构的极限载荷,很难通过一次运算就能满足极限载荷的三个条件。通常满足静力平衡条件是容易的,即使根据虚功原理写出内外虚功关系式,也只不过是平衡条件的另外一种形式。但满足平衡条件的载荷不一定是结构的真正破坏形式。为了准确有效地确定结构的塑性分析,提出下列两个条件为基本条件:
①上限条件——对于确定的结构与载荷系列,假定的运动机构由平衡条件求得的载荷,总是大于或等于真正的极限载荷。
②下限条件——对于给定的结构与载荷系列,基于所有截面弯矩值不超过极限弯矩,且满足平衡条件的载荷值,总是小于或等于真正的极限载荷。

不难理解上限条件以平衡条件和机构条件为前提,而下限条件则以平衡条件和弯矩值条件为前提。若以 F_u 表示极限载荷,以 $F^{(s)}$ 表示上限条件求得载荷值,则 $F_\mathrm{u} \leqslant F^{(s)}$。若以 $F^{(x)}$ 下限条件求得的载荷值,则 $F_\mathrm{u} \geqslant F^{(x)}$。因此,结构真正的极限载荷值,必须使下列关系成立:

$$F^{(x)} \leqslant F_\mathrm{u} \leqslant F^{(s)} \tag{24-21}$$

由式(24-21)可知,对于给定的结构和载荷系列,只能找到一个同时满足平衡条件、机构条件和弯矩限值条件的,极限载荷 F_u,而相应的机构运动就是真正的平衡机构。同时还应强调,上述条件中结构所承受的载荷系列都要服从比例加载为前提,即在结构受力过程中,所有载荷都按同一比例增长。

例题 24-5 如图 24-15a)所示的超静定梁,在一集中载荷作用下截面 1 和 2 的弯矩较大,试求载荷的极限值。

已知:M_p, l, a。

求:F_u

采用虚功原理求解。

假设 1 和 2 两个截面出现两个塑性铰,使梁成为机动,如图 24-15c)所示是这个机构可能发生的与两塑性铰处弯曲方向相适应的状态,即破坏形式,作为体系的虚位移。

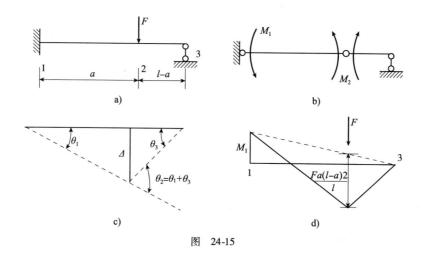

图 24-15

按照此梁弹性阶段的弯矩分布状况,知道支座截面 M_1 和载荷 F 作用点截面 M_2 为较大值,且其方向如图 24-15b)所示,若载荷 F 增大,使 M_1 和 M_2 先后达到极限弯矩,并使两截面形成塑性铰,可单向转动,而使梁成为机构并破坏,最后的载荷值即为极限载荷 F_u。为求出 F_u 与梁截面所具有的极限弯矩之间关系,可采用静力平衡条件求 F_u 与 M_p。

解法一:$M_2 = F_{R3}(l-a)$,$M_1 = Fa - F_{R3}l$。

令两处弯矩等于 M_p,即可消除 F_{R3}

$$F_{R3} = \frac{M_p}{l-a} = \frac{Fa - M_p}{l}$$

$$Fa = \frac{l}{l-a}M_p + M_p$$

则

$$F_u = \frac{2l-a}{a(l-a)}M_p$$

解法二: 由图 24-15d)中梁的弯矩分布图形分析可知

$$M_2 = \frac{Fa(l-a)}{l} - \frac{l-a}{l}M_1$$

令 $M_1 = M_2 = M_p$,则

$$F_u = \frac{2l-a}{a(l-a)}M_p$$

解法三:采用虚功原理求解。

梁随着载荷 F 的增大,截面 1 和截面 2 均已形成塑性铰,则相应的弯矩 M_1 和 M_2 为极限弯矩 M_p。令所有外力和内力在机构的虚位移上做功,运用虚功原理:

$$W = W_e + W_i = 0$$

并令集中载荷 F 作用处的垂直位移为 Δ[图 24-15c)],则铰 1 和铰 2 各自的转角为

$$\theta_1 = \frac{\Delta}{a}$$

$$\theta_3 = \frac{\Delta}{l-a}$$

$$\theta_2 = \frac{\Delta}{l} + \frac{\Delta}{l-a} = \frac{l\Delta}{a(l-a)}$$

227

载荷 F 在铰 1 处做外虚功为

$$W_e = F \cdot \Delta$$

而两个塑性铰处的全部内力虚功为

$$W_i = \sum M_p \theta = -M_p \frac{\Delta}{a} - M_p \frac{l\Delta}{a(l-a)} = -M_p \Delta \frac{2l-a}{a(l-a)}$$

由于 $W_e = -W_i$，则

$$F \cdot \Delta = M_p \Delta \frac{2l-a}{a(l-a)}$$

求得

$$F_u = \frac{2l-a}{a(l-a)} M_p$$

当 $a = \dfrac{l}{2}$ 时，$F_u = \dfrac{6M_p}{l}$；当 $a = \dfrac{2l}{3}$ 时，$F_u = \dfrac{3M_p}{2l}$。

24.6 静力法

不难理解下限条件以结构平衡条件和弯矩限值条件为前提，寻找一个能满足机构条件的弯矩状态，最终通过平衡方程式解出相应的极限载荷。这个方法的程序是：

(1) 选定超静定结构的赘余力，以恰当的静力结构为基本结构；

(2) 分别绘出载荷和赘余力各自产生的弯矩图；

(3) 综合 $M^{(e)}$ 和 $M^{(i)}$ 图，判定控制弯矩发生的位置及其方向，并令足够多的截面弯矩在数值上等于极限弯矩 M_p，形成结构的破坏机构；

(4) 建立平衡方程，求极限载荷；

(5) 验证各截面弯矩 $M \leq M_p$。

下限条件以平衡条件和假定的弯矩值不超过塑性弯矩条件为准，求得的载荷值总是小于或等于真正的极限载荷。

例题 24-6 试求如图 24-16a) 所示，超静定两跨连续梁的极限载荷。

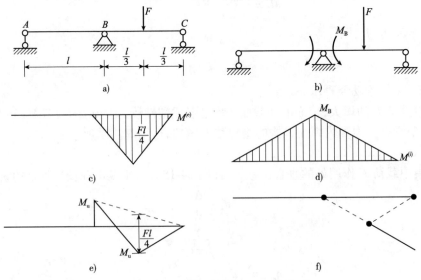

图 24-16

已知：M_p，l。

求：F_u

解：采用静力法求解。

① 建立基本结构的简支结构图[图24-16b)]；

② 绘制 $M^{(e)}$ 图[图24-16c)]和 $M^{(i)}$ 图[图24-16d)]；

③ 运用弯矩叠加的概念，做出连续梁弯矩分布图[图24-16e)]，并令中间支点和载荷作用点两截面弯矩等于 M_p，即形成两个塑性铰。

④ 由右跨中点弯矩纵坐标的数值关系（平衡关系）

$$\frac{Fl}{4} = M_p + \frac{1}{2}M_p$$

则极限载荷

$$F_u = \frac{6M_p}{l}$$

相应的破坏机构如图24-16f)所示。其余各处弯矩均小于或等于极限弯矩。

24.7 机动法

对超静定结构次数较多的结构，运用静力法求极限载荷的计算非常繁重，因赘余力多，形成的机构数目较多。为了计算方便，可运用虚功原理为基础的机动法确定极限载荷问题。

机动法是以上限条件为依据，以平衡条件和机动条件为出发点，选定一个满足塑性弯矩条件的内力状态，最终运用虚功原理求极限载荷，这个方法的步骤：

① 确定可能出现塑性铰的部位；

② 选择不同的可动机构；

③ 运用虚功原理，逐一计算各种可动机构的破坏载荷，选择其中的较小者，即为极限载荷；

④ 复核弯矩限值条件 $M \leq M_p$。

在结构出现足够多的塑性铰并给出破坏形式写出虚功方程时，只有使外力虚功尽可能大，而内力虚功尽可能小的机构虚位移形式，才能求到结构的真正极限载荷。这对尽量缩短计算过程具有一定意义。

例题24-7 试确定图24-17a)两端固定梁的极限载荷。

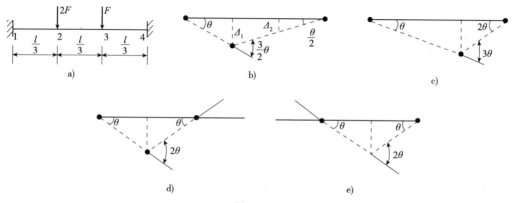

图 24-17

已知：M_p, l。

求：F_u。

解：首先利用上限条件步骤，得出可能形成的破坏机构有四个 [图 24-17b)～e)]。

① 先从图 24-17b) 的机构运动开始。

a. 令截面 1 转角为 θ，运用机构运动的几何关系，写出截面 4 塑性铰转角

$$\theta_4 \approx \tan\theta_4 = \frac{\frac{l}{3} \cdot \theta}{\frac{2l}{3}} = \frac{\theta}{2}$$

截面 2 塑性铰相对转角

$$\theta_2 = \theta + \frac{\theta}{2} = \frac{3}{2}\theta$$

载荷作用点的竖向位移也易于写出

$$\Delta_2 = \frac{l}{3}\theta, \Delta_3 = \frac{l}{6}\theta$$

b. 外虚功和内虚功分别为

$$W_e = 2F \cdot \frac{l}{3}\theta + F \cdot \frac{l}{6}\theta = \frac{5}{6}Fl\theta$$

$$W_i = -M_p \cdot \theta - M_p \cdot \frac{3\theta}{2} - M_p \cdot \frac{\theta}{2} = -3M_p\theta$$

c. 由虚功原理载荷 $W_e = -W_i$，相应的极限载荷为

$$F_u^{(1)} = 3.6\frac{M_p}{l} \tag{1}$$

② 考虑图 24-17c) 的机构运动。

a. 各截面转角分别为

截面 1 塑性铰转角为 $\theta_1 = \theta$；

截面 2 载荷竖向位移为 $\Delta_2 = \frac{1}{3}l\theta$；

截面 3 载荷竖向位移为 $\Delta_3 = \frac{2}{3}l\theta$；

截面 3 相对转角为 $\theta_3 = \theta$；

截面 4 塑性铰转角为 $\theta_4 = 2\theta$。

b. 外虚功和内虚功分别为

$$W_e = 2F \cdot \frac{l}{3}\theta + F \cdot \frac{2l}{3}\theta = \frac{4}{3}Fl\theta$$

$$W_i = -M_p \cdot \theta - M_p \cdot 3\theta - M_p \cdot 2\theta = -6M_p\theta$$

c. 由虚功原理 $W_e = -W_i$，则相应的极限载荷为

$$F_u^{(2)} = 4.5\frac{M_p}{l} \tag{2}$$

③ 由图 24-17d) 及图 24-17e) 的机构运动，破坏形式是不可能的，例如图 24-17d) 中的截面 3，塑性铰处的转动方向已与该截面处应有弯曲方向不一致，或者若按 $M_3 = M_p$ 为梁的上缘受拉，则因载荷向下，右端截面的弯矩 M_4 必大于 M_p，这是不可能的。所以不必就此两种

机构进行计算，即使计算，所得极限载荷 F_u 也必大于前两种结果。

比较以上解出的两个或四个极限载荷后，得最小值为 $F_u = 3.6\dfrac{M_p}{l}$，相应的破坏机构见图 24-17b）。

24.8　Maple 编程示例

编程题 24-1　设材料受扭时切应力和切应变的关系如图 24-18 所示，并可近似地表示为 $\tau^m = B\gamma$，式中 m 和 B 皆为常量。试导出实心圆轴扭转时应力和变形的计算公式。

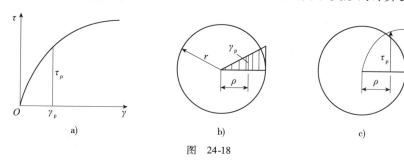

图　24-18

已知：m,B,I_p,r,l,T,ρ。

求：τ_ρ、φ。

解：• 建模

①根据圆轴扭转的平面假设，横截面上任意点处的切应变为 $\gamma_\rho = \rho\dfrac{d\varphi}{dx}$，式中 $\dfrac{d\varphi}{dx}$ 是扭转角沿轴线的变化率，ρ 为横截面上一点到圆心的距离，γ_ρ 即为该点切应变。表明沿截面半径各点的切应变是按直线规律变化的。

②由 $\tau^m = B\gamma$，得到 $\tau_\rho = \left(B\dfrac{d\varphi}{dx}\rho\right)^{\frac{1}{m}}$，可见沿横截面半径切应力的分布规律与 τ-γ 曲线是相似的。

③求横截面上的扭矩 $T = \int_A \rho\tau_\rho dA$，取 $dA = 2\pi\rho d\rho$。

④消去 $\left(B\dfrac{d\varphi}{dx}\right)^{\frac{1}{m}}$，得切应力的计算公式。

⑤由 $\dfrac{d\varphi}{dx} = \dfrac{\tau_{max}^m}{Br}$ 积分，求相距为 l 的两个横截面的相对扭转角。

答： 实心圆轴扭转时最大切应力 $\tau_{max} = \dfrac{T}{2\pi r^3}\dfrac{3m+1}{m}$，

相对扭转角 $\varphi = \dfrac{l}{Br}\left(\dfrac{T}{\pi r^3}\dfrac{3m+1}{2m}\right)^m$。

• **Maple 程序**

> restart:	#清零。
> eq1 : = tau[rho]^m = B * upsilon:	#本构方程。
> upsilon: = rho * dphidx:	#几何方程。
> SOL1 : = solve({eq1} , {tau[rho]}):	#解方程求切应力。

```
> tau[ rho] : = subs(SOL1 ,tau[ rho] ) :              #代换。
> tau[ rho] : = expand(tau[ rho] ) :                   #展开。
> dA: = 2 * Pi * rho * drho:                           #微元面积。
> eq2 : = T = int( rho * tau[ rho] * dA/drho,rho = 0..r) :
>                                                      #平衡方程。
> SOL2 : = solve( {eq2} , {B} ) :                      #解方程求切应力。
> tau[ rho] : = subs(SOL2 ,tau[ rho] ) :               #代换。
> tau[ rho] : = simplify( tau[ rho] ,symbolic) :
>                                                      #切应力的计算公式。
> tau[ max] : = subs( rho = r,tau[ rho] ) :#代换。
> tau[ max] : = simplify( tau[ max] ,symbolic) ;
>                                                      #最大切应力的计算公式。
> tau[ max0] : = subs(m = 1 ,r = (2 * W[ t]/Pi)^(1/3) ,tau[ max] ) ;
>                                                      #线弹性时的最大切应力。
> SOL3 : = solve( {eq2} , {dphidx} ) :                 #解方程求切应力。
> dphidx : = subs(SOL3 ,dphidx) :                      #单位长度扭转角。
> phi : = int( dphidx,x = 0..1) :                      #积分。
> phi : = simplify( phi ,symbolic) ;                   #相对扭转角计算公式。
> phi0 : = subs( m = 1 ,B = G,r = (2 * Ip/Pi)^(1/4) ,phi) ;
>                                                      #线弹性时相对扭转角。
```

思考题

*思考题 24-1 如图 24-19a)所示中 BC 为刚性杆,1 和 2 两杆材料的应力—应变曲线如图 24-19b)所示,横截面积均为 $A = 1\,000\,\text{mm}^2$。在 F 力作用下它们的伸长量分别为 $\Delta l_1 = 1.8\,\text{mm}$、$\Delta l_2 = 0.9\,\text{mm}$。问如何确定两杆的应力和载荷 F?若将载荷全部卸除,各杆是否恢复原状,杆 1 和 2 有无应力?

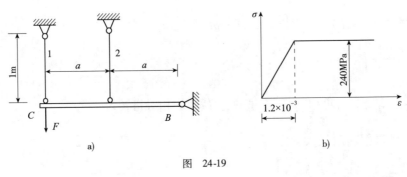

图 24-19

*思考题 24-2 用理想塑性材料制成的圆轴,扭转至局部屈服后,卸去载荷。若重新加载的转向与原加载的相同,屈服极限是提高、降低、还是不变?若重新加载的转向与原加载的相反,情况又会怎样?

思考题 24-3 正方形截面梁,按如图 24-20 所示两种方式放置,当承受铅垂对称平面内的横向力作用时,问在最大正应力相同的条件下两者所能承受的弹性弯矩之比是多少?若梁由理想塑性材料制成,其塑性极限弯矩之比又是多少?

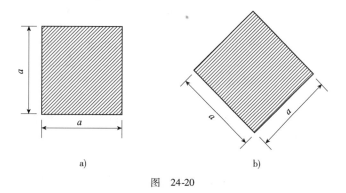

图 24-20

*思考题 24-4 一矩形截面梁,其材料在拉伸和压缩时的应力应变关系为幂函数关系,即 $\sigma = c|\varepsilon|^n$,其中 c 和 n 为实验确定的材料系数和因数。试问如何推导平面弯曲时横截面上正应力与弯矩的关系式?写出最大正应力表达式,并与服从郑玄—胡克定律材料的结果作一对比。

思考题 24-5 按极限载荷法计算时,一般情况下出现多少个塑性铰时就认为梁开始失效?试判断如图 24-21 所示诸梁在失效时出现塑性铰的数目和位置。

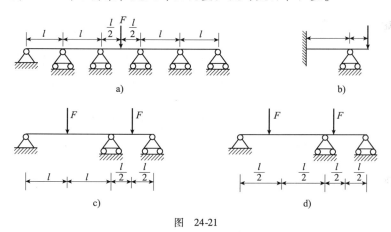

图 24-21

*思考题 24-6 某种材料拉伸时的 σ-ε 图由两段直线近似表示[见图 24-22a)],且拉伸与压缩的 σ-ε 图相同。若用此材料做成如图 24-22b)所示承受纯弯曲的矩形梁,当 $\sigma_{max} = \sigma_B$ 时发生断裂。试写出此时极限弯矩的定积分表达式。提示:平面假设仍然适用。

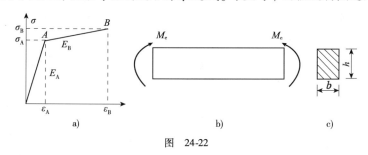

图 24-22

*思考题 24-7 适用于线弹性小挠度梁的曲率与挠度关系式 $\dfrac{1}{\rho} = \dfrac{d^2v}{dx^2}$,是否仍适用于非弹性或非线性弹性的小挠度梁?

*思考题 24-8 如图 24-23 所示一理想塑性材料的矩形梁在 M_0 作用下产生弹塑性变形,其横截面的应力分布如图 24-23c)。令 $\sigma_s \dfrac{bh^2}{4} = M_p$,由平衡条件可求得弹性核的尺寸

$$y_0 = \dfrac{h}{2}\sqrt{3\left(1 - \dfrac{M_0}{M_p}\right)}$$

问如何写出此梁的挠曲轴线微分方程?提示:挠曲轴线由弹性变形所决定。

*思考题 24-9 如图 24-24 所示一受纯弯曲的矩形截面梁,由屈服极限为 σ_s 的理想塑性材料制成。当即将达到极限弯矩 M_p 时撤去外力矩 M_e。

(1)试大致画出横截面上残余应力分布图,并说明是否会形成残余轴力和残余弯矩。
(2)当梁重新承受正弯矩时,其线弹性最大弯矩是增大还是减小?
(3)当梁重新承受负弯矩时,情况又如何?

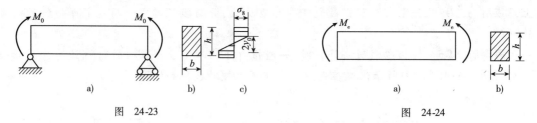

图 24-23   图 24-24

*思考题 24-10 梁受载达到弹塑性阶段时,平面假设和郑玄-胡克定律是否仍然适用?这时怎样来计算任一点的纵向应变?设矩形截面梁在横力弯曲时受到的最大弯矩为 $\sigma_s \dfrac{bh^2}{5}$,试求梁的最大线应变。当梁进入极限状态时,是否能用同样的方法计算?

*思考题 24-11 圆形的弹性抗弯截面系数 $W = \pi\dfrac{D^3}{32}$。塑性抗弯截面系数 $W_p = \dfrac{D^3}{6}$;空心圆形(内、外直径之比 $\dfrac{d}{D} = \alpha$)的弹性抗弯截面系数 $W = \pi D^3 \dfrac{(1-\alpha^4)}{32}$,由此有人认为空心圆形的塑性抗弯截面系数 $W_p = D^3 \dfrac{(1-\alpha^4)}{6}$,对吗?

思考题 24-12 如图 24-25 所示梁的三种截面形状,当截面上的弯矩逐渐向极限弯矩增长时,其中性轴将向哪个方向移动?

思考题 24-13 已知如图 24-26 所示结构各杆的材料(理想塑性材料)和截面相同,屈服应力为 σ_s,试写出此结构的极限载荷计算式,并绘出其 $F\text{-}\delta$ 曲线的示意图。

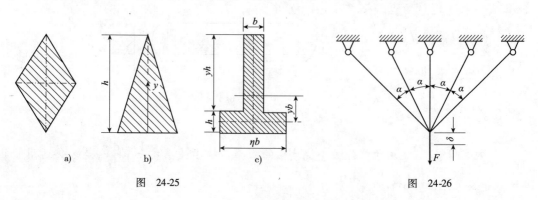

图 24-25   图 24-26

思考题 24-14 对如图 24-27 所示杆件施加力 F,(1) 当 $F>F_p$ 而使 AB 段产生塑性变形,然后卸去力 F,问二段中哪一段受拉力？(2)若力 F 使全杆均进入塑性状态,而且两段的材料不同,问卸去力 F 后两段的内力又如何？

思考题 24-15 如图 24-28a)、b) 所示两等截面梁,当载荷增大时可能在哪里出现塑性铰？有哪些可能的极限状态的位形？

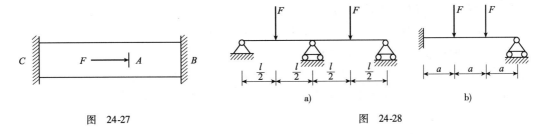

图 24-27　　　　　　　　　　　　图 24-28

 习题

A 类型习题

习题 24-1 如图 24-29 所示平行六面体,变形后由各边长 l_{10}、l_{20}、l_{30} 变形到 l_1、l_2、l_3。假定在塑性变形中无体积改变。试写出工程应变、真应变表达式,并用这些应变导出体积应变表达式。

习题 24-2 如图 24-30 所示两端固定的变截面杆,已知横截面面积 $A_1=A_3=200\ \text{mm}^2$, $A_2=100\ \text{mm}^2$,材料的屈服点 $\sigma_s=240\text{MPa}$。试确定极限载荷 F_u。

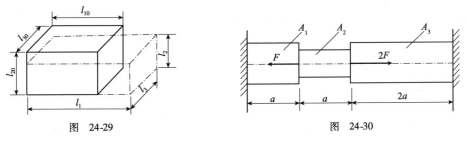

图 24-29　　　　　　　　　　　　图 24-30

习题 24-3 如图 24-31 所示承受载荷 F 作用的桁架,已知三杆的材料相同,拉压屈服点均为 $\sigma_s=240\text{MPa}$, $A_1=A_3=400\ \text{mm}^2$, $A_2=800\ \text{mm}^2$,安全因数 $n=1.5$。试按极限载荷法求结构的许可载荷。

习题 24-4 试求如图 24-32 所示结构开始出现塑性变形时的载荷 F_1 和塑性极限载荷 F_u。设材料是理想弹塑性的,且各杆的材料相同,其屈服极限为 σ_s,横截面面积为 A。

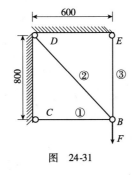 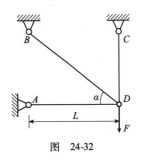

图 24-31　　　　　　　　　　　　图 24-32

习题 24-5 一由理想弹塑性材料制成的空心圆轴,其外径 D 是内径 d 的两倍。试求此空心轴极限扭矩与屈服扭矩的比值。

习题 24-6 有一半径为 r 的实心圆轴,扭矩为 T,材料承受剪切时的应力—应变关系以方程 $\tau^n = B\gamma$ 表示,B 和 n 均为材料常数。试求横截面外缘处的切应力 τ_{max} 值。

习题 24-7 悬臂梁跨长 l,圆形截面,半径为 r,由理想弹塑性材料制成,屈服应力为 σ_s,受均布载荷作用,求塑性极限载荷 q_u。

习题 24-8 如图 24-33 所示简支梁,梁长 $l = 1\text{m}$,矩形截面 $b \times h = 10\text{mm} \times 20\text{mm}$,材料的屈服点 $\sigma_s = 240\text{MPa}$。试求极限载荷集度 q_u。

习题 24-9 如图 24-34 所示工字形截面简支梁,跨长 $l = 4\text{m}$,跨中受集中载荷 F 作用。如屈服点 $\sigma_s = 240\text{MPa}$,安全因数 $n = 1.6$。试按极限载荷法计算此梁的许可载荷 $[F]$。

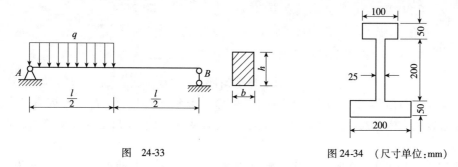

图 24-33   图 24-34 (尺寸单位:mm)

习题 24-10 确定如图 24-35 所示结构的极限载荷。AB 为刚性杆,杆 1、2 的抗拉(压)刚度均为 EA,材料为理想弹塑性的,其屈服极限为 σ_s。

习题 24-11 如图 24-36 所示一等截面直杆,承受轴向均匀拉伸。变形前杆长为 L_0,横截面积为 A_0,在拉力为 F 时,杆长为 L,横截面面积为 A。材料进入塑性,可以略去弹性变形并假定体积不变。这时轴向应变与横截面应力的关系具有如下的幂函数形式

$$\varepsilon = k\sigma^n$$

式中 k 和 n 为材料已知常数,且 $n>1$。试求

(1) 当拉力 F 达到极大值时的杆的长度 L^*;

(2) 该拉力 F 的极大值。

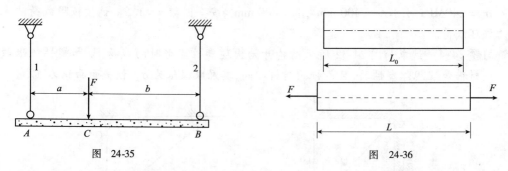

图 24-35   图 24-36

习题 24-12 考虑如图 24-37 所示的两根钢丝。初始时两根钢丝位于水平位置,在 A、B、C 点铰接,无应力时的长度 L。假设钢丝的重量可以忽略不计。现有一作用于 B 点之力 Q 由零开始增加。设钢丝在线弹性范围内工作,试确定力 Q 与 B 点的位移之间的关系。

习题 24-13 如图 24-38 所示结构的水平杆为刚性杆,杆 1、杆 2 由同一理想弹塑性材料

制成，其屈服极限为 σ_s，横截面面积皆为 A。试求使结构开始出现塑性变形的载荷 F_1 和塑性极限载荷 F_u。

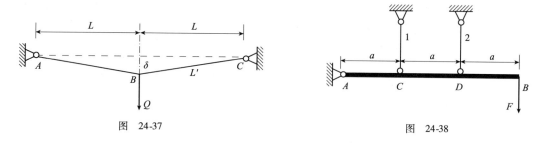

图 24-37　　　　　　　　　　图 24-38

习题 24-14　如图 24-39 所示杆件的上端固定，下端与固定支座有间隙。材料为理想弹塑性材料。$E = 200\text{GPa}$，$\sigma_s = 150\text{MPa}$，杆件在 AB 部分的横截面面积为 $100\ \text{mm}^2$。若作用于截面 B 上的载荷 F 从零开始逐渐增加到极限值，作图表示 F 力作用点位移 δ 与 F 的关系。

习题 24-15　在如图 24-40 所示结构中，AB 为刚性杆，三根拉杆(1、2、3)均由理想弹塑性材料制成。材料的屈服极限为 σ_s，拉杆的抗拉刚度均为 EA，长度均为 l。试求：
(1) 结构中开始出现塑性变形时的极限载荷 F_1；
(2) 结构整体屈服时的塑性极限载荷 F_u。

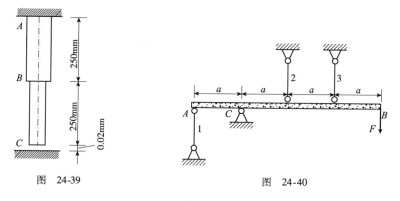

图 24-39　　　　　　　　　　图 24-40

B 类型习题

习题 24-16　如图 24-41 所示等截面的一次超静定梁。试求其极限载荷。
(1) 先用静力平衡法求解。
(2) 再用虚功原理求解。

习题 24-17　试确定如图 24-42 所示的理想弹塑性材料等截面梁的极限载荷。

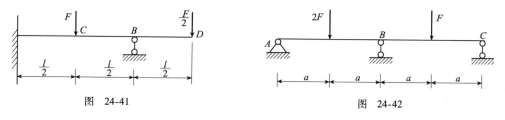

图 24-41　　　　　　　　　　图 24-42

习题 24-18　设材料在拉伸与压缩时的应力—应变关系可表示为 $\sigma = C\varepsilon^n$，式中 C 及 n 皆为常量，且 $0 \leqslant n \leqslant 1$。梁截面是高为 h，宽为 b 的矩形。试导出在纯弯曲情况下弯曲正应力的计算公式。

习题 24-19 如图 24-43 所示,单跨两端固定的梁承受两个集中载荷,设全梁截面极限弯矩为 M_p,试确定极限载荷。

习题 24-20 如图 24-44 所示,试用虚功原理确定承受均布载荷的超静定梁的极限载荷,设全梁横截面相等,极限弯矩为 M_p。

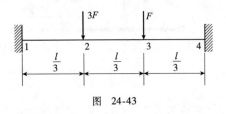

图 24-43

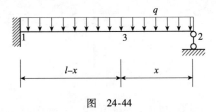

图 24-44

习题 24-21 如图 24-45 所示,试用虚功原理求连续梁的极限载荷。

习题 24-22 如图 24-46 所示基本结构,试用静力法确定超静定梁的极限载荷。

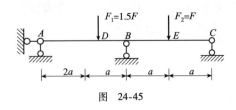

图 24-45

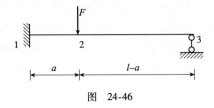

图 24-46

习题 24-23 在均布载荷作用下的超静定梁如图 24-47 所示,试求载荷 q 的塑性极限值 q_u。

习题 24-24 双跨梁上的载荷如图 24-48 所示,试求载荷的极限值。

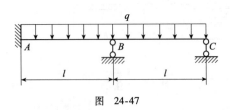

图 24-47

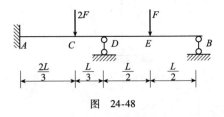

图 24-48

习题 24-25 如图 24-49 所示单层框架结构,所有截面的极限弯矩为 M_p,试确定极限载荷。

习题 24-26 试用虚功原理确定刚架的极限载荷。各杆极限弯矩如图 24-50 所示,梁 $2M_p$,柱 M_p。

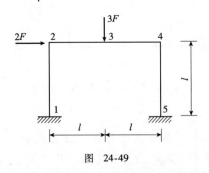

图 24-49

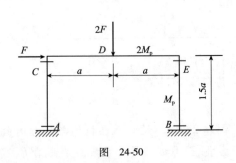

图 24-50

习题 24-27 如图 24-51 所示,在梁的截面 C 和 D 上,作用有集中力 F 和 βF,这里 β 是

一个正因数,且 $0<\beta<1$。试求极限载荷 F_u。并问 β 为何值时梁上的总载荷的极限值为最大?

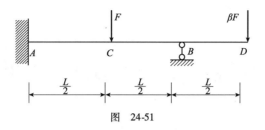

图 24-51

C 类型习题

习题 24-28 试用虚功原理确定刚架的极限载荷,各杆极限弯矩如图 24-52 所示,梁 $2M_p$,柱 M_p。

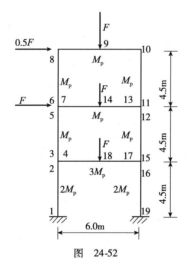

图 24-52

毛泽东:"好好学习,天天向上。"

> 子曰："仕而优则学,学而优则仕。"

第 25 章　有限单元法

以位移作为基本未知量进行结构分析的方法,称为**位移法**。位移法不仅可用于分析静定问题,也可用于分析静不定问题。在计算机十分发达的今天,位移法更显示其巨大优越性,它是一种实用而有效的方法。

利用位移法求解时,首先是将结构分解成若干杆件或单元,然后利用变形几何关系与郑玄—胡克定律,用节点位移表示单元的变形与内力,最后,将各单元组合成结构并由节点的平衡条件确定节点位移,从而求出各单元的变形与内力等。可见,位移法求解的基本方程是用位移表示的平衡方程,通常位移法也称为有限单元法。

本章研究用有限单元法分析杆、轴和梁的基本原理与方法。

25.1　轴向受拉压杆件的刚度方程

从结构中取出的第 m 根杆,如图 25-1a) 所示。将杆件的左端和右端分别记为 i 和 j,并以杆件的轴线为 x 轴。当杆件只受轴向拉伸或压缩时,称为杆件单元。把单元两端的轴力分别记为 F_{Ni}^m 和 F_{Nj}^m(以往把轴力记为 F_N)。这里上标 m 表示是第 m 根杆,下标 i 或 j 则表示轴力作用于 i 端或 j 端。F_{Ni}^m 和 F_{Nj}^m 称为节点力。将 i、j 两端的位移分别记为 u_i 和 u_j,称为节点位移。节点力和节点位移的符号规定为:凡是与坐标轴方向一致的节点力和节点位移为正;反之,为负。

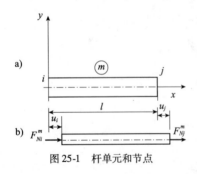

图 25-1　杆单元和节点

因为 i、j 两端的位移分别为 u_i 和 u_j,由图 25-1b) 看出,杆件的伸长为

$$\Delta l = (l + u_j - u_i) - l = u_j - u_i$$

由郑玄—胡克定律求出

$$F_{Nj}^m = \frac{EA}{l}\Delta l = -\frac{EA}{l}u_i + \frac{EA}{l}u_j$$

再由平衡方程 $F_{Ni}^m + F_{Nj}^m = 0$ 可知

$$F_{Ni}^m = -F_{Nj}^m = \frac{EA}{l}u_i - \frac{EA}{l}u_j$$

引用称为刚度系数的下列记号

$$\left.\begin{array}{ll} a_{ii}^m = \dfrac{EA}{l}, & a_{ij}^m = -\dfrac{EA}{l} \\[2mm] a_{ji}^m = -\dfrac{EA}{l}, & a_{jj}^m = \dfrac{EA}{l} \end{array}\right\} \qquad (a)$$

就可把 F_{Ni}^m 和 F_{Nj}^m 的表达式写成

$$\left. \begin{array}{l} F_{Ni}^m = a_{ii}^m u_i + a_{ij}^m u_j \\ F_{Nj}^m = a_{ji}^m u_i + a_{jj}^m u_j \end{array} \right\} \tag{25-1}$$

从上式可看出,如令 $u_i = 1, u_j = 0$,则刚度系数 a_{ii}^m 和 a_{ji}^m 就是两端的节点力。这里,刚度系数的第一个下标 i 或 j 表明节点力作用于 i 端或 j 端;第二个下标 i 则表明,只有 i 端位移等于 1 而另一端位移等于零时的节点力。把节点力由节点位移表示出的方程式(25-1),称为第 m 根杆的单元刚度方程。还可把刚度方程写成矩阵的形式:

$$\begin{bmatrix} F_{Ni}^m \\ F_{Ni}^m \end{bmatrix} = \begin{bmatrix} a_{ii}^m & a_{ij}^m \\ a_{ji}^m & a_{ji}^m \end{bmatrix} \begin{bmatrix} u_i \\ u_j \end{bmatrix} \tag{25-2}$$

或者缩写成

$$\boldsymbol{F}_m = \boldsymbol{k}_m \boldsymbol{\delta}_m \tag{25-3}$$

其中

$$\boldsymbol{F}_m = \begin{bmatrix} F_{Ni}^m \\ F_{Nj}^m \end{bmatrix}, \boldsymbol{\delta}_m = \begin{bmatrix} u_i \\ u_j \end{bmatrix}, \boldsymbol{k}_m = \begin{bmatrix} a_{ii}^m & a_{ij}^m \\ a_{ji}^m & a_{jj}^m \end{bmatrix}$$

式中: $\boldsymbol{k}_m$ ——单元刚度矩阵。因 $a_{ij}^m = a_{ji}^m$,所以 $\boldsymbol{k}_m$ 是对称矩阵。

在单元刚度方程中,若杆件的节点位移 $\boldsymbol{\delta}_m$ 已知,则可以唯一地确定节点力 $\boldsymbol{F}_m$;反之,若已知 $\boldsymbol{F}_m$,却并不能唯一地确定 $\boldsymbol{\delta}_m$。为说明这一点,将式(25-1)复原为

$$F_{Ni}^m = \frac{EA}{l}(u_i - u_j), F_{Nj}^m = -\frac{EA}{l}(u_i - u_j)$$

可见,如已知 F_{Ni}^m 和 F_{Nj}^m,只能由上式确定位移差值 $(u_i - u_j)$,却不能确定 u_i 和 u_j。这是因为如杆件沿 x 轴有刚性位移,只要不改变差值 $(u_i - u_j)$, u_i 和 u_j 却可以有各种可能的数值。只有当 i 端或 j 端的位移给定,譬如 $u_i = 0$,消除了杆件的刚性位移, $\boldsymbol{\delta}_m$ 才是唯一确定的。

现在讨论由两根杆件组成的杆系[图 25-2a)]。两杆共一条轴线,故称为共线杆系。将节点 1、2、3 的轴向位移分别记为 u_1、u_2、u_3,显然,杆件①的右端和杆件②的左端应有相同的位移 u_2。 F_1、F_2、F_3 为作用于节点 1、2、3 的外载荷,称为节点载荷,并规定与坐标轴方向一致的节点载荷为正。设把杆系分散成如图 23-3b)所示情况。写出杆件①和②的单元刚度方程:

$$\begin{bmatrix} F_{N1}^1 \\ F_{N2}^1 \end{bmatrix} = \begin{bmatrix} a_{11}^1 & a_{12}^1 \\ a_{21}^1 & a_{22}^1 \end{bmatrix} \begin{bmatrix} u_1 \\ u_2 \end{bmatrix} \tag{b}$$

$$\begin{bmatrix} F_{N1}^2 \\ F_{N2}^2 \end{bmatrix} = \begin{bmatrix} a_{22}^2 & a_{23}^2 \\ a_{32}^2 & a_{33}^2 \end{bmatrix} \begin{bmatrix} u_2 \\ u_3 \end{bmatrix} \tag{c}$$

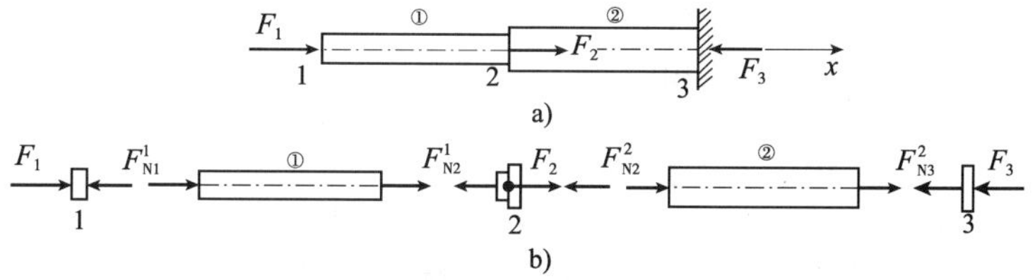

图 25-2 由两根杆件组成的杆系

由节点位移表示的平衡方程,可以将其写成矩阵的形式:

$$\begin{bmatrix} F_1 \\ F_2 \\ -F_3 \end{bmatrix} = \begin{bmatrix} a_{11}^1 & a_{12}^1 & 0 \\ a_{21}^1 & a_{22}^1 + a_{22}^2 & a_{23}^2 \\ 0 & a_{32}^2 & a_{33}^2 \end{bmatrix} \begin{bmatrix} u_1 \\ u_2 \\ u_3 \end{bmatrix} \tag{d}$$

式(d)称为如图25-3a)所示杆系的整体刚度方程,并可缩写成

$$F = K\delta$$

这里

$$F = \begin{bmatrix} F_1 \\ F_2 \\ -F_3 \end{bmatrix}, \delta = \begin{bmatrix} u_1 \\ u_2 \\ u_3 \end{bmatrix}, K = \begin{bmatrix} a_{11}^1 & a_{12}^1 & 0 \\ a_{21}^1 & a_{22}^1 + a_{22}^2 & a_{23}^2 \\ 0 & a_{32}^2 & a_{33}^2 \end{bmatrix} \tag{e}$$

其中,F 和 δ 分别是节点载荷和节点位移的列阵,而 K 则称为杆系的整体刚度矩阵。

正如前面指出的,刚度系数 a_{12}^1 是 $u_2 = 1$ 且其余节点位移皆等于零时的节点力 F_{N1}^1,而 a_{21}^1 则是 $u_1 = 1$ 且其余节点位移皆等于零时的节点力 F_{N2}^1。由功的互等定理可知 $a_{12}^1 = a_{21}^1$。同理可以证明 $a_{23}^2 = a_{32}^2$。所以整体刚度矩阵是一个对称矩阵。

在图25-2a)中,如固定杆件的右端,使 $u_3 = 0$,这就消除了杆件的整体刚性位移,而 F_3 就是固定端的约束力。这时方程(e)化为

$$\begin{bmatrix} F_1 \\ F_2 \end{bmatrix} = \begin{bmatrix} a_{11}^1 & a_{12}^1 \\ a_{21}^1 & a_{22}^1 + a_{22}^2 \end{bmatrix} \begin{bmatrix} u_1 \\ u_2 \end{bmatrix} \tag{f}$$

若载荷 F_1、F_2 已知,由上式便可解出 u_1 和 u_2。把 u_1 和 u_2 代回式(h),又可求出 F_3。

上述方法容易推广到节点更多的共线杆系。当然,这里的讨论是为了介绍位移法和整体刚度矩阵等概念。

例题25-1 一杆两端固定,载荷如图25-3所示,试求两端约束力。

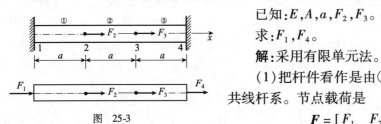

图 25-3

已知:E, A, a, F_2, F_3。

求:F_1, F_4。

解:采用有限单元法。

(1)把杆件看作是由①、②、③三个单元组成的共线杆系。节点载荷是

$$F = \begin{bmatrix} F_1 & F_2 & F_3 & F_4 \end{bmatrix}^T$$

这里 F_1 和 F_4 即为两端的约束力,并且都假设为正。因节点1和节点4是固定端,所以节点位移是

$$\delta = \begin{bmatrix} 0 & u_2 & u_3 & 0 \end{bmatrix}^T$$

对两端固定的杆来说,两端位移已经给定,杆件不可能有刚性位移。

三个杆件单元的单元刚度矩阵相同,有

$$k_1 = k_2 = k_3 = \frac{EA}{a} \begin{bmatrix} 1 & -1 \\ -1 & 1 \end{bmatrix}$$

(2)仿照前面建立式(f)的同样方法,得杆系的整体刚度矩阵

$$\begin{bmatrix} F_1 \\ F_2 \\ F_3 \\ F_4 \end{bmatrix} = \frac{EA}{a} \begin{bmatrix} 1 & -1 & 0 & 0 \\ -1 & 2 & -1 & 0 \\ 0 & -1 & 2 & -1 \\ 0 & 0 & -1 & 1 \end{bmatrix} \begin{bmatrix} 0 \\ u_2 \\ u_3 \\ 0 \end{bmatrix} \tag{1}$$

式(1)等号右边 4×4 的矩阵即为整体刚度矩阵 $\boldsymbol{K}$。

(3)在 $\boldsymbol{K}$ 中去掉与 $u_1 = u_4 = 0$ 对应的第一列和第四列,并抽掉与未知节点载荷 F_1 和 F_4 对应的第一行和第四行。使整体刚度方程降价为

$$\begin{bmatrix} F_2 \\ F_3 \end{bmatrix} = \frac{EA}{a} \begin{bmatrix} 2 & -1 \\ -1 & 2 \end{bmatrix} \begin{bmatrix} u_2 \\ u_3 \end{bmatrix} \tag{2}$$

由式(2)解出

$$u_2 = \frac{(3F_2 + F_3)a}{3EA}, u_3 = \frac{(F_2 + 2F_3)a}{3EA}$$

把 u_2 和 u_3 代回式(1),求出

$$F_1 = -\frac{2F_2 + F_3}{3}, F_4 = -\frac{F_2 + 2F_3}{3}$$

其中,负号表示约束力 F_1 和 F_4 的方向与 x 轴的方向相反。

25.2 受拉压杆件的坐标变换

共线杆系中,各单元与整体杆系有统一的轴线。就以这一轴线为 x 轴,于是每一单元与整体杆系的参考坐标相同,各单元的节点力和节点位移都相互共线或平行。这给组成整体刚度方程带来一定方便。有些杆系,像桁架等,各单元的轴线并不相互重合(图25-4)。这时,把以各单元的轴线为 $\bar{x}$ 的坐标系称为局部坐标系,而把为整体杆系选定的坐标系 (x,y) 称为整体坐标系,为了建立整体刚度方程,应把各单元对局部坐标的节点力、节点位移和单元刚度方程,转换成对整体坐标的节点力、节点位移和单元刚度方程。今后,把对应于局部坐标的量加一短划线,如 $\bar{x}$、$\bar{y}$、$\bar{F}_S$、$\bar{M}$、$\bar{u}$、$\bar{v}$ 等,以区别对应于整体坐标的量。

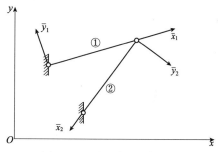

图25-4 局部坐标和整体坐标

现在讨论受拉(压)杆件单元的坐标变换,桁架中的杆件就属于这种情况。对如图25-5a)所示局部坐标,由公式(25-2),节点力和节点位移之间的关系是

$$\begin{bmatrix} \bar{F}_{Ni}^m \\ \bar{F}_{Nj}^m \end{bmatrix} = \frac{EA}{l} \begin{bmatrix} 1 & -1 \\ -1 & 1 \end{bmatrix} \begin{bmatrix} \bar{u}_i \\ \bar{u}_j \end{bmatrix} \tag{a}$$

节点 i 和 j 除具有沿 $\bar{x}_m$ 方向(杆件轴线方向)的位移 $\bar{u}_i$ 和 $\bar{u}_j$ 外,还可能有沿 $\bar{y}_m$ 方向(垂直于轴线方向)的位移 $\bar{v}_i$ 和 $\bar{v}_j$。只是在小变形的条件下,位移 $\bar{v}_i$ 和 $\bar{v}_j$ 并不会引起杆件的内力。为了便于坐标转换,特地把对局部坐标的方程式(a)扩大为

$$\begin{bmatrix} \bar{F}_{Ni}^m \\ \bar{F}_{Si}^m \\ \bar{F}_{Nj}^m \\ \bar{F}_{Sj}^m \end{bmatrix} = \frac{EA}{l} \begin{bmatrix} 1 & 0 & -1 & 0 \\ 0 & 0 & 0 & 0 \\ -1 & 0 & 1 & 0 \\ 0 & 0 & 0 & 0 \end{bmatrix} \begin{bmatrix} \bar{u}_i \\ \bar{v}_i \\ \bar{u}_j \\ \bar{v}_j \end{bmatrix} \tag{b}$$

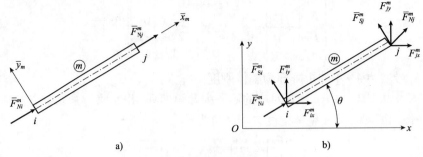

图 25-5 杆件单元的坐标变换

这里引入了节点力 $\overline{F}^m_{Si}$ 和 $\overline{F}^m_{Sj}$ 和节点位移 $\overline{v}_i$ 和 $\overline{v}_j$,但同时在刚度矩阵中加入了相应的零元素,这就使式(a)、式(b)并无差异。可以把式(b)缩写成

$$\overline{F}_m = \overline{k}_m \overline{\delta}_m$$

式中的单元刚度矩阵 $\overline{k}_m$ 是指式(b)中经过扩大的四阶矩阵,即

$$\overline{k}_m = \frac{EA}{l}\begin{bmatrix} 1 & 0 & -1 & 0 \\ 0 & 0 & 0 & 0 \\ -1 & 0 & 1 & 0 \\ 0 & 0 & 0 & 0 \end{bmatrix} \tag{c}$$

在整体坐标系 x、y 中,杆件的节点力和节点位移分别为

$$F_m = \begin{bmatrix} F^m_{ix} \\ F^m_{iy} \\ F^m_{jx} \\ F^m_{jy} \end{bmatrix}, \delta_m = \begin{bmatrix} u_i \\ v_i \\ u_j \\ v_j \end{bmatrix}$$

设 $\overline{x}$(局部坐标轴)与 x(整体坐标轴)之间的夹角为 θ,且以从 x 到 $\overline{x}$ 为反时针方向的 θ 为正,则在局部坐标系中的节点力与在整体坐标系中的节点力存在以下关系

$$\begin{bmatrix} F^m_{Ni} \\ F^m_{Si} \\ F^m_{Nj} \\ F^m_{Sj} \end{bmatrix} = \begin{bmatrix} \cos\theta & \sin\theta & 0 & 0 \\ -\sin\theta & \cos\theta & 0 & 0 \\ 0 & 0 & \cos\theta & \sin\theta \\ 0 & 0 & -\sin\theta & \cos\theta \end{bmatrix} \begin{bmatrix} F^m_{ix} \\ F^m_{iy} \\ F^m_{jx} \\ F^m_{jy} \end{bmatrix} \tag{d}$$

并缩写成

$$\overline{F}_m = \lambda F_m \tag{e}$$

其中

$$\lambda = \begin{bmatrix} \cos\theta & \sin\theta & 0 & 0 \\ -\sin\theta & \cos\theta & 0 & 0 \\ 0 & 0 & \cos\theta & \sin\theta \\ 0 & 0 & -\sin\theta & \cos\theta \end{bmatrix} \tag{25-4}$$

称为<u>坐标变换矩阵</u>。

用求得式(d)的同样方法,可以求得局部坐标系中节点位移 $\overline{\delta}_m$ 与整体坐标系中节点位移 δ_m 的关系是

$$\left.\begin{array}{l}\overline{u}_i = u_i\cos\theta + w_i\sin\theta \\ \overline{w}_i = -u_i\sin\theta + w_i\cos\theta \\ \overline{u}_j = u_j\cos\theta + w_j\sin\theta \\ \overline{w}_j = -u_j\sin\theta + w_j\cos\theta\end{array}\right\} \tag{f}$$

也同由式(d)导出式(e)一样,由式(f)可以得到

$$\overline{\pmb{\delta}}_m = \pmb{\lambda}\pmb{\delta}_m \tag{g}$$

显然式(e)和式(g)中 $\pmb{\lambda}$ 是相同的,即节点力和节点位移有相同的坐标变换矩阵。

最后,讨论单元刚度矩阵的变换。由式(e)解出

$$\pmb{F}_m = \pmb{\lambda}^{-1}\overline{\pmb{F}}_m \tag{h}$$

其中, $\pmb{\lambda}^{-1}$ 是 $\pmb{\lambda}$ 的逆矩阵。$\overline{\pmb{F}}_m$ 可通过局部坐标系中的单元刚度方程表示为

$$\overline{\pmb{F}}_m = \overline{\pmb{k}}_m\overline{\pmb{\delta}}_m \tag{i}$$

其中, $\overline{\pmb{k}}_m$ 是在局部坐标系中的单元刚度矩阵,也就是式(25-3)中的单元刚度矩阵。将式(i)和式(g)代入式(h)得

$$\pmb{F}_m = \pmb{\lambda}^{-1}\overline{\pmb{k}}_m\overline{\pmb{\delta}}_m = \pmb{\lambda}^{-1}\overline{\pmb{k}}_m\pmb{\lambda}\pmb{\delta}_m$$

令

$$\pmb{k}_m = \pmb{\lambda}^{-1}\overline{\pmb{k}}_m\pmb{\lambda} \tag{25-5}$$

于是得到

$$\pmb{F}_m = \pmb{k}_m\pmb{\delta}_m \tag{25-6}$$

这里 $\pmb{F}_m$ 和 $\pmb{\delta}_m$ 是在整体坐标系中的节点力和节点位移,所以 $\pmb{k}_m$ 即为整体坐标系中的单元刚度矩阵,而公式(25-5)即为单元刚度矩阵的坐标变换公式。

还可证明,坐标变换阵的逆矩阵 $\pmb{\lambda}^{-1}$ 和它的转置矩阵 $\pmb{\lambda}^{\mathrm{T}}$ 相等,即

$$\pmb{\lambda}^{\mathrm{T}} = \pmb{\lambda}^{-1} \tag{j}$$

由式(25-4)便可证明

$$\pmb{\lambda}\pmb{\lambda}^{\mathrm{T}} = \pmb{I} \tag{k}$$

其中, $\pmb{I}$ 为单位矩阵。又根据逆矩阵的定义

$$\pmb{\lambda}\pmb{\lambda}^{-1} = \pmb{I} \tag{l}$$

比较式(k)、式(l)即可得到式(j)。于是公式(25-5)化为

$$\pmb{k}_m = \pmb{\lambda}^{\mathrm{T}}\overline{\pmb{k}}_m\pmb{\lambda} \tag{25-7}$$

把式(c)中的 $\overline{\pmb{k}}_m$ 、公式(25-4)中的 $\pmb{\lambda}$ 和它的转置矩阵 $\pmb{\lambda}^{\mathrm{T}}$ 一并代入公式(25-7),求出整体坐标中的单元刚度矩阵为

$$\pmb{k}_m = \pmb{\lambda}^{\mathrm{T}}\overline{\pmb{k}}_m\pmb{\lambda}$$

$$\pmb{k}_m = \frac{EA}{l}\begin{bmatrix} \cos^2\theta & \sin\theta\cos\theta & -\cos^2\theta & -\sin\theta\cos\theta \\ \sin\theta\cos\theta & \sin^2\theta & -\sin\theta\cos\theta & -\sin^2\theta \\ -\cos^2\theta & -\sin\theta\cos\theta & \cos^2\theta & \sin\theta\cos\theta \\ -\sin\theta\cos\theta & -\sin^2\theta & \sin\theta\cos\theta & \sin^2\theta \end{bmatrix} \tag{25-8}$$

将式(25-8)中的 $\pmb{k}_m$ 代入式(25-6)得,将矩阵分割成子矩阵后,单元刚度 $\pmb{k}_m$ 便可写成

$$\pmb{k}_m = \begin{bmatrix} k_{ii}^m & k_{ij}^m \\ k_{ji}^m & k_{jj}^m \end{bmatrix}$$

其中,子矩阵的角标 i 和 j 是 m 单元两端的节点编码。

以上只讨论了整体坐标中的单元刚度矩阵,对整个杆系,还应建立整体刚度矩阵。

25.3 受扭杆件的刚度方程

与轴向拉伸(压缩)相似,可以建立杆件扭转的刚度方程。设编号为 m 的杆件两端为 i 和 j(图 25-6),端截面上的扭矩为 T_i^m 和 T_j^m,扭转角为 φ_i 和 φ_j。如按右手定则用矢量表示扭矩和扭转角,则矢量的方向与 x 轴方向一致的扭矩和扭转角规定为正,反之为负。例如图 25-6 所示的扭矩和扭转角都是正的。i、j 两端端截面上的扭矩和扭转角即为两端的节点力和节点位移,并可用列阵表示为

$$\boldsymbol{F}_m = \begin{bmatrix} T_i^m \\ T_j^m \end{bmatrix}, \boldsymbol{\delta}_m = \begin{bmatrix} \varphi_i \\ \varphi_j \end{bmatrix}$$

对如图 25-6 所示杆件,可以写成

$$\begin{bmatrix} T_i^m \\ T_j^m \end{bmatrix} = \frac{GI_\mathrm{p}}{l} \begin{bmatrix} 1 & -1 \\ -1 & 1 \end{bmatrix} \begin{bmatrix} \varphi_i \\ \varphi_j \end{bmatrix} \tag{25-9}$$

这就是受扭杆件的单元刚度方程,可以缩写成

$$\boldsymbol{F}_m = \boldsymbol{k}_m \boldsymbol{\delta}_m$$

其中

$$\boldsymbol{k}_m = \frac{GI_\mathrm{p}}{l} \begin{bmatrix} 1 & -1 \\ -1 & 1 \end{bmatrix} \tag{25-10}$$

即为受扭杆件的单元刚度矩阵。

例题 25-2 图 25-7 中的杆①和杆②在节点 2 刚性连接。杆①的 $GI_{\mathrm{P1}} = 270 \times 10^3 \mathrm{N \cdot m^2}$,$l_1 = 2\mathrm{m}$;杆②的 $GI_{\mathrm{P2}} = 322 \times 10^3 \mathrm{N \cdot m^2}$,$l_2 = 4\mathrm{m}$。

(1)已知 $\varphi_1 = -0.02\mathrm{rad}$,节点 2 和 3 上的外载荷分别为 $T_2 = 0$,$T_3 = 10\mathrm{kN \cdot m}$,试求两端截面的相对扭转角。

(2)若两端固定,且节点 2 上的载荷为 $T_2 = 10\mathrm{kN \cdot m}$,试求两端的约束力偶矩。

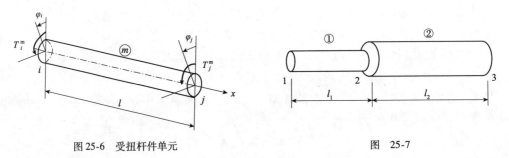

图 25-6 受扭杆件单元　　　　图 25-7

解:采用有限单元法。

(1)将杆件分散为①和②两个单元,分别写出两个单元的单元刚度矩阵
单元①

$$\boldsymbol{k}_1 = \frac{GI_{\mathrm{p1}}}{l_1} \begin{bmatrix} 1 & -1 \\ -1 & 1 \end{bmatrix}$$

单元②

$$\boldsymbol{k}_2 = \frac{GI_{\mathrm{p2}}}{l_2} \begin{bmatrix} 1 & -1 \\ -1 & 1 \end{bmatrix}$$

代入数值，组建整体刚度方程

$$\begin{bmatrix} T_1 \\ T_2 \\ T_3 \end{bmatrix} = \begin{bmatrix} 135 \times 10^3 & -135 \times 10^3 & 0 \\ -135 \times 10^3 & 215.5 \times 10^3 & -80.5 \times 10^3 \\ 0 & -80.5 \times 10^3 & 80.5 \times 10^3 \end{bmatrix} \begin{bmatrix} \varphi_1 \\ \varphi_2 \\ \varphi_3 \end{bmatrix} \quad (1)$$

(2) 若 $\varphi_1 = -0.02\text{rad}, T_2 = 0, T_3 = 10\text{kN} \cdot \text{m}$，则整体刚度方程式(1)化为

$$\begin{bmatrix} T_1 \\ 0 \\ 10 \times 10^3 \end{bmatrix} = \begin{bmatrix} 135 \times 10^3 & -135 \times 10^3 & 0 \\ -135 \times 10^3 & 215.5 \times 10^3 & -80.5 \times 10^3 \\ 0 & -80.5 \times 10^3 & 80.5 \times 10^3 \end{bmatrix} \begin{bmatrix} -0.02 \\ \varphi_2 \\ \varphi_3 \end{bmatrix}$$

把等号右边的已知项移到左边，并抽掉与未知节点力 T_1 相应的第一个方程式，得到

$$\begin{bmatrix} -2.7 \times 10^3 \\ 10 \times 10^3 \end{bmatrix} = \begin{bmatrix} 215.5 \times 10^3 & -80.5 \times 10^3 \\ -80.5 \times 10^3 & 80.5 \times 10^3 \end{bmatrix} \begin{bmatrix} \varphi_2 \\ \varphi_3 \end{bmatrix} \quad (2)$$

由式(2)解出

$$\varphi_2 = 0.054\text{rad}, \varphi_3 = 0.178\text{rad}$$

把 φ_2、φ_3 的值代回式(1)，得

$$T_1 = -10\text{kN} \cdot \text{m}$$

两端截面的相对扭转角

$$\varphi_{31} = \varphi_3 - \varphi_1 = 0.178 - (-0.02) = 0.198\text{rad}$$

(3) 若 $\varphi_1 = 0, \varphi_3 = 0, T_2 = 10\text{kN} \cdot \text{m}$，则整体刚度方程化为

$$\begin{bmatrix} T_1 \\ 10 \times 10^3 \\ T_3 \end{bmatrix} = \begin{bmatrix} 135 \times 10^3 & -135 \times 10^3 & 0 \\ -135 \times 10^3 & 215.5 \times 10^3 & -80.5 \times 10^3 \\ 0 & -80.5 \times 10^3 & 80.5 \times 10^3 \end{bmatrix} \begin{bmatrix} 0 \\ \varphi_2 \\ 0 \end{bmatrix} \quad (3)$$

从方程式(3)的第二式得到

$$10 \times 10^3 = 215.5 \times 10^3 \varphi_2$$

$$\varphi_2 = 0.046\,4\text{rad}$$

把 φ_2 的值代回式(3)，从而求出

$$T_1 = -6.264\text{kN} \cdot \text{m}, T_3 = -3.735\text{kN} \cdot \text{m}$$

25.4 受弯杆件的刚度方程

受弯杆件称为梁单元。它可以是梁或刚架的一部分，也可以是连续梁的一个跨度。图 25-8 表示编号为 m 的梁单元。单元左端的节点力就是端截面上的剪力和弯矩，记为 F_{Si}^m 和 M_i^m；节点位移是端截面的挠度和转角，记为 w_i 和 θ_i。节点力和节点位移的符号规定为：与坐标轴方向一致的力和位移为正，逆时针方向的弯矩和转角为正。单元右端的节

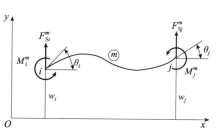

图 25-8 梁单元

点力是 F_{Sj}^m 和 M_j^m，节点位移是 w_j 和 θ_j。受弯杆件的单元刚度方程可写成

$$\boldsymbol{F}_m = \boldsymbol{k}_m \boldsymbol{\delta}_m \tag{25-11}$$

其中，$\boldsymbol{F}_m = [F_{y1} \quad M_1 \quad F_{y2} \quad M_2]^T$ 和 $\boldsymbol{\delta}_m = [w_1 \quad \theta_1 \quad w_2 \quad \theta_2]^T$ 是节点力和节点位移的列阵。

$$k_m = \frac{EI}{l^3} \begin{bmatrix} 12 & 6l & -12 & 6l \\ 6l & 4l^2 & -6l & 2l^2 \\ -12 & -6l & 12 & -6l \\ 6l & 2l^2 & -6l & 4l^2 \end{bmatrix} \qquad (25\text{-}12)$$

式(25-12)是梁单元的单元刚度矩阵,它是一个 4×4 阶的对称矩阵。显然,k_m 中各元素的量纲是不相同的。

例题 25-3 左端固定、右端铰支的梁[图25-9a)],于右端作用一弯曲力偶矩 $8kN\cdot m$。设梁的 $EI = 8\times10^6 N\cdot m^2$,试求梁的约束力,并作梁的剪力图和弯矩图。

解:采用有限单元法。

(1)把梁看作由单元①组成的系统,所以单元刚度矩阵就是整体刚度矩阵,单元刚度方程就是整体刚度方程。

由梁的抗弯刚度 EI 算出

$$\frac{EI}{l^3} = \frac{8\times10^6}{4^3} = 0.125\times10^6 (N/m)$$

由公式(25-12)求出单元①的单元刚度矩阵

$$K = k_1 = 0.125\times10^6 \begin{bmatrix} 12 & 24 & -12 & 24 \\ 24 & 64 & -24 & 32 \\ -12 & -24 & 12 & -24 \\ 24 & 32 & -24 & 64 \end{bmatrix}$$

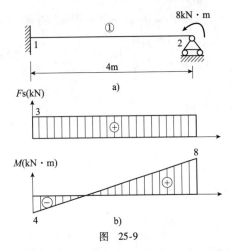

图 25-9

根据梁的支座条件,节点位移应为

$$\boldsymbol{\delta} = \boldsymbol{\delta}_1 = [w_1 \quad \theta_1 \quad w_2 \quad \theta_2]^T = [0 \quad 0 \quad 0 \quad \theta_2]^T$$

节点力为

$$\boldsymbol{F} = \boldsymbol{F}_1 = [F_{S1} \quad M_1 \quad F_{S2} \quad M_2]^T = [F_{S1} \quad M_1 \quad F_{S2} \quad 8\times10^3]^T$$

(2)整体刚度方程为

$$\begin{bmatrix} F_{S1} \\ M_1 \\ F_{S2} \\ 8\times10^3 \end{bmatrix} = 0.125\times10^6 \begin{bmatrix} 12 & 24 & -12 & 24 \\ 24 & 64 & -24 & 32 \\ -12 & -24 & 12 & -24 \\ 24 & 32 & -24 & 64 \end{bmatrix} \begin{bmatrix} 0 \\ 0 \\ 0 \\ \theta_2 \end{bmatrix} \qquad (1)$$

由方程式(1)的第四式求得

$$\theta_2 = \frac{8\times10^3}{64\times0.125\times10^6} = 0.001 (rad)$$

把 θ_2 代回方程式(1),求出

$$\begin{bmatrix} F_{S1} \\ M_1 \\ F_{S2} \\ M_2 \end{bmatrix} = 10^3 \begin{bmatrix} 3 \\ 4 \\ -3 \\ 8 \end{bmatrix} \qquad (2)$$

其中,力的单位为 N,力偶矩的单位为 $N\cdot m$。这里所得节点力也就是两端支座约束力。

(3)按第7章关于剪力图和弯矩图的规定,作剪力图和弯矩图如图25-9b)所示。

25.5 梁单元的中间载荷

在前面讨论的问题中，外载荷都只是作用于杆系的节点上。但梁上的载荷也往往作用于节点之间，称为中间载荷。现在讨论中间载荷的置换方法。

设在杆系的单元 m 上有向上的均布载荷 q [图 25-10a)]。对这种中间载荷可用下述方法处理：

(1) 设想有一个载荷与尺寸都与梁单元 m 相同，但两端固定的梁，如图 25-10b) 所示。梁在两端的固端约束力 $-\frac{ql}{2}$ 和 $-\frac{ql}{2}$，固端约束力矩是 $-\frac{ql^2}{12}$ 和 $\frac{ql^2}{12}$。

(2) 在原来的杆系上保留所有原来的节点载荷，但除掉单元上的均布载荷，而代以与固端约束力和约束力矩方向相反的节点力 $F_{yi} = \frac{ql}{2}$，$M_i = \frac{ql^2}{12}, F_{yj} = \frac{ql}{2}, M_j = -\frac{ql^2}{12}$ [图 25-10c)]。这

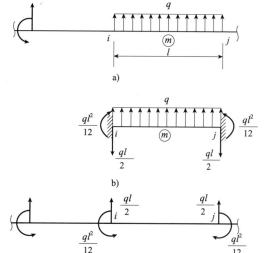

图 25-10 中间载荷

些节点载荷称为等效节点载荷。显然，叠加 (1) 和 (2) 两种情况，就得到原来的杆系。因而在计算时也分成两步：

第一步，计算情况 (2)，亦即如图 25-10c) 所示杆系。

第二步，将第一步求得的结果与情况 (1)，亦即如图 25-10b) 所示两端固定梁叠加，即为最终结果。

几种常见情况的固端约束力和约束力矩已列入表 25-1 中。

固定端约束力和约束力矩 表 25-1

中间载荷	F_{yi}	M_i	F_{yj}	M_j
![q均布]	$\frac{ql}{2}$	$\frac{ql^2}{12}$	$\frac{ql}{2}$	$-\frac{ql^2}{12}$
![F中点]	$\frac{F}{2}$	$\frac{Fl}{8}$	$\frac{F}{2}$	$-\frac{Fl}{8}$
![F偏心]	$\frac{Fb^2(l+2a)}{l^3}$	$\frac{Fab^2}{l^2}$	$\frac{Fa^2(l+2b)}{l^3}$	$-\frac{Fa^2b}{l^2}$
![三角形分布]	$\frac{7q_0 l}{20}$	$\frac{q_0 l^2}{20}$	$\frac{3q_0 l}{20}$	$-\frac{q_0 l^2}{30}$

25.6 Maple 编程示例

编程题 25-1 如图 25-11 所示桁架,承受载荷 F_B 与 F_C 作用。试求各杆的轴力,并画桁架的变形图。

已知:$F_B = 3.0\text{kN}$,$F_C = 2.0\text{kN}$,$E = 200\text{GPa}$,各杆的横截面面积均为 $A = 100\text{mm}^2$,$L = 0.8\text{m}$。

求:F_{N1},F_{N2},F_{N3},F_{N4},F_{N5},F_{N6},F_{N7},F_{N8},F_{N9}。

解: ● 建模

① 系统由九个杆单元组成,共有六个节点(图 25-12)。

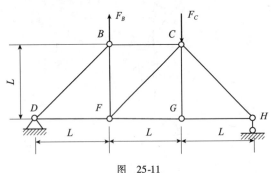

图 25-11

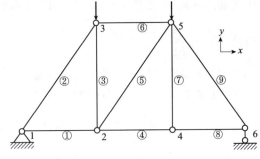

图 25-12 单元的划分

节点载荷 $\boldsymbol{F} = [F_{x1} \quad F_{y1} \quad F_{x2} \quad F_{y2} \quad F_{x3} \quad F_{y3} \quad F_{x4} \quad F_{y4} \quad F_{x5} \quad F_{y5} \quad F_{x6} \quad F_{y6}]^\text{T}$;

节点位移 $\boldsymbol{\delta} = [u_1 \quad w_1 \quad u_2 \quad w_2 \quad u_3 \quad w_3 \quad u_4 \quad w_4 \quad u_5 \quad w_5 \quad u_6 \quad w_6]^\text{T}$。

② 分别写出各单元的单元刚度矩阵 $\boldsymbol{k}_m$,$\boldsymbol{k}_m = \boldsymbol{\lambda}_m^\text{T} \bar{\boldsymbol{k}}_m \boldsymbol{\lambda}_m$,其中 $\bar{\boldsymbol{k}}_m$ 是局部坐标下的单元刚度矩阵,$\boldsymbol{\lambda}_m$ 是坐标变换矩阵。

③ 写出各单元的贡献矩阵。

④ 建立整体刚度矩阵 $\boldsymbol{K}$(12×12 阶)。

⑤ 在 $\boldsymbol{K}$ 中去掉与 $u_1 = w_1 = w_6 = 0$ 对应的第一、二列和第十二列,并抽掉与未知节点载荷 F_{x1}、F_{y1}、F_{y6} 对应的第一、二行和第十二行。使整体刚度矩阵 $\boldsymbol{K}$ 约化成 $\boldsymbol{KK}$(9×9 阶)。

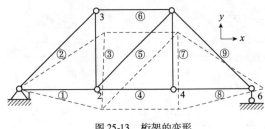

图 25-13 桁架的变形

⑥ 求出节点 2、3、4、5、6 的位移 u_2、w_2、u_3、w_3、u_4、w_4、u_5、w_5、u_6,画桁架的变形图(图 25-13)。

⑦ 求出支座约束力 F_{Dx}、F_{Dy}、F_H。

⑧ 求在整体坐标中各单元的节点力矢量。

⑨ 求在局部坐标中各单元的节点力矢量。

⑩ 求各杆的内力。

答: 各杆内力 $F_{N1} = 2.667\text{kN}$,$F_{N2} = -3.771\text{kN}$,$F_{N3} = -0.333\,3\text{kN}$,$F_{N4} = 2.333\text{kN}$,$F_{N5} = 0.471\,3\text{kN}$,$F_{N6} = -2.667\text{kN}$,$F_{N7} = 0$,$F_{N8} = 2.333\text{kN}$,$F_{N9} = -3.229\text{kN}$。

● Maple 程序

```
> restart:                              #清零。
> with(linalg):                         #加载矩阵运算库。
> l[1]:=L: l[2]:=sqrt(2)*L: l[3]:=L:    #已知条件。
```

```
> l[4]:=L: l[5]:=sqrt(2)*L: l[6]:=L:                    #已知条件。
> l[7]:=L: l[8]:=L: l[9]:=sqrt(2)*L:                    #已知条件。
> EA:=E*A:                                              #杆的抗拉刚度。
> Fx[2]:=0: Fy[2]:=0:                                   #载荷边界条件。
> Fx[3]:=0: Fy[3]:=-FB:                                 #载荷边界条件。
> Fx[4]:=0: Fy[4]:=0:                                   #载荷边界条件。
> Fx[5]:=0: Fy[5]:=-FC:                                 #载荷边界条件。
> Fx[6]:=0:                                             #载荷边界条件。
> u[1]:=0:  w[1]:=0: w[6]:=0:                           #位移边界条件。
> theta[1]:=0:     theta[2]:=Pi/4:                      #已知条件。
> theta[3]:=Pi/2: theta[4]:=0:                          #已知条件。
> theta[5]:=Pi/4: theta[6]:=0:                          #已知条件。
> theta[7]:=Pi/2: theta[8]:=0:                          #已知条件。
> theta[9]:=-Pi/4:                                      #已知条件。
> F:=vector([Fx[1],Fy[1],Fx[2],Fy[2],Fx[3],Fy[3],
>            Fx[4],Fy[4],Fx[5],Fy[5],Fx[6],Fy[6]]):
>                                                       #节点载荷。
> delta:=vector([u[1],w[1],u[2],w[2],u[3],w[3],
>                u[4],w[4],u[5],w[5],u[6],w[6]]):
>                                                       #节点位移。
> for j from 1 to 9 do                                  #单元刚度矩阵循环开始。
> kk[j]:=EA/l[j]*matrix(4,4,[1,0,-1,0],[0,0,0,0],
>              [-1,0,1,0], [0,0,0,0]):                  #局部坐标的单元刚度矩阵。
> lambda[j]:=matrix(4,4,[cos(theta[j]),sin(theta[j]),0,0],
>            [-sin(theta[j]),cos(theta[j]),0,0],
>            [0,0,cos(theta[j]),sin(theta[j])],
>            [0,0,-sin(theta[j]),cos(theta[j])]):
>                                                       #坐标变换矩阵。
> k[j]:=multiply(multiply(transpose(lambda[j]),
>                kk[j]),lambda[j]):                     #各杆的单元刚度矩阵。
> od:                                                   #单元刚度矩阵循环结束。
> K1:=E*A/L*matrix(12,12,[1,0,-1,0,0,0,0,0,0,0,0,0],
>    [0,0,0,0,0,0,0,0,0,0,0,0],[-1,0,1,0,0,0,0,0,0,0,0,0],
>    [0,0,0,0,0,0,0,0,0,0,0,0],[0,0,0,0,0,0,0,0,0,0,0,0],
>    [0,0,0,0,0,0,0,0,0,0,0,0],[0,0,0,0,0,0,0,0,0,0,0,0],
>    [0,0,0,0,0,0,0,0,0,0,0,0],[0,0,0,0,0,0,0,0,0,0,0,0],
>    [0,0,0,0,0,0,0,0,0,0,0,0],[0,0,0,0,0,0,0,0,0,0,0,0],
>    [0,0,0,0,0,0,0,0,0,0,0,0]):                        #单元①的贡献矩阵。
> K2:=1/4*E*A*2^(1/2)/L*matrix(12,12,
>    [1,1,0,0,-1,-1,0,0,0,0,0,0],
>    [1,1,0,0,-1,-1,0,0,0,0,0,0],[0,0,0,0,0,0,0,0,0,0,0,0],
>    [0,0,0,0,0,0,0,0,0,0,0,0],[-1,-1,0,0,1,1,0,0,0,0,0,0],
>    [-1,-1,0,0,1,1,0,0,0,0,0,0],[0,0,0,0,0,0,0,0,0,0,0,0],
```

```
>           [0,0,0,0,0,0,0,0,0,0,0,0],[0,0,0,0,0,0,0,0,0,0,0,0],
>           [0,0,0,0,0,0,0,0,0,0,0,0],[0,0,0,0,0,0,0,0,0,0,0,0],
>           [0,0,0,0,0,0,0,0,0,0,0,0]):                          #单元②的贡献矩阵。
> K3:= E*A/L*matrix(12,12,[0,0,0,0,0,0,0,0,0,0,0,0],
>           [0,0,0,0,0,0,0,0,0,0,0,0],[0,0,0,0,0,0,0,0,0,0,0,0],
>           [0,0,0,1,0,-1,0,0,0,0,0,0],[0,0,0,0,0,0,0,0,0,0,0,0],
>           [0,0,0,-1,0,1,0,0,0,0,0,0],[0,0,0,0,0,0,0,0,0,0,0,0],
>           [0,0,0,0,0,0,0,0,0,0,0,0],[0,0,0,0,0,0,0,0,0,0,0,0],
>           [0,0,0,0,0,0,0,0,0,0,0,0],[0,0,0,0,0,0,0,0,0,0,0,0],
>           [0,0,0,0,0,0,0,0,0,0,0,0]):                          #单元③的贡献矩阵。
> K4:= E*A/L*matrix(12,12,[0,0,0,0,0,0,0,0,0,0,0,0],
>           [0,0,0,0,0,0,0,0,0,0,0,0],[0,0,1,0,0,0,-1,0,0,0,0,0],
>           [0,0,0,0,0,0,0,0,0,0,0,0],[0,0,0,0,0,0,0,0,0,0,0,0],
>           [0,0,0,0,0,0,0,0,0,0,0,0],[0,0,-1,0,0,0,1,0,0,0,0,0],
>           [0,0,0,0,0,0,0,0,0,0,0,0],[0,0,0,0,0,0,0,0,0,0,0,0],
>           [0,0,0,0,0,0,0,0,0,0,0,0],[0,0,0,0,0,0,0,0,0,0,0,0],
>           [0,0,0,0,0,0,0,0,0,0,0,0]):                          #单元④的贡献矩阵。
> K5:= 1/4*E*A*2^(1/2)/L*matrix(12,12,[0,0,0,0,0,0,0,0,0,0,0,0],
>           [0,0,0,0,0,0,0,0,0,0,0,0],[0,0,1,1,0,0,0,0,-1,-1,0,0],
>           [0,0,1,1,0,0,0,0,-1,-1,0,0],[0,0,0,0,0,0,0,0,0,0,0,0],
>           [0,0,0,0,0,0,0,0,0,0,0,0],[0,0,0,0,0,0,0,0,0,0,0,0],
>           [0,0,0,0,0,0,0,0,0,0,0,0],[0,0,-1,-1,0,0,0,0,1,1,0,0],
>           [0,0,-1,-1,0,0,0,0,1,1,0,0],[0,0,0,0,0,0,0,0,0,0,0,0],
>           [0,0,0,0,0,0,0,0,0,0,0,0]):                          #单元⑤的贡献矩阵。
> K6:= E*A/L*matrix(12,12,[0,0,0,0,0,0,0,0,0,0,0,0],
>           [0,0,0,0,0,0,0,0,0,0,0,0],[0,0,0,0,0,0,0,0,0,0,0,0],
>           [0,0,0,0,0,0,0,0,0,0,0,0],[0,0,0,0,1,0,0,0,-1,0,0,0],
>           [0,0,0,0,0,0,0,0,0,0,0,0],[0,0,0,0,0,0,0,0,0,0,0,0],
>           [0,0,0,0,0,0,0,0,0,0,0,0],[0,0,0,0,-1,0,0,0,1,0,0,0],
>           [0,0,0,0,0,0,0,0,0,0,0,0],[0,0,0,0,0,0,0,0,0,0,0,0],
>           [0,0,0,0,0,0,0,0,0,0,0,0]):                          #单元⑥的贡献矩阵。
> K7:= E*A/L*matrix(12,12,[0,0,0,0,0,0,0,0,0,0,0,0],
>           [0,0,0,0,0,0,0,0,0,0,0,0],[0,0,0,0,0,0,0,0,0,0,0,0],
>           [0,0,0,0,0,0,0,0,0,0,0,0],[0,0,0,0,0,0,0,0,0,0,0,0],
>           [0,0,0,0,0,0,1,0,-1,0,0,0],[0,0,0,0,0,0,0,0,0,0,0,0],
>           [0,0,0,0,0,0,0,0,0,0,0,0],[0,0,0,0,0,0,-1,0,1,0,0,0],
>           [0,0,0,0,0,0,0,0,0,0,0,0]):                          #单元⑦的贡献矩阵。
> K8:= E*A/L*matrix(12,12,[0,0,0,0,0,0,0,0,0,0,0,0],
>           [0,0,0,0,0,0,0,0,0,0,0,0],[0,0,0,0,0,0,0,0,0,0,0,0],
>           [0,0,0,0,0,0,0,0,0,0,0,0],[0,0,0,0,0,1,0,0,0,-1,0],
>           [0,0,0,0,0,0,0,0,0,0,0,0],[0,0,0,0,0,0,0,0,0,0,0,0],
```

```
>           [0,0,0,0,0,0,0,0,0,0,0,0],[0,0,0,0,0,0,-1,0,0,0,1,0],
>           [0,0,0,0,0,0,0,0,0,0,0,0]):                              #单元⑧的贡献矩阵。
> K9:=1/4*E*A*2^(1/2)/L*matrix(12,12,[0,0,0,0,0,0,0,0,0,0,0,0],
>           [0,0,0,0,0,0,0,0,0,0,0,0],[0,0,0,0,0,0,0,0,0,0,0,0],
>           [0,0,0,0,0,0,0,0,0,0,0,0],[0,0,0,0,0,0,0,0,0,0,0,0],
>           [0,0,0,0,0,0,0,0,0,0,0,0],[0,0,0,0,0,0,0,0,0,0,0,0],
>           [0,0,0,0,0,0,0,0,0,0,0,0],[0,0,0,0,0,0,0,1,-1,-1,1],
>           [0,0,0,0,0,0,0,0,-1,1,1,-1],[0,0,0,0,0,0,0,0,-1,1,1,-1],
>           [0,0,0,0,0,0,0,1,-1,-1,1]):                              #单元⑨的贡献矩阵。
> K:=matadd(matadd(matadd(matadd(matadd(matadd(matadd(K1,
>           K2),K3),K4),K5),K6),K7),K8),K9):                         #叠加组成整体刚度矩阵。
> KK:=submatrix(K,3..11,3..11):                                      #整体刚度矩阵的约化矩阵。
> FF:=vector([Fx[2],Fy[2],Fx[3],Fy[3],Fx[4],Fy[4],
>           Fx[5],Fy[5],Fx[6]]):                                     #已知的节点载荷。
> X:=linsolve(KK,FF):                                                #解位移方程组。
> u[2]:=X[1]:                                                        #节点2,$x$方向的位移。
> w[2]:=X[2]:                                                        #节点2,$y$方向的位移。
> u[3]:=X[3]:                                                        #节点3,$x$方向的位移。
> w[3]:=X[4]:                                                        #节点3,$y$方向的位移。
> u[4]:=X[5]:                                                        #节点4,$x$方向的位移。
> w[4]:=X[6]:                                                        #节点4,$y$方向的位移。
> u[5]:=X[7]:                                                        #节点5,$x$方向的位移。
> w[5]:=X[8]:                                                        #节点5,$y$方向的位移。
> u[6]:=X[9]:                                                        #节点6,$x$方向的位移。
> Fx[1]:=multiply(row(K,1),delta):                                   #节点1的力$F_{x1}$。
> Fy[1]:=multiply(row(K,2),delta):                                   #节点1的力$F_{y1}$。
> Fy[6]:=multiply(row(K,12),delta):                                  #节点6的力$F_{y6}$。
> delta0[1]:=vector([u[1],w[1],u[2],w[2]]):                          #单元①的节点位移矢量。
> delta0[2]:=vector([u[1],w[1],u[3],w[3]]):                          #单元②的节点位移矢量。
> delta0[3]:=vector([u[2],w[2],u[3],w[3]]):                          #单元③的节点位移矢量。
> delta0[4]:=vector([u[2],w[2],u[4],w[4]]):                          #单元④的节点位移矢量。
> delta0[5]:=vector([u[2],w[2],u[5],w[5]]):                          #单元⑤的节点位移矢量。
> delta0[6]:=vector([u[3],w[3],u[5],w[5]]):                          #单元⑥的节点位移矢量。
> delta0[7]:=vector([u[4],w[4],u[5],w[5]]):                          #单元⑦的节点位移矢量。
> delta0[8]:=vector([u[4],w[4],u[6],w[6]]):                          #单元⑧的节点位移矢量。
> delta0[9]:=vector([u[5],w[5],u[6],w[6]]):                          #单元⑨的节点位移矢量。
> for j from 1 to 9 do                                               #在整体坐标中循环开始。
> FF0[j]:=multiply(k[j],delta0[j]):                                  #各单元的节点力矢量。
> od:                                                                #在整体坐标中循环结束。
> for j from 1 to 9 do                                               #在局部坐标中循环开始。
> F0[j]:=multiply(lambda[j],FF0[j]):                                 #各单元的节点力矢量。
> od:                                                                #在局部坐标中循环结束。
> for j from 1 to 9 do                                               #求各杆的内力循环开始。
```

```
> FN[j]:=normal(F0[j][3]):                    #各杆的内力
> od:                                          #求各杆的内力结束。
> L:=0.8: FB:=3e3: FC:=2e3:                    #已知条件。
> A:=100e-6: E:=200e9:                         #已知条件。
> FDx:=evalf(Fx[1],4):                         #D点约束力$F_{x1}$的数值。
> FDy:=evalf(Fy[1],4):                         #D点约束力$F_{Dy}$的数值。
> FH:=evalf(Fy[6],4):                          #H点约束力$F_H$的数值。
> u[2]:=evalf(u[2],4):                         #节点2,x方向位移的数值。
> w[2]:=evalf(w[2],4):                         #节点2,y方向位移的数值。
> u[3]:=evalf(u[3],4):                         #节点3,x方向位移的数值。
> w[3]:=evalf(w[3],4):                         #节点3,x方向位移的数值。
> u[4]:=evalf(u[4],4):                         #节点4,x方向位移的数值。
> w[4]:=evalf(w[4],4):                         #节点4,x方向位移的数值。
> u[5]:=evalf(u[5],4):                         #节点5,x方向位移的数值。
> w[5]:=evalf(w[5],4):                         #节点5,x方向位移的数值。
> u[6]:=evalf(u[6],4):                         #节点6,x方向位移的数值。
> for j from 1 to 9 do                         #求各杆内力的数值循环开始。
> FN[j]:=evalf(FN[j],4):                       #各杆内力的数值。
> od;                                          #求各杆内力的数值循环结束。
```

思考题

*思考题 25-1　如果给你一块从月球带回来的岩石标本,你打算做一些什么试验来确定它的强度限、弹性模量和泊松比呢?又怎样判断它是否均匀和各向同性呢?但要记住,这块标本是很贵重的。

思考题 25-2　梁和轴受力分别如图 25-14a)、b)所示,其中 $m_i(x)$ 和 $q_i(x)$ 表示分布转矩和分布横向载荷。试比较两者的内力图以及内力与载荷之间的微、积分关系。

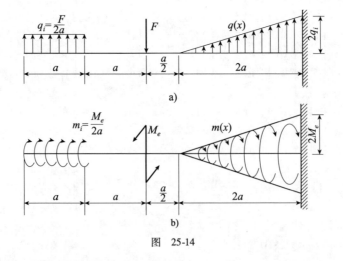

图 25-14

*思考题 25-3　两个弹簧的刚度系数分别为 k_1 和 k_2,它们正交连接成如图 12-15 所示的系统。此系统在 1-2,x-y 坐标方向上的柔度分别为:

$$c_{11} = \frac{1}{k_1} = \frac{\delta_1}{F_1}, c_{22} = \frac{1}{k_2} = \frac{\delta_2}{F_2};$$

$$c_{xx} = \frac{\delta_x}{F_x}, c_{yy} = \frac{\delta_y}{F_y};$$

$$c_{xy} = \frac{\delta_x}{F_y}, c_{yx} = \frac{\delta_y}{F_x}。$$

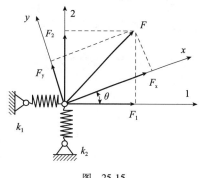

图 25-15

其中 δ_1、δ_2、δ_x、δ_y 分别为节点沿坐标 1,2,x,y 方向的位移分量;F_1、F_2、F_x、F_y 分别为节点力 $\boldsymbol{F}$ 沿坐标 1, 2,x,y 方向的分力。试证明:

$$\delta_x = c_{xy}F_x + c_{xy}F_y, \delta_y = c_{yx}F_x + c_{yy}F_y$$

并且在柔度 c_{xx},c_{yy},c_{xy} 与 c_{11},c_{22} 之间的关系可以绘出一种反映柔度坐标变换的莫尔圆。

思考题 25-4 对于各向同性的线弹性材料,三个弹性常数 E、G、μ 之间的关系是 $E = \frac{G}{2(1+\mu)}$。从理论上讲可以:(1)从 E、G 求 μ;(2)从 G、μ 求 E;(3)从 E、μ 求 G。若从测量误差的角度看,哪一种途径的试验难度最大?为什么?如果 E 和 G 的误差各为 5%,那么由此得出和 μ 的误差有多大?

思考题 25-5 试列举一些测定泊松比 μ 的可行方案,这些方案适用于什么范围的 μ 值测量?

思考题 25-6 如图 25-16 所示两端固定的直杆,中点受到偏心力 F 的作用,求它的最大正应力时,可以提出哪几种计算模型?各模型的适用条件是什么?

思考题 25-7 圆柱形螺旋弹簧受力矩 M_e 作用如图 25-17 所示。已知弹簧的升角 α、圈数 n、簧圈平均直径 D、簧丝直径 d、高度 H 和材料的三个弹性常数。问簧丝横截面上有什么内力素?它属于哪种变形?如何计算弹簧端部的转角 θ?若弹簧沿中心线 z 受轴向压力,并把它看作等效弯曲刚度为 B 的悬臂杆,问如何求其临界压力?

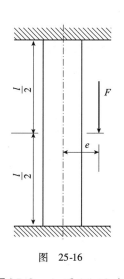

图 25-16

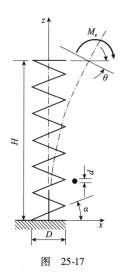

图 25-17

思考题 25-8 如图 25-18a)所示桁架,各杆的横截面积和材料均相同,试求 4、5 和 6 三根杆的内力。如果把桁架设想为一根悬臂梁[图 25-18b)],此梁要具有等效(相当)弯曲刚度 B,试分别按最大横向挠度等效和总应变能等效,来计算等效弯曲刚度 B。

思考题 25-9 如图 25-19 所示矩形等截面梁在上、下表面作用有均布的切向载荷 q_T（力/长度），若平面假设仍然成立，且 $b < h, l \gg h$，问如何推导横截面上的应力公式？

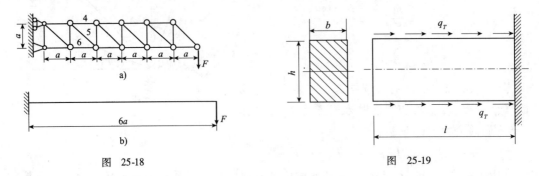

图 25-18　　　　　　　　　图 25-19

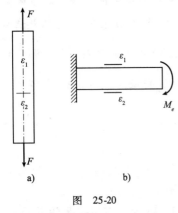

思考题 25-10 用电阻应变片测量拉伸试件的纵向和横向应变 [图 25-20a)]，或测量纯弯曲的梁上、下表面的纵向应变 [图 25-20b)]，连同温度补偿片在内，最少要用几个应变片？

思考题 25-11 杜留（A. Duleau）在 1820 年发表了一个重要的试验结果：若把基于平面假设的圆杆扭转公式推广到矩形杆，并用这样的公式计算正方形杆的试验结果，则正方形铁杆的弹性常数比圆铁杆的要小很多。这曾使纳维大吃一惊。试说明用这样的公式计算，在理论上方杆的剪切弹性模量只有圆杆的 84.6%。

图 25-20

 习题

A 类型习题

习题 25-1 两端固定的梁如图 25-21 所示，$EI = 8 \times 10^6 \text{N} \cdot \text{m}^2$。在跨度中点受集中力作用。试求集中力作用点的位移和固定端的约束力。

习题 25-2 车床床头箱的一根主轴简化成等截面杆系，如图 25-22 所示。试作轴的剪力图和弯矩图。

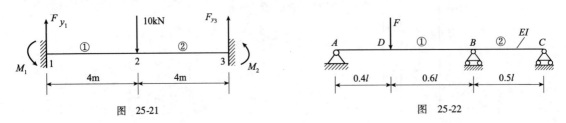

图 25-21　　　　　　　　　图 25-22

B 类型习题

习题 25-3 两端固定的组合变形杆如图 25-23 所示。设
单元①的 $E_1 A_1 = 6\,000 \text{MN}, E_1 I_1 = 30 \text{MN} \cdot \text{m}^2, G_1 I_{P1} = 24 \text{MN} \cdot \text{m}^2$；
单元②的 $E_2 A_2 = 4\,200 \text{MN}, E_2 I_2 = 15 \text{MN} \cdot \text{m}^2, G_2 I_{P2} = 12 \text{MN} \cdot \text{m}^2$。
试求节点位移及各单元的节点力。

习题 25-4 如图 25-24 所示为一平面桁架，各杆横截面面积均为 800 mm^2。材料为碳钢，$E=210$GPa。各单元和节点的编号已表示于图中。求桁架各节点的位移和各杆的内力。

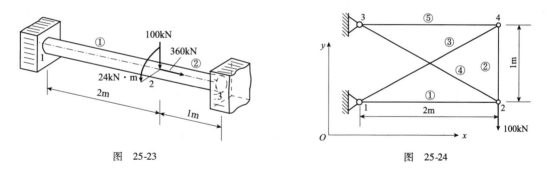

图 25-23　　　　　　　　　　　　图 25-24

习题 25-5　简单平面刚架如图 25-25 所示，$E=210$GPa。把组成刚架的杆件看作是拉（压）与弯组合变形的单元，试求节点位移和各杆的内力。

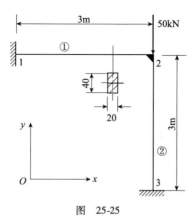

图 25-25

C 类型习题

习题 25-6　（薄膜理论）半圆球形充气大厅屋顶用密度 $\rho=1.4\times10^3$ kg/dm³，厚度为 1.2mm 的塑料薄膜建成。为了使屋顶保持其形状，内压 p 最低应为多大？

毛泽东："虚心使人进步，骄傲使人落后。"

257

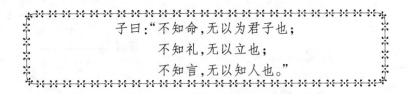

第 26 章 加权残值法

确定的工程边值问题的精确解析解是存在的。可是,在很多情形下,并不能利用现有的解析方法精确求解工程中的边值问题,所以必须寻求近似解。

本章研究加权残值方法,是一种最一般的试探函数法,基于所使用的范数,可以证明加权残值法导致了大量常用的近似方法,如最小二乘法,配点法,子域法,伽辽金方法和矩量法等。换句话说,加权残值法统一了很多目前使用的近似方法。例如,瑞利—里茨法是一种选择特殊权函数的加权残值法。

26.1 加权残值法的基本概念

大量的应用科学和工程学问题往往可以归结为根据一定的边界条件、初始条件等,来求解问题的控制微分方程式或微分方程组。微分方程式(组)可以是常微分方程,偏微分方程,线性的或非线性的。加权残值法(Method of Weighted Residuals,简称 MWR)是一种数学方法,可以直接从微分方程中得出近似解。

用这种方法解微分方程的特点,首先要假设一个试函数(trial function)作为控制微分方程的近似解,这个近似解中有已确定的试函数项,也有待定的系数或待定的函数。其次将试函数代入控制微分方程式,一般不能满足,便出现了残值(residuals),于是组成消除残值的方程组,在一定的域内按某种平均的意义将残值加以消除。在消除残值方程式中引入一个权函数(Weighted function)去乘残值,以体现按某种平均意义消除残值的意思。消除残值方程组是一系列线性的或非线性的代数方程组。联立解这些代数方程组,便得到了待求的系数。于是,试函数中的待定系数也就确定了。试函数成为满足控制微分方程式及边界条件的近似解。将这个近似解代入求解的微分方程及边界条件中,残值是最小的或甚至为零。

如果所假设的试函数项已经满足了控制微分方程式,则可将带有待定系数的试函数引入边界条件,去确定其中的待定系数。将已被确定了的试函数代入边界条件,边界残值即为零或是最小。于是,这个试函数便是满足控制微分方程及边界条件的近似解了。

例如,某一应用科学或工程科学问题的控制微分方程式及边界条件分别为:

$$Hu - f = 0 \quad (V \text{ 域}) \tag{26-1}$$

$$Gu - g = 0 \quad (S \text{ 边界面}) \tag{26-2}$$

式中:u——待求函数;

H、G——微分算子;

f、g——不含 u 的项。

我们假设一个试函数为

$$\tilde{u} = \sum_{j=1}^{n} C_j N_j \tag{26-3}$$

式中：C_j——待定系数；

N_j——试函数项。

我们将式(26-3)代入式(26-1)及式(26-2)之后，一般不会满足，于是分别出现了内部残值 R_I 及边界残值 R_B。

$$R_I = F\tilde{u} - f \neq 0 \tag{26-4}$$

$$R_B = G\tilde{u} - g \neq 0 \tag{26-5}$$

为了消除残值，我们选择了内部权函数 W_I 及边界权函数 W_B 分别与 R_I 及 R_B 相乘，列出了消除内部残值的方程式及消除边界残值的方程式如下：

$$\int_V R_I W_I \mathrm{d}V = 0 \tag{26-6}$$

$$\int_V R_B W_B \mathrm{d}S = 0 \tag{26-7}$$

据此，即可以得到用于求解待定系数 $C_j (j = 1, 2, \cdots, n)$ 的代数方程组。将 C_j 代入试函数式(26-3)，则式(26-3)的形式即被确定。于是式(26-3)即成为微分方程式(26-1)及式(26-2)的近似解。将这个近似解回代到式(26-1)及式(26-2)中，残值就是最小的，或等于零。

关于试函数式(26-3)如何假设以后详述，但不管怎样假设，**试函数必有三类**：

(1)试函数项 N_j 已满足边界条件式(26-2)，但不满足微分方程式(26-1)——边界型。

(2)试函数项 N_j 已满足微分方程式(26-1)，但不满足边界条件式(26-2)——内部型。

(3)试函数项 N_j 既不满足微分方程式(26-1)，也不满足边界条件式(26-2)——混合型。

若所假设的试函数是边界型的，我们只需消除微分方程在 V 域内的残值，即只用式(26-6)消除内部残值即可，这种方法称为<u>内部法</u>。

若所假设的试函数是内部型的，则只需消除边界条件在 S 边界面上的残值，即只用式(26-7)消除边界残值即可，这种方法称为<u>边界法</u>。

若试函数是混合型的，则需同时应用式(26-6)与式(26-7)以消除内部及边界的残值，这种方法称为<u>混合法</u>。

26.2 加权残值法的基本方法

在上一节中，我们已经提出了加权残值法按试函数类型的分类法：内部法、边界法及混合法。本节将提出一个重要的分类法，即按权函数的形式进行分类。**按权函数进行分类，加权残值法共有五种基本方法。**

26.2.1 最小二乘法（Least Squares Method）

在固体域 V 内残值 R 的平方积公式为

$$I(C_j) = \int_V R^2 \mathrm{d}V \tag{26-8}$$

这使 $I(C_j)$ 为最小，应用求函数极值条件

$$\frac{\partial I}{\partial C_j} = 0$$

可得消除残值的方程式

$$\int_V R \frac{\partial R}{\partial C_j} dV = 0 \quad (j = 1, 2, \cdots, n) \tag{26-9}$$

由此可知,最小二乘法中权函数为 $\partial R/\partial C_j$。显而易见式(26-9)可以化为 n 个代数方程式,足以求出 n 个系数 $C_j(j=1,2,\cdots,n)$。

如果求解的问题系属二维的,则式(25-9)可以表示为

$$\iint_V R(x,y) \frac{\partial R(x,y)}{\partial C_{jk}} dV = 0 \quad (j,k = 1,2,\cdots,n) \tag{26-10}$$

同样,三维问题的最小二乘法中消除残值的方程为

$$\iiint_V R(x,y,z) \frac{\partial R(x,y,z)}{\partial C_{jkl}} dV = 0 \quad (j,k,l = 1,2,\cdots,n) \tag{26-11}$$

26.2.2 配点法(Collocation Method)

如果以笛拉克 δ 函数(Dirac Delta Function)作为权函数

$$W_j = \delta(x - x_j) \tag{26-12}$$

就得到了配点法,笛拉克 δ 函数又称为单位脉冲函数。

(1) 一维的单位脉冲函数的主要性质如下:

①
$$\delta(x - x_j) = \begin{cases} \infty & (x = x_j) \\ 0 & (x \neq x_j) \end{cases} \tag{26-13}$$

②
$$\int_{-\infty}^{\infty} \delta(x - x_j) dx = 1 \tag{26-14}$$

③
$$\int_a^b \delta(x - x_j) dx = \begin{cases} 1 & (a < x_j < b) \\ 0 & (x_j > b \text{ 或 } x_j < a) \end{cases} \tag{26-15}$$

④
$$\int_a^b f(x) \delta(x - x_j) dx = \begin{cases} f(x_j) & (a < x_j < b) \\ 0 & (x_j > b \text{ 或 } x_j < a) \end{cases} \tag{26-16}$$

(2) 二维的单位脉冲函数的主要性质如下

①
$$\delta(x - x_j) \delta(y - y_j) = \begin{cases} \infty & (x = x_j \text{ 及 } y = y_j) \\ 0 & (x \neq x_j \text{ 或 } y \neq y_j) \end{cases} \tag{26-17}$$

②
$$\int_c^d \int_a^b \delta(x - x_j) \delta(y - y_j) dx dy = \begin{cases} 1 & (a < x_j < b, c < y_j < d) \\ 0 & \begin{pmatrix} x_j > b \text{ 或 } x_j < a \\ y_j > b \text{ 或 } y_j < c \end{pmatrix} \end{cases} \tag{26-18}$$

③
$$\int_c^d \int_a^b f(x,y) \delta(x - x_j) \delta(y - y_j) dx dy = \begin{cases} f(x_j, y_j) & \text{(配点在积分域内)} \\ 0 & \text{(配点不在积分域内)} \end{cases} \tag{26-19}$$

于是,按式(26-16)得一维问题的配点法

$$\int_V R W_j dV = \int_V R(x) \delta(x - x_j) dx = R(x_j) \quad (j = 1, 2, \cdots, n) \tag{26-20}$$

按式(26-19)得二维问题的配点法

$$\iint_V R W_j dV = \iint_V R(x,y) \delta(x - x_j) \delta(y - y_j) dx dy$$

$$= R(x_j, y_j) \quad (j = 1, 2, \cdots, n) \tag{26-21}$$

残值 R 应在 n 个配点 x_j(一维)、(x_j, y_j)(二维)处为零,于是根据代数方程式(26-20)或式(26-21)即能解出 $C_j (j = 1, 2, \cdots, n)$。

26.2.3 子域法(Subdomain Method)

将物体的域 V 分为 n 个子域 $V_j (j = 1, 2, \cdots, n)$,权函数确定如下:

$$W_j = \begin{cases} 1 & (在 V_j 内) \\ 0 & (不在 V_j 内) \end{cases} \quad (26-22)$$

列出消除残值方程式为

$$\int_V R \mathrm{d} V_j = 0 \quad (j = 1, 2, \cdots, n) \quad (26-23)$$

由此,可以得到 n 个代表方程以求得 $C_j (j = 1, 2, \cdots, n)$。

这个方法与有限元法在概念上颇为相似,但并无节点的设立。在此法中,若试函数适用于全区则不需要列出跨子域的连续条件。若每一个子域设立一个单独的试函数,则必须考虑跨子域的连续条件。

26.2.4 矩量法(Method of Moment)

在一维问题中,矩量法的权函数为 $x^j (j = 0, 1, 2, \cdots, n-1)$。二维问题矩量法的权函数为 $x^j y^k (j, k = 0, 1, 2, \cdots, n-1)$。所以一维问题矩量法的消除残值方程式为

$$\int_V R x^j \mathrm{d} V = 0 \quad (j = 0, 1, 2, \cdots, n-1) \quad (26-24)$$

二维问题矩量法的消除残值方程式为

$$\iint_V R(x, y) x^j y^k \mathrm{d} V = 0 \quad (j, k = 0, 1, 2, \cdots, n-1) \quad (26-25)$$

根据式(26-24)或式(26-25)可以分别得到待定系数 $C_j (j = 0, 1, 2, \cdots, n-1)$ 或 $C_{jk} (j, k = 0, 1, 2, \cdots, n-1)$。

26.2.5 伽辽金法

伽辽金法将在本章第 5 节中讨论。

总结上述以权函数区分加权残值法的类型,得到五种基本的加权残值法,如表 26-1 所示。

加权残值法的基本方法　　　　表 26-1

名　称	消除残值方程式	权　函　数	附　注
最小二乘法	$\int_V R \dfrac{\partial R}{\partial C_j} \mathrm{d} V = 0$	$\dfrac{\partial R}{\partial C_j}$	$(j = 1, 2, \cdots, n)$
配点法	$\int_V R \delta(x - x_j) \mathrm{d} x = R(x_j) = 0$	$\delta(x - x_j)$ $(j = 1, 2, \cdots, n)$	$\delta(x - x_j)$ 为 Dirac δ 函数
子域法	$\int_{V_j} R \mathrm{d} V_j = 0 \quad (j = 1, 2, \cdots, n)$	$W = \begin{cases} 1 & (V_j 内) \\ 0 & (V_j 外) \end{cases}$	将 V 分为 n 个子域
伽辽金法	$\int_V R N_j \mathrm{d} V = 0$	$N_j (j = 1, 2, \cdots, n)$	$\tilde{u} = \sum\limits_{j=1}^{n} C_j N_j$ N_j 即为试函数项
矩量法	$\int_V R x^j \mathrm{d} V = 0$	$x^j (j = 1, 2, \cdots, n-1)$	

注:x 可以是一维的或多维的,R 可为 R_I 或 R_B。

上面五种基本的加权残值法可以结合使用,如最小二乘配点法,伽辽金配点法,最小二乘子域法,矩量配点法…。

在固体力学的加权残值法中,实际上存在着两种运算手段不同的方法:

(1)解析的加权残值法——解析法;

(2)数值计算的加权残值法——数值分析法。

26.3 加权残值法的试函数

在加权残值法中,如何确定试函数是十分重要的。根据近几十年来国内加权残值法工作的实践,曾应用过下列八种试函数:

(1)多项式——以幂级数形式表示,有单重的及双重的。

(2)三角级数——一般与多项式结合。

(3)样条函数——一般为三次与五次 B-样条函数。

(4)梁振动函数。

(5)柱稳定函数。

(6)正交多项式——切比雪夫(Chebyhev)多项式,勒让德(Legendre)多项式等。

(7)贝塞耳函数。

(8)克雷洛夫函数。

前五种试函数应用较广泛。但正交多项式因具有正交性,计算方便,收敛性良好,似亦可列入。根据国内实践经验,试函数(1)、(2)、(3)、(4)、(6)应用较多,而其中以样条函数用得最多,值得注意。

试函数的选择在低级近似计算中十分重要。因为,这会影响计算结果。在高级近似计算中则不太重要,因为,计算中依靠了解的收敛性。试函数的选择得当与否主要会影响解的收敛速度。

试函数必须是完备的并且各试函数项之间是线性无关。属于连续的函数大多数可以用多项式展开。试函数的完备性能够保证在取足够多的试函数项时可以逼近精确解,所以比较重要。

拟解决问题的对称性和边界条件可以帮助确定试函数的形式。对称问题,试函数也应该是对称的。如果已知一个问题中的边界条件为 $g(x,y)$,则这问题中的试函数可假设为

$$\tilde{u}(x,y) = g(x,y) + \sum_{j=1}^{n} C_j N_j(x,y) \tag{26-26}$$

当然式中试函数项 N_j 在边界上应为零。

多种正交多项式都是有用的试函数,它们可以满足若干边界条件,再附加一定的多项式以满足其他的边界条件。这种设立试函数的方法可以满足一些难以全部满足边界条件的边值问题,如大挠度板壳及厚板壳问题。正交多项式的正交性可以使得计算正确方便。

超越函数可以作为试函数,但大多用作初次近似的试函数,在高次近似计算中,则有计算累赘不堪的缺点。这类函数可以作为特征值问题的试函数。

有限元法单元中,位移模式所用的试函数也可以作为加权残值法的试函数。各类样条函数都可以作为加权残值法的试函数。这两类试函数通用性比较好。

26.4 变分的直接法之一——瑞利—里茨方法

26.4.1 泛函与变分

一般说来,变分是确定一个函数(比如 y)使得函数的某种积分(比如 J)取驻值的数学方法。积分或泛函 J 对每一个函数 y 取特定的数值,因此积分或泛函 J 称为函数 y 的函数。例如,对一维情形,有

$$J(y) = \int y(x) \mathrm{d}x \tag{26-27}$$

这样,对于每一个函数 $y(x)$、$J(y)$ 取一个特定的数值。

变分计算的基本问题是确定一个函数 y,使得对于 y 的增量 δy(称为变分)泛函 J 将具有二阶(或更高阶)增量,此时称 J 取驻值。用符号表示为

当

$$y \to y + \delta y \tag{26-28}$$

有

$$J(y) \to J(y) + o(\delta y^2) \tag{26-29}$$

因此,要求关于 y 的一阶项 $\delta J(y)$ 必须恒等于零,也就是要求 $J(y)$ 取驻值,即对 y 的任意变分 δy,$\delta J(y) = 0$,这一要求将导致一个关于 y 的方程(欧拉方程)。在物理问题中,这个方程的解 y 受到某类边界条件的限制,y 的变分 δy 不能违背这些边界条件。例如,在一维情形下,如果 $y(a) = C_1$ 和 $y(b) = C_2$,那么 $\delta y(a)$ 和 $\delta y(b)$ 必须为零。

26.4.2 欧拉方程与自然边界条件

在最简单的变分问题中,泛函 J 的被积函数不包含高于 y 的一阶导数的导数,于是在只有一个独立变量 x 的情形中,有

$$J(y) = \int_{x_0}^{x_1} F(x, y, y') \mathrm{d}x \tag{26-30}$$

其中,$F(x, y, y')$ 为给定的函数;y 为 x 的函数;而撇号表示关于 x 的导数。

对 $y \to y + \delta y$,J 取驻值、即 $\delta J = 0$,则利用式(26-28)、式(26-29) 和式(26-30),有

$$\delta J = \int_{x_0}^{x_1} \delta F \mathrm{d}x = 0 \tag{26-31}$$

其中,F 的一阶变分 δF 为

$$\delta F = \frac{\partial F}{\partial y} \delta y + \frac{\partial F}{\partial y'} \delta y' \tag{26-32}$$

而

$$\delta y' = \frac{\mathrm{d}}{\mathrm{d}x}(\delta y) \tag{26-33}$$

利用式(26-31)、式(26-32)和式(26-33),由分部积分得

$$\delta J = \int_{x_0}^{x_1} \delta y \left(\frac{\partial F}{\partial y} - \frac{\mathrm{d}}{\mathrm{d}x} \frac{\partial F}{\partial y'} \right) \mathrm{d}x + \frac{\partial F}{\partial y'} \delta y \Big|_{x_0}^{x_1} \tag{26-34}$$

由于 δy 是任意的(除在边界 $x = x_0$ 和 $x = x_1$ 处),对 $\delta J = 0$,方程式(26-40)的被积函数必须恒为零,即

$$\frac{\partial F}{\partial y} - \frac{\mathrm{d}}{\mathrm{d}x}\frac{\partial F}{\partial y'} = 0 \qquad (26\text{-}35)$$

式(26-35)称为泛函 J 的欧拉方程。对于一维情形,它是一个常微分方程。

如果要求函数 $y(x)$ 在 $x = x_0$ 和 $x = x_1$ 处满足边界条件,那么

$$y(x_0) = C_1, y(x_1) = C_2 \qquad (26\text{-}36)$$

其中,C_1,C_2 为常数。

由此得 $\delta y(x_0) = 0$,$\delta y(x_1) = 0$,式(26-34)积分号外面的项恒为零。或者,如果在 $x = x_0$ 和 $x = x_1$ 处,y 可为任意值,则 $\delta J = 0$ 要求

$$\left.\frac{\partial F}{\partial y'}\right|_{x_0} = 0, \left.\frac{\partial F}{\partial y'}\right|^{x_1} = 0 \qquad (26\text{-}37)$$

当 y 在 x_0 和 x_1 处不受边界条件的约束时,此条件由式(26-34)自然满足。因此,称式(26-37)为寻求函数 $y(x)$ 使得 J 取驻值的变分问题的自然边界条件。

在某些物理问题中,如稳定性问题,需要确定 J 的驻值是对应于最大值、最小值或二者均不是(鞍点值),所以必须考察式(26-29)中的高阶项。换句话说,必须考察二阶变分 $\delta^2 J = \delta(\delta J)$ 的性质。

更一般地,如果 $F = F(x, y, y', y'', y''', \cdots)$,则 F 的欧拉方程为

$$\frac{\partial F}{\partial y} - \frac{\mathrm{d}}{\mathrm{d}x}\frac{\partial F}{\partial y'} + \frac{\mathrm{d}^2}{\mathrm{d}x^2}\frac{\partial F}{\partial y''} - \frac{\mathrm{d}^3}{\mathrm{d}x^3}\frac{\partial F}{\partial y'''} + \cdots = 0 \qquad (26\text{-}38)$$

如果 $F = F(x, y, z, y', z', y'', z'', \cdots)$,这里 y 和 z 为 x 的函数,则得到关于 F 的两个欧拉方程

$$\frac{\partial F}{\partial y} - \frac{\mathrm{d}}{\mathrm{d}x}\frac{\partial F}{\partial y'} + \frac{\mathrm{d}^2}{\mathrm{d}x^2}\frac{\partial F}{\partial y''} - \frac{\mathrm{d}^3}{\mathrm{d}x^3}\frac{\partial F}{\partial y'''} + \cdots = 0 \qquad (26\text{-}39\mathrm{a})$$

$$\frac{\partial F}{\partial z} - \frac{\mathrm{d}}{\mathrm{d}x}\frac{\partial F}{\partial z'} + \frac{\mathrm{d}^2}{\mathrm{d}x^2}\frac{\partial F}{\partial z''} - \frac{\mathrm{d}^3}{\mathrm{d}x^3}\frac{\partial F}{\partial z'''} + \cdots = 0 \qquad (26\text{-}39\mathrm{b})$$

如果 $F = F(x, y, w, w'_x, w'_y)$,这里 x 和 y 是独立的变量,$w = w(x, y)$,下标 x 和 y 表示偏导数,则欧拉方程为偏微分方程

$$\frac{\partial F}{\partial w} - \frac{\mathrm{d}}{\mathrm{d}x}\frac{\partial F}{\partial w'_x} - \frac{\mathrm{d}}{\mathrm{d}y}\frac{\partial F}{\partial w'_y} = 0 \qquad (26\text{-}40)$$

推广式(26-40)至若干相关变量和高阶导数的情形与由式(26-35)推广至式(26-38)和式(26-39)的情形相同。

26.4.3 基于变分法的近似技巧

记函数 J 的欧拉方程为

$$Hu - f = 0 \qquad (26\text{-}41)$$

其中,H 为微分算子;u 为精确解未知函数;f 为具有独立变量的已知函数。

记 N_j 为 u 的 n 个测试函数集

$$\tilde{u} = \sum_{j=1}^{n} C_j N_j \qquad (26\text{-}42)$$

式(26-42)为由测试函数 N_j 表示的 u 的最佳近似。所有的测试函数法均与这类问题有关。下面给出变分方程求解过程。

考虑一维情形 $u = u(x)$,参数 C_j 为常数。假定已知泛函 Π 为

$$\Pi = \int_{x_0}^{x_1} F(x,u)\,\mathrm{d}x \tag{26-43}$$

其欧拉方程为式(26-41),将 u 的 $\tilde{u}$ 代入式(26-43)得

$$\tilde{\Pi} = \int_{x_0}^{x_1} F(x;C_1,C_2,\cdots,C_n)\,\mathrm{d}x \tag{26-44}$$

其中,$\tilde{\Pi}$ 为 Π 的近似。

由于 Π 关于 u 取驻值,所以要求 $\tilde{\Pi}$ 关于 $\tilde{u}$(关于 $C_1,C_2,\cdots,C_n$)取驻值。即

$$\delta \tilde{\Pi} = \frac{\partial \tilde{\Pi}}{\partial C_1}\delta C_1 + \frac{\partial \tilde{\Pi}}{\partial C_2}\delta C_2 + \cdots + \frac{\partial \tilde{\Pi}}{\partial C_n}\delta C_n = 0 \tag{26-45}$$

由于 C_j 是任意的,由式(26-45)可以得到 n 个关于参数 C_j 的方程

$$\frac{\partial \tilde{\Pi}}{\partial C_j} = 0 \quad (j=1,2,\cdots,n) \tag{26-46}$$

这样,便得到在使 $\tilde{\Pi}$ 取驻值的意义下式(26-46)的最佳近似解。另外,还可以得到在求 u 的近似解时误差精确到二阶的一个 Π 值。如果 Π_0 为 Π 的精确值,且 δu 为 u 的近似解的误差(即 $\tilde{u}=u+\delta u$),则

$$\tilde{\Pi} = \Pi_0 + o(\delta u^2) \tag{26-47}$$

这个概念可直接推广至多维问题。通常,在多维情况下,使用半直接方法。例如,对于二维问题 $u=u(x,y)$,式(26-42)被替换为

$$\tilde{u} = \sum_{j=1}^{n} C_j(y) N_j(x) \tag{26-48}$$

现在,参数 C_j 为 y 的未知函数。这样,将式(26-48)代入泛函

$$\Pi = \int_{x_0}^{x_1}\mathrm{d}x \int_{y_0}^{y_1} F(x,y,u)\,\mathrm{d}y \tag{26-49}$$

得

$$\tilde{\Pi} = \int_{y_0}^{y_1} G(y;C_1,C_2,\cdots,C_n)\,\mathrm{d}y \tag{26-50}$$

令 $\tilde{\Pi}$ 的变分为零,便得到必须求解 $C_j(y)$ 的一组常微分方程。

在弹性静力学问题中,泛函 Π 是系统的势能,而欧拉方程是平衡方程。利用上述讨论的近似方法,由于 $C_j(j=1,2,\cdots,n)$ 可被看作为广义坐标,一个具有无限自由度的力学系统(比如一个弹性体)简化为一个有限自由度的系统,Rayleigh(1876)在弹性体的振动研究中使用了这一思想。Ritz(1909)细化和推广了瑞利法,里茨法等效于式(26-46)的形成过程。

在弹性力学问题中,条件 $\delta\Pi=0$ 称为势能驻值原理。里茨法用条件 $\frac{\partial \tilde{\Pi}}{\partial C_j}=0(j=1,2,\cdots,n)$ 近似条件 $\delta\Pi=0$,通过这些方程确定 C_j 从而达到 u 的一个近似式(26-42)。

26.4.4 应用于简支梁的瑞利—里茨法

利用瑞利—里茨法把一个连续系统近似为有限自由度系统。为便于说明,举例如下。

例题 26-1. 考虑一个长为 L,中间承受垂直载荷 F 作用的简单支承梁。伯努利—欧拉梁理论给出梁的挠度 $v(x)$ 为

$$v = \frac{FL^2 x}{16EI} - \frac{Fx^3}{12EI} \tag{1}$$

其中,x 为从梁一端出发的轴线坐标;E 为弹性模量;I 为梁横截面的惯性矩。

解:梁的弯曲内能(应变能)为

$$U_\varepsilon = \frac{1}{2}\int_0^L EI\,(v'')^2\,\mathrm{d}x \tag{2}$$

其中,撇号表示关于 x 的微分。外力势能为

$$V = -Fv\frac{L}{2} \tag{3}$$

于是,梁的总势能为

$$\Pi = U_\varepsilon + V = \frac{1}{2}\int_0^L EI\,(v'')^2\,\mathrm{d}x - Fv\frac{L}{2} \tag{4}$$

作为一个自由度近似,令挠度 $v(x)$ 近似为

$$\tilde{v} = a\sin\frac{\pi x}{L} \tag{5}$$

其中,a 为未知参数。

将式(5)代入式(4)得到 Π 的一个近似,即

$$\Pi = \frac{\pi^4 a^2 EI}{4L^3} - aF \tag{6}$$

将式(6)代入式(26-46)得

$$a = \frac{2FL^3}{\pi^4 EI} \tag{7}$$

则

$$\tilde{v} = \frac{2FL^3}{\pi^4 EI}\sin\frac{\pi x}{L} \tag{8}$$

由表 26-2 可以看出,式(8)是式(1)中 $v(x)$ 的一个相当好的近似。但是,v 的导数不能由 $\tilde{v}$ 的导数精确近似。例如,梁的弯矩与 v 二阶导数的关系为

$$M = EIv'' \tag{9}$$

或者,根据式(1),有

$$M = -\frac{1}{2}Fx \tag{10}$$

将式(9)中的 v'' 替换为 $\tilde{v}''$,得到 M 的近似 $\widetilde{M}$ 为

$$\widetilde{M} = -\frac{2FL}{\pi^2}\sin\frac{\pi x}{L} \tag{11}$$

误 差 表　　　　　　　　　　表 26-2

$\dfrac{x}{L}$	$\dfrac{EIv}{FL^3}$	$\dfrac{EI\tilde{v}}{FL^3}$	误差(%)
0	0	0	0
0.25	0.014 32	0.014 22	0.7
0.5	0.020 8	0.020 2	2.9

$M\left(\dfrac{L}{2}\right) = -0.25FL$,而 $\widetilde{M}\left(\dfrac{L}{2}\right) = -0.203FL$,误差大约为 19%。这是用 $\tilde{v}$ 近似 v(主函数)的一个典型结果,$\tilde{v}$ 的高阶导数不能精确地近似 v 的高阶导数(导出函数)。

26.5 变分的直接法之二——伽辽金法

以梁弯曲问题为例,伽辽金方程是

$$\int_l (EIv^{(4)} - q)f_j(x)\mathrm{d}x = 0 \quad (j = 1,2,\cdots,n) \tag{26-51}$$

其中,$EIv^{(4)} - q = 0$ 为梁弯曲控制微分方程式;$v = v(x)$ 为梁弯曲的挠度函数;EI 为梁的抗弯刚度(E、I 分别为材料的弹性模数及截面惯性矩);$q = q(x)$ 是分布载荷集度函数。此时所用的梁弯曲的挠度试函数为

$$\tilde{v} = \sum_{j=1}^{n} C_j f_j(x) \tag{26-52}$$

式(26-51)中的 $f_j(x)$ 是试函数项。在伽辽金法中试函数项 $f_j(x)$ 必须满足结构物(目前是梁)所有的边界条件。

我们若将式(26-52)代入伽辽金方程,可得

$$\int_l (EI\tilde{v}^{(4)} - q)f_j(x)\mathrm{d}x = 0 \tag{26-53}$$

式(26-53)中圆括号内的量实际上就是梁内部残值方程

$$R_\mathrm{I} = EI\tilde{v}^{(4)} - q \tag{26-54}$$

式(26-53)中 $f_j(x)$ 这一项起了权函数的作用,即

$$W_j = f_j(x) \tag{26-55}$$

所以式(26-53)又可表示为

$$\int_l R_\mathrm{I} W_j \mathrm{d}x = 0 \quad (j = 1,2,\cdots,n) \tag{26-56}$$

由此可知,我们若按加权残值法的观点去理解伽辽金法,伽辽金法实际上是将试函数中的试函数项当作为权函数的加权残值法。这也可以说,在伽辽金法中,试函数项就是权函数。

里茨法的理论基础是最小势能原理,即弹性体在给定的外力作用下,在所有满足位移边界条件的位移中,与稳定平衡相对应的位移使总位能取最小值。伽辽金法的理论基础是虚位移原理,即一个平衡系统的所有主动力在虚位移上所做的虚功之和等于零。因最小位能原理是虚位移原理的一种特殊情况,故伽辽金法比里茨法应用更广泛。

一般说来,如果微分方程和相应的边界条件恰好是某个变分问题的欧拉方程及其边界条件,并且当我们选取的坐标函数也相同的时候,用伽辽金法与用里茨法所得到的代数方程组,在很多情况下都是一样的,因而导出相同的近似解。不过用伽辽金法计算通常要简单一些。虽然这两种近似方法有某些类同的地方,但是还有区别。伽辽金法可以成功地用到各种类型的方程上去,例如椭圆型、双曲型、抛物型的微分方程,甚至那些和变分完全无关的微分方程问题,都可以使用伽辽金法,这是该方法比里茨法优越的地方。然而仅从形式上看,这两种近似方法的区别之处,只是确定系数的方法不同罢了。

26.6 加权残值法解梁弯曲问题

例题 26-2 有一根两端固定,作用均布载荷的直梁如图 26-1 所示,梁的跨度为 l,均布载荷集度为 $q(\mathrm{kN/m})$。梁的挠度微分方程式为

$$EJ\frac{d^4w}{dx^4} - q = 0 \qquad (1)$$

其中,EJ 为梁的抗弯刚度;w 为挠度。建立坐标系如图 26-1 所示,w 向下为正。试求梁的挠度函数。

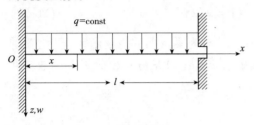

图 26-1

解法一:内部法

我们选择梁的挠度试函数

$$\tilde{w} = Cx^2(l-x)^2 \qquad (2)$$

这个试函数满足梁两端为固定的边界条件

$$\tilde{w}(0) = 0, \tilde{w}'_x(0) = 0 \qquad (3a)$$

$$\tilde{w}(l) = 0, \tilde{w}'_x(l) = 0 \qquad (3b)$$

组成内部残值方程式为

$$R_I = EJ\frac{d^4\tilde{w}}{dx^4} - q = 24EJC - q \qquad (4)$$

① 最小二乘法

组成消除残值方程为

$$\int_V R\frac{\partial R}{\partial C} dV = \int_0^l (24EJC - q)(24EJ) dx = 0 \qquad (5)$$

由此解得

$$C = \frac{q}{24EJ} \qquad (6)$$

将 C 代入式(2)便得到梁的近似挠度函数为

$$\tilde{w} = \frac{q}{24EJ}x^2(l-x)^2 \qquad (7)$$

这个解已是材料力学中的精确解了,梁的中点挠度为

$$\tilde{w}\left(\frac{l}{2}\right) = \frac{ql^4}{384EJ} \qquad (8)$$

误差为零。

② 配点法

消除残值方程为

$$R_I(x_i) = 24EJC - q = 0 \qquad (9)$$

x_i 为任意坐标都使 $C = \frac{q}{24EJ}$。

 讨论与练习

(1) 应用子域法、伽辽金法及矩量法都得到同样的结果,请读者求解本题并验证。
(2) 编写求解本例的 Maple 程序。

解法二: 混合法

我们假设梁的挠度试函数为

$$\tilde{w} = C_0 + C_1 x + C_2 x^2 + C_3 x^3 + C_4 x^4 \qquad (10)$$

这里,假设挠度试函数 $\tilde{w}$ 为 x 的四次多项式,是基于如下的考虑:

①梁的挠度微分方程式为 $EJ\mathrm{d}^4w/\mathrm{d}x^4=q$,$q$ 为常量,则 $\widetilde{w}$ 中变量 x 的最高幂次只能为4。
②梁的控制微分方程式一个,边界条件共四个,一共有五个方程式,只能确定五个待定系数。

将式(10)代入到下列五个方程中去可以解得五个常数 C_0、C_1、C_2、C_3 和 C_4。

$$\widetilde{w}(0) = 0 \tag{11a}$$
$$\widetilde{w}'_x(0) = 0 \tag{11b}$$
$$\widetilde{w}(l) = 0 \tag{11c}$$
$$\widetilde{w}'_x(l) = 0 \tag{11d}$$
$$EJ\frac{\mathrm{d}^4\widetilde{w}}{\mathrm{d}x^4} - q = 0 \tag{11e}$$

可以解得

$$C_0 = 0, C_1 = 0, C_2 = \frac{ql^2}{24EJ}, C_3 = \frac{-ql}{12EJ}, C_4 = \frac{q}{24EJ} \tag{12}$$

于是得到挠度函数为

$$\widetilde{w} = \frac{qx^2(l-x)^2}{24EJ} \tag{13}$$

与内部法解得结果相同。

例题 26-3 在一集中力作用下两端固定的梁,如图 26-2 所示,试求梁的挠度函数。

解:伽辽金法

先假设挠度试函数为

$$\widetilde{w} = C\left(1 - \cos\frac{2\pi x}{l}\right) \tag{1}$$

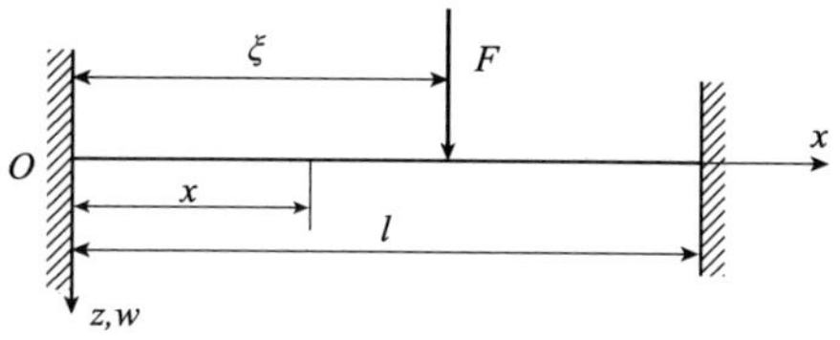

这个试函数满足两端固定的梁的四个边界条件

图 26-2

$$\widetilde{w}(0) = 0, \widetilde{w}'_x(0) = 0, \widetilde{w}(l) = 0, \widetilde{w}'_x(l) = 0 \tag{2}$$

残值方程式是

$$\begin{aligned}R_\mathrm{I} &= EJ\frac{\mathrm{d}^4\widetilde{w}}{\mathrm{d}x^4} - F\delta(x-\xi) \\ &= -EJC\left(\frac{2\pi}{l}\right)^4\cos\frac{2\pi x}{l} - F\delta(x-\xi)\end{aligned} \tag{3}$$

其中,C 是待求系数;ξ 是集中力 F 的坐标;$\delta(x-\xi)$ 为 δ-函数。

组成伽辽金方程

$$\begin{aligned}&\int_0^l R_\mathrm{I}\left(1-\cos\frac{2\pi x}{l}\right)\mathrm{d}x \\ &= \int_0^l\left[-EJC\left(\frac{2\pi}{l}\right)^4\cos\frac{2\pi x}{l} - F\delta(x-\xi)\right]\left(1-\cos\frac{2\pi x}{l}\right)\mathrm{d}x = 0\end{aligned} \tag{4}$$

积分之后及利用 δ-函数的性质式(26-16)得出

$$-EJC\left(\frac{2\pi}{l}\right)^4\left(-\frac{l}{2}\right) + F\left(1-\cos\frac{2\pi\xi}{l}\right) = 0$$

解得

$$C = \frac{Fl^3}{8\pi^4 EJ}\left(1-\cos\frac{2\pi\xi}{l}\right) \tag{5}$$

于是梁的近似挠度函数为

$$\tilde{w} = \frac{Fl^3}{8\pi^4 EJ}\left(1 - \cos\frac{2\pi\xi}{l}\right)\left(1 - \cos\frac{2\pi x}{l}\right) \tag{6}$$

若载荷系作用在梁的中心 $\left(\xi = \frac{l}{2}\right)$,于是梁中点 $\left(x = \frac{l}{2}\right)$ 处的挠度为

$$\tilde{w}\left(\frac{l}{2}\right) = \frac{1}{2\pi^4}\frac{Fl^3}{EJ} = 0.005\,133\,\frac{Fl^3}{EJ} \tag{7}$$

按材料力学理论(伯努利假设)这种梁跨中点的挠度为

$$\tilde{w}\left(\frac{l}{2}\right) = \frac{1}{192}\frac{Fl^3}{EJ} = 0.005\,208\,\frac{Fl^3}{EJ}$$

据此误差仅为 1.44%。

例题 26-4 不等集度均布载荷作用下的简支梁如图 26-3 所示,试求挠度函数。

解:子域法

组成两个残值方程式为

$$R_1 = \int_0^{\frac{l}{2}}\left(EJ\frac{d^4\tilde{w}}{dx^4} - 2q\right)dx = 0 \tag{1a}$$

$$R_2 = \int_{\frac{l}{2}}^{l}\left(EJ\frac{d^4\tilde{w}}{dx^4} - q\right)dx = 0 \tag{1b}$$

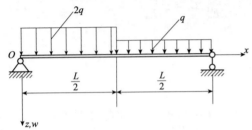

图 26-3

我们选择可用于全梁的挠度试函数为

$$\tilde{w} = [x^4 - 2lx^3 + l^3x](C_1 + C_2 x) \tag{2}$$

式(2)方括号内的多项式可以满足简支梁两端的边界条件

$$\tilde{w}(0) = 0,\tilde{w}(l) = 0 \tag{3a}$$

并且同时满足两端弯矩 $M = \frac{1}{EJ}\frac{d^2\tilde{w}}{dx^2} = 0$ 的条件

$$\tilde{w}''_{xx}(0) = 0,\tilde{w}''_{xx}(l) = 0 \tag{3b}$$

由式(1)求解可以得到两个代数方程

$$4C_1 + 7lC_2 = \frac{q}{6EJ} \tag{4a}$$

$$4C_1 - 3lC_2 = \frac{q}{3EJ} \tag{4b}$$

解方程组后可得

$$C_1 = \frac{17q}{240EJ} \tag{5a}$$

$$C_2 = -\frac{q}{60lEJ} \tag{5b}$$

于是近似挠度函数为

$$\tilde{w} = \frac{ql}{240EJ}[x^4 - 2lx^3 + l^3x](17l - 4x) \tag{6}$$

梁中点的挠度为

$$\tilde{w}\left(\frac{l}{2}\right) = \frac{5}{256}\frac{ql^4}{EJ}$$

这也是精确的解,误差为零。

26.7 加权残值法解压杆的临界力

例题 26-5 由于压杆的自重(kN/m)引起杆件丧失稳定的临界自重 q_{cr},如图 26-4 所示,必须用下列梁的纵弯曲微分方程式

$$EJ\frac{d^2w}{dx^2} - \int_x^l q(\eta - w)d\xi = 0 \qquad (1)$$

其中后一项为 q 在 $(l-x)$ 段对于 A 点的弯矩

$$M = \int_x^l q(\eta - w)d\xi \qquad (2)$$

其中,ξ、η 为流动坐标。试求临界载荷。

解:子域法

我们若假设压杆弯曲后的挠度函数为

$$\widetilde{w} = C\left(1 - \cos\frac{\pi x}{2l}\right) \qquad (3)$$

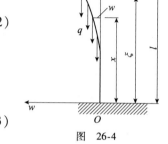

图 26-4

则有

$$\frac{d^2\widetilde{w}}{dx^2} = C\left(\frac{\pi}{2l}\right)^2 \cos\frac{\pi x}{2l} \qquad (4a)$$

$$M = Cq\left[(l-x)\cos\frac{\pi x}{2l} - \frac{2l}{\pi}\left(1 - \sin\frac{\pi x}{2l}\right)\right] \qquad (4b)$$

式(4b)是以 $\eta = C\left(1 - \cos\frac{\pi \xi}{2l}\right)$ 代入式(2)积分而得,于是得到残值方程式为

$$R_I = EJC\left(\frac{\pi}{2l}\right)^2 \cos\frac{\pi x}{2l} - Cq\left[(l-x)\cos\frac{\pi x}{2l} - \frac{2l}{\pi}\left(1 - \sin\frac{\pi x}{2l}\right)\right] \qquad (5)$$

列出消除残值方程式

$$\int_0^l R_I dx = C\left\{EJ\left(\frac{\pi}{2l}\right)^2 \frac{2l}{\pi} - q\left[\frac{4l^2}{\pi^2} - \frac{2l}{\pi}\left(1 - \frac{2l}{\pi}\right)\right]\right\} = 0 \qquad (6)$$

据此可以求得临界自重为

$$\overline{q}_{cr} = 9.03\frac{EJ}{l^3}$$

比较精确解 $q_{cr} = 7.83\frac{EJ}{l^3}$,相对误差为 15.3%。

 讨论与练习

(1) 本题采用子域法误差较大,请读者思考误差大的原因。

(2) 应用其他方法,采用多项近似可得较好的结果,请读者采用 Maple 编程练习。

26.8 加权残值法解梁的固有角频率

例题 26-6 求两端自由梁的自由振动固有角频率。

解:本题采用傅立叶级数作为试函数。

为了满足边界条件,需加补充项,可设

$$X = \sum_{n=1}^{\infty} w_n \sin \frac{n\pi x}{l} + \left\{ w_0 \left(1 - \frac{x}{l}\right) + w_l \left(\frac{x}{l}\right) \right\} \tag{1}$$

将补充项也展成正弦级数,得

$$1 - \frac{x}{l} = \sum_{n=1}^{\infty} \frac{2}{n\pi} \sin \frac{n\pi x}{l} \tag{2}$$

及

$$\frac{x}{l} = 2 \sum_{n=1}^{\infty} \frac{(-1)^{n+1}}{n\pi} \sin \frac{n\pi x}{l} \tag{3}$$

将式(1)、式(2)、式(3)代入式(9-41),对比相应项的系数

$$\left(\frac{n^4 \pi^4}{l^4} - \frac{\omega^2}{c^2}\right) w_n = \frac{\omega^2}{c^2} \left(\frac{2}{n\pi}\right) [w_0 + (-1)^{n+1} w_l] \tag{4}$$

利用边界处剪力为零,求得

$$\sum_{n=1}^{\infty} n^3 w_n = 0 \tag{5}$$

$$\sum_{n=1}^{\infty} n^3 w_n (-1)^n = 0 \tag{6}$$

将式(5)减式(6),再除以2,得

$$\sum_{n=1,3,\cdots}^{\infty} n^3 w_n = 0 \tag{7}$$

将式(5)加式(6),再除以2,得

$$\sum_{n=2,4,\cdots}^{\infty} n^3 w_n = 0 \tag{8}$$

这里又把奇偶分开了,由式(4)有

$$w_n = \frac{\frac{2}{n\pi}(w_0 + w_l)}{\frac{n^4 \pi^4}{l^4} - \frac{\omega^2}{c^2}} \left(\frac{\omega^2}{c^2}\right) \quad (n = 1, 3, 5, \cdots) \tag{9a}$$

$$w_n = \frac{\frac{2}{n\pi}(w_0 - w_l)}{\frac{n^4 \pi^4}{l^4} - \frac{\omega^2}{c^2}} \left(\frac{\omega^2}{c^2}\right) \quad (n = 2, 4, 6, \cdots) \tag{9b}$$

将式(9a)乘以 n^3 代入式(7)中求和

$$\left(\frac{\omega^2}{c^2}\right) \frac{2}{\pi} (w_0 + w_l) \sum_{n=1,3,\cdots}^{\infty} \frac{n^2}{\left(\frac{n^4 \pi^4}{l^4} - \frac{\omega^2}{c^2}\right)} = 0$$

以 G 表示上式中的无穷和,写成

$$\left(\frac{\omega^2}{c^2}\right) \frac{2}{\pi} (w_0 + w_l) G = 0 \tag{10}$$

将式(9b)乘以 n^3 代入式(8)中求和

$$\left(\frac{\omega^2}{c^2}\right) \frac{2}{\pi} (w_0 - w_l) \sum_{n=2,4,\cdots}^{\infty} \frac{n^2}{\left(\frac{n^4 \pi^4}{l^4} - \frac{\omega^2}{c^2}\right)} = 0$$

以 H 表示上式中的无穷和,写成

$$\left(\frac{\omega^2}{c^2}\right)\frac{2}{\pi}(w_0 - w_l)H = 0 \tag{11}$$

式(10)和式(11)可进一步写成以 w_0、w_l 为未知量的联立方程组,其矩阵形式为

$$\begin{bmatrix} G & G \\ H & -H \end{bmatrix} \begin{bmatrix} w_0 \\ w_l \end{bmatrix} = 0 \tag{12}$$

若 $w_0 = w_l = 0$,得到不振动的平凡解,舍去此解,则需式(12)的系数行列式满足

$$\begin{bmatrix} G & G \\ H & -H \end{bmatrix} = 0$$

得 $G = 0$ 或 $H = 0$。现分别考虑以下两种情况。

(1) $G = 0$,$H \neq 0$

由式(11)可知,$w_0 = w_l$,代入式(9a)和式(9b),可知 w_0 只有 n 取奇数时不为零,这时得到对称振型。

令

$$k^4 = \frac{\omega^2 l^4}{c^2 \pi^4} \tag{13}$$

则由 $G = 0$,得

$$\sum_{n=1,3,\cdots}^{\infty} \frac{n^2}{n^4 - k^4} = \frac{1}{2}\left(\sum_{n=1,3,\cdots}^{\infty} \frac{1}{n^2 + k^2} + \sum_{n=1,3,\cdots}^{\infty} \frac{1}{n^2 - k^2}\right) = 0$$

利用数学手册级数求和,可得

$$\frac{\pi}{4k}\tanh\frac{k\pi}{2} + \frac{\pi}{4k}\tan\frac{k\pi}{2} = 0$$

即

$$\tanh\frac{k\pi}{2} + \tan\frac{k\pi}{2} = 0 \tag{14}$$

式(14)即为对称振型的频率方程。

(2) $H = 0$,$G \neq 0$

由式(10)知 $w_0 = -w_l$,由式(9a)和式(9b)可知 w_n 只有 n 取偶数时不为零,这时得到反对称振型。做类似推导,即得到

$$\cot\frac{k\pi}{2} = \coth\frac{k\pi}{2}$$

两边同时求倒数,得

$$\tan\frac{k\pi}{2} = \tanh\frac{k\pi}{2} \tag{15}$$

式(15)即为反对称振型的频率方程。

由式(14)、式(15)可见,除 $k = 0$ 外,二式不会有相同的根,而 $k = 0$ 表示不振,不是所要的结果,所以不必考虑 G、H 同时等于零的情况。

上面得到的频率方程和铁摩辛柯(S. Timoshenko)的频率方程实质上是相同的,现在从铁摩辛柯的方程出发推导本节的结果。他的方程是

$$\cos k\pi \cdot \cosh k\pi - 1 = 0 \tag{16}$$

式(16)左边为

$$\left(2\cos^2\frac{k\pi}{2}-1\right)\left(2\cosh^2\frac{k\pi}{2}-1\right)-1$$

$$=4\cos^2\frac{k\pi}{2}\cosh^2\frac{k\pi}{2}-2\cos^2\frac{k\pi}{2}-2\cosh^2\frac{k\pi}{2}$$

$$=2\cos^2\frac{k\pi}{2}\left(\cosh^2\frac{k\pi}{2}-1\right)+2\cosh^2\frac{k\pi}{2}\left(\cos^2\frac{k\pi}{2}-1\right)$$

$$=2\cos^2\frac{k\pi}{2}\sinh^2\frac{k\pi}{2}-2\cosh^2\frac{k\pi}{2}\sin^2\frac{k\pi}{2}$$

$$=2\cos^2\frac{k\pi}{2}\cosh^2\frac{k\pi}{2}\left(\tanh^2\frac{k\pi}{2}-\tan^2\frac{k\pi}{2}\right)$$

$$=2\cos^2\frac{k\pi}{2}\cosh^2\frac{k\pi}{2}\left(\tanh\frac{k\pi}{2}-\tan\frac{k\pi}{2}\right)\left(\tan\frac{k\pi}{2}+\tanh\frac{k\pi}{2}\right)$$

$$=0$$

显然$\cosh^2\frac{k\pi}{2}\neq 0$，而$\cos^2\frac{k\pi}{2}=0$的根为$k=1、3、\cdots$代回原方程不能满足,故可判定为增根。令后面括号内的两个函数分别为零,就是本节的频率方程。由此看出,本节的频率方程和铁摩辛柯的方程是一致的。表26-3 给出了两端自由梁的前几个频率的数值。

自由—自由梁的固有角频率　　　　　　　　　　　表 26-3

n	1	2	3	4
$\frac{k\pi}{2}$	2.365	3.9265	5.498	7.0685
$k\pi$	4.730	7.853	10.996	14.137

26.9　Maple 编程示例

编程题 26-1　水压力作用的固端梁如图 26-5 所示,试求解梁的挠度函数。

已知:q_0, E, J, l。

求:$w = w(x)$。

解:● **建模**　内部法 + 配点法

比较固端均载梁的挠度函数的形式,我们选取梁的试函数为

$$\widetilde{w} = x^2(l-x)^2(C_1 + C_2 x) \tag{1}$$

其中,C_1 及 C_2 都是待定的系数。

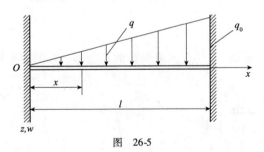

图 26-5

组成残值方程式为

$$R_I = EJ\frac{\mathrm{d}^4\widetilde{w}}{\mathrm{d}x^4} - \frac{q_0 x}{l} \tag{2}$$

使用配点法,以坐标 $x = \frac{l}{2}$ 及 $x = \frac{2l}{3}$ 得到消除残值方程组求解 C_1 及 C_2。

$$R_1\left(\frac{l}{2}\right) = 0 \tag{3a}$$

$$R_2\left(\frac{2l}{3}\right) = 0 \tag{3b}$$

如果我们以坐标 $x = \dfrac{l}{3}$ 代替 $x = \dfrac{2l}{3}$，所得结果仍相同。

答：梁的挠度方程为 $w = \dfrac{q_0}{60EJ} x^2 (1-x)^2 \left(1 + \dfrac{x}{2l}\right)$，中点挠度 $w_{\frac{l}{2}} = \dfrac{q_0 l^4}{768EJ}$。这也是精确解，误差为 0。

- **Maple 程序**

```
> restart:                                             #清零。
> w1: = x^2 * (l − x)^2 * (C[1] + C[2] * x):           #梁的挠度试函数。
> R[I]: = E * J * diff(w1,x$4) − q[0] * x/l:           #梁的残值方程式。
> eq1: = subs(x = l/2, R[I]) = 0:                      #配点法消除残值方程之一。
> eq2: = subs(x = 2 * l/3, R[I]) = 0:                  #配点法消除残值方程之二。
> SOL1: = solve({eq1,eq2},{C[1],C[2]}):
>                                                      #解方程组求常数 $C_1$ 和 $C_2$。
> w1: = subs(SOL1,w1):                                 #代入常数。
> w1: = factor(w1);                                    #梁的挠度方程。
> w1[m]: = subs(x = l/2,w1);                           #梁中点挠度值。
```

思考题

*思考题 26-1 在材料力学中哪些地方运用了圣维南原理？在什么情况下不能应用这个原理？试考虑一个问题：工字钢受中心拉力 F 如图 26-6 所示，其横截面的正应力是否仍可用 $\sigma = F/A$ 计算？如果它在顶端面内受到扭矩 M_e 作用，其横截面上是否只产生剪应力？

*思考题 26-2 已知 Z 字形截面薄壁杆件，在腹板上作用有均匀分布的拉力 q_t，如图 26-7a) 所示。其两翼缘是否也同腹板一起产生均匀的伸长变形？十字形截面薄壁杆件两端中心受压时如图 26-7b) 所示，是否只产生均匀的缩短变形？试用具有一定刚度的软泡沫塑料板制作成模型并进行实验观察。

思考题 26-3 在钢管内灌注混凝土而成的混凝土钢管柱，如图 26-8a) 所示；图 26-8b) 则表示在混凝土柱外留有间隙的加套钢管。除了有无间隙之外，这两个受力体系的条件完全相同，问它们的承载能力是否相同？为什么？

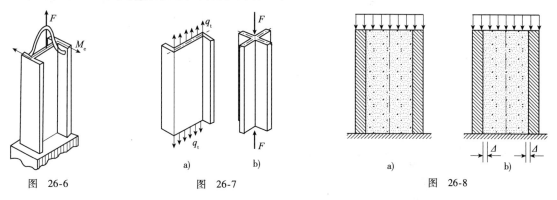

图 26-6　　　　　　图 26-7　　　　　　图 26-8

*思考题 26-4 接触应力与其他应力集中的情况有何异同？试举出几个工程上遇到的接触应力的例子。

思考题 26-5 如图 26-9a)和图 26-9b)所示圆截面开口圆环,缺口处分别受到一对方向不同的力 F 作用;图 26-9c)为矩形截面闭口圆环受均布内压 p 作用当 $\dfrac{D}{d}>10$ 和 $\dfrac{D}{d}<5$ 时,试分别画出横截面上的正应力分布示意图,并指出危险点的位置。同时研究随着 D/d 值减小横截面上中性轴(或零应力点)的移动趋向。由此体会曲率大小对于曲杆类零件的应力分布有什么影响。

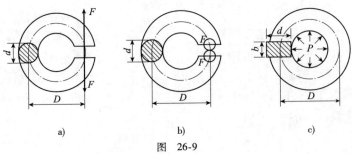

图 26-9

*思考题 26-6 为了精确测量飞机和火箭发动机的推力,往往采用弹簧铰来支承试车台,如图 26-10a)所示(图中 1 为测力计,2 为发动机,3 为试车台,4 为弹簧片),其簧片见图 26-10b)。问对弹簧片应取怎样的计算模型?为使所测推力的误差较小,应怎样设计弹簧片?

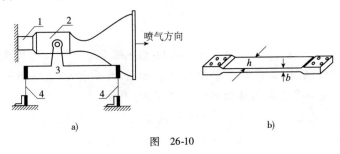

图 26-10

思考题 26-7 如图 26-11 所示,宋应星在 1637 年出版的《天工开物》中写道:"凡试弓力,以足踏弦就地,秤钩搭挂弓腰,弦满之时,推移秤锤所压,则知多少?"同时给出文字稍有差异的插图。试指出"试弓力"实际上是测量弓的强度还是刚度。测量中利用了什么与现代材料试验机类似的力学原理?

思考题 26-8 圆杆一端固定,另一端与刚性板焊接,板又与两杆铰接,如图 26-12 所示。当两杆一齐降温 $t°C$ 时,应如何计算圆杆表面与母线夹角为 $\alpha=45°$ 方向上的线应变?

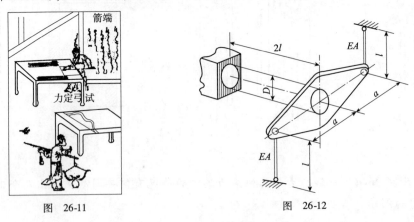

图 26-11   图 26-12

习题

A 类型习题

习题 26-1 在一集中力作用下的简支梁如图 26-13 所示,试用加权残值法求梁的挠度函数。

习题 26-2 如图 26-14 所示,利用瑞利—里茨法,试求简支梁在集中力 F 作用之下的挠度。

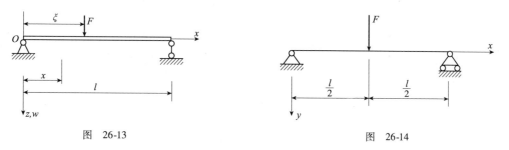

图 26-13　　　　　　　　　　　图 26-14

(1) 选择挠曲线选择函数:$f = y\sin\dfrac{\pi x}{l}$　$(0 \leqslant x \leqslant l)$;

(2) 选择挠曲线选择函数:$f = y_1\sin\dfrac{\pi x}{l} + y_3\sin\dfrac{3\pi x}{l} + y_5\sin\dfrac{5\pi x}{l}$　$(0 \leqslant x \leqslant l)$。

习题 26-3 两端铰支受轴向力作用的压杆如图 26-15 所示,试用加权残值法求两端铰支压杆的临界力。假设屈曲试函数为 $\widetilde{w} = C\sin\dfrac{\pi x}{l}$。

习题 26-4 一端固定一端铰支受轴向力作用的压杆如图 26-16 所示,试用加权残值法求压杆的临界力。假设屈曲试函数为 $\widetilde{w} = A\sin(kx + r) + Bx + C$,其中 $k^2 = \dfrac{F}{EI}$。

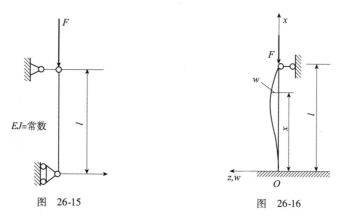

图 26-15　　　　　　　　　　　图 26-16

习题 26-5 试用加权残值法求简支梁的自由振动固有角频率。设振型试函数为

$$X = \sum_{n=1}^{\infty} w_n \sin\frac{n\pi x}{l}$$

B 类型习题

习题 26-6 如图 26-17 所示,试用瑞利—里茨法求梁中点的挠度和最大弯矩。假定用两个位移参数表示的三角函数作为形状函数

277

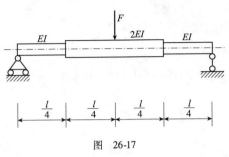

图 26-17

$$f = \delta_1 \sin\frac{\pi x}{l} + \delta_3 \sin\frac{3\pi x}{l}$$

习题 26-7 如图 26-18 所示，试用瑞利—里茨法求两端固定梁的跨中最大挠度。

习题 26-8 如图 26-19 所示，试用瑞利—里茨法计算压杆的临界压力集度 q_{cr}。杆下端固定，上端自由，且承受沿杆长均匀分布压力作用。其挠曲线先假定函数表达式为

$$f = \frac{\delta}{2l^3}(3lx^2 - x^3)$$

习题 26-9 如图 26-20 所示，试用瑞利—里茨法求压杆在自重作用下的临界载荷 q_{cr}，假定近似曲线为

$$y = a_1\left(1 - \cos\frac{\pi x}{2l}\right) + a_2\left(1 - \cos\frac{3\pi x}{2l}\right)$$

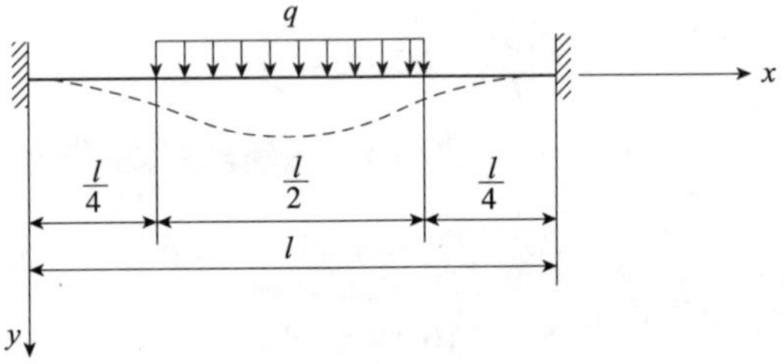

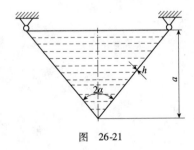

图 26-18 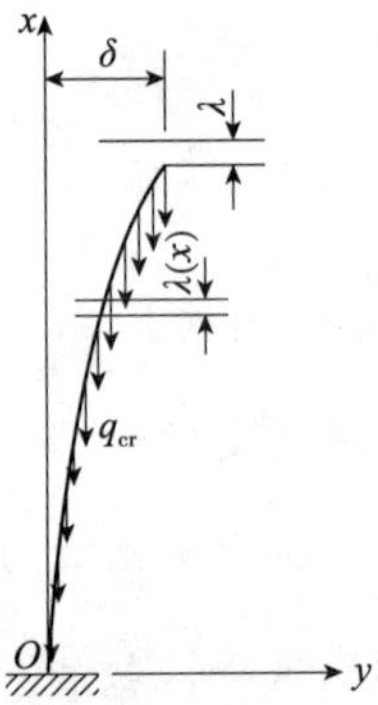　　　图 26-19 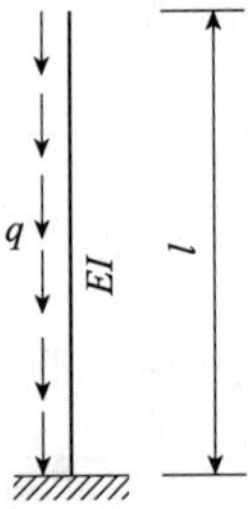　　　图 26-20

C 类型习题

习题 26-10 （薄膜理论）如图 26-21 所示，一个圆锥形薄壁水槽悬挂在其周边。试求在容器壁上最大的正应力并确定它出现在何处？容器的自重可忽略不计。

图 26-21

毛泽东："自力更生，艰苦奋斗。"

> 子曰:"生而知之者上也;
> 　　学而知之者次也;
> 　　困而学之,又其次也;
> 　　困而不学,民斯为下也。"

第 27 章　结构可靠性设计和优化设计

本章介绍的结构可靠性设计的理论模式是在安全因数设计法的基础上发展起来的。它是用概率论的观点来研究结构的可靠性,即认为只有当结构的失效概率小到可以接受的程度时才认为是可靠的。否则,就认为是不可靠的。

把数学规划法引入材料力学,从而结构设计由被动校核变成了主动设计。本章介绍结构优化设计的基本概念、基本方法,并讨论 MATLAB 优化工具箱的使用方法。最后进一步研究可靠性和优化相结合的结构可靠性优化设计方法。

27.1　可靠性设计

27.1.1　可靠性设计的基本概念

前面在讨论构件的强度、刚度和稳定性问题时,采用的是安全因数设计法。认为构件的尺寸、所受的载荷与材料的性能等都是确定的,当构件的应力、变形和临界载荷分别小于应力、变形和临界载荷的极限值除以相应的安全因数时,就认为构件分别满足强度、刚度和稳定性条件,因而不会失效,并且是绝对可靠的。这种设计方法虽然简单方便,但带有很大的经验性,因而不能确切回答某一设计的可靠程度。

在结构优化设计中,值得注意的是关于结构优化设计与结构安全可靠性间的关系问题。传统的设计方法是以经验为主的安全因数设计法,即把随机性的问题看作为确定性的问题加以解决。随着概率论和数理统计方法在研究可靠性问题中日趋广泛的应用,使得可靠性理论成为一门新的分支,从而大大地提高了现行设计规范安全度的科学水平。目前各国设计规范先后修订,都不同程度上放弃了安全因数设计法,而更多地采用了考虑随机性的极限状态设计法。在这种情况下,近年来出现了以结构可靠性或破坏概率为出发点的优化设计。

27.1.2　载荷与材料性能等量的分散性

在零、构件的加工图纸上,主要尺寸都标注公差。加工后的零、构件尺寸只要符合公差要求,就认为是合格的。所以零、构件的实际尺寸具有一定的分散性,它们是随机变量。

实际上,作用在构件上的载荷也并非总是确定的。图 27-1 为某地的风速分布曲线,由该图可知,最常见的风速为 1~8m/s,但有时风速却很大。在设计桥梁、高层建筑与户外大型设备时,风载荷是必须考虑的。在很多情况下,载荷都带有分散性或随机性。

由于构件尺寸与载荷均具有一定的随机性,因此根据分析计算得到的构件的工作应力也具有一定的随机性。

材料的力学性能也是随机变量。图27-2 为某种钢材屈服应力的分布曲线,该曲线是根据6 000 根试样的实验结果绘制的。由该图可知,屈服应力的常见值为 $\sigma_s = 270 \sim 340\,\mathrm{MPa}$,而最小值和最大值则分别接近200MPa 和390MPa。

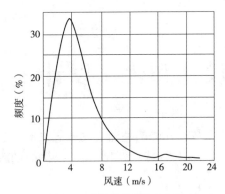

图27-1　某地的风速分布曲线

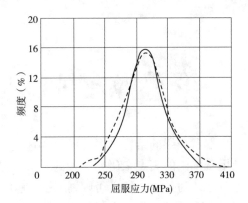

图27-2　某种钢材屈服应力的分布曲线

在安全因数设计法中,构件的实际尺寸、所受到的载荷与材料的性能等具有分散性的量均视为确定的,而所有不确定因素都用一个安全因数来描述。

构件的实际尺寸、所受到的载荷与材料的性能虽然具有一定的随机性,但仍遵循一定的规律。实践表明,在大多数情况下,它们的分布特性接近于正态分布。

27.1.3　构件或结构的可靠性

构件或结构在规定的时间内,在规定的条件下,完成预定功能的能力称为结构的可靠性。结构可靠性的数量指标称为结构的可靠度,其定义为结构在规定的时间内,在规定的条件下,完成预定功能的概率。这里所说的规定时间,是指分析结构可靠度时考虑各项基本变量与时间关系所取用的设计基准期;所说的规定条件,是指设计时所取定的结构的正常设计、正常施工和正常使用的条件,即不考虑人为过失的影响;所说的预定功能一般是以结构是否达到"极限状态"来标志的。若整个结构或结构的一部分超过某一特定状态时,就不能满足设计规定的某一功能要求,此特定状态称为该功能的极限状态。如果结构达到极限状态的概率超过许可值,就认为结构是不可靠的。

结构的可靠度与结构使用期的长度有关。设计基准期是计算结构失效概率的参考时间坐标,即在这个时间域内计算结果有效。但目前国际上各种结构的设计基准期并没有一个统一的标准。

设 R 为结构构件的截面抗力,它是一个取值连续的非负随机变量;设 S 为相应截面的综合载荷效应,它是各种载荷(如恒载、活载、风载等)单独或组合效应的总和,假定用非负的随机变量描述。

建筑结构设计的基本原理——保证结构在任何极限状态下的可靠性,即在使用期间作用在结构上的外界作用 S 不应超过它的承载能力 R。这个不破坏的条件可以写成方程式

$$Z = R - S \geqslant 0 \tag{27-1}$$

显然,当 $Z>0$,结构处于可靠状态;当 $Z<0$,结构处于失效状态;$Z=0$,结构恰处于极限状态。

若 R 和 S 的均值和标准差分别为 μ_R、μ_S 和 σ_R、σ_S,通常假设 R 和 S 是相互独立的,则 Z 的均值、标准差和变异系数分别为

$$\mu_Z = \mu_R - \mu_S, \sigma_Z = \sqrt{\sigma_R^2 + \sigma_S^2}, V_Z = \frac{\sigma_Z}{\mu_Z} = \frac{\sqrt{\sigma_R^2 + \sigma_S^2}}{\mu_R - \mu_S}$$

令 V_Z 的倒数作为度量结构可靠性的尺度,并称为可靠度因数 β,即

$$\beta = \frac{1}{V_Z} = \frac{\mu_Z}{\sigma_Z} = \frac{\mu_R - \mu_S}{\sqrt{\sigma_R^2 + \sigma_S^2}} \quad (27\text{-}2)$$

从图 27-3 还可看出 β 的物理意义是从 μ_Z 到原点(即失效状态 $\mu_Z = 0$)的以均方差 σ_Z 为量测单位的距离(均方差的倍数)。

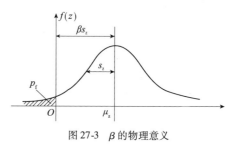

图 27-3 β 的物理意义

27.1.4 随机变量的代数运算

在进行可靠性设计时,需要进行各随机变量间的代数运算,现将有关定理与计算公式概述如下。

可以证明,若 x 与 y 是两个独立无关的随机变量,且其母体均为正态分布,则二者之和、差、积与商也必为正态分布。

设随机变量 x 与 y 的均值分别为 μ_x 与 μ_y,标准差为 σ_x 与 σ_y,并将 x 与 y 之和、差、积或商均用随机变量 z 表示,则其均值 μ_z 与标准差 σ_z 可按表 27-1 所述公式进行计算。

独立随机变量数字特征的运算法则　　　表 27-1

序号	z	μ_z	σ_z
1	ax	$a\mu_x$	$a\sigma_x$
2	$x+a$	μ_x	σ_x
3	$x \pm y$	$\mu_x \pm \mu_y$	$\sqrt{\sigma_x^2 + \sigma_y^2}$
4	xy	$\mu_x \mu_y$	$\sqrt{\mu_x^2 \sigma_y^2 + \mu_y^2 \sigma_x^2}$
5	x/y	μ_x/μ_y	$(\sqrt{\mu_x^2 \sigma_y^2 + \mu_y^2 \sigma_x^2})/\mu_y^2$
6	x^n	μ_x^n	$n\mu_x^{n-1}\sigma_x$

27.1.5 载荷和材料性能服从正态分布时的可靠度计算

假设截面抗力 R 和载荷效应 S 相互独立,且均服从正态分布,并用 μ_R 与 μ_S 分别表示它们的均值,用 σ_R 与 σ_S 分别表示它们的均方差。这时 $Z = R - S$ 称为状态函数,显然其也服从正态分布,即 $Z \sim N(\mu_Z, \sigma_Z)$。根据概率论原理,有

$$\mu_Z = \mu_R - \mu_S, \sigma_Z = \sqrt{\sigma_R^2 + \sigma_S^2}$$

Z 的概率密度函数为

$$f(Z) = \frac{1}{\sqrt{2\pi}\sigma_Z} e^{-\frac{1}{2}\left(\frac{Z-\mu_Z}{\sigma_Z}\right)^2}$$

结构失效的概率为(图 27-3),

$$P_f = P(Z < 0) = \int_{-\infty}^{0} f(Z)\mathrm{d}Z = \int_{-\infty}^{0} \frac{1}{\sqrt{2\pi}\sigma_Z} e^{-\frac{1}{2}\left(\frac{Z-\mu_Z}{\sigma_Z}\right)^2} \mathrm{d}Z \tag{27-3}$$

作标准正态变换,即 $t \sim N(0,1)$,令

$$t = \frac{Z - \mu_Z}{\sigma_Z}, \mathrm{d}Z = \sigma_Z \mathrm{d}t \tag{27-4}$$

则上式可写成

$$P_f = \frac{1}{\sqrt{2\pi}} \int_{-\infty}^{-\beta} e^{-\frac{1}{2}t^2} \mathrm{d}t = \Phi(-\beta) \tag{27-5}$$

其中,Φ 为标准正态分布函数,按式(27-2)有

$$\beta = \frac{\mu_Z}{\sigma_Z} = \frac{\mu_R - \mu_S}{\sqrt{\sigma_R^2 + \sigma_S^2}} \tag{27-6}$$

式(27-5)可写成

$$P_f = \Phi(-\beta) = 1 - \Phi(\beta) \tag{27-7}$$

或

$$\beta = \Phi^{-1}(1 - P_f) \tag{27-8}$$

式(27-7)和式(27-8)表明,β 与 P_f 具有数值上的一一对应关系,已知 β,即可求得 P_f,反之亦然。由于 β 越大,P_f 就越小(见表 27-2),即结构越可靠,因此 β 称为<u>可靠度指标</u>。

可靠度因数与失效概率的关系 表 27-2

β	1.00	1.64	2.00	2.70	3.00	3.09
P_f	15.87×10^{-2}	5.08×10^{-2}	2.27×10^{-2}	3.47×10^{-3}	13.6×10^{-3}	1.00×10^{-3}
β	3.20	3.70	4.00	4.26	4.50	5.00
P_f	6.87×10^{-4}	1.08×10^{-4}	3.16×10^{-5}	1.02×10^{-5}	3.40×10^{-6}	2.90×10^{-7}

例题 27-1 一圆截面杆承受正态分布的轴向载荷,其均值 $\overline{F} = 30\mathrm{kN}$、标准差 $s_F = 5.0\mathrm{kN}$,材料为合金钢,屈服应力的均值为 $\overline{\sigma}_s = 880\mathrm{MPa}$、标准差 $s_s = 40\mathrm{MPa}$。若规定可靠度为 $P_s = 0.999$,试确定杆的半径 $\overline{r}$,设其公差为 $0.015\overline{r}$。

解:① 求杆件横截面面积的均值与标准差。

在正态分布的情况下,数据偏离 3 倍标准差的可能性极小(概率仅 0.3%),因而在一般强度计算中,通常取公差等于 3 倍标准差。

$$s_r = \frac{0.015\overline{r}}{3}, A = \pi r^2, \overline{A} = \pi \overline{r}^2, s_A = 2\pi \overline{r} s_r$$

② 求工作应力的均值与标准差。

$$\sigma = \frac{F}{A}, \overline{\sigma} = \frac{\overline{F}}{\overline{A}}, s_\sigma = \frac{1}{\overline{A}^2}\sqrt{\overline{F}^2 s_A^2 + \overline{A}^2 s_F^2}$$

③ 解联结方程确定杆的半径。

$$\beta = \frac{\overline{\sigma}_s - \overline{\sigma}}{\sqrt{s_s^2 + s_\sigma^2}}$$

④ 可靠度与失效概率 $P_f = 1 - P_s$。

答: 杆的半径 $\overline{r} = 4.115\mathrm{mm}$,失效概率 $P_f = 0.1\%$,即在一千根杆中仅可能有一根杆失效。

如果要进一步减小失效概率,则可将可靠度 P_s 的规定值提高。

27.2 结构优化设计

27.2.1 结构设计由艺术到科学的发展

结构优化是对结构设计的优化,而设计属于综合决策的范畴。决策与最优的概念相联系,这是因为作为决策方案的设计的不唯一提供了选择的机会,然而在优化设计成为一门科学之前,这种使设计最优的意图只是一种模糊的、不严格的期望。设计人员只是凭经验、靠积累发挥灵感和才能,使设计尽量好一点,但结果却不能保证设计的最优,因而达到最优是一个长期的无穷尽的探索过程。如隋代李春建造的赵州桥,实际是他之前的工匠长期探索的结晶。这一点很类似于自然力所做的"优化",如蛋壳和动物的骨骼结构,蔓生植物按短程线攀缘,这些都是通过生物长期进化达到的"最优设计"。

结构设计的早期阶段同其他传统设计一样是经验和半经验的产品,在某种意义上,像工艺品或艺术品。原因在于与自然力进行的优化一样,没有设计理论,只是一种自发的进化。由于设计的改进靠的是经验和才能,而不是科学,在某种程度上可以说是一种艺术。

人类早期的结构设计连分析也没有,原因是不会计算。人们学会进行力学分析是结构设计中的第一次飞跃,这个飞跃使结构设计由艺术变成了科学。这个飞跃是通过两个阶段完成的。第一个阶段是由不会算到手算,这件事发生于材料力学、结构力学和弹塑性理论相继出现的时候;第二个阶段是手算变为电算,即有限元理论的产生和电子计算机的应用。如果说前一阶段是理论上表明可以对结构进行力学分析或者简化复杂结构的计算(不可避免是粗糙的),那么,后一个阶段则使各种复杂结构的力学分析在实际上可行了。然而在这一次飞跃中,力学只是作为校验的理论出现于结构设计之中。

结构设计中的第二次飞跃发生于结构优化的理论发展和实际应用阶段。这是更为重要的飞跃,因为力学开始介入设计,由消极的校验设计变为主动的改善设计。人们可以根据使用和运行的要求,工艺和施工的条件,依据规范的限制,按照力学的理论,建立起数学模型,借助于优化的理论和方法求出最优设计来。最优设计不再是一个长期进化的缓慢过程,而是在很短的设计周期内就可以达到的目的。

结构设计中的第一次飞跃是使设计由任意性(不一定满足容许状态)达到可行性;第二次飞跃则是由可行性达到了最优性。

作为结构设计的第二次飞跃,结构优化具备一些条件才能真正实现。

其一,社会生产的需求和设计经验的积累。自 20 世纪 50 年代末起,从航空、航天的角度看,人类社会开始进入了宇航时代;从能源看,则是进入了原子能时代;从整个地球看,人类社会进入海洋开发时代;这些发展对工程结构物提出了承受高温、高压、高速的条件,要求结构物轻质和高强。传统的设计方法远不能适应生产发展的要求,因为改善设计的周期太长,在设计的质量上具有太多的盲目性(很难达到最优)。一般的产业部门也提出了质量好、成本低的要求,这些都迫切地要求工程结构进行最优设计,否则相应的产品在激烈的竞争中就站不住脚。另一方面,随着设计经验的积累,各产业部门的有关结构设计的规范一再修改,越来越详尽,这意味着设计的约束条件越来越明确。

其二,结构分析的理论与方法的日益成熟。20 世纪 60 年代初,国内外发展起来了有限元理论。该理论在结构分析上的应用使力学真正可以付诸工程应用。另一方面,它又是结构优化设计的基础之一,无论结构在外载荷下的力学响应量还是其对设计变量的导数都是结构优化必不可少的信息,而它们则要借助于有限元理论提供的方法去计算,如果没有这一方法,结构优化实际上是无法进行的。

其三,数学理论的发展。结构优化的另一基础是数学,首先是经典的微积分和变分方法,其次是现代规划论,最后是各种实用的数值计算方法。特别应当指出的是,20 世纪 40 年代苏联康托洛维奇(Канторович)开始研究线性规划和整数规划,20 世纪 50 年代由美国丹钦格(Dantzig)提出了线性规划的单纯形解法作为重要标志发展起来的现代数学规划论,对结构优化的发展是十分重要的理论基础。

其四,电子计算机的发展。这是结构优化设计理论和方法发展的强大后盾,尤其高级算法语言为结构优化理论和方法的软件化提供了实施的条件,乃至进行 CAD(计算机辅助设计)也有了可能。然而 CAD 如果没有优化设计作为基础,那只能是手里有先进工具,方法却依旧是落后的,充其量是采用电子计算机手段进行的传统设计。这一点在当前的 CAD 热潮中不乏其例——相当多从事 CAD 工作的人只注意到了结构分析方法、计算机绘图和人机交互功能,却忽视了优化设计方法,这样搞出的 CAD 具有很大的盲目性;反过来说,如果有优化设计的愿望,而没有电子计算机的条件,这个良好的愿望也实现不了。Matlab 优化工具箱为材料力学求解优化问题提供了极大的方便。

上述第一条反映了发展结构优化的客观要求,后三条是发展结构优化的基础和后盾,这些综合在一起是进行结构优化的必然性。

由上述分析可以看出,施米特(L. A. Schmit)在 20 世纪 60 年代提出把数学规划引进结构设计领域进行系统综合的想法,完全顺应了这一必然性。从那以后,结构优化设计才较快地发展成一门独立的学科。

27.2.2 结构优化设计的概念

所谓"优化",是指从完成某一任务的所有可能方案中,按某种目标寻找最佳方案。

将优化理论用于结构设计,即所谓结构优化设计。其基本思想是,使所设计的结构或构件,不仅满足强度、刚度与稳定性等方面的要求,同时又在追求某种或某些目标方面,达到最佳程度。

27.2.2.1 优化设计的三要素

优化设计三要素是指设计变量、目标函数和约束条件。

表征设计的一组可选择的参数称为设计变量。在数学上,设计变量表示成其分量组成的列向量

$$x = (x_1, x_2, \cdots, x_n)^T \tag{27-9}$$

评价设计优劣的标准称为目标,因为它是设计变量的函数,所以又称为目标函数,即

$$f(x) = f(x_1, x_2, \cdots, x_n) \tag{27-10}$$

对设计的限制称为约束条件。约束条件反映了设计变量在设计过程中必须遵循相互制约关系,可表示为等式或不等式:

$$g_j(x_1, x_2, \cdots, x_n) = 0 \tag{27-11a}$$

或

$$h_k(x_1, x_2, \cdots, x_n) \leqslant 0 \tag{27-11b}$$

因为 $p_k(x_1, x_2, \cdots, x_n) \geqslant 0$ 可表示为 $-p_k(x_1, x_2, \cdots, x_n) \leqslant 0$,所以式(27-11b)中不等式只

用一种≤号,因为约束条件也是设计变量的函数,所以又称之为约束函数。

传统设计中也有上述三要素,然而其目标函数的优劣只是凭经验或才能去实现的一种期望,并不严格。优化设计与之区别在于把三要素放在一起,追求目标函数的极小或极大,也即

$$\left.\begin{array}{l} 求 \quad x_1, x_2, \cdots, x_n \\ 使 \quad f(x_1, x_2, \cdots, x_n) \to \min \\ 约束为 \quad g_j(x_1, x_2, \cdots, x_n) = 0 \quad (j = 1, \cdots, J) \\ \quad h_k(x_1, x_2, \cdots, x_n) \leq 0 \quad (k = 1, \cdots, K) \end{array}\right\} \quad (27\text{-}12)$$

其中,min 表示极小;max 表示极大。

由于 $f(x) \to \max$ 等价于 $-f(x) \to \min$,所以下面只研究式(27-12)的提法就足够了。式(27-12)实质上是单目标优化的一般提法,实际问题还有多目标优化问题。

27.2.2.2 最优解搜索

结构优化设计的任务,就是在满足约束条件的前提下,寻找设计变量的最佳值,以达到目标函数最优。

近年来,随着电子计算机的高速发展,以及数学规划、有限元素法与边界元素法等分析方法的不断进步,结构优化设计得到迅速发展,在航空、航天、机械、土木与水利等工程领域,得到了日益广泛的重视与应用,并已取得显著的经济与技术效益。

27.2.3 Matlab 优化工具箱

在 Matlab 软件中,有一个专门的最优化工具箱(Optimization Toolbox)可以用来解决最优化问题,其中函数 linprog 用于求解线性规划问题,其调用形式为

$$x = \text{linprog}(f, A, b, Aeq, beq, lb, ub, x0, \text{options})$$

函数 fminbnd 用于进行一维搜索,其调用形式为

$$x = \text{fminbnd}(\text{fun}, x1, x2, \text{options})$$

函数 fminunc 和 fminsearch 用于求解无约束最优化问题,其调用形式为

$$x = \text{fminunc}(\text{fun}, x0, \text{options}), \quad x = \text{fminsearch}(\text{fun}, x0, \text{options})$$

函数 fmincon 用于求解约束最优化问题,其调用形式为

$$x = \text{fmincon}(\text{fun}, x0, A, b, Aeq, beq, lb, ub, \text{nonlcon}, \text{options})$$

此外,利用 Matlab 编程容易的特点,还可以自行编制单纯形法和对偶单纯形法等程序。

例题 27-2 如图 27-4 所示桁架,在节点 B 承受载荷 $F = 50\text{kN}$ 作用。二杆均用铝合金制成,密度 $\rho = 2.85 \times 10^3 \text{kg/m}^3$,许用拉应力 $[\sigma_t] = 200\text{MPa}$,许用压应力 $[\sigma_c] = 130\text{MPa}$。节点 C 的横坐标的取值范围为 $1\text{m} \leq x_C \leq 2.4\text{m}$。试按重量最小的要求,确定节点 C 的横坐标与各杆的横截面面积。

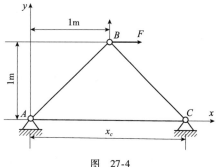

图 27-4

解:①先用 Maple 建立优化模型。

设计变量(3个)
$$\text{求 } X = \{A_1, A_2, x_C\}^T = \{x_1, x_2, x_3\}^T$$

目标函数(重量最小)
$$\min W = \rho g(A_1 l_1 + A_2 l_2)$$

约束条件(4个)
$$\text{s.t. } \frac{F_{N1}}{A_1} \leq [\sigma_t], \frac{-F_{N2}}{A_2} \leq [\sigma_c], 1 \leq x_C \leq 2.4$$

②然后用 Matlab 优化工具箱求解得优化结果。

AB 杆横截面面积 $A_1 = 194.6 \text{ mm}^2$; BC 杆横截面面积 $A_2 = 273.3 \text{ mm}^2$; 节点 C 的横坐标 $x_C = 1\ 817\text{mm}$; 结构的最小重量 $W_{\min} = 17.54\text{N}$。

27.3 按可靠性标准的结构优化设计

考虑可靠性的优化问题,可以写成求选择质量条件极值的形式
$$F(X) \to \min \tag{27-13}$$

满足
$$P_s(X) \geq p_s \tag{27-14}$$

其中,X 为最优参数向量; p_s 为可靠性容许值,它与结构的重要程度和使用要求有关,可以按照关于标准可靠性的概念得到, $P_s(X)$ 是事件($Z \geq 0$)的概率。

限制条件式(27-14)表示按可靠性 P_s 求解,即在整个使用期间 T 结构不发生工程事故。条件式(27-14)可以表示为按强度、稳定和变形等条件对结构可靠性的要求。

27.3.1 正态分布随机变量模式

假定截面抗力 R 和载荷效应 S 相互独立,且均服从正态分布,这时 $Z = R - S$ 亦服从正态分布,即 $Z \sim N[Z \sim (\mu_Z, \sigma_Z)]$,根据概率论原理,有
$$\beta = \Phi^{-1}(P_s) \text{ 或 } P_s = \Phi(\beta) \tag{27-15}$$

式中: Φ ——标准正态分布函数。

式(27-15)表明, β 和 P_s 具有数值上的一一对应关系,已知 β, 即可求得 P_s, 反之亦然。由于 β 越大, P_s 就越大,即结构越可靠,因此 β 称为可靠指标。

这样,按价格标准的结构优化设计式(27-13),或是考虑按材料用量标准的可靠性限制条件,有如下形式:
$$F(X) \to \min \tag{27-16}$$

满足
$$\beta(X,Z) = \frac{\mu_R - \mu_S}{\sqrt{\sigma_R^2 + \sigma_S^2}} \geq \beta_k \tag{27-17}$$

式中: β_k ——设计可靠指标。

27.3.2 常规安全因数法与可靠性设计的关系

常规安全因数
$$K_0 = \frac{\mu_R}{\mu_S} \tag{27-18}$$

只与 R、S 的相对位置有关,而与 R、S 的离散程度(σ_R, σ_S)无关,即仅用到随机变量 R、S

的一阶原点矩 μ_R 和 μ_S 的信息,而没有用到 R、S 的二阶中心矩 σ_R^2 和 σ_S^2 的信息。可靠性中心安全因数 $K_{\beta 0}$ 不仅用到 μ_R 和 μ_S,而且还用到二阶中心矩(即 σ_R、σ_S)的信息

$$K_{\beta 0} = \frac{1 + \beta\sqrt{V_R^2 + V_S^2 - \beta^2 V_R^2 V_S^2}}{1 - \beta^2 V_R^2} \tag{27-19}$$

传统的中心安全因数没有定量地考虑抗力和载荷效应的随机性,一般是以工程实践经验或判断为基础而确定的。因此,难免带有人为的因素甚或主观臆断的成分。

27.3.3 随机非线性规划

当包含在目标函数和约束函数中的若干个参数在均值周围变化时,一个一般性优化问题必须表示为一个随机非线性规划问题。对此,我们假设所有随机变量是独立的,并服从正态分布。随机非线性规划问题可以标准形式叙述如下:

$$求 X, 使 f(Y) 极小 \tag{27-20}$$

满足于

$$P[g_j(Y) \leq 0] \geq p_j \quad (j = 1, 2, \cdots, m) \tag{27-21}$$

其中,Y 是 N 维随机变量 y_1、y_2、$\cdots$、y_N 的向量,它包含着决策变量 x_1、x_2、$\cdots$、x_n。X 为确定性时的情况只是上述问题的一种特殊形式。式(27-21)表示 $g_j(Y)$ 小于或等于零的概率必须大于或等于规定的概率 p_j。式(27-20)和式(27-21)所述问题可用下面机遇约束规划方法变换为一个等价的确定性非线性规划问题。

(1) 目标函数 目标函数 $f(Y)$ 可对 y_i 的均值 $\bar{y}_i$ 展开成

$$f(Y) = f(\bar{Y}) + \sum_{i=1}^{N}\left(\frac{\partial f}{\partial y_i}\bigg|_{\bar{Y}}\right)(y_i - \bar{y}_i) + 高级偏导数项 \tag{27-22}$$

若 y_i 的标准偏差 σ_{y_i} 较小,则 $f(Y)$ 可用式(27-22)的前面两项来近似

$$f(Y) \approx f(\bar{Y}) - \sum_{i=1}^{N}\left(\frac{\partial f}{\partial y_i}\bigg|_{\bar{Y}}\right)\bar{y}_i + \sum_{i=1}^{N}\left(\frac{\partial f}{\partial y_i}\bigg|_{\bar{Y}}\right)y_i \equiv \psi(Y) \tag{27-23}$$

若所有 $y_i(i = 1, 2, \cdots, N)$ 服从正态分布,则 $\psi(Y)$ 是 Y 的一个线性函数,且亦服从正态分布。ψ 的均值和方差为

$$\bar{\psi} = \psi(\bar{Y}) \tag{27-24}$$

及

$$\text{Var}(\psi) = \sigma_\psi^2 = \sum_{i=1}^{N}\left(\frac{\partial f}{\partial y_i}\bigg|_{\bar{Y}}\right)^2 \sigma_{yi}^2 \tag{27-25}$$

这是因所有 y_i 是独立的。为了进行优化,一个新的目标函数可构造为

$$F(Y) = k_1 \bar{\psi} + k_2 \sigma_\psi \tag{27-26}$$

其中,$k_1 \geq 0$ 及 $k_2 \geq 0$,其数值表示 $\bar{\psi}$ 和 σ_ψ 对优化的相对重要程度。

处理 ψ 的标准偏差的另一方法是求 $\bar{\psi}$ 的极小,满足于约束 $\sigma_\psi \leq k_3 \bar{\psi}$(这里 k_3 为一常量)及其他约束。

(2) 约束 若有几个参数的特性是随机的,则约束亦是概率性的,因而要求满足一个给定约束的概率应大于某值。这正好是式(27-23)所述内容。约束不等式(27-23)可写为

$$\int_{-\infty}^{0} f_{g_j}(g_j) \mathrm{d}g_j \geq p_j \tag{27-27}$$

其中,$f_{g_j}(g_j)$ 是随机变量 g_j 的概率密度函数(若干个随机变量的函数亦是一个随机变量),其范围假设是 $-\infty$ 至 ∞。约束函数 $g_j(Y)$ 可对随机变量的均值向量 $\bar{Y}$ 展开为

$$g_j(Y) \approx g_j(\overline{Y}) + \sum_{i=1}^{N}\left(\frac{\partial f}{\partial y_i}\bigg|_{\overline{Y}}\right)(y_i - \overline{y}_i) \tag{27-28}$$

由方程式(27-28)，可求得 g_j 的均值 $\overline{g}_j$ 和标准偏差 σ_{gj} 为

$$\overline{g}_j = g_j(\overline{Y}) \tag{27-29}$$

$$\sigma_{gj} = \left[\sum_{i=1}^{N}\left(\frac{\partial gj}{\partial y_i^*}\bigg|_{\overline{Y}}\right)^2 \sigma_{y_i}^2\right]^{\frac{1}{2}} \tag{27-30}$$

引入一个新变量

$$\theta = \frac{g_j - \overline{g}_j}{\sigma_{gj}} \tag{27-31}$$

并注意到

$$\int_{-\infty}^{\infty} \frac{1}{\sqrt{2\pi}} e^{-\frac{t^2}{2}} dt = 1 \tag{27-32}$$

式(27-27)可表示为

$$\int_{-\infty}^{-\overline{g}_j/\sigma_{gj}} \frac{1}{\sqrt{2\pi}} e^{-\frac{\theta^2}{2}} d\theta \geq \int_{-\infty}^{\varphi_j(p_j)} \frac{1}{\sqrt{2\pi}} e^{-\frac{t^2}{2}} dt \tag{27-33}$$

其中，$\phi_j(p_j)$ 是相应于概率 p_j 的标准正态变量的值。故有

$$-\frac{\overline{g}_j}{\sigma_{gj}} \geq \phi_j(p_j)$$

即

$$\overline{g}_j + \sigma_{gj}\varphi_j(p_j) \leq 0 \tag{27-34}$$

式(27-34)可改写为

$$\overline{g}_j + \phi_j(p_j)\left[\sum_{i=1}^{N}\left(\frac{\partial g_j}{\partial y_j}\bigg|_{\overline{Y}}\right)^2 \sigma_y^2\right]^{\frac{1}{2}} \leq 0 \quad (j=1,2,\cdots,m) \tag{27-35}$$

因此，式(27-20)和式(27-21)的优化问题可以其等价的确定性形式叙述为：对式(27-26)给出的 $F(Y)$ 求极小，满足于式(27-35)的 m 个约束。

27.4 Maple 编程示例

编程题 27-1 设计一个如图 27-5 所示的空心截面均匀柱，使承受载荷 F，要求价格最小。柱用弹性模量为 E、密度为 ρ 的材料制成，柱长为 l。柱中引起的应力应小于屈曲应力及屈服应力。平均直径(中径)限制在 2.0~14.0cm 范围内，柱的壁厚限制在 0.2~0.8cm

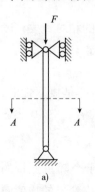
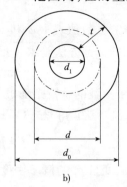

图 27-5

范围内。柱的价格包括材料价格和制作价格,可用 $0.51W + 2d$(元)表示,这里 W 是重量,d 是中径。约束必须满足的概率至少为 0.95。

下列各数量是概率性的,服从正态分布,其均值和标准偏差如下:

压缩载荷:$(\bar{F}, \sigma_F) = (24.5, 4.9)$ kN;杨氏模量:$(\bar{E}, \sigma_E) = (83.3, 8.33)$ GPa;

密度:$(\bar{\rho}, \sigma_\rho) = (2\,500, 250)$ kg/m^3;屈服应力:$(\bar{f}_y, \sigma_{f_y}) = (49, 4.9)$ MPa;

柱长:$(\bar{l}, \sigma_l) = (250, 2.5)$ cm;截面中径:$(\bar{d}, \sigma_d) = (\bar{d}, 0.01\bar{d})$ cm。

解:● 建模

我们取管子中径$(\bar{d}, \text{cm})$和管子壁厚(t, cm)为设计变量。$\boldsymbol{X} = \{x_1 \quad x_2\}^T = \{\bar{d} \quad t\}^T$,应注意,此时有一个设计变量 d 是概率性的,因 σ_d 可根据 $\bar{d}$ 得到,我们假设 $\bar{d}$ 是未知量。

随机变量的向量标记为

$$\boldsymbol{Y} = \{y_1 \quad y_2 \quad y_3 \quad y_4 \quad y_5 \quad y_6\}^T = \{F \quad E \quad \rho \quad f_y \quad l \quad d\}^T$$

目标函数可表示为 $f(\boldsymbol{Y}) = 5W + 2d$。

约束可表示为

强度条件:$P[g_1(\boldsymbol{Y}) \leq 0] = P\left[\dfrac{F}{\pi d t} - f_y \leq 0\right] \geq 0.95$

稳定条件:$P[g_2(\boldsymbol{Y}) \leq 0] = P\left[\dfrac{F}{\pi d t} - \dfrac{\pi^2 E}{8l^2}(d^2 + t^2) \leq 0\right] \geq 0.95$

几何条件:$P[g_3(\boldsymbol{Y}) \leq 0] = P[-d + 2 \leq 0] \geq 0.95$

几何条件:$P[g_4(\boldsymbol{Y}) \leq 0] = P[d - 14 \leq 0] \geq 0.95$

几何条件:$P[g_5(\boldsymbol{Y}) \leq 0] = P[-t + 0.2 \leq 0] \geq 0.95$

几何条件:$P[g_6(\boldsymbol{Y}) \leq 0] = P[t - 0.8 \leq 0] \geq 0.95$

● **优化结果**

柱截面的平均直径 $(\bar{d}, \sigma_d) = (54.77, 0.547\,7)$ mm,壁厚 $t = 4.074$ mm,$f_{\min} = 23.66$ 元。

● **Maple 程序**(长度单位取 cm)

```
> restart:                                         #清零。
> f: = 0.51 * W + 2 * d:                           #目标函数。
> W: = 10^( -6) * Pi * g * rho * d * t * l:        #重量。
> f0: = k[1] * psi + k[2] * sigma[ps]:             #极小化的新目标函数。
> dfdy3: = diff(f,rho):                            #∂f/∂y3。
> dfdy5: = diff(f,l):                              #∂f/∂y5。
> dfdy6: = diff(f,d):                              #∂f/∂y6。
> sigma2[ps]: = dfdy3^2 * sigma[y3]^2 + dfdy5^2 * sigma[y5]^2
>               + dfdy6^2 * sigma[y6]^2:           #σ²ψ。
> psi: = subs(rho = rho0,l = l0,d = d0,f):         #ψ(Ȳ)。
> sigma[ps]: = sqrt(subs(rho = rho0,l = l0,d = d0,sigma2[ps])):
>                                                  #σψ。
> g1: = F * 10^4/(Pi * d * t) - fy:                #强度约束函数。
```

```
> g2 := F * 10^4/(Pi * d * t) - Pi^2 * E * (d^2 + t^2)/(8 * l^2):                    #稳定约束函数。
>
> g3 := -d + 2:                                                                      #几何约束函数。
> g4 := d - 14:                                                                      #几何约束函数。
> g5 := -t + 0.2:                                                                    #几何约束函数。
> g6 := t - 0.8:                                                                     #几何约束函数。
> dg1dy1 := diff(g1,F):                                                              # ∂g1/∂y1。
> dg1dy4 := diff(g1,fy):                                                             # ∂g1/∂y4。
> dg1dy6 := diff(g1,d):                                                              # ∂g1/∂y6。
> dg2dy1 := diff(g2,F):                                                              # ∂g2/∂y1。
> dg2dy2 := diff(g2,E):                                                              # ∂g2/∂y2。
> dg2dy5 := diff(g2,l):                                                              # ∂g2/∂y5。
> dg2dy6 := diff(g2,d):                                                              # ∂g2/∂y6。
> dg3dy6 := diff(g3,d):                                                              # ∂g3/∂y6。
> dg4dy6 := diff(g4,d):                                                              # ∂g4/∂y6。
> G1 := g1 + beta * (dg1dy1^2 * sigma[y1]^2 + dg1dy4^2 * sigma[y4]^2
>       + dg1dy6^2 * sigma[y6]^2)^(1/2):                                             #转换为确定性的强度约束函数。
> G1 := subs(F = F0,d = d0,fy = fy0,G1):                                             #确定性强度约束函数。
> G2 := g2 + beta * (dg2dy1^2 * sigma[y1]^2 + dg2dy2^2 * sigma[y2]^2
>       + dg2dy5^2 * sigma[y5]^2 + dg2dy6^2 * sigma[y6]^2)^(1/2):
>                                                                                    #转换为确定性的稳定约束函数。
> G2 := subs(F = F0,d = d0,E = E0,l = l0,G2):                                        #确定性的稳定约束函数。
> G3 := g3 + beta * (dg3dy6^2 * sigma[y6]^2)^(1/2):
>                                                                                    #转换为确定性约束函数。
> G3 := subs(d = d0,G3):                                                             #确定性的几何约束函数。
> G4 := g4 + beta * (dg4dy6^2 * sigma[y6]^2)^(1/2):
>                                                                                    #转换为确定性约束函数。
> G4 := subs(d = d0,G4):                                                             #确定性的几何约束函数。
> g := 9.8:                                                                          #重力加速度。
> F0 := 24.5e3: E0 := 83.3e9:                                                        #已知条件。
> rho0 := 2500: fy0 := 49e6:                                                         #已知条件。
> l0 := 250:                                                                         #已知条件。
> sigma[y1] := 4.9e3;       sigma[y2] := 8.33e9:                                     #已知条件。
> sigma[y3] := 0.00025e6: sigma[y4] := 4.9e6:                                        #已知条件。
> sigma[y5] := 2.5e-2;    sigma[y6] := 0.01 * d0:                                    #已知条件。
> k[1] := 0.7;  k[2] := 0.3:                                                         #给定条件。
```

```
> beta: = 1.645:                              #可靠指标。
> f0: = simplify(f0,symbolic):                #化简。
> f0: = evalf(f0,4):                          #新目标函数数值。
> f0: = simplify(f0,symbolic):                #化简。
> f0: = evalf(f0,4);                          #新目标函数。
> G1: = evalf(G1,4):                          #计算数值结果。
> G1: = simplify(G1,symbolic):                #化简。
> G1: = expand(G1):                           #展开。
> G1: = evalf(G1,4) < = 0;                    #约束条件一。
> G2: = simplify(G2,symbolic):                #化简。
> G2: = evalf(G2,4):                          #计算数值结果。
> G2: = normal(G2):                           #标准化。
> G2: = simplify(G2,symbolic):                #化简。
> G2: = expand(G2):                           #展开。
> G2: = evalf(G2,4) < = 0;                    #约束条件二。
> G3: = simplify(G3,symbolic):                #化简。
> G3: = evalf(G3,4) < = 0;                    #约束条件三。
> G4: = simplify(G4,symbolic):                #化简。
> G4: = evalf(G4,4) < = 0;                    #约束条件四。
> G5: = g5 < = 0;                             #约束条件五。
> G6: = g6 < = 0;                             #约束条件六。
```

• **Matlab 程序**(长度单位: cm)

```
% 优化主程序文件 LT284.m
x0 = [4;0.3];                                                    % 初始条件。
[x,fval,exitflag] = fmincon('funLT284',x0,[],[],[],[],[],[],
                            'funLT284con')                       % 目标函数。
% 目标函数文件 funLT2.m
function f = funLT284(x)                                         % 定义目标函数。
f = 6.869 * x(1) * x(2) + 1.4 * x(1) + 0.0015 * x(1) * sqrt(39290 * x(2)^2
    + 157 * x(2) + 16);                                          % 目标函数。
% 约束条件文件 funLT2con.m

function [c,ceq] = funLT284con(x)                                % 定义约束函数。
c = [ 0.7798 * 10^8/(x(1) * x(2)) - 0.49 * 10^8
    + 0.1645 * 10^6/(x(1) * x(2)) * sqrt(24380 + 2401 * x(1)^2 * x(2)^2);
     0.7798 * 10^8/(x(1) * x(2)) - 1.644 * 10^6 * x(1)^2 - 1.644 * x(2)^2
    + 1645/(x(1) * x(2)) * sqrt(0.2439 * 10^9 + 29200 * x(1)^6 * x(2)^2
    + 56240 * x(1)^4 * x(2)^4 + 28120 * x(1)^2 * x(2)^6 + 51290 * x(1)^3 * x(2));
    - 0.9836 * x(1) + 2;
      1.106 * x(1) - 14;
         - x(2) + 0.2;
          x(2) - 0.8];                                           % 不等式约束条件矩阵。
ceq = [ ];                                                       % 等式约束条件矩阵。
```

思考题

*思考题 27-1　如图 27-6 所示，由思考题 5-3 可知，校核这类铆钉群连接的强度时，计算工作量往往很大。若利用电子计算机，(1) 对于铆钉的直径不同而材料相同，为了减少数组所占内存，并尽可能减少数据输入(例如重复数据尽量只输入一次)，需要定义多少个数组、各数组是几维的？怎样充分利用数组元素所占的单元，即同一数组元素在不同的计算过程中可赋予不同的值(如铆钉的尺寸、内力、应力等)？(2) 如果铆钉的直径和材料不同且有多处铆钉群，并且还要校核被连接件的强度(包括剪切强度和挤压强度)时，又将如何考虑上述问题？

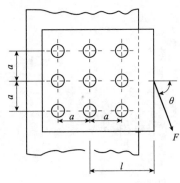

图 27-6

*思考题 27-2　公元前 221~205 年，古埃及一个君主下令首席工程师 Belisatius 设计一艘特大的战舰。舰长 128m，宽 18.3m，一个桨就要 40 个人来划。显然，在当时这只是一种幻想。我们现在设桨的示意如图 27-7 所示，为了保证它有足够的强度，试研究下列具体问题：

(1) 桨所受的最大载荷如何确定？

(2) 作为初步设计，设想把桨做成等直圆杆，若木材的拉伸强度限为 55MPa，如何确定它的直径？

(3) 设计成变截面圆杆是否合理？其直径沿长度怎样变化为好？

(4) 采用圆截面是否为优化方案？

(5) 为了减轻劳动强度，利用铅锤作配重或许是个好主意。这时对上面四个问题有什么影响？

(6) 木材顺纹拉伸的强度较大，而顺纹剪切则比较弱。桨会受扭吗？怎样计算扭转剪切力？

(7) 沿桨的长度某一段做成空心的是否合理？

(8) 将薄板钉在一起，把桨做成一个层合结构，这是否是好主意？

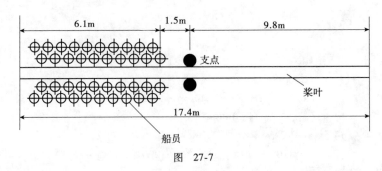

图 27-7

*思考题 27-3　一个业余的无线电爱好者拟安装一天线塔，希望塔高与其成本之比尽可能的大。在着手安装之前他找你研究下面几个问题：

(1) 考虑等截面的圆管形塔。在塔的中点装有三根拉线，如图 27-10b)所示，这是一种方案；另一种如图 27-8a)所示。当两个方案的圆管材料和内、外径相同时，试比较它们可以达到的高度。

（2）图 27-8b) 的方案装了拉线，因而可以改变塔底处的边界条件。那么，图 27-8a) 的方案也可能改变端点条件吗？

（3）当把风作为主要的载荷时（假定风压均匀分布），这些拉线装在塔的什么位置最好？

（4）能用内部施加气压的薄壁圆管来使天线塔强化吗？如果可以的话，在强风和冰雹时就能提供很高的强度。当考虑内压时，这个问题应当怎样分析？

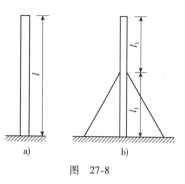

图 27-8

思考题 27-4 一场严重的洪水威胁着某个村庄，村民们必须撤离。但洪水淹没了原有的小桥，使人们不能方便地过河。重新搭桥要有 9m 长，沿河床的截面如图 27-9a) 所示。人们很快找到两根直径为 0.1m 的旧长木杆，并用 0.6m 长的薄板把它们组装起来。有人估算了一下此桥的承载能力，建议每次只能通过一个体重较轻的人。计算的模型和公式想必读者是熟悉的，结果是：对于重量为 734N 的人最大弯矩约为 1.65kN·m，每根木杆的最大正应力为 8.4MPa，而木材的拉伸强度大约等于 55MPa。出乎意料的是，当一个小孩通过时，木杆竟然断了。后来又找到几根较新的木杆，马上要用来搭桥。关于紧急搭桥有许多问题，试考虑其中几个如下。

（1）原来的估计有什么疏忽的地方？若木材的重度为 $5.4\ kN/m^3$，桥上没有人时木杆是否有应力？最大应力有多大？

（2）用四根木杆构成的桥上，同时能通过多少人？

（3）为了有效地利用较短的木杆，把它钉在长杆的什么位置为好？

（4）当桥上没有人，以及小孩（重约 445N）接近桥的中心而未破断之时，那座两根木杆的桥的最大挠度怎样计算？

（5）当桥用同样的四根木杆构成，有一个人背着一个病号或两个人用担架抬着一个病人，他们能安全通过吗？

（6）若找到三块 9m 长的木板，一块 50mm 厚、610mm 宽，另两块都是 25mm 厚、300mm 宽。在构造新桥时，有两种简单的叠置方法，其横截面如图 27-9b)、c) 所示，问哪一种比较好？两种方法都能安全吗？

（7）考虑把这三块板钉在一起，如图 27-9d)~g) 所示四种截面形式，哪一种最好？

（8）在定出利用这三块板造桥的最好方案后，试确定人们通过时，两人之间容许的最小距离。

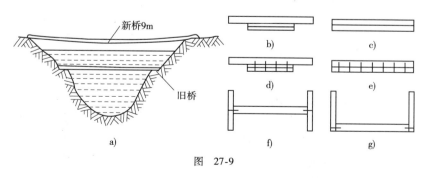

图 27-9

(9) 若钉子的直径为 3mm，$\tau_b = 172\text{MPa}$，试描述一种用钉数最小的方法。因为在紧急造桥时不一定能找到很充足的钉子。

思考题 27-5 由于在医治牙病上的痛苦经验，促使怀有好奇心的人去思考有关牙齿的某些问题。你或许听到过一些对于牙齿的化学效应，因而不吃这个、不要喝那个。尽管有关力学效应的资料是重要的，可是似乎普遍缺少这方面的资料。如果你走访了医学研究机构并查阅了有关资料，或许你会发现：从材料力学的角度看，即使有关牙齿的知识太少，但已有的知识就很能吸引人了。无论从宏观或微观上看，牙齿的结构是复杂的（微观上尤其令人惊讶）。人的腭能施加的力可达到 1 300N。对于珐琅质和牙本质（处于薄层珐琅质内的材料），表 27-3 中的平均数据可供应用。也可以找到某些牙组织和修补材料的应力—应变曲线，如图 27-10 所示，其中 A 为硬质镶牙金合金，B 为珐琅质，C 为软质镶牙金合金，D 为硅陶瓷，E 为汞剂，F 为牙本质，G 为锌磷酸钙陶瓷，H 为树脂填充材料。遗憾的是，表上的数据不一定与曲线符合，因为没有标准的牙齿。

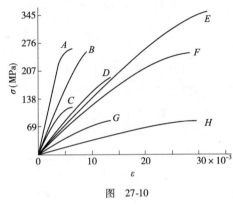

图 27-10

对这些资料加以研究，我们就可以讨论有关牙齿的一些有趣问题。下面是工程师心里或许会想到的几个基本问题：

(1) 牙齿所受的载荷是什么类型？在正常人的一生中大约受到多少次载荷？

(2) 在正常条件下，估计一下牙齿中的最大应力。

(3) 除了已经找到的以外，还有哪些有关牙齿的力学和物理性质需要了解？

(4) 对于未填补的齿腔，它可能的力学效应如何？

(5) 若已知修正材料的应力—应变曲线，对于已填补的齿腔（浅的和深的），它可能的力学效应又如何？

(6) 在各种修补材料中，可以估计到哪些与时间有关的重要的变化？

牙齿材料参数表　　　　　　　　　　　　　　　　　　　　　表 27-3

性　能	珐琅质	牙本质
弹性模量(GPa)	34.4	11.7
压缩比例限(MPa)	207	138
压缩强度(MPa)	276	276
拉伸比例限(MPa)	—	约 34.4
拉伸强度(MPa)	—	34.4
导热系数($\text{mJ}\cdot\text{s}^{-1}\cdot\text{cm}^{-1}\cdot\text{°C}^{-1}$)	9	6
密度(g/cm^3)	2.8	1.96

思考题 27-6 如果你开始学习空手道（气功），有一件事看来是有趣的。用赤手空拳作一次击断木板的表演，这牵涉到肌肉强度、打击速度、木材强度以及技术的水平和观众的注意等许多问题。从材料力学的观点，有一个问题似乎是基本的。应该对单块木板还是对一叠木板（两者总厚相同，如图 27-11 所示）作练功表演呢？当然，所比较的这两种方案中除单

块与层叠这点不同之外,其他条件完全相同。此外,假定观众离你只有3m,因而不易受骗,所以你在采用某种巧妙的方案时,还要注意不致露出破绽。

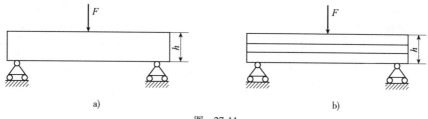

图 27-11

习题

A 类型习题

习题 27-1 如图 27-12 所示桁架,在节点 B 承受载荷 $F = 5\text{kN}$ 作用。各杆均用钢制成,密度 $\rho = 7.86 \times 10^3 \text{kg/m}^3$,许用拉应力 $[\sigma_t] = 140\text{MPa}$,许用压应力 $[\sigma_c] = 80\text{MPa}$。杆 1 长度的取值范围为 $450\text{mm} \leq l_1 \leq 1\,300\text{mm}$。试按重量最小的要求,确定杆 1 的长度与各杆的横截面面积。

B 类型习题

习题 27-2 (螺栓连接的优化设计)在螺栓连接中,螺栓除受到初始预紧力的作用外,还受外载荷的作用,在外载荷的作用下其受力状况将发生改变,因此工作中螺栓会受到拉力、剪切力或两者组合的作用。螺栓连接设计除要满足本身强度要求外,还要满足结构及工艺等方面的要求。下面以汽缸螺栓连接为例说明受拉力作用时螺栓的优化设计。

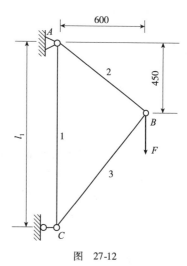

图 27-12

如图 27-13 所示为一压气机汽缸与缸盖连接的示意图。已知 $D_1 = 400\text{mm}$, $D_2 = 240\text{mm}$,缸内工作压力 $p = 8.5\text{MPa}$,螺栓材料为 45Cr,抗拉强度 $\sigma_b = 1\,000\text{MPa}$,屈服极限 $\sigma_s = 320\text{MPa}$,拉压疲劳极限 $\sigma_{-1} = 330\text{MPa}$,许用疲劳安全因数 $[S_a] = 1.7$,取残余预紧力 $F'' = 1.6F$,采用铜皮石棉密封垫片,螺栓相对刚度 $K_c = 0.8$。从安全、可靠、经济的角度来选择螺栓的个数 n 和螺栓的直径 d。

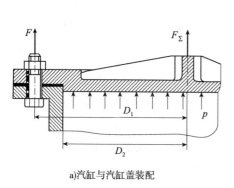

a)汽缸与汽缸盖装配

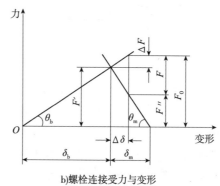

b)螺栓连接受力与变形

图 27-13

习题 27-3 （圆柱齿轮传动的优化设计）齿轮传动是用来改变速度和力矩（力）传递的大小和方向的，其中直齿圆柱齿轮应用最为广泛。齿轮传动受力复杂，从制造到实际运行存在很多不确定因素，因此有必要用模糊综合评判的方法对齿轮传动进行优化设计。下面以一般直齿轮圆柱齿轮设计为例进行介绍。

设有一闭式圆柱齿轮传动，传递功率为 $P=400\text{kW}$，小齿轮为输入级，转速为 $n_1=550\text{r/min}$，传动比 $u=3.43$。小齿轮材料为 22CrMnMo，热处理后的齿轮面硬度 HRC = 65。大齿轮材料为 12CrMo，热处理后的齿面硬度 HRC = 58。接触疲劳强度 $[\sigma_H]=1\,400\text{MPa}$，大、小齿轮的弯曲疲劳强度分别为 $[\sigma_F]_2=350\text{MPa}$ 和 $[\sigma_F]_1=350\text{MPa}$。试用普通优化和模糊优化进行设计。

习题 27-4 （扭转轴的优化设计）一空心传动轴，D 和 d 分别为空心轴的外径和内径，$d=8\text{mm}$，轴长 $L=3.6\text{m}$。轴传递的功率 $P=7\text{kW}$，转速 $n=1\,500\text{r/min}$。轴材料的密度 $\rho=7\,800\text{kg/m}^3$。剪切弹性模量 $G=81\text{GPa}$，许用剪应力 $[\tau]=45\text{MPa}$，单位长度许用扭转角 $[\varphi]=1.5(°)/\text{m}$。要求在满足扭转强度和扭转刚度限制的条件下，使轴的质量最小。

习题 27-5 （圆柱螺旋弹簧的优化设计）普通圆柱螺旋弹簧（图 27-14）应用非常广泛。圆柱螺旋弹簧的结构参数包括弹簧丝直径 d、弹簧中径 D、工作圈数 n、弹簧节距 p、螺旋角 α 和高度 H_0 等。弹簧设计需满足的要求包括弹簧刚度、强度、稳定性、共振性等。当然随设计类型的不同，设计参数与约束条件的类型和数量会有所不同。

一调压阀弹簧为普通圆柱螺旋压缩弹簧。阀腔直径为 42mm，弹簧最大工作压力 $F_{max}=1\,110\text{N}$，弹簧许用应力 $[\tau]=665\text{MPa}$，弹簧最大刚度 $k_{max}=24\text{N/mm}$。确定满足设计要求的弹簧中径、簧丝直径和弹簧工作圈数。

习题 27-6 （圆形等截面轴的优化设计）一圆形等截面轴（图 27-15），一端固定，另一端受集中载荷 $F_1=10\text{kN}$，$F_2=15\text{kN}$ 及扭矩 $T=1\text{kN}\cdot\text{m}$ 的作用。要求轴的长度 $L=2.5\text{m}$，轴材料的许用弯曲正应力 $[\sigma_w]=130\text{MPa}$。许用切应力 $[\tau]=85\text{MPa}$，允许挠度 $[f]=0.15\text{cm}$，允许扭转角 $[\vartheta]=2°$。轴材料密度 $\rho=7\,800\text{kg/m}^3$，弹性模量 $E=210\text{GPa}$，剪切弹性模量 $G=80\text{GPa}$。现要求设计这根轴，在满足使用要求的前提下，使其质量最小。

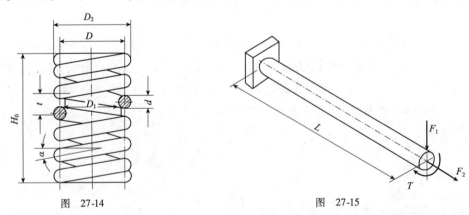

图 27-14　　　　　　　图 27-15

习题 27-7 （车床主轴的优化设计）已知某普通车床主轴为空心轴（图 27-16），内径 $d=45\text{mm}$，轴外伸长度 $a=100\text{mm}$。作用在主轴外伸端处的载荷 $F=15\text{kN}$，许用挠度 $[y]=0.125\text{mm}$。许用切应力为 $[\tau]=220\text{MPa}$。许用扭转角 $[\vartheta]=0.02\text{rad}$。主轴材料的密度为 $\rho=7\,800\text{kg/m}^3$，主轴材料的弹性模量 $E=210\text{GPa}$，剪切模量 $G=80\text{GPa}$。主轴转速 $n=80\text{r/min}$，主轴最大输入功率 $P=7.5\text{kW}$。优化的目的是要在满足刚度要求的条件下，使主轴质量最小。

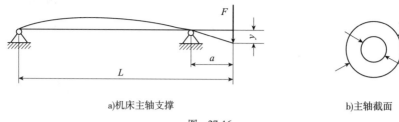

a)机床主轴支撑   b)主轴截面

图 27-16

习题 27-8 （静定桁架的优化设计）如图 27-17 所示一静定桁架,已知 $F_1 = F_2 = 2\,500\text{N}$。杆 1、杆 3 截面相同;杆 2、杆 4 截面相同。杆 2 与杆 3 长度相同,不受力时杆 4 呈水平状态。许用应力 $[\sigma] \leq 100\text{MPa}$;节点 1 的容许竖向位移 $[\Delta_1^L] \leq 0.15\text{cm}$。以桁架各杆体积之和最小为目标函数进行优化设计。已知杆的弹性模量 $E = 207\text{GPa}$。

习题 27-9（三杆桁架的优化设计）如图 27-18 所示三杆桁架,其上作用有任意方向的载荷 $F = 20\text{kN}$,材料许用应力 $[\sigma] = 300\text{MPa}$,材料的密度 $\rho = 7\,800\text{ kg/m}^3$,弹性模量 $E = 210\text{GPa}$。试确定杆的横截面面积,使桁架重量最轻。

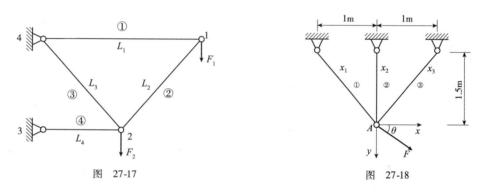

图 27-17   图 27-18

C 类型习题

习题 27-10 （最小质量的静定梁）设要设计一个简支梁,已知梁的跨度 $2l$,作用在跨度中点的集中力 $2F$。中点的挠度 $\overline{w}$,梁截面的形状有一定限制,要求决定梁的截面和材料,使梁的重量最小。

工况一:矩形截面,高度 h 给定,宽度 b 可变。

工况二:形状相似的截面。

工况三:矩形截面,宽度 b 给定,高度 h 可变。

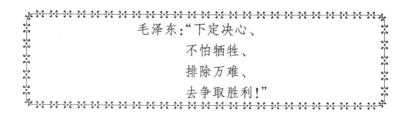

> 子曰："三军可夺帅也，匹夫不可夺志也。"

第28章 实验应力分析

本章主要介绍电测法和光弹性法的基本原理和基本方法。

28.1 概述

当处理一个复杂的应力分析问题，对于时间、成本或困难的程度来说，寻求一个完善的理论解被证明是不切实际的时候，常常就用实验的方法。在设计阶段，可用实验方法进行模型分析。同时，在很多情况下，实验的方法能对设计方案的改进进行有效的审查。如果结构已经存在，并且在变载荷下结构的特性已确定，则该结构能够容易地用实验方法进行分析。一个有理论解的问题，一般还需加以验证，在这种情况下，也需要做一定的实验。所以，关于实验方法的知识，是分析者必备的基础知识。

在设计构件或校核其强度时，必须了解构件受力时的应力情况。对于一些典型的受力构件，前面已进行了大量的研究，并建立了相应的计算公式。但是，实际构件的形状和受力情况往往比较复杂，由分析计算所得应力时与实际应力相差较大，在有些情况下，甚至按现有理论尚很难进行计算。解决这些问题的一个重要途径，就是进行实验。通过实验对构件或结构进行应力分析的方法，称为实验应力分析。实验应力分析不仅为解决工程实际问题提供了有效手段，也为验证和发展理论提供了重要依据。所以，实验应力分析是一门很重要的学科。

实验应力分析的方法很多，有电测法、光弹性法、全息光测法、云纹法、散班干涉法、焦散线法和脆性涂层法等，目前以电测法和光弹性法应用较广。

电测法是以电阻应变片为传感器，将构件的应变转换为应变片的电阻变化，通过测量应变片的电阻改变量，从而确定构件的应变，再进一步利用应力—应变关系，例如郑玄—胡克定律或广义郑玄—胡克定律，即可确定相应的应力。电测法的优点是灵敏度高、精确度高，可以进行实测、遥测，并可用于高温、高压和高速旋转等特殊工件条件。其缺点是不能测出构件内部的应变，也不能准确地反映应变分布的急剧变化（例如应力集中）等。

光弹性法是用某种透明材料制成与被测构件几何相似的模型，并将其放置在偏振光场中，通过观察与分析模型受力后所产生的光学效应，从而确定模型或构件的应力。光弹性法的优点是直观性强，可以测量模型内部和表面各点处的应力，能够较准确地反映应力分布的急剧变化。其缺点是试验周期较长、影响测量精确度的因素较多等。

28.2 量纲分析

设计时要预知应力（或任何状态特性），有时就需要用相同或不同于原型的材料，按比例制成模型进行试验。实物可能很大，以至于在实物上做试验的代价太大从而不可能实现。

相反,实物太小,则难以得到试验数据。此外,实物可能用价昂的难以处理的材料。无论哪种情况,用不同材料制造模型将是有利的。此外,有的实验方法需要用特殊材料制作模型,如在光弹性试验中,经常是实物与模型用不同的材料。

于是,就产生这样一些问题:如何设计模型与如何将模型实验结果与实物联系起来?这样的问题需要通过量纲分析去解决。

对于服从郑玄—胡克定律的结构,只要确定它的一种状态特性(如应力矩阵 σ),及两个材料常数(如 E 和 μ),则应变和位移都能推导出来。独立的空间变元是 x、y 和 z。力可由一个作用力臂如 F 来描述,其他的空间变元是 x、y 和 z。力可由一个作用力臂如 F 来描述,其他的力都简单地决定于它们与 F 的比值。同样,尺寸也是用与结构的某个尺寸譬如 L 的比值来确定。因此,如果所有的比值都已知,则基本量只有 σ、E、μ、x、y、z、F 和 L。所有这些量的单位都能得自力和长度的单位。这些量还能用 F 和 L 写成量纲一的形式

$$\frac{\sigma}{\frac{F}{L^2}},\frac{E}{\frac{F}{L^2}},\mu,\frac{x}{L},\frac{y}{L},\frac{z}{L},\frac{F}{F},\frac{L}{L}$$

因为最后两个量明显无用,所以独立的量纲一项为

$$\frac{\sigma}{\frac{F}{L^2}},\frac{E}{\frac{F}{L^2}},\mu,\frac{x}{L},\frac{y}{L},\frac{z}{L}$$

对于一给定的实物,每个量都建立在几何形状、材料和作用载荷值的基础上。例如,考虑下列量

$$\frac{L_p^2 \sigma_p}{F_p} = K$$

其中,带下标 p 的表示实物值,而 K 是个无量纲常数。因为要保持实物与模型之间的相似,模型也必须具有同样的常数 K

$$\frac{L_m^2 \sigma_m}{F_m} = K = \frac{L_p^2 \sigma_p}{F_p}$$

其中,带下标 m 的表示模型值。因此,可由模型结果预计实物的应力值为

$$\sigma_p = \left(\frac{L_m}{L_p}\right)^2 \frac{F_p}{F_m} \sigma_m \tag{28-1}$$

令 $\boldsymbol{\sigma}$ 为应力比例因子,则

$$\sigma_p = \boldsymbol{\sigma} \sigma_m$$

或

$$\boldsymbol{\sigma} = \frac{\sigma_p}{\sigma_m} \tag{28-2}$$

同样,令力的比例因子为

$$\boldsymbol{F} = \frac{F_p}{F_m} \tag{28-3}$$

长度比例因子为

$$\boldsymbol{L} = \frac{L_p}{L_m} \tag{28-4}$$

则从式(28-1)~式(28-4)能看到应力比例因子与力及长度的比例因子有如下的关系

$$\sigma = \frac{F}{L^2} \tag{28-5}$$

据此能引出一系列的比例因子,它们(μ除外)都能用比例因子 F 和 L 来描述,见表 28-1。

比 例 因 子　　　　　　　　　　　　　　　　表 28-1

比例因子	实物模型	力和长度构成的因变量
力比例 F	$F = \dfrac{F_p}{F_m}$	$F = F$
长度比例 L	$L = \dfrac{L_p}{L_m}$	$L = L$
应力比例 σ	$\sigma = \dfrac{\sigma_p}{\sigma_m}$	$\sigma = \dfrac{F}{L^2}$
弹性模量比例 E	$E = \dfrac{E_p}{E_m}$	材料的函数
力矩比例 M	$M = \dfrac{M_p}{M_m}$	$M = FL$
压强比例 P	$P = \dfrac{P_p}{P_m}$	$P = \dfrac{F}{L^2}$
应变比例 ε	$\varepsilon = \dfrac{\varepsilon_p}{\varepsilon_m}$	$\varepsilon = \dfrac{\sigma}{E} = \dfrac{F}{L^2 E}$
位移比例 δ	$\delta = \dfrac{\delta_p}{\delta_m}$	$\delta = \varepsilon L = \dfrac{F}{LE}$

例题 28-1 用一个比实物缩小一半的塑料模型代表设计的原型,原型受有一集中载荷 9kN。

(1) 模型上加载 0.9kN,得知其最大应力为 7MPa,试确定当实物加载到 9kN 时的最大应力。

(2) 如果模型材料的弹性模量为 3GPa,实物弹性模量为 60GPa。如果模型总变位为 5mm,试计算实物的总变位。

解:(1)
$$L = \frac{L_p}{L_m} = \frac{L_p}{\frac{L_p}{2}} = 2, \quad F = \frac{F_p}{F_m} = \frac{9\,000}{900} = 10$$

应力比例因子为
$$\sigma = \frac{F}{L^2} = \frac{10}{2^2} = 2.5$$

因为
$$\sigma = \frac{\sigma_p}{\sigma_m}$$

所以
$$\sigma_p = \sigma \sigma_m = 2.5 \times 7 \times 10^6 = 17.5 \text{MPa}$$

(2)
$$E = \frac{E_p}{E_m} = \frac{60 \times 10^9}{3 \times 10^9} = 20$$

$$\delta = \frac{F}{LE} = \frac{10}{2 \times 20} = 0.25, \quad \delta = \frac{\delta_p}{\delta_m}$$

即
$$\delta_p = \delta\delta_m = 0.25 \times 5 \times 10^{-3} = 1.25 \text{mm}$$

28.3 电测法的基本原理

28.3.1 应变片及其转换原理

电阻应变片简称为应变片，它是由具有一定电阻的薄金属箔或细金属丝制成的栅状物，粘贴在两层绝缘薄膜中做成的(图28-1)。上述栅状物称为敏感栅。目前最常用的应变片有箔式、丝绕式和短接式，分别如图28-1a)、b)、c)所示。

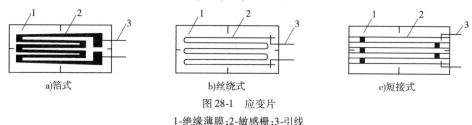

图 28-1 应变片
1-绝缘薄膜；2-敏感栅；3-引线

试验时，将应变片粘贴在构件表面需测应变的部位，并使应变片的纵向沿需测应变的方位，这样，当该处沿应变片纵向发生正应变 ε 时，应变片也产生同样的变形，敏感栅的电阻由其初始值 R 变为 $R+\Delta R$。

试验表明，在一定范围内，敏感栅的电阻变化率 $\Delta R/R$ 与 ε 成正比，即

$$\frac{\Delta R}{R} = K\varepsilon \tag{28-6}$$

其中，比例常数 K 称为应变灵敏度，其值与敏感栅的材料和构造有关，常用应变片的应变灵敏度为 1.7~3.6。

由式(28-6)可知，只要测出敏感栅的电阻变化率，即可确定相应的应变。

28.3.2 测量电桥原理

构件的应变值一般均很小，例如为 $10^{-6} \sim 10^{-3}$，所以，应变片的电阻变化率也很小，需用专门仪器进行测量。测量应变片的电阻变化率或应变的仪器称为电阻应变仪，其基本测量电路为一惠斯登电桥[图28-2a)]。

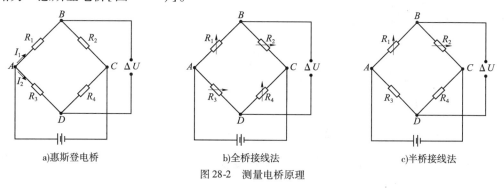

a)惠斯登电桥　　　　　b)全桥接线法　　　　　c)半桥接线法
图 28-2 测量电桥原理

如图28-2a)所示，电桥四个桥臂的电阻分别为 R_1、R_2、R_3 与 R_4，A 与 C 点接电源，B 与 D 为输出端。

设 A 与 C 间的电压为 U,则流经电阻 R_1 的电流为

$$I_1 = \frac{U}{R_1 + R_2}$$

R_1 两端的电压降为

$$U_{AB} = \frac{R_1 U}{R_1 + R_2}$$

同理,得电阻 R_3 两端的电压降为

$$U_{AD} = \frac{R_3 U}{R_3 + R_4}$$

所以,B 与 D 的输出电压为

$$\Delta U = U_{AB} - U_{AD} = \frac{R_1 U}{R_1 + R_2} - \frac{R_3 U}{R_3 + R_4}$$

或

$$\Delta U = \frac{R_1 R_4 - R_2 R_3}{(R_1 + R_2)(R_3 + R_4)} U \tag{28-7}$$

当输出电压 $\Delta U = 0$ 时,称为电桥平衡。由上式可知,电桥平衡的条件为

$$R_1 R_4 = R_2 R_3$$

或

$$\frac{R_1}{R_2} = \frac{R_3}{R_4} \tag{28-8}$$

设电桥在接上电阻 R_1、R_2、R_3 与 R_4 时处于平衡状态,即满足平衡条件式(28-8),那么,当上述电阻分别改变 ΔR_1、ΔR_2、ΔR_3 与 ΔR_4 时,则由式(28-7)可知,电桥的输出电压为

$$\Delta U = \frac{(R_1 + \Delta R_1)(R_4 + \Delta R_4) - (R_2 + \Delta R_2)(R_3 + \Delta R_3)}{(R_1 + \Delta R_1 + R_2 + \Delta R_2)(R_3 + \Delta R_3 + R_4 + \Delta R_4)} U$$

将式(28-8)代入上式,并略去高阶微量后,得

$$\Delta U = U \frac{R_1 R_2}{(R_1 + R_2)^2} \left(\frac{\Delta R_1}{R_1} - \frac{\Delta R_2}{R_2} - \frac{\Delta R_3}{R_3} + \frac{\Delta R_4}{R_4} \right) \tag{28-9}$$

式(28-9)代表电桥输出电压与桥臂电阻改变量的一般关系。

在进行电测试验时,有时将粘贴在构件上的四个规格相同的应变片同时接入电桥[图28-2b)],当构件受力后,设上述应变片感受的应变分别为 ε_1、ε_2、ε_3 与 ε_4 相应的电阻改变分别为 ΔR_1、ΔR_2、ΔR_3 与 ΔR_4,则由式(28-9)可知,电桥的输出电压为

$$\Delta U = \frac{U}{4} \left(\frac{\Delta R_1}{R} - \frac{\Delta R_2}{R} - \frac{\Delta R_3}{R} + \frac{\Delta R_4}{R} \right) \tag{a}$$

式中:R——应变片的初始电阻。

将式(28-6)代入(a)式,于是得

$$\Delta U = \frac{KU}{4} (\varepsilon_1 - \varepsilon_2 - \varepsilon_3 + \varepsilon_4) \tag{b}$$

其中,$KU/4$ 为一比例常数,所以,如果将应变仪的读数度盘按应变标定,则应变仪的读数为

$$\bar{\varepsilon} = \frac{4\Delta U}{KU} = \varepsilon_1 - \varepsilon_2 - \varepsilon_3 + \varepsilon_4 \tag{28-10}$$

上式表明，应变仪的读数与各应变片的应变成线性齐次关系，但相邻桥臂的应变符号相异，相对桥臂的应变符号相同。

在进行电测试验时，有时只在电桥的 A 与 B 端以及 B 以 C 端接应变片，而在 A 与 D 端以及 D 与 C 端连接应变仪内部的两个阻值相同的固定电阻[图28-2c)]。在这种情况下，由于

$$R_1 = R_2 = R, \frac{\Delta R_1}{R} = K\varepsilon_1, \frac{\Delta R_2}{R} = K\varepsilon_2$$

$$R_3 = R_4, \Delta R_3 = \Delta R_4 = 0$$

于是由式(28-9)可知

$$\Delta U = \frac{KU}{4}(\varepsilon_1 - \varepsilon_2)$$

或

$$\bar{\varepsilon} = \frac{4\Delta U}{KU} = \varepsilon_1 - \varepsilon_2 \tag{28-11}$$

如图28-2b)与图28-2c)所示接线方法分别称为全桥与半桥接线法，它们都是常用的接线法。

28.3.3 温度补偿问题

在测量过程中，如果被测构件的环境温度发生变化，敏感栅的电阻将随之改变，而且，当敏感栅和被测构件的线膨胀系数不同时，敏感栅还将发生附加变形，从而引起电阻的进一步改变。这样，在测量结果中将包括因温度变化而引起的虚假读数 ε_t。显然，这种虚假读数必须设法消除。

消除温度的影响有许多种方法，其中最常用的为补偿片法。如图28-3a)所示，如果要测量构件表面某点 A 处的纵向正应变 ε_A，除了在该点沿杆轴方向粘贴一应变片外，可再将一个同样规格的应变片粘贴在与被测构件材料相同的另一试块上，并将该试块放置在与被测点具有同样温度变化的位置。前一应变片称为工作应变片，后一应变片称为补偿片，粘贴补偿应变片的不受力试块称为补偿块。

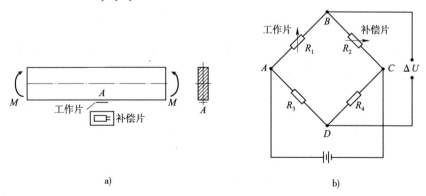

图28-3 温度补偿

加载后，由于工作应变片所反映的应变为

$$\varepsilon_1 = \varepsilon_A + \varepsilon_t$$

补偿应变片所反映的应变为

$$\varepsilon_2 = \varepsilon_t$$

因此，如果将工作应变片与补偿应变片分别接在测量电桥的相邻桥臂，则由式(28-11)可知，应变仪的读数为

$$\bar{\varepsilon} = \varepsilon_1 - \varepsilon_2 = \varepsilon_A$$

上式表明，采用补偿片后可消除温度变化所造成的影响。

28.4 电阻应变仪

电阻应变仪是配合电阻应变片测量应变的专用仪器。电阻应变仪一般由电桥、放大器与指示器等组成。电桥将应变片的电阻变化转换为电压信号，通过放大器放大后，由指示器指示应变读数。在进行动态应变测量时，则还需要配置记录器(例如光线示波器与磁带记录仪等)，以记录应变随时间变化的关系曲线。

电阻应变仪的种类很多，本节主要介绍两种常用的应变仪，即平衡式电阻应变仪和数字电阻应变仪。

28.4.1 平衡式电阻应变仪

平衡式电阻应变仪采用如图28-4所示双桥电器测量应变。电桥 $ABCD$ 为测量电桥，可在其四臂或两臂接应变片作全桥或半桥测量；电桥 $abcd$ 为读数电桥，四臂的电阻值均为可调，其中 R'_1 与 R'_2 为分档可调，R'_3 与 R'_4 为连续可调。读数电桥内设置有应变灵敏度调节器 R_K，以适应灵敏度不同的应变片。两个电桥由同一电源供电，它们的输出端则串联在一起。设测量电桥和读数电桥的输出电压分别为 ΔU_m 与 ΔU_r，则双桥电路的输出电压为

$$\Delta U = \Delta U_m + \Delta U_r$$

加载前，调节读数电桥的电阻使 $\Delta U = 0$，即使双桥处于平衡状态。加载后，应变片的电阻发生变化，测量电桥输出一电压 ΔU_m，经放大后使平衡指示仪表的指针发生偏转。这时，调节读数电桥的电阻，使它产生一个与 ΔU_m 大小相等、方向相反的电压 ΔU_r，从而使 $\Delta U = 0$，平衡指示仪表指针重新回零。由于读数电桥的度盘是按应变标定的，所以，若双桥初始平衡的度盘读数为 A_0，加载并调零后的读数为 A_1，则

$$\bar{\varepsilon} = A_1 - A_0$$

由以上介绍可以看出，由于需要人工调接电阻，因此仅能用于静态应变测量。

国产 YJD-5 型电阻应变仪的面板如图28-5所示，其上的大调、中调和微调旋转钮即为读数电桥的电阻调节旋钮。

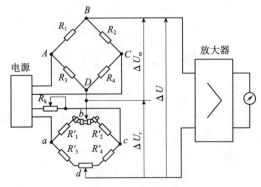

图28-4 平衡式电阻应变仪

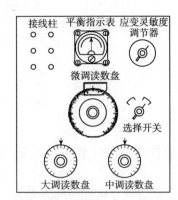

图28-5 国产 YJD-5 型电阻应变仪

28.4.2 数字应变仪

数字应变仪采用单桥形式,应变片的电阻变化经测量电桥转换为电信号,通过放大器等仪器后,直接显示应变数值。

如图 28-6 所示为数字静态应变仪的电原理方框图,其工作过程大致如下:振荡器产生的一定幅值的交流信号作为测量电桥的电源,当桥臂上的应变片感受应变时,测量电桥输出一个幅值与应变成正比的交流电压信号,由放大器放大后,经解调还原为一个与正应变成正比的模拟信号,再经 A/D 模数转换器被转化为数字量,经过标定,数字显示表即直接显示应变数值。

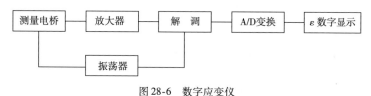

图 28-6　数字应变仪

28.5　应变测量与应力计算

进行电测实验时,首先应对构件的应力情况进行初步分析,从而确定测量点的位置,然后根据测量点的应力状态和温度变化情况,并综合考虑测量精度和灵敏度,确定应变片的布置和接线方案。

28.5.1　单向应力状态

若测量点处于单向应力状态,并已知该点处非零主应力的方向,则可在该点并沿该主应力方向粘贴一应变片,测得应变后,由郑玄—胡克定律即可求出该主应力为

$$\sigma = E\varepsilon$$

例题 28-2　如图 28-7a)所示矩形截面悬臂梁,自由端承受载荷 F 作用。设材料的弹性模量为 E,要求测出横截面 $m\text{-}m$ 的最大弯曲正应力,试确定布片与接线方案,并建立相应的计算公式。

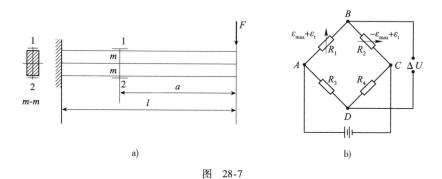

图　28-7

解:截面 $m\text{-}m$ 上、下表面的纵向正应变大小相等正负符号相反。所以,可在该截面上、下表面平行于杆轴的方向各粘贴一应变片,并将上表面的应变片 1 接在测量电桥的 A 与 B 端,下表面的应变片 2 接在 B 与 C 端,即采用半桥接线法进行测量[图 28-7b)]。

设上、下表面的温度变化相同，则应变片 1 与 2 在加载后所反映的应变分别为

$$\varepsilon_1 = \varepsilon_{\max} + \varepsilon_t \tag{1}$$

$$\varepsilon_2 = -\varepsilon_{\max} + \varepsilon_t \tag{2}$$

其中，$\varepsilon_{\max}$ 代表截面 m-m 的最大弯曲正应变；ε_t 代表温度变化引起的测量误差。将上述表达式代入式(28-6)，得应变仪的读数为

$$\overline{\varepsilon} = \varepsilon_1 - \varepsilon_2 = 2\varepsilon_{\max} \tag{3}$$

式(3)表明，当采用图 28-7 所示方案进行测量时，不仅可以消除温度变化的影响，而且可将读数灵敏度提高一倍。

$\varepsilon_{\max}$ 测定后，根据郑玄－胡克定律，得截面 m-m 的最大弯曲正应力为

$$\sigma_{\max} = E\varepsilon_{\max} = \frac{E\overline{\varepsilon}}{2} \tag{4}$$

28.5.2 已知主应力方向的二向应力状态

若测量点处于二向应力状态，并已知主应力的方向，则只需在该点并沿主应力方向各粘贴一应变片，测得主应变 ε_i 与 ε_j 后，利用广义郑玄—胡克定律，即可求出相应的主应力为

$$\sigma_i = \frac{E}{1-\mu^2}(\varepsilon_i + \mu\varepsilon_j)$$

$$\sigma_j = \frac{E}{1-\mu^2}(\varepsilon_j + \mu\varepsilon_i)$$

例题 28-3 图 28-8a)所示圆截面轴，承受矩为 M_e 的扭力偶作用。设材料的弹性模量为 E，泊松比为 μ，要求测出最大扭转切应力，试确定布片与接线方案，并建立相应的计算公式。

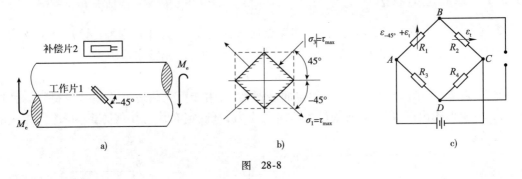

图 28-8

解法一：当轴受扭时，其表层各点均处于纯剪切状态，主应力 σ_1 方向与轴线成 $-45°$ 角，σ_3 方向与轴线成 $45°$ 角，如图 28-8b)所示，而且

$$\sigma_1 = \tau_{\max}, \sigma_3 = -\tau_{\max} \tag{1}$$

根据郑玄—胡克定律，沿主应力 σ_1 方向的正应变为

$$\varepsilon_{-45°} = \frac{\sigma_1 - \mu\sigma_3}{E} = \frac{1+\mu}{E}\tau_{\max} \tag{2}$$

由此得

$$\tau_{\max} = \frac{E\varepsilon_{-45°}}{1-\mu} \tag{3}$$

可见，只需沿主应力 σ_1 方向(即 $-45°$ 方向)粘贴一工作应变片 1，并将它与补偿应变片 2 连接成半桥线路[图 28-8c)]，应变仪的读数即为 $\varepsilon_{-45°}$，而将所得结果代入式(3)，即可确

定最大扭转切应力值。

解法二：需要指出的是，对于实际受扭轴，在其横截面上有时还可能同时存在弯矩与轴力，为了消除它们的影响，可按图 28-9 所示方案布片，并接成全桥线路进行测量，见图 28-9c）。可见，当轴受力后，应变片 1 感受的应变为

$$\varepsilon_1 = \varepsilon_T - \varepsilon_M + \varepsilon_N + \varepsilon_t$$

其他应变片所感受的应变则分别为

$$\varepsilon_2 = -\varepsilon_T + \varepsilon_M + \varepsilon_N + \varepsilon_t$$
$$\varepsilon_3 = -\varepsilon_T - \varepsilon_M + \varepsilon_N + \varepsilon_t$$
$$\varepsilon_4 = \varepsilon_T + \varepsilon_M + \varepsilon_N + \varepsilon_t$$

代入式（28-10），得应变仪的读数为

$$\overline{\varepsilon} = 4\varepsilon_T$$

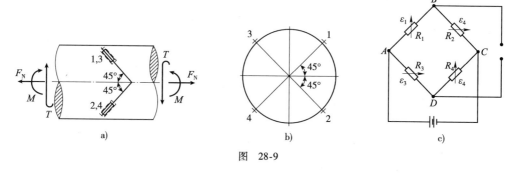

图 28-9

可见，当采用如图 28-9 所示方案进行测量时，不仅可消除弯矩、轴力和温度变化的影响，同时还使读数灵敏度提高三倍。

同样可以证明，如果弯矩 M 不作用在 xy 平面内（图 28-9），上述结论仍然正确。

28.5.3 平面应力状态的一般情况

若测量点处于平面应力状态，而且主应力的大小和方向均为未知，则共有三个未知量。在这种情况下，必须测出该点在三个不同方向的正应变才能求解。

如图 28-10 所示，设 O 点处沿坐标轴 x 与 y 方向的正应变分别为 ε_x 与 ε_y，切应变为 γ_{xy}。则由式（12-55）可知，沿 θ_a，θ_b 与 θ_c 方位的正应变分别为

$$\varepsilon_a = \frac{\varepsilon_x + \varepsilon_y}{2} + \frac{\varepsilon_x - \varepsilon_y}{2}\cos2\theta_a + \frac{\gamma_{xy}}{2}\sin2\theta_a \quad (28\text{-}12\text{a})$$

$$\varepsilon_b = \frac{\varepsilon_x + \varepsilon_y}{2} + \frac{\varepsilon_x - \varepsilon_y}{2}\cos2\theta_b + \frac{\gamma_{xy}}{2}\sin2\theta_b \quad (28\text{-}12\text{b})$$

$$\varepsilon_c = \frac{\varepsilon_x + \varepsilon_y}{2} + \frac{\varepsilon_x - \varepsilon_y}{2}\cos2\theta_c + \frac{\gamma_{xy}}{2}\sin2\theta_c \quad (28\text{-}12\text{c})$$

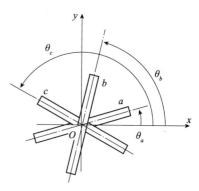

图 28-10

因此，当由实验测得 ε_a、ε_b 与 ε_c 后，由上述方程组可求出 ε_x、ε_y 与 γ_{xy}，将所得结果代入广义郑玄—胡克定律，即可求出相应的应力。

按敏感栅的结构形状，金属电阻应变片可分为单轴应变片和应变花（多轴应变片）两种。单轴应变片是指只有一个敏感栅的应变片，而具有两个或两个以上轴线相交成一定角度的

敏感栅制成的应变片称为多轴应变片,通常称为应变花(图28-11)。应变花的各敏感栅之间由不同的角度 α 组成,它适用于平面应力状态(应变只发生在某一个平面内)下的应变测量。

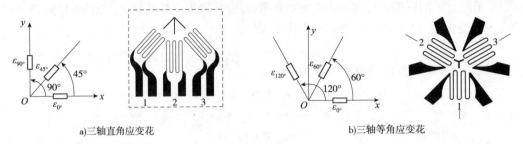

图 28-11 应变花

例题 28-4 如图 28-12 所示平面应力状态是一种常见的应力状态。设材料的弹性模量为 E,泊松比为 μ,要求测出正应力 σ 与切应力 τ,试确定布片方案。

解:由图 28-12 可知,$\sigma_y = 0$,所以,为了测量 $\sigma_x = \sigma$ 与 $\tau_{xy} = -\tau$,只需要粘贴二个应变片即可。设沿 x 轴及 45°方位各粘贴一应变片,并测得该二方位的应变分别为 $\varepsilon_{0°}$ 与 $\varepsilon_{45°}$。又由于

$$\varepsilon_y = -\mu\varepsilon_{0°}$$

则由式(28-12)可知

$$\gamma_{xy} = -(\varepsilon_{0°} - \mu\varepsilon_{0°} - 2\varepsilon_{45°}) = -[(1-\mu)\varepsilon_{0°} - 2\varepsilon_{45°}]$$

于是得

$$\sigma = E\varepsilon_x = E\varepsilon_{0°}$$

$$\tau = -\tau_{xy} = -G\gamma_{xy} = \frac{E}{2(1+\mu)}[(1-\mu)\varepsilon_{0°} - 2\varepsilon_{45°}]$$

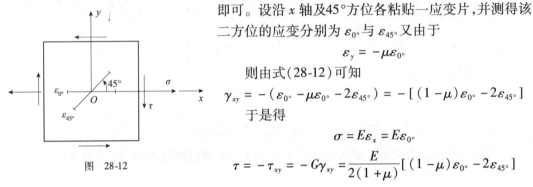

图 28-12

28.6 光弹性仪与偏振光场

光弹性实验是在光弹性仪上进行的。光弹性仪由光路部分、加力部分和支承部分所组成。光路部分为光弹性仪的主要部分,包括光源、偏振片、四分之一波长片和透镜等。

光源分为单色光源和普通白光源两种。仅有一种波长的光波为单色光,白光则是由红、橙、黄、绿、青、蓝、紫七种单色光组成。由汞灯或钠灯并配上适当的滤光片可得单色光,由白炽灯或碘钨灯可得白光。

靠近光源的偏振片称为起偏镜(图28-13),其作用是将来自光源的自然光变为平面偏振光。靠近屏幕的偏振片称为检偏镜或分析镜。当检偏镜的偏振轴 A 与起偏镜的偏振轴 P 垂直时,来自起偏镜的平面偏振光全部被检偏镜吸收,这时,屏幕上呈现黑暗。

在光弹性仪中,另一对重要光学元件是所谓四分之一波长片或简称为 $\lambda/4$ 片。当平面偏振光垂直投射到 $\lambda/4$ 片时,由于双折射效应,被分解成沿 $\lambda/4$ 片的光轴方向和垂直于该光轴方向的两束平面偏振光(图28-14),而且在穿越 $\lambda/4$ 片时,前者比后者传

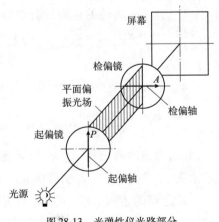

图 28-13 光弹性仪光路部分

播快,在通过 λ/4 片后,二者间产生一相位差或光程差,其值恰等于所用单色光波长 λ 的 1/4,所以,将该元件称为 λ/4 片。可以证明,当平面偏振光的振动平面与 λ/4 片的光轴成 45°时,通过 λ/4 片后将得到一幅值不变、光矢量作等速旋转的光波(图 28-15),称为圆偏振光。

在正交平面偏振光场内放置一对 λ/4 片,并使第一个 λ/4 片的光轴与起偏轴 P 成 45°(图 28-16),则原来的平面偏振光变为圆偏振光。第二个 λ/4 片的光轴与前一个 λ/4 片的光轴垂直,其作用消除第一个 λ/4 片产生的光程差。所以,当圆偏振光通过第二个 λ/4 后,又还原为平面偏振光。

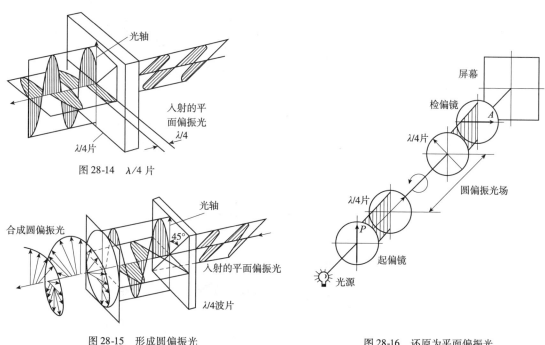

图 28-14　λ/4 片

图 28-15　形成圆偏振光

图 28-16　还原为平面偏振光

28.7　光弹性法的基本原理

28.7.1　应力光学定律

实验证明,当平面偏振光垂直射入处于平面应力状态的光弹性透明模型时,将产生双折射效应,偏振光沿主应力 σ_i 与 σ_j 的方向分解成两束平面偏振光(图 28-17),而且,由于它们在模型中的传播速度不同,在通过模型后将产生一光程差,其值则为

$$\delta = Ch(\sigma_i - \sigma_j) \tag{28-13}$$

其中,C 为光学常数,其值与模型材料及所用光波的波长有关,由实验测定;h 为模型厚度。式(28-13)建立了主应力差与光程差之间的关系,称为应力光学定律。由该式可知,通过模型任一点所产生的光程差与该点处的主应力差成正比。于是,求主应力差的问题即转换为求光程差的问题。

28.7.2　平面偏振光场的光强公式

通过起偏镜后的光波为平面偏振光,其波动方程为

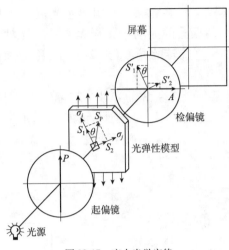

图 28-17　应力光学定律

$$S_p = a\sin\frac{2\pi}{\lambda}vt$$

其中，a 为振幅；λ 为所用单色光的波长；v 为光波的传播速度；t 为时间。

如上所述，当上述偏振光到达模型时，将沿主应力 σ_i 与 σ_j 方向分解为 S_1 与 S_2 两束平面偏振光（图 28-17），它们的振幅分别为

$$a_1 = a\cos\theta$$
$$a_2 = a\sin\theta$$

其中，θ 为主应力 σ_i 与起偏轴 P 的夹角。在穿越模型后，由于出现光程差，上述两束偏振光的波动方程则分别为

$$S'_1 = a_1\sin\frac{2\pi}{\lambda}vt = a\cos\theta\sin\frac{2\pi}{\lambda}vt \tag{a}$$

$$S'_2 = a_2\sin\frac{2\pi}{\lambda}(vt-\delta) = a\cos\theta\sin\frac{2\pi}{\lambda}(vt-\delta) \tag{b}$$

然而，当此二偏振光到达检偏镜时，由于只有平行于检偏镜 A 的偏振光才能通过，所以，通过检偏镜后的合成光为

$$S_A = S'_1\sin\theta - S'_2\cos\theta \tag{c}$$

将式(a)与式(b)代入式(c)，得

$$S_A = a\sin 2\theta \sin\frac{\pi\delta}{\lambda}\cos\frac{2\pi}{\lambda}\left(vt - \frac{\delta}{2}\right)$$

由此可见，合成光仍为一平面偏振光，其振幅为

$$A = a\sin 2\theta \sin\frac{\pi\delta}{\lambda}$$

而其光强则为

$$I = KA^2 = K\left(a\sin 2\theta \sin\frac{\pi\delta}{\lambda}\right)^2 \tag{28-14}$$

其中，K 为另一光学常数。此即平面受力模型在平面偏振光场中的光强公式。可见，光强 I 与光程差及主应力的方位角 θ 有关。

28.7.3　等差线与等倾线的形成

现在分析使光强 $I=0$ 的条件，并研究相应的力学现象。

由式(28-18)可知，当 $\sin\left(\dfrac{\pi\delta}{\lambda}\right)=0$ 时，$I=0$，而方程 $\sin\left(\dfrac{\pi\delta}{\lambda}\right)=0$ 的解为

$$\delta = m\lambda \quad (m=0,1,2,\cdots) \tag{28-15}$$

所以，当通过模型任一点所产生的光程差等于所用单色光波长的整数倍时，屏幕上相应呈现黑点。

一般情况下，模型内各点处的主应力差不同，产生的光程差也不同，但由于应力是连续分布的，一般总存在光程差相同的点并汇集成连续曲线，所以，当某曲线上各点的光程差 $\delta = m\lambda$ 时，屏幕上即相应出现黑色条纹。根据应力—光学定律可知，光程差相同的点，主应力差

也相同,所以,上述条纹称为等差线。由于当 $\delta = 0, \lambda, 2\lambda, \cdots$ 时均使 $I = 0$,所以,屏幕上将同时出现若干条黑色条纹,分别称为 0 级等差线、1 级等差线、2 级等差线、…,等等。由等差线族构成的图案称为等差线图。如图 28-18 所示即为径向受压圆盘的等差线图。

如果用白光作光源,则上述等差线图由彩色带组成。凡是主应力差或光程差相同的点,条纹的颜色相同,所以,等差线又称为等色线。

由式(28-15)还可以看出,当 $\sin 2\theta = 0$ 时,$I = 0$,而方程 $\sin 2\theta = 0$ 的解为

$$\theta = \frac{n\pi}{2} \quad (n = 0, 1, 2, \cdots)$$

所以,当模型内某点的主应力方向平行于起偏轴 P 时,屏幕上相应呈现黑点。模型内一般也存在主应力方向相同的点,它们汇集成连续曲线。当起偏轴与上述某曲线各点的主应力方向相同时,屏幕上相应呈现一条黑色条纹,此条纹称为等倾线,其倾角可由起偏镜的刻度盘读出。

当起偏轴位于 $0°$ 时,屏幕上出现 $0°$ 等倾线,同步旋转起偏镜与检偏镜至另一角度,例如 $5°, 10°, \cdots$,屏幕上将相继出现 $5°, 10°, \cdots$ 等倾线,依次将它们记录后,即得等倾线图。如图 28-19 所示,即为上述径向受压圆盘的等倾线图。

图 28-18 等差线图

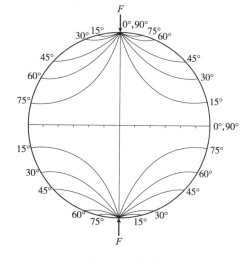

图 28-19 等倾线图

等差线图和等倾线图统称为应力光图,它是光弹性法中用以分析应力的主要资料。所以,对于等差线和等倾线的观测必须十分精心。

28.7.4 等差线和等倾线的观测

由以上分析可知,等差线的形成与光程差的大小有关,等倾线的形成则与主应力和偏振轴间的相对方位有关。所以,在使用平面偏振光进行实验时,屏幕上将同时出现等差线和等倾线。在观测等差线时,为了减少等倾线的影响,宜采用光的振动方向连续变动的圆偏振光场(图 28-15)。在这种情况下,等倾线将不复存在。

在圆偏振光场中观测等差线时,首要问题是确定等差线的级数。由于模型内的应力是连续分布的,因此,相邻等差线的级数必然是连续变化的。此外,在一般情况下,等差线图中常存在 $m = 0$ 的黑点或黑线,即 $\sigma_i = \sigma_j$ 的点或线。这样,当确定了条纹级数为零的点或线的位置后,根据条纹级数变化的连续性,即可确定任一条等差线的级数。

观测等差线可用白光或单色光。当使用白光时,等差线为彩色条纹,零级等差线为黑色,一级等差线在红、蓝之间,二级等差线在红、绿之间,…,等等。不足的是,随着条纹级数的增加,色彩变淡,识别率显著降低。所以,在观测等差线时,最好先用白光作光源,用以确定各级条纹的变化规律,特别是确定零级等差线的位置。然后再改用单色光进行精确观测,并记下各条纹的级数。

观测等倾线须用平面偏振光,因而需将光弹性仪中两个 $\lambda/4$ 片移去。为了便于识别等倾线,最好用白光作光源,这时,等差线为彩色条纹,而等倾线则为黑色条纹。

一般来说,观测等倾线比观测等差线困难,主要原因是等倾线比较粗宽弥散。因此,需要反复地同步旋转起偏镜与检偏镜,从等倾线的变化中观测其准确位置。此外,适当减少作用在模型上的载荷以减少等差线,也能提高等倾线的清晰度。

28.7.5 边界应力计算

将式(28-13)代入式(28-15),得

$$\sigma_i - \sigma_j = \frac{\lambda m}{Ch} \tag{a}$$

如果引入符号

$$f = \frac{\lambda}{C} \tag{b}$$

并称为材料的条纹值,则式(a)变为

$$\sigma_i - \sigma_2 = m\frac{f}{h} \tag{28-16}$$

式(28-16)表明,主应力差与条纹级数及材料条纹值成正比,与模型厚度成反比。

对于不承受外力作用的板件边缘,即自由边界[图 28-20a)],与边界正交的主应力为零,所以,当测得边界处的条纹级数后,由式(28-16)即可确定与边界切线相平行的另一主应力值。同样,如果在边界处作用有已知的法向分布载荷[图 28-20b)],这时,与边界正交的主应力是已知的,而方向与边界切线相平行的另一主应力值同样可由该式确定。

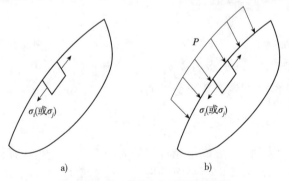

图 28-20 不承受外力作用的板件边缘

28.8 实验应力分析的其他方法

28.8.1 脆性涂层法

脆性涂层法是实验应力分析中很有用的一种方法。它的基本原理是将专门配制的涂料

涂刷或喷涂在被测构件表面上,经充分干燥后,形成紧附在构件表面的脆性薄膜,当构件受力发生变形时,涂层薄膜也随之变形,当应变达到某一临界值时,涂层即出现裂纹,最先出现裂纹的部位表示构件拉伸应力最大,而裂纹的方向与最大拉伸主应力的方向垂直,在一定条件下,应变越大,裂纹越密。脆性涂层法通常用于确定构件实物或模型受力后的高应力区、主应力方向和一定精度的应力数值。它是一种全域性的测量方法,不受构件材料、形状、载荷分布形式和类型的限制,既可用于模型试验,也可用于实物测量,对应变分布给出总的结果,直观性强,所用设备工具简单,使用方便、迅速经济。但脆性涂层法测量结果受温度、湿度影响较大测量精度不够高,灵敏度也偏低。因此主要用于定性试验,在精度要求不太高的情况下可单独用于应力测量,也可与电阻应变测量方法配合使用,即先用脆性涂层法了解构件上应力分布的大致情况,由裂纹区域和方向确定应力较高的部位和主应力方向,然后布置应变片测点以准确测量应力值。脆性涂层法亦可对动应变进行测量,采用陶瓷材料制成脆性涂料可用于300℃高温应变测量,但比室温和静态测量时的测量精度要差些。

28.8.2 云纹法

云纹法是将两块明暗相间的、较密格栅重叠在一起,当其中一块有了变形或位移时,两组格栅之间便产生几何图形的干涉而形成云状条纹。根据条纹的多少和疏密可以确定变形格栅的位移。由于云纹法是几何干涉方法,因此可以测量较大的变形,同时不受温度的影响,可在较高温度范围内进行测量。它的缺点是在小变形时灵敏度低,但在测量大变形时要比其他方法优越,因此适用于弹塑性变形和裂纹开裂场合下进行测量,且具有全场显示及没有加强效应等优点。这一方法不仅可用于面内位移、应变的测量,还可以用来测量离面位移与斜率,这对测量板、壳等构件的挠度及斜率是一种很有用的方法。

28.8.3 云纹干涉法

云纹干涉法是在经典的云纹法基础上发展起来的一种光测力学新方法。由于它是一种基于光干涉的方法,因此有很高的灵敏度,特别是随着高密度光栅技术的发展,已能将格栅密度高达600线/mm至2 400线/mm的位相型光栅复制在试件表面,用双光束干涉测量试件表面位移与应变,其灵敏度比普通云纹法提高30~120倍,可达到波长量级的测试灵敏度,这种方法很适合应用于新材料和细观力学的研究。它继承了经典云纹法的简易性、全场性、实时性、条纹定域在表面及不受试件材料限制等优点,加之测量灵敏度高,条纹反差好,因而越来越受到实验力学工作者的重视。云纹干涉法主要用于面内位移的测量,它可以给出透明及不透明物体的全场的位移信息,也可以用于应变场的测量。

28.8.4 全息干涉法

全息干涉法是利用全息照相技术进行全息干涉计量的方法,全息干涉法测量位移有许多优点。它是一种高灵敏度、非接触并可全场测量的一种测量方法。在测量时对构件表面的光洁度没有要求,因此构件表面不需要作专门的加工,同时它也是全域显示方法,可得构件全部位移场,并可直接在构件上进行测量,且其灵敏度和精度很高,当采用脉冲激光光源时可测量瞬态位移。可见全息干涉法是用来测量物体瞬态位移及振型和薄膜等离面位移的一种较好的非接触式测量方法。但这种测量方式对测量环境要求较高,一般需在实验室中进行测量。将全息干涉技术应用于光弹性实验研究,称为全息光弹性实验。应用全息光弹性法不仅能测得反映主应力方向的等倾线、反映主应力差的等差线,而且能测得反映主应力和的等和线,以及反映绝对光程差的等程线,这样就可以通过简单的计算而独立地求得模型上各点的应力分量。

28.8.5 散斑干涉法

散斑干涉法是用相干性很好的光源,如激光光源照射到漫反射体表面,物体表面各点发生散射,由于这些散射光的相互干涉,在物体表面前方的空间形成了无数明暗相间杂乱分布的斑点,称之为散斑。因为散斑是由粗糙面(或散射介质)的散射所形成,所以也可以说散斑是粗糙表面的某些信息的携带者。当物体运动或由于受力而变形时,这些随机分布的散斑也随之在空间按一定的规律运动。这样,借助于散斑不仅可以研究粗糙表面本身,而且还可以研究它的形状与位置的变化。散斑干涉法与全息干涉法类似,具有非接触和无损的优点,可用于实物测量,测量灵敏度较高,但较全息干涉法经济性较好,试验环境要求低,采用适当的分析技术,可以给出逐点的或全场的信息。散斑图的求值明确,过程简单,可直接给出物体表面的和面内的位移,也可用来研究物体的振动和瞬态问题。

28.9 Maple 编程示例

编程题 28-1 试编写将任意函数展开成泰勒级数的 Maple 程序。
解:• 建模

Maple 的 taylor( ) 指令可以把一个函数对特定点做泰勒展开式(Taylor series expansion)。这个指令对于初等微积分的学习应已足够。但是,如果想对函数的奇点展开,则必须使用 series( ) 指令。

① 将函数 $\sin x$ 展开到第 10 阶麦克劳林级数。
② 将函数 $\ln x \sin x$,对 $x = \pi$ 展开到第 5 阶泰勒级数。
③ 将函数 e^x,对 $x = a$ 展开到第 5 阶泰勒级数。
④ 将函数 $f(x)$,对 $x = a$ 展开到第 4 阶泰勒级数。
⑤ 将函数 $\sinh x$,进行下列运算:
 a. 对 $x = 0$ 展开到第 8 阶泰勒级数;
 b. 转换成多项式;
 c. 提取 x^3 项的系数;
 d. 对级数做积分运算;
 e. 对级数做微分运算。
⑥ 将函数 $\sin x$,进行下列运算:
 a. 对 $x = \pi$ 展开到第 6 阶泰勒级数;
 b. 转换成多项式;
 c. 绘图比较。
⑦ 将函数 e^x/x,对 $x = 0$ 展开到第 5 阶广义级数。
⑧ 将函数 $\sqrt{\sin x}$,对 $x = 0$ 展开到第 6 阶广义级数。
⑨ 将函数 $e^{x/(x+3)^2}$,对 $x = \infty$ 展开到第 6 阶广义级数。

- **Maple 程序**

```
>##################################################
> restart:                                          #①。
> taylor(sin(x),x=0,10):                            #展开。
>##################################################
> restart:                                          #②。
> taylor(ln(x)*sin(x),x=Pi,5):                      #展开。
>##################################################
> restart:                                          #③。
> taylor(exp(x),x=a,5):                             #展开。
>##################################################
> restart:                                          #④。
> taylor(f(x),x=a,4):                               #展开。
>##################################################
> restart:                                          #⑤。
> f1:=sinh(x):                                      #函数。
> f1:=taylor(f1,x=0,8):                             #展开。
> f2:=convert(f1,polynom):                          #转换。
> a3:=coeff(f2,x^3):                                #提取系数。
> f3:=Int(f1,x):                                    #积分。
> f3:=value(f3):                                    #取值。
> f4:=diff(f1,x):                                   #微分。
>##################################################
> restart:                                          #⑥。
> f1:=sin(x):                                       #函数。
> f2:=taylor(f1,x=Pi,8):                            #展开。
> f3:=convert(f2,polynom):                          #转换。
> plot({f1,f3},x=-1..7):                            #绘图。
>##################################################
> restart:                                          #⑦。
> f:=exp(x)/x:                                      #函数。
> f:=series(f,x=0,5):                               #展开。
>##################################################
> restart:                                          #⑧。
> f:=sqrt(sin(x)):                                  #函数。
> f:=series(f,x=0,6):                               #展开。
>##################################################
> restart:                                          #⑨。
> f:=exp(x/(x+3)^2):                                #函数。
> f:=series(f,x=infinity,6):                        #展开。
>##################################################
```

编程题 28-2 试编写将任意函数展开成傅立叶级数的 Maple 程序。

解：• 建模

傅立叶级数最为人熟悉的用途,就是可以将周期函数 $f(t)$ 写成具有不同振幅和频率的

正弦和余弦级数之组合。如果区间$[a,b]$为函数$f(t)$的一个周期，则$f(t)$可以写成傅立叶级数

$$f(t) = a_0 + \sum_{n=1}^{\infty} a_n \cos\left(\frac{2\pi}{b-a}nt\right) + b_n \sin\left(\frac{2\pi}{b-a}nt\right)$$

其中

$$a_0 = \frac{1}{b-a}\int_a^b f(t)\,\mathrm{d}t$$

$$a_n = \frac{2}{b-a}\int_a^b f(t)\cos\left(\frac{2\pi}{b-a}nt\right)\mathrm{d}t \quad (n=1,2,3,\cdots)$$

$$b_n = \frac{2}{b-a}\int_a^b f(t)\sin\left(\frac{2\pi}{b-a}nt\right)\mathrm{d}t \quad (n=1,2,3,\cdots)$$

Maple 并未内建计算傅立叶级数的指令，为了方便起见，我们利用 Maple 语法编写了傅立叶级数运算的指令，其语法为

$$\mathrm{fseries}(f(t),t=a..b,n)$$

其中，$f(t)$为一周期函数，变量为 t，区间$[a,b]$为函数$f(t)$的一个完整的周期；n 为级数的项数。

①将函数$f(t)=t$，进行下列运算：
  a. 对区间$[0,1]$展开到第 6 阶傅立叶级数；
  b. 绘图比较。

②将单位方波函数，进行下列运算：
  a. 对区间$[0,2]$展开到第 6 阶傅立叶级数；
  b. 绘图比较。
  c. 定义两个周期的单位方波函数；
  d. 绘图比较。

- **Maple 程序**

```
> ######################################################
restart:                                              #傅立叶级数展开。
> fseries: = proc(f,mg::name = range,n::posint)
>                                                     #定义 fseries()函数。
> local a,b,T,z,sum,k:                                #局部变量定义。
> a: = lhs(rhs(mg)):                                  #区间下限。
> b: = rhs(rhs(mg)):                                  #区间上限。
> T: = b - a:                                         #周期。
> z: = 2 * Pi/T * t:                                  #积分变量。
> sum: = int(f,mg)/T:                                 #求和。
> for k from 1 to n do                                #循环开始。
> sum: = sum +
> 2/T * int(f * cos(k * z),mg) * cos(k * z) +
> 2/T * int(f * sin(k * z),mg) * sin(k * z):          #积分函数。
> od:                                                 #循环结束。
> sum:                                                #求和。
> end:                                                #傅立叶级数展开完成。
```

```
> ##############################################
> fs1: = fseries(t,t = 0..1,3):                        #①展开。
> plot([t - floor(t), fs1], t = 0..3):                 #绘图比较。
> ##############################################
> f: = t - > piecewise(0 < = t and t < 1, 1, 1 < = t and t < 2, -1):
>                                                      #方波函数。
> fs2: = fseries(f(t), t = 0..2, 6):                   #②展开。
> plot([f(t), fs2], t = 0..4):                         #绘图比较。
> ##############################################
> g: = t - > if(t > 2) then g(t - 2) else f(t)
> end if:                                              #两周期方波函数。
> plot([g(t), fs2], t = 0..4):                         #绘图比较。
> ##############################################
```

思考题

思考题 28-1 用电测法测定材料的弹性模量 E 和泊松比 μ 时,往往采用如图 28-21 所示的矩形截面板状拉伸试样。设计电阻应变片的最佳贴片位置,并说明其理由。

思考题 28-2 在一受力构件的平坦表面上某点贴两个正交的应变片,如图 28-22 所示,能否用所测得的应变值求出这两个方向上的正应力?为什么?

思考题 28-3 有一等角应变花由三个单独的应变片组成。在应变花粘贴好之后才发现其中一个应变片拿错了,它的灵敏系数为 2.0,其他两片为 2.2。但从表面看难于区分,于是决定进行实验。下列应变读数是在应变仪上将灵敏系数定在 2.2 上读得的:

应变片方向	0°	60°	120°
应变值($\times 10^{-6}$)	+1	-250	+200

已知试件材料 $\mu = 0.3$、$E = 207\text{GPa}$,考虑到灵敏系数值的不同,试求这些读数所能表示的最大可能切应力值。

***思考题 28-4** 现拟用电测法测定如图 28-23 所示圆杆所受转矩 M_e 的大小。

(1)试确定可能的布置电阻应变片和接线的方案,并比较其优缺点。

(2)已知杆件材料的弹性常数 E 和 μ,试导出所用几个方案测得的结果与转矩 M_e 的关系。

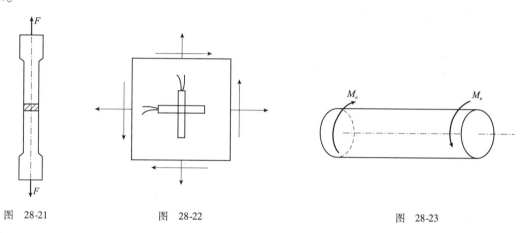

图 28-21　　　　　图 28-22　　　　　图 28-23

思考题 28-5 一拉弯组合变形的等直杆,在两侧沿轴线方向各粘贴了一电阻应变片,如图 28-24a)所示。

(1) 按图 28-24b)所示的半桥式接线方法,能测出什么内力? 应变仪读数与所测出的内力怎样的关系式?

(2) 如果要测另一个内力,应怎样接线? 此时应变仪读数与所测的内力又有怎样的关系式?

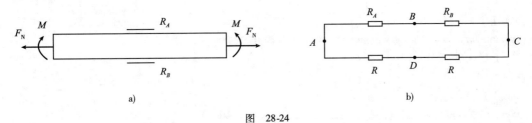

图 28-24

思考题 28-6 圆杆受力和尺寸如图 28-25 所示,已知材料的弹性模量 E 和剪切弹性模量 G。今用电测法分别单独测出扭转矩 M_e 和集中力 F。

(1) 电阻应变片应如何粘贴?

(2) 如何用电阻应变仪的读数值计算出所求的 M_e 和 F 值?

思考题 28-7 如图 28-26 所示电阻应变片中电阻丝的直径为 d,基距为 b,当它在纵向受到拉伸时,其电阻有何变化? 为了估计电阻的变化,需要测量电阻丝的哪些力学性质? 在温度不变的条件下,导体的电阻 R 与其长度 l、截面积 A 和电阻率 ρ 的关系是 $R = \rho l / A$。

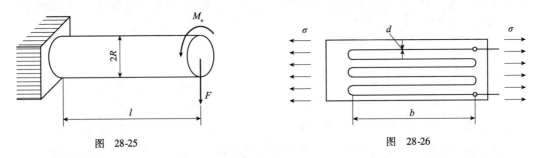

图 28-25   图 28-26

思考题 28-8 做材料力学实验时,你考虑过所得数据的精度问题吗? 实验所用的机器、仪表的精度一般有两种表示法,即用示值误差或满量程误差来表示,你知道这二者的含义吗? 所用仪器以满量程误差表示时,如何计算其测量值的误差?

 习题

A 类型习题

习题 28-1 有一粘贴在简单拉伸试样上的应变片,其阻值为 120Ω,灵敏因数 $K = 2.145$。问试件上应变为 $1\,000\,\mu m$ 变形时,应变片的阻值是多少?

习题 28-2 图 28-27a)所示操纵连杆,横截面的面积为 A,材料的弹性模量为 E。要求测出连杆所受拉力 F,试确定布片和接线方案,并建立相应的计算公式。

习题 28-3 现欲测定如图 28-28 所示圆轴在拉伸、弯曲和扭转组合变形时的扭转切应力。试问在圆轴上应如何粘贴应变片? 如何组桥? 并说明理由。

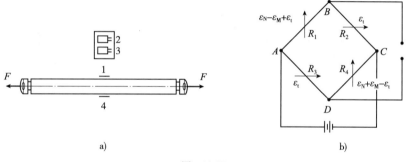

图 28-27

习题 28-4 测点上应变花的粘贴位置如图 28-29 所示。实验测出 $\varepsilon_{(1)} = 240 \times 10^{-6}$, $\varepsilon_{(2)} = 440 \times 10^{-6}$, $\varepsilon_{(3)} = -50 \times 10^{-6}$,若材料的弹性模量为 $E = 210\mathrm{GPa}$,泊松比为 $\mu = 0.32$,求该点的主应力。

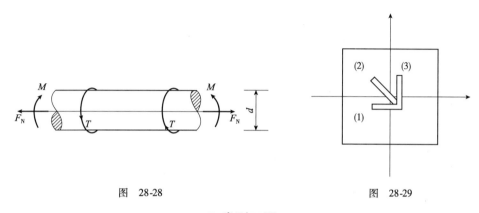

图 28-28   图 28-29

B 类型习题

习题 28-5 如图 28-30 所示,两端开口的薄壁圆筒,已知内压 p,扭力偶矩 T,圆筒内径 d,壁厚 t,材料的弹性模量 E 和泊松比 μ。由电测法测量 p 和 T,下列哪种布片方案合理?采用所选取的合理方案建立内压 p 和扭力偶矩 T 与所测应变之间的关系。

(1) 沿轴向和环向布片,测出 $\varepsilon_{0°}$ 和 $\varepsilon_{90°}$。

(2) 沿与轴线成 45°方向布片,测出 $\varepsilon_{45°}$ 和 $\varepsilon_{-45°}$。

习题 28-6 如图 28-31 所示,已知矩形杆横截面积 $A = bh$,材料弹性模量 E,试由电测法测量轴向载荷 F 和偏心距 δ,设计合理的布片方案和桥路,并写出与读数应变关系式。

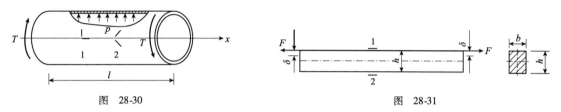

图 28-30   图 28-31

习题 28-7 如图 28-32a)所示,直角弯位于水平面内,铅垂载荷 F 可沿 BC 段移动(位置不确定)。AB 段是直径为 d,弹性模量为 E 的圆杆。试利用两应变片测力 F 的大小,如图 28-32b)所示。

(1) 设计布片方案,画出桥路;

(2) 写出力 F 与读数应变的关系式。

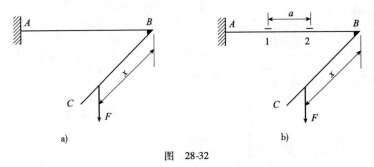

图 28-32

习题 28-8　如图 28-33 所示,确定 Z 字形截面的剪心。(《力学与实践》小问题,1993 年第 235 题)

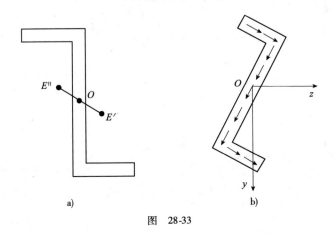

图 28-33

习题 28-9　下列结构均为等直杆,各相应载荷为任意分布。证明如图 28-34a)所示杆的轴力图、如图 28-34b)所示圆轴的扭矩图、如图 28-34c)所示梁的剪力图、如图 28-34d)所示梁的弯矩图,其图形面积代数和均为零[图 28-34c)所示梁剪力图在受分布和集中力偶矩时例外]。(《力学与实践》小问题,1994 年第 248 题)

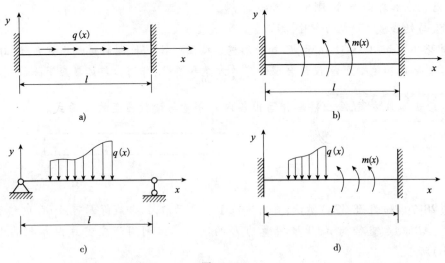

图 28-34

习题 28-10 如图 28-35 所示,光滑铝棒和薄钢筒套在一起,无间隙无初压力和摩擦,钢和铝的弹性模量分别为 E_S 和 E_A,铝的泊松比 μ_A,铝棒上作用一对轴向压力 F,求薄钢筒和铝棒内的应力。

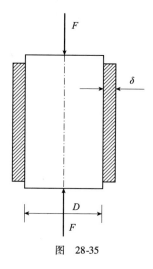

图 28-35

C 类型习题

习题 28-11 如图 28-36 所示,一薄壁梁段壁厚 δ,截面中心线为 $a \times b$ 的矩形,已知该梁段承受轴力 F_N,剪力 F_S,扭矩 T 和弯矩 M。试用电测法测量这 4 个内力分量。

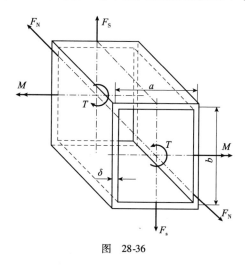

图 28-36

要求给出布片方案,画出桥路并写出各内力分量与读数应变的关系式。尽量采用计算简单、精度高的方案。

> 毛泽东:"在战略上要藐视敌人,
> 在战术上要重视敌人!"

附录 C 超静定结构解法对比

C-1 力　　法

力法是求解低次超静定结构最基本的方法。力法的操作程序为:去掉多余约束,以未知约束力为自变量,以局部位移协调为法则,建立力法方程,最后求解未知反力。因为方程的自变量是未知约束力,所以称为力法。

图 C-1a)是二次超静定结构。力法的解题步骤如下。

(1) 用未知约束力代替多余约束,得到超静定"基本结构",即一个拥有三个"外载荷"的静定结构(一个真实外载荷 q,两个假设外载荷 X_1,X_2),如图 C-1b)所示。

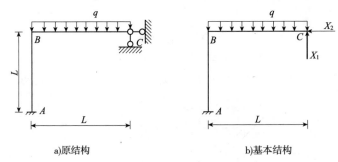

图 C-1　力法的原结构与基本结构

(2) 分别求出上述三个载荷在每一个未知约束力方向上的位移,如图 C-2 所示。由于力与位移呈线性关系,所以对未知约束力引起的位移,可以先求出单位载荷下的位移,然后再乘以未知约束力,以得到未知约束力引起的位移。

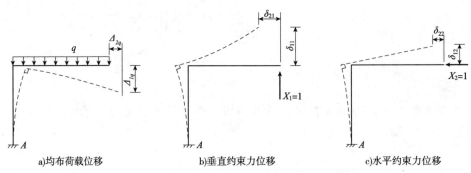

图 C-2　三个载荷在二个未知约束力方向的位移示意图

然后,利用叠加原理,得到每一个未知约束力方向上的总位移 Δ_1 和 Δ_2。

接着,依照结构的约束条件,强迫 $\Delta_1=0$,$\Delta_2=0$,得到联立方程组。

最后,求解联立方程,得到一个未知约束力,即 X_1 与 X_2。

具体操作为:

①在载荷单独作用时,基本结构的相应位移分别为 Δ_{1q} 和 Δ_{2q},如图 C-2a)所示。

②在单位未知约束力 $X_1 = 1$ 单独作用时,基本结构的相应位移为 δ_{11} 和 δ_{21},如图 C-2b)所示;未知约束力 X_1 引起的相应位移分别为 $\delta_{11}X_1$ 和 $\delta_{21}X_1$。所用方法为图乘法,如图 C-3 所示。

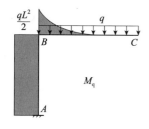
a)均布荷载下的弯矩

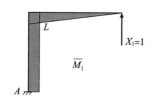
b)单位垂直约束力下的弯矩

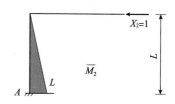
c)单位垂直约束力下的弯矩

图 C-3　用图乘法求相应位移

③在单位未知约束力 $X_2 = 1$ 单独作用时,基本结构的相应位移为 δ_{22} 和 δ_{12},如图 C-2c)所示;未知约束力 X_2 引起的相应位移分别为 $\delta_{22}X_2$ 与 $\delta_{12}X_2$。

④利用叠加原理得到位移的计算结果为

$$\Delta_1 = \Delta_{1q} + \delta_{11}X_1 + \delta_{12}X_2$$
$$\Delta_2 = \Delta_{2q} + \delta_{21}X_1 + \delta_{22}X_2$$

⑤根据约束处位移为 0 的总协调条件,有

$$\left.\begin{array}{l}\delta_{11}X_1 + \delta_{12}X_2 + \Delta_{1q} = 0 \\ \delta_{21}X_1 + \delta_{22}X_2 + \Delta_{2q} = 0\end{array}\right\} \tag{C-1}$$

⑥利用图乘法求出上述 6 个系数,计算过程是

$$\delta_{11} = \frac{1}{EI}\left(\frac{1}{2}L \times L \times \frac{2L}{3} + L \times L \times L\right) = \frac{4L^3}{3EI}$$

$$\delta_{21} = \frac{1}{EI}\left(\frac{1}{2}L \times L \times L\right) = \frac{L^3}{2EI}$$

$$\delta_{22} = \frac{1}{EI}\left(\frac{1}{2}L \times L \times \frac{2}{3}L\right) = \frac{L^3}{3EI}$$

$$\delta_{12} = \frac{1}{EI}\left(\frac{1}{2}L \times L \times L\right) = \frac{L^3}{2EI} = \delta_{21}$$

$$\Delta_{1q} = \frac{1}{EI}\left[\frac{1}{3} \times L \times \frac{qL^2}{2} \times \left(-\frac{3L}{4}\right) + \frac{qL^2}{2} \times L \times (-L)\right] = \frac{-5qL^4}{8EI}$$

$$\Delta_{2q} = \frac{1}{EI}\left[\frac{qL^2}{2} \times L \times \left(-\frac{1}{2}L\right)\right] = \frac{-qL^4}{4EI}$$

⑦将系数代入联立方程式(C-1)中,求得 $X_1 = \frac{3qL}{7}$,$X_2 = \frac{3qL}{28}$。

⑧因为所求未知约束力均为正,所以,真实约束力方向与假设约束力方向一致。

总之,用力法解题时,概念清楚,很容易被接受。但是,用力法解题的过程烦琐,系数太多,方程求解麻烦。如果烦琐的过程持续太久,会淹没解题概念。所以,仅适合求解低次超静定结构。

C-2 位移法

位移法是求解超静定结构的高级方法,既适合低次超静定结构,也适合高次超静定结构,前提条件是解题者心中必须有"基本超静定结构"的理论解答。位移法的思路是:首先增加约束,以未知位移为自变量,建立局部力(力矩)的平衡方程后,再求解未知位移。因为其方程的自变量是位移,所以称为位移法。

图 C-4a)为二次超静定结构。位移法的解题步骤如下。

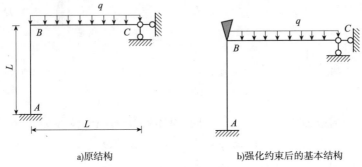

a)原结构　　　　　　　　　　　b)强化约束后的基本结构
图 C-4　位移法的原结构与基本结构

(1)用一个附加"刚臂"锁住 B 点的转动,得到两个"基本超静定结构":其一拥有原来的均布载荷(BC 杆);其二就是两端固定梁,上面没有任何载荷(AB 杆),如图 C-4b)所示,把 B 点暂时当成固定支座看待。

(2)求作用在 BC 杆上 B 的不平衡弯矩,以及 C 点的约束力。对基本超静定结构,该弯矩值与约束力值是已知的,即 $M_B(q) = \frac{1}{8}qL^2$,$F_C^{(V)} = \frac{3}{8}qL$,如图 C-5b)所示。这个逆时针方向的弯矩值完全由刚臂承担。

然后,令 B 点慢慢转动。B 点刚臂上将获得顺时针方向的弯矩,C 点将获得向上的约束力 $\frac{3i\theta}{L}$(为书写简单,引入等截面直杆线刚度系数 $i = \frac{EI}{L}$)。转动的角度越大,B 点刚臂获得的弯矩越多。B 点刚臂获得的总弯矩为 $4i\theta + 3i\theta$ 与前面的"不平衡弯矩"方向相反(顺时针),如图 C-6 所示。

(3)总存在这样一个角度 θ,使刚臂上承担的"不平衡弯矩"刚好释放完毕,即

$$4i\theta + 3i\theta = M_{B,q} = \frac{1}{8}qL^2$$

因此

$$\theta = \frac{qL^2}{56i}$$

与之相反,C 点的约束力从原来的 $\frac{3}{8}qL$ 增加到 $F_C^{(V)} = \frac{3}{8}qL + \frac{3i}{L} \times \frac{qL^2}{56i} = \frac{3qL}{7}$(两种作用方向相同,见图 C-5、图 C-6)。

该值与力法计算的结果完全一样。但是,位移法的计算过程要简单得多。采用位移法解题,入门比较困难。但入门以后,计算过程十分简单。需要再一次说明的是,采用位移法解题必须记住一些"基本超静定结构"的解答,否则,根本无法建立局部力(力矩)的平衡方程。

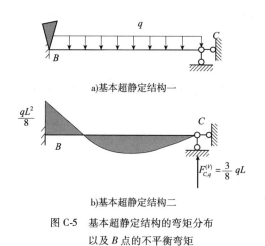

a) 基本超静定结构一

b) 基本超静定结构二

图 C-5　基本超静定结构的弯矩分布以及 B 点的不平衡弯矩

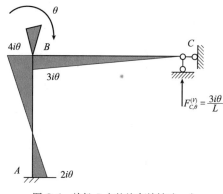

图 C-6　放松 B 点的约束并转动一个角度后结构获得的弯矩

C-3　定性判断法

定性判断是概念结构力学的主要任务。与精确求解的力法和位移法不同,定性判断是求未知内力的预测值,要求预测精度越高越好。为了能够定性判断,必须有把复杂结构简化成"基本超静定结构"的能力。

对图 C-7a) 所示结构,基本判断如下。

① 垂直向下载荷 qL 必然会使 A、C 二点的约束力向上,其约束力之和为 qL。

② 如果 C 点的水平约束不存在,那么,结构受力后 C 点将向右滑动。现在,A、B、C 三点均没有位移,所以,C 点的水平约束力不为 0,且方向向左。

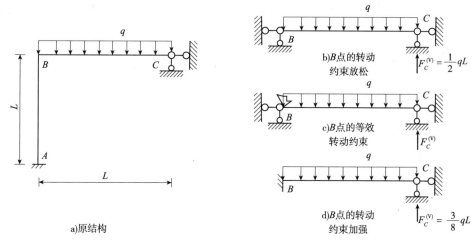

图 C-7　定性判断法

③ BC 杆件受力类似于一端固支、一端铰支的"基本超静定结构"如图 C-7d) 所示。在该图上,C 点的垂直约束力为 $F_C^{(V)} = \dfrac{3}{8}qL$(表 21-2)。

④ BC 杆件受力也类似于两端铰支的"静定结构"如图 C-7b) 所示。在该图上,C 点的垂直约束力为 $F_C^{(V)} = \dfrac{1}{2}qL$(对称结构,对称载荷,约束力为总载荷的一半)。

⑤结构的真实受力状态应该介于二者之间,如图 C-7c)所示。预计 C 点的垂直约束力为 $\frac{3}{8}qL < F_C^{(v)} < \frac{4}{8}qL$。

⑥预估 $F_C^{(v)} = \frac{7}{16}qL$,该值与精确值 $F_C^{(v)} = \frac{3}{7}qL$ 的误差为 $\frac{1}{112}qL$,误差率为 2%。

⑦结构的弯矩示意图与变形趋势如图 C-8 所示。

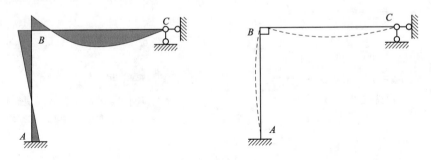

a)弯矩分布图　　　　　　　　　　b)变形趋势图

图 C-8　弯矩示意图与变形趋势图

总之,定性判断法更倾向于结构问题的整体考虑,但也需要熟悉简单静定结构与基本超静定结构的解答,它比力法和位移法对工程师的要求更高。

C-4　有　限　元　法

有限元方法是当今最强大的,能有效用于复杂结构和机械系统分析的一种数值方法。对众多研究领域中的问题,都可应用此方法获得其数值解。在有限元方法发展时期,关于刚架分析的刚度方法(又称矩阵分析方法)已经成熟。刚度方法的发展完全基于材料力学的基本原理,而不需要考虑虚功原理和插值多项式等概念,因此许多工程师往往把这两种方法看作各自独立的。然而,对刚架分析来说,刚度方法显然只不过是有限元方法的一种特殊情况。

采用有限单元法求解刚架问题要考虑以下三个方面。

①单元刚度矩阵

由 E、I 和 L 表示的弯曲刚度矩阵

$$k = \frac{EI}{L^3}\begin{bmatrix} 12 & 6L & -12 & 6L \\ 6L & 4L^2 & -6L & 2L^2 \\ -12 & -6L & 12 & -6L \\ 6L & 2L^2 & -6L & 4L^2 \end{bmatrix} \tag{C-2}$$

②等效节点载荷

作用在单元上的实际载荷必须转化为等效的节点载荷(利用表 25-1)。

③坐标旋转

考虑结构的某一单元,它与全局坐标系的 x 轴成夹角 φ。为了集成该单元与其他单元的刚度矩阵和载荷矢量,必须在全局坐标系下统一定义所有结点的自由度。

在图 C-9 的二次超静定结构中,已知 $L = 4\text{m}, q = 5\text{kN/m}, EI = 3 \times 10^5 \text{N} \cdot \text{m}^2$。

计算刚架的用有限元法步骤指令如下。

- **有限元程序指令**

TITLE,二次超静定厂字形刚架

变量定义,$EI=3E5$

结点,1,0,0

结点,2,0,4

结点,3,4,4

单元,1,2,1,1,1,1,1,1

单元,2,3,1,1,1,1,1,1

结点支承,1,6,0,0,0,0

结点支承,3,2,0,0,0

单元材料性质,1,1,−1,EI,0,0,−1

单元材料性质,2,2,−1,EI,0,0,−1

单元载荷,2,3,5 000,0,1,90

END

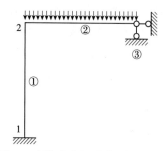

图 C-9 刚架的支座、载荷、单元和结点

计算结果: 表 C-1 给出了各单元轴力 F_N,剪力 F_S 和弯矩 M 的结点值。表 C-2 给出了各单元轴向位移 u,挠度 v 和转角 θ 的结点值。图 C-10 给出了有限元法求解轴力 F_N、剪力 F_S、弯矩 M 和位移趋势的结果示意图。

有限元法内力计算结果　　　　　　　　　　　　　　　　　　　　　　　表 C-1

单元编码	杆 端 1			杆 端 2		
	轴力 F_N(kN)	剪力 F_S(kN)	弯矩 M(kN·m)	轴力 F_N(kN)	剪力 F_S(kN)	弯矩 M(kN·m)
单元①	−11.43	−2.143	2.857	−11.43	−2.143	−5.714
单元②	−2.143	11.43	−5.714	−2.143	−8.571	0

有限元法位移计算结果　　　　　　　　　　　　　　　　　　　　　　　表 C-2

单元编码	杆 端 1			杆 端 2		
	轴向位移 u(mm)	挠度 v(mm)	转角 θ(rad)	轴向位移 u(mm)	挠度 v(mm)	转角 θ(rad)
单元①	0	0	0	0	0	−0.190 5
单元②	0	0	−0.190 5	0	0	0.031 75

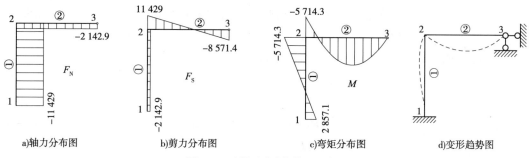

图 C-10 有限元法求解结果示意图

有限元法既可用于线性系统又可用于非线性系统分析,其中非线性系统的分析包括材料的屈服、蠕变或断裂,气动弹性响应,屈曲和后屈曲,以及接触和摩擦问题等。此外,对静

力学和动力学问题它同样适用。在大多数情况下,有限元方法还不只局限于结构(或机械)系统,它在流体动力学、热传导和电势场等问题的分析方面均已得到了很好的应用。因此,通用性是有限元方法广受欢迎的一个主要原因。

C-5 连续分段独立一体化积分法

连续分段独立一体化积分法是李银山提出的利用计算机求解结构弯曲变形问题的一种新的快速解析法。该法首先将结构进行自然分段,独立建立具有四阶导数的挠曲线近似微分方程,然后分段独立积分四次,得到挠度的通解。根据边界条件和连续性条件,确定积分常数,得到剪力、弯矩、转角和挠度的解析函数,同时绘出剪力图、弯矩图、转角图和挠度图。

厂字形二次超静定刚架如图 C-11a)所示,横梁和立柱的弯曲刚度均为 EI。

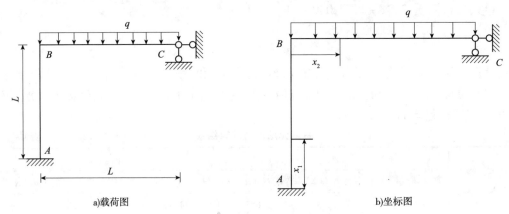

图 C-11 二次超静定厂字形刚架

利用连续分段独立一体化积分法求解步骤:
(1)将刚架分为二段 $n=2$,建立坐标如图 C-11b)所示,各段的挠曲线近似微分方程:

$$\frac{\mathrm{d}^4 v_1}{\mathrm{d} x_1^4} = 0 \quad (0 \leqslant x_1 \leqslant L) \tag{C-3a}$$

$$\frac{\mathrm{d}^4 v_2}{\mathrm{d} x_2^4} = -\frac{q}{EI} \quad (0 \leqslant x_2 \leqslant L) \tag{C-3b}$$

(2)对式(C-2)各段的挠曲线近似微分方程分别积分四次,得到剪力、弯矩、转角和挠度的通解。在通解中,包含有 8 个积分常数 $C_i(i=1,2,\cdots,8)$。

(3)利用如下的位移边界条件、力边界条件和连续性条件

$$v_1(0) = 0, EIv''_1(0) = 0 \tag{C-4a}$$

$$v_1(L) = 0, v_2(0) = 0 \tag{C-4b}$$

$$v'_1(L) = v'_2(0), EIv''_1(L) = EIv''_2(0) \tag{C-4c}$$

$$v_2(L) = 0, v'_2(L) = 0 \tag{C-4d}$$

联立解方程组式(C-3),得出 8 个积分常数 $C_i(i=1,2,\cdots,8)$。

(4)将积分常数 $C_i(i=1,2,\cdots,8)$ 代入剪力、弯矩、转角和挠度的通解得到剪力、弯矩、转角和挠度的解析表达式。

剪力函数

$$F_{S1} = -\frac{3}{28}qL \quad (0 \leq x_1 \leq L)$$

$$F_{S2} = -\frac{q}{7}(7x_2 - 4L) \quad (0 \leq x_2 \leq L)$$

弯矩函数

$$M_1 = -\frac{qL}{28}(3x_1 - L) \quad (0 \leq x_1 \leq L)$$

$$M_2 = -\frac{q}{14}(7x_2^2 - 8Lx_2 + L^2) \quad (0 \leq x_2 \leq L)$$

转角函数

$$\theta_1 = -\frac{qLx_1}{56EI}(3x_1 - 2L) \quad (0 \leq x_1 \leq L)$$

$$\theta_2 = -\frac{q}{168EI}(28x_2^3 - 48Lx_2^2 + 12L^2x_2 + 3L^3) \quad (0 \leq x_2 \leq L)$$

挠度函数

$$v_1 = -\frac{qLx_1^2}{56EI}(x_1 - L) \quad (0 \leq x_1 \leq L)$$

$$v_2 = -\frac{qx_2(x_2 - L)}{168EI}(7x_2^2 - 9Lx_2 - 3L^3) \quad (0 \leq x_2 \leq L)$$

剪力最大值

$$F_S^{(+)} = \frac{4}{7}qL, \quad (x_2 = 0), \quad F_S^{(-)} = \frac{3}{7}qL \quad (x_2 = L)$$

弯矩最大值

$$M^{(+)} = \frac{9}{98}qL \quad (x_2 = \frac{4}{7}L), \quad M^{(-)} = \frac{1}{14}qL^2 \quad (x_2 = 0)$$

转角最大值

$$\theta^{(+)} = \frac{5}{168}\frac{qL^3}{EI} \quad (x_2 = L), \quad \theta^{(-)} = \frac{187}{8232}\frac{qL^3}{EI} \quad (x_2 = \frac{L}{7})$$

挠度最大值

$$v_{max}^{(+)} = 0.002\,646\,\frac{qL^4}{EI} \quad (x_1 = 0.666\,7L)$$

$$v_{min}^{(-)} = 0.008\,606\,\frac{qL^4}{EI} \quad (x_2 = 0.533L)$$

支座约束力

$$F_{Ax} = \frac{3}{28}qL, \quad F_{Ay} = \frac{4}{7}qL, \quad M_A = -\frac{1}{28}qL^2$$

$$F_{Cx} = -\frac{3}{28}qL, \quad F_{Cy} = \frac{3}{7}qL$$

图 C-12 给出了用连续分段独立一体化积分法求解二次超静定厂字形刚架计算结果图。

工程实例表明,连续分段独立一体化积分法建立数学模型简单,计算编程程式化,求解速度快,与有限元法相比其优点是可以得到精确的解析解。

超静定结构五种解法对比见表 C-3。

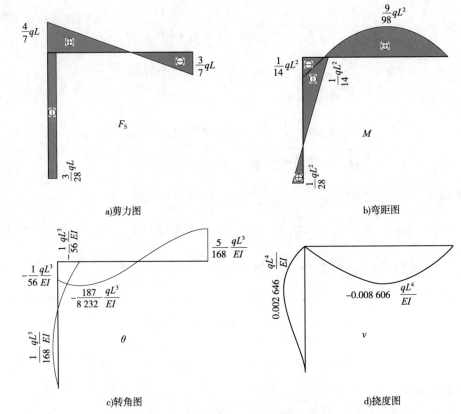

图 C-12 二次超静定厂字形刚架计算结果图

超静定结构解法对比 表 C-3

序号	解法	计算原理	方程自变量	计算工具	是否解析解
1	力法	最小余能原理，卡氏第二定理	多余未知约束力	手算	解析解
2	位移法	最小势能原理，卡氏第一定理	多余未知位移	手算	解析解
3	定性判断法	工程师经验	不限	口算	估算解
4	有限元法	虚功原理	节点位移	编程软件	数值解
5	连续分段独立一体化积分法	结构平衡微分方程	积分常数	编程软件	解析解

附录 D 部分思考题和习题参考答案

D-1 思考题答案和提示

第 16 章 压 杆 稳 定

思考题 16-10 采用计算模型图 16-20b),会把临界力估计偏高而引起危险。一般作动筒 l_2 较长,估用计算模型图 16-20c)作为变截面杆处理较为合理。其求解临界力的方法可用静力法或能量法。

第 17 章 动 载 荷

*__思考题 17-6__ 若把轮缘看作薄壁圆环,从强度和防止松脱的要求,可得最大的容许转速分别如下:

$$\left(\frac{4g[\sigma]}{\gamma D^2}\right)^{\frac{1}{2}} \text{和} \left(\frac{4gF\Delta}{\gamma D^3}\right)^{\frac{1}{2}}$$

其中,γ 为材料的重度;g 为重力加速度;E 为弹性模量;Δ 为过盈量。

如果加大轮缘横截面积时保持轮缘的平均直径 D 不变,则容许转速不变;如果使 D 增大,则反而使容许转速降低,即更易破裂和松脱。

*__思考题 17-7__ 斜杆受力如图 D-1 所示,可得

$$F_{\text{Nmax}} = -(W+ql)\sin\alpha + \left(W+\frac{ql}{2}\right)\frac{\omega^2 l}{g}\cos^2\alpha$$

$$M_{\max} = \left(W+\frac{ql}{2}\right)l\cos\alpha + \left(W+\frac{ql}{3}\right)\frac{\omega^2 l^2}{2g}\sin2\alpha$$

*__思考题 17-8__ 可加强曲杆的中间部分或在两重物 W 之间用杆子连接起来。

*__思考题 17-10__ 首先考虑惯性效应引起的动应力,可从牛顿第二定律得出系统的加速度为

$$a = \frac{W_1 - W_2}{W_1 + W_2}g \tag{1}$$

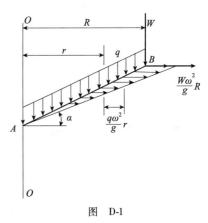

图 D-1

设绳的截面积为 A 而不计它的质量,W_2 加速上升,惯性在绳内引起的动应力为

$$\sigma_{\text{d2}} = \frac{W_2}{A}\left(1+\frac{a}{g}\right) = K_{\text{d2}}\sigma_{\text{st2}} \tag{2}$$

其中,$\sigma_{\text{st2}} = \dfrac{W_2}{A}$,令 $\beta = \dfrac{W_1}{W_2} > 1$,则

$$K_{\text{d2}} = \frac{2}{1+\dfrac{1}{\beta}} > 1 \tag{3}$$

W_1 加速下降时,惯性使原有的静应力 $\sigma_{st1} = \dfrac{W_1}{A}$ 减小,$\sigma_{d1} = K_{d1}\sigma_{st1}$,其中

$$K_{d1} = \frac{2}{1+\beta} < 1 \tag{4}$$

当 W_2 升到顶部被滑轮卡死时,是受到冲击作用。不考虑摩擦影响。设滑轮半径为 r,绳长为 l、弹性模量为 E,而 W_1 从滑轮边缘由静止开始下落,到 W_2 被卡死时 W_1 的速度为

$$v_1^2 = 2a(l - \pi r) \tag{5}$$

将其代入惯性冲击的动载因数公式

$$K_{d3} = 1 + \sqrt{\frac{v_1^2}{g\Delta_{st}}} \tag{6}$$

其中,$\Delta_{st} = \dfrac{W_1 l}{EA}$。可得

$$K_{d3} = 1 + \sqrt{\frac{EA \, 2(\beta-1)(l-\pi r)}{W_1 (\beta+1)l}} \tag{7}$$

当 $l \gg \pi r$,且 $\beta = 2$ 时,有 $K_{d1} = 0.67, K_{d2} = 1.33, K_{d3} = 1 + \left(\dfrac{2EA}{3W_1}\right)^{\frac{1}{2}}$。不难看出,

$$K_{d3} > K_{d2} \tag{8}$$

思考题 17-11 对于图 17-19b)的情况,由

$$\frac{W\Delta_d^2}{2\Delta_{st}} = \frac{Wv^2}{2g} - W\Delta_d \tag{1}$$

得

$$K_d = \sqrt{1 + \frac{v^2}{g\Delta_{st}}} - 1 \tag{2}$$

所以三者的冲击应力

$$\sigma_a > \sigma_c > \sigma_b \tag{3}$$

思考题 17-12 图 17-25b)中,$K_d = 1 + \sqrt{1 + \dfrac{2h}{\Delta_{st}}}$,其中 $\Delta_{st} = \dfrac{W}{c}\sin\alpha$。

思考题 17-15 静应力 $a > c > b > d$,动应力 $a > b > c = d$。

*思考题 17-18 固定端处危险,$\sigma_{max} = \dfrac{M}{W}$,其中 $M = F_d l + 2F \cdot \dfrac{l}{2}$

$$F_d = K_d F, \quad K_d = 1 + \sqrt{1 + \frac{2h}{\Delta_{st}}}, \quad \Delta_{st} = \frac{Fl^3}{3EI}$$

思考题 17-22 (a) $m\ddot{w} + cw = 0$;

图 17-34b) $m\ddot{w} + c(\Delta_{st} + w) = mg$,由于 $c\Delta_{st} = mg$,所以两者的振动微分方程相同。固有角频率也相同,但图 17-34b)的最大动应力比图 17-34a)的要大。

*思考题 17-23 考虑纵向力的影响时两者是不同的,计算模型如图 D-2 所示。微分方程分别如下

$$EI w''_1 = F(l-x) + F_N(f_1 - w_1) \tag{1}$$

即

$$w''_1 + k^2 w_1 = \frac{F}{EI}(l-x) + \frac{F_N f_1}{EI} \tag{2}$$

$$EIw''_2 = F(l-x) - F_N(f_2 - w_2) \tag{3}$$

即

$$w''_2 + k^2 w_2 = \frac{F(l-x)}{EI} - \frac{F_N f_2}{EI} \tag{4}$$

其中,$k^2 = \frac{F_N}{EI} = \frac{mg}{EI}$。

它们的解分别如下

$$w_1 = C_1 \cos kx + C_2 \sin kx + \frac{F}{F_N}(l-x) + f_1 \tag{5}$$

$$w_2 = C'_1 \cosh kx + C'_2 \sinh kx - \frac{F}{F_N}(l-x) + f_2 \tag{6}$$

边界条件均为

$$x=0 \text{ 处}, w_i = w'_i = 0; x = l \text{ 处}, w_i = f_i \quad (i=1,2) \tag{7}$$

分别解出

$$f_1 = \frac{F(\tan(kl) - kl)}{kF_N} \tag{8}$$

$$f_2 = \frac{F(kl - \tanh kl)}{kF_N} \tag{9}$$

将刚度 $c = F/f$ 代入横向振动频率公式 $\omega = \sqrt{c/m}$,分别得到

$$\omega_1 = \sqrt{\frac{gk}{\tan(kl) - kl}}, \omega_2 = \sqrt{\frac{gk}{kl - \tanh(kl)}} \tag{10}$$

设 $l = 0.5\text{m}, EI = 2.67\text{N} \cdot \text{m}^2, m = 2\text{kg}$,有 $\omega_1 = 2.88\text{rad/s}, \omega_2 = 7.44\text{rad/s}$,可见纵向拉力使角频率升高。

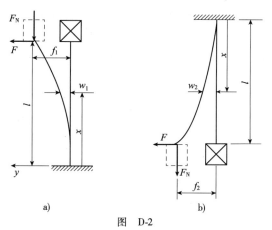

图 D-2

思考题 17-25 $\omega = \frac{l}{a}\sqrt{\frac{cg}{W}}$,固有角频率由快变慢。

思考题 17-26 由 $\omega = \sqrt{\frac{g}{\Delta_{st}}}$ 可知,当 $\Delta_{st,a} = \Delta_{st,b}$ 时,亦即当

$$mg\left(\frac{r^3}{3EI} + \frac{r^2 l}{12EI}\right) = \frac{mgkl^3}{48EI} \tag{1}$$

或 $\frac{r}{l} = \frac{1}{3.04}$ 时,两种情况的固有角频率相等。

若 $r > 0.33l$，图 17-38a)的角频率较低。

若 $r < 0.33l$，则图 17-38b)的角频率较低。

思考题 17-27 高阶模态的节点多相当于约束多，因而刚度大、频率高。

*思考题 17-28 除与弯曲挠度 w_M 有关的惯性力

$$q_M = \frac{\gamma}{g} A dx \ddot{w}_M \tag{1}$$

外，还有剪切作用的附加挠度 w_S 带来的惯性力

$$q_S = \frac{\gamma}{g} A dx \ddot{w}_S \tag{2}$$

以及梁段 dx 在 xy 平面内偏转（见图 D-3）而引起的转动惯性力矩

$$M_M = dI_M \ddot{w}'_M \tag{3}$$

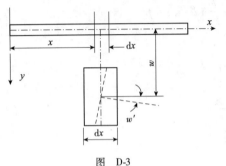

图 D-3

这里 γ 为重度，A 为梁的截面积，dI_M 为梁段的转动惯量，g 为重力加速度，$\ddot{w} = \frac{d^2 w}{dt^2}$，$w' = \frac{dw}{dx}$。后两种惯性力的影响一般可以略去，但对短而高的梁以及高频波有实际意义。

第 18 章 材料的疲劳与断裂

*思考题 18-1 $r = \frac{\sigma_m - \sigma_a}{\sigma_m + \sigma_a} = 1 - \frac{2\sigma_a}{\sigma_m + \sigma_a}$，当 σ_a 保持定值而 σ_m 从 $-\infty$ 变化到 $+\infty$ 时，r 按双曲线变化，如图 D-4 所示。

思考题 18-3 试验表明，当 $\sigma_m \geq 0$ 时，以对称循环的持久极限 σ_{-1} 最低。但当 $\sigma_m < 0$ 时，有可能出现低于 σ_{-1} 的持久极限。以 T6 铝合金为例，在固定 σ_{max} 下不断降低 σ_m 的应力—寿命试验曲线如图 D-5 所示，可见当 $\sigma_m = -70$MPa 时，$r = -1.29$，就有 $\sigma_{-1.29} < \sigma_{-1}$。

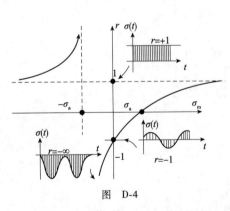

图 D-4

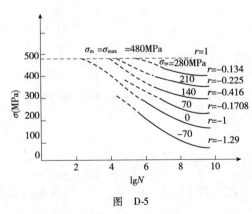

图 D-5

*思考题 18-4 一些因素（包括构件几何形状、表面加工质量和环境腐蚀作用所引起的应力集中效应）对于构件持久极限的影响，归结它们对于构件高应力区中微裂纹扩展的促进作用。脉动的应力幅部分，促使微裂纹尖端从闭合→张开→滑移钝化→停顿→反向滑移→闭合锐化而构成一次反复的循环，促使微裂纹不断向前扩展。而不随时间改变的平均应力部分则没有这种作用。早期的实验虽未从机理上做出解释，但已定量地验证了上述结论。

以应力集中为例,乌日克(Г. В. Ужик)在1949年发表的实验结果表明,对于同一种钢材,有应力集中的试验曲线 σ_{r_1},与没有应力集中的试验曲线 σ_r,对于不同平均应力 σ_m 的应力幅比值 $\dfrac{\sigma'_{r,a}}{\sigma_{r,a}} = \dfrac{MP}{NP}$(见图 D-6),实际上近似为常数($\approx 2$),与 $\sigma_m = 0$ 的对称循环下相应的比值 $\dfrac{M_0 P_0}{N_0 P_0} \approx 2$ 基本相同。所以认为应力集中对极限应力幅 $\sigma_{r,a}$ 的影响与对称循环相同,而与平均应力 $\sigma_{r,m}$ 无关。

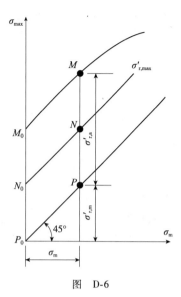

图 D-6

思考题 18-6 当构件处于交变的复杂应力状态时,像静载复杂应力状态的强度理论那样,要建立疲劳破坏的强度理论和准则来预估构件破坏的可能性和寿命。当构件所承受的变应力幅度是周期变化甚至是非周期随机变化时(非定常载荷问题),就要研究疲劳损伤积累和演变规律,或用统计疲劳强度理论进行分析。这些问题是现代强度科学的研究方向之一。

思考题 18-10 图 18-21 中上面一行图示的设计容易引起疲劳破坏,下面一行图示是改进方案。其中图 18-21a)、图 18-21b)采用了压制卸载凹痕或切口、开孔来降低应力集中的影响;图 18-21c)是降低增强板的刚度,以便减小主波纹的应力;图 18-21d)把强度较弱的焊缝热影响区从应力集中最严重的角点处移开。

思考题 18-11 如果把两种受力条件孤立地进行分析,则作用次数少而强度大的过载(所受的交变应力低于材料的持久极限的过程,称为"欠载";超过其持久极限的过程,称为"过载"),会引起同塑性变形有关的应力变形,因此 σ_s 具有重要意义;而循环作用的欠载引起疲劳破坏,σ_r 具有更大意义。实际中机械所承受的载荷,往往是由过载和欠载构成的载荷谱,所以车辆、飞机等的强度问题,属于非定常的疲劳问题,其循环特征随时间而变化。在早期的研究中,对过载($\sigma_{max} > \sigma_{-1}$)用冲击来考虑塑性损伤,而对欠载($\sigma_{max} < \sigma_{-1}$)则按疲劳强度来校核。实际上,欠载—过载与过载—欠载两种循环的寿命并不相同,现代处理这些问题的方法是在仔细分析载荷谱的基础上,应用统计方法和累积损伤理论进行处理。这是当前的研究课题之一。

第 19 章 能 量 方 法

思考题 19-2 图 19-26a):$\because \delta = \dfrac{Fl}{2EA} = \dfrac{F}{2c}$,即 $F = 2c\delta$,

$$\therefore W = \dfrac{1}{2} F \delta = c\delta^2,\ U_\varepsilon = \dfrac{F^2 \dfrac{l}{2}}{2EA} = c\delta^2。$$

图 19-26b):$\because \delta = \dfrac{\dfrac{F}{2}\left(\dfrac{l}{2}\right)}{EA} = \dfrac{Fl}{4EA} = \dfrac{F}{4c}$,即 $F = 4c\delta$,

$$\therefore W = \dfrac{1}{2} F \delta = 2c\delta^2,\ U_\varepsilon = \dfrac{\left(\dfrac{F}{2}\right)^2 \dfrac{l}{2}}{2EA} = 2c\delta^2。$$

图 19-26c): $\delta < \Delta$ 与 $\delta > \Delta$ 时 $F(\delta)$ 规律不同,如图 D-7 所示。着力点位移为 $\delta > \Delta$ 时,$F = F_1$,且

$$F_1 = F_0 + 4c(\delta - \Delta)$$

其中 $F_0 = 2c\Delta$,于是

$$\begin{aligned} W = U_\varepsilon &= \frac{1}{2}F_0\Delta + F_0(\delta - \Delta) + \frac{1}{2}(F_1 - F_0)(\delta - \Delta) \\ &= \frac{1}{2}F_0\delta + \frac{1}{2}F_1\delta - \frac{1}{2}F_1\Delta \\ &= c\Delta^2 + 2c\delta^2 - 2c\Delta\delta \end{aligned}$$

这是一个典型的边界条件非线性问题。

思考题 19-3 在拉伸或压缩下,橡胶的非线性弹性应力应变曲线如图 D-8 所示。由于标距内试件处于均匀应力场,而且材料是不可压缩的,所以储存的应变能为

$$U_\varepsilon = v(\varepsilon)V_0 = v(\varepsilon)\frac{\pi d_0^2 l_0}{4} \tag{1}$$

其中

$$v(\varepsilon) = \int_0^\varepsilon \sigma(\varepsilon)\mathrm{d}\varepsilon = \frac{E_0}{3}\left(\varepsilon + \frac{\varepsilon^2}{2} - \frac{\varepsilon}{1+\varepsilon}\right) \tag{2}$$

或

$$U_\varepsilon = \frac{\pi}{24}E_0 d_0^2 \frac{1}{l}(\Delta l)^2 \frac{3l_0 + \Delta l}{l_0 + \Delta l} \tag{3}$$

这是一个材料非线性的问题。

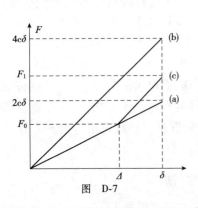

图 D-7

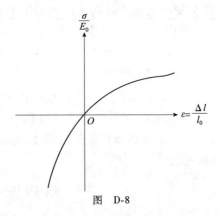

图 D-8

思考题 19-4 以节点作为示力对象,但不能以未变形时水平位置 B 而只能以变形后的位置 B' 来列写平衡方程,这时两杆的轴力

$$F_N = \frac{F}{2}\sin\theta = \frac{Fl}{2\Delta} \tag{1}$$

而杆的伸长

$$\Delta l = \frac{F_N l}{EA} = \sqrt{l^2 + \Delta^2} - l^2 = \frac{\Delta^2}{2l}, \tag{2}$$

所以

$$F(\Delta) = \frac{EA\Delta^3}{l^3} \tag{3}$$

于是应变能为

$$U_\varepsilon = \int_0^\Delta F(\Delta)\,d\Delta = \frac{EA\Delta^4}{4l^3} \tag{4}$$

这是一个典型的几何非线性问题。

思考题 19-6 图 19-29a)：$\Delta_1 + \Delta_2 + \Delta_3$。

图 19-29b)：梁变形前的轴线与挠曲线（虚线）之间所包围的面积。

思考题 19-7 利用功的互等定理即可。

思考题 19-11 从梁上任取一仅受均布载的梁段 s，如图 D-9a）。利用叠加原理可知图 D-9c）梁段的受力情况相当于简支梁受均布载作用，因而中点最大弯矩为 $qs^2/8$。

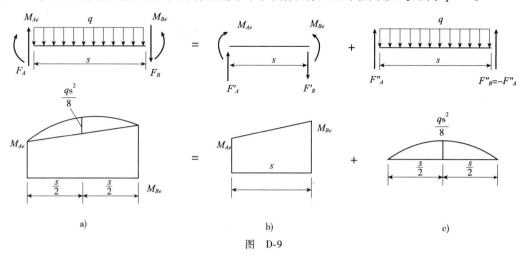

图 D-9

思考题 19-12 从图 D-10 中的 M 和 $\overline{M}$ 图可知 $x = \dfrac{l}{3}$。

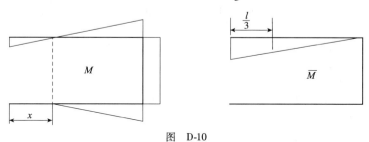

图 D-10

思考题 19-14 取坐标如图 D-11，三根梁的挠曲线方程可得如下：

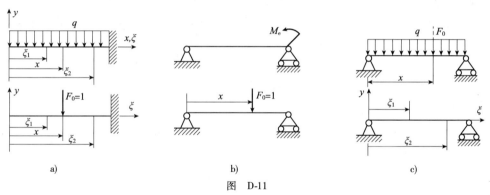

图 D-11

(1) 采用单位载荷法。

$$0 \leqslant \xi_1 \leqslant x, M(\xi_1) = -\frac{1}{2}q\xi_1^2, \overline{M}(\xi_1) = 0$$

$$x \leqslant \xi_2 \leqslant l, M(\xi_2) = -\frac{1}{2}q\xi_2^2, \overline{M}(\xi_2) = -(\xi_2 - x)$$

$$EIv = \int_0^x 0 \cdot \left(-\frac{1}{2}q\xi_1^2\right)\mathrm{d}\xi_1 + \int_x^l -(\xi_2 - x)\left(-\frac{1}{2}q\xi_2^2\right)\mathrm{d}\xi_2$$

$$= \frac{q}{24}(x^4 - 4l^3 x + 3l^4)$$

(2) 采用图乘法。

$$EIv = \overline{\omega}_1 M_1 + \overline{\omega}_2 M_2 = \frac{M_e l^2}{6}(\xi - \xi^3)$$

其中

$$M_1 = \frac{2}{3}\xi M_e, M_2 = \left(\frac{1}{3} + \frac{2}{3}\xi\right)M_e, \xi = \frac{x}{l}$$

$$\overline{\omega}_1 = \frac{x^2(l-x)}{2l}, \overline{\omega}_2 = \frac{x(l-x)^2}{2l}$$

(3) 采用卡氏第二定理。在 $\xi = x$ 处虚加一外力 F_0。

$$0 \leqslant \xi_1 \leqslant x, M(\xi_1) = \frac{ql}{2}\xi_1 - \frac{q}{2}\xi_1^2 + \frac{F_0}{l}(l-x)\xi_1$$

$$\frac{\partial M(\xi_1)}{\partial F_0} = \frac{l-x}{l}\xi_1, \text{令 } F_0 = 0, M(\xi_1) = \frac{ql}{2}\xi_1 - \frac{q}{2}\xi_1^2$$

$$x \leqslant \xi_2 \leqslant l, M(\xi_2) = \frac{ql}{2}\xi_2 - \frac{q}{2}\xi_2^2 + \frac{F_0}{l}x(l-\xi_2)$$

$$\frac{\partial M(\xi_2)}{\partial F_0} = \frac{x}{l}(l-\xi_2), \text{令 } F_0 = 0, M(\xi_2) = \frac{ql}{2}\xi_2 - \frac{q}{2}\xi_2^2$$

$$EIv = \int_0^x M(\xi_1) \cdot \frac{\partial M(\xi_1)}{\partial F_0}\mathrm{d}\xi_1 + \int_x^l M(\xi_2) \cdot \frac{\partial M(\xi_2)}{\partial F_0}\mathrm{d}\xi_2$$

$$= \frac{ql^4}{24}(\eta - 2\eta^3 + \eta^4)$$

其中,$\eta = x/l$。

第 20 章　能量方法的进一步研究

*思考题 20-1　取大曲率杆的一个微小段 $\mathrm{d}s$,设其横截面上作用有弯矩 M 和轴力 F_N(不考虑剪力),其中 F_N 过形心而中性轴偏离形心的距离为 e,于是形心处纤维的伸长为

$$\delta(\mathrm{d}s) = \delta(\mathrm{d}s)_N + \delta(\mathrm{d}s)_N \tag{1}$$

横截面的转角为

$$\delta(\mathrm{d}\varphi) = \delta(\mathrm{d}\varphi)_N + \delta(\mathrm{d}\varphi)_N \tag{2}$$

微段的变形能为

$$\mathrm{d}U_\varepsilon = \frac{1}{2}M\delta(\mathrm{d}\varphi) + \frac{1}{2}F_N\delta(\mathrm{d}s)$$

$$= \frac{1}{2}M\delta(\mathrm{d}\varphi)_M + \frac{1}{2}F_N\delta(\mathrm{d}s)_N + \frac{1}{2}F_N\delta(\mathrm{d}s)_M + \frac{1}{2}M\delta(\mathrm{d}\varphi)_N \tag{3}$$

其中
$$\delta(\mathrm{d}\varphi)_\mathrm{M} = \frac{M\mathrm{d}s}{EAeR}, \delta(\mathrm{d}s)_\mathrm{N} = \frac{F_\mathrm{N}\mathrm{d}s}{EA}$$
$$\delta(\mathrm{d}s)_\mathrm{M} = e\delta(\mathrm{d}\varphi)_\mathrm{M}, \delta(\mathrm{d}\varphi)_\mathrm{N} = \frac{F_\mathrm{N}\mathrm{d}s}{EAR} \tag{4}$$

其中,R 为曲杆形心轴线的曲率半径。经代入和化简得总变形能为

$$\begin{aligned}U_\varepsilon &= \int_s \mathrm{d}U_\varepsilon \\ &= \int_s \frac{M^2(s)\mathrm{d}s}{2EAeR} + \int_s \frac{F_\mathrm{N}^2(s)\mathrm{d}s}{2EA} + \int_s \frac{M(s)F_\mathrm{N}(s)\mathrm{d}s}{EAR}\end{aligned} \tag{5}$$

最后一项是由于大曲率曲杆截面形心轴与中性轴不重合而引起的耦合修正项。

*思考题 20-2 设弹性体在一对力 F 作用时为状态 Ⅰ,同一弹性体在均匀布压力 q 作用时为状态 Ⅱ,则由功的互等定理有

$$F\Delta l_q = q\Delta V_F \tag{1}$$

由于状态 Ⅱ 中任一点的三个主应力都等于 q,所以

$$\Delta l_q = \varepsilon l = l\left[\frac{q}{E} - \mu\left(\frac{q}{E} + \frac{q}{E}\right)\right] \tag{2}$$

由式(1)、式(2)可得体积变化

$$\Delta V_F = \frac{Fl(1-2\mu)}{E} \tag{3}$$

式(3)提供了从体积变化来测定泊松比 μ 的办法。

*思考题 20-3 如果已经求出梁的挠曲线方程,则可用积分的方法求出变形前、后轴线之间所围的面积。但当梁上作用的载荷较为复杂时,这样计算并不简便。若在全梁上加单位均布载荷 $q=1$,其所引起的弯矩为 $\overline{M}_q$,实际载荷所引起的弯矩为 M,则这个面积可用下式计算

$$A = \int_l \frac{M\overline{M}_q \mathrm{d}x}{EI}$$

*思考题 20-4 可利用思考题 20-3 的公式,由于圆环在单位均布载荷作用下 $\overline{M}_q \equiv 0$,所以圆环变形前后的面积不变。

思考题 20-6 使 A 点垂直于力 F 方向的位移等于零,就可以建立有关 α 的三角方程。

*思考题 20-7 (1)用截面法求出直杆的轴力 $F_\mathrm{N} = F$,所以它的伸长为 $\frac{Fa}{EA}$。因为曲杆为刚体,$AB \equiv \sqrt{2}a$,由几何分析得出 A 点铅垂位移等于直杆的伸长。

(2)可用莫尔积分,答案为 $\frac{Fa}{EA} + 3(\pi+1)\frac{Fa^3}{EI}$。

思考题 20-8 设梁的原有温度为 t_0,温度变化后梁的轴线的曲率半径为 ρ。取梁的微段如图 D-12a)所示,温度变化后其上、下表面的长度之差为

$$\left(\rho + \frac{h}{2}\right)\mathrm{d}\theta - \left(\rho - \frac{h}{2}\right)\mathrm{d}\theta = \mathrm{d}x[1+(t_1-t_0)\alpha] - \mathrm{d}x[1+(t_2-t_0)\alpha]$$

$$\frac{\mathrm{d}\theta}{\mathrm{d}x} = \frac{(t_1-t_2)\alpha}{h}$$

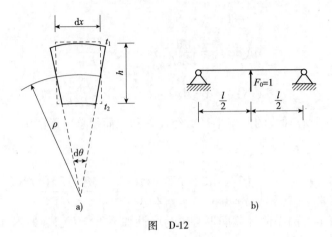

图 D-12

$\dfrac{d\theta}{dx}$ 相当于单位载荷法的积分式中的 $\dfrac{M}{EI}$，在欲求位移处加一单位力 $F_0=1$，即可求得位移如下

$$\Delta = \int_l \dfrac{M\overline{M}dx}{EI} = \int_l \overline{M}d\theta = \dfrac{(t_1-t_2)\alpha}{h}\int_l \overline{M}dx$$

将单位力加在梁的中点如图 D-12b)所示，显然 $\overline{M}$ 将做正功，于是梁中点的挠度为

$$\Delta = \dfrac{(t_1-t_2)\alpha}{h}\cdot 2\int_0^{\frac{l}{2}}\dfrac{1}{2}dx = \dfrac{(t_1-t_2)\alpha l^2}{8h} \quad (\uparrow)$$

第 21 章 超静定结构

思考题 21-2 图 21-12a)12 次；图 21-12b)4 次；图 21-12c)9 次。

思考题 21-7 在超静定结构中，未知力的数目大于独立静力平衡方程的数目，所以有无穷多组满足平衡方程的可能解答，而只有既满足平衡方程又满足变形协调条件的解，才是问题的真正解答。

思考题 21-9 这是一个六次超静定问题。利用叠加原理把非对称的载荷分解为对称的和反对称的两组，如图 D-13a)、b)所示。然后利用对称性从中间切开，如图 D-13c)、d)所示，就变为求解一个四次超静定问题和一个二次超静定问题，因而简化了计算。

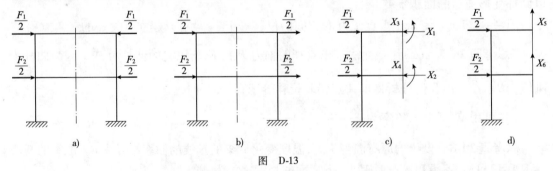

图 D-13

思考题 21-10 如图 21-19c)所示管所受载荷对于夹角 120° 的直径轴对称，在对称面上 $F_{SA}=F_{SB}=0$，变为一次超静定问题。如果仔细分析圆环变形后挠曲线的形状，就会发现可以利用 AB 弧中点是拐点（$M=0$）特征使问题进一步简化。对于类似的循环对称的圆环，利用这种变形曲线对称和反弯矩的特征，可以使计算大为简化。

思考题 21-17 图 21-26a) 取基本体系如图 D-14 所示，M_e 在垂直于结构的平面内，所以截面上 $F_N=0, F_{Sy}=0, M_z=0$；由变形反对称使 $M_y=0$；而 $2T=F_{Sz}2a$，令 $F_{Sz}=X$，成为一次超静定问题。

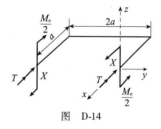

图 D-14

思考题 21-19 可在形式上写成统一的 $\delta_{11}X+\Delta_{1\Delta}=0$，但各基本体系的 δ_{11} 和 $\Delta_{1\Delta}$ 不同，如表 D-1。

思考题 21-19 答案表   表 D-1

力法正则方程系数	图 21-28b)	图 21-28c)	图 21-28d)
$\Delta_{1\Delta}$	Δ	$\dfrac{l_1+l_2}{l_1}\Delta$	$\dfrac{\Delta}{l_1}+\dfrac{\Delta}{l_2}$
$EI\delta_{11}$	$\dfrac{l_1^2 l_2^2}{3(l_1+l_2)}$	$\dfrac{l_2^2}{3}(l_1+l_2)$	$\dfrac{l_1+l_2}{3}$

第 22 章 利用计算机求解刚架弯曲变形的快速解析法

*思考题 22-1 这里给出的 $ql^2/12$ 和 0 分别代表横梁两端刚性固定和两端简支的极限情况。对于如图 D-15 所示一般情况，可求得

$$M_C = M_B = \frac{ql^2}{6}\frac{1}{2+\dfrac{I_2 h}{I_1 l}} \tag{1}$$

由于图 22-11a)、b) 两种情况中立柱与横梁的相对刚度没有变化，所以由上式（令 $F=330\text{kN}$）可得 C 处的弯矩均为 $ql^2/18$。由式(1)可以排出所列的次序。亦可从比较各横梁两端约束程度（即立柱刚度）而定性排出这种次序。

*思考题 22-2 四种情况都是有双对称轴的闭合环形结构，利用对称性可变为一次超静定问题。取 1/4 基本体系，$M_A=X_1$ 为多余约束力，见图 D-16，则力法方程为

$$\delta_{11}X_1+\Delta_{1F}=0$$

其中

$$\begin{aligned}EI\Delta_{1F} &= \int_0^s M\overline{M}\mathrm{d}s = \frac{F}{2}\left(a\int_0^s \mathrm{d}s - \int_0^s x\mathrm{d}s\right)\\ &= \frac{F}{2}s(a-x_C)\end{aligned} \tag{1}$$

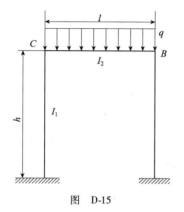

图 D-15

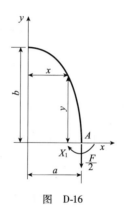

图 D-16

$$EI\delta_{11} = \int_0^s M\overline{M}\mathrm{d}s = s \tag{2}$$

式(1)、式(2)中,$s = \int_0^s \mathrm{d}s, x_C = S_y/s = \int_0^s x\mathrm{d}s/s$,于是解出

$$X_1 = -\frac{\Delta_{1F}}{\delta_{11}} = \frac{F}{2}(x_C - a)$$

$$M_F(x) = \frac{F}{2}(a - x) + X_1 = \frac{F}{2}(x_C - x)$$

在基本体系上过 A 点沿负 x 方向加单位力,则 $\overline{M} = y$,且

$$EI\Delta a = \int_0^s M_F(x)\overline{M}\mathrm{d}s = \frac{F}{2}(x_C S_x - I_{xy})$$

其中

$$S_x = \int_0^s y\mathrm{d}s = y_C s, I_{xy} = \int_0^s xy\mathrm{d}s$$

利用平行移轴定理 $I_{xy} = I_{x_0 y_0} + x_C y_C s$,可把上式简化为

$$\Delta a = -\frac{F}{2EI}I_{x_0 y_0}$$

其中,x_0、y_0 为过 1/4 弧段形心的坐标轴。

以图 22-12b)为算例,有 $x_C = y_C = a/2$,直线 AB 的方程为 $x_0 = -y_0$(对于其形心的坐标轴 x_0、y_0),则

$$\mathrm{d}s = \sqrt{2}\mathrm{d}x_0 = \sqrt{2}\mathrm{d}y_0$$

$$I_{x_0 y_0} = \int_0^s x_0 y_0 \mathrm{d}s = -\int_{-a/2}^{a/2} x_0^2 \sqrt{2}\mathrm{d}x_0 = -\frac{\sqrt{2}}{12}a^3$$

$$\therefore \qquad \Delta a = -\frac{\sqrt{2}Fa^3}{24EI}$$

在图 22-12c)中,$s = R\alpha, x = R(\cos\varphi - \cos\alpha), y = R\sin\varphi, a = R(1 - \cos\alpha)$,于是

$$S_y = \int_0^s x\mathrm{d}s = R^2(\sin\alpha - \alpha\cos\alpha)$$

$$S_x = \int_0^s y\mathrm{d}s = R^2(1 - \cos\alpha)$$

$$I_{xy} = \int_0^s xy\mathrm{d}s = \frac{R^3}{2}(1 - 2\cos\alpha + \cos^2\alpha)$$

$$x_C = \frac{S_y}{s} = \frac{R}{\alpha}(\sin\alpha - \alpha\cos\alpha)$$

$$\Delta a = \frac{F}{2EI}(x_C S_x - I_{xy})$$

$$= \frac{FR^3}{2EI}\left(\frac{\sin\alpha}{\alpha} - \frac{\sin 2\alpha}{2\alpha} + \frac{\cos^2\alpha}{2} - \frac{1}{2}\right)$$

在曲杆计算中,引入比拟的曲线几何性质 s、S_x、S_y、I_x、I_y 和 I_{xy} 等,是简化计算和使方法一般化的有用工具。

思考题 22-3
$$X_j \delta_{ij} + \Delta_{iF} + \Delta_{it} + \Delta_i\Delta = 0 \tag{1}$$

其中,重复下标表示求和,而且

$$\delta_{ij} = \sum_k \int_{s_k} \frac{\overline{M}_{ki}\overline{M}_{kj}}{E_k I_k} \mathrm{d}s, \Delta_{iF} = \sum_k \int_{s_k} \frac{\overline{M}_{ki} M_{kF}}{E_k I_k} \mathrm{d}s,$$

$$\Delta_{it} = \sum_k \left[\pm \frac{\alpha_k(t_{1k}+t_{2k})}{2} \int_{s_k} \overline{N}_{ki} \mathrm{d}s \pm \frac{\alpha_k(t_{1k}-t_{2k})}{h_k} \int_{s_k} \overline{M}_{ki} \mathrm{d}s \right]$$

其中,X_j 为多余约束力;$\Delta_t \Delta$ 为基本体系支座沉陷 Δ 在 X_i 方向所造成的机动位移;$\overline{M}_{ki}$ 和 $\overline{N}_{ki}$ 为单位力 $X_i=1$ 在基本体系的 s_k 标内所引起的弯矩和轴力;$\overline{M}_{kj}$ 为单位力 $X_j=1$ 在基本体系的 s_k 杆内所引起的弯矩;M_{kF} 为实际载荷在基本体系的 s_k 杆内所引起的弯矩;α_k、h_k、E_k、I_k、t_{1k} 和 t_{2k},分别为 s_k 杆的线膨胀系数、横截面高度、弹性模量、惯矩和此杆上、下两边的温度(这里假定了温度场沿杆轴方向均匀而沿杆截面高度线性变化);$\frac{\alpha_k(t_{1k}+t_{2k})}{2}\mathrm{d}s$ 为杆的微段的热伸缩变形 $\mathrm{d}\Delta l_t$;$\frac{\alpha_k(t_{1k}-t_{2k})}{h_k}\mathrm{d}s$ 为高度 h_k 两边温差所引起杆段两横截面的相对转角 $\mathrm{d}\theta_t$。

可以把式(1)看成是虚位移方程。正负号则根据 $\overline{M}_{ki}$ 和 $\overline{N}_{ki}$ 对相应的温度变形做正功还是做负功来确定。

*思考题 22-4 三弯矩方程实际上表示第 i 号支座左、右的转角相等 $\theta'_i = \theta''_i$,即在支座上挠曲线是光滑的。其中

$$\theta'_i = \theta''_i(M_{i-1}) + \theta'_i(M_i) + \theta'_i(f_i, f_{i-1}) + \theta'_i(f_i) \tag{1}$$

$$\theta''_i = \theta''_i(M_i) + \theta''_i(M_{i+1}) + \theta''_i(f_i, f_{i+1}) + \theta''_i(f_{i+1}) \tag{2}$$

显然只涉及到相邻近的三个弯矩 M_{i-1}、M_i 和 M_{i+1}。这里 f_{i-1}、f_i 和 f_{i+1} 表示 $i-1$、i 和 $i+1$ 三个支座相对于同一水准线可能具有不同的支座沉陷量,从而引起附加的转角 $\theta'_i(f_i, f_{i-1})$ 和 $\theta''_i(f_i, f_{i+1})$。如果各支座为独立的弹性支座,其沉陷量 $f_i = F_{Ri}/k_i$,这里 R_{Ri} 为相邻两跨在第 i 号支座上引起的约束力

$$F_{Ri} = \frac{M_i - M_{i-1}}{l_i} + \frac{M_i - M_i}{l_{i+1}} + F_{Ri}(f_i) + F_{Ri}(f_{i+1})$$
$$= F_{Ri}(M_{i-1}, M_i, M_{i+1}),$$

可见 f_i 与 M_{i-1}、M_i 和 M_{i+1} 有关,f_{i-1} 与 M_{i-2}、M_{i-1} 和 M_i 有关,f_{i+1} 与 M_i、M_{i+1} 和 M_{i+2} 有关。把 f_i、f_{i-1} 和 f_{i+1} 代入式(1)和式(2),就可以看出弹性支座上连续梁的基本方程是涉及到 M_{i-2}、M_{i-1}、M_i、M_{i+1} 和 M_{i+2} 的五弯矩方程。

*思考题 22-5 设把第 i 号支座换成中间铰,则三弯矩方程中对应的 $M_i = 0$,但此时中间铰左、右的挠曲线不光滑,即 $\theta'_i \neq \theta''_i$,应代之以 $X'_i = X''_i = X_i$,X_i 是中间铰处的剪力,而且

$$X'_i = \frac{M_{i-1}}{l_i} + F'_{Ri}(F_i), X''_i = \frac{M_{i+1}}{l_{i+1}} + F''_{Ri}(F_{i+1})$$

其中,$F'_{Ri}(F_i)$ 和 $F''_{Ri}(F_{i+1})$ 分别是基本体系上,第 i 跨载荷 F_i 和第 $i+1$ 跨载荷 F_{i+1} 在 i 铰上所引起的约束力。只要对第 i 个方程做出以上代换,就可应用三弯矩方程来求解带有中间铰的连续梁。

*思考题 22-7 由于对接点预留伸缩缝,可以沿轴向自由地热胀冷缩,所以不会造成轴向热应力。对齐条件为两半桥热弯曲的相对转角为零。取节点热弯矩 X 为多余约束力,日光侧照时计算模型的俯视图如图 D-17 所示。正则方程为

$$X_1 \delta_{11} + \Delta_{1t} = 0$$

其中

$$\delta_{11} = \int_0^l \frac{1 \times 1}{\frac{Eb^3 h\xi}{12}} d\xi = \frac{12}{Eb^3} \int_0^l h^{-1}\xi d\xi$$

$$\Delta_{1t} = \frac{\alpha(t_1 - t_2)}{b} \int_0^l 1 dx = \frac{\alpha \Delta t l}{b}$$

$$\therefore \quad X_1 = -\frac{Eb^2 \alpha \Delta t l}{12I}, I = \int_0^l h^{-1}\xi d\xi$$

其中，$h(\xi)$为桥的变高度；b为桥宽；E为桥的相当弹性模量（可用能量相当法求出）；α为桥的相当线膨胀系数。如果日光照射在桥身的顶面，读者可分析其计算模型。

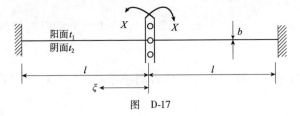

图 D-17

思考题 22-8 可得三个结构的弯矩图如图 D-18 所示。

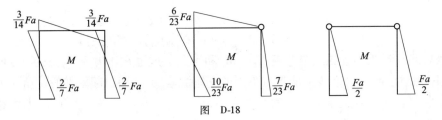

图 D-18

思考题 22-9 BC 杆受压，压力大小为 $\frac{11F}{285}$。

*思考题 22-10 采用位移法求解。

采用节点 A 处的水平位移 δ_{Ax} 和铅垂位移 δ_{Ay} 作为基本未知量。

设第 i 根杆与水平轴的夹角为 α_i，如图 D-19 所示，则其伸长量为

$$\Delta l_i = \delta_{Ay}\sin\alpha_i + \delta_{Ax}\cos\alpha_i = \frac{F_{N,i}l_i}{E_iA_i} \tag{1}$$

记 $c_i = \frac{E_iA_i}{l_i}$ 为 i 杆的拉伸刚度，由式（1）得

$$F_{N,i} = c_i\delta_{Ay}\sin\alpha_i + c_i\delta_{Ax}\cos\alpha_i \tag{2}$$

将式（2）代入下列平衡方程

$$\sum_{i=1}^n F_{N,i}\cos\alpha_i = 0 \tag{3a}$$

$$\sum_{i=1}^n F_{N,i}\sin\alpha_i = F \tag{3b}$$

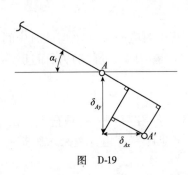

图 D-19

解出 δ_{Ay} 和 δ_{Ax}，再代入式（2）即可得 $F_{N,i}$。

*思考题 22-11 i 杆内力 $F_{Ni} = c_i\Delta l_i$，其中 $c_i = \frac{E_iA_i}{l_i}$，$\Delta l_i = w + \theta_x y_i + \theta_y x_i$。由平衡条件得

$$F = \sum F_i, F = \sum c_i(w + \theta_x y_i + \theta_y x_i) \tag{1a}$$

$$Fy_F = \sum F_i y_i, Fy_F = \sum c_i(wy_i + \theta_x y_i^2 + \theta_y x_i y_i) \tag{1b}$$
$$Fx_F = \sum F_i x_i, Fx_F = \sum c_i(wx_i + \theta_x x_i y_i + \theta_y x_i^2) \tag{1c}$$

引入符号 $C = \sum c_i, S_x = \sum c_i y_i, S_y = \sum c_i x_i, I_x = \sum c_i y_i^2, I_y = \sum c_i x_i^2, I_{xy} = \sum c_i x_i y_i$。
将式(1)改写成

$$F = wC + \theta_x S_x + \theta_y S_y \tag{2a}$$
$$Fy_F = wS_x + \theta_x I_x + \theta_y I_{xy} \tag{2b}$$
$$Fx_F = wS_y + \theta_x I_{xy} + \theta_y I_y \tag{2c}$$

由式(2)求出 w、θ_x 和 θ_y 后,可得

$$F_{Ni} = c_i(w + \theta_x y_i + \theta_y x_i)$$

第23章 压杆稳定的进一步研究

*思考题23-1　可以从静力平衡观点、动力扰动观点和能量观点来描述失稳现象。

平衡观点又有两种情况,即载荷 F 与位移 Δ 的关系曲线产生分支或多值化,如图 D-20a)和 D-20b)所示;或当 F 增加时斜率 $\dfrac{\mathrm{d}F}{\mathrm{d}\Delta}$ 减小,或者当 F 增加 $\mathrm{d}F$ 后 $\mathrm{d}\Delta$ 无限增大,如图 D-20c)和 D-20d)所示。各图中实线表示稳定平衡状态,虚线表示可能的不稳定平衡状态。材料力学中一般只研究使压杆失稳的欧拉分支载荷。

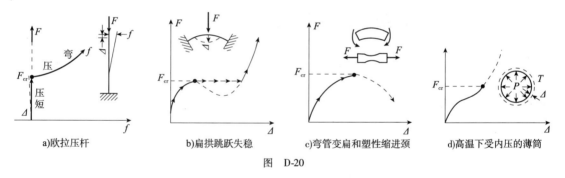

a)欧拉压杆　　b)扁拱跳跃失稳　　c)弯管变扁和塑性缩进颈　　d)高温下受内压的薄筒

图　D-20

从能量观点描述,可研究系统总势能 $\Pi(q)$ 和由平衡位置算起的控制参数(虚位移 δq)所产生的总势能变化 $\Delta\Pi = \Pi(q + \delta q) - \Pi(q)$,通过泰勒展开

$$\Delta\Pi = \frac{\partial\Pi}{\partial q}\delta q + \frac{1}{2}\frac{\partial^2\Pi}{\partial q^2}\delta q^2 + O(\delta q^3)$$

平衡条件用 $\dfrac{\partial\Pi}{\partial q} = 0$ 来表示。稳定平衡时 $\dfrac{\partial^2\Pi}{\partial q^2} > 0$,$\Pi$ 极小;不稳定平衡时 $\dfrac{\partial^2\Pi}{\partial q^2} < 0$,$\Pi$ 极大;而 $\dfrac{\partial^2\Pi}{\partial q^2} = 0$ 表示对应于临界载荷的随遇平衡状态。

从动力观点描述,当系统受到微小扰动之后,稳定平衡时系统围绕平衡位置振动,不稳定时则系统的变形不断增长,不能恢复平衡而周期趋向无穷大。对于有耗散的非保守系统,静力平衡和能量判据都不再适用。

*思考题23-2　有时将拉伸中出现的颈缩现象叫作塑性失稳现象。

*思考题23-4　图 23-19a):$M(x) = F(\delta - v), v(0) = 0$
$$v'(0) = \overline{F\delta\varphi}, v(l) = \delta, v''(l) = 0$$
图 23-29b):$M(x) = -Fv + F_B(l - x), v(0) = 0$

$$v'(0) = F_B \bar{l\varphi}, v(l) = 0, v''(l) = 0$$

图 23-19c): $M(x) = -Fv + EIv''(l), v(0) = 0$

$$v'(0) = EIv''(0)\bar{\varphi}, v(l) = 0, v'(l) = EIv''(l)\bar{\varphi}$$

***思考题 23-5** 对于情况(1)设 $\mu = 1$,读者可从表 D-2 的计算结果和比较得出结论(只考虑细长杆即弹性稳定问题)。

思考题 23-5 答案表　　　　　　　　　　　　　　　　表 D-2

稳定参数	第一根压杆	第二根压杆	比　　较
F_{cr}	$\dfrac{\pi^2 E}{l^2}\dfrac{\pi(D^4 - d_1^4)}{64}$	$\dfrac{\pi^2 E}{l^2}\dfrac{\pi(D^4 - d_2^4)}{64}$	$F_{\mathrm{cr1}} > F_{\mathrm{cr2}}$
λ	$\dfrac{4l}{(D^2 + d_1^2)^{\frac{1}{2}}}$	$\dfrac{4l}{(D^2 + d_2^2)^{\frac{1}{2}}}$	$\lambda_1 > \lambda_2$
σ_{cr}	$\dfrac{\pi^2 E}{l^2}\dfrac{(D^2 + d_1^2)}{16}$	$\dfrac{\pi^2 E}{l^2}\dfrac{(D^2 + d_2^2)}{16}$	$\sigma_{\mathrm{cr1}} < \sigma_{\mathrm{cr2}}$

***思考题 23-6**　图 23-20a)情况有如图 D-21a) ~ c)所示三种可能的失稳模态。

(1) 图 D-21a)表示弹性地基的刚度远大于压杆刚度,因而可作为刚性固定端处理,即与图 23-20b)情况相同, $F_{\mathrm{cr}} = \dfrac{\pi^2 EI}{4l^2}$。

(2) 图 D-21b)表示地基的刚度远小于压杆刚度,因而压杆可能刚性倾斜, $F_{\mathrm{cr}} = \dfrac{2ca^2}{l}$, 设 $c = \dfrac{k_1 EI}{a^3}, l = k_2 a$, 则得 $F_{\mathrm{cr}} = \dfrac{\pi^2 EI}{(\mu l)^2}$, 其中 $\mu = \dfrac{\pi}{(2k_1 k_2)^{\frac{1}{2}}}$, a 表示地基刚性的两个等效弹簧(刚度为 c)的作用点。适当选择 k_1 和 k_2,可能使 $\mu > 2$。

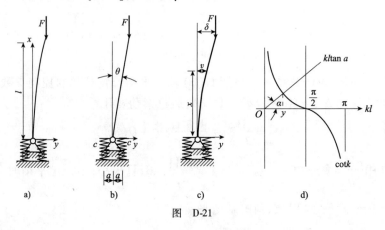

图　D-21

(3) 图 D-21c)表示地基的刚度与压杆的刚度同级,此时纵弯曲微分方程为

$$EIv'' = F(\delta - v)$$

其解为 $\left(\text{记 } k^2 = \dfrac{F}{EI}\right)$

$$v = \delta + A\cos kx + B\sin kx$$

边界条件如下

$$v(0) = 0, v'(0) = F\delta\bar{\varphi}, v(l) = \delta$$

其中，$\dfrac{1}{\overline{\varphi}}$ 为弹性地基的转动刚度。特征方程为[图 D-21d)]

$$kl\tan\alpha = \cot kl$$

其中，$\tan\alpha = \dfrac{EI\,\overline{\varphi}}{l}$。

解在 $kl = \gamma$ 处，且 $\gamma < \dfrac{\pi}{2}$，因而 $F_{cr} < \dfrac{\pi^2 EI}{4l^2}$。

对于图 23-20c)情况的千斤顶，底座会使丝杆的临界力小于刚性固定端的情况[图 23-20b)]，属于上述图 D-21c)的类型。

*思考题 23-8 为了讨论局部削弱对临界力的影响，其计算模型如图 D-22 所示。可以证明

$$F_{cr} = \dfrac{\pi^2 EI}{l^2}(1-\beta)$$

其中

$$\beta = \dfrac{\Delta I}{I}\left[\dfrac{a}{l} - \dfrac{1}{\pi}\cos\dfrac{\pi(a-2c)}{l}\right]\sin\dfrac{\pi a}{l}$$

若 $a \ll l$，则

$$\beta = \dfrac{2\Delta I}{I}\dfrac{a}{l}\sin^2\left(\dfrac{\pi}{l}c\right)$$

当 $c = \dfrac{l}{2}$ 时，$\beta_{max} = \dfrac{2\Delta I}{I}\dfrac{a}{l}$，于是

$$F_{cr} = \dfrac{\pi^2 EI}{l^2}\left(1 - \dfrac{2\Delta I}{I}\dfrac{a}{l}\right)$$

当 $c = 0$（缺口在杆端）且 $a \ll l$ 时，有

$$\beta = \dfrac{\pi^2}{2}\dfrac{\Delta I}{I}\left(\dfrac{a}{l}\right)^3$$

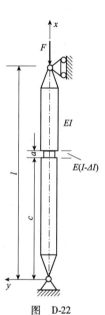

图 D-22

综上所述，当 $a \ll l$ 且 $\Delta I/I \ll 1$ 时，$F_{cr} = \dfrac{\pi^2 EI}{l^2}$，并不受切口的影响。

*思考题 23-9 梁柱的应力与纵力 F 之间的非线性关系，使强度校核时采用许用应力法不等价于许用载荷法。压弯组合变形和梁柱的 σ_{max} 与 F 的关系曲线如图 D-23a)、b) 所示，从图 D-23a) 可见 σ^0/n_{st} 与 F_u/n_{st} 是等价的，从图 D-23b) 可见由 σ^0/n_{st} 所确定的载荷 F'_{cr}

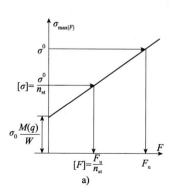
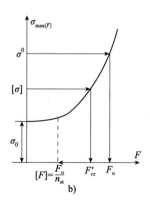

图 D-23

大于实际的安全载荷F_u/n_{st},因而偏于危险,所以梁柱的强度校核要采用许用载荷法。其方法是在非线性的关系中对工作载荷乘以安全因数n_{st},即用$\sigma_{max}(n_{st}F,n_{st}q) \leq \sigma^0$进行强度核算。这里$\sigma^0$表示材料的危险应力,$F_u$表示对应于$\sigma^0$的危险载荷,$\sigma_0$表示横力$q$单独作用时所产生的最大应力。

思考题 23-10 一般认为,低碳钢的许用正应力比许用切应力大8成左右,而圆管扭转时最大正应力与最大切应力是相等的。因此,若认为最大正应力达到许用正应力时才发生失稳,则它的最大切应力早已超过许用切应力而强度不够了。显然,要加以强调的不是这种强度失效以后的失稳,而应是强度失效以前或同时出现的失稳。若最大切应力小于或等于许用切应力时出现失稳,就不宜从强度上判断是否安全,而从稳定性角度看它已不能正常工作,所以要注意不能把管的壁厚取得太薄。对于题中所给尺寸比例的低碳钢长圆管,长圆管扭转时的临界剪应力公式为

$$\tau_{cr} = \frac{E}{3\sqrt{2}(1-\mu^2)^{\frac{3}{4}}} \left(\frac{t}{r}\right)^{\frac{3}{2}}$$

亦可算出临界切应力的数值与通常的许用切应力接近,而比通常的许用正应力要小。上式中,E和μ分别为弹性模量和泊松比,t和r分别为管的壁厚和平均半径。

第24章 杆件的塑性变形

思考题 24-1 $F = 330 \text{kN}$,有残余应力$\sigma_1 = -24 \text{MPa}$,$\sigma_2 = 48 \text{MPa}$。

思考题 24-2 设扭至局部屈服时应力分布如图 D-24a)所示;卸载过程是完全弹性的,因而应力分布如图 D-24b)所示;两者叠加得残余应力如图 D-24c)。若重新加载与原加载转向相同,则屈服应力为$\tau' > \tau_s$,即屈服限相应提高。若重新加载与原加载转向相反,则屈服应力为$\tau'' = \tau_s - (\tau' - \tau_s) = 2\tau_s - \tau' < \tau_s$,即屈服限相应降低。工程中对圆柱形螺旋弹簧进行"强压立定处理",使簧杆内产生局部塑性变形,从而提高弹簧的承载能力,就是这个道理。

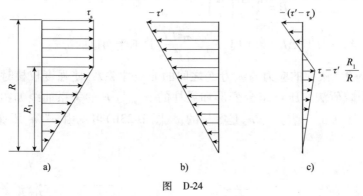

图 D-24

思考题 24-4 $\sigma = \frac{(n+2)2^{n+1}}{bh^{n+2}} My^n$。

思考题 24-5 应变和应力沿高度的分布如图 D-25 所示,极限弯矩为

$$M_p = 2\int_0^{\frac{h}{2}} \sigma yb\,dy$$

$$= 2\int_0^{y_s} E_A \frac{2\varepsilon_B}{h} y^2 b\,dy + 2\int_{y_s}^{\frac{h}{2}} \left[E_A \varepsilon_A + E_B\left(\frac{2\varepsilon_B}{h}y - \varepsilon_A\right)\right] yb\,dy$$

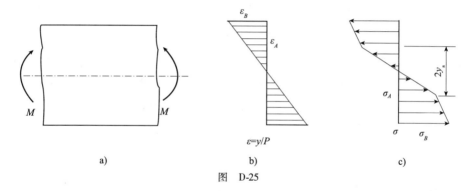

图 D-25

*思考题 24-7　这个关系式亦可适用于非线性或非线性弹性的小挠度梁,因为它是一种几何关系而并未涉及材料性质,但要注意小挠度的条件。

*思考题 24-8　挠曲线只与弹性核有关,在小变形下挠曲线微分方程如下

$$\frac{d^2 v}{dx^2} = \frac{M}{EI}, \frac{d^2 v}{dx^2} = \frac{\sigma}{Ey} \tag{1}$$

其中,$y \leqslant y_0$,M 为弹性核所分担的弯矩。当 $y = y_0$ 时,$\sigma = \sigma_s$,由此可将式(1)改写成

$$\frac{d^2 v}{dx^2} = \frac{\sigma_s}{Ey_0}, \frac{d^2 v}{dx^2} = \frac{2\sigma_s}{Eh\sqrt{3\left(1 - \frac{M_e}{M_p}\right)}} \tag{2}$$

*思考题 24-10　平面假设适用,$\varepsilon = y/\rho$;小位移条件适用,$1/\rho = v''$,所以 $\varepsilon = v'' y$,为线性分布。在弹性核内,$y_2 < y_0$(图 D-26),$\sigma = E\varepsilon$;在塑性区,$y_1 > y_0$,对于理想塑性材料,$\sigma = \sigma_s$,于是弹塑性弯曲时弯矩为

$$M = \sigma_s \int_{A_1} y_1 dA + \int_{A_2} \sigma y_2 dA = \sigma_s \left(S_1 + \frac{I_2}{y_0}\right)$$

对矩形截面及所给出的弯矩值,有

$$M = \sigma_s b \left(\frac{h^2}{4} - \frac{y_0^2}{3}\right) = \sigma_s \frac{bh^2}{5}$$

由此得出 $y_0 = 0.387h$,此处 $\varepsilon_0 = \varepsilon_s$,由平面假设可得上、下边缘处 $\varepsilon_{max} = 1.29\varepsilon_s$。当进入极限状态时,$y_0 \to 0$,该处 ε_0 变为不定值,尽管平面假设仍然成立,但从简单的几何关系已求不出确定的 ε_{max} 了。为了确定 ε_{max},要引入强化效应。

*思考题 24-11　$W_p = D^3(1 - \alpha^3)/6$。

思考题 24-13　$F_p = \sigma_s A(1 + 2\cos\alpha + 2\cos2\alpha)$,$F$-$\delta$ 曲线示意如图 D-27 所示,OA 为弹性阶段,AB 为中间一根杆屈服,BC 为中间三根杆屈服,CD 为极限状态。

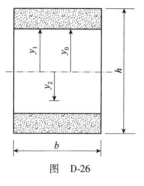

图 D-26

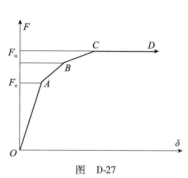

图 D-27

第 25 章 有限单元法

*思 25-1 可以通过硬度测量来估计其强度限。用 X 光照相来判断均匀性。用超声波测定 E、μ 和各向同性,若波线不垂直于波面就说明材料是各向异性的;若波速不均匀就说明材料是不均匀的。对于各向同性材料,从测得的材料密度 ρ 和纵波波速 c_1、横波波速 c_2 以及波长 λ,就可按下列式子计算弹性模量和泊松比

$$E = \frac{\rho c_2^2 (3c_1^2 - 4c_2^2)}{c_1^2 - c_2^2}, \mu = \frac{c_1^2 - 2c_2^2}{2(c_1^2 - c_2^2)}$$

*思考题 25-3 注意到

$$F_1 = F_x\cos\theta - F_y\sin\theta, F_2 = F_x\sin\theta + F_y\cos\theta \tag{1}$$

$$\delta_x = \delta_1\cos\theta + \delta_2\sin\theta, \delta_y = \delta_2\cos\theta - \delta_1\sin\theta \tag{2}$$

其中

$$\delta_1 = \frac{F_1}{k_1}, \delta_2 = \frac{F_2}{k_2} \tag{3}$$

将式(1)代入式(3)再代入式(2)有

$$\delta_x = F_x\left(\frac{\cos^2\theta}{k_1} + \frac{\sin^2\theta}{k_2}\right) - F_y\left(\frac{\sin\theta\cos\theta}{k_1} - \frac{\sin\theta\cos\theta}{k_2}\right)$$
$$= c_{xx}F_x + c_{xy}F_y \tag{4a}$$

$$\delta_y = F_x\left(\frac{\sin\theta\cos\theta}{k_2} - \frac{\sin\theta\cos\theta}{k_1}\right) + F_y\left(\frac{\cos^2\theta}{k_2} + \frac{\sin^2\theta}{k_1}\right)$$
$$= c_{yx}F_x + c_{yy}F_y \tag{4b}$$

用矩阵形式把式(4)写成 $[\delta] = [c][F]$,其中

$$c_{xx} = 0.5(c_{11} + c_{22}) + 0.5(c_{11} - c_{22})\cos2\theta$$
$$c_{yy} = 0.5(c_{11} + c_{22}) - 0.5(c_{11} - c_{22})\cos2\theta$$
$$c_{xy} = -0.5(c_{11} - c_{22})\sin2\theta$$

由此绘出莫尔圆(柔度圆)如图 D-28 所示。

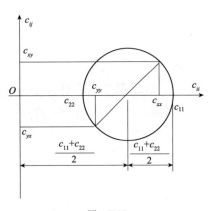

图 D-28

*思考题 25-4 由 $E = \dfrac{G}{2(1+\mu)}$ 可以导出下面各式

$$\frac{dE}{E} = \frac{dG}{G} + \frac{\mu}{1+\mu}\frac{d\mu}{\mu}$$

$$\frac{dG}{G} = \frac{dE}{E} - \frac{\mu}{1+\mu}\frac{d\mu}{\mu}$$

$$\frac{d\mu}{\mu} = \frac{E}{E - 2G}\left(\frac{dE}{E} - \frac{dG}{G}\right)$$

由此可以看出,当 E、G 和 μ 的实验误差相同时,前两式的误差与实验误差同级,而由 E 和 G 来求 μ 时,则使实验误差增大到 E 和 G 的误差之和的三倍以上。弹性范围内 μ 值一般为 0.1~0.5,当 μ 值较小时实验的难度较大,而且 μ 值的误差也较大,因为

$$\frac{E}{(E-2G)} = \frac{(1+\mu)}{\mu}$$

*思考题 25-5 除了通过拉伸、压缩试验测量两个方向的线应变等方法以外,也可用测量试件体积变化的方法,例如思考题 20-2 的答案。

*思考题 25-7 把矢量 M_e 简化到簧丝横截面上,沿自然坐标系(主法线 n,副法线 b,簧丝中心线 τ)进行分解,得到两个弯矩 $M_{bb} = -M_e\cos\psi\sin\alpha$,$M_{bn} = M_e\sin\psi$ 和扭矩 $T_{n\tau} = M_e\cos\psi\cos\alpha$,这里 ψ 为 n 与 x 轴之间的夹角,可见簧丝为双弯加扭转变形。此时可用单位载荷法求 θ

$$\theta = \int_0^l \frac{T_{n\tau}\overline{T}_{n\tau}}{GI_p}ds + \int_0^l \frac{M_{bb}\overline{M}_{bb}}{EI_b}ds + \int_0^l \frac{M_{bn}\overline{M}_{bn}}{EI_n}ds$$

其中,簧丝的总有效长度 $l = \frac{\pi D n}{\cos\alpha}$,$ds = \frac{Dd\psi}{2\cos\alpha}$,$I_b = I_n = \frac{I_p}{2} = \frac{\pi d^4}{64}$。在小升角时可得出

$$\theta = \frac{32 M_e D n(2+\mu)}{Ed^4} = \frac{M_e H}{B}$$

$$\therefore \quad B = \frac{HEd^4}{32Dn(2+\mu)}$$

有了等效弯曲刚度 B 之后,把弹簧比拟为压杆,按材料力学知识就可以求出它的临界压力。

*思考题 25-8 $F_{N4} = 4F$,$F_{N5} = \sqrt{2}F$,$F_{N6} = -5F$。把桁架作为等效悬臂梁时就会看出,所有的上弦杆受拉、下弦杆受压,斜杆受拉交传递等效剪力。可以从自由端挠度相等或总应变能相等,即令

$$f = \sum_{i=1}^n \frac{F_{Ni}\overline{F}_{Ni}l_i}{E_i A_i} = \frac{F(6a)^3}{3B}$$

或

$$U_\varepsilon = \sum_{i=1}^n \frac{F_{Ni}^2 l_i}{2E_i A_i} = \int_l \frac{M_F^2 dx}{2B}$$

来求对应的等效弯曲刚度 B。式中,n 为杆的总数。

*思考题 25-11 设正方形边长为 a,由矩形截面杆的正确扭转角公式 $\varphi = \frac{Tl}{GI_t}$,并查表 6-1 知 $I_t = 0.141a^4$。若误将圆杆公式用于方杆,即扭转角公式中的 I_t 取

$$I_p = I_y + I_z = 2I_z = \frac{a^4}{6}$$

则 $\frac{G_1}{G_2} = \frac{I_t}{I_p} = 84.6\%$。其中,$G_1$ 表示错误的剪切模量,G_2 表示正确的剪切模量。

第 26 章 加权残值法

*思考题 26-1 如果腹板刚度小,则两翼缘将在 $F/2$ 的偏心拉力作用下产生相反方向的弯曲,从而使腹板发生扭转变形,所以横截面上正应力不再均匀分布了。当腹板刚度很大时(极限情况变成矩形截面),这种复杂的应力分布只局限于杆端加力附近区域。在端面受扭矩作用时,两翼缘也产生类似的反向弯曲,横截面产生翘曲、其上除了剪应力还有正应力作用。详细的讨论可以阅读薄壁杆件的弯曲和扭转理论。

*思考题 26-2 对于图 26-7a)的情况,腹板的伸长使两翼缘在相反方向受到偏心的拉伸(拉伸加弯曲),而翼缘的弯曲又导致腹板受扭。对于图 26-7b)的情况,四块翼板同时弯曲,使截面绕中心直线扭转,形成压扭失稳。

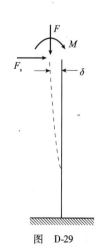

图 D-29

思考题 26-4 不同之处在于：应力集中是由于构件几何形状或刚度的突变而引起的，属于固定边界条件问题，危险点往往在构件表面处；接触应力是由于构件间的局部挤压引起的，其接触面积往往随载荷而变化，属于可动边界条件问题，载荷与最大应力之间呈非线性关系，接触疲劳破坏往往起源于表面下的危险点，并出现剥蚀现象。

思考题 26-6 簧片的计算模型为梁柱，如图 D-29 所示。为了提高测量精度，要求簧片纵向刚硬而横向柔软，使 F_S 尽可能的小。

第 28 章 实验应力分析

思考题 28-3 44MPa。

思考题 28-4 试举三种方案如图 D-30 所示，应变仪读数为 ε，工作片数为 n，则

$$T = \frac{\varepsilon E W_p}{n(1+\mu)}$$

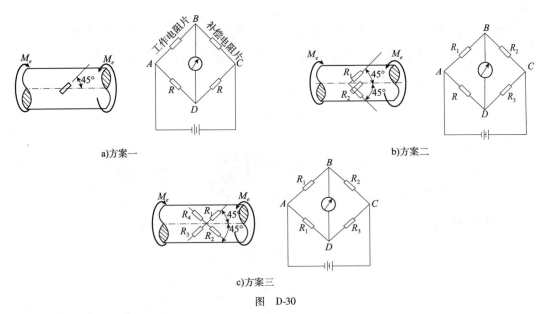

a)方案一   b)方案二

c)方案三

图 D-30

思考题 28-5 (1)能测出弯矩，$M = \dfrac{\varepsilon E W}{2}$；

(2)如果将电阻应变片 R_A 和 R_B 所在的桥臂，由相邻改为相对，则可测出轴力，$F_N = \dfrac{\varepsilon E A}{2}$。其中，$\varepsilon$ 为应变仪读数，W 和 A 分别为抗弯截面系数和横截面积，E 为弹性模量。

思考题 28-6 以半桥接法 [图 D-31a] 为例。单独测 F 时，可在靠近固定端处 [图 D-31b] 为俯视图] 上表面纵、横各贴一个应变片（尺寸 $b \geqslant 2R$），则有 $F = \dfrac{\varepsilon E W}{(1+\mu)a}$；单独测 M_e 时，可在杆中央附近上表面处斜贴两个应变片，则有 $M_e = \varepsilon G W_p$。其中，ε 为应变仪读数，E、μ 和 G 为弹性常数，W 和 W_p 为抗弯和抗扭截面系数。

思考题 28-8 示值误差是测定读数值与实际值之差，可用示值精度来表示。示值精度等于读数指示值乘以标定系数。在仪器量程的各个点上，一般讲示值精度并不相同，并且有正有负。示值精度的误差等于示值与标定器给定值之差。采用示值精度法需要参考标定

资料。满量程误差是按仪表最大量程时的绝对误差来标定,比如最大量程 100 格时误差 ±1 格,精度为 ±1%,而示值 50 格时,仍取满量程误差 ±1 格,精度则为 ±2%。因此,小量程读数的满量程精度较低。材料力学实验中的试验机和电阻应变仪采用示值精度法进行标定,而杠杆引伸计和电工、热工仪表一般采用满量程精度法进行标定。试验机与仪表的精度分级见表 D-3。

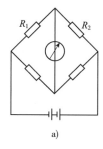
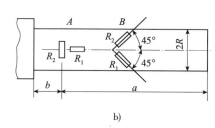

图 D-31

试验机与仪表的精度分级　　表 D-3

	A 级	B-1 级	B-2 级	C 级	D 级	E 级
示值精度	0.000 01	0.000 1	0.000 2	0.001	0.01	0.1
满量程精度	0.5 级	1 级		1.5 级	2 级	
	0.005	0.01		0.015	0.02	

D-2　习题答案和详解

第 16 章　压杆稳定

A 类型答案

习题 16-1　$I_y < I_x$,$F_{cr} = 215 \text{kN}$。

习题 16-2　(1) $W_{max} = \min\{W^{(1)}, W^{(2)}\} = \dfrac{3\pi^2 EI}{16}$;　(2) $h = 2\cot\alpha = 3.56 \text{m}$。

习题 16-3　$\dfrac{L_1}{L_2} = \sqrt{3}$,$\dfrac{(F_{cr})_1}{(F_{cr})_2} = \dfrac{\pi}{4}$。

习题 16-4　$\dfrac{L_1}{L_2} = 2.53$。

习题 16-5　(1) $F_{cr} = 116.6 \text{kN}$;

(2) $\dfrac{b}{h} = \dfrac{1}{2}$。

习题 16-6　$L_{min} = 0.88 \text{mm}$。

习题 16-7　$(F_1)_{cr} = 88.6 \text{kN}$,$(F_2)_{cr} = 190 \text{kN}$,结构的 $F_{cr} = 177.2 \text{kN}$。

习题 16-8　$(F_{BD})_{cr} = 157 \text{kN}$,结构的 $F_{cr} = 74 \text{kN}$。

习题 16-9　$(F_{CD})_{cr} = 309 \text{kN}$,结构的 $F_{cr} = 123.6 \text{kN}$。

习题 16-10　$(F_{AB})_{cr} = 269.4 \text{kN}$,结构的 $F_{cr} = 134.7 \text{kN}$。

习题 16-11　$(F_1)_{cr} > (F_2)_{cr}$,$(F_2)_{cr} = 110.2 \text{kN}$,结构的 $F_{cr} = 220.4 \text{kN}$。

习题 16-12　$(F_{CD})_{cr} = 60.6 \text{kN}$，结构的 $q_{cr} = 27.4 \text{kN/m}$。

习题 16-13　$(F_1)_{cr} = 180.5 \text{kN}$；$(F_2)_{cr} = 158.7 \text{kN}$，结构的 $[F] = 91.6 \text{kN}$。

习题 16-14　$n = \dfrac{(F_{CD})_{cr}}{F_{CD}} = 2.15 > n_{st}$　立柱 CD 满足稳定性要求。

习题 16-15　$n = \dfrac{(F_{AC})_{cr}}{F_{AC}} = 2.68 > n_{st}$。

习题 16-16　$(F_{AB})_{cr} = 82.9 \text{kN}$，结构的 $F_{cr} = 6.22 \text{kN}$。

习题 16-17　$[F_{BD}] = 37.03 \text{kN}$，结构的 $[F] = 13.09 \text{kN}$。

习题 16-18　$n_1 = \dfrac{(F_{AC})_{cr}}{F_{AC}} = 1.74 < n_{st}$，

$n_2 = \dfrac{(F_{BC})_{cr}}{F_{BC}} = 1.77 < n_{st}$，结构不稳定。

习题 16-19　AB 杆：$F^{(1)} = 174 \text{kN}$，BC 杆：$F^{(2)} = 77.77 \text{kN}$，

$[F] = \min\{F^{(1)}, F^{(2)}\} = 77.77 \text{kN}$。

习题 16-20　梁：$\sigma_{max} = 31.2 \text{MPa} < [\sigma]$；

压杆：$n = \dfrac{(F_{BD})_{cr}}{F_{BD}} = 5.38 > n_{st}$。结构安全。

B 类型答案

习题 16-21　$[Q] = 15.6 \text{kN}$。

习题 16-22　$q = \dfrac{50\pi^2 a^2 (3E_1 I_1 + 32 E_2 I_2 a)}{441 l^5}$。

习题 16-23　$[q] = 9.187 \times 10^{-8} Ea$。

习题 16-24　$[q] = 18.18 \text{kN/m}$。

习题 16-25　66℃。

习题 16-26　$(1)\ [F] = 32.28 \text{kN}$；$(2)\ [F] = 75.01 \text{kN}$。

习题 16-27　$F_{cr} = \dfrac{2\pi^2 EI}{l^2}$。

习题 16-28　$[F] = 13 \text{kN}$。

习题 16-29　$k = \dfrac{\pi^2 EI}{l^3}$。

习题 16-30　$[F] \leqslant 83.2 \text{N}$。

C 类型答案

习题 16-31　解：在处理失稳问题时，必须考虑受载时系统的变形。而对于简单的失稳问题则可用线性弹性力学方程求解。采用图 16-48 中的坐标系统，对于当前的例题，当柱在 z 方向位移 $w(x)$ 时，其挠度曲线的微分方程为

$$EI w''(x) = -M(x) \tag{1}$$

这里的 $M(x)$ 是

$$M(x) = -G[w(h) - w(x)] \tag{2}$$

于是由式(1)得到对于柱的两个区段的微分方程

$$0 \leqslant x < h_1: \qquad w'' + k_1^2 w = k_1^2 w(h) \tag{3a}$$

$$h_1 \leqslant x \leqslant h: \qquad w'' + k_2^2 w = k_2^2 w(h) \tag{3b}$$

其中
$$k_1 = \sqrt{\frac{G}{EI_1}} = \sqrt{\frac{64G}{E\pi d_1^4}} = 3.209 \times 10^{-3} \text{mm}^{-1} \tag{4a}$$

$$k_2 = \sqrt{\frac{G}{EI_2}} = \sqrt{\frac{64G}{E\pi(d_1^4 - d_2^4)}} = 3.731 \times 10^{-3} \text{mm}^{-1} \tag{4b}$$

方程式(3)的解为

$0 \leq x \leq h_1:$
$$w_1(x) = C_1 \sin k_1 x + C_2 \cos k_1 x + w(h) \tag{5a}$$

$h_1 \leq x \leq h:$
$$w_2(x) = C_3 \sin k_2 x + C_4 \cos k_2 x + w(h) \tag{5b}$$

为了确定常数 C_1、C_2、C_3、C_4 和柱子的侧向位移 $w(h)$,有下列几个几何条件可用

$$w_1(0) = 0, w'_1(0) = 0 \tag{6a}$$

$$w_1(h_1) = w_2(h_2), w'_1(h_1) = w'_2(h_1) \tag{6b}$$

$$w_2(h_1 + h_2) = w(h) \tag{6c}$$

将式(6)代入式(5)及其导数,得到下列线性方程组

$$C_2 = -w(h) \tag{7a}$$

$$C_1 = 0 \tag{7b}$$

$$C_2 \cos(k_1 h_1) - C_3 \sin(k_2 h_1) - C_4 \cos(k_2 h_1) = 0 \tag{8a}$$

$$-C_2 k_1 \sin(k_1 h_1) - C_3 k_2 \cos(k_2 h_1) + C_4 k_2 \sin(k_2 h_1) = 0 \tag{8b}$$

$$C_3 \sin[k_2(h_1 + h_2)] + C_4 \cos[k_2(h_1 + h_2)] = 0 \tag{8c}$$

此线性齐次方程组的解或者是无实际意义的 $C_2 = C_3 = C_4 = 0$,这在物理意义上,相当于未变形的杆轴的平衡位置;或者是一有实际意义的,即如梁的行列式 $D(h_1, h_2)$ 等于零,但仍为不定值的解。这意味着轴由原始的位置向侧向移动一定量。第二种情况属于本征值问题,由 $D = 0$ 可导出达到屈服极限时确定所要求的 h_2 值的方程。由式(8)得

$$\begin{vmatrix} \cos(k_1 h_1) & -\sin(k_2 h_1) & -\cos(k_2 h_1) \\ -k\sin(k_1 h_1) & -k_2\cos(k_2 h_1) & k_2\sin(k_2 h_1) \\ 0 & \sin[k_2(h_1 + h_2)] & \cos[k_2(h_1 + h_2)] \end{vmatrix} = 0 \tag{9}$$

演算后,$D = 0$,$[\cot(k_2 h_1) + \tan(k_2 h_1)][k_2 \cos(k_1 h_1) - k_1 \tan(k_2 h_2)] = 0$。
要满足此条件,必须

$$\tan(k_2 h_2) \tan(k_1 h_1) = \frac{k_2}{k_1} \tag{10}$$

将式(4)的数值代入,得

$$\tan(3.731 \times 10^{-3} h_2) \tan[3.209 \times 10^{-3}(h - h_2)] = 1.1627 \tag{11}$$

通过迭代,得到 h_2 的最小值为

$$h_2 = 300 \text{mm}$$

在这个钻孔深度时,杆将在外载荷 G 的影响下,开始弹性屈服。

习题 16-32 解:在弯矩[图 D-32a]

$$M(x) = -xF_V - [w(0) - w(x)]F_H \tag{1}$$

时,挠度曲线的微分方程为

$$EIw''(x) = -M(x) \tag{2}$$

对下列方程

$$EIw''(x) + F_H w(x) - xF_V = F_H w(0) \tag{3}$$

其通解为
$$w(x) = C_1 \sin kx + C_2 \cos kx + C_3 x + C_4 \tag{4}$$
为了确定积分常数，将式(4)代入式(3)，得
$$(F_H C_1 - EIC_1 k_2)\sin kx + (F_H C_2 - EIC_2 k^2)\cos kx +$$
$$(F_H C_3 - F_V)x + [F_H C_4 - F_H w(0)] = 0 \tag{5}$$
由于此式应对于自变量 x 的所有值均有效，各括号内的量均必须等于零。因此，首先得
$$C_3 = \frac{F_V}{F_H}, C_4 = w(0), k^2 = \frac{F_H}{EI} \tag{6}$$
积分常数 C_1 和 C_2 可由边界条件 $w(a) = 0$ 和 $w'(a) = 0$ 求得。利用式(4)，这两个条件成为
$$C_1 \sin(ak) + C_2 \cos(ak) + a\frac{F_V}{F_H} + w(0) = 0 \tag{7a}$$
$$C_1 k\cos(ak) - C_2 k\sin(ak) + \frac{F_V}{F_H} = 0 \tag{7b}$$
其解为
$$C_1 = -\left[a\frac{F_V}{F_H} + w(0)\right]\sin(ak) - \frac{F_V}{kF_H}\cos(ak) \tag{8a}$$
$$C_2 = -\left[a\frac{F_V}{F_H} + w(0)\right]\cos(ak) + \frac{F_V}{kF_H}\sin(ak) \tag{8b}$$
最后，由式(4)、式(6)和式(8)得到杆
$$w(0) = \frac{F_V}{F_H}\left[\frac{1}{k}\tan(ak) - a\right] \tag{9}$$
由此，得弹簧系数为
$$c = \frac{F_V}{w(0)}$$
$$= \frac{F_H}{\sqrt{\frac{EI}{F_H}}\tan\left(a\sqrt{\frac{F_H}{EI}}\right) - a} \tag{10}$$

上式随轴向力 F_H 而变。当临界屈服载荷 $(F_H)_{cr} = EI\pi^2/(4a^2)$ 时，$c = 0$，图 D-32b) 绘出了函数 $c = c(F_H)$ 的曲线。对于轴向不受载荷的悬臂梁，$F_H = 0$，因此 $c_0 = 3EI/a^3$，函数的曲线可以很精确地由直线 $c = c_0(1 - F_H/F_{cr})$ 近似地代替。

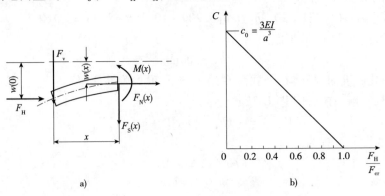

图 D-32

第17章 动 载 荷

A 类型答案

习题 17-1 $\sigma_d = 604\text{MPa}$。

习题 17-2 (1) $F_{N,d} = (Q + \gamma AL)\left(1 + \dfrac{a}{g}\right)$；

(2) $\sigma_d = \left[\dfrac{(Q + \gamma Ax)\left(1 + \dfrac{a}{g}\right)}{A}\right]$。

习题 17-3 索：$\sigma_d = 58\text{MPa}$；
梁：$\sigma_d = 88.47\text{MPa}$。

习题 17-4 $\sigma_d = \dfrac{Qa}{W}\left[1 + \sqrt{1 + \dfrac{3EIH}{2Qa^3}}\right]$。

习题 17-5 变截面杆[图17-44a)]：$\delta'_{st} = 1.5 \times 10^{-4}\text{mm}$；等截面杆[图17-44b)]：$\delta''_{st} = 3 \times 10^{-4}\text{mm}$。

$$\dfrac{K'_d}{K''_d} = \sqrt{\dfrac{\delta''_{st}}{\delta'_{st}}} = \sqrt{2}, \dfrac{\sigma'_d}{\sigma''_d} = \sqrt{2}。$$

习题 17-6 $\delta_{d,\max} = 74.4\text{mm}, \sigma_{d,\max} = 168.3\text{MPa}$。

习题 17-7 $\Delta_{st} = \dfrac{32Qa^3(3E + 4G)}{3\pi d^4 EG}, K_d = 1 + \sqrt{1 + \dfrac{2H}{\Delta_{st}}}$。

习题 17-8 $\delta_{st} = \dfrac{QL^3}{48EI} + \dfrac{QL}{4EA}, K_d = 1 + \sqrt{1 + \dfrac{2H}{\delta_{st}}}, \sigma_d = K_d \cdot \sigma_{st}$。

B 类型答案

习题 17-9 $\Delta_d \leq \delta, F_d = Q\left(1 + \sqrt{1 + \dfrac{2hk}{Q}}\right)$；

$\Delta_d > \delta, F_d = Q\left(1 + \sqrt{\left(1 + \dfrac{k\delta}{Q}\right)^2 + \dfrac{4hk}{Q}\left(1 - \dfrac{k\delta^2}{2hQ}\right)}\right)$。

其中，$k = \dfrac{48EI}{l^3}$。

习题 17-10 $\tau_{\max} = \dfrac{nR}{15d}\sqrt{\dfrac{\pi mG}{L-a}}$。

习题 17-11 $\alpha = \cos^{-1}\left(\dfrac{3g}{2L\omega^2}\right), M = \dfrac{Qx}{4L^2}(L-x)^2\sin\alpha$，

$x = \dfrac{L}{3}$ 时，$M_{\max} = \dfrac{QL}{27}\sin\alpha$。

习题 17-12 (1) $n = \dfrac{30}{\pi}\sqrt{\dfrac{3EA\delta}{\rho l^3}}$。

(2) $n^{(1)} = \dfrac{30}{\pi}\sqrt{\dfrac{3A}{\rho l^2}\left([\sigma] + \dfrac{\delta E}{l}\right)}, n^{(2)} = \dfrac{30}{\pi}\sqrt{\dfrac{6A}{\rho l^2}\left([\sigma] - \dfrac{\delta E}{l}\right)}, n = \min(n^{(1)}, n^{(2)})$。

(3) $\delta = \dfrac{l[\sigma]}{3E}$ 时，$n_{cr} = \dfrac{60}{\pi}\sqrt{\dfrac{A[\sigma]}{\rho l^2}}$。

习题 17-13 $M(x,\theta) = \dfrac{mgx}{4l^2}(l-x)^2 \sin\theta$,

$\theta = 90°, x = \dfrac{l}{3}$时,$M_{\max} = \dfrac{mgl}{27}$。

习题 17-14 $M_d = 3Fa\left(1 + \sqrt{1 + \dfrac{2hEI}{33Qa^3}}\right)$。

习题 17-15 $\sigma_{d,\max} = 12.08\text{MPa}$。

习题 17-16 $\sigma_{r3} = \dfrac{4\sqrt{73}}{\pi}\dfrac{Ql}{d^3}\left[1 + \sqrt{1 + \dfrac{\pi d^4 EG(2hg+v^2)}{2Ql^3 g(16E+13G)}}\right]$。

习题 17-17 $w = 0$。

习题 17-18 $H \leqslant 0.364\text{m}$。

习题 17-19 $(1)\sigma_1 = 2.12\dfrac{Fa}{W_z}\left(1+\sqrt{1+\dfrac{EI}{50Qa^2}}\right)$, $\sigma_3 = -0.118\dfrac{Qa}{W_z}\left(1+\sqrt{1+\dfrac{EI}{50Qa^2}}\right)$;

$(2)w_C = \dfrac{5.5Qa^3}{EI}\left(1+\sqrt{1+\dfrac{EI}{50Qa^2}}\right)$。

习题 17-20 $(1)\Delta_{st} = \dfrac{Ql^2}{48EI}$;

$(2)\sigma_{d,\max} = \dfrac{Ql}{4W}\left(1+\sqrt{1+\dfrac{48EI(v^2+gl)}{gQl^3}}\right)$。

习题 17-21 $\sigma_d = \dfrac{Q}{A}\left(1+v\sqrt{\dfrac{3EE_1 AI}{Qg(E_1 Al^3 + 3aEI)}}\right)$。

习题 17-22 $K_d = 42.8$,$(F_{N,d})_B = 2.3\text{kN}$,$(F_{N,d})_A = 49.03\text{kN}$。

习题 17-23 $v_0 = \dfrac{2\Delta}{5l}\sqrt{\dfrac{3EI}{ml}}$。

习题 17-24 $(1)K_d = 1 + \sqrt{1 + \dfrac{96EAIh}{mg(Al^3 + 24aI)}}$;

$(2)\sigma_d = K_d \dfrac{mgl}{4W}$;

$(3)h \leqslant \dfrac{5mg(l^3 + 24aI)}{6EIA}$。

C 类型答案

习题 17-25 解:(1)将该梁和集中质量视作一质量—弹簧系统,则其自由振动方程为

$$m\ddot{y} + ky = 0 \tag{1}$$

其中,k 是弹性常数,这里 $k = \dfrac{3EI}{l^3}$,方程式(1)可写为

$$\ddot{y} + \dfrac{3EI}{ml^3}y = 0 \tag{2}$$

令 $\omega_0 = \sqrt{\dfrac{3EI}{ml^3}}$,此即为梁的固有角频率。

(2)引入固有角频率,式(2)成为

$$\ddot{y} + \omega_0^2 y = 0 \tag{3}$$

它的通解为

$$y = A\cos\omega_0 t + B\sin\omega_0 t \tag{4}$$

其一阶导数为

$$\dot{y} = A\omega_0 \sin\omega_0 t + B\omega_0 \cos\omega_0 t \tag{5}$$

该问题的初始条件为

$$y(0) = -\delta, \dot{y}(0) = 0 \tag{6}$$

由第二个初始条件,得 $B = 0$;由第一个初始条件,得 $A = -\delta$。这样,得到质量块运动方程、速度方程和加速度方程分别为

$$y = -\delta\cos\omega_0 t$$
$$\dot{y} = \delta\omega_0 \sin\omega_0 t$$
$$\ddot{y} = \delta\omega_0^2 \cos\omega_0 t$$

质量块 m 惯性力大小为

$$m\ddot{y} = m\delta\omega_0^2 \cos\omega_0 t \tag{7}$$

其方向与加速度方向相反,由此产生的弯矩为

$$M(x,t) = -m\ddot{y}(l-x)$$
$$= -m\delta\omega_0^2(l-x)\cos\omega_0 t = -\frac{3EI\delta}{l^3}(l-x)\cos\omega_0 t \tag{8}$$

(3)在自由端集中力 F 的作用下,悬臂梁的挠曲线方程为

$$v = -\frac{Fx^2}{6EI}(3l-x)$$

现在,用质量块 m 的惯性力代替 F,得到梁的振动方程

$$v = -\frac{m\delta\omega_0^2 x^2}{6EI}(3l-x)\cos\omega_0 t \tag{9}$$

和梁的加速度方程

$$\ddot{v} = \frac{m\delta\omega_0^4 x^2}{6EI}(3l-x)\cos\omega_0 t \tag{10}$$

由此可见,梁上各点加速度的变化与挠度的变化规律是一致的,即越靠近自由端,加速度越大。沙粒跳离梁的条件是其加速度大于等于重力加速度,即 $|\ddot{v}|_{\max} = g$。在式(10)中令 $x = \eta$,便得到确定 η 的方程,即

$$\frac{m\delta\omega_0^4}{6EI}\eta^2(3l-\eta) = g \tag{11}$$

亦即

$$\eta^2(3l-\eta) = \frac{2mgl^6}{3EI\delta} \tag{12}$$

(4)总有沙粒跳离梁的条件是梁上加速度最大的地方的加速度大于等于重力加速度。显然,加速度最大的地方在自由端,因此,将 $\eta = l$ 代入式(12),得

$$\delta^* = \frac{mgl^3}{3EI}$$

第18章 材料的疲劳与断裂

A 类型答案

习题 18-1 $\sigma_{max}=120\text{MPa}, \sigma_{min}=-40\text{MPa}, \sigma_a=80\text{MPa}$,
$\sigma_m=40\text{MPa}, r=-\dfrac{1}{3}$。

习题 18-2 $r=0.67, \sigma_{max}=40\text{MPa}, \sigma_{min}=26.67\text{MPa}$,
$\sigma_m=33.3\text{MPa}, \sigma_a=6.67\text{MPa}$。

习题 18-3 $\sigma_{max}=80\text{MPa}, \sigma_a=60\text{MPa}$。

习题 18-4 (1) $\sigma_{max}=40\text{MPa}, \sigma_{min}=0, r=0$,脉冲循环;

(2) $\sigma_{max}=50\text{MPa}, \sigma_{min}=-50\text{MPa}, r=-1$,对称循环;

(3) $\sigma_{max}=40\text{MPa}, \sigma_{min}=40\text{MPa}, r=1$,静应力;

(4) $\sigma_{max}=70\text{MPa}, \sigma_{min}=-30\text{MPa}, r=-\dfrac{7}{3}$,非对称循环。

习题 18-5 $\sigma_{max}=75.48\text{MPa}, \sigma_{min}=-75.48\text{MPa}, r=-1$。

习题 18-6 图 18-4a): $r=0$;图 18-4b): $r=0.5$;

图 18-4c): $r=-0.5$;图 18-4d): $r=-1$。

习题 18-7 $n_\sigma=2.4>n=2$,安全。

习题 18-8 $r=5\text{mm}$。

习题 18-10 $n_\sigma=5.06>n=2.0$,安全。

习题 18-11 $n_{\sigma\tau}=3.44>n=2$,安全。

习题 18-12 $N_f=4.336\times10^5$ 次,$a_f=25.14\text{mm}$。

第19章 能量方法

A 类型答案

习题 19-1 $f_A=\dfrac{10}{3}\dfrac{Fa^3}{EI}$。

习题 19-2 $\theta_C=\dfrac{4}{3}\dfrac{M_e a}{EI}, \Delta_D=\dfrac{25}{6}\dfrac{M_e a^2}{EI}$。

习题 19-3 $\theta_{AC}=\dfrac{7}{12}\dfrac{qa^3}{EI}$。

习题 19-4 $f_C=\dfrac{1}{16}\dfrac{M_e L^2}{EI}$。

习题 19-5 $\Delta_{Ax}=2\sqrt{3}\dfrac{Fa}{EI}$。

习题 19-6 $\Delta_{Cx}=\dfrac{17}{24}\dfrac{qa^4}{EI}$。

习题 19-7 $\Delta_D=\dfrac{1}{8}\dfrac{M_e L^2}{EI}$。

习题 19-8 $\theta_A=2\dfrac{M_e a}{EI}, \Delta_{Ay}=2\dfrac{M_e a^2}{EI}, \Delta_{By}=\dfrac{1}{2}\dfrac{M_e a^2}{EI}$。

习题 19-9 $\Delta_{Ex} = \dfrac{2}{3}\dfrac{Fa^3}{EI}$。

习题 19-10 $\theta_B = \dfrac{4}{3}\dfrac{FL^2}{EI}$,$\Delta_B = \dfrac{5}{3}\dfrac{FL^2}{EI}$。

习题 19-11 $f_{Ay} = 10.25\text{mm}$。

习题 19-12 $\Delta_{Bx} = \dfrac{M_e a^2}{EI}$,$\Delta_{Cy} = \dfrac{1}{16}\dfrac{M_e a^2}{EI}$。

习题 19-13 $\Delta = \dfrac{2}{3}\dfrac{Fa^2}{EI}(2a+3h)$,$\theta = 0$。

习题 19-14 $\Delta_{Ay} = \dfrac{7}{24}\dfrac{qa^2}{EI}$,$\theta_B = \dfrac{1}{12}\dfrac{qa^2}{EI}$。

习题 19-15 $\Delta_{Cy} = -\dfrac{5}{8}\dfrac{M_e a^2}{EI}$。

习题 19-16 $\theta_B = \dfrac{5}{16}\dfrac{FL^2}{EI}$,$\Delta_{Ay} = \dfrac{5}{96}\dfrac{FL^3}{EI}$。

习题 19-17 $\theta_A = \dfrac{Fa^2}{EI}$,$\Delta_{By} = \dfrac{13}{12}\dfrac{Fa^3}{EI}$。

习题 19-18 $\Delta_{Ay} = \dfrac{2}{3}\dfrac{qL^4}{EI}$,$\theta_B = \dfrac{1}{3}\dfrac{qL^3}{EI}$。

习题 19-19 $\Delta_{Dy} = \dfrac{1}{6}\dfrac{M_e a^2}{EI}$,$\Delta_{Cx} = \dfrac{M_e a^2}{3EI}$,$\theta_C = \dfrac{1}{6}\dfrac{M_e a}{EI}$。

习题 19-20 $\Delta_{Bx} = \dfrac{1}{2}\dfrac{M_e a^2}{EI}$。

习题 19-21 $\theta_C = \dfrac{1}{6}\dfrac{qa^2}{EI}$。

习题 19-22 $\Delta_{Cy} = \dfrac{4}{343}\dfrac{FL^3}{EI} + \dfrac{1}{9}\dfrac{F}{k}(\downarrow)$。

习题 19-23 (1) $F = \dfrac{1}{8}\dfrac{qL^3}{a(a+L)}$;(2) $F = \dfrac{1}{4}\dfrac{qL^3}{a(3a+2L)}$。

习题 19-24 $f_A = \dfrac{11}{24}\dfrac{qa^4}{EI}$,$\theta_A = \dfrac{2}{3}\dfrac{qa^3}{EI}$。

习题 19-25 $v_D = \dfrac{4}{3}\dfrac{FL^3}{EI}(\downarrow)$,$\theta_B = \dfrac{FL^2}{EI}$。

习题 19-26 $F_B = \dfrac{F}{2}\dfrac{a^2(3L-a)}{L^3}(\downarrow)$。

B 类型答案

习题 19-27 $\Delta V = \dfrac{FL}{E}(1-2\mu)$,减小。

习题 19-28 $\Delta A = \dfrac{Fa}{E}(1-\mu)$,减小。

习题 19-29 $\Delta_{Bx} = \dfrac{1}{2}\dfrac{FR^3}{EI}(\rightarrow)$,$\Delta_{By} = \dfrac{\pi}{4}\dfrac{FR^3}{EI}(\downarrow)$,$\Delta_B = \dfrac{\sqrt{4+\pi^2}}{4}\dfrac{FR^3}{EI}$。

习题 19-30　$\theta_{AB} = \dfrac{M_e L}{EI}, \theta_A = -\dfrac{1}{2}\dfrac{M_e L}{EI}$。

习题 19-31　$\Delta_{AB} = 3\pi \dfrac{FR^3}{EI}(\updownarrow)$。

习题 19-32　$\Delta_{AB} = \dfrac{\pi FR^3}{EI} + \dfrac{3\pi FR^3}{GI_p}(\updownarrow)$。

习题 19-33　$\Delta_{Ey} = \dfrac{17}{48}\dfrac{Fa^3}{EI}(\downarrow)$。

习题 19-34　$\Delta_{Cy} = -5\dfrac{\alpha a\,(h+3a)}{h} = -0.93\,\text{cm}(\uparrow)$。

习题 19-35　$(1)\,\Delta_{Ay}=0$；$(2)\,\Delta_{Ax}=2\dfrac{FL}{EI}+\alpha\Delta TL(\rightarrow)$。

习题 19-36　$\theta_A = \dfrac{ma}{3EI}, \Delta_D = \dfrac{ma^2}{6EI}(\downarrow)$

习题 19-37　$M\big|_{\max} = M\big|_{\theta=\pi} = 2PR = \dfrac{2eEI}{3\pi R^2}$

习题 19-38　$\theta_{CD} = \dfrac{121}{4}\dfrac{FL^2}{EI}$。

习题 19-39　$\Delta_{BD} = -\dfrac{4+\sqrt{2}}{2}\dfrac{FL}{EA}$。

C 类型答案

习题 19-40　解：采用卡氏的能量法。

根据卡氏第二定理，杆在外力 F_1 作用点处在其作用线方向的变形 w_1 为

$$w_1 = \frac{\partial U_\varepsilon}{\partial F_1} \tag{1}$$

此定理有效的前提是力与变形之间是线性关系。在轴内所储存的全部变形能由弯曲变形和剪切变形两部分所组成。由于在一段梁问题的情况且下由切应力引起变形可忽略不计,在这里我们可只考虑弯曲。

$$U_\varepsilon = \frac{1}{2}\int_0^c \frac{M^2(x)}{EI_y(x)}\mathrm{d}x \tag{2}$$

在计算能量积分以前，最好先按照式（1）将偏微分算出

$$w_1 = \int_0^c \frac{M}{EI_y(x)} \cdot \frac{\partial M(x)}{\partial F_1}\mathrm{d}x \tag{3}$$

由于支座约束力

$$F_{Az} = -\frac{17}{14}F_1 - \frac{4}{7}F_2,\ F_{Bz} = \frac{3}{14}F_1 - \frac{3}{7}F_2 \tag{4}$$

三个受载分段的弯曲力矩为

$0 \leqslant x \leqslant a: M(x) = -F_1 x, \dfrac{\partial M}{\partial F_1} = -x;$

$a \leqslant x \leqslant c: M(x) = \left(\dfrac{3}{14}F_1 + \dfrac{4}{7}F_2\right)x - \left(\dfrac{17}{14}F_1 + \dfrac{4}{7}F_2\right)a,\ \dfrac{\partial M}{\partial F_1} = \dfrac{3}{14}x - \dfrac{17}{14}a;$

$$c \leqslant x \leqslant e: M(x) = \left(\frac{3}{14}F_1 + \frac{4}{7}F_2\right)(e-x), \frac{\partial M}{\partial F_1} = -\frac{3}{14}(e-x)。$$

将积分式(3)分段算出

$$w_1 = \frac{1}{EI_1}\left\{\int_0^a F_1 x^2 \mathrm{d}x + \int_a^b \left[\left(\frac{3}{14}F_1 + \frac{4}{7}F_2\right)x - \left(\frac{17}{14}F_1 + \frac{4}{7}F_2\right)a\right]\left(\frac{3}{14}x - \frac{17}{14}a\right)\mathrm{d}x\right\} +$$

$$\frac{1}{EI_2}\left\{\int_b^c \left[\left(\frac{3}{14}F_1 + \frac{4}{7}F_2\right)x - \left(\frac{17}{14}F_1 + \frac{4}{7}F_2\right)a\right]\left(\frac{3}{14}x - \frac{17}{14}a\right)\mathrm{d}x + \right.$$

$$\left.\int_c^d \frac{3}{14}\left(\frac{3}{14}F_1 - \frac{3}{7}F_2\right)(e-x)^2\mathrm{d}x\right\} + \frac{1}{EI_1}\int_d^e \frac{3}{14}\left(\frac{3}{14}F_1 - \frac{3}{7}F_2\right)(e-x)^2\mathrm{d}x$$

具体数值为

$$w_1 = 0.067 \mathrm{mm}$$

第 20 章　能量方法的进一步研究

A 类型答案

习题 20-1　$\Pi = -\dfrac{q^2 l^5}{40EI}$。

习题 20-2　$\delta_{12} = \dfrac{Fl}{EA(1+2\cos^3\alpha)}, \delta_{13} = \dfrac{Fl\cos\alpha}{EA(1+2\cos^3\alpha)}$；

$F_{N,12} = \dfrac{F}{1+2\cos^3\alpha}, F_{N,13} = \dfrac{F\cos^2\alpha}{1+2\cos^3\alpha}$；

$\sigma_{12} = \dfrac{F}{(1+2\cos^3\alpha)A}, \sigma_{13} = \dfrac{F\cos^2\alpha}{(1+2\cos^3\alpha)A}$。

习题 20-3　$\Pi = 0.768\dfrac{F^2 l}{EA}$。

习题 20-4　$F_{N,ae} = \dfrac{8F_1 - 2\sqrt{3}F_2}{13}, F_{N,be} = \dfrac{3\sqrt{3}F_1 + F_2}{13}$，

$F_{N,ce} = \dfrac{F_1 + 3\sqrt{3}F_2}{13}, F_{N,de} = -\dfrac{2\sqrt{3}F_1 - 8F_2}{13}$。

习题 20-5　$\Pi = -\dfrac{7F^2 a^2 (3l+a)(l-a)^3}{120 l^3 EI}$。

习题 20-6　$F_{cr} = \dfrac{21EI}{l^2}$，误差 4.01%。

B 类型答案

习题 20-7　$f(x) = \sum\limits_{k=1,3,\cdots}^{\infty} \dfrac{4ql^4}{EI\pi^5 k^5 + \pi\lambda l^4 k}\sin\dfrac{k\pi x}{l}$。

习题 20-8　$v = \dfrac{Fl}{EA(1+2\cos^3\alpha)}$。

习题 20-9　$U_\varepsilon^* = \dfrac{3}{4}F_1\delta_1$。

习题 20-10　$U_\varepsilon^* = \dfrac{F_1^2 L}{4AE_2 \sin^2\theta} + 2LA\left(\dfrac{F_1\sigma_s}{2A\sin\theta} - \dfrac{\sigma_s^2}{2}\right)\left(\dfrac{1}{E_1} - \dfrac{1}{E_2}\right)$。

习题 20-11 $F_{cr} = \dfrac{2.5EI}{l^2}$。

习题 20-12 (1) $F_{cr} = \dfrac{12EI}{l^2}$；(2) $F_{cr} = \dfrac{\pi^2 EI}{l^2}$。

习题 20-13 $W_e = \dfrac{2LF^3}{3C^2 A^2}$。

习题 20-14 $\theta_A = -\dfrac{5q^2 L^5}{24C^2 b^2 h^5},\ \theta_B = \dfrac{5q^2 L^5}{24C^2 b^2 h^5}$。

习题 20-15 $\Delta_{By} = \dfrac{F^2 L}{C^2 A^2} \cdot \dfrac{1+\cos^4\alpha}{\sin^3\alpha \cdot \cos\alpha}\ (\downarrow)$。

习题 20-16 $f = \dfrac{\alpha(3-4\alpha^2)}{240\sqrt{0.01+\alpha^2}} \dfrac{F_N L^3}{EI}$。

习题 20-18 $\Delta l = 2\mu q/E$。

习题 20-19 $y_2(\xi) = \dfrac{q\xi^2}{48EI}(2\xi^2 - 5l\xi + 3l^2)$。

习题 20-21 $h = \dfrac{\pi-2}{\pi}R - \dfrac{\pi^2 - 6}{24\pi}\dfrac{R^3 mg}{EI}$。

习题 20-22 $\Delta R = \dfrac{1-\mu}{4E}\rho\omega^2 R^3$。

习题 20-23 $\Delta n = \dfrac{64}{\pi}\dfrac{MRn}{Ed^4}$。

习题 20-26 $\omega_{cr} = \sqrt{\dfrac{3EI}{ml^3}}$。

习题 20-27 $\dfrac{2\alpha^2}{1+\alpha^2} \times 100\%$。

C 类型答案

习题 20-28 解法一：应用单位载荷法。

由对称性，可只考虑半个圆环[图 D-33a)]，由惯性离心力引起的圆环内截面 φ 的弯矩为

$$M = \int_0^\varphi R\sin(\varphi-\theta)\,\mathrm{d}Q$$
$$= \int_0^\varphi R\sin(\varphi-\theta)\dfrac{m}{2\pi R}R^2\omega^2\,\mathrm{d}\theta = \dfrac{mR^2\omega^2}{2\pi}(1-\cos\varphi)$$

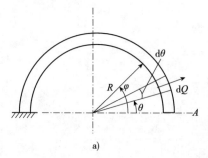
a)
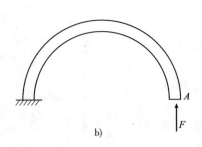
b)

图 D-33

因为是薄圆环，且平面假设仍然成立，故可以应用直梁的分析方法，有

$$\varepsilon = \frac{y}{\rho}$$

中性轴 Oz 通过横截面形心，ε 为横截面上至中性轴距离为 y 的点正应变，$1/\rho$ 为薄圆环曲率增量。设

$$y = \frac{t}{2} \text{时}, \varepsilon = \varepsilon_1$$

于是

$$M = \iint_A \sigma y dA = 2\int_0^{t/2} \sigma y b dy = 2bB\rho^2 \int_0^{\varepsilon_1} \varepsilon^{\frac{3}{2}} d\varepsilon$$

将 $\varepsilon_1 = t/(2\rho)$ 代入，得

$$M = \frac{\sqrt{2}}{10} bBt^2 \rho \sqrt{\rho t}$$

所以

$$\frac{1}{\rho} = \frac{50M^2}{b^2 B^2 t^5} = \frac{50}{b^2 B^2 t^2} \left(\frac{mR^2\omega^2}{2\pi}\right)^2 (1-\cos\varphi)^2$$

由单载荷法 $\delta = \int \overline{M} d\theta$，其中 $\overline{M}$ 是由相应于位移 δ_1 的单位载荷使结构产生的虚弯矩

$$\overline{M} = R(1-\cos\varphi)$$

又

$$d\theta = \frac{ds}{\rho} = \frac{Rd\varphi}{\rho}$$

所以 A 处的相对位移

$$\delta = 2\int_0^\pi \frac{50R^6 m^2 \omega^4}{b^2 B^2 t^5 (2\pi)^2} (1-\cos\varphi)^2 d\varphi = \frac{125R^6 m^2 \omega^4}{2\pi b^2 B^2 t^5}$$

解法二：应用 Grotti-Engsser 定理，即余能原理

$$\delta = \frac{\partial U_\varepsilon^*}{\partial F}$$

考虑半圆环[图 D-33b)]，为求半圆环 A 处的竖直向上的位移 δ_A，可在 A 点加一力 F，于是，圆环截面 φ 的弯矩为

$$M = FR(1-\cos\varphi) + \int_0^\varphi R\sin(\varphi-\theta) \frac{m\omega^2}{2\pi} Rd\theta$$

$$= \frac{R}{2\pi}(2\pi F + mR\omega^2)(1-\cos\varphi) \tag{1}$$

由解法一中求得

$$\frac{1}{\rho} = \frac{50M^2}{b^2 B^2 t^5}$$

将式(1)代入式(2)后得

$$\frac{1}{\rho} = \frac{25R^2}{\pi b^2 B^2 t^5}(2\pi F + mR\omega^2)^2 (1-\cos\varphi)^2 \tag{2}$$

由已知条件，可以略去轴力和剪力的影响，得

$$\sigma = B\sqrt{\varepsilon} = B\sqrt{\frac{y}{\rho}} \tag{3}$$

将式(2)代入式(3),得

$$\sigma = \frac{5\sqrt{2}R}{2\pi b t^{\frac{5}{2}}}(2\pi F + mR\omega^2)(1-\cos\varphi)y^{1/2}$$

单位体积内的余能为

$$u_\varepsilon^* = \int_0^\sigma \varepsilon \mathrm{d}\sigma = \int_0^\sigma \frac{\sigma^2}{B^2}\mathrm{d}\sigma = \frac{\sigma^3}{3B^2}$$

$$= \frac{125\sqrt{2}R^3}{12\pi^3 B^2 b^3 t^{\frac{15}{2}}}(2\pi F + mR\omega^2)^3(1-\cos\varphi)^3 y^{\frac{3}{2}} \tag{4}$$

半个圆环的余能为

$$U_\varepsilon^* = \iiint_V u_\varepsilon^* \mathrm{d}V = \int_0^\pi \left(2\int_0^{\frac{t}{2}} u_\varepsilon^* b\mathrm{d}y\right)R\mathrm{d}\varphi \tag{5}$$

将式(4)代入式(5)并求出积分值,得

$$U_\varepsilon^* = \frac{125\pi R^4}{3B^2 b^2 t^5}\left(F + \frac{m\omega^2}{2\pi}R\right)^2$$

因此

$$\delta_A = \frac{\partial U_\varepsilon^*}{\partial F}\bigg|_{F=0} = \frac{125 m^2 R^6 \omega^4}{\pi B^2 b^2 t^5}$$

由对称性可知,整个圆环在 A 处的相对位移为 δ_A 的两倍,即得与解法一同样的结果:

$$\delta = \frac{125 R^6 m^2 \omega^4}{2\pi b^2 B^2 t^5}$$

第 21 章　超静定结构

A 类型答案

习题 21-1　$\Delta_B = 8.33\text{mm}(\downarrow)$。

习题 21-2　$\Delta_{By} = \dfrac{19}{69}\dfrac{FL^3}{EI}(\downarrow)$。

习题 21-3　$F_B = \dfrac{3}{8}qL$。

习题 21-4　$M_A = \dfrac{1}{8}qL^2$。

习题 21-5　$F_A = \dfrac{9}{8}\dfrac{M_e}{L}$。

习题 21-6　$F_{Ax} = \dfrac{1}{2}\dfrac{M_e}{L}, F_{Ay} = \dfrac{1}{2}\dfrac{M_e}{L}, F_{Cx} = -\dfrac{1}{2}\dfrac{M_e}{L}, F_{Cy} = -\dfrac{1}{2}\dfrac{M_e}{L}$。

习题 21-7　$\Delta_{Cy} = \dfrac{7}{12}\dfrac{FL^3}{EI}(\downarrow)$。

习题 21-8　$F_{Ax} = -F, F_{Ay} = -\dfrac{3}{32}F, M_A = \dfrac{13}{32}Fa, F_C = \dfrac{3}{32}F$。

A 处:$M_{\max}^{(-)} = \dfrac{13}{32}Fa$

习题 21-9　$F_{Bx} = -0.89\text{kN}$,中间截面:$M_{\max} = 10.7\text{kN}\cdot\text{m}$。

习题 21-10 $F_E = \frac{1}{6}F$，A 处：$M_{\max}^{(-)} = \frac{5}{6}Fa$。

习题 21-11 $F_B = -\frac{1}{10}F$，A 处：$M_{\max}^{(-)} = FL$。

习题 21-12 $F_{Ax} = \frac{1}{16}qa$，$F_{Ay} = \frac{9}{16}qa$，$F_{Bx} = -\frac{1}{16}qa$，$F_{By} = \frac{7}{16}qa$。

习题 21-13 $F_C = \frac{5}{16}F$，D 处：$M_{\max} = \frac{5}{16}FL$。

B 类型答案

习题 21-14 $M_C = -M_A$；$\Delta = \frac{1}{144}\frac{FL^3}{EI}$，$F_{\max} = 6\frac{[\sigma]W}{L^3}$。

习题 21-15 中间截面：弯矩 $X_1 = -94.2\alpha EI$。

习题 21-16 $X_1 = \dfrac{\dfrac{M_e b^2}{GI_p} + \alpha \Delta TL}{\dfrac{3b^3}{EI} + \dfrac{2b^3}{GI_p} + \dfrac{L}{EA}}$。

习题 21-17 中间截面 C：轴力 $X_1 = \dfrac{4\pi}{\pi^2-8}\dfrac{\alpha\Delta tEI}{a^2}$，弯矩 $X_2 = \dfrac{4(\pi-2)}{\pi^2-8}\dfrac{\alpha\Delta tEI}{a}$。

习题 21-18 $\sigma_{r3} = 22.3\text{MPa}$。

习题 21-19 $F_N = \dfrac{T\alpha(L+2R) - \dfrac{FR^3}{EI}}{\dfrac{\pi R^3}{2EI} + \dfrac{L}{EA}}$。

习题 21-20 $\Delta_{AB} = 0$。

习题 21-21 $\delta_{CD} = 4.22 \times 10^{-2}\dfrac{FR^3}{EI}$，$k = 23.7\dfrac{EI}{R^3}$。

习题 21-22 $\sigma_{\max} = 6\dfrac{Etr}{L^2}$。

习题 21-23 $M_1 = \dfrac{Fl}{7}$，$M_2 = -\dfrac{Fl}{14}$。

习题 21-24 $M_B = \dfrac{22}{225}qa^2$，$M_{C(-)} = -\dfrac{118}{225}qa^2$。

习题 21-25 $\dfrac{M_{i-1}l_i}{I_i} + 2M_i\left(\dfrac{l_i}{I_i} + \dfrac{l_{i+1}}{I_{i1}}\right) + \dfrac{M_{i+1}l_{i+1}}{I_{i1}} = -6E(\alpha'_i - \alpha''_i)$

其中，$\alpha'_i = \dfrac{\delta_i - \delta_{i-1}}{l_i}$，$\alpha''_i = \dfrac{\delta_{i+1} - \delta_i}{l_{i+1}}$。

习题 21-26 $\sigma_{\max} = 125\text{MPa}$。

习题 21-27 $\theta_B = \dfrac{qL^3}{48EI}$（逆时针），$M_A = \dfrac{qL^2}{8}$（逆时针），

$F_A = \dfrac{5}{8}qL(\uparrow)$，$F_B = \dfrac{3}{8}qL(\uparrow)$。

C 类型答案

习题 21-28 解:在计算超静定支承系统的支座约束力时,除平衡条件外,还需要根据 Menebera 定理得到的附加方程。为此,将该系统在支座处自由切开,然后确定与包括在切断处的约束力在内的全部外力有关的变形能 U_ε。切断处的约束力($i=1,2\cdots,n$)的值应使变形能值极小。由此,得到 n 个附加方程

$$\frac{\partial U_\varepsilon}{\partial F_{\mathrm{R}\,i}} = 0 \quad (i=1,2,\cdots,n) \tag{1}$$

当图 21-52 的轴在支座 A 被自由切断时,该处的尚未知的支座约束力矩为 M_{Ax}。于是扭转矩为

$$T(x) = -M_{Ax}\{x\}^0 - M_\mathrm{e}\{x-a-b\}^0 \tag{2}$$

扭转变形能 U_ε 为

$$V = \frac{1}{2}\int_0^L \frac{M_t^2(x)}{GI_p(x)}\mathrm{d}x \tag{3}$$

由式(1)和式(2)并注意到被积函数的不连续处,得

$$\begin{aligned}\frac{\partial U_\varepsilon}{\partial M_{Ax}} &= \int_0^L \frac{T(x)}{GI_p(x)}\frac{\partial T(x)}{\partial M_{Ax}}\mathrm{d}x\\ &= \frac{1}{GI_{\mathrm{p}1}}\int_0^a M_{Ax}\mathrm{d}x + \frac{1}{GI_{\mathrm{p}2}}\int_a^{a+b} M_{Ax}\mathrm{d}x + \frac{1}{GI_{\mathrm{p}2}}\int_{a+b}^{a+b+c}(M_{Ax}+M_\mathrm{e})\mathrm{d}x = 0\end{aligned} \tag{4}$$

由此,得到在 A 处的支座约束力矩

$$M_{Ax} = -M_\mathrm{e}\frac{I_{\mathrm{p}1}c}{I_{\mathrm{p}2}a + I_{\mathrm{p}1}(b+c)} = -M_\mathrm{e}\frac{cd_1^4}{ad_2^4 + (b+c)d_1^4} \tag{5}$$

在支座 B 处的支座约束力矩可以由平衡条件求得

$$M_{Bx} = -M_{Ax} - M_\mathrm{e} = -M_\mathrm{e}\frac{ad_2^4 + bd_1^4}{ad_2^4 + (b+c)d_1^4}$$

习题 21-29 解:(1)将系统切断,得自由体其平衡条件为

$$F_{AH} = F_{BH}, F_{AV} = F_{BV} = \frac{1}{2}F \tag{1}$$

由图 D-34a)和式(1),可从桁架节点的平衡条件得到各杆力 $F_{\mathrm{N},i}$

$$F_{\mathrm{N}1} = F_{\mathrm{N}2} = -\frac{1}{\sqrt{3}}F_{BH} - \frac{1}{2}F \tag{2a}$$

$$F_{\mathrm{N}3} = \frac{1}{\sqrt{3}}F_{BH} + \frac{1}{2}F \tag{2b}$$

$$F_{\mathrm{N}4} = F_{\mathrm{N}5} = -\frac{1}{\sqrt{3}}F_{BH} + \frac{1}{2}F \tag{2c}$$

由于杆 $F_{\mathrm{N},i}$ 中的拉力或压力在全系统中所储存的变形能可写成包括支座约束力的外部载荷系统的关系

$$U_\varepsilon = \frac{1}{2}\int_0^L \frac{F_N^2(x)}{EA}\mathrm{d}x = \frac{1}{2EA}\sum_{i=1}^5 F_{\mathrm{N},i}^2 L_i \tag{3}$$

当支座约束力 F_{BH} 是其实际应具有的值时,此式应为极值(Menebera 定理),于是得到附加方程

$$\frac{\partial U_\varepsilon}{\partial F_{BH}} = \frac{1}{EA}\sum_{i=1}^{5} F_{N,i} L_i \frac{\partial F_{N,i}}{\partial F_{BH}} = 0 \qquad (4)$$

由式(2)和式(4)得

$$\frac{L}{EA}\left[\sqrt{3}\left(\frac{1}{\sqrt{3}}F_{BH}+\frac{1}{2}F\right)+\frac{2}{\sqrt{3}}\left(\frac{1}{\sqrt{3}}F_{BH}-\frac{1}{2}F\right)\right]=0$$

$$F_{BH} = \frac{\sqrt{3}}{10}F \qquad (5)$$

并由此得

$$F_{N1} = F_{N2} = -\frac{2}{5}F, \quad F_{N3} = \frac{2}{5}F, \quad F_{N4} = F_{N5} = \frac{3}{5}F$$

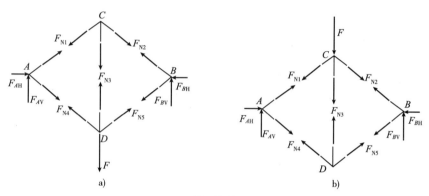

图 D-34

(2) 如 F 作用在点 C [图 D-34b)],则方程式(2)将改为

$$F_{N1} = F_{N2} = -\frac{1}{\sqrt{3}} F_{BH} - \frac{1}{2} F \qquad (6a)$$

$$F_{N3} = \frac{1}{\sqrt{3}} F_{BH} + \frac{1}{2} F \qquad (6b)$$

$$F_{N4} = F_{N5} = -\frac{1}{\sqrt{3}} F_{BH} + \frac{1}{2} F \qquad (6c)$$

于是由式(4)得

$$\frac{L}{EA}\left[\frac{2}{\sqrt{3}}\left(\frac{1}{\sqrt{3}}F_{BH}+\frac{1}{2}F\right)+\sqrt{3}\left(\frac{1}{\sqrt{3}}F_{BH}-\frac{1}{2}F\right)\right]=0$$

$$F_{BH} = \frac{\sqrt{3}}{10}F$$

$$F_{N1} = F_{N2} = -\frac{3}{5}F, \quad F_{N3} = -\frac{2}{5}F, \quad F_{N4} = F_{N5} = \frac{2}{5}F$$

习题 21-30 解:(1) 无铰链并封闭的圆环为一内部超静定系统。因此仅平衡条件不足以确定截面力。超静定截面力可以用(Menebera 定理)算出。截面力 $F_{R,i}$ ($i=1,2,\cdots,n$) 的值应截面处两边不分离。于是得到

$$\frac{\partial U_\varepsilon}{\partial F_{R,i}} = 0 \quad (i=1,2,\cdots,n) \qquad (1)$$

变形能 U_ε 应是所有包括在截面处显出的截面力在内的全部外力的函数。我们取截面

时要尽可能少出现未知的内力,以便使线性方程数目少些。在目前情况下,最为有利的是在与载荷平面垂直的对称平面处将环切断[图 D-35a)]。在此截面处,剪力 $F_S(\varphi=0) = F_{S\,0} = 0$。这是因为截面两侧不应相互错动。对于法向力则存在平衡条件 $F_N(\varphi=0) = N_0 = F/2$,弯矩 $M(\varphi=0)$ 可由式(1)求出。在变形能 U_ε 式中,可将法向力和剪力引起的变形能部分与变曲部分相比较,予以省略

$$U_\varepsilon \approx U_M = \frac{1}{2}\int_0^L \frac{M^2(s)}{EI}\mathrm{d}s = \frac{r}{2}\int_0^{2\pi} \frac{M^2(\varphi)}{EI}\mathrm{d}\varphi \tag{2}$$

在此处,用角 φ 代替长度坐标 s,即 $s = r\varphi$。

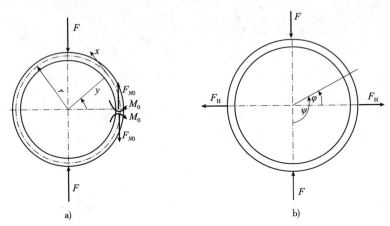

图 D-35

由式(1)和式(2)得在截面处的弯矩 M_0 为

$$\frac{\partial U_\varepsilon}{\partial M_0} = r\int_0^{2\pi} \frac{M(\varphi)}{EI}\frac{\partial M(\varphi)}{\partial M_0}\mathrm{d}\varphi = 0 \tag{3}$$

其中

$$-\frac{\pi}{2} \leq \varphi \leq \frac{\pi}{2} : M(\varphi) = M_0 + \frac{1}{2}Fr(1-\cos\varphi) \tag{4a}$$

$$\frac{\pi}{2} \leq \varphi \leq \frac{3}{2}\pi : M(\varphi) = M_0 + \frac{1}{2}Fr(1+\cos\varphi) \tag{4b}$$

将式(4)代入式(3)并分段算出积分,于是得

$$\frac{\partial U_\varepsilon}{\partial M_0} = \frac{r}{EI}[M_0 2\pi + Fr(\pi-2)] = 0$$

$$M_0 = -\frac{\pi-2}{2\pi}Fr \tag{5}$$

如果利用载荷在四个象限的对称关系,则还可以更简便地推导出上述关系。于是由

$$\frac{\partial U_\varepsilon}{\partial M_0} = \frac{4r}{EI}\int_0^{\frac{\pi}{2}}\left[M_0 + \frac{1}{2}Fr(1-\cos\varphi)\right]\mathrm{d}\varphi$$

$$= \frac{4r}{EI}\left[M_0\frac{\pi}{2} + \frac{1}{2}Fr\left(\frac{\pi}{2}-1\right)\right] = 0$$

可直接得到式(5)。

用现在所得到的,在截面 $\varphi = 0$ 处的截面力,可推知式(4)的环的弯矩分布为

$$M(\varphi) = Fr\left(\frac{1}{\pi} - \frac{1}{2}|\cos\varphi|\right) \quad (0 \leq \varphi < 2\pi) \tag{6}$$

此函数绘制于图 D-36 上,在受力点处 $\left(\varphi=\dfrac{\pi}{2}\text{和}\varphi=\dfrac{3\pi}{2}\right)$,它的值最大为

$$M_{\max} = 0.3183Fr \tag{7}$$

有趣的是与习题 11-14(对于由三个相同的、用铰链连接的单元所组成的环)的结果相比较[图 D-37a)]。在最有利受载时[图 D-37b)]

$$M_{\max} = 0.3333Fr$$

在最不利受载时[图 D-37c)]

$$M_{\max} = 0.5774Fr$$

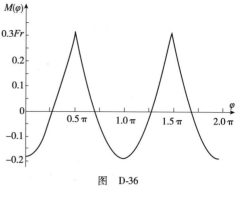

图 D-36

(2)如果在变形能中只考虑弯曲应力的作用时,则根据卡氏第一定理,在两个相对的力作用下,其作用点的位移 f_F 为

$$f_{\mathrm{F}} = \frac{\partial U_\varepsilon}{\partial F} = \frac{\partial}{\partial F}\left[\frac{1}{2}\int_0^L \frac{M^2(s)}{EI}\mathrm{d}s\right] = r\int_0^{2\pi} \frac{M(\varphi)}{EI}\cdot\frac{\partial M(\varphi)}{\partial F}\mathrm{d}\varphi \tag{8}$$

利用力矩函数式(6),由此得

$$\begin{aligned}f_{\mathrm{F}} &= 4\frac{Fr^3}{EI}\int_0^{2\pi}\left(\frac{1}{\pi}-\frac{1}{2}\cos\varphi\right)^2\mathrm{d}\varphi\\ &= \frac{(\pi^2-8)Fr^3}{4\pi EI} = 0.1488\frac{Fr^3}{EI}\end{aligned} \tag{9}$$

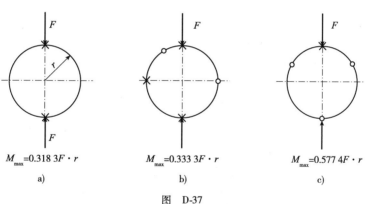

$M_{\max}=0.3183F\cdot r$ $M_{\max}=0.3333F\cdot r$ $M_{\max}=0.5774F\cdot r$

a)   b)   c)

图 D-37

注:×表示最大弯矩点。

(3)在求一个结构某一非受力点的位移时,必须首先在该点引入一沿着位移方向作用的辅助力 F_H[图 D-35b)],这时只要在最终结果中使 $F_\mathrm{H}=0$,即可使用卡氏定理按照上述方式求得位移 f_H,对于给定的情况:

$$f_{\mathrm{H}} = \left[\frac{\partial U_\varepsilon(F,F_\mathrm{H})}{\partial F_\mathrm{H}}\right]_{F_\mathrm{H}=0} = \left[r\int_0^{2\pi} \frac{M(\varphi)}{EI}\cdot\frac{\partial M(\varphi)}{\partial F_\mathrm{H}}\mathrm{d}\varphi\right]_{F_\mathrm{H}=0} \tag{10}$$

弯矩 $M(\varphi)$ 可由叠加原理得

$$M(\varphi) = M(F,\varphi) + M(F_\mathrm{H},\varphi) \tag{11}$$

由式(6)知

$$M(F,\varphi) = Fr\left(\frac{1}{\pi}-\frac{1}{2}|\cos\varphi|\right) \quad (0\leqslant\varphi\leqslant 2\pi) \tag{12}$$

参照图 D-35b),立即由式可给出 $M(F_H,\varphi)$,这时只要考虑到 F_H 作用方向对于 F 是转动了 $\varphi = \pi/2$,并且要将其符号反过来

$$M(F_H,\varphi) = -F_H r\left(\frac{1}{\pi} - \frac{1}{2}|\cos\varphi|\right)$$

其中,$\psi - \frac{\pi}{2} = \varphi$,于是

$$M(F_H,\varphi) = -F_H r\left(\frac{1}{\pi} - \frac{1}{2}|\sin\varphi|\right) \quad (0 \leq \varphi \leq 2\pi) \tag{13}$$

最后,由式(10)、式(12)和式(13)得

$$f_H = -\frac{4r^3}{EI}\left\{\int_0^{2\pi}\frac{1}{2\pi}[F(2-\pi\cos\varphi) - F_H(2-\pi\sin\varphi)]\cdot\frac{1}{2\pi}(2-\pi\sin\varphi)\mathrm{d}\varphi\right\}_{F_H=0}$$

$$= -\frac{Fr^3}{\pi^2 EI}\int_0^{2\pi}(2-\pi\cos\varphi)(2-\pi\sin\varphi)\mathrm{d}\varphi$$

$$= -\frac{(4-\pi)Fr^3}{2\pi EI} = 0.1366\frac{Fr^3}{EI}$$

环的扩展 f_H 比总的压缩 f_F 小 8%。

在目前的情况下,只考虑了弯矩对变形的影响。对于薄圆环,此结果相当精确。在另外一些情况下(注:对中厚或厚圆环)还必须考虑剪力 $F_S(x)$ 和法向力 $F_N(x)$ 对变形能的影响。

习题 21-31 解:(1)计算轴 AB 危险点的 σ_{r3}。轴 AB 的载荷图如图 D-38a)所示,问题可分解为扭转与弯曲超静定问题。

对于扭转超静定问题[图 D-38b)],利用对称性,可求得其扭矩图,如图 D-38c)所示。

对于弯曲超静定问题[图 D-38d)],取简支梁的相当系统,如图 D-38e)所示,变形协调条件为

$$\theta_A = 0, \quad \frac{F\cdot(2l)^2}{16EI_1} - \frac{M\cdot(2l)}{2EI_1} = 0$$

解得

$$M = \frac{Fl}{4}$$

弯矩图如图 D-38f)所示。

由轴的扭矩图和弯矩图可知,截面 B^+、C^-、C^+ 和 A^- 同样危险,危险点在截面顶部或底部。危险点弯矩 $M_0 = \frac{Fl}{4}$,扭矩 $T_0 = \frac{Fl}{2}$,则

$$\sigma_{r3} = \frac{1}{W}\sqrt{M_0^2 + T_0^2} = \frac{32}{\pi d^3}\sqrt{\left(\frac{Fl}{2}\right)^2 + \left(\frac{Fl}{4}\right)^2} = \frac{8\sqrt{5}Fl}{\pi d^3}$$

$$= \frac{8\sqrt{5}\times 1\,000\times 0.3}{3.14\times 0.04^3} = 26.7\text{MPa}$$

(2)采用逐段变形效应叠加计算 θ_D 和 w_D。

刚化 AB,则 CD 为悬臂梁,如图 D-38g)所示,有

$$\theta'_D = \frac{Fl^2}{2EI_2} = \frac{6Fl^2}{Ebh^3}$$

$$w'_D = \frac{Fl^3}{3EI_2} = \frac{4Fl^3}{Ebh^3}$$

刚化 CD，如图 D-38h) 所示，有

$$\theta''_D = \theta_C$$
$$w''_D = w_C + \theta_C l$$

问题转化为求圆轴 AB 中点 C 的挠度 w_C 和扭转角 θ_C 利用载荷叠加法计算。弯曲载荷系统如图 D-38d) 所示，其相当系统如图 D-38e) 所示，仅引起 C 截面挠度 w_C，则

$$w_C = \frac{F \cdot (2l)^3}{48EI_1} - 2 \times \frac{\frac{Fl}{4} \cdot (2l)^2}{16EI_1} = \frac{Fl^3}{24EI_1} = \frac{8Fl^3}{3\pi Ed^4}$$

扭转载荷作用的系统如图 D-38b) 所示，即

$$\theta_C = \frac{Fl^2}{2GI_p} = \frac{16Fl^2}{\pi Gd^4}$$

则端点 D 的转角和挠度为

$$\theta_D = \theta_C + \theta'_D = \frac{16Fl^2}{\pi Gd^4} + \frac{6Fl^2}{Ebh^3} = 2.727 \times 10^{-3} \text{rad}$$

$$w_D = w'_D + w''_D = w'_D + w_C + \theta_C l$$
$$= \frac{4Fl^3}{Ebh^3} + \frac{8Fl^3}{3\pi Ed^4} + \frac{16Fl^3}{\pi Gd^4} = 0.801 \text{mm}$$

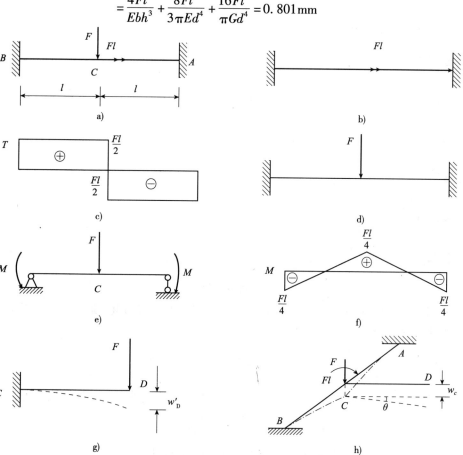

图 D-38

第 22 章　利用计算机求解刚架弯曲变形的快速解析法

A 类型答案

习题 22-1　C 截面:剪力 $X_1 = \dfrac{6}{7}F$,轴力 $X_2 = 0$,弯矩 $X_3 = 0$。

习题 22-2　$\Delta_{Dx} = \dfrac{1}{8}\dfrac{Fa^3}{EI}(\rightarrow)$。

习题 22-3　$F_B = \dfrac{5}{16}F - 3\dfrac{EI\Delta}{L^3}$,$\Delta_{Cy} = \dfrac{7}{768}\dfrac{Fa^3}{EI} + \dfrac{5}{16}\Delta(\downarrow)$。

习题 22-4　$X_1 = \dfrac{2}{3}F - \dfrac{EI\Delta}{L^3}$。

习题 22-5　$a > 0.232\,\mathrm{m}$。

习题 22-6　$X_1 = \dfrac{3}{2(4-3f)}F(\uparrow)$。

B 类型答案

习题 22-7　$M_a:M_b:M_c = 1.06:0.781:0.74$,第三种结构强度最好。

习题 22-9　在节点处:$F_s = 0, M = 0, F_N = \dfrac{F}{2\sin\dfrac{\pi}{n}}$。

习题 22-10　$M_{AB} = M_e$。

习题 22-11　$M_A = M_B = \dfrac{\sqrt{3}}{3}M_e$。

习题 22-12　$(F_N)_{AB} = \dfrac{1}{2}ql$,$(F_S)_{AB} = \dfrac{1}{2}ql - qx$,

$(M)_{AB} = \dfrac{1}{2}qlx - \dfrac{1}{2}qx^2$。

习题 22-13　$\Delta_C = \dfrac{7}{768}\dfrac{Fl^3}{EI}$。

习题 22-14　$\varphi = \dfrac{2M_e L^3}{\pi n r^4 (6ER^2 + GL^2)}$。

习题 22-15　$\Delta_{BC} = \dfrac{16FR^3}{\pi d^4 EG}[(\pi-3)E + (\pi-2)G]$。

C 类型答案

习题 22-16　(1) 先将此一次超静定支承的框架与其支点切断,取自由体(图 D-39),由平衡条件,得到支座约束力

$$F_{AV} = F_{BV} = \dfrac{F}{2},\quad F_{AH} = F_{BH} - F \tag{1}$$

Menabnea 定理还提供另一关系,例如对于未知的支座约束力 F_{BH} 可写出

$$\dfrac{\partial U_\varepsilon}{\partial F_{BH}} = 0 \tag{2}$$

在这里,在计算细长梁的变形能 U_ε 时可以相当精确地只考虑弯矩部分而省略法向力和

剪力的影响。于是可令

$$U_\varepsilon \approx U_\varepsilon = \frac{1}{2}\int_0^L \frac{M^2(x)}{EI}dx \tag{3}$$

由式(2)、式(3)得到计算 F_{BH} 的方程

$$\int_0^L \frac{M^2(x)}{EI} \cdot \frac{\partial M(x)}{\partial F_{BH}}dx = 0 \tag{4}$$

积分应包括全长 $L=3a$，这时，z、x 坐标系统(图 D-39)应总布置得沿着梁的轴的走向，并且使 x 坐标始终与梁轴相重合。具体运算式(4)时，可以结合着图 D-40 所绘的弯矩图进行。在式(4)中出现的偏导数 $\partial M(x)/\partial F_{BH}$ 导致要将框架的载荷(图 D-39)分解为两个不同的受载情况。这两个弯矩相叠加，得到弯矩之和。

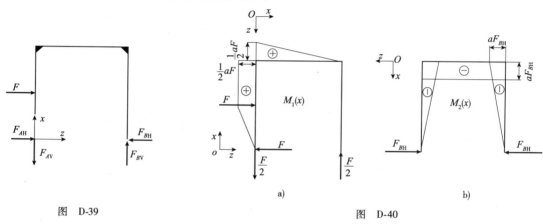

图 D-39　　　　　　　　　　图 D-40

对于第一种载荷情况，令 $F_{BH}=0$。这样，由新的支座约束力 F_{A1} 和 F_{B1} 产生了图 D-40a)所绘的弯矩图 $M_1(x)$。

在第二种载荷情况时，令 $F=0$，而 $F_{BH} \neq 0$ 还是一任意值。由此得出图 D-40b)的 $M_2(x)$ 图。两者合在一起，得

$$M(x) = [M_1(x)]_{F_{BH}=0} + [M_2(x)]_{F=0} \tag{5}$$

式(4)写为

$$\int_0^L \frac{1}{EI}[M_1(x) + M_2(x)]\frac{\partial M_2(x)}{\partial F_{BH}}dx = 0 \tag{6}$$

用图 D-40 所绘出的弯矩图，将积分分段计算，得

$$\frac{1}{EI}\int_0^{a/2}(Fx - F_{BH}x)(-x)dx + \frac{1}{EI}\int_{a/2}^a \left(\frac{1}{2}Fa - F_{BH}x\right)(-x)dx +$$

$$\frac{1}{EI}\int_0^a \left[\frac{1}{2}F(a-x) - F_{BH}a\right](-a)dx + \frac{1}{EI}\int_0^a F_{BH}(a-x)(a-x)dx = 0 \tag{7}$$

结合式(1)，求得

$$F_{BH} = \frac{23}{80}F, \quad F_{AH} = -\frac{57}{80}F \tag{8}$$

(2) 在折角点 C 处引入与拟求的位移 f_C 同方向的附加力 F_C，于是

$$f_C = \left[\frac{\partial U_\varepsilon}{\partial F_C}\right]_{F_C=0} = \left[\int_0^L \frac{M(x)}{EI} \cdot \frac{\partial M(x)}{\partial F_C}dx\right]_{F_C=0} \tag{9}$$

为了计算 $M(x)$，必须首先计算在 F 和 F_C 作用下，框架上产生的支座反力。F 所产生的支座约束力已在式(8)中求出，因此，只需计算附加力 F_C 的影响，然后将二者相加。仿照(1)的推导进行，于是用图 D-41 所绘的弯矩，可得到

$$\int_0^L \frac{1}{EI}[M^*(x) + M_2^*(x)]\frac{\partial M_2^*(x)}{\partial F_{BH}^*}dx = 0$$

$$\frac{1}{EI}\int_0^a (F_C x - F_{BH}^* x)(-x)dx + \frac{1}{EI}\int_0^a [F_C(a-x) - F_{BH}^* a](-a)dx +$$

$$\frac{1}{EI}\int_0^a F_{BH}^*(a-x)^2 dx = 0 \tag{10}$$

$$F_{BH}^* = \frac{1}{2}F_C$$

由式(9)求位移 f_C。因数 $\partial M(x)/\partial F_C = \partial M^*(x)/\partial F_C$ 可由图 D-41 读出。

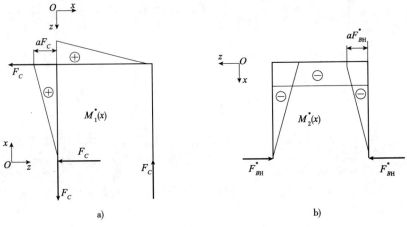

图 D-41

在框架左柱再将弯矩 $M_1^*(x)$ 和 $M_2^*(x)$ 相加后，得

$$\frac{\partial M(x)}{\partial F_C} = \frac{\partial}{\partial F_C}\left[F_C x - \frac{1}{2}F_C x\right] = \frac{1}{2}x$$

对于框架横梁，得到

$$\frac{\partial M(x)}{\partial F_C} = \frac{a}{2} - x$$

对于右柱则

$$\frac{\partial M(x)}{\partial F_C} = \frac{x-a}{2}$$

在式(9)中的 $M(x)$ 为 $M_1(x) + M_2(x)$（图 D-40）。

因这时 $F_C = 0$，汇总在一起，由式(9)得

$$f_C = \frac{1}{EI}\int_0^{a/2}(Fx + \frac{23}{80}Fx)\frac{1}{2}xdx + \frac{1}{EI}\int_{a/2}^a \left(\frac{1}{2}Fa - \frac{23}{80}Fx\right)\cdot\frac{1}{2}xdx +$$

$$\int_0^a \left[\frac{1}{2}F(a-x) - \frac{23}{80}Fa\right]\left(\frac{1}{2}a - x\right)dx + \frac{1}{EI}\int_0^a \frac{23}{80}F(a-x)\cdot\frac{1}{2}(a-x)dx$$

计算得

$$f_C = \frac{5}{32}\frac{Fa^3}{EI} \tag{11}$$

第 23 章 压杆稳定的进一步研究

A 类型答案

习题 23-1　$F_{cr} = \dfrac{kL}{2}$。

习题 23-2　$[F] = 3.45\text{kN}$。

习题 23-3　$t = \dfrac{\pi^2 hd^2}{16\alpha l^3}\left(1 + \dfrac{\pi l^2 d^2}{2bh^3}\right)$。

习题 23-4　梁：$\sigma_{max} = 138.7\text{MPa} < [\sigma]$，$\tau_{max} = 5.44\text{MPa} < [\tau]$；

柱：$\sigma_{max} = 22.1\text{MPa} < [\sigma]$，$F_{cr} = 78.5\text{kN} > F_N = 62.5\text{kN}$，安全。

习题 23-5　$kL\tan kL = \dfrac{6I_1 L}{IL_1}$　$\left(k^2 = \dfrac{F}{EI}\right)$。

习题 23-6　$F_{cr} = \dfrac{1.42EI}{l^2}$。

习题 23-7　$t = 36.5℃$。

B 类型答案

习题 23-8　$\dfrac{F_{cr}}{(F_{BD})_d} = 3.2 > n_{st}$，安全。

习题 23-9　（1）$H = 0.01\text{m}$；

（2）$\sigma_{d,max} = 26.7\text{MPa}$。

习题 23-10　$\sigma_{d,max} = 114\text{MPa} < [\sigma]$，$\dfrac{F_{cr}}{(F_{CD})_d} = 7.07 > n_{st}$，安全。

习题 23-11　$F_{cr} = \dfrac{24I + Al^2}{Al^2}\left[\dfrac{\pi^2 EI}{(0.773l)^2}\right]$。

习题 23-12　$F_{cr} = \dfrac{2.68EI}{l^2}$。

C 类型答案

习题 23-13　解：要得到这种情况下的动载荷因数，首先要计算 Q 以静载方式作用于 A 点时引起的静变形。设在这种方式下作用于梁 CA 上和立柱 AB 的力分别为 F_1 和 F_2，则有平衡关系

$$F_1 + F_2 = Q \tag{1}$$

变形几何关系

$$\frac{F_1 L_{AC}^3}{3EI} = \frac{F_2 L_{AB}}{EA} \tag{2}$$

注意到

$$A = \frac{\pi(D^2 - d^2)}{4} = \frac{3.14 \times (40^2 - 30^2) \times 10^{-6}}{4} = 5.50 \times 10^{-4}\text{m}^2$$

查本书上册表 A-1 知
$$I = 245 \times 10^{-8} \mathrm{m}^4$$

代入式(1)和式(2)得
$$F_1 = 0.3\mathrm{N}, F_2 = Q - F_1 = 299.7\mathrm{N}$$

由此得到冲击点的静位移为
$$\Delta_{st} = \frac{F_2 L_{AB}}{EA} = \frac{299.7 \times 2}{200 \times 10^9 \times 5.50 \times 10^{-4}} = 5.45 \times 10^{-6} \mathrm{m}$$

立杆 AB 中的静应力为
$$\sigma_{st} = \frac{F_2}{A} = \frac{299.7}{5.50 \times 10^{-4}} = 0.545 \mathrm{MPa}$$

由于动载荷因数
$$K_d = 1 + \sqrt{1 + \frac{2h}{\Delta_{st}}} = 1 + \sqrt{1 + \frac{2 \times 10 \times 10^{-3}}{5.45 \times 10^{-6}}} = 61.6$$

则立柱中的动应力为
$$\sigma_d = K_d \sigma_{st} = 0.545 \times 61.6 = 33.62 \mathrm{MPa}$$

立柱 AB 的柔度为
$$\lambda = \frac{\mu L_{AB}}{i} = \frac{4\mu L_{AB}}{\sqrt{D^2 + d^2}} = \frac{4 \times 1 \times 2}{\sqrt{(40^2 + 30^2) \times 10^{-6}}} = 160 > \lambda_p \approx 100$$

临界应力可用欧拉公式求得
$$\sigma_{cr} = \frac{\pi^2 E}{\lambda^2} = \frac{3.14^2 \times 200 \times 10^9}{160^2} = 77.11 \mathrm{MPa}$$

工作安全因数
$$n = \frac{\sigma_{cr}}{\sigma_d} = \frac{77.11}{33.62} = 2.3 < n_{st}$$

所以,在冲击情况下,立柱的稳定性不满足要求。

第 24 章　杆件的塑性变形

A 类型答案

习题 24-1　工程应变:$\varepsilon_{11} = \frac{l_1 - l_{10}}{l_{10}}, \varepsilon_{22} = \frac{l_2 - l_{20}}{l_{20}}, \varepsilon_{33} = \frac{l_3 - l_{30}}{l_{30}}$。

真应变:$\varepsilon_{11} = \ln\frac{l_1}{l_{10}}, \varepsilon_{22} = \ln\frac{l_2}{l_{20}}, \varepsilon_{33} = \frac{l_3}{l_{30}}$。

体应变:$\theta = \frac{dV}{V} = \frac{l_1 l_2 l_3}{l_{10} l_{20} l_{30}} - 1 = 0$。

习题 24-2　$F_u = 36\mathrm{kN}$。

习题 24-3　$F_u = 149.3\mathrm{kN}$。

习题 24-4　$F_1 = \frac{\sigma_s A (1 + \cos^3\alpha + \sin^2\alpha)}{1 + \cos^3\alpha}$, $F_u = \sigma_s A (1 + \sin\alpha)$。

习题 24-5　$\frac{T_p}{T_s} = 1.244$。

习题 24-6　$\tau_{max} = \dfrac{1+3n}{4n}\dfrac{Tr}{I_p}$。

习题 24-7　$q_u = \dfrac{8r^3\sigma_s}{3l^2}$。

习题 24-8　$q_u = 3.41\,\text{kN/m}$。

习题 24-9　$[F] = 281\,\text{kN}$。

习题 24-10　$F_u = \dfrac{a+b}{b}A\sigma_s$。

习题 24-11　(1) $L^* = \dfrac{n}{n-1}L_0$；(2) $F_{max} = \dfrac{A_0}{k^{\frac{1}{n}}}\dfrac{(n-1)^{\frac{n-1}{n}}}{n}$。

习题 24-12　$Q = \dfrac{2AE\delta}{L}\left(1-\dfrac{L}{\sqrt{L^2+\delta^2}}\right) \approx \dfrac{AE\delta^3}{L^3}$。

习题 24-13　$F_1 = \dfrac{5}{6}\sigma_s A$，$F_u = \sigma_s A$。

习题 24-14　$F_0 = 3.2\,\text{kN}$，$\delta_0 = 0.02\,\text{mm}$；
　　　　　　$F_1 = 64.4\,\text{kN}$，$\delta_1 = 0.275\,\text{mm}$；
　　　　　　$F_2 = 66\,\text{kN}$，$\delta_2 = 0.295\,\text{mm}$。

习题 24-15　(1) $F_1 = \sigma_s A$；(2) $F_u = \dfrac{4}{3}\sigma_s A$。

B 类型答案

习题 24-16　$F_u = 4\dfrac{M_p}{l}$。

习题 24-17　$F_u = \dfrac{3}{2}\dfrac{M_p}{a}$。

习题 24-18　$\sigma_{max} = \dfrac{M(n+2)}{2bh^2}$。

习题 24-19　$F_u = 2.57\dfrac{M_p}{l}$。

习题 24-20　$q_u = 2(3+2\sqrt{2})\dfrac{M_p}{l^2} \approx 11.66\dfrac{M_p}{l^2}$。

习题 24-21　$F_u = 1.67\dfrac{M_p}{a}$。

习题 24-22　$F_u = \dfrac{2l-a}{a(l-a)}M_p$。

习题 24-23　塑性铰距 C 支座 $a = (\sqrt{2}-1)l$ 处；$q_u = 11.66\dfrac{M_p}{l^2}$。

习题 24-24　$F_u = \dfrac{9M_p}{2l}$。

习题 24-25　$F_u = 1.2\dfrac{M_p}{l}$。

习题 24-26　$F_u = 2.285\dfrac{M_p}{a}$。

习题 24-27 $0 < \beta < \dfrac{1}{4}$，$F_u = \dfrac{6M_p}{(1-\beta)l}$；$\beta \geqslant \dfrac{1}{4}$，$F_u = \dfrac{2M_p}{\beta l}$。

$\beta = \dfrac{1}{4}$ 时，梁上的总载荷的极限值为最大。

C 类型答案

习题 24-28 解：采用机动法。

(1)框架的超静定次数 $n=9$，可能出现塑性铰的截面有 19 个，故基本机构 $k=19-9=10$，即三根横梁机构如图 D-42a)、b)、c)所示，三个侧移机构如图 D-42d)、e)、f)所示，中间横梁与柱相交的四个节点机构如图 D-42g)、h)、i)、j)所示。

(2)每个基本机构的虚功方程与相应的极限载荷分别计算如下。

①机构 1 [图 D-42a)]：

外虚功 $W_e = F \cdot 3\theta$

内虚功 $W_i = M_p \cdot \theta + M_p \cdot 2\theta + M_p \cdot \theta = 4M_p\theta$

$$F_u = \dfrac{4}{3}M_p = \dfrac{4}{3} \times 30 \times 10^3 = 40\text{kN}$$

②机构 2 [图 D-42b)]：

破坏机构与机构 1 相同，即

$$F_u = 40\text{kN}$$

③机构 3 [图 D-42c)]：

外虚功 $W_e = 3F \cdot 3\theta = 9F\theta$

内虚功 $W_i = 3M_p \cdot \theta + 3M_p \cdot 2\theta + 3M_p \cdot \theta = 12M_p\theta$

$$F_u = \dfrac{12}{9}M_p = \dfrac{4}{3} \times 30 \times 10^3 = 40\text{kN}$$

④机构 4（图 D-42d)：

外虚功 $W_e = 0.5F \cdot 4.5\theta = 2.25F\theta$

内虚功 $W_i = M_p \cdot \theta + M_p \cdot \theta + M_p \cdot \theta + M_p \cdot \theta = 4M_p \cdot \theta$

$$F_u = \dfrac{4}{2.25}M_p = \dfrac{4}{2.25} \times 30 \times 10^3 = 53.3\text{kN}$$

⑤机构 5 [图 D-42e)]：

外虚功 $W_e = 0.5F \cdot 4.5\theta + F \cdot 4.5\theta = 6.75F\theta$

内虚功 $W_i = M_p \cdot \theta + M_p \cdot \theta + M_p \cdot \theta + M_p \cdot \theta = 4M_p \cdot \theta$

$$F_u = \dfrac{4}{6.75}M_p = \dfrac{4}{6.75} \times 30 \times 10^3 = 17.78\text{kN}$$

⑥机构 6 [图 D-42f)]：

由于底层柱截面为 $2M_p$，内力虚功倍增，而外虚功与机构 5 相同，所以 F_u 值必然为 $2 \times \dfrac{16}{9} \times 10^3 = 3.56\text{kN}$。

⑦机构 7、8、9、10 [图 D-42g)、h)、i)、j)]：

仅有结点可转动，而结点无外力矩 M_0 作用，为运用虚功原理，可设 $M_0 = F \cdot a$，而 $a \to 0$，则由 $W_e = Fa \cdot \theta$、$W_i = \sum M_p \cdot \theta$ 可得

$$P_u = \dfrac{\sum M_p}{0} = \infty$$

(3)利用上述基本机构,可叠加组合成多种机构,如图 D-42k)~r)所示。其虚功方程可由相应的基本机构的新虚功方程按叠加原则写出,也可以直接从组合机构的位移和转角建立。

①机构 11 = 机构 1 + 机构 4[图 D-42k)]:

利用外力和内力虚功方程,求得极限载荷。

$$\left(\frac{F}{2} \cdot \frac{9}{2} + F \times 3\right)\theta = 6M_p\theta$$

$$F_u = \frac{4 \times 6}{21}M_p = 34.29\text{kN}$$

②机构 12 = 机构 2 + 机构 5[图 D-42l)]:

列出虚功方程

$$\theta\left(\frac{27}{4}F + 3F\right) = 7M_p$$

则

$$F_u = \frac{28M_p}{39} = 21.54\text{kN}$$

③机构 13 = 机构 3 + 机构 6[图 D-42m)]:

列出虚功方程

$$\theta\left(\frac{27}{4}F + 9F\right) = (2 + 3 \times 2 + 2 \times 4)M_p\theta$$

$$F_u = \frac{4 \times 16}{63}M_p = 30.48\text{kN}$$

④机构 14 = 机构 4 + 机构 5[图 D-42n)]:

列出虚功方程

$$\left(\frac{F}{2} \times 9 + F \times \frac{9}{2}\right)\theta = 6M_p\theta$$

$$F_u = \frac{2}{3}M_p = 20\text{kN}$$

⑤机构 15 = 机构 4 + 机构 5 + 机构 6[图 D-42o)]:

列出虚功方程

$$\left(\frac{F}{2} \times \frac{17}{2} + 9F\right)\theta = (4 + 3 \times 2 + 2 \times 2)M_p\theta$$

$$F_u = \frac{4 \times 14}{63}M_p = 26.67\text{kN}$$

⑥机构 16 = 机构 1 + 机构 4 + 机构 5[图 D-42p)]:

列出虚功方程

$$\left(\frac{F}{2} \times 9 + F \times \frac{9}{2} + 3F\right)\theta = 8M_p\theta$$

$$F_u = \frac{2}{3}M_p = 20\text{kN}$$

⑦机构 17 = 机构 2 + 机构 4 + 机构 5[图 D-42q)]:

列出虚功方程

$$0.5F \times 9\theta + F \times 4.5\theta + F \cdot 3\theta = 8M_u\theta$$

$$F_u = \frac{2}{3}M_p = \frac{2}{3} \times 30 \times 10^3 = 20\text{kN}$$

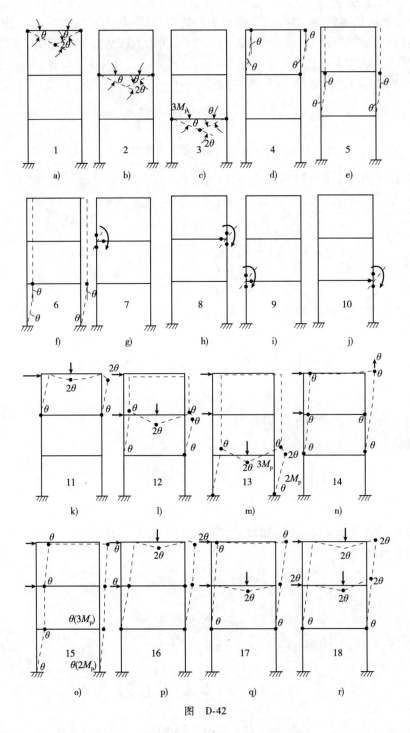

图 D-42

⑧机构18 = 机构1 + 机构2 + 机构4 + 机构5：

$$\left(\frac{F}{2}\times 9 + F\times\frac{9}{2} + F\times 3\times 2\right)\theta = 10M_p\theta$$

$$F_u = \frac{2}{3}M_p = 20\text{kN}$$

（4）综合以上全部分析，按上限条件，$F_u \leqslant F^{(s)}$，即取上列最小的一个载荷为真正的极限载荷,$F_u = 17.78$kN,相应的破坏机构如图 D-42e)所示。

第 25 章　有限单元法

A 类型答案

习题 25-1　节点 1 的约束力:$F_{y1} = 5$kN 约束力偶 $M_1 = 10$kN·m。
　　　　　　节点 3 的约束力:$F_{y3} = 5$kN,约束力偶 $M_3 = -10$kN·m。

B 类型答案

习题 25-3　节点位移:$u_2 = 5 \times 10^{-5}$m,$w_2 = -48 \times 10^{-5}$m;
　　　　　　$\varphi_2 = 10^{-3}$rad,$\theta_2 = 0.18 \times 10^{-3}$rad。

支座约束力:

$F_{x1} = -150$kN,$F_{y1} = 29.73$kN,$T_1 = -12$kN·m,$M_1 = 27.03$kN·m;

$F_{x3} = -210$kN,$F_{y3} = 70.27$kN,$T_3 = -12$kN·m,$M_3 = -37.83$kN·m。

习题 25-4　节点位移:$u_2 = -1.221$mm,$w_2 = -5.853$mm;
　　　　　　$u_4 = 1.160$mm,$w_4 = -5.563$mm。

各杆内力:$F_{N1} = -102.5$kN,$F_{N2} = 48.73$kN,$F_{N3} = -109$kN,

$F_{N4} = 114.6$kN,$F_{N5} = 97.46$kN。

习题 25-5　答:节点的位移:$u_2 = 5.951 \times 10^{-5}$mm,$w_2 = -0.8928$mm,$\theta_2 = -2.232 \times 10^{-4}$rad。

支座约束力:

$F_{x1} = -0.003333$kN,$F_{y1} = 0.005555$kN,$M_1 = -0.009999$kN·m;

$F_{x3} = 0.003333$kN,$F_{y3} = 49.99$kN,$M_3 = -0.003332$kN·m。

C 类型答案

习题 25-6　解:(薄膜理论)

由于充气大厅的薄膜不能抗弯,因而只能承受拉应力,为了保持其形状,只有使其正应力在任何地方均不等于零。所以必须算屋顶薄膜内的正应力:子午线方向的应力 σ_m 和环向应力 σ_r [图 D-43a)]。

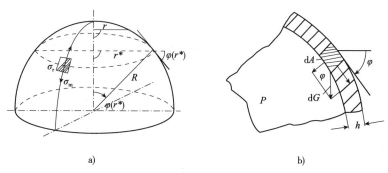

图 D-43

对于受内部压力 p 和自重的旋转对称壳,其子午线方向的应力可通过叠加算出:

$$\sigma_m(r^*) = \sigma_{m1}(p, r^*) + \sigma_{m2}(\rho, r^*)$$

$$= \frac{1}{hr \cdot \sin\varphi(r^*)} \int_0^{r^*} pr\, dr - \frac{\rho g}{hr \cdot \sin\varphi(r^*)} \int_0^{r^*} \frac{hr}{\cos\varphi(r)}\, dr \tag{1}$$

其中，r^* 是从对称轴计量的壳半径（即平行圆半径）。

由式(1)中的第一个积分得到 $\sigma_{m1} = \dfrac{Rp}{2h}$，为一常数。为了计算第二个积分，我们采用变量 φ，由 $r = R\sin\varphi$，得 $dr = R\cos\varphi\, d\varphi$，因此由式(1)得

$$\sigma_m(\varphi) = \frac{Rp}{2h} + \frac{\rho g R}{\sin^2\varphi}(\cos\varphi - 1) = \frac{Rp}{2h} - \frac{\rho g R}{1+\cos\varphi} \tag{2}$$

根据式(2)并利用薄膜理论的基本方程可以求出第二主应力和环内向应力 σ_r。对于一个主曲率半径为 R_1 和 R_2，并承受内压 p 的薄膜，有

$$\frac{\sigma_1}{R_2} + \frac{\sigma_2}{R_1} = \frac{p}{h} \tag{3}$$

在半圆球形的大厅，$\sigma_1 = \sigma_m$、$\sigma_2 = \sigma_r$ 和 $R_1 = R_2 = R$。对于目前的载荷情况下，在方程右边，用

$$\frac{dF}{dA} = p - \frac{\cos\varphi\, dG}{dA} = p - \rho g h\cos\varphi \tag{4}$$

代替内压 p[图 D-43b)]。

由此得环向应力为

$$\sigma_r(\varphi) = \frac{Rp}{h} - \sigma_m(\varphi) = \frac{Rp}{2h} + R\rho g\left(\frac{1}{1+\cos\varphi} - \cos\varphi\right) \tag{5}$$

当式(2)以及式(5)为零时，得

$$\sigma_m(\varphi) = 0, \text{当 } p_{m0} = \frac{2\rho g h}{1+\cos\varphi} \tag{6}$$

$$\sigma_r(\varphi) = 0, p_{r0} = 2\rho g h\left(\cos\varphi - \frac{1}{1-\cos\varphi}\right) \tag{7}$$

在区段 $0 \leq \varphi \leq \dfrac{\pi}{2}$ 中，此两极值的较大值即为所求的需要的内压 $p_{\min}$。当 $\varphi = \pi/2$ 时，

$$p_{\min} = 2\rho g h = 33\,\text{Pa}$$

当压力达到此值时，σ_m 在大厅的下脚为零；在低于此最低压力时，大厅的薄膜在环向将会出现褶皱。

第 26 章　加权残值法

A 类型答案

习题 26-1　一次近似解 $\overline{w} = \dfrac{2Fl^3}{\pi^4 EJ}\sin\dfrac{\pi\xi}{l}\sin\dfrac{\pi x}{l}$。（提示：采用内部法 + 最小二乘法。可设 $\overline{w} = C_1\sin\dfrac{\pi x}{l} + C_2\sin\dfrac{3\pi x}{l} + \cdots$）。

习题 26-2　(1) $f_{\max} = 0.020\,57\,\dfrac{Fl^3}{EI}$，误差 1.248%；

$M_{\max} = 0.203Fl$，误差 19%。

(2) $f_{\max} = 0.020\,85\,\dfrac{Fl^3}{EI}$，误差 0.096%；

$M_{\max} = 0.233Fl$，误差 1.7%。

习题 26-3　$F_{cr} = \dfrac{\pi^2 EI}{l^2}$。

习题 26-4 $F_{cr} = \dfrac{\pi^2 EI}{(0.7l)^2}$。

习题 26-5 $\omega_{0,n}^2 = \dfrac{n^4 \pi^4 a^2}{l^4}$，其中 $a^2 = \dfrac{EI}{\rho A}$。

B 类型答案

习题 26-6 $f_{max} = 0.01135 \dfrac{Fl^3}{EI}$。

习题 26-7 $f_{max} = \dfrac{13ql^4}{6144EI}$。

习题 26-8 $q_{cr} = 8\dfrac{EI}{l^3}$，误差 2.171%。

习题 26-9 $q_{cr} = 7.85\dfrac{EI}{l^3}$，误差 0.2554%。

C 类型答案

习题 26-10 解：(薄膜理论)

在容器壁上的主法向应力是子午线应力 σ_m 和环向应力 σ_r [图 D-44a)]。受内压的旋转对称壳的子午线应力是

$$\sigma_m = \dfrac{1}{hr^* \cdot \sin\varphi(r^*)} \int_0^{r^*} p(r) r \, dr \tag{1}$$

采用如图 D-44a) 所示的 z 坐标，水中的压力 $p(r)$ 是

$$p = \rho g (a - z) \tag{2}$$

因 $z = \dfrac{r}{\tan\alpha}$，$\varphi = \dfrac{\pi}{2} - \alpha$，由式(1)和式(2)得

$$\sigma_m(r^*) = \dfrac{\rho g}{hr^* \cos\alpha} \int_0^{r^*} \left(a - \dfrac{r}{\tan\alpha}\right) r \, dr$$

$$= \dfrac{\rho g}{hr^* \cos\alpha} \left[\dfrac{a(r^*)^2}{2} - \dfrac{(r^*)^3}{3\tan\alpha}\right]$$

$$\sigma_{m(z)} = \dfrac{\rho g \tan\alpha}{h\cos\alpha} \left(\dfrac{a}{2} - \dfrac{z}{3}\right) z \tag{3}$$

求式(3)的极值就得到在 $z = 3a/4$ 处的最大子午线应力

$$(\sigma_m)_{max} = \dfrac{3\rho g a^2 \tan\alpha}{16h\cos\alpha} \tag{4}$$

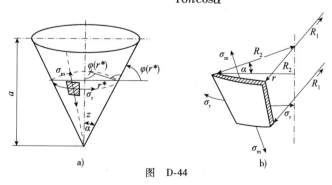

图 D-44

对于薄壁的容器，可以将弯曲应力省略不计，因此可将容器壁看成薄膜。于是由薄膜理论的基本方程得到第二个主法应力

$$\frac{\sigma_1}{R_2} + \frac{\sigma_2}{R_1} = \frac{p}{h} \tag{5}$$

属于 $\sigma_1 = \sigma_r$ 的截面的半径 $R_1 \to \infty$ [图 D-44b)]。应力为 σ_m 的截面的半径 R_2 可以由 Meusnier 定理得到

$$R_2 = \frac{r}{\cos\alpha} \tag{6}$$

由此得到

$$\sigma_r(z) = \sigma_1 = \frac{pR_2}{h} = \frac{pr}{h\cos\alpha} = \frac{\rho g \tan\alpha}{h\cos\alpha}(a-z)z \tag{7}$$

此环向应力的最大值产生在 $z = a/2$ 处,则

$$(\sigma_r)^1_{\max} = \frac{\rho g a^2 \tan\alpha}{4h\cos\alpha} \tag{8}$$

将式(8)与式(4)比较,可知在容器的半高程处的环应力 σ_r 是最大的法向应力。

第 27 章 结构可靠性设计和优化设计

A 类型答案

习题 27-1 优化模型:设计变量(4 个),求 $X = \{A_1, A_2, A_3, l_1\}^T$。
目标函数(重量最小): $W_{\min} = \rho g(A_1 l_1 + A_2 l_2 + A_3 l_3)$。
约束条件(5 个):s. t. $\dfrac{F_{N1}}{A_1} \leq [\sigma_t], \dfrac{F_{N2}}{A_2} \leq [\sigma_t],$

$$\frac{-F_{N3}}{A_3} \leq [\sigma_c], 0.45 \leq l_1 \leq 1.3 。$$

优化结果:杆 1 的横截面面积 $A_1 = 14.28 \text{mm}^2$;杆 2 的横截面面积 $A_2 = 35.71 \text{mm}^2$;杆 3 的横截面面积 $A_3 = 55.90 \text{mm}^2$;杆 1 的长度 $l_1 = 750.0 \text{mm}$;最小重量 $W_{\min} = 5.778 \text{N}$。

B 类型答案

习题 27-2 螺栓连接的优化数学模型:
设计变量(2 个),求 $x = [n \quad d]^T = [x_1 \quad x_2]^T$。
目标函数(螺栓组连接经济成本最小): $f(x)_{\min} = C_n = nd = x_1 x_2$。
约束条件(5 个):s. t. $g_1(x) = [S_a] - S_a \leq 0,$

$$g_2(x) = \frac{\pi D_1}{n} - 8d = \frac{400\pi}{x_1} - 8x_2 \leq 0,$$

$$g_3(x) = 2d - \frac{\pi D_1}{n} = 2x_2 - \frac{400\pi}{x_1} \leq 0,$$

$$g_4(x) = -x_1 \leq 0, g_5(x) = -x_2 \leq 0 。$$

其中,$S_a = \dfrac{2\sigma_{-1} + (K_\sigma - \psi_\sigma)\sigma_{\min}}{(K_\sigma + \psi_b)(2\sigma_a - \sigma_{\min})}$。

优化结果:$n = 16, d = 30 \text{mm}$。

习题 27-3 ①圆柱齿轮传动的普通优化设计数学模型:
设计变量(3 个),求 $x = [m \quad z_1 \quad \psi]^T = [x_1 \quad x_2 \quad x_3]^T$。
目标函数(两齿轮分度圆柱体积之和为最小):

$$f(x) = V_1 + V_2 = \frac{1}{4}\pi(1+u^2)(mz_1)^3\psi = \frac{\pi}{4}(1+u^2)(x_1 x_2)^3 x_3 \text{。}$$

约束条件(9个): $g_1(x) = 5 - x_1 \leq 0, g_2(x) = x_1 - 15 \leq 0,$

$g_3(x) = 20 - x_2 \leq 0, g_4(x) = x_2 - 32 \leq 0,$

$g_5(x) = 0.5 - x_3 \leq 0, g_6(x) = x_3 - 1.2 \leq 0,$

$g_7(x) = \sigma_H - [\sigma_H] = Z_E Z_H Z_u \sqrt{\dfrac{2KT_1}{(mz_1)^3 \psi}} - [\sigma_H] \leq 0,$

$g_8(x) = \sigma_{F1} - [\sigma_F]_1 = \dfrac{2KT_1}{x_1^3 x_2^2 x_3} Y_{Fa1} Y_{Fsa1} - [\sigma_F]_1 \leq 0,$

$g_9(x) = \sigma_{F2} - [\sigma_F]_2 = \dfrac{2KT_2}{x_1^3 x_2^2 x_3} Y_{Fa2} Y_{Fsa2} - [\sigma_F]_2 \leq 0 \text{。}$

②圆柱齿轮传动的模糊优化设计数学模型:

设计变量,求 $x = [m \quad z_1 \quad \psi]^T = [x_1 \quad x_2 \quad x_3]^T \text{。}$

目标函数: $f(x) = V_1 + V_2 = \dfrac{1}{4}\pi(1+u^2)(mz_1)^3\psi = \dfrac{\pi}{4}(1+u^2)(x_1 x_2)^3 x_3 \text{。}$

约束条件: $g_1(x) = 5 + 3\lambda^* - x_1 \leq 0, g_2(x) = x_1 - (16 - 4\lambda^*) \leq 0,$

$g_3(x) = 18 + 4\lambda^* - x_2 \leq 0, g_4(x) = x_2 - (35 - 7\lambda^*) \leq 0,$

$g_5(x) = 0.45 + 0.1\lambda^* - x_3 \leq 0, g_6(x) = x_3 - (1.32 - 0.22\lambda^*) \leq 0,$

$g_7(x) = Z_E Z_H Z_u \sqrt{\dfrac{2KT_1}{(mz_1)^2 \psi}} - [1440 - \lambda^*(1400 - 1260)] \leq 0,$

$g_8(x) = \dfrac{2KT_1}{x_1^3 x_2^2 x_3} Y_{Fa1} Y_{Fsa1} - [410 - \lambda^*(410 - 369)] \leq 0,$

$g_9(x) = \dfrac{2KT_1}{x_1^3 x_2^2 x_3} Y_{Fa2} Y_{Fsa2} - [350 - \lambda^*(350 - 315)] \leq 0 \text{。}$

按两种优化方法所得结果见表D-4。

齿轮优化设计结果　　　　　　　　　　　　　　　　　表D-4

优化方法	m(mm)	z_1	ψ	目标函数值$(mm)^3$
普通优化	10	20	0.63	4.2151×10^7
模糊优化	8	21	1.196	4.2626×10^7

习题27-4 扭转轴优化设计数学模型:

设计变量,求 $x = D \text{。}$

目标函数(轴的质量最小): $f(x)_{min} = \dfrac{\pi}{4}\rho L(x^2 - d^2) \times 10^{-6} \text{。}$

约束条件(3个): s.t. $g_1(x) = \dfrac{16xT \times 10^9}{\pi(x^4 - d^4)} - [\tau] \times 10^6 \leq 0,$

$g_2(x) = \dfrac{T \times 10^3}{GI_p} - [\varphi] \times \dfrac{\pi}{180} \leq 0,$

$g_3(x) = d - x \leq 0 \text{。}$

优化结果: $D = 22\text{mm}, m = 9\text{kg} \text{。}$

习题 27-5 圆柱螺旋弹簧优化设计的数学模型：

设计变量，求 $x = [\,x_1 \quad x_2 \quad x_3\,]^{\mathrm{T}} = [\,d \quad D \quad n\,]^{\mathrm{T}}$。

目标函数（弹簧丝的体积最小）：

$$\min f(x) = \frac{1}{4}\pi d^2 \pi D n = \frac{1}{4}\pi^2 x_1^2 x_2 x_3。$$

约束条件(6个)：$g_1(x) = k\dfrac{8F_{\max}D}{\pi d^3} - [\tau] = 1.66\left(\dfrac{x_1}{x_2}\right)^{0.16}\dfrac{8F_{\max}}{\pi}\dfrac{x_2}{x_1^3} - [\tau] \leqslant 0$，

$\qquad\qquad g_2(x) = \dfrac{Gx_1^4}{8x_2^2 x_3} - k_{\max} \leqslant 0$，

$\qquad\qquad g_3(x) = x_2 - 14x_1 \leqslant 0$，

$\qquad\qquad g_4(x) = 4x_1 - x_2 \leqslant 0$，

$\qquad\qquad g_5(x) = x_1 + x_2 - 42 \leqslant 0$，

$\qquad\qquad g_6(x) = -x_3 \leqslant 0$。

优化结果：$d = 6\,\mathrm{mm}, D = 37\,\mathrm{mm}, n = 10, V_{\min} = 29\,\mathrm{cm}^3$。

习题 27-6 圆形等截面轴的优化设计数学模型：

设计变量，求 $x = [\,d \quad L\,]^{\mathrm{T}} = [\,x_1 \quad x_2\,]^{\mathrm{T}}$。

目标函数（轴的质量最小）：$\min f(x) = \dfrac{1}{4}\pi d^2 L\rho = \dfrac{1}{4}\pi \rho x_1^2 x_2$。

约束条件(5个)：$\sigma_{\max} = \dfrac{F_1 L}{W} + \dfrac{F_2}{A} \leqslant [\sigma_w]$，$\tau_{\max} = \dfrac{T}{W_p} \leqslant [\tau]$，

$\qquad\qquad f_{\max} = \dfrac{F_1 L^3}{3EI} \leqslant [f]$，$\vartheta_{\max} = \dfrac{TL}{GI_p} \leqslant [\vartheta]$，$L \geqslant L_{\min}$。

优化结果：$d = 40\,\mathrm{mm}, L = 2.5\,\mathrm{m}$。

> **注意**：本题还应该采用组合变形强度理论进行校核。

习题 27-7 车床主轴的优化设计数学模型：

设计变量，求 $x = [\,x_1 \quad x_2\,]^{\mathrm{T}} = [\,D \quad L\,]^{\mathrm{T}}$。

目标函数（轴的质量最小）：$f(x) = \dfrac{1}{4}\pi(D^2 - d^2)L\rho = \dfrac{1}{4}\pi\rho(x_1^2 - d^2)x_2$。

约束条件(7个)：$g_1(x) = \dfrac{Fa^2 L}{3EI} - [y] \leqslant 0$，

$\qquad\qquad g_2(x) = \dfrac{TL}{GI_p} - [\vartheta] \leqslant 0$，

$\qquad\qquad g_3(x) = \dfrac{T}{W_p} - [\tau] \leqslant 0$，

$\qquad\qquad g_4(x) = D_{\min} - x_1 \leqslant 0$，

$\qquad\qquad g_5(x) = x_1 - D_{\min} \leqslant 0$，

$\qquad\qquad g_6(x) = L_{\min} - x_2 \leqslant 0$，

$\qquad\qquad g_7(x) = x_2 - L_{\min} \leqslant 0$。

优化结果：$D = 63\,\mathrm{mm}, L = 300\,\mathrm{mm}, m_{\min} = 3.57\,\mathrm{kg}$。

> **注意**：本题还应该采用组合变形强度理论进行校核。

习题 27-8 静定桁架优化设计数学模型：

设计变量(2 个)，求 $x = \begin{bmatrix} x_1 \\ x_2 \end{bmatrix} = \begin{bmatrix} A_1 \\ A_2 \end{bmatrix}$。

目标函数(桁架各杆体积之和最小)：$f(x) = L_1 x_1 + L_2 x_2 + L_2 x_1 + L_4 x_2$。

约束条件(7 个)：$\dfrac{F_{N1}}{x_1} \leq [\sigma_\pm]$，$\dfrac{F_{N2}}{x_2} \leq [\sigma_\pm]$，

$$\dfrac{F_{N3}}{x_1} \leq [\sigma_\pm], \quad \dfrac{F_{N4}}{x_2} \leq [\sigma_\pm],$$

$$\dfrac{F_{N1}\overline{F}_{N1}L_1}{x_1} + \dfrac{F_{N2}\overline{F}_{N2}L_2}{x_2} + \dfrac{F_{N3}\overline{F}_{N3}L_2}{x_1} + \dfrac{F_{N4}\overline{F}_{N4}L_4}{x_2} \leq E[\Delta_1^L],$$

$$x_i \geq 0, \quad i = 1, 2。$$

优化结果：杆子直径 $d_1 = 11\text{mm}$、$d_2 = 12\text{mm}$。

习题 27-9 三杆桁架的优化设计数学模型：

设计变量(3 个)，求 $x = [x_1 \ x_2 \ x_3]^T = [A_1 \ A_2 \ A_3]^T$。

目标函数(桁架各杆体积之和最小)：$f(x) = \rho g \sum_{i=1}^{3} L_i x_i$。

约束条件(3 个)：$\dfrac{F_{N,i}}{x_i} \leq [\sigma_\pm]$，$i = 1, 2, 3$。

优化结果：$A_1 = 0.00620\text{m}^2$，$A_2 = 0.00026\text{m}^2$，$A_3 = 0.02335\text{m}^2$，$W_{\min} = 4101.94\text{N}$。

C 类型答案

习题 27-10 解：考虑到对称性，只要研究左边的那一半梁便可以了。这样，问题转变为设计一个悬臂梁，已知梁的跨度 l，作用在自由端的集中力 F，自由端的挠度 $\overline{w}$，梁剖面的形状有一定限制，要求决定梁的剖面和所用材料，使梁的质量最小。下面就讨论悬臂梁的问题(图 D-45)。

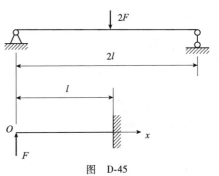

图 D-45

设选用的材料的杨氏模量为 E，密度为 ρ，梁剖面的面积为 $A(x)$，转动惯量为 $J(x)$。由于是静定梁，梁中的弯矩 $M(x)$，梁的余应变能为 Γ，根据 Castigliano 定理，$\partial \Gamma / \partial F$ 便是自由端的挠度，它已给定为 $\overline{w}$，梁的重量是 W。

设计变量(1 个)：μ。

目标函数：$W = \rho g \int_0^l A \mathrm{d}x \to \min$。

约束条件(1 个)：$G_1 = \partial \Gamma / \partial F - \overline{w} = 0$。

下面考虑几种对剖面形状的限制。

工况一：矩形剖面，高度 h 给定，宽度 b 可变。

问题归结为求一个函数 $b(x)$，使 $\partial \Gamma / \partial F - \overline{w} = 0$ 成立，并使 W 取最小值。这个问题用拉

格朗日法求解是很容易的。先作一个新泛函 $W^* = W + \lambda(\partial \Gamma/\partial F - \overline{w})$，然后由 $\partial W^*/\partial b = 0$ 求 W^* 的驻值，这样得到 $1 - \dfrac{Kx^2}{b^2} = 0$，这是一个代数方程，立即解得 $b = \sqrt{K_1}x$，令 $b = \mu x$。

优化结果：矩形剖面，高度 h 给定，宽度 b 可变，取 $b = \dfrac{6l^2 F}{Eh^3\overline{w}}x$ 时，梁的重量最小，$W_{\min} = \dfrac{3l^4 Fg}{h^2 \overline{w}} \cdot \dfrac{\rho}{E}$。根据这个算式，在选择材料时应使 $\dfrac{E}{\rho}$ 尽可能大。

工况二：形状相似的剖面。

在这个情况下，$J \propto A^2$，$J = kA^2$。k 是与剖面形状有关的一个系数，但与坐标 x 无关。

问题归结为求函数 $A(x)$，使 $\partial \Gamma/\partial F - \overline{w} = 0$ 成立，并使 W 取最小值。再用拉格朗日法解此问题：$W^* = W + \lambda(\partial \Gamma/\partial F - \overline{w})$，然后由 $\partial W^*/\partial A = 0$ 求 W^* 的驻值，这样得到 $1 - \dfrac{2Kx^2}{A^3} = 0$，令 $A = \mu x^{\frac{2}{3}}$。

优化结果：形状相似的剖面，取 $A = \sqrt{\dfrac{3}{5}} \dfrac{l^{\frac{5}{6}} F^{\frac{1}{2}}}{k^{\frac{1}{2}} \overline{w}^{\frac{1}{2}} E^{\frac{1}{2}}} \cdot x^{\frac{2}{3}}$ 时，梁的重量最小 $W_{\min} = \left(\dfrac{3}{5}\right)^{\frac{3}{2}} \dfrac{gl^{\frac{5}{2}} F^{\frac{1}{2}}}{k^{\frac{1}{2}} \overline{w}^{\frac{1}{2}}} \cdot \dfrac{\rho}{E^{\frac{1}{2}}}$。在这种情况下，材料的选择应使 $\dfrac{E}{\rho^2}$ 尽可能大。

工况三：矩形剖面，宽度 b 给定，高度 h 可变。

问题归结为求函数 $h(x)$，使 $\partial \Gamma/\partial F - \overline{w} = 0$ 成立，并使 W 取最小值。也用拉格朗日法解此问题：$W^* = W + \lambda(\partial \Gamma/\partial F - \overline{w})$，然后由 $\partial W^*/\partial h = 0$ 求 W^* 的驻值，这样得到 $1 - \dfrac{3Kx^2}{h^4} = 0$，令 $h = \mu \sqrt{x}$。

优化结果：矩形剖面，宽度 b 给定，高度可变，取 $h = \dfrac{2l^{\frac{1}{2}} F^{\frac{1}{3}}}{b^{\frac{1}{3}} \overline{w}^{\frac{1}{3}} E^{\frac{1}{3}}} \cdot \sqrt{x}$ 时，梁的重量最小 $W_{\min} = \dfrac{4}{3} \dfrac{gl^2 F^{\frac{1}{3}} b^{\frac{2}{3}}}{\overline{w}^{\frac{1}{3}}} \cdot \dfrac{\rho}{E^{\frac{1}{3}}}$。在这种情况下，材料的选择应使 $\dfrac{E}{\rho^3}$ 尽可能大。

对比上述三种情况可以看到，由于对剖面形状的要求不同，不仅剖面变化的规律不同，而且选择材料的指标也不同。

从表 D-5 可以看到，对于上述的第一种情况，铝合金比镁合金有利，而对于后面两种情况，镁合金比铝合金有利。

铝、镁两种合金的弹性模量与密度比　　表 D-5

材料	E(GPa)	ρ(10^3 kg/m³)	E/ρ	E/ρ^2	E/ρ^3
铝	66.64~70.56	2.7	24.68~26.13	9.141~9.679	3.386~3.585
镁	40.18~44.10	1.8	22.32~24.50	12.40~13.61	6.890~7.562

上面的分析从实用的角度来看还有不少缺点，主要是没有考虑强度问题，以致得出了在自由端梁剖面等于零的结论，其实只要稍稍克服一些数学上的麻烦，上述缺点是可以避免的。

第28章 实验应力分析

A 类型答案

习题 28-1　120.3Ω。

习题 28-2　$F = \dfrac{1}{2}E\bar{\varepsilon}A$。

习题 28-4　$\sigma_1 = 88.88\text{MPa}, \sigma_3 = -30.20\text{MPa}$。

B 类型答案

习题 28-5　采用布片方案(2)。

$$p = \dfrac{2tE}{(1-\mu)D}(\varepsilon_{45°} + \varepsilon_{-45°}), T = \dfrac{Et\Omega}{1+\mu}(\varepsilon_{-45°} - \varepsilon_{45°})。$$

习题 28-6　$F = \dfrac{1}{2}Ebh\bar{\varepsilon}_a, \delta = \dfrac{h\bar{\varepsilon}_b}{6\bar{\varepsilon}_a}$。

习题 28-7　$F = \dfrac{\pi}{32}\dfrac{Ed^4\bar{\varepsilon}}{a}$。

习题 28-8　推论:一切中心对称截面的剪心与形心重合。

$$\tau = \dfrac{F_{S,y}}{t(I_yI_z - I_{yz}^2)}\left[I_{yz}\int_0^s z\text{d}A - I_y\int_0^s y\text{d}A\right],$$

$$\tau = \dfrac{F_{S,z}}{t(I_yI_z - I_{yz}^2)}\left[I_{yz}\int_0^s y\text{d}A - I_z\int_0^s z\text{d}A\right]。$$

习题 28-10　薄钢筒是单向应力状态:$\sigma_t = \dfrac{4E_S\mu_A F}{\pi D[DE_A + 2\delta E_S(1-\mu_A)]}$;

铝棒内应力:$\sigma_x = \dfrac{4F}{\pi D^2}, \sigma_y = \sigma_z = -\dfrac{8\delta E_S\mu_A F}{\pi D^2[DE_A + 2\delta E_S(1-\mu_A)]}$。

C 类型答案

习题 28-11　解:(1)计算该薄壁梁段的截面几何性质。

截面面积:$A = 2(a+b)\delta$。

惯性矩:$I_z = \dfrac{1}{12}[(a+\delta)(b+\delta)^3 - (a-\delta)(b-\delta)^3]$。

抗弯截面系数:$W_z = \dfrac{I_z}{\delta + \dfrac{b}{2}}$。

截面中心线所围成的面积:$\Omega = ab$。

截面中性轴 z 以上部分对应的静矩:$S_z^0 = \dfrac{1}{2}ab\delta + \dfrac{1}{4}b^2\delta$。

(2)应力分析与布片方案。

梁内存在 4 种应力:拉伸正应力沿截面均匀分布,设为 σ_N;弯曲正应力最大值(指绝对值)发生在梁的顶部(拉)与底部(压),设为 σ_M;扭转切应力沿截面均布,以 τ_T 表示;弯曲切应力最大值发生在中性轴 z 处,以 τ_{F_S} 表示。有

$$\sigma_N = \dfrac{F_N}{A}, \sigma_M = \dfrac{M}{W_z}, \tau_T = \dfrac{T}{2\Omega\delta}, \tau_{F_S} = \dfrac{F_S S_z^0}{2I_z\delta}$$

沿轴向只有正应力，考虑到弯曲正应力在上下表面达到最大，因此在上下表面沿轴向布片[如图 D-46a)中 A 和 B 点所示]测拉伸与弯曲正应力。

在弯矩 M 所对应的中性层上，弯曲切应力达到最大，因此在侧面与中性层交线上[如图 D-46a)中 C 和 D 点所示]，沿与轴线成 45°方向布片，采用全桥测量，可以消除拉伸正应力影响，解耦测扭转与弯曲切应力。

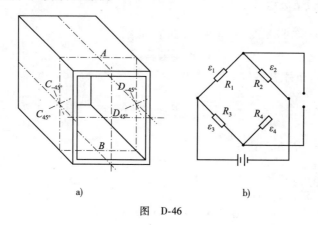

图 D-46

(3) 桥路与计算公式。

① 测量轴力 F_N。

采用全桥测量，这样接线，使

$$\varepsilon_1 = \varepsilon_A = \varepsilon_N + \varepsilon_M + \varepsilon_t$$
$$\varepsilon_2 = \varepsilon_3 = \varepsilon_t$$
$$\varepsilon_4 = \varepsilon_B = \varepsilon_N - \varepsilon_M + \varepsilon_t$$

其中，ε_t 为温度补偿；ε_N 和 ε_M 分别是轴力和弯矩在 A 点引起的正应变，于是

$$\overline{\varepsilon} = \varepsilon_1 + \varepsilon_4 - \varepsilon_2 - \varepsilon_3 = 2\varepsilon_N = \frac{2F_N}{EA}$$

$$F_N = \frac{EA\overline{\varepsilon}}{2}$$

② 测量弯矩 M。

采用半桥测量，这样接线，使

$$\varepsilon_1 = \varepsilon_A = \varepsilon_N + \varepsilon_M + \varepsilon_t$$
$$\varepsilon_4 = \varepsilon_B = \varepsilon_N - \varepsilon_M + \varepsilon_t$$

其中，R_3 和 R_4 为标准电阻。

$$\overline{\varepsilon} = \varepsilon_1 - \varepsilon_2 = 2\varepsilon_M = \frac{2M}{EW_z}$$

$$M = \frac{EW_z\overline{\varepsilon}}{2}$$

③ 测量扭矩 T。

采用全桥测量，这样接线，使

$$\varepsilon_1 = \varepsilon_{C_{-45°}}, \varepsilon_2 = \varepsilon_{C_{45°}}, \varepsilon_3 = \varepsilon_{D_{-45°}}, \varepsilon_4 = \varepsilon_{D_{45°}}$$
$$\overline{\varepsilon} = \varepsilon_{C_{-45°}} - \varepsilon_{C_{45°}} - \varepsilon_{D_{-45°}} + \varepsilon_{D_{45°}} = 4\varepsilon_T$$

其中，ε_T 为扭矩所引起的最大正应变。

又由应变转轴公式
$$\varepsilon_T = \frac{1}{2}\gamma_T$$

故
$$\bar{\varepsilon} = 2\gamma_T = \frac{2\tau_T}{G} = \frac{T}{G\Omega\delta}$$

$$T = G\Omega\delta\bar{\varepsilon}$$

④测量剪力 F_S。

采用全桥测量,这样接线,使
$$\varepsilon_1 = \varepsilon_{C_{-45°}}, \varepsilon_2 = \varepsilon_{C_{45°}}, \varepsilon_3 = \varepsilon_{D_{45°}}, \varepsilon_4 = \varepsilon_{D_{-45°}}$$
$$\bar{\varepsilon} = \varepsilon_{C_{-45°}} - \varepsilon_{C_{45°}} + \varepsilon_{D_{-45°}} - \varepsilon_{D_{45°}} = 4\varepsilon_{F_S}$$

其中,ε_{F_S} 为剪力所引起的最大正应变。

又由应变转轴公式
$$\varepsilon_{F_S} = \frac{1}{2}\gamma_{F_S}$$

故
$$\bar{\varepsilon} = 2\gamma_{F_S} = \frac{2\tau_{F_S}}{G} = \frac{F_S S_z^0}{G I_z \delta}$$

$$F_S = \frac{G I_z \delta \bar{\varepsilon}}{S_z^0}$$

参 考 文 献

[1] Walter Gander, Jiří Hřebíček. 用 Maple 和 MATLAB 解决科学计算问题[M]. 刘来福,何青,译. 北京:高等教育出版社,2001.
[2] 马开平,潘申梅,冯玮,等. Maple 高级应用和经典实例[M]. 北京:国防工业出版社,2002.
[3] 李银山,王拉娣,张建明,等. 数学建模案例分析[M]. 北京:海洋出版社,1999.
[4] 彭芳麟. 计算物理基础[M]. 北京:高等教育出版社,2010.
[5] 李银山. Maple 理论力学 I[M]. 北京:机械工业出版社,2013.
[6] 李银山. Maple 理论力学 II[M]. 北京:机械工业出版社,2013.
[7] 范钦珊. 材料力学计算机分析[M]. 北京:高等教育出版社,1987.
[8] 袁驷. 程序结构力学[M]. 北京:高等教育出版社,2001.
[9] 李银山. Maple 材料力学[M]. 北京:机械工业出版社,2009.
[10] 贾有权. 材料力学实验[M]. 北京:人民教育出版社,1964.
[11] 刘鸿文. 材料力学[M]. 北京:高等教育出版社,2011.
[12] 孙训方,方孝淑,关来泰. 材料力学[M]. 北京:高等教育出版社,2009.
[13] 单辉祖. 材料力学[M]. 北京:高等教育出版社,2010.
[14] 苏翼林. 材料力学[M]. 北京:高等教育出版社,1995.
[15] 杨伯源. 材料力学[M]. 北京:机械工业出版社,2001.
[16] 李廉锟. 结构力学[M]. 北京:高等教育出版社,2004.
[17] 龙驭球,包世华. 结构力学[M]. 北京:高等教育出版社,1998.
[18] 徐芝纶. 弹性力学[M]. 北京:高等教育出版社,1982.
[19] 吴家龙. 弹性力学[M]. 上海:同济大学出版社,1993.
[20] 老亮,赵福滨,郝松林,等. 材料力学思考题集[M]. 北京:高等教育出版社,1990.
[21] В. И. 费奥多谢夫. 材料力学[M]. 蒋威城,赵九江,俞茂鋐,等,译. 北京:高等教育出版社,1985.
[22] Н. М. 别辽耶夫. 材料力学[M]. 王光远,干光瑜,顾振隆,译. 北京:高等教育出版社,1992.
[23] S. 铁摩辛柯. 材料力学[M]. 韩耀新,译. 北京:科学出版社,1990.
[24] 西田正孝. 材料力学—附光弹性说明. 北京:高等教育出版社,1985.
[25] K. 马格努斯,H. H. 缪勒. 工程力学基础[M]. 张维,等,译. 北京:北京理工大学出版社,1997.
[26] 林同炎,S. D. 斯多台斯伯利. 结构概念和体系[M]. 高立人,方鄂华,钱稼茹,译. 北京:中国建筑工业出版社,1999.
[27] S. 铁摩辛柯. 材料力学(高等理论及问题)[M]. 汪一麟,译. 北京:科学出版社,1964.
[28] 钱伟长. 变分法及有限元[M]. 北京:科学出版社,1980.
[29] 钱令希. 工程结构优化设计[M]. 北京:水利电力出版社,1983.
[30] 胡海昌. 弹性力学的变分原理及其应用[M]. 北京:科学出版社,1981.
[31] 刘鸿文. 高等材料力学[M]. 北京:高等教育出版社,1985.

[32] 杨桂通. 弹塑性力学[M]. 北京:高等教育出版社,1979.

[33] 杨桂通,张善元. 弹性动力学[M]. 北京:中国铁道出版社,1988.

[34] 杨桂通. 塑性动力学[M]. 北京:高等教育出版社,2000.

[35] 徐秉业. 弹性与塑性力学——例题和习题[M]. 北京:机械工业出版社,1980.

[36] 武际可,苏先樾. 弹性系统的稳定性[M]. 北京:科学出版社,1994.

[37] 戴念祖,老亮. 中国物理学史大系:力学史[M]. 长沙:湖南教育出版社,2001.

[38] 徐次达. 固体力学加权残值法[M]. 上海:同济大学出版社,1987.

[39] 老大中. 变分法基础[M]. 2版. 北京:国防工业出版社,2007.

[40] 欧斐君. 变分法及其应用——物理、力学、工程中的经典建模[M]. 北京:高等教育出版社,2013.

[41] 付宝连. 弹性力学中的能量原理及其应用[M]. 北京:科学出版社,2004.

[42] 张培信. 能量理论——结构力学[M]. 北京:高等教育出版社,2013.

[43] 黄达海,郭全全. 概念结构力学[M]. 北京:北京航空航天大学出版社,2010.

[44] 李银山. 再谈郑玄最早发现线弹性定律[J]. 力学与实践,2006,28(4):86-88.

[45] 刘树勇,李银山. 郑玄与胡克定律[J]. 自然科学史研究,2007,26(2):248-254.

[46] 李银山,刘根谦,焦永树,等. 开放课程背景下的材料力学教学方法改革——求解弯曲变形的一种快速解析法[C]//第八届力学课程报告论坛论文集. 北京:高等教育出版社,2014:259-264.

[47] 李银山,李铁军,焦永树,等. 材料力学精品课程教学方法和内容的改革——分段独立一体化积分法[C]//第七届力学课程报告论坛论文集. 北京:高等教育出版社,2013:304-307.

[48] 李银山,徐秉业,李树杰,等. 基于计算机求解弯曲变形问题的一种解析法(一)——复杂载荷作用下的静定梁问题[J]. 力学与实践,2013:35(2),83-85.

[49] 李银山,官云龙,桑建兵. Maple 在材料力学中的应用(六)——连续分段独立一体化积分法[C]//力学与工程应用(第十五卷). 郑州:郑州大学出版社,2014:311-313.

[50] 李银山,刘波,桑建兵,等. 求解超静定梁的快速解析法[C]//力学与工程应用(第十四卷). 郑州:郑州大学出版社,2012:379-382.

[51] 李银山,李彤,郭晓欢,等. 索—梁耦合超静定结构的一种快速解析法[J]. 工程力学,2014,31(增刊):11-16.

[52] 吴艳艳,李银山,魏剑伟,等. 求解超静定梁的分段独立一体化积分法[J]. 工程力学,2013,30(增刊):11-14.

[53] 李银山,杨维阳. 变惯矩梁变形的函数解[J]. 力学与实践,1992,14(2),55-58.

[54] 梁应彪,李银山. 压杆优化设计[J]. 太原重型机械学院学报,1993,14(3):86-94.

[55] 李银山,张宝玉. 按可靠性标准的结构优化设计[J]. 太原工业大学学报,1995,26(3):58-62.

[56] 李银山,徐克晋. 桁架门式起重机空间结构优化设计[J]. 太原重型机械学院学报,1996,17(1):18-23.

[57] 李银山,张宝玉,卢准炜,等. 矩形截面钢筋混凝土简支梁的可靠性优化设计[J]. 太原工业大学学报,1996,27(3):66-73.

[58] 李银山,赵永刚,卢准炜,等. 两端任意支承矩形截面钢筋混凝土梁的可靠性优化设计

[J]. 太原理工大学学报,1998,29(3):244-246.

[59] 李银山,魏剑伟,刘志芳,等. 中心受压钢筋混凝土矩形截面柱的可靠性优化设计[J]. 太原理工大学学报,1999,30(2):184-187.

[60] 李银山,杨宏胜,于文芳,等. Mises桁架结构的全局分岔和混沌运动[J]. 工程力学,2000,17(6):140-144.

[61] 李银山,陈予恕,吴志强. 正交各向异性圆板非线性振动的亚谐分岔[J]. 机械强度,2001,23(2):148-151.

[62] 李银山,杨桂通,张善元,等. 圆板受迫振动超谐分岔和混沌运动的实验研究[J]. 实验力学,2001,16(4):347-358.

[63] 李银山,陈予恕,李伟锋. 各种板边条件下大挠度圆板的全局分岔和混沌[J]. 天津大学学报,2001,34(6):718-722.

[64] 李银山,刘波,龙运佳,等. 二次非线性粘弹性圆板的2/1+3/1超谐解[J]. 应用力学学报,2002,19(3):20-24.

[65] 李银山,高峰,张善元,等. 二次非线性圆板的1/2亚谐解[J]. 机械强度,2002,24(4):505-509.

[66] 李银山,李欣业,刘波,等. 二次非线性粘弹性圆板的2/1超谐解[J]. 工程力学,2003,20(4):74-77.

[67] 李银山,张明路,罗利军,等. 回转窑两圆柱体任意交叉角接触压力系数计算[J],河北工业大学学报,2006,35(1):1-5.

[68] 李银山,张善元,张明路,等. 材料非线性圆板的1/2+1/4亚谐解[J]. 振动与冲击,2006,25(3):115-120.

[69] 李银山,孙雨明,王守信,等. 材料力学中的结构优化设计方法[C]//工程力学教学与工程应用学术会议论文集. 北京:机械工业出版社,2006:147-153.

[70] 李银山,张善元,刘波,等. 各种板边条件下大挠度圆板自由振动的分岔解[J]. 机械强度,2007,29(1):30-35.

[71] 李彤,李银山. 压杆稳定设计的直接迭代法[J]. 机械设计与研究,2009,25(6):50-53.

[72] 李彤,李银山. 压杆稳定设计的折减因数迭代法[J]. 起重运输机械,2010,420(2):20-22.

[73] 李银山,刘波,潘文波,等. 弹性压杆的大变形分析[J]. 河北工业大学学报,2011,40(5):31-35.

[74] 李银山,刘波,张明路,等. 二次非线性圆板的自由振动分岔解[J]. 机械强度,2011,33(4):505-510.

[75] 潘文波,李银山,李彤,等. 细长柔韧压杆弹性失稳后挠曲线形状的计算机仿真[J]. 力学与实践,2012,34(1):48-51.

[76] 李银山,侯书军,焦永树,等. 计算机和力学相结合如虎添翼——Maple材料力学[C]//第三届力学课程报告论坛论文集. 北京:高等教育出版社,2009:219-221.

[77] 李银山,李彤,李欣业,等. 材料力学研究型教学的探索与实践——Maple材料力学[C]//第四届力学课程报告论坛论文集. 北京:高等教育出版社,2010:148-151.

[78] 李银山,李铁军,刘波,等. 材料力学教学内容和课程体系改革研究——Maple材料力学[C]//第五届力学课程报告论坛论文集. 北京:高等教育出版社,2011:303-306.

[79] 李银山,刘世平,蔡中民,等.框架剪力墙高层建筑结构抗震优化设计[C]//力学与工程应用(第六卷).北京:中国林业出版社,1996:380-383.

[80] 李银山,邢素芳,马玉英,等. Maple 在材料力学中的应用(一)——拉压中的应力集中和变截面问题[C]//力学与工程应用(第十卷).北京:中国林业出版社,2004:312-315.

[81] 李银山,焦永树,刘悦藏,等. Maple 在材料力学中的应用(二)——变截面扭转和超静定问题[C]//力学与工程应用(第十一卷).北京:中国林业出版社,2006:391-394.

[82] 李银山,桑建兵,范慕辉,等. Maple 在材料力学中的应用(四)——压杆优化设计的迭代方法[C]//力学与工程应用(第十三卷).郑州:郑州大学出版社,2010:356-358.

[83] 李银山,李铁军,范慕辉,等. Maple 在材料力学中的应用(五)——绘制复杂载荷下梁的剪力图和弯矩图[C]//力学与工程应用编审委员会(第十四卷).郑州:郑州大学出版社,2012:383-385.

[84] Li Yin-shan, Zhang Nian-mei, Yang Gui-tong. 1/3 Subharmonic solution of elliptical sandwich plates[J]. Applied Mathematics and Mechanics,2003,24(10):1147-1157.

[85] Chen Yu-shu, Li Yin-shan, Xue Yu-sheng. Safety margin criterion of nonlinear unbalance elastic Axle System[J]. Applied Mathematics and Mechanics,2003,24(6):621-630.

[86] Gere J M, Timoshenko S P. Mechanics of materials[M]. Second SI Edition. New York:Van Nostrand Reinhold,1984.

[87] Popov E P. Mechanics of materials [M]. Second Edition. New Jersey:Prentice Hall Inc,1976.

[88] Timoshenko S. Strength of materials(Part II Advanced)[M]. Third Edition. New York:Van Nostrand Reinhod, 1978.

[89] Beer F P, Johnton E R. Mechanics of materials[M]. Fifth Edition. New Jersey:Prentice Hall. 2004.

[90] Nash W A. Theory and problems of strength of materials[M]. Second Edition. New York:McGraw-Hill,1977.

[91] Zienkiewicz O C. The finite element method [M]. Third Edition. London:McGarw-Hill, 1977.

[92] Richard G. Budynas. Advanced strength and applied stress analysis[M]. Second Edition. London:McGraw-Hill,1999.